D1784606

Conrad Gesner & Conrad Forer

Alle Fische

Ausführliche Beschreibung und lebendige Conterfactur aller und jeden Fischen,

von dem kleinsten Fischlein an bis auf den größten Walfisch, wie sie nicht allein in dem großen hohen Meer, sondern auch auf den See, Flüssen, Bächen und allen fischreichen Wassern gesehen und gefangen werden,

samt derselben Nutzbarkeit und Güte, sowohl in Essensspeiß und Küchen als in Arznei und Apotheken.

SALZWASSER VERLAG

Conrad Gesner & Conrad Forer

Alle Fische

www.salzwasserverlag.de

Gesner, Conrad & Forer, Conrad

Alle Fische

1. Auflage 2009 | ISBN: 9783861950318

Salzwasser-Verlag (www.salzwasserverlag.de) ist ein Imprint der Europäischer Hochschulverlag GmbH & Co KG, Bremen. (www.eh-verlag.de). Alle Rechte vorbehalten.

Die Deutsche Bibliothek verzeichnet diesen Titel in der Deutschen Nationalbibliografie.

Dieses Buch beruht auf einem alten Original. Der Verlag hat jedoch am ursprünglichen Text einige geringfügige Veränderungen vorgenommen, um die Übersichtlichkeit und Lesbarkeit zu verbessern.

Fischbuch/
Das ist/

Außführliche

beschreibung/vnd lebendige

Conterfactur aller vnnd jeden Fischen/

von dem kleinsten Fischlein an biß auff den grösten Wallfisch/ wie sie
nicht allein in dem grossen hohen Meer/ sondern auch in den Seen/ Flüs-
sen/ Bächen/ vnd allen Schiffreichen Wassern gesehen
vnd gefangen werden.

Sampt derselben Nutzbarkeit vnd güte/ so wol in Essenspeiß vnd
Küchen/als in der Artzney vnd Apotecken.

Allen Aertzten / Weydleützen / Köchen / ja auch den künstlichen Mahlern
sehr dienstlich vnd notthürsftig.

Durch den weltberühmpten Herrn Doctor Conrad Gesner zu
Latein erstmals beschrieben.

Hernach aber von Herrn Conrad Forer der Artzney D. ins Teutsch gebracht
Jetzt aber an vielen Orthen gebessert.

Getruckt zu Franckfurt am Meyn/ Durch Johann Saur/
In verlegung Robert Cambiers Erben.

M. D. XCVII.

Den Edlen/ Vesten/ Frommen/ Ehr=
samen vnd Weisen Junckern/ Walthern vnd Heinrichen von
Vlm/ Gebrüdern/ Gerichtsherrn auff Griessenberg/
seinen G. L. Junckern.

ES haben Edle/ Veste/ fürsichtige liebe Junckern/ allerley Tugenden/ so vns duß Gottes Gnaden durch sein freye schenck vnd Gaab/ zu gutem/ dienst vnd liebe/ auch auffenthaltung deß nechsten Menschen mitgetheilt werden/ ein sonderbare/ anerborne/ natürliche neigung gegen einander/ darum daß sie (was vollkomen vnd vnbresthafft ist) all auß einem eintzigen Vrsprung vnnd Gnadenbrunnen fliessen. Auß vrsach es beschehen ist/ daß je von der Welt her gelehrte verständige Leuth/ die sich deß studierens vnnd freyen Künsten beflissen/ zu den Regenten/ Potentaten/ Oberkeiten/ durch welcher Tugend der gemeine Mann/ Landt vnd Leuth/ Stätt vnd Schlösser/ allerley Policeyen/ verwaltet werde/ gesellet/ freundlich vn anheymisch erzeigt/ auch liebe zusamen gesucht haben. Dañ die Philosophy ist ein rechte tugendreiche Zuchtschul vnd Lustgarten/ in welchem auch die allerhöchsten vnd gewaltigsten solle erzogen/ mit allerley Tugenden befeuchtiget vñ gewässert werden. Das hat vrsach geben dem Grossen Alexander/ daß er den hertzlichen thewren vnd werthen Mann Aristotelem den weisen Meister bey vñ vmb sich gehabt/ daß er gesprochen/ Er sey seinem Lehrmeister Aristoteli gleich so viel ehr vnd guts schuldig als seinem eignen Vatter/ auß vrsach daß er vom Vatter anfang vnd vrsprung zu leben/ von Aristotele aber anfang vnd vrsprung recht zu leben empfangen habe. Dieser groß Alexander/ als er auff ein zeit zu Diogene dem Philosopho kommen ist/ sich mit jm zu ersprachen/ vnd jm von Diogene gantz vñ gar kein ehrerbietung beschach/ darumb daß er gantz starck an der Tugendt/ kein ansehen der Person hielt/ vnd die beystehenden Herrn zu dem grossen Alexandro sagten/ Wie mögt jr so freundlich mit dem wüste Hund reden/ der euch gantz vñ gar kein ehr beweißt? Hat er antwort geben/ Das soll euch nit verwundern: wann ich nicht der grosse Alexander were/ so wolt ich der Diogenes seyn. Damit anzeigen wöllen/ vnnd gentzlich halten/ seinen hohen Stand/ wesen vnnd wirdigkeit/ keiner

aaa ij

gleichförmiger seyn/dann dem wesen Diogenis. Es haben die Phi=
losophy vnd allerley weltliche Tugenden so ein grosse neigung gegen
einander/ dz sie on einander nit daß gantz vnvollkommer weiß beste=
hen mögen. Dann fliessen nit allerley menschliche vnnd bürgerliche
Tugenden auß der Mutter der Philosophy/als auß dem rechten vr=
sprung? Müssen nicht allerley Tugenden/ stärcke/ weißheit/ mässig=
keit/ꝛc. auß der Philosophy jr maß/zeit/platz vnd ordnung nemmen?
Derhalbē gleich wie die künst vñ tugenden sich zusamē freunden vñ
vereinigen/also soll auch die Menschen/so sich solcher befleissen/oder
mit solchē begabet sind zusamen halten. Schöne kinder/edle vñ hoch=
geborne Jugend/ sollen in der vnd durch die Philosophy erzogen/ ge=
züchtigt/vñ also zu reden/anderst vñ von newē gestaltet werden. So
das beschehen/ soilen dannenhin solche jrer Mutter der Philosophy/
durch welche sie in kindtlichen Jaren/biß auff das verständige Alter
gesäugt vnd gestärckt sind worden/ rechte Mecœnates, Schutz vnnd
Schirmherren seyn: je mehr von derselben gesogen wordē/ je mehr ei=
ner derselbigen eingeleibt: je mehr einer in derselbē geschlecht schlegt/
je grösser die liebe/ anmuthung vnd freundlichkeit sich zu derselbigen
genandten Mutter aller tugenden der Philosophy sich erzeigen soll.
Ein Mutter erzeucht die Kinder/endtlich die kinder auch ein Mutter/
sind schuldig sie zu lieben.Christus gebeut ons von newē auß Gna=
den:nach dē wir aber von newē geboren/sind wir pflichtig vnd schul=
dig/Christum von gantzē Hertzen zu lieben. Dieweil mir nun wol be=
wußt vnd bekandt gewesen/ E.B.J.euch insonderheit mit fleiß vñd
ernst/von jugend auff zu der liebe der Philosophy/freyen Künsten/vñ
erfahrung der Natur durch ewere gelobte vnd hochgeborne Eltern/
erzogen seyn worden.Auch solche Milch von der Philosophy gesogē/
in edlen tugendreichen mannlichen Hertzen vnd Gemüth/ auch der
mitlauffenden freundlichkeit sich gegē jederman erzeigen (ein seltza=
mer Gleytsmann deß hochgebornen Adels)sampt allerley gelehrtē
vñ kunstreichen verstandt/ sich menigklichen offenbaret: insonderheit
mit einē gantz Christlichen Eifer/ starckem vnd gnadenreichen Geist
Gottes/gantz wolgepflantztē Christlichen haußgesind/mit einer hei=
ligen/edlen/tugentreichen/Christlichen/weisen/verständigen Haupt
vnd Mutter begabet/ ꝛc. Bin ich jetzunder ein zeit her willens gewe=
sen/auch mit mir gentzlich beschlossen/meinen guten geneigtē willen/
wol angefochten Hertz vnd Gemüth/ Gunst vnd liebe/ so ich zu vnd

gegen

gegen euch empfangen hab/durch etwas mittebñ weg erzeigen vnd
beweisen. Als ich nun vor etlichen Jaren dem bürdigen/wolgelehr
ten Herrn Christoffel Froschawer/ Truckerherr zu Zürch zu dienst
vnd wolgefallen/ das Buch von den Wasserthieren oder Fischen/ so
der weltbethümpt D. Conrad Gesner auß mancherley Vrhebern/al
ten vnd newen Scribenten/ mit grosser mühe/ fleiß vnd Arbeyt/ gro
sem fleiß vñ hohem verstand zusamen getrage/bedolmetscht auß la
teinischer spraach in die Teutschen anerborne landliche Zunge/ auch
in ein kurtze summa/ordenliche gestaltige Rede/ ohn erzehlung der Vr
heber verfaßt hat/ vnd es jetzunder hat sollt an Tag komen: ich auch
demselbigen einen Mecœnatem/nach dr gemeiner brauch/vnder wel
ches Schutz vnd Schirm/ Gunst vnnd ansehen iem teutschen Leser
solch Werck vnd Arbeyt befohlen würde/ mir suchen vnd vmbsehen
mußte/hab ich vermeynt ein gute vrsach/geschicklngkeit vnd köstlich
keit mir erzeigt seyn/ solch mein vorgenannt fürnemen zu vollstre
cken. Hab mich also gefrewt deß anlasses/ so ich kurtz verloffener zeit/
gegē euch meinen G.L.J. gewoñen/ hab also diß gezenwertig Buch/
von allerley Wasserthieren oder Fischen/ so in dem Meer oder sonst in
den süssen Wassern/Seen/Flüssen/Bächen/rc. sich erzeigen/euch mei
nem G.L.J. wöllen dediciren vnd zuschreiben. Erstlich meinen guten
geneigten willen/ Christlich Hertz vnd Gemüth/gegen euch vnd den
eiwern zu erzeigen: Anders theils pflichtige schuld vnd danckbarkeit
zu beweisen vmb das gut/freundlichkeit vnd liebe/ so jr gegen mir ge
braucht habt: dann mir ist vnvergessen/ mit was Trew vnd freund
lichkeit/ich kurtz verloffener zeit von euch bin empfangen vnd gehaltē
worden: mir vnmüglich vñ E.B. zu verdienen. Endtlich auch auß
der vrsach/daß ich E.B.kurtzweil vnd ergetzlichkeit schöpffte/Matery
vnd anlaß gebe/ euch in solcher beschawung der Geschöpffe Gottes
zu belustigen:auch nit ohn sonderbaren nutz vnd fruchtbarkeit/so jhr
vñ ein jeglicher teutscher Leser auß solcher erkandtnuß haben vñ em
pfangen werdet. Dann hierinnen wirt nit allein gehandelt von jrer
Gestalt/Natur/Eigenschafft/natürlicher anmuthung/freundschafft
vnd feindschafft/sondern auch von jrem Fleisch/sampt derselbē Com
plexion vnd Gesundheit/rc. Item auch von allerley Artzney/so von
den Fischen/ die gebrechen vnd kranckheiten der Menschen zu verbes
sern genommen/gehandelt werden. Viel berhümen sich grosser din
gen/durchschiffen das vngestümme Meer/ligen offt in die weite. Hie

Vorrede.

findt man alles samn gründlich/eigentlich vñ warhafftig zusamen verfaßt/ gantz kurtzweilig vñ lustig/auch mit den Augen zu sehen/vñ mit den ohren zu hören/einem jeglichen in seinē Hauß/vñ jnnerhalb seinen Zinnen. Gedencke darbey vngezweiffelt E. V. werde daran kein mißfallen/sondern ein hertzliche lust vñ wolgefallen empfahen/ dieweil jr auch viel zar Franckreich durchzogen/ mancherley fremb-der gestalt der Meerischen/ sampt anderer Abenthewer euch vnder Augen kommen is:deß versihe ich mich gegen ewerer humanitet vñ freundlichkeit/ welche ich weiß ewern edlen Gemüthern anerboren seyn.Wil mich hienit E.V.in hulden/gunst vnnd liebe befohlen ha-ben. Gott der Allmächtige wölle euch in langwiriger Gesundheit vnd Wolstandt bewahren.

E. V. A.

Vnderthäniger guttwilliger
Conrad Forer Burger zu Winterthaur. M. D.

Kurtzer

Kurtzer Innhalt der Ordnungen
so in diesem Buch begriffen werden.

Erstlich so wirt diß gantze Buch in zwey Bücher abgetheilt/vnd begreifft das erste alle die fisch so im Meer ire wohnung haben: vnd das ander alle die so in süssen Wassern funden werden. Wirdt demnach weiter ein jedes Buch in seine sonderbare Ordnungen abgetheilt/ als hernach folgt.

Das erste Buch helt in sich 16. Ordnungen/ welche
diese nachgesetzte Geschlecht der Meerfisch begreiffen.

Das ander Buch von Fischen so in süssen Wassern wohnen/
begreifft zwo Ordnungen/ welches erste Ordnung in fünff theil abgetheilt wirt/ wie folgt.

Die ander Ordnung dieses andern Buchs/
begreifft auch fünff Theil.

INDEX OMNIVM ANIMALIVM

Aquatilium, in Mari, & dulcibus aquis degen-
tium, quæ hoc in libro continentur.

Adiectus numerus paginam, b. verò secundam paginæ faciem, designat.

INDEX.

Regifter.

Regifter aller Namen der Fifchen/
so in diefem Buch begriffen werden.

Register.

Register.

Ende deß Registers.

Das Erste Buch von den Thieren so in den Wassern wonen.

Der erste Theil so begreifft allerley kleine Meerfischlein.

Erstlich von den Meerseelen.

Apua vera. Das erste geschlecht der Meerseelen oder Spirling.

Von seiner Gestalt.

Je kleinen vnachtbaren fisch sind nit gentzlich zu verwerffen: dann in solchen etliche erscheint die weißheit der Natur. Dise gegenwertige sind die kleinsten / haben ihren nam bey den Latinern vnnd Griechen / als vngeborne / weil solche von jhnen selber auß dem schaum deß wassers / auch wust vnnd lät wachsen / darzu zu keiner volkomnen grösse nimmer komen: dañ mit jhrer grösse sie sich hart dem kleinen finger vergleichen: sind an der farb weiß / etliche rötlecht / mit schwartzen augen.

Von Art vnd Natur der thieren.

Dise schneider fisch wachsen vnnd entspringen auß dem schaum vnnd schleim deß meers / auch auß dem schaum grosser schlagregen / in weiß vnnd form als die würm auß faulenden dingen wachsend: sie essen kein speiß / sonder geleben allein deß wassers / schleckt eins das ander / etc. Wonen nach dem sie gewachsen / in außgehölten / außgefressnen felsen / damit sie den wällen widerstehen / nit zerrissen werden: dann sie lieben schattächte warme ort / hassen die Sonnen / schwimmen zu zeiten in solcher menge vnnd dicke / daß dasselbig ort deß meers gantz weiß erscheint als ob es vberschneyt wäre.

Die Schiffleut sagen von den Fischen / daß wo sie erfaulen biß an den kopff / vnnd wider mit wasser bedeckt werden / so söllen sie widerumb zu volkommenheit wachsen. Man fahet sie mit engen gestrickten kleinen garnen / sind zu wenig dingen nutzlich.

Von jhrem Fleisch.

Dise Fisch werden in der speiß in kleinem werth gehalten / dann sie sind voller dörnen / haben vil kleiner grät / rauch zu essen. Man pflegt sie zubachen in ancken oder öl / als ander kleine Fisch.

Artzney von dem Fischlein.

Aetius schreibt daß dise Fischlein in einer breuchliche speiß gehabt sey ein seer dienstlich essen zu den geschwären der nieren vnd blatern.

Von dem anderen geschlecht der Meerseelen.

Apua Cobitis. Ein Meergrundel / Ein Meersmerlin / Ein Meergrundel.

Von der gestalt der Fischlein.

Der erste theil/ von den

Dse Fisch sind gantz änlich den Meergoben an der gestalt: dann sie auch von dem Rogen oder Eyern der kleinen Meergoben erwachsen sollen/ sind mit jhrem Leib rundt/ durchscheinendt/ mit einem breitlechten Rücken/ an der Farb weiß/ mit wenig schwartzen Flecken besprengt/ sein Schwantz getheilt/wirt viel gefangen in den Meerseen oder Pfützen.

Von jhrem Fleisch.

Diese Fischlein gleich allen andern Meerseelen/werden hart verdäuwt/sind vngesund vnd harter Verdäuwing.

Von dem dritten Geschlecht der Spirling.

Marsio. Ein Meerseelen Art/Ein Meergrundel.

Von seiner Gestalt.

Dser ist auch auß der zal der kleinen Meerfischen/ sol auß der vrsach vnder die Apuas billich gezehlt werden/denn sein gestalt jnen näher zustreicht.

Von dem vierdten Geschlecht.

Encrasicholus. Ein Meergall/Ein Meerlaugelen.

Von seiner Gestalt/Art vnd Natur.

Dse Fischlein bekomen jre namen auß der vrsach/ dz jre Köpff allzeit ein bitterkeit erzeigen / als ob sie Gallen in dem Kopff haben.Auß welcher vrsach jhnen allezeit die Köpff vor der bereitung abgerissen/vnd hingeworffen werden. Sind kleine Fischlein/eines Fingers groß/ ohne Schüppen/mit einem gespitzten Maul/ohne Zän/allein mit rauchen Kiffbacken/ als ein Sägen. Innerhalb sind sie vol rotes Rogens/ haben viel Schweyß/ nach der grösse jres Leibs/vnd viel Fleisch/wenig Grät/ja gantz ohne Grät/ außgenommen der Rückgrat/so dünn vnd weych ist.

Von Art vnd Natur der Fischlein.

Elianus schreibt/ daß diese Fischlein so gantz weiß/ so in mächtiger schar/ dicke/so nahe zusammen behafftet schwimmen/daß sie auch ein Schifflein/so in solche käme/ nit zertheilete/ja also/daß man sie mit einem Ruder hart zertheilen vnd zerrütteln mag: Es mögen auch die Fischer aus solchen scharen nicht anderst schöpffen/nemen/ rc.als wenn man von einem hauffen Korn mit der Hand nemme. Item/ so sollen sie auch in solchem fahen so starck in einander hafften/daß sie selten gantz außher gerissen werden/ sondern einer ohn den Kopff/der ander ohn den Schwantz/das vberig dahinden gelassen. Sollen von solchen hauffen zu zeiten viel Barcken oder Schifflein füllen.

Von Nutzbarkeit der Fischlein vnd jhrem Fleisch.

Diese Fischlein sind in grossem brauch in der speiß zur zeit der Fasten/fürnemlich in Italien/dann man pflegt solche eynzusaltzen/vnd auß dem Saltz/ auff mancherley weiß zuessen

zu essen/dann sie widerbringen vnnd stercken die begird zu essen/verzehren den kalten
dicken Schleym deß Magens/ dienen auch den Kranckheiten/ so auß solchen vrsachen
kommen.Solcher Fisch werden vnzal in der Prouintz/ in Franckreich gelegen/ gefan-
gen/bey der Nacht mit angezündtem Feuwr in den Schifflinen. Man pflegt sie auch
roh zu essen mit Oel vnd Peterle. Item/so macht man auch ein gute Galrey oder Sauf-
sen auß jnen/in dem daß man die Fischlin auß der gemeinen Galrey nimpt/in ein Blatten thut/darüber schüttet Essig/ Oel vnnd Peterlebletter/ demnach auff einer Glut so
lang bewegen/biß die Fischlein in ein Safft schmeltzen vnd zergehen.

Von dem fünfften Geschlecht der Meerseelen.

Apua Phalerica. Ein Schmeltzling.
Von seiner Gestalt/Art vnd Nutzbarkeit.

Dieses ist auch ein sehr kleiner Fisch/vn-
den am Bauch rauch/nach der Häring
Art/ist lind vnnd so feißt/ daß er einem
vnder den Händen zerschmiltzt/ so er hart angegriffen wirt.Dergleichen so viel zumal in ei-
nem Schifflin geführt werden / so geben sie feißt von jhnen/so ober sich schwimt/ von
den Fischern auffgesamlet wirdt/ vnnd zu den Liechtern gebraucht. Solche werden zur
zeit deß Herbsts in grosser menge gefangen/ sind doch von etlichen Fischern auff einen
Tag für 50.Kronen wehrt gefangen worden.

Von dem sechsten Geschlecht der Meerseelen.

Apua Mugilum. Ein kleiner Meer Alat.
Von Gestalt vnd Natur der Thieren.

Diese Fischlein wachsen von
jnen selber im sand/lät/wußt/
vnd kat/in Gräben/ rc. Ha-
ben die gestalt der Meer Alat/ Mugi-
les bey den Latinern genannt.

Von dem siebenden Geschlecht der Meerseelen.

Hepserus. Meer Bambele.
Von seiner Gestalt.

Auß allen kleinen Meerfischlinen/ bekommen diese gegenwertigen insonderheit solchen Namen/ so sonst vieler
andern gemein. Ist ein kleines Fischlein/ ei-
nes Fingers groß/silberfarb/durchscheinend/ außgenommen der mittel strich von den
Ohren gegen dem Schwantz gestreckt: hat grosse Augen nach kleine deß Leibs/ vnnd
sein vndermaul lenger vnd grösser dann das ober.

Von dem achten Geschlecht.

Atherina Rondeletij.   Ein kleine Häring Art.

Von seiner Gestalt.

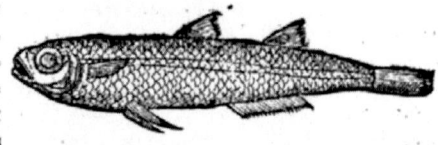

Jeses sind kleine Meerfisch/ dänlich den ersten Geschlechten an der gestalt/ wenig lenger dann ein Finger/ gar nah spengig/ eines kleinen Fingers dick/ mit einem breitlechten Rücken/ kleinen Maul/ ohne Zän/ grossen Augen. Sein Bauch ist silberfarb/ der Rücken braunlecht/ bey dem Kopff gelb vnd rötlecht/ seine Fäckten weiß/ ist am Leib gantz durchscheinendt/ wie ein Glaß/ allein außgenommen die mittelsten strich von dem Kopff gegen dem Schwantz gestreckt.

Von Natur der Fischlein.

Diese Fischlein wohnen im Meer/ vnd beyligenden Seen/ leycht Herbsts zeit/ daß sie wachsen nicht von jhnen selber/ sonder haben Milchling vnd Rögling. Wirdt viel in den Meerpfützen Frülings zeit gefangen/ dann sie schwimmen scharecht/ gleich andern Meerseelen.

Von jhrem Fleisch.

Sie sollen ein ümlich gut trocken Fleisch haben/ gesund/ lieblich zuessen/ allein daß es vol kleiner Gräten stecket/ von welcher wegen sie gemeiniglich gebachen werden.

Artzney von den Thieren.

Etliche loben diese Fischlein den Krancken darzustellen/ als die leichtlich verdauwt werden/ vnd keine Bläst gebären.

Von dem neundten Geschlecht.

Membras.   Ein kleine Häring Art.

Von Natur der Thieren vnd jhrer Nutzbarkeit.

Jese sollen von denen erwachsen/ so wir zuvor schmeltzling genennt haben/ diese pflegen allezeit an einem ort zubleiben/ werden von etlichen alten gebraucht/ Wespen vnd ander dergleichen schädliche Thier zufahen.

Von jhrem Fleisch.

Diese Fisch sollen ein feucht/ blästig/ vngesund Fleisch haben/ als dann auch gar nah alle andere vorgeschribene Geschlecht der Meerseelen.

Von dem Sardein.

Sardina.   Ein Sardein.

Von seiner Gestalt.

Tiese

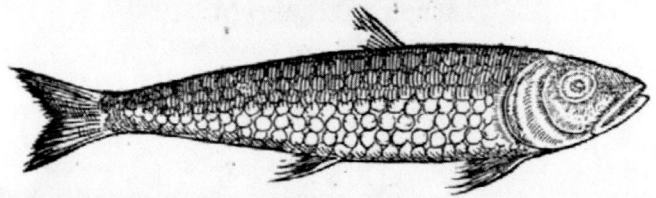

Diese Fisch mögen auch vnder die Herings Art gezehlt werden/daß an der gestalt/ Dräuhe deß Bauchs kommen sie vber eins/allein daß dieser kleiner ist. Bekommen jhren Namen bey den Griechen von vile kleiner Gräten oder Dörnen als Haar: Hat grosse dünne schüppen/ hat mancherley Farb : sein Kopff goldfarb/ der Bauch weiß/ der Rücken blauwgrün/welchs grün mit dem Tod verblicht: hat gantz kein Gallen/ auß vrsach er gantz gebraten vnd gebachen wirt: Frülings zeit wirt er sehr feißt.

Von Art vnd Natur der Thieren.

Diese Fisch sollen sich sehr belüstigen ab den Mangoltblettern/mit welchen sie von den Fischern gefangen/vnd in die Fach gereitzet werden. Deß Jahrs sollen sie zwey mal leychen/in keine Flüß sollen sie sich lassen/sonder deß Meers belüstigen/rc.

Von Nutzbarkeit der Fischlein/vnd jhrem Fleisch.

In grosser menge werden diese Fisch gefangen/vnd auff zwey Jar behalten/ eyngesaltzen/auß dem Saltz mit mächtiger zahl verkaufft/vnd grossem lust gessen. Es wirdt auch die Galrey oder Brühe gessen vñ gebraucht/den Appetit damit zu reitzen/ist gantz dienstlich die viel süssen Schleim vmd Wasser im Magen haben. Sie kommen auch frisch vngesaltzen in die Speiß/ werden als zimliche gute gesunde Fisch gelobt/ist doch ein vnachtbare gemeine Speiß/nicht in hohem werth gehalten. So sie auß der Galrey gessen werden/so bewegen sie den Stulgang/gleich allen andern gesaltznen dingen.

Von dem Meerschiler.

Von seiner Gestalt.

Dieser hat seinē Namē von seiner farb/ deñ nach dem du jn gegen der Sonnen welckest/ nach demselbigen erscheint sein Farb/ gleich dem Schiler Daffet. Ist ein sehr schöner Fisch/ goldfarb/ glentzet/ schilet/ als wenn einer glantzenden Farb/wenig Purpur gemischet würde. So er gestorben/so wirt er bleichfarb/ er sol auch Voren von etlichen Niderländern genennt werden.

Von seiner Art vnd Natur.

Dieses sind Steinfisch/wohnen in den Löchern vnd bey den Felsen vmnd Steinen. Sein Haut vnd Fleisch ist änlich dem Egle/sol ein gut gesund Fleisch haben.

Von dem Meergroppen.

Blennus. Ein Meergropp/Ein Zibelfiſch.
Von ſeiner Geſtalt/Art vnd Natur.

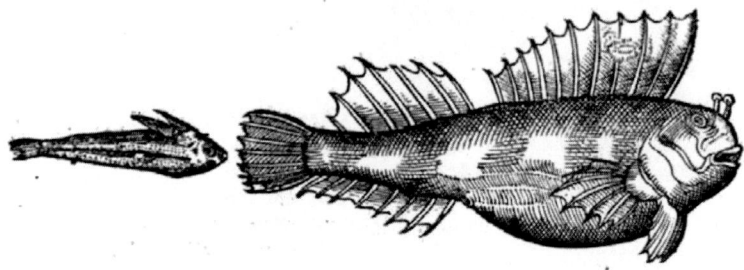

Nachtbare kleine Fiſchlein ſind dieſes/wiewol das iſt/ daß die Scribenten in der Beſchreibung deß Fiſches nit gäntzlich vbereinkommen/als dañ auß den zweyen beygeſetzten Figuren erſcheint: Schüppen haben ſie ſo leichtlich von antaſten abreiſſen/vergleichen ſich etlicher geſtalt einem Groppen/ vnnd der gröſſer an der Farb einem Böllen oder Zibel/ſo bekomen ſie auch bey etlichen Nationen den Namen von dem Zibelen her/werden ſelten gefangen/ſind ſehr fräſſig/freſſen allerley kleiner Meerthier/haben ein feucht ſchleimig vngeſchmackt Fleiſch/kommen zur Speiß der Armen.

Von dem Schneckling.

Scorpioides. Ein Schneckling.

Von ſeiner Geſtalt Art vnd Natur.

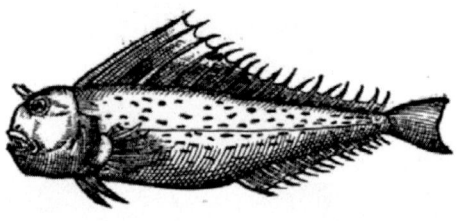

Dieſer iſt gantz gleich dem Fiſch/ſo oben der Meergropp oder Zibelfiſch von Bellonio genennet vnd gehalten wirt/ iſt ſumma derſelbig Fiſch/ oder gleiches Geſchlechts. Er mag kêmlicher Schnecklin geheiſſen werdé/ daß er zwey linde hörnlin oben auff dem Kopff auſſtreckt/gleich den jrdiſchen Schnecken. Iſt der Art/ daß er an Geſtaden wohnet/ vnnd gelebt deß Schleims vnnd Waſſers oder Meers/ hat ein Flaiſch wie die gekämpt Meerlerchen.

Von dem Meerſchnepff.

Scolopax

Scolopax.   Ein Seegfisch/Ein Meerschnepff
Ein Meerseegen.

Von seiner Gestalt:

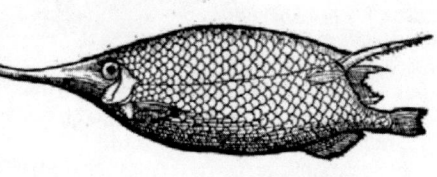

Ein wunder seltzamer Fisch ist dieser/gantz frembd/einer schöné gestalt/ alle zeit klein/ wirdt von seinem schnabel Meerschnepff/oder von dem Spitz so er hinden außher streckt in gestalt einer Sägen/ Meerseegen oder Seegfisch genennt. Hat einen runden Leib/rötlecht an der Farb/ mit rauchen Schuppen vberzogen/ hinden streckt er einen Spitz auß/ auff einer seiten vol Zänen als ein Sägen.

Von seinem Fleisch.

Sein Fleisch sol ein gut Gesafft vnd Geblüt gebären/one Arbeit verdäuet werden vnd gesund seyn.Dieweil er aber frembd selten gefangen wirdt/ pflegt man jn zu dörren vnd zu behalten/als andere Abentheur.

Von der Seelerchen.

Alauda Marina.   Ein Seelerchen. Ein Meerlerchen.
Alauda non cristata.   Ein vngekrönte Seelerchen.

Von der Gestalt der Thieren:

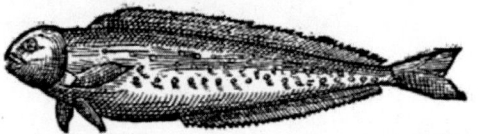

Der Thieren werden dreyerley gefunden. Die erste so hie gezeigt hat keinen Namen oder Krönle/vergleicht sich mit seine Kopff gar nahe einem Affen/ möcht auß der vrsach auch ein Meer Aff genennt werden. Hat einen glatten Leib/one Schuppen/schleimig mit viel mackeln oder flecken besprengt.

Von Art vnd Natur der Thieren.

Diese Fisch wonen allein in den engesten Löchern der Felsen oder schrofen im Meer gelegen/verbirgt vnnd enthelt sich in denselbigen/den auffsatz der Fischern zu entfliehen/ auß welcher vrsach er etlichen Nationen Steinborer oder Hauwer genennt wirdt. Hat in seinem Maul resse Zän/mit welchen er die Fischer beist/gelebt deß Wassers/Mieses/ vnd anderer kleinen Fischlinen.

Von den gekämpten Meerlerchen.

Alauda Cristata, siue Galerita prima.   Die erste Art der gekrönten oder gekämpten Seelerchen.

Von jrer Gestalt.

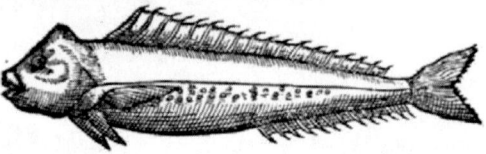

Leich wie bey dem gewögel zweyerley Lerchen sind / etlich mit Kammen/ oder Streußlinen/ andere one solche: Also werden auch diese Fisch/so sich etlicher gestalt solchen Vöglen vergleichen/mit vnterscheid benamset. Dieser hat die grösse eines Fingers oder ein wenig grösser/ dün/ glatt/ schlipfferig/one Schuppen/ ein klein Maul mit Zänen/kleine blauwe Augen.

So er lebendig ist /so tregt er ein auffrechten Strauß auff seinem Kopff/ lind vnnd blaw. Der gantz Fisch ist braun mit viel flecken besprengt/welcher etlich rund/andere lang sind.Gelebt ein gute zeit ausserhalb dem Wasser/hat ein lind Fleisch/wirdt verachtet von der kleine wegen.

Von der dritten Seelerchen.

Alauda Cristata altera.   Ein andere gekämpte Meerlerchen.
Von seiner Gestalt/Art vnd Natur.

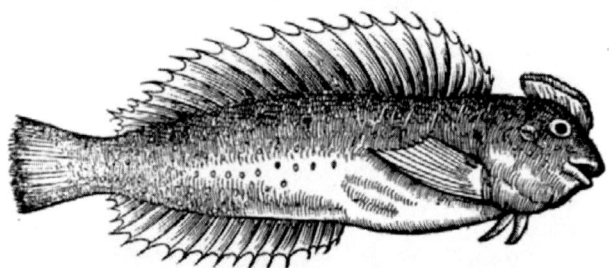

Dieser sol nit minder vnder die Meerlerchen gezehlt werden von seiner Gestalt wegen/vnd von seines Kammes oder Strausses wegen.Wirt von den Venedigern Guttu osa genannt/ von dem baussenden Rachen/ von etlichen wirdt er auch Meerhennen genannt. Dieser ist gar nah gantz schwartz/ allein daß er mit blauwen Puncten oder Flecken bezieret wirdt/vnd oben auff dem Rücken neinlich die gantze Flecken/Item bey den Ohren vnnd zu öberst am Bauch gelblecht. Wonet allein in den Löchern der Steinen vnd Felsen deß Gestades/Item bey vnd vmb die alten Häuser vnnd Gebäw so in das Wasser gesetzt. Wirt one arbeit gefangen/vnd von den Fischern verworffen/auß der vrsach daß er schleimig vnnd schlipfferig ist/gantz veracht/hat ein hart Fleisch/in wenig achtung.

Von dem vierdten Geschlecht der Seelerchen.

Exocœtus cristatus.   Ein Schleimlerch/ Ein bunter Han/
Ein Steinrup/Ein Spreckellerch.

Von seiner Gestalt vnd Natur.

Dieser Fisch sol billich vnder die Meerlerchen gezelt werden/daß er mit seiner Gestalt jnen gantz gleich ist/hat auch schier ein gestalt wie ein Meergropp/ein glatte

schlipff

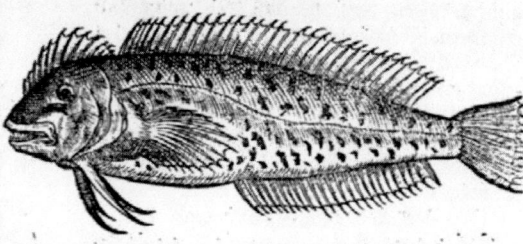

schlipfferige Haut/ von welcher jhn die Griechen nennen. Dieser möchte der recht vnd war Blennus der alten seyn/ so mit einer schleimigen glatten Haut beschrieben wirdt. Ist an der Farb rötlecht/ mit viel andern farben gemischt/ wirt nicht grösser/

dann so viel den Daumen vnd Zeiger wol begreiffen mögen. Oben auff dem Kopff hat er ein Fecken gleich einem Kammen: hat scharpffe kleine Zän/ als Hundszän/ ein gesteckete Haut/ als der Meerdrack. Sol drey oder vier Tag one Wasser geleben mögen/ frist allerley Muschel vnd Schneckfisch/ auch die Kuttelfisch/ als die Meernesslen.

Von dem fünfften Geschlecht/
der Meerlerchen.

Pholis.   Ein Schleimlerch/ Ein Meerlerchen art/ Die ander Schleimlerch.

Von Gestalt/ Art/ vnd Natur deß Fisches.

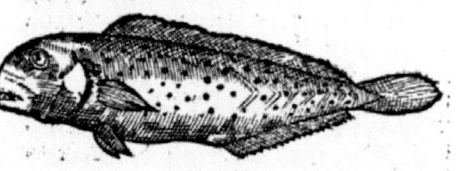

Dieser ist der fünffte auß der zal der Meerlerchen/ hat seinen namen bey den Griechen von dem Schleim/ mit welchem er vberzogen ist. Sein Rücken ist braun/ der Bauch bleich/ sein haut glatt/ one schüppen/ gesteckt/ als der vorgenannten/ welcher er gantz änlich/ allein daß solcher kein Kammen hat/ auch anderst geferbt. Alle zeit ist er gantz mit Schleim vberzogen/ welche jhn von der Natur an statt der Schüppen geben sind/ in welchem er als in einem Nest steckt vnd wonet oder nistet: hat ein sehr lind vnd schleimig Fleisch. Der Schleim kompt vnnd fleußt auß dem Fisch/ mit welchem er sich vberzeucht. Die Alten wo sie einen Menschen haben wöllen bedeuten/ so auß seinem eignen Schweiß vnnd Arbeit lebt/ haben sie der Fischen einen gemalet.

Von dem Häring.

Haréngus.   Ein Herig/ Häring/ Hárinck.

Haréngus passus & infumatus.   Ein Bücking.

Wo diese Fisch zu finden/ vnd jrer Gestalt.

Diese Fisch werden allein in dem hohen Teutschen Meer gefangen/ sonst in keinem andern/ werden auch allein von den Teutschen in alle andere Land gefertiget. Ist ein bekanter Fisch/ gantz vberlegen denen/ so von dem Bapst mit der Fasten belästiget werden. Das ist one fehl/ daß jre Augen sampt den nechstē Schüppen bey der Nacht wunderbarlich scheinen/ auch etlich Tag nach dem sie gefangen/ ob sie

gleich geſtorben/ dermaſſen daß ſie zu Nacht ſcharecht in groſſer viele in dem Meer mit vbergekerten
Bäuchen ſchwimmend geſehen werden/als ob das
Meer gantz von glaſt erbrüñen. Solche Scharen
neñen die Engelländer a Scull:iſt ein Schüpfiſch/
hat allein ein einfaltigs/kleines/geſtrackts Eyngeweyd oder Därmle/auß vrſach er alle zeit one wuſt
gefunden wird.

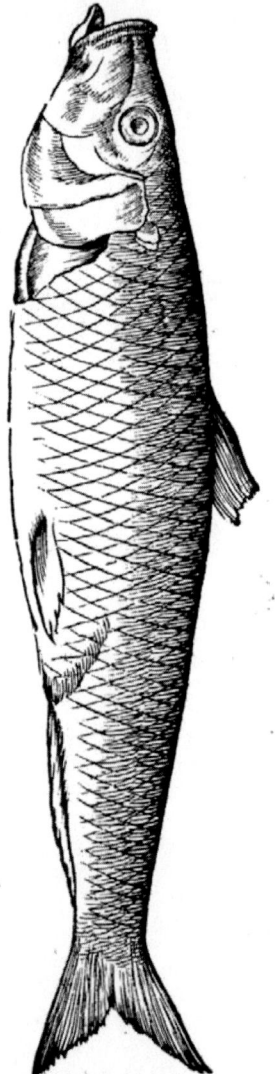

Von Art vnd Natur der Thieren.

Es ſagen die Alten ſo von den Fiſchen geſchrieben haben/die Häring geleben allein deß lautern
reinen waſſers/als ein reines Element/auß vrſach
darzu bewegt/daß in jrem Leib kein Geddrm oder
Eyngeweyd: item kein Kat oder Wuſt als andere
excrementen gefunden werden/ſo doch ſolches geſchicht nach Art vnd Eigenſchafft jhrer Erſchöpf-
fung/dann ſie kein ander Eyngeweyd haben dann
allein eins/einfaltigs geſtrackts durch den Leib ohne Krümm oder Gehenck/welches vrſach gibt daß
ſie alle zeit leer gefunden werden.

Dieſe Fiſch wonen in dem Teutſchen Meer als
oben gehört/lieben die Geſtad/gebeeren oder leychen deß jars ein mal in dem Herbſt/vmb die zeit ſo
Tag vnnd Nacht ſich vergleicht: kommen zu keiner
zeit in das ſüſſe Waſſer hinauff/dann ſolches haſ-
ſen ſie vnd ſterben dauon. Wie bald dieſe Fiſch deß
Waſſers beraubet/oder an Lufft kommen/ſo ſterben ſie zu ſtund/alſo/daß er auſſer dem Waſſer lebendig nit mag geſehen werden.

Von Anmutung der Thieren.

Die Hornfiſch oder Meernadel ſo ſie vnder die
Scharen dieſer Fiſchen kommen/ſo ſollen ſie groſſen ſchaden thun/welches billicher võ dē Schwerd-
fiſch ſol vmd mag verſtanden werden: dann ſonſt
auch andere Walfiſch verſchieſſen ſich zu zeiten in
die Geſtad herauß/auß nachhalten vnd begird zu
ſolchen Fiſchen.

Von dem Häringfang.

Die ſcharen der Fiſchen bekennt man von dem
widerglantz jrer Augen ſo im Waſſer ſcheinen/So
die gantz Häringſchar nahe bey einander/ſo kan
man ſolche von viele nit fahen. Im Herbſtmonat theilen ſich die Scharen/als dann fäht
man ſie mit den Garnen/zu zeiten in ſolcher menge daß ſie nit mögen zu Land gezogen
werden/ſonder dz man muß die Seyl abſchneiden. Der Art ſollen ſie ſeyn/daß wañ ſie
ein Liecht auff dem Waſſer oder Meer erſehen/ſo ſchwimen ſie häuffecht herzu/werden
mit ſolcher Kunſt von Fiſchern zu d ein Fang gereitzt. Zu anderer zeit/als Winterszeit
ſollen ſie verborgen ſeyn/nit weiter erſcheinen dann auff ſein gewiſſe zeit.

Man

Man hat zu dem Häringfang gewisse/oder geschworne Fischer/so einer auß solchen gestorben/vnd sein verlaßne Witfraw sich innerthalb dreyen Tagen nit mit einem anderen Mann sich vermählet hette/so hat sie jre gerechtigkeit zu dem Häringfang verloren.

Als zu zeiten einer auß solchen verlaßnen Witfrawen ein zug von dem Fang vmb drey hundert Gülden gekaufft hatt/auß Hoffnung viel daran zugewinnen/dañ alle zeit ein vnzal der Fischen zu mal gefangen wirt/sollen denselben Zug allein drey Häring gefangen worden seyn/also der gut Mann seines verhofften gewiñs betrogen.

Vielmehr ist sich zuuerwundern ab dem so man sagt von der new erfundenen heiligen Insel in bedachtem Teutschen Meer gelegen/ in 1530. Jar begegnet/daß sich auß dem Häringfang zwey tausend Menschen erhalten haben/ vnnd als sie zu zeiten einem der Häring mit einer Ruten durch Geylheit geschlagen/sol die zal der Fischen also dauon gemindert vnd abgenommen haben/daß bey 24. jaren darnach nicht mehr dañ hundert Personen sich haben mögen erhalten.

Von Nutzbarkeit der Thieren.

Die Häring Köpff ein zimliche zal an ein Faden gezogen/sol man legen vnder das Beth in das Stroh oder Laubsack/so vertreibt es die Wentelen.

Die gesaltzene Brühen der Häringen braucht man zu etlichem Aaß der Tauben/ andere mit jnen zu fahen.

Die Häringfeiste oder Härigschmaltz brauchen die Schuster das Leder damit anzubereiten.

Von dem Fleisch der Häring.

Die frischen Häring sind gesünder vnd löblicher dann die gesaltznen oder geräuchten/die geräuchten werden insonderheit Bücking genennt. Die Niderländer essen solche roh sampt jhrer Brühe/ je gesaltzner je besser/je mehr sie von jnen begert werden/ab welchen wir obern Teutschen ein scheuhen haben. Ein solche Art haben sie/als alle andere gesaltzne oder geräuchte Speisen an jnen haben.

Etliche Stück der Artzney/so von jnen in Brauch kompt.

Die Häring Seelen/bey 9. eyngegeben den Menschen oder Pferden/sol den verstelten Harn treiben. Sein gesaltzne Brühe/so von etlichen Häring sültzen genent wirdt/ von den Latinern Muria, ist zu manchem Bresten breuchlich/nicht allein der Häring Schmaltz/sonder aller roh eyngesaltzner Fischen Brühen/auß vrsach wir hie die Tugenden aller in gemein setzen wöllen.

De Caro, Alece, Muria.

Allerley roh eyngesaltzner Fisch Brühen/vorauß der rohen Oelapflen Brühen wirt durch Cristier eyngeschütt denen/so den roten Schaden/vnd Hüfftweh haben/säubert weiter die wüsten/stinckenden Blär oder Schäden/wirt gebraucht zu dem Brandt/der wütenden Hundsbiß/wider die Geschwär deß Mauls vnd Ohren.

Der erste theil von den

Die alten haben solche brühen vil im brauch gehabt/zu der speiß nit anderst dann
wir bey vns den essich/vnd als ich achte/mit grossem nutz vnd gesundtheit/hie nicht not
weit zu erholen/dieweil es bey den Teutschen gantz abgangen.

Von dem Meergroppen.

Gobius Marinus maximus flauescens.   Ein grosser Meergropp.

Von seiner gestalt vnd mancherley geschlecht der thieren.

Je vralten Mei-
ster so von dē was-
serthieren geschri-
ben/haben nicht einhellig
alle geschlecht der Meer-
groppen erkant/auß vr-
sach daß so mancherley
geschlecht vnd gestalten derselbigen gesehen werden.   Item daß sie mancherley vnderscheid haben/hergenommen/von jhrem Ort vnd Leben/von der Substantz/von der
grösse/von der farb.   Von jhrem ort vnnd leben/daß etliche gestad oder sandgroppen
heissen/etliche steingroppen/seegroppen/süß wassergroppen/rc.   Von der substantz/
daß etliche vil löblicher dann die anderen.Von der farb/daß etliche weiß/gelb/schwartz
oder blech an der farb sich erzeigen.   Zu letzt von der grösse/die gelblechten sind die
grösten/die weissen die kleinsten/die schwartzen mitler grösse.   Nun werden der Meergroppen dreyerley insonderheit beschriben/Auß welchen der erste so hie oben bey anfang gesetzt/der gröste auß jhnen ist/an der farb gelblecht oder blech mit schwartzen
flecken besprengt/hat kleine zän/ein grosses maul/rc. andere gestalt erzeigt die schöne
figur.

Von dem schwartzen Meergroppen.

Gobius niger.   Ein schwartzer Meergropp.

Von seiner gestalt.

Iser ist kleiner dann der erste/gantz eines
runden leibs/als dann auch der erste/
dem vorigen gantz an der gestalt änlich/

wo er nit kleiner wäre/wiewol das ist/daß dise
figur grösser dann die obere erscheint/auß deß
malers schuld.   Ist an seiner farb schwartz zu meisten vornen her/hat vnden vornen am
bauch ein einige schwartze fäckten/gentzlich wie ein bart: ist allezeit vollen wust vnnd lät.

Von

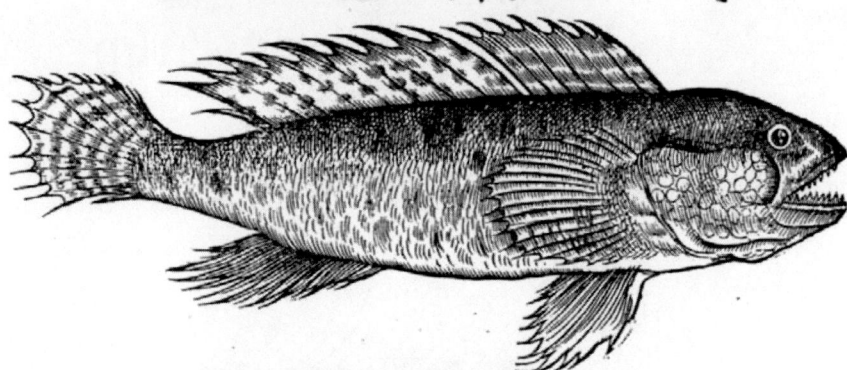

Von dem weissen Meergroppen.

Gobius albus. Ein weisser Meergropp.

Von seiner Gestalt.

Dieser ist der kleinest auß den
Meergroppen / bekompt seinen
Unterscheid von der Farb / daß
er ein wenig weisser ist dann andere
Meergroppen/seine andere Gestalt erzeigt sich auß der Figur.

Von den Groppen so in Meerpfützen wohnen.

Gobius stagni marini.

Vorgenannte Fisch wohnen auch in den Seen oder Pfützen gleich am Gestad deß
Meers gelegen/ sind den vorigen gantz gleich/ auch nicht viel ärger dann die so im
Meer wohnen: mögen zu etlichen stücken an statt der andern gebraucht werden.

Von Art und Natur der Meergoben oder Groppen.

Die Meergroppen sind Steinfisch/ schwimmen mit scharen oder viele daher/ werden zimlich feißt/vorauß so er den Flüssen oder süssen Wassern nachstreicht: sie leychen
bey dem Gestad/hencken jhre Eyer an die Felsen. In etlichem Meer sollen sie Winterszeit also gefrieren/daß sie ohne bewegnuß als todt/ auch kein Leben erzeigen/ so lang biß
solche von der Wärme deß Feuwrs/so man sie kochet/ auffgefrört und bewegt werden.
Mit Zuggarnen pflegt man sie zufahen.

Von dem Fleisch der Thieren.

Das Fleisch der Thieren hat mächtigen Preiß/ vorauß deren so bey den steinen/und
frischem Meer wohnen:dann sie sind zart/matt/gantz lieblich unnd angenem zu essen/
fuhren wol/gebären ein gut Safft und Geblüt/sind zimlich und feißt. Die weisen sind
löblicher dann die schwartzen: die bösten so in stinckenden Wassern/ oder faulen Ortern
gefangen werden.

Artzney von denen Thieren.

Dieser Fisch gestossen/in Wasser gesotten/ sol den Stulgang bewegen/ vorauß so
man Saltz mit mischt. Dargegen ohne Saltz gebraten gessen/sol er den roten Schaden Bauchfluß und dergleichen stellen.

Der ander theil/von allerley

Steinfischen.

Von dem Meuwbrachßmen.

Scarus. Ein Meermeuwer/Ein Meuwbrachßmen/
Ein Zanbrachßmen.

Von zweyerley Geschlecht der Thieren/vnd von dem ersten
Geschlecht/sampt seiner Gestalt.

Vß allen Steinfischen ist dieser Meuwer der fürnem=
mest: hat seinen Namen bey allen Nationen von dem meuwen/daß er die
Kräuter abweydet/ vnnd dieselbigen widerumb meuwet oder däuwet/
gleich den Kühen/Rindern/oder andern dergleichen Vieh. Solcher sind
zweyerley Geschlecht vnd Gestalt. Der erste/so hievor gesetzt/der rechte/war der Alten
Meuwbrachßmen/ ist ein Steinfisch / hat grosse dünne Schüppen / an der Farb
schwartzblauw/am Bauch weiß: hat in seinem Maul Zän gleich der Menschen Zä=
nen/auch gleiche Kiffbacken/hat auß allen Fischen allein vnden vnnd oben breyte Zän/
grosse Augen/rc.hat an jedem Ort zwey Fischohren/die einen einfach/die andern zwey=
fach: hat ein schwartze Gallen. Diese Fisch sind zu zeiten nicht in jedem Meer gefan=
gen worden: dañ sie von den Römischen Regenten in etliche andere anheimische Meer
gepflantzet vnd geführt sind worden.

Von dem andern Geschlecht der
Meermeuwern.

Scarus varius. Ein getheilter Meuwer oder Meuwbrachßmen/
Ein Spregelmeuwer.
Von seiner Gestalt.

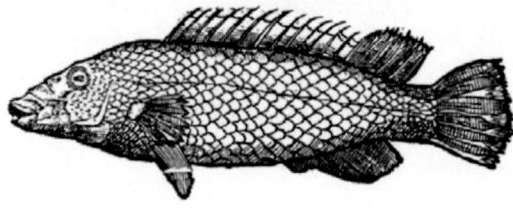

Dieser

Dieser hat sein Unterscheid vnd Namen von der Farb/dann der vorgesetzt ist gar nah einerley Farb/dieser aber mancherley Farb/dann mit seinen Augen/Bauch hinden auß ist er Purpurfarb/der ander Leib ist zum theil grünblauw/zum theil schwartzblaw/seine Schüppen mit etwas dunckler Flecken besprengt/hat in dem obern Kyffbacken breite Zän als das erste Geschlecht/in dem vndern Kyffbacken viel spitziger Zänen. Mitten im Bauch hat er zween Purpurfarb Flecken. Ist ein vberauß schöner Fisch.

Von der andern der gleichen Gestalt.

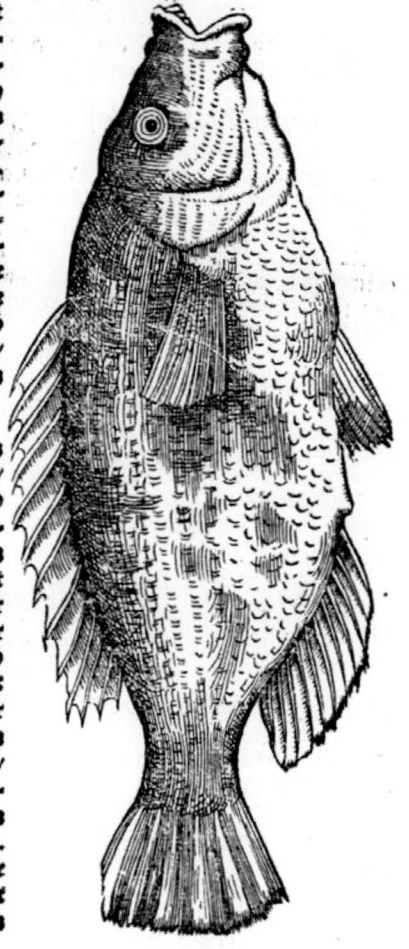

Zu dem jetztgenannten Fisch dienet auch diese Figur/ist mit wunder schönen Farben von natur geziert/nemlich mit schwartz braun vnd rot/die zwey säcktle bey den Fischohren sind gelb/die andern Säckten braun/seine Grätle darzwischen rot/alsdann auch im Schwantz. In den Augen ist vmb das schwartz erstlich ein gelb grüner Zirckel/der ander violfarb/demnach der folgend gelb/das äuserst vmb das Aug schwartz : durch die breite der Seiten werden schwartzlechte Flecken oder Masen gesehen. Dieser Fisch wirdt von etlichen Papagallus genannt/vnd von etlichen vnter die Meertrostlen gezehlet.

Von Art vnd Natur der Thieren.

Diese Fisch wie gehört wohnen bey den Steinen vnd Felsen/derselben Löchern/Hölen/ic. fressen Kraut/Meerkraut vnd Mieß/vnd als etliche wöllen/auch die andern kleinen Flischlein/zu mercken daß ein sonderbare Art an den Fischen gespüret wirdt/daß sie ruminieren/möuwen oder däuwen gleich dem Vieh / Kühen oder Rinder/demnach so schlaffe er auch/vnnd allein in den Löcheren der Felsen/welches vrsachet daß diese Fisch bey nacht nimmer gefangen werden. Deß Jahrs leychen diese vnd alle andere Steinfisch zweymal/sollen gantz vnkeusch vnnd geyl seyn/solches ist ein Vrsach daß er viel gefangen wirdt/als hernach gehört wirdt werden. Es haben etliche geschrieben / daß eine Stimm: oder Gereusch von jnen gehöret werde/als dann auch von etlichen andern geschicht.

Von natürlicher Anmuhtung vnd Gemeinschafft so die Thier zusammen haben.

Diese Fisch sollen scharecht schwimmen/wiewol der letste allezeit allein sol gefunden werden.

So einer der Fischen mit dem Angel gefangen wirdt/so sollen die andern jhn zu entle-
digen/die Schnur abfressen vnd nagen.

Item/wo dieser Fischen einer in ein Reussen oder Korb schleuffet/Vnd durch sich selber nicht wider herauß schlieffen kan/wo er den Kopff voran streckt durch das Loch/so
beutet jhm der so vor auß/den Schwantz/welchen der inner erfaßt mit seinem Biß/
zeucht einer den andern also herauß. Begert er aber hindersich herauß/damit er seine
Augen vnd Kopff nicht verletze/so erfasset der so aussen ledig jn bey dem Schwantz/vnd
zeucht jhn also durch das Loch.

Wo diese Thier gefangen werden.

Mit den Reussen werden sie der mehrertheil gefangen/dareyn thut man Aaß/wel-
sche Bonen/vnd ein Kraut Linozostis genannt.Man pflegt sie auch auff ein ander weiß
zu fahen.

Dann dieweil sie vnkeusch/die Rögling sehr lieb haben/so nemmen sie der Röglin-
gen einen/hefften jn an ein Schnur/durch die oberst Lefftzen/ziehen jn durch das Meer
her/welchen/so die Milchling oder Männlin ersehen/schwimmen sie mit grossem Eyf-
fer vnd Liebe hernach/ein jeder so nah er mag/gleich als die jungen Gesellen gegen den
hüpschen schönen Töchtern pflegen zu thun.

Als dañ hat ein anderer Fischer ein Reussen/welche er weit auffspert/oder ein Zieh-
garn/zeucht den angehenckten Rögling gegen den Reussen sampt den nachfolgenden/
also/daß die gantze Bulschafft zusammen in die Reussen oder dergleichen Instrument
gebracht werden.

Von seinem Fleisch.

Diese sind die gesündesten auß den Steinfischen/dann sie haben ein matt Fleisch/
nicht dester minder fest/gebären ein gut Safft vnnd Geblüt/werden leichtlich verdäu-
wet/haben kein Rotz oder Schleim.Sind bey den Alten hoch geachtet worden.

Artzney von den Thieren.

Die Leber von dem Fisch in der Speiß genommen/sol die Gelsucht vertreiben.
Auß seiner Gall wirdt ein löbliche Artzney bereytet für die Finsterkeit der Augen
oder Flecken.

Von der Meeramsel.

Merula. Ein Meeramsel. Ein Amselfisch.
Von seiner Gestalt.

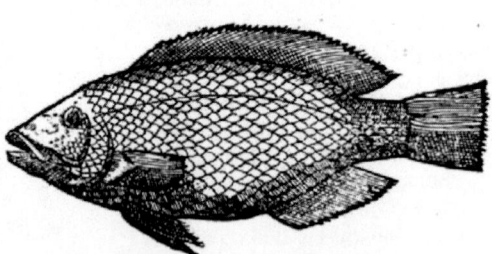

Dieser Fisch ist
nicht vngleich den
Schleyë/schwartz
lecht an seiner Farb wie
die Amsel/von dannen er
den Namen bekompt/ist
ein Steinfisch/hat
scharpffe Zän/vnd ist das
Weiblin oder Rögling
auß jnen etwas gesleckt.

Zu mercken/daß etliche der Scribenten ein andern Fisch an statt der Meeramsel gezeigt
haben/nicht ohne Vrsach darzu bewegt/nach Art seiner Beschreibung.

Von Art vnd Natur der Thieren.

Diese

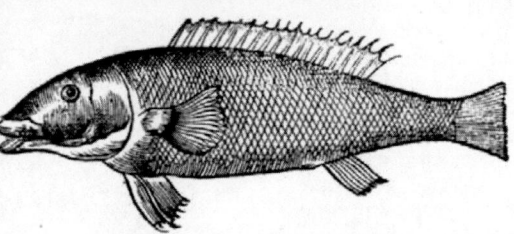

Diese Steinfisch/so in Löchern vnnd Steinen wohnen / fressen Mieß/ Meerkraut/kleine Fisch/ Krebs / kleine gantze Meer Jgel/welche manchesmal auß jhren Bäuchen geschnitten werden. So denen Fischen etwas Speiß begegnet / so versuchen sie dasselbig erstlich/demnach lassen sie es ligen/ligt es ohn bewegung als todt/ so fressen sie es.

Von natürlicher Anfechtung der Thieren.

Wiewol das ist/daß dieser Fisch ein sondere anmuthung vnd begierd hat viel Weiblin zu haben/ so sol er doch in solchem ein grosser Eysferer seyn: item ein sondere anmuhtung vnd Liebe gegen seine Jungen tragen/vor vnd ehe sie geboren: dañ so das Weiblin oder Röglin anhebt zu leychen/ so verschliefft es sich in ein Hüle/ vor welches Loch oder Außgang der Milchling sitzt zu hüten ein gute Zeit/ohne Essen oder ander Speiß/allein daß er bey nacht sich weydet/als auß Vernunfft die Jungen zu beschirmen:er tregt auch jnen Speiß/Kraut/c.zu dem Ort herumb/solcher Eysser ist jm ein vrsach/daß er zu zeiten gefangen wirt. Dañ die Fischer/wo sie die Fisch wissen/stecken sie ein Hogerkrebs an ein Angel/lassen jn zu der Wohnung genañter Fischen mit viel bewegung vmb jhn her/ welches so genañter Fisch ersihet/auß forcht die er hat/daß jm der Krebs nit in die Hôle zu dem Weiblin vnd Jungen schliesse/ streitet er wider den Hogerkrebs/ scheußt herzu/ gibt jm ein biß/vnd lässt jn ligen:vnd so lang das Männlin oder Milchling nicht gefangen wirt/ so lang halten sich die Rögling bey den Eyern vnd Jungen: so bald aber er gefangen/ so werden sie also betrübet/ daß sie nicht still bleiben/ sonder vmbher schweiffen müssen/werden zur selben Zeit ohne arbeit gefangen.

Von jhrem Fleisch.

Das Fleisch der Fischen ist sehr löblich/ein lind Fleisch/ leicht zu verdduwen/gebiert gut Blut/hat kein arge Vberflüssigkeit in jm/wirt in etlichen Kranckheiten/als ein sondere dienstliche Speise vnd Nahrung gebraucht.

Es ist auch ein ander Geschlecht der Meeramßlen mit einem schwartzen Rucken/am Bauch dunckel Purpurfarb. Ist dem vorgeschribnen an aller Art/Natur/Substantz vnd Fleisch gleich.

Von der Meertrostel.

Turdus.   Ein Krametsfisch/ Ein Meertrostel/ Ein Meerpsauw.

Von mancherley Geschlecht der Fischen.Von dem ersten Geschlecht sampt seinen Farben.

Diese Fisch haben jhren Namen daher/ daß sie von mancherley Farben vnden am Bauch geflecket/ gleich den Krametvöglen oder Trosslen. Dann es erscheinet wunderbarlich die Herrligkeit deß ewigen Schöpffers/ vnd Geschicklicheit der Natur in diesen Fischen/ als dann von einem jeden wirdt gehört werden. Solche werden von etlichen allein in zwey Geschlecht getheilet/in die Grossen vnnd in die Kleinen. Die Grossen widerumb in zwey / in die grünen vnnd in die roten / daß also dreyerley Geschlecht der Fischen funden werden. Dargegen werden von etlichen mehr

dann zwölfferley Ge-
schlechte beschrieben. Wie
dem seye / so wöllen wir
die Arten vnd Gestalten
der Ordnung nach auff
das kürtzest erzehlen / vnd
an dem ersten anheben so
hie beystehet : welcher gar
nah der breytest ist vnter
den Krametfischen / hat
dicke gerumtzlete Lefftzen /

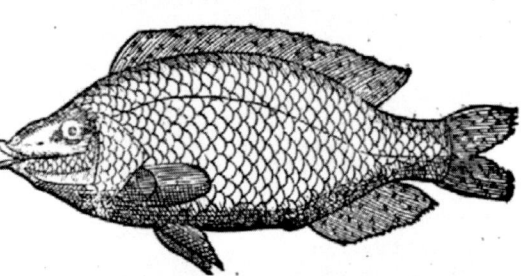

einen gantzen breyten Schwantz / mit schwartzen vnd roten Flecken besprengt. An dem
andern Leib ist er getheilt : dann der Rucken ist braunlecht / der Bauch bleychweiß / die
Fäcktle bey den Ohren Goldfarb : die aber so vnden vnnd oben auff dem Rucken sind
gelb mit schwartzen vnd blauwen Macklen gezieret / hat weite grosse runde Augen / die
theil gleich vnder dem Aug mit wunder schönen Farben gezieret. Ist inwendig gestalt
wie andere Steinfisch.

Von dem andern Geschlecht.

Turdus secundus.   Der ander Krametfisch /
Ein Meerpfauw.

Von seiner Gestalt vnd Schöne.

Dieser ist dem vor-
gesetzten gleich /
doch alle zeit grös-
ser / ist an seiner Farb sehr
schön / gemischt von grü-
ner vnnd blauwer Farb /
als der Pfauwen Halß /
nicht nur an seinem Leib /
sondern auch an allen Fi-
schfäckten.

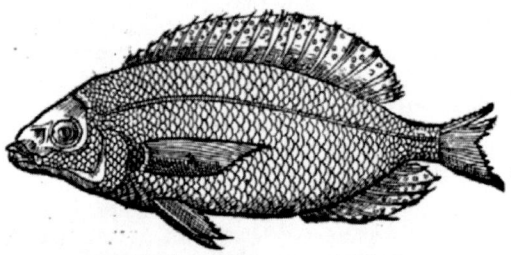

Von dem dritten Geschlecht.

Turdus

Turdus tertius.   Der dritt Krametfisch.

Von seiner Gestalt vnd Farben.

Dieser ist auch an der Gestalt den ersten gleich / an der Farb vngleich / dann es ist hart einer auß allen der mit so mancherley Farben bezieret sehe als dieser. Der mehrer theil ist er grün / aber mit Purpurfarben / blauwen vnnd etlichen andern gemischten Farben besprengt. Die Flecken bey den Ohren rot / andere alle zum theil rot / zum theil blauw vnd grün. Der Schwantz dunckelrot mit blauwen Flecken. Die Deckel der Ohren / mit krummen roten Linien vnd Puncten getheilet. Summa / so schön ist er von Farben / daß er eines schönen Namens wol werth ist.

Von dem vierdten Geschlecht.

Turdus quartus. Psittacus vulgò. Der vierdte Krametfisch. Ein Sittich. Ein Papagey.

Von seiner Gestalt vnd Farb.

Dieser ist auch von mancherley Farben getheilet / dann sein Rucken ist schwartzlecht / sein Floßfeder grün / seine Seiten vñ Bauch gelb. Von den Fischohren gegen dem Schwantz hat er grüne Linien oder Strich gezogen: die Feder vnden am Bauch blauw.

Von einer andern der gleichen Gestalt.

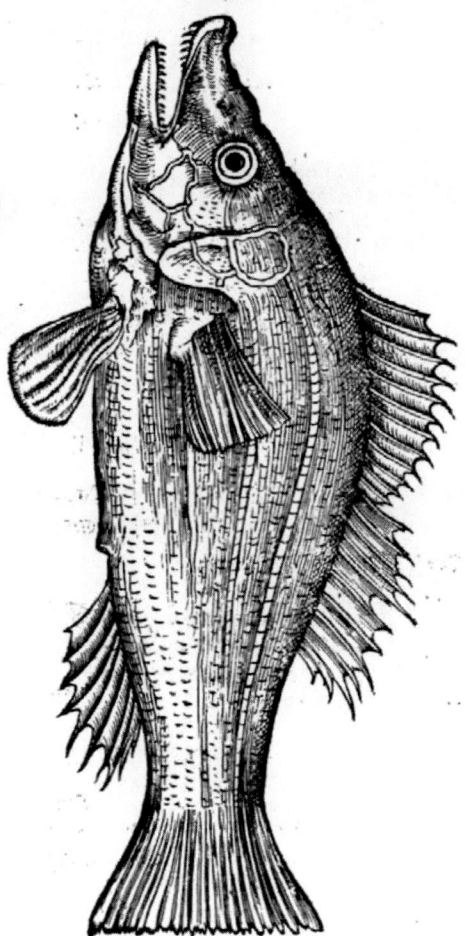

b iiij

Der ander theil/von

Jesem Geschlecht dienet/vnd sol vnterworffen werden/diese gegenwertige schöne Gestalt/zu Venedig Porga genannt/welcher mit nachbeschriebenen Farben beschönet ist. Der Rucken biß in die halb Seiten sind braun/mit viel schwartzlechten Flecken besprenget/ Drey oder vier Strich strecken sich von den Ohren gegen dem Schwantz/an der Farb blaw. In den Augen/vmbgeben das schwartz innerhalb/zween goldfarb Circkel/zwischen welchen der so in mitten braun ist. Sein Schwantz der mehrertheil blauw/welche Farb auch bey anfang der Fecklinen bey den Ohren vnd an dem Kopff/vmb die Ohren her erscheinet: weiter der vorder halber theil der Floßfeder oben auff dem Rucken wirdt mit schönen Farben gemahlet/der hindertheil derselbigen Feder gelb/mit blauwen Mosen besprengt. Der vnder theil der Seiten gegen dem B auch ist gelb/mit rötlechten Mosen getheilet. Die Feckle bey den Ohren braun/die zwey vnden am Bauch vnd eine bey dem Außgang gelb.

Von dem fünfften Geschlecht.

Turdus quintur.   Der fünfft Krametfisch.

Von seiner Gestalt.

Iser sol gleich seyn dem gelben Meergroppen/allein dz er ein weissen Stich oder Liny von dem Kopff biß auff den Schwantz gezogen hat. Diese Meertrostel ist Goldtfarb/gantz schön.

Von dem sechsten Geschlecht.

Turdus sextus.   Der sechste Krametfisch.

Von seiner Gestalt.

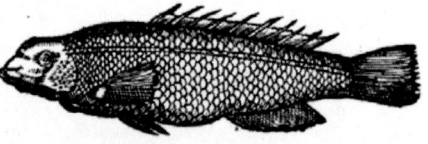

Ieser ist dem fünfften gantz ähnlich/allein dz der Strich von dem Kopff gegen dem Schwantz gezogen/blaw ist/nicht weiß / auch hat er ein lang spitzig Maul/wie ein Habich.

Von dem siebenden Geschlecht.

Turdus septimus.   Der siebend Krametfisch.
Cero in prouincia dictus.   Ein Wächßling.

Von seiner Gestalt.

Dieser

Dieſer wohnet auch in den Felſen / kompt mit ſeiner gröſſe zu einem Ellenbogen / mit mancherley ſchönen Farben gezieret: ſein Rucken Goldfarb mit grünen Flecken beſprengt: der Bauch weißlecht / mit krummen roten

Strichlinen bezeichnet/ gleich als die Wurtzeln vom Buchßbaum. Seine Leftßen ſind grün / die Deckele der Ohren mit Purpur beſprengt: der Schwantz vnnd Federn der mehrertheil blauw.

Von dem achten Geſchlecht.

Turdus octauus.   Der achte Krametfiſch.

Von ſeiner Geſtalt vnd Farb.

Dieſer iſt dem ſiebendē Geſchlecht mit aller Geſtalt gleich/ auch ſo vil die Farben betrifft / doch hat er viel Linien oder Strich durch den Bauch die zwerch/ vnnd den langen Weg durch einander.

Von dem neundten Geſchlecht.

Turdus nonus.   Der neundte Krametfiſch.

Dieſer iſt dem vorgeſetztē gantz ähnlich / allein daß er ein weiſſe Linien oder Strich hat von den Ohren biß auff dē Schwantz: auch viel andere goldfarbe Strichlin die zwerch ohne Ordnung. Iſt ſonſt

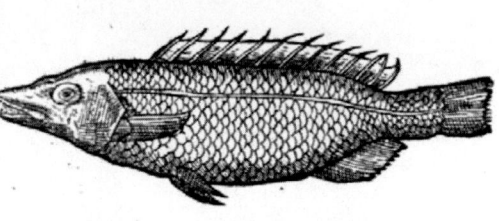

getheilet von grüner vnd gelblechter Farb / wirdt von etlichen Welſchen ein Drimmeten genannt von ſeinen Farben: dann ſolche pflegt man bey jnen getheilt bekleiden.

Von dem zehenden Geſchlecht.

Turdus decimus.   Der zehend Krametfiſch.

Von seiner Gestalt vnd Farb.

Das zehend Geschlecht der
Fischen ist grün/das äusserst der
Ohren vnd feckten deß Bauchs
sind Purpurfarb/die Augen rot/
der Bauch von weissem auff gelb
gezickt/ hat ein klein Maul vnd
kleine Lefftzen.

Von der andern Gestalt dieses
Geschlechts.

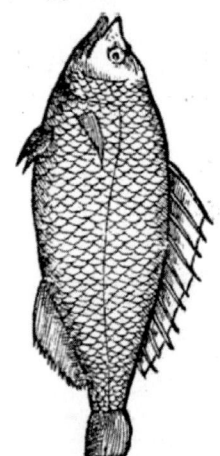

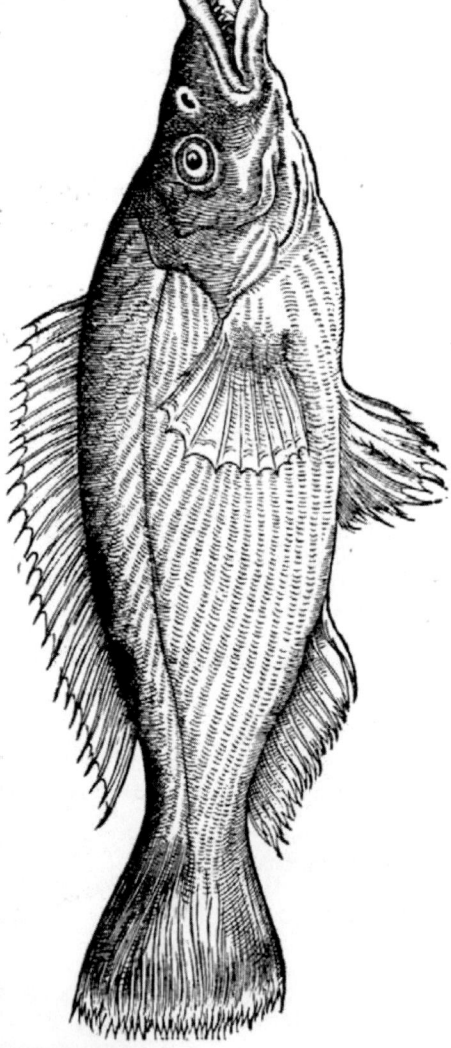

Von dem eilfften
Geschlecht.

Turdus vndecimus. Der eilfft
Krametfisch.
Von seiner Gestalt.

Er grössest auß allen
Krametfischen ist dieser/
kompt zu der grösse eines
Meerwolffs/ eines Elenbogen
lang/mit länge vnd dicke. Ist an
der Farb gantz rötlecht/mit viel
schwartzen vnd bleychen Masen
besprenget. Der Bauch Bley-
farb/mit grossen Lefftzen: ist dem
siebenden Geschlecht gleich/auß-
genommen die Farb.

Dieser

Jeſer vorgeſetzten Figur/deß eilfften Geſchlechts ſol auch beygeſetzt werden dieſe gegenwertige ſchöne Geſtalt. Iſt gantz vnd gar rötlecht/mehr auff dem Rucken/ dann vnden am Bauch iſt er auff weiß mehr gezickt. Der Rucken hinden auß wirdt mit dreyen groſſen ſchwartzen Flecken bezeichnet / auß welchen die letſte den Schwantz berührt. Das ſchwartz der Augen vmbgibt ein roter Circkel /vmb denſelbigen ein blauwer zu äuſſerſt. Iſt auch ein ſehr ſchöner Fiſch.

Von dem zwölfften Geſchlecht.

Turdus duodecimus.   Der zwölffte Krametfiſch.

Von ſeinen ſchönen Farben.

Jeſer ſol auch vnder die Krametfiſch ge- zehlet werden/dann er iſt nicht minder getheilet daß die andern. Sein Kopff iſt blaw/ſein Rucken grün- lecht/ ein ſchmaler/ grüner Strich von dem Kopff gegen dem Schwantz gezogen / in welches End bey dem Schwantz ein runder Fleck iſt. Der ander Leib iſt rötlecht/die Feckten vngleich/doch der mehrertheil Purpurfarb.

Von etlichen andern Geſchlechten der Krametfiſchen.

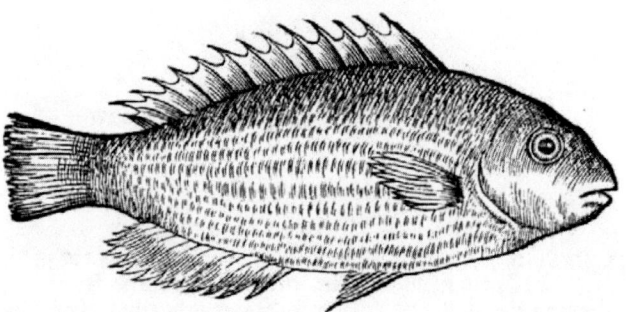

V den Krametfiſchen ſollen auch dieſe zween geſetzt werden/ſo zu Venedig ſind ab- conterfet worden/auß Vrſach daß ſie mit geſtalt den vorgeſetzten ähnlich/auch mit mancherley ſchönen Farben gezieret ſind. An dem gröſſern hie zugegen / iſt der Schwantz vnd hinder Floßfeder deß Rückens rötlecht/mit Düpfflinen geſtecket: der Vordertheil derſelbigen Floßfeder weißbraun. Der Rucken mit grüner vnd blau- wer Farb gemiſcht: Der Bauch weißlecht/ der Anfang bey dem Schwantz ſchwartz- lecht: iſt durch den gantzen Leib mit ſchwartzlechten oder braunlechten Flecken be- ſprengt. Das ſchwartz in den Augen vmbgibt ein güldener oder gelber Ring. Dem- nach der ander braun.Der letzte vnd äuſſerſte theil gelblecht. Der klein ſo von den Wel- ſchen Luiſolo genennt wirdt/iſt der mehrertheil blauw/ fürnemlich im Schwantz/ auch

durch den Rucken sampt den Floßfedern/welcher farb auch der mitler Circkel ist vmb das Aug zwischen zweyen weissen. Sonst ist der Leib bräunlecht/mit andern Farben gemischt/getheilt mit Puncten mehr schwartz vnd braun. Dergleichen Fisch sollen von den Flemming Posten genennt werden von der schnelle.

Von dem letsten Krametfisch:

Leptas.   Ein roter Krametfisch.
Attagenus.   Ein ander Geschlecht der Krametfisch.

Von seiner schönen Farben.

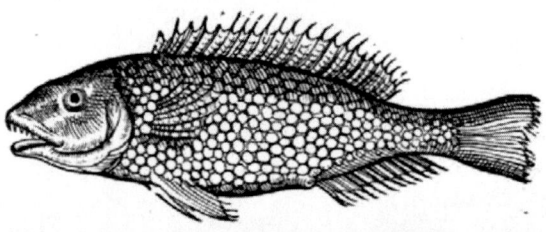

Jeses ist ein sehr schöner Fisch von Gestalt vnd Farben/sol auch zu der Speiß in grosser achtung gehalten werden. Ist mit viel schönen Farben begabet/doch hat er den mehrertheil rot: die runden Flecken der mehrertheil blauw/fürnemlich die so oben durch den Rucken, Dann die vndersten gegen dem Bauch sind weißlecht/wirdt von Athenæo Attagenus genannt/von dem Vogel Attageno welcher gleicher weiß geferbet vnd geflecket ist.

Von Art vnd Natur aller Krametfischen in gemein.

Jese Fisch wohnen allesamten allein in steinechten/schrofechten Gestaden/so viel Kraut haben. Sie fressen auch nicht allein Kraut/sonder kleine Fischlin/kleine Kuttelfischlin vnd Krebßlin. Sie schweiffen nicht weit herumb von den Orten/ da sie sich gestelt haben/vnnd ligen Winterszeit verhalten vnnd verschlossen in den Löchern je parecht/ein milchling mit dem rögling/leychen deß Jahrs zweymal/nach art er Steinfischen.

Von

Von dem Fleisch aller Krxmetfischen.

Das Fleisch der Krametfischen wirdt
sehr gelobt/als ein sondere liebliche/nützli-
che/gesundte Speiß vnnd Nahrung den
Krancken vnnd Gesundten/auß vrsach
daß sie ein lind/mürb oder matt Fleisch
haben/lieblich zu essen/eines löblichen ge-
safts/ringer Däuwung/vnnd ein solch
Fleisch/das sich auff alle Weiß vnd Weg
bereiten läßt: sie vrsachen auch kein kalten
Schleim/sonder ein gut vn schön Geblüt.

Von dem Meerschärer.

Anthæ prima species. Ein Rondkopff. Ein
Meerschärer/Ein Meertheilg.
Von seiner Gestalt.

Die Fisch/ so
von den al-
ten Griechē
Anthiæ genennet
worden/sind nicht
sonderlich zu vnse-
rer Zeit bekannt/
auß vrsach/daß sie
mit keinen gewissen
Zeichen sind be-
schrieben worden.
Es werdē auch vie-
rerley Geschlecht
solcher genannten
Fischen bey den Al-
ten erzehlet/welche
mehr auß Argwon
dann auß gewisser
Kundtschafft/nach
der ordnung hiebey werden gesetzt. Der erste so hie zugegen/ist an
seiner Farb rötlecht: die obern Floßfedern dunckelrot/item auch
die zwey Fecktle bey den Ohren/vnd die so vnden am Bauch gesehen werden auch satt-
rot/sampt dem Schwantz/sein Kopff rond vnd getheilt.

Von dem andern Geschlecht der Fischen.

Anthiæ secunda species. Ein Bolck/Ein
Kabbellouw.

Von seiner Gestalt.

Jeſes iſt ein
ſehr weiſſer
Fiſch / glatt /
ohne Schüppen / iſt
nicht ein Steinfiſch /
ſondern ein Meer-
fiſch / ſo die Latin-
ner Pelagios nennen /
hat ein lind / zart / gut

geſindt Fleiſch. Im Jahr gezehlt 1545. iſt bey Monpelier durch das Geſtad deſſelbigen Meers / ſo ein groſſe Menge der Fiſchen gefangen worden / daß man auff zween
Monat allein der Fiſchen gefangen hat / alſo in ſolcher Zahl / daß man den mehrertheil
vergraben hat müſſen / damit die Fiſcher deß häßlichen Geſtancks der erfauleten Fiſchen entlediget würden.

Von dem dritten Geſchlecht vorgenannter
Fiſchen.

Tertium Anthiæ genus. Ein Meertroſtel/ Ein braun-
ſchwartze Steinling.

Von ſeiner Geſtalt.

Jeſer iſt an ſeiner
Farb gätz ſchwartz
brau / iſt ein Stein-
fiſch / dem Meermeuwer
oder Brachßmen nicht
vnähnlich.

Von dem vierdten Geſchlecht.

Anthiæ quarta ſpecies. Aulopos. Ein Art auß
den Brachßmen.

Von ſeiner Geſtalt.

Jſer ſol ein ſchwartz-
lechten Kreiß oder
Ring vmb die Au-
gen haben / von dañen er Aulopos bey den Griechen genennet wirdt. Solches ſind
die vier Geſchlecht / welche
võ etlichê für die Fiſch / ſo die
Griechen Anthias genennet
haben geachtet werden / wiewol nichts gründlichs von jhnen mag geſchrieben werden /
auß mangel der Zeichen vnd eynbildung jhrer Form vnd Geſtalt. Allein zu iſt mercken /
daß es groſſe Fiſch ſeyn ſollen / ſo doch vorgeſetzte gantz nicht groſſe Fiſch ſind.

Von

Von Art vnd Eigenschafft der Thieren.

Obgenannte Fisch/sollen seyn auß der Zahl der Steinfischen/in Löchern/Schrofen/Steinen vnd Felsen wohnen. Solcher Art sind sie/daß sie mögen heimisch gemacht werden/dann auff solche weiß pflegt man sie zu fahen. Dann man achtet der Orten/in welchen sie stehen/wirfft jhnen alle Tag Speiß vnd Nahrung etlich Fisch dar/welcher Speiß erstlich einer oder zween der Fischen fressen/nachmals so schwimmet die gantze Schar herzu/auß gewonheit/werden sie also heimisch/daß sie einem die Speiß auß den Händen nemmen/vnnd sich anrühren lassen: werden auch gewehnt auff alle Gauckelspiel. Endlich so beutet der Fischer mit einem so aller weitest von andern den Angel/zeucht jn mit grossen kräfften in grosser eyl herauß/daß die andern deß Schadens nicht gewar werden: dann wo dasselbig geschehen/so kommen sie nimmermehr an das gewohnte Ort/die Speiß zu empfahen.

Von jhrem Fleisch.

Diese Fisch/als alle andere Steinfisch haben ein keck/gesundt/lieblich vnnd löblich Fleisch/süßlecht/welches in dem Menschen vrsachet ein gut Geblüt.

Artzney von den Thieren.

Sein Gall mit Honig angeschmieret/sol die Kindsblattern/Hundsblattern/vnnd andere Vnzierd vertreiben/vnd macht ein schön Angesicht: vnnd jhre Feiste mit Wachß allerley Apostemen/Geschwulst/Trüsen/Kröpff/ꝛc.vertreiben.

Die Stein von jhrem Kopff an Halß gehenckt/sollen hinnemmen den Schmertzen deß Häupts/vnd alle andere Bresten deß Halses.

Von dem Meerjunckerle.

Iulis. Ein Meerjunckerle. Ein Fischjunckerle.

Von seiner Grösse vnd schönen Gestale.

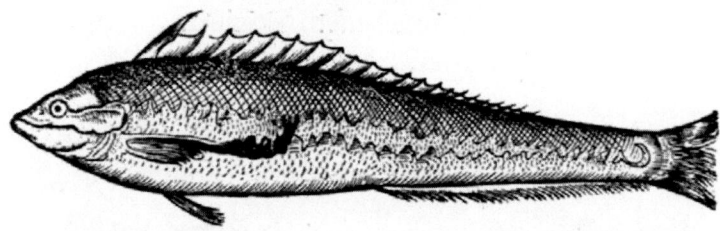

Auß allen Meerfischen ist dieser der aller schönest mit Gestalt vnnd Farben/auß welcher vrsach er den Namen bey allen Nationen bekommen hat/Juncker oder Junckerlein. Solcher ist auch nicht einerley Geschlecht/dann sie sich ändern so viel die Farben betrifft/bleiben doch allweg bey gleicher Gestalt/an der Länge kommen sie nicht vber ein Spann/solcher Dicke so viel einer mit zweyen Fingern fassen mag. Sein Rucken ist mit mancherley Farben gezieret/daß er sich einem Regenbogen vergleicht zu beyden Seiten/wirdt mit kleinen Schüppen bedecket/auff welchen schlechte Strichle/von allerley Farben gezogen/als blauw/grün/rot/braun/ꝛc. Von dem Kopff gegen dem Schwantz hat er ein goldfarblechte Line oder Strich/gekrümpt/als ob sie Zän habe. Der vnder theil an solcher blauw/sein Bauch gelbweiß/ꝛc. kleine Augen/der Ring vmb das schwartz rötlecht. Mit innerlicher Gestalt ist er allen andern Steinfischen gleich / ist an etlichen Orten deß Meers ein gantz gemeiner Fisch / wirdt von der Kleine wegen verachtet.

Von Art vnd Natur der Thieren.

Diese Fisch schwimmen alle zeit mit gantzen Scharen wie die Mucken / wohnen bey inletzechten Felsen vnd Schrofen / sind sehr fräßig als Numenius schreibt.

Mit jhrem Biß sollen sie denen / so die Wasser brauchen / schwimmen oder baden im Meer / mächtig vberlegen seyn / dann sie schiessen häuffecht herzu / beissen vnnd verletzen in gleicher Gestalt vnnd Schmertzen wie die Imben oder Wespen / es beweget auch jhr Biß ein Schmertzen ein zeitle lang wie der Biß der Wespen / welches vrsach etlichen Scribenten geben hat / daß sie einen gifftigen Biß jnen zugeschrieben haben / in solcher gestalt / daß alles / so von jnen gebissen / als andere Fisch / sollen fürter zu der Speiß vntauglich seyn. Sie sollen auch sehr listig seyn / also / daß sie kein Angel verschlucken / sonder mit kunst die Speiß vornen seuberlich abnagen.

Von jhrem Fleisch.

Wiewol diese Fisch von Kleine wegen jhres Leibs verachtet vnnd vernichtet werden wirdt jhnen: doch von den alten bewehrten ärtzten / ein sehr löblich Fleisch zugeschrieben / als die ein lind / matt / oder mürb Fleisch haben / ohne Schleim / Wust oder Vberflüßigkeit / ringer Verdäuwung / als dann gar nahe aller ander Steinfisch Fleisch geartet ist.

Artzney von den Thieren.

Auß den Fischlinen wirdt insonderheit ein Brühe gesotten / als Dioscorides lehret / den Stulgang zu bewegen: dann auß allen andern Steinfischen sollen diese Jünckerlin zu vorgeschribnen Dingen die kräfftigsten seyn.

Kyramides schreibet daß diese Fischle in der Speiß genossen / sollen die Fallendsucht vertreiben.

Von dem Goldgelben Steinling.

Adonis seu Exocœtus.   Ein Goldgelber oder Rötlechter Steinling.

Von seiner Gestalt.

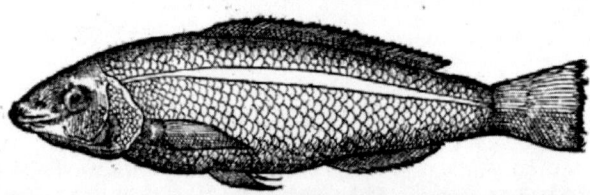

Jeses ist auch ein schöner auß den Steinfischen eines halben Schuchs lang / rund / rötlecht oder goldfarb / mit etlichen theilen auff rot / etlichen auff grün gezickt. Von dem Kopff biß auff den Schwantz hat er ein breiten weissen Strich / ein sonderbar Zeichen ist / bey welchem er mag erkennt werden. Kleine Fischohren hat er / welches Plinio vrsach geben / daß er solchen ohne Ohren beschrieben hat.

Von Art vnd Natur der Thieren.

Seinen

Seinen Namen hat er bey den Griechen/daß er ſich auß dem Waſſer auff den Boden vnd Grund herauß leſt/daſelbſt an der Sonnen ſchläfft vnd ruhet. Iſt ein Steinfiſch/mag lange zeit auſſer dem Waſſer geleben/auß Vrſach/daß er ſo kleine Fiſchohren hat/nicht ſo baldt von dem Lufft mag erſteckt werden. Dieſe Fiſch ſollen etwas Stimm oder Geräuſch geben/wohnen bey den Felſen/Schrofen ſteinechten Orten/leſt ſich bey ſtillem Meer vnd ſchönem Himmel an das Geſtad herauß/ſich zu ſönnen/vnd ſo er ſich gnug nach Willen geſönnet/ ſo wältzet er dem Geſtad nach in das Meer. Er ſol auch fleiſſig acht haben auff die Vögel/ſo zu ſolchen Zeiten die Fiſch aufffreſſen: dann wo er einen erſihet/ſo weltzet er vnd trölet mit viel ſpringen vnd groſſer ſchnelle in das Meer. Solche Fiſch fähet man in groſſer Zahl in den Hölinen der Steinen / Felſen vnnd Schrofen/ſo das Meer ablaufft/in welchen ſie ſich enthalten.

Von jhrem Fleiſch.

Dieſe ſollen auch ein gut löblich Fleiſch haben/nach Art aller andern Steinfiſchen.

Ein ander Geſchlecht der Steinling.

Alpheſtes Cynædus.   Ein Art der Steinfiſchen.

Von ſeiner Geſtalt.

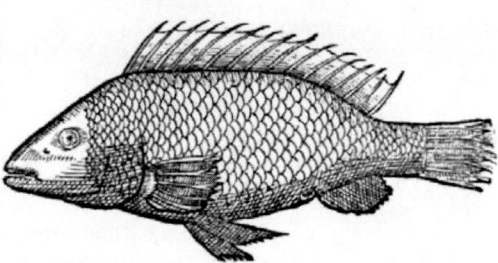

Dieſer hat ſeinen Namen bey den Griechen/daß alle zeit einer dem andern nachfolget/keiner allein/oder ſonſt ſcharecht gefunden werden: gleich als ein vppiger Menſch ohn vnderlaß einer Dirnen anhanget. Auff ſeinem Rucken iſt er Purpur oder Violfarb/ſonſt allenthalben Wachßgelb: kompt mit ſeiner Lenge zu einem Schuch. Dergleichen oder gantz ähnlich ſol auch der Fiſch ſeyn/ von den Venedigern Bruſola genennt/welcher dunckelrot iſt/ſein Schwantz gelb mit braunen Flecken/ſchwartze Flecken bey den gelben Fecken der Ohren/ein andere in der Fecken bey dem Arß/ein andere bey anfang deß Schwantzes: von dem Kopff gegen dem Schwantz erzeigt er ein rote Linien mit ſchwartzen Puncten: das ſchwartz der Augen mit einem gelben Ring vmbgeben/vmb denſelbigen ein anderer weiſſer.

Von Art vnd Natur der Thieren.

Ihr Wohnung iſt bey den Steinen/Schrofen vmd Felſen: ſind alſo geartet/daß je einer dem andern gleich auff dem Schwantz nachhaltet.

Von jhrem Fleiſch.

Ein lind/zart/matt Fleiſch haben ſie/als andere Steinfiſch/gantz ohne Schleim: iſt den Krancken ein dienſtliche Speiß: dann er iſt ring zu verdäuwen/ gebiert ein mittelmäſſig Blut. Sein Brüh von den geſottenen eyngenommen bewegt den Stulgang.

Von dem Meergünner.

Channus vel Channa. Ein Ginfisch/Ein Ginner/
Ein Ginmaul.
Von seiner Gestalt.

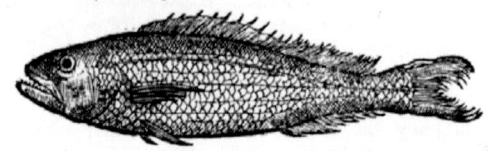

Dieser hat seinen
Namen auß dem/
daß er allzeit mit
offnem Maul ginnet: ist
ein Steinfisch/gleich dem
Wolfffisch. Sein vndere
Lefftzen für die ober her-
auß gestreckt/ginnet alle zeit/allermeist so er stirbt/anderer Form halb/sind sie nach art
der Steinfischen gestaltet. Ist an der Farb getheilt/sein Rucken schwartzrot/die Strich
so von dem Kopff gegen dem Schwantz gezogen sind Fewr oder gelbrot/der Schwantz
mit roten Flecken besprenget/als dann auch der Fecken von dem Arß auff den
Schwantz: die Floßfeder auff dem Rucken heyter rot.

Von Natur der Thieren.

Alle zeit sollen in den Fischen allen Eyer oder Rogen gefunden werden/also/daß die
alten Scribenten gesagt haben/daß vnter dem Geschlecht der Fischen keine Milch-
ling/sonder alle voller Rogens seyen/also von jhnen selber vnd in sich selber empfahend/
als von etlichen andern Thieren auch viel gemeldet wirdt/wiewol etliche alte Fischer
Milch vnd Rogen in einem Fisch gesehen haben/deßhalb vermeinet/sie seyen beyderley
Geschlecht/als von den Hasen gesagt wirdt. Solches geschicht jnen auß rechter/aner-
borner Fruchtbarkeit/so die Natur in solchen vnd etlichen andern Thieren erzeigt.

Sind sehr frässige Fisch/sonderlich Fleischfrässig/also/daß jnen offtermals jr Magen auß grosser begierd nach dem Raub in den Rachen oder Maul herauß fellet/auß
merklicher Begierd vnd Frässigkeit so in den Fischen steckt. Solches geschicht auch etlichen andern Fischen/als der Ordnung nach wirdt gehöret werden: auch darbey der
Dingen weitere Vrsach.

Von dem Fleisch der Fischen.

Dieser hat auch ein zart Fleisch/doch härter dann das MeerEgle.

Von dem andern Geschlecht der
Ginfischen.

Canadella. Ein kleiner Ginfisch.

Von seiner Gestalt.

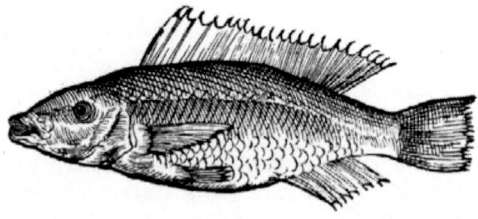

Dieser kompt nim-
mer zu solcher
grösse als andere
Steinfisch/der Art der
Brachsmen gleich/von
den Lateinern Hepatus
genennet/hat kein Vn-
terscheid/außgenommen
der Farb.

Von

Von dem Meerbersich.

Perca marina.   Ein Meerbersich. Ein MeerEgle.

Von seiner Gestalt.

DEr Bersich oder Egle sind zweyerley Geschlecht/nemlich MeerEgle vnd vnsere Bersich oder Egle/ so in süssen Wassern wohnen/das MeerEgle vergleichet sich an der Gestalt dem süß WasserEgle/ist ein Schüpfisch/schwartzrot an der Farb/hat viel Linien oder Strich von dem Rucken gegen dem Bauch gezogen/braunrot oder schwartzlecht oder Purpurfarb/kompt mit der Länge zu einem Schuch/hat einen tieffen Bauch/gelbrot/oder gelblecht auff Purpur gezogen. Sein Kopff ist auch getheilt/inwendig hat er einen grossen Magen mit viel Gehenck/wirdt viel bey Marsilien gefangen.

Von Art vnd Natur der Thieren.

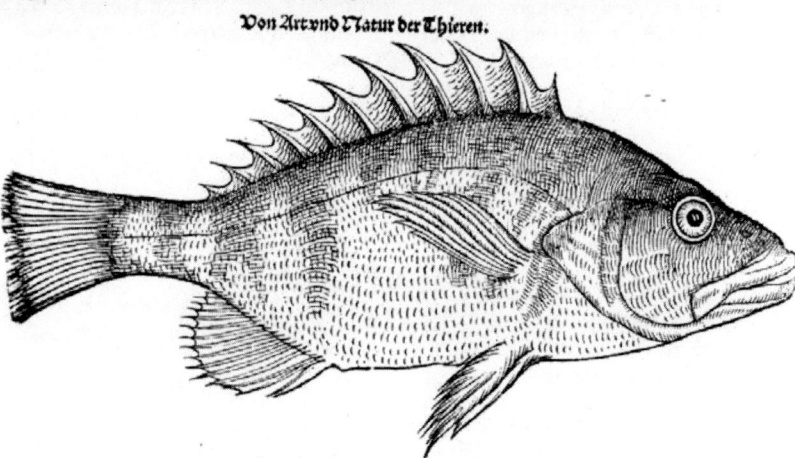

Das MeerEgle ist ein Steinfisch/wohnet bey den Mießechten Felsen/an welchen viel Meerkraut steht oder wechßt. Deß Winters zeit sollen sie sich nach art der Steinfischen in den Hölinen oder Löchern enthalten/nimmer gefangen werden/dann zu etlichen gewissen Tagen/vnd dieselbigen ohne fehlen. Das MeerEgle folget dem Brandbrachßmen nach/als wissend/daß der Brandbrachßmen ein listiger Fisch ist/selten mag gefangen werden.

Von jhrem Fleisch.

Die MeerEgle sollen ein löblich/gesund Fleisch haben/lind/zart/ringer Däuwung/viel gesünder denn das Fleisch der Bersichen oder Eglinen der süssen Wassern.

Artzney von den Meer Eglinen.

Dioscorides lehret ein Tranck oder Brühe von den Meer Eglinen zubereyten den
Stulgang zu bewegen. Die äschen von dem gebranntnen Kopff wirdt gelobet zu den
Bresten der Bärmutter/vnd die Nachburt zu treiben/gereucht. Item/solche äschen hey-
let auch alle Fäulungen/Krebs vnd Gestanck.

Von dem Trüsch Egle.
Phycis.　　　Ein Art der Meer Egle.
Von seiner Gestale.

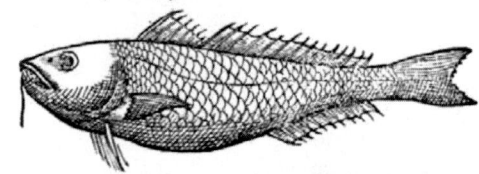

Z Weyerley Gestalt
werden hie bey gese-
tzet/von den Griechē
Phycis genannt / ist doch
entweder die war eigent-
liche natürlich Gestalt.
Dann die erste/ ob sie
gleich dem Meer Egle ähnlich/ so ist es doch nicht der recht Phycis. Die ander Figur/ge-
hört vnd dienet zu den Meeramßlen/rc. Die erste Figur/ so wir insonderheit Trüschegle
genennt haben/ist also gestaltet/ so viel die Farben betrifft. Nemlich rötlech/getheilet
gleich dem Meer Egle. Sein Farb sol er ändern/ nemlich im Glentz oder Frühling ge-
theilt/zu anderer Zeit weiß. Sein Kopff oben auff ist rotschwartz/das Vndertheil ist
gefärbt wie die Schleyen/ der Hindertheil schwartzlecht. Von dem vndern Kyffbacken
hat er ein Züttele/von welchem jm sein Namen geben worden ist. In seinem Kopff tregt
er Stein wie die Karpffen/ dieser sol sehr fruchtbar seyn/grosse Sorg für seine Jungen
tragen/in dem Kraut vnd Mieß nisten/rc.

Der ander so von Bellonio gesetzt/ist auch getheilt/dienet zu der Zal der Meeramßlen.

Von Art vnd Natur der Thieren.

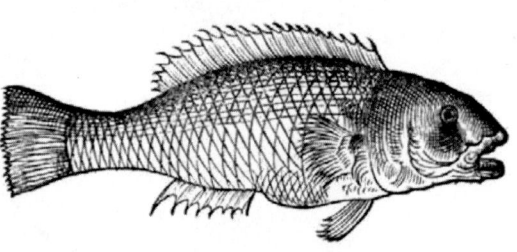

Wiewol diese zween
vorgemeldte Fisch / die
rechten natürlichen Phy-
cides von den Griechen
genennet nicht sind / so
wöllen wir doch das/so
die Natur der jetzt ge-
melten Thieren betrifft/
kürtzlich beschreiben. Es
sollen Steinfisch seyn/
bey Mieß vnd Kraut
wohnen/wiewol sie von etlichen vnter die Fisch gezehlet werden/ so an den Gestaden
wohnen/ vnd ob sie gleich nicht Fleischfrässig sind/sollen doch zu zeiten Hogerkrebßlein
in solchen gefunden werden.

Von natürlicher Listigkeit der Thieren.

Diese Fisch/als die Alten schreiben/sollen in dem Mieß vnd Meerkraut Nester ma-
chen/darinn leychen/vnd jre Jungen darinn vor Vngewitter bewahren.

Von dem Fleisch der Fischen.

Diese Fisch sollen den letzten Preiß haben vnder den Steinfischen. Sind doch löb-
lich/gesundt/ringer Verdäuwung/vnd vrsachen ein gut Geblüt/nach Art der andern
Steinfischen.

Der

so begreifft allerley Redfisch oder Lyrenfisch.

Von dem Meerwey.

Lucerna, Miluus, seu Miluago. Ein Weyfisch/ Meerliecht/ Meerkertzen/ Ein Meerwey/ Ein Scheinfisch/ Ein fliegender Redfisch.

Von seiner Gestalt/ Art vnd Natur.

DJeser ist auch auß der Art der fliegenden Fischen / wiewol er nicht in die Höhe fleugt/ sondern allein zu oberst auff dem Wasser/ auch allein zu solcher Zeit/ so er auß Gefahr oder Forcht getrieben wirdt. Bekömpt seinen Namen von dem Schein vnnd Glantz/ welchen er bey der Nacht gibt. Denn dieser Fisch / item auch ein anderer jhm gantz gleich/ allein ein wenig schwärtzer/ vnd die Fleckten bey den Ohren blauw/ werden bey nacht/ ob sie gleich todt/ gesehe scheinend wie ein Liecht. Sein Gestalt mag auß der beygesetzten Figur wol ersehen werden/ allein zu mercken ist/ daß er an der Farb rötleche ist/ ohne Schüppen/ allein mit einer rauchen Haut vberzogen.

So diese Fisch ausser dem Wasser fliegen/ so sollen sie Vngewitter bedeuten.

Von seinem Fleisch.

Ein trocken / hart / weiß Fleisch haben diese Fisch/ gleich andern allen/ so dieser Art: sind gesunde Fisch/ die kein Schleim oder Wust im Menschen gebären.

Ein andere Art deß obgesetzten Scheinfischs.

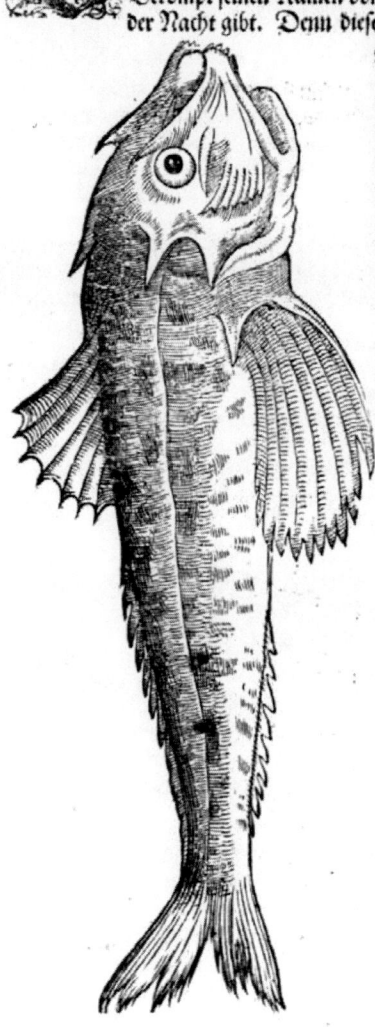

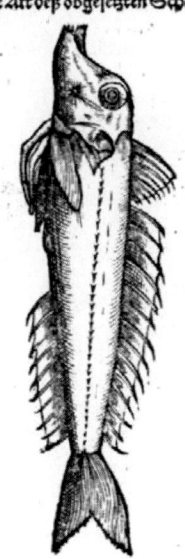

Der dritte theil/von

Von dem Redfisch.

Cuculus.　　Ein Redfisch.
Von seiner Gestalt.

Dieser Fisch hat sei-
nen Namen bey
den Latinern vnd
Griechen von seiner
Stim/oder Gereusch/so
sich vergleicht der Stim
eines Vogels/Coccyx ge-
nannt/auff teutsch Gug-
ger. Ist ein raucher Fisch/
mit einem grossen Kopff/

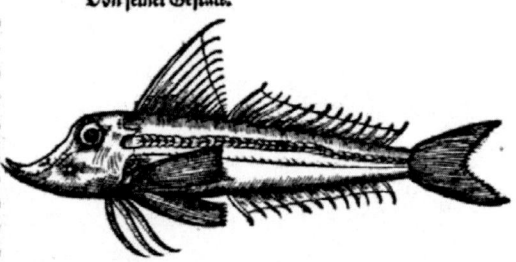

am Bauch weiß/sonst am andern Leib gantz rot/sein Haut dünn ohne Schüppen/auß-
genommen zwo Linien oder Strich/von dem Kopff biß auff den Schwantz/ so von
Schüppen mit Dörnen oder Spitzen ist geschaffen/wie auch auff dem Rücken. Die
zween Fäckten bey den Fischohren sind am end rötlecht: die andern zween Fäckten gleich
darbey weiß. Dieser Fisch ist an der Gestalt gantz ähnlich dem Meerweyen.

Von Art der Thieren.

Gestadfisch/das ist/der Art sind sie daß sie am Gestad vnd sandechten Orten/gele-
ben auch der Thierlin vnnd dergleichen Dingen/so im Sand wohnen. Ein Gereusch
oder Stimm sol man von jhnen hören/so sie gefangen werden/als vor gehöret/ähnlich
dem Vogel Gugger.

Von seinem Fleisch.

Das Fleisch der Fischen ist weiß/kech oder hart/fest/trocken/gantz ohne Schleim/ist
doch zärter dañ das Fleisch der Meerweyen. Solche Fisch werden gelobt in den Kranck-
heiten/so von kaltem dickem Schleim vnd Wust her kommen.

Von den Meerschwalben.

Hirundo.　　Ein Meerschwalb/Ein Schwalbfisch/fliegender Rotfisch.
Von seiner Gestalt vnd Schöne.

Auß den schönsten
Fischen/so vnter al-
len Wasserthieren
seyn mögen/ist dieser ge-
genwertiger fliegender
Schwalbenfisch: dann
die Natur/dz ist der ewig
Gott/hat auch etlichen
der Fische solche Schöpf-
fung mitgetheilet daß sie
fliegen können ausserhalb

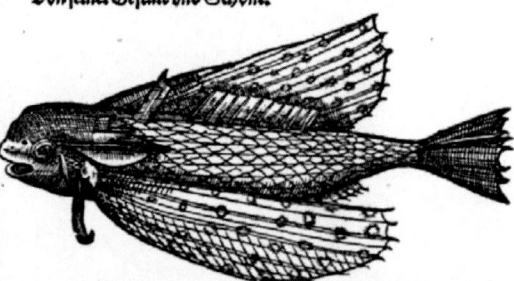

vnd auff dem Wasser: wirdt von seiner Gestalt/Fäckten vnd Fliegen/Meerschwalb o-
der Schwalbfisch von den Alten nach bedeutung der Sprach genennet. Ist der gewal-
tigest auß allen fliegenden Fischen vnnd der schönest. Sein Gestalt/so viel die Farben
vnd Flecken belanget/ändert sich etlicher weiß/auß der vrsach hie sein Gestalt nicht weiter sol beschrieben werden/dann sie steht vor augen/allein sein Schöne so er an im tregt/
als er auß Italia dem hochgelehrten Herren Doctor Geßner zugeschickt ist worden.

Ein

Ein andere Art der Meerschwalben/oder
Schwalbfisch.

Jn seinen Augen erscheinen drey Cir-
ckel/ der mittel ist rot/ der ander vnd eusserst
blauw/ die innern theil deß Mauls erscheinen auch rot/vnd die kleinen Fäcktle gleich
vnter den Ohren: Seine Fisch Fäckten alle
sampt dem Schwantz/mit schönen runden
Flecken gezieret. Der Flüglen grät blauw/
der theilen so zwischen solchen gelegen/etli-
che grün/etliche schwartz/ andere gelb gezo-
gen/ die Flecken oder Maculen so darin-
nen/ sind die grösseren gantz gleissend
schwartz/ die kleineren Flecken blauw/ꝛc.
Sein Kopff ist hart als beinecht/ gevierdt
vnd rauch/ welches Schalen in zween spitz
sich endet/ seine Augen groß vnd rund/röt-
lecht als der NachtEulen. Sein gantzer
Leib wirdt mit rauchen beinechten Schüppen bedeckt/ der ordnung nach/ sein Leib als
eckt/werden gesehen mit gantzen Scharen
fliegen in dem Spannischen Meer gegen
Mittag. Item bey den Jnsuln Gerunda
vnd Garza/zu zeiten in einer Schar mehr
dann tausend/ auß welchen etliche offtermals in die Schiff fallen. Sollen in dem
Fliegen nicht lang beharren/ allein ein
Steinwurff weit oder zween.

Von Art vnd Natur der Meerschwalben.

Die Meerschwalben geben ein gethön/
gleich einem gereusch durch jhre enge Löcher der Fischohren/ welche auch vrsachen
daß sie ein gute Zeit mögen ausserthalb
dem Wasser leben. Item/so fliegen sie mit
jhren Fäckten auff dem Wasser/nicht sonderlich hoch ob dem Wasser/ doch höcher
dann der Meerihe oder Habich/ werden zu fliegen bewegt/so sie Gefahr oder Auffsatz
anderer grossen Fischen förchten.

Die Schwalbenfisch vnd Goldbrachßmen sollen ein angeborne Feindtschafft vnd
Haß gegen einander tragen.

Nutzbarkeit von den Thieren.

Diese Fisch werden selten gefangen/ wiewol sie zu zeiten von jnen selber in die Schiff
fliegen vnnd sich verschiessen/ so pflegen doch die Schiffleut/ wo sie solche genannte
Meerschwalben gefangen/ den Göttern in die Tempel auff zu hencken von der Seltza-
me wegen.

Die Schiffleut/wo sie solche Scharen der Fischen auß dem Meer sich zu fliegen/er-
heben sehen/so wissen sie vnd erkennen darbey/daß Vngewitter zugegen sey/

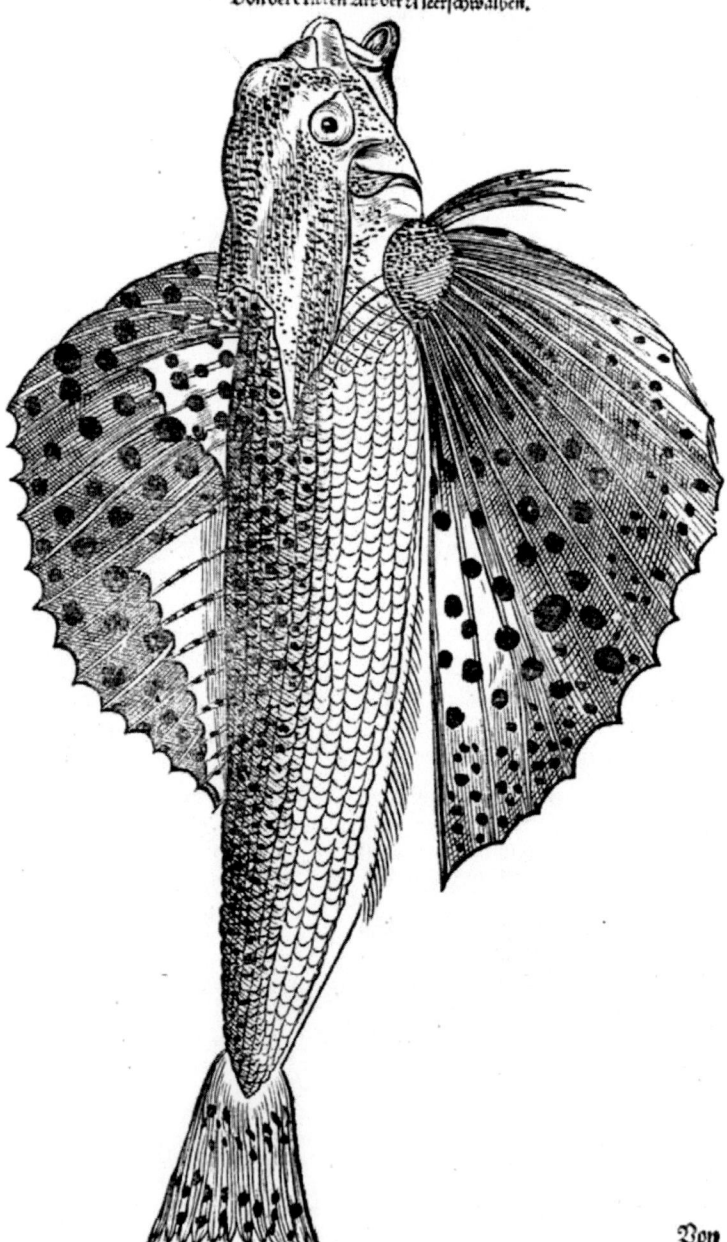

Von dem Fleisch der Thieren.

Dise Fisch haben ein satt/hartes Fleisch/welches sehr wol speiset/aber schwerlich verdäuwet wirdt. So solches Fleisch ein zeitlang behalten wirdt/so wirt es besser vnd Löblicher/aus der vrsach die mehr lobs haben/ so gen Rom getragen werden/ dañ die so gleich am Meer oder beyligenden orten gessen werden.

Artzney Von den Thieren.

Die Gall der Meerschwalben sol ein bewärte artzney sein wider die verdunckelung der Augen.

Von dem Rotbart.

Mullus barbatus.   Ein Rotbart/ Ein Meerbarbel.

Von mancherley gestalt vnd geschlecht der thieren/ vnd erst-lich von dem ersten geschlecht.

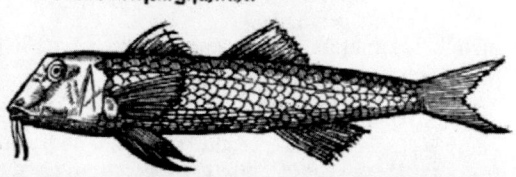

D Ise Meerthier sind sehr schöne Fisch von gestalt vnnd farben/ dannenher sie jren namen gar nahe bey allen Nationen haben: dañ sie sind blutrot oder purpurfarb/mit güldenen striche der lenge nach. Solche haben jren vnterscheid von der gestalt vnd dem ort: dann etliche sind gebartet/andere one bart/etliche wonen in weitem Meer/etliche in faulen stinckenden Wassern. Der gebartet Rotbart oder Meerbarbel kompt mit der lenge zu einem Schuch/wigt selten einer mehr dann zwen pfund/wiewol Plinius schreibt/ daß im roten Meer einer gefangen sey worden/ so sechtzig Pfund ge-wigen sol haben : ist gantz durchscheinend purpurfarb/ mit grossen schuppen/welche so sie abgefallen/so erscheint die schöne farb viel heller : die güldinen strich aber verschwin-den. Seine augen sind rot/vnd sein maul klein/ohne Zän. Die zwen fäckten bey den oh-ren sind goldfarb/die andern zwen gleich darunder weiß/der schwantz ist rotlecht/ vnnd der bart an dem vndern Kifbacken weiß/lind vnd zart.

Von dem andern geschlecht der
Fischen.

Mullus imberbis.   Ein glatter Rotbart.
Von seiner Gestalt.

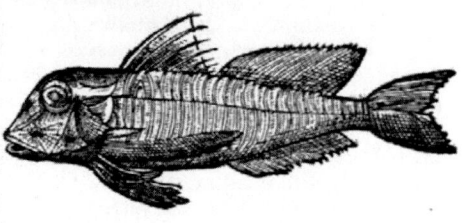

D Ieser ist auch auß den Meerfischen die selten gefangen werden/ hat seine Namen bey etlichen Nationé von der röte/ist nit vnänlich dem Meerschwalben/doch rö-ter/hat einen grossen Kopff mit Sternlinen bezeichnet/hat ein klein Maul/ innerhalb rot wie Zinober ohne zän. Bey dé ohren hat er zwen rot fäckten/ist mit einer rauchen harten haut bedeckt/ auff dem rucken vñ sei-ten rot/der Bauch weiß/gegen welchem von dem Rucken viel Linien oder strich gezogen

geſehen werden: ſein ſchwantz iſt gantz rot/ iſt auch jnnerlich dem gebarteten Rotbart
gleich geſtaltet: im Früling leychet er.

Von dem dritten geſchlecht.

Mullus aſper.   Ein raucher Rotbart.
Von ſeiner geſtalt.

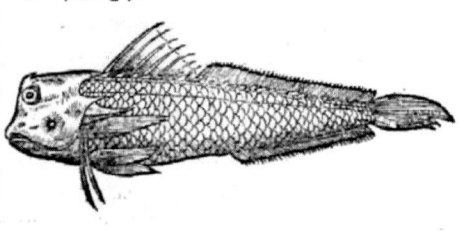

Jeſer iſt geſtaltet wie ein
höltziner nagel/ von wel
cher geſtalt jm die Wel
ſchen den namen geben: daiñ
er iſt kurtz/ rund/ eines fingers
groß/ an der farb wie mingen
oder purpur farb. Iſt mit den
ſäckten vñ anderer geſtalt dem
vorigen gleich. Die ſäckten ſo
bey den ohren ſind getheilt: daß
zu euſſerſt am end ſind ſie weiß/ jnnerthalb bey anfang ſchwartzgrün: wirt von räuhe
ſeiner ſchüppen ein raucher Rotbart genennt.

Von art vnd natur der Rotbarten.

Dieſe fiſch alle in gemein wonen in ſteinechten vnd kräutechten geſtad/ laſſen ſich
auch in die tieffe deß meers: dergleichen wohnen auch etliche in den meerpfützen oder
ſeen/ welche Lutarij, das iſt/ Lätrotbart mögen genent werden. Fräſſige thier ſollen die
ſe fiſch ſeyn/ allerley kleine muſchelfiſchen/ ſchnecken/ ꝛc. auch kraut vnnd ſand freſſen/
vñd als etlich wöllen auch den todten ſtinckenden Leiben nicht verſchonen/ welches ſich
der warheit nicht gleich bedunckt/ dieweil ſie ſo ein luſtig weiß geſund fleiſch haben/
auch ſonſt kleine fiſch ſind/ ꝛc.

Jhre jnnerliche theil faulen gantz in kurtzer zeit: derhalben dieweil ſie nicht lang
behalten/ oder weit von dem meer mögen geführt werden/ ſo pflegt man ſie in paſteten
oder kuchen wol mit gewürtz beſprengt zu beſchlieſſen/ vnnd in weite groſſe Stätt zu
ſchicken. Deß Jahrs ſollen dieſe fiſch drey mahl leychen oder gebären: vnd ſo einer auß
jnen ſtirbt/ ſo ſoler in allem ſterben ſein farb vielfaltig verendern/ von einer farb in die
ander/ vnd nach dem tod ſeine ſchöne farb verlieren. Der Meerhaß iſt ein gifftig thier/
ab welchem gar nah alle andere thier auch der menſch ſtirbt/ ſolchen vnnd ab ſolchem
friſt dieſer fiſch ohne geſahr/ verdäuwt jn vnd wirt feißt daruon.

Ein ſondern luſt haben ſie ab den mangoltblettern oder kraut/ mit welchem ſie
leichtlich ohne arbeit gefangen werden.

Von dem fleiſch der fiſchen.

Das fleiſch der thieren iſt in groſſer mächtiger werthe gehalten/ von menniglis
chen hoch geachtet/ alſo daß ſie zu zeiten mit gleichem guts reins ſilbers an dem gewicht
ſind bezahlt worden: dann nicht allein von ſeines fleiſchs wegen ſind ſie hoch gehalten/
ſonder die augen damit zubeluſtigen/ in dem daß man ſolche lebendig in durchſchei
nende gläſene geſchir: gethan hat/ wol verſchloſſen/ zuſehen ſein lieblichen todt/
wunderbarlich abſterben/ verwanderung der ſchönen farben ſeiner ſchüppen von ei
ner in die ander/ ſo lang biß er gantz abgeſtorben. An jrem fleiſch ſind ſie nit gleich/ nach
art der orten/ an welchen ſie gelebt haben. Die edelſten ſind die ſo in weitem meer/ bey
ſteinen vnd ſchrofen gewohnt/ vnd bärt haben/ ſehr ſchön von röte vnd goldfarb. Die
ergeſten die ſo in lät/ kraut/ mieß/ ꝛc. gefangen worden ſind. Nicht deſterminder in der
gemein zureden/ ſo haben ſie ein weiß/ ſchön/ geſund löblich fleiſch/ allein daß es
nicht one arbeit verdäuwt wirt/ gebiert ſonſt ein gut geblüt/ ohne wuſt vñ ſchleim: wirt
                                                                    ſonder.

sonderlich in etlichen Kranckheiten als ein gebürliche speiß gelobt / als nemlich zu etlichen bauchgrimmen/magensuchten/lebersuchten/wassersuchten/vnd den Pestilentzischen Bresten.

Artzney von den Thieren.

Diese Fisch frisch zerschnitten / auffgelegt / Item auch in der speiß genossen / widersteht dem gifft etlicher Meerfischen / vnd dem gifft deß Flusses der Weiber/ Menstrua genañt. Sein gall mit honig angeschmiert scherpfft das gesicht / vnd sein fleisch gesotten mit honig gemischt ist sehr nützlich den Bresten deß sitzes.

Die äschen von dem kopff der Fischen ist krefftig wider alles gifft / mit honig vertreibt es die heissen/gifftigen eysen oder schwartzen Blatern vnd Bresten deß sitzes.

Diese Fisch in der speiß gessen / Item in Wein ertrenckt/derselbig getruncken/hinderet die empfengnuß/vnd vertreibt die geilheit in Mannen vnd Weibern/vnd widersteht dem gifft.

Von dem Meerpfaffen.

Callionymus vel Vranoscopus.   Ein Himmelgucker.
Ein Meerpfaff / Ein Sternenseher.

Von seiner gestalt.

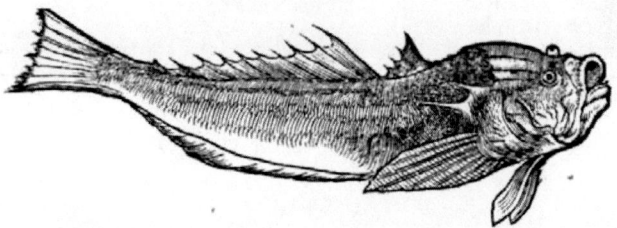

Jeser Fisch hat seinen namen von den augen / welche allezeit gegen dem Himmel lugen/auch oben auff dem Kopff gesetzt sind. Ist sonst ein wüster/ scheutzlicher Fisch anzusehen/wirt eines Schuchs lang. Sein rücken ist braun oder äschenfarb/sein schwantz so er lebt gleich einem Pfauwen schwantz/ das eusserste purpurfarb. Der bauch weiß/ welche Farben mit dem leben verschwinden / wirt sonst mit einer harten haut bedeckt/ welche ihm leichtlich abgezogen mag werden.

Von seiner art vnnd natur.

Im wust / lätt vnd kaat wonen diese Fisch / in welchem sie sich halten vnd den Fischen nachstellen / dann einer vnersätlichen frässigkeit sollen sie seyn / welches sich wol bezeugt auß dem weiten maul/rachen vnd magen/also / daß sie sich mit speiß so ihnen dargeworffen / ob sie gleich gefangen / so mächtig vberfüllen / daß ihnen zum Rachen widervmb außlaufft. Ist auch so ein löblicher Fisch / daß ob er gleich außgenommen/ vnd der inneren theilen aller beraubt / so bewegt er sich doch.

Von dem fleisch der fischen.

Wiewol dieser Fisch im wust vnd kaat lebt / vnd auß der vrsach etlich achten / er habe ein vnlieblich fleisch/eines irdischen geruchs/so sollen sie doch eines vberauß lieblichen geschmacks seyn/angenem zu essen / auch nicht ein vngesund fleisch haben. Dañ Hippocrates der berümbtest Artzt lobt sie in der speiß / denen so viel weissen schleim innen haben.

Die augen Tobie/ von welchem im alten Testament gedacht wirdt/ sollen durch
die gallen deß Fisches auffgethon worden seyn/ als etlich wöllen/ dann zu den Augen
vnd Gehör ist es die fürnembste artzney.

Von der Meerlyren oder Meergablen.

Lyra. Ein Meerlyren/ Ein Rotfisch.

Von mancherley geschlecht der Thieren/ vnd von der gestalt deß
ersten geschlechts.

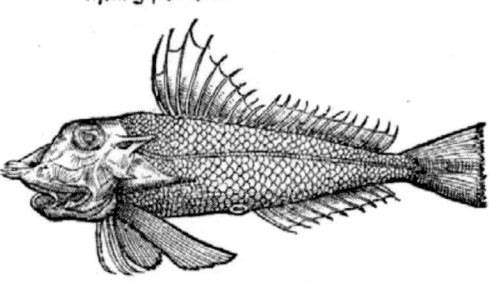

Diese Fisch be-
kommen jren na-
men eins theils
von jhren zweyen auß-
gestreckte Hörnern/ wel-
che sich einer alte Lyren
vergleicht/ anderstheils
von jhrer stim. Solcher
sind zweyerley geschlecht.
Das erste so hie zugege/
ist ein röder roter Fisch/
mit einem grossen beinechten kopff/ welcher zu ende gegen dem rücke/ grosse starcke spiz
hat: hat an seinem gantzen Leib mehr bein dann fleisch. Vornen hat er zwey Hörner/
auff welche gestalt die alten Lyren bereitet sind gewesen.

Von der andern Meerlyren.

Cornuta siue Lyra altera. Die ander Meerlyren.
Ein Meergablen.

Von seiner gestalt.

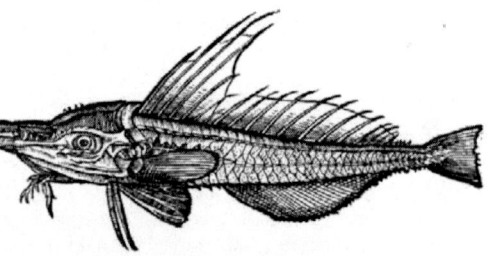

Dieses ist auch ein v-
berauß schöner fisch/
an der Farb braun-
rot/ an seine Leib achteckt/
mit beinechte schüppe gantz
bedeckt/ sein kopff hart/ bei-
necht/ mit zwey lange hör-
nern/ sein maul vnden ohne
zän: von dem vndern kieff-
backen hange herab fleisch-
echte zotten/ kurtz vnd lind. Der fäckten auff dem rücken hat lange rote spiz/ sein leib
gantz rot/ welche Farb er verliert so er gestorben.

Von art vnd natur der thieren.

Die erste Meerlyren/ als gehört/ sol etwas stim vnd rauschen geben wie die Lyren:
der ander aber gibt keine stim/ streckt aber seinen kopff auß dem Wasser herfür/ als ob
er fliegen wölle/ wirdt von seinen Hörnern/ bey den Lateinern Cornuta genennt.

Von jhrem Fleisch.

Beyde

Beyde Meerlyren sollen ein vest/hart Fleisch haben/nicht vnlieblich zu essen/so sie gekochet auß Essig gessen werden.

Ein andere Art deß Redfischs/ so auch Rondeletius beschreibet.

Von dem schwartzlechten Redfisch.

Corax seu Coruus.   Ein Meer Rapp.

Von seiner Gestalt/Art vnd Natur.

Dieses sind auch Meerfisch/ an der Gestalt gleich dem Meerwenen. Die Fäckten bey den Ohren sind am inneren theil schwartzgrün / aussen weiß mit roten Flecken. Sein Rück schwartzblauw. Die Seiten rot/der Bauch weiß wie Milch/rc.

Von seinem Fleisch.

Ein löblicher/reiner vnd besser Fleisch sol dieser haben dann der Meerwey : ist auch weiß/hart/ohne allen Schleim vnnd Wust.

Diese volgende Figur eines fliegenden Fisches/vns gantz vnbekant/wirt in einer Mappen Europæ durch Olaum Magnum gesetzt/vnd doch nicht weiter beschrieben.

d iij

Der vierdte theil / so begreifft al-
lerley breit oder Brachßfischen.

Melanderinus. Das erste Geschlecht der Brandbrachßmen.

Von seiner Gestalt.

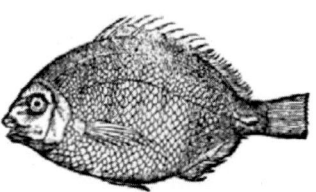

Ise Fisch bekommen ihren Namen von der schwärtze vñ wüste/solcher sind zweyerley geschlecht. Das erste so hiebey stehet/ist rönder denn der nachfolgendt gar nahe gantz schwartz/bey dem Kopff Purpurschwartz/als viönle / hat kleine scharpffe Zän / hat Stein in seinem Kopff/ic.

Von dem andern Geschlecht.

Melanurus. Das ander Geschlecht der Brandbrachßmen.

Von seiner Gestalt.

Iser ist gätz gleich den Geyßbrachßmen / hat Augen nach ansehen deß Leibs/ gantz grosse / ein klein Maul/ kleine Zän / ist an der Farb schwartzblaw/ etlicher gestalt gespreneklet / hinden bey dem Schwantz hat er ein sehr schwartzen grossen flecke/

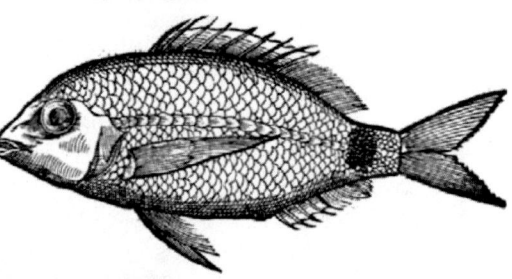

ic. Kompt mit seiner Grösse nit vberein Spang.

Von art vnd natur der thieren.

Dise Fisch wonen bey den Steinen vnnd Felsen an rauchem gestadt/fressen Meerkraut oder Mieß: oberauß forchtsame Fisch söllen diese seyn/ welches die Fischer bezeügen: dann bey stillem wasser kommen sie nimmer oben in daß wasser oder an daß Gestad/ auß forcht daß sie von den Fischern gefangen werden / sonder verschliessen sich in die tieffe vnder daß kraut. Dargegen so daß Meer vngestüm wütet / vnd andere Fisch den tieffinen nach faren / so lassen sie sich dann in die höhe vnd verbergen sich vnder den Schaum deß Meers als wissend/ daß bey wütendem Meer die Fischer nicht Fischen: frist grobe wüste speiß / welche von den andern Fischen gantz verachtet wirt. Zu zeiten fressen sie auch andere kleine Fischlein/wirdt nit one arbeit weder mit reussen noch mit garnen gefangen von jrer listigkeit wegen.

Von natürlicher anmütung der thieren.

So ein mässiger Fisch ist diser/daß er sich mit keine Aaß in die sach reitzen läst. Das Meeregle vnd Brandbrachßmen haben gemeinschafft zusamen/ dann das Meeregle streicht dem andern nach/ als einem fürer oder gleytsman.

Wie

Wie die Fisch zufahen.

Die Brandbrachßmen werden mit keinen reussen oder dergleichen instrumenten gefangen/sonder allein mit dem garn vmbgezogen. Item auch mit dem angel/ dasselbig allein bey wütendem Meer/bey den Schrofen vnd Felsen.

Von jhrem Fleisch.

Das Fleisch der Fischen sol nicht sonderlich arg sein/als daß gut Geblüt gebäre/vnd dem magen dienstlich / wiewol er in etlichen Kranckheiten gäntzlich verbotten wirdt/ auch von etlichen sonst als arg gehalten.

Artzney von den Thieren.

Dieser Fisch in der Speiß genossen/ sol das gesicht scherpffen/ vñ sein Brühe das bauch grimmen oder Muter wehe vertreiben.

Von dem Marmel brachßmen.

Mormyrus, vel Mormylus. Ein Marmelbrachßmen. Ein Geschlecht der Meerbrachßmen.

Von seiner Gestalt vnd Farben.

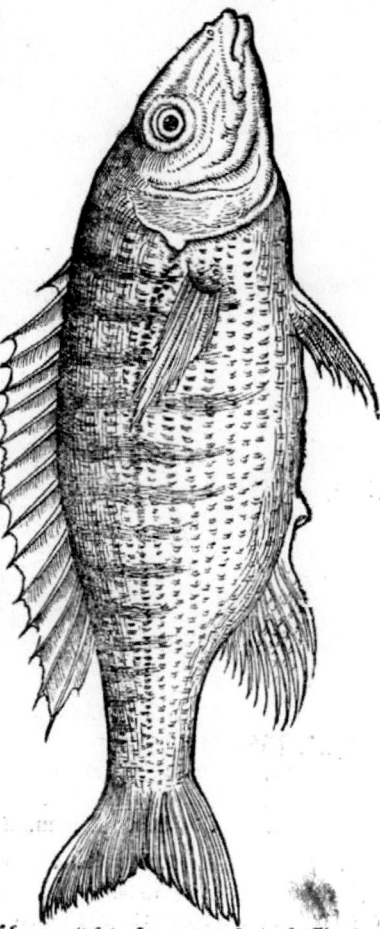

Dieser hat seinen Namen bekommen/ daß er sich einem Brachßmen vergleicht/ doch schmäler/vñ daß er weiß ist als Silber oder weisser Marmorstein: Sein Gestalt ist zugegen/allein ist zumercken/daß solche Strimen oder Linien / so von dem Rücken entzwerch gegen dem Bauch gezogen/ schwartzlecht / oder finster äschenfarb sindt/sein gantzer Leib glantzendt weiß fürnemlich der Kopff. So viel die innerlich gestalt betrifft/hat er kleine Zän/ ein weisse kurtze Zungen / ein dreyecket Hertz/ innerthalb ein schwartze Haut/rc.

Von Art vnd Natur deß Fisches.

Dise Fisch an Gestaden bey vnd in dem Sand/fressen Wüst/Schleim vnd allerley so sie im Sand kriegen/als kleine Muschel fischle/Schnegle/ Krebßle/ auch allerley andere kleine Fische. Zur zeit deß Somers leychen sie/vnd ist ein gemeiner Fisch/wirdt doch nit ohne Arbeit von den Fischern gefangen/dann er braucht List / als dann auch der Wolfffisch / nemlich daß er in das sandecht Gruben macht/sich darinn verbirgt/so lang biß das Garn vber jhn her gezogen wirdt.

Von jhrem Fleisch.

Ein arg Fleisch/vnlieblich zu essen sollen diese Fisch haben/ist ein schlechter Fisch/
wirdt nicht in hoher achtung gehalten: dann er hat ein lind Fleisch/eines häßlichen ge-
ruchs/voller Schleim vnd Wust.

Von dem braunen Meerbrachßmen.

Cantharus.　Ein brauner Meerbrachßmen.

Von seiner Gestalt.

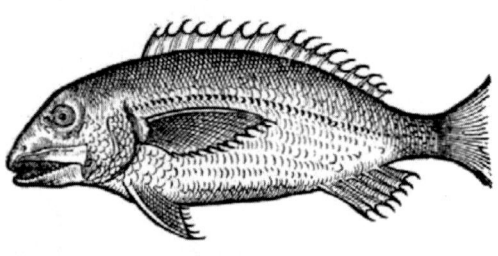

DJe Griechen ha-
ben diesem Fisch
seinen Namen ge-
ben von den Kadkäffern/
welchen sie mit jrem Le-
ben oder mit jhrer Farb
gleich sind. Wir nennen
jhn ein braunen Meer-
brachßmen/dz er vnsern
gemeinen Brachßmen
vergleicht an der Gestalt/
hat kleine Schüppen/braun/oder Kestenfarb/von den Ohren gegen dem Schwantz
strecken sich dunckel goldfarbe Linien/hat kleine Zän/auch Stein in seinem Hirne.

Von einer andern Art der Meerbrachßmen.

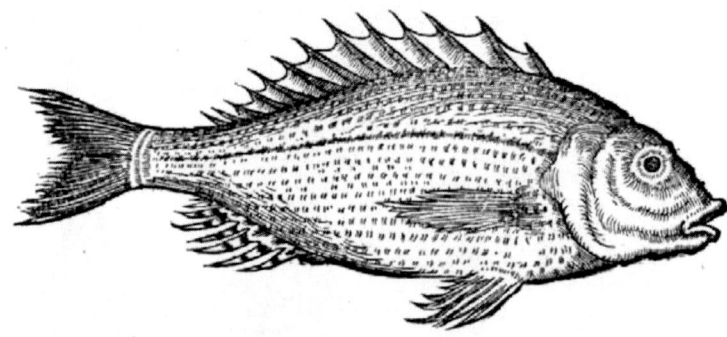

Von Art vnd Natur der Thieren.

Dieser Fisch/als gehört/wohnet an den Gestaden/Porten vnd Schifflendinen/be-
lüstiget sich deß Wusts vnd Kadts so dahin fleußt: wiewol etliche der alten Scribenten
solche vnder die Steinfisch zehlen/sol selten allein gefangen werden/sondern mit Scha-
ren/frißt Graß/Fleisch/Brodt/Käß/auch alles so auß den Schiffen geworffen wirdt.

Von natürlicher Anmuthung der Thieren.

Diese Fisch sollen eyffern vmb jhre Weiber/sich artig paren/keine frembde lieben/
auch gantz grausam ein jeder vmb die seine kämpffen: auch Reinigkeit stetiglich halten.

Wie sie zu fahen.

Mit Aaß/Garn vñ Körben werden sie gefangen/Item auch mit dem Angel. Zu dem
Aaß

aaß braucht man ein Kuttelfisch/ oder der grossen Meerkraben Carabi genannt/ oder
Meerstöffel in die Körb oder Reussen gethan vnd angebunden.

Ein linder/ feuchter Fisch / eines vnlieblichen geschmacks/ ist in kleiner achtung/
gebirt nicht ein gut gesafft: wirt allein den armen zu theil. Gesotten bewegt er den stul-
gang/ sol mit Knoblauch/ Zibeln vñ mit gutem gewürtz gekocht vñ verbessert werden.

Von dem Goldbrachßmen.

Aúrata.   Ein Goldtbrachßmen.
Von seiner gestalt.

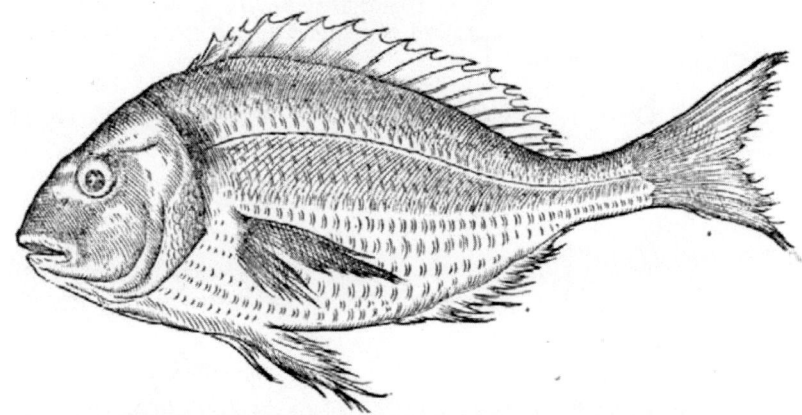

Dieser Fisch bekompt seinen namen bey allen Nationen von der Farb oder gülden Circkel so er bey dem aug hat/ ist an der gestalt deß Leibs nicht vnähnlich einem Brachßmen/ kompt mit seiner grösse auff ein elenbogen/ ist nicht einerley
Farb: dañ der rücken ist blauwschwartz/ bey seits silberfarb/ am bauch weiß als milch:
vmb seine augen ist er goldfarb/ als ob er goldfarbe augbrawen habe/ nemlich so er auff
sein rechtes alter kommen ist/ hat in seinem maul spitzige zän/ sampt etlichen stockzänen:
die vberige gestalt sieht vor augen.

Von art vnd natur der Fischen.

Der Goldbrachßmen ist ein Fisch so sich deß Meers gestad belustiget/ wohnet
auch in den tieffinen/ steinen vnd sandechten orten: wächßt auch in den Meerpfützen
oder Seen/ in welchen sie zu zeiten leychen/ ist ein fleischfrässiger Fisch/ frißt allerley
kleine Fisch/ Muschelfisch/ Schneckfisch/ vñ dergleichen. Jr leych ist Somers zeit fürnemlich an den orten/ an welchen grosse Flüß in das Meer lauffen. Ligen ein grosse zeit
verborgen/ fürnemlich bey der grösten hitz/ haben auch ein art zu schlaffen/ also/ daß sie
mit einem Zeiner im schlaffen zu zeiten gefangen werden. Im Glentz sollen diese Fisch
gantz scharecht in die Meerpfütze oder See jr strich nemen/ daß sie daselbst den Sommer wohnen/ vnd am end deßselbigen widerumb dem tieffen Meer zufahren: welches
den Fischern wol bewußt/ welche bey dem eingang oder außgang zäun flechten von ge-
steud/ vnd in dieselbigen Reussen oder Garn setzen/ auff welche art sie ein sehr grosse
zal der Fische fahen/ dienstlich den Fasttagen. Solches pflege sie allein deß dritte Jars
einmahl zuthun. Solche haben kein vnderscheid an der gestalt von denen so im Meer

wonen/allein daß sie feiser sind/vnd nach dem låt oder kaat schmecken/so jnen begegnet von dem ort oder statt vnd jrer narung.

Von anmutung der thieren.

Elianus schreibt daß diser ein vberauß forchtsamer fisch seye/der kälte gantz vnlei-
dig/von welcher er sehr verletzt wirdt/dann er hat ein stein im kopff gleich etlichen andern.

Von dem fleisch der thieren.

Die gröste nutzbarkeit so man von den Fischen hat/ist daß sie gebürlich sind zur
speiß/nahrung vnd auffenthaltung deß menschlichen lebens/auß welcher vrsach auch
diese Fisch von den Alten in die süssen wasser getragen/vnd die Weyer oder andere dergleichen Fischgruben damit besetzt sind worden: dann sie haben ein weiß/satt/gesund
fleisch/lieblich zu essen/eines löblichen gesaffts/welches wol speißt/vnd ohne sondere
arbeit verdåuwt wirt.

Artzney von den fischen.

Der Goldtbrachßmen in der speiß genossen/hilfft denen so vergifft/oder gifftig
honig gefressen haben.

Von dem Sparbrachßmen.

Sparus marinus.   Ein Sparbrachß men.

Von mancherley geschlecht der Thieren.
Von der gestalt deß ersten Geschlechts.

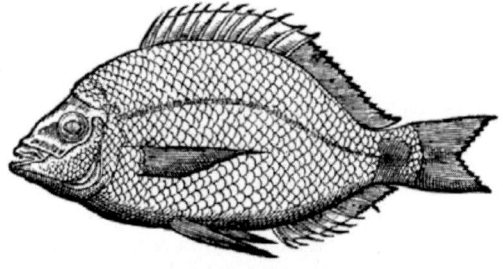

Wiewol nun ei-
nerley geschlecht
der Fischen ist/so
werde doch etlich in den
Meerpfütze oder Seen
gefangen/als hernach
wirt gehört werde. Die-
ser Fisch/welches hie
zwo gestalten gesehen
werden/ist gantz ähnlich
dem Goldtbrachßmen/
doch kleiner/rümder vnd
dünner/dann er vber-
trifft mit seiner grösse selten ein spanne: die statt
der augbrauwe ist grün-
gelb/hat auch ein klei-
ners spitzigers maul dañ
der vorgenannt. Es
sind auch seine Fisch-
fäckts an der Farb gelb-
lecht/fürnemlich die am

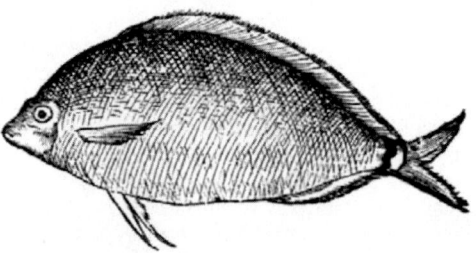

bauch. Am schwantz
hat er ein schwartzen flecken gleich dem Brandtbrachßmen. Am andern leib ist er schier
goldtfarb.

Von

Von dem Sparbrachßmen so in Meerpfützen wonet.

Sparus stagni Marini.

ES ist auch in den Meerpfütze oder Seen ein sonderlich geschlecht der Sparbrachßmen / welcher in genantẽ waſſer wåchſt / an der geſtalt dem vorigẽ gantz ånlich / allein kleiner allezeit.

Von art vnd natur der Meerbrachßmen.

Im eingang deß Frůlings ſollen dieſe fiſch leychen / vnd Winters zeit ſolcher art ſeyn / daß ſie bey einander håuffecht verborgen ſich enthalten / alſo einander wermen. Im Frůling aber zerlaſſen ſie ſich / vnd fahren der ſpeiß nach / welche jhnen iſt Meerflöh / Meerleuß / vnd andere dergleichen kleine Meerthier. Sie wohnen vnd leben an geſtaden / ſteinechten orten / krautechten Felſen vnd ſchrofen.

Von dem fleiſch der fiſchen.

Dieſe fiſch ſollen ein lind / zart / mollecht / geſund fleiſch haben / ring vnd leicht zu verdåuwen / bewegt den harn. Die aber inn Meerpfützen gefangen werden viel årger / viel zu feucht vnd lind / eines vnlieblichen geſchmacks.

Von einem andern Sparbrachßmen.

Sacheto. Von Venedigern genannt.

Von ſeiner geſtalt.

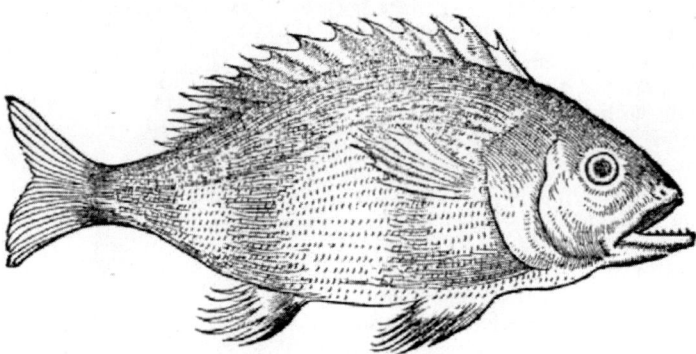

DIſer ſol auch vnder die geſchlecht der Sparbrachßmen gezehlt werden. Iſt von mancherley farben. Die fåckten bey den ohren vnd der ſchwantz ſind gelblecht / doch ſo werden am ſchwantz nichts deſter minder ein vnzahl roter ſtecklinen geſehen. Die zwo fåckten am bauch / blauwlecht / die ſo bey dem außgang oder ars / bey anfang blauwlecht / mitten gelb / am end rötlecht / ſol von den Venedigern Sacheto genennt werden.

Von dem Geyßbrachßmen.

Sargus.   Ein Geyßbrachßmen. Ein Sargbrachßmen.
Von seiner gestalt.

Ises ist ein fleischechter fisch/ etwas dicker dann die andern breiten der Brachßmé art/hat kleine
schüppen/ an der farb weiß als silber/
allein daß er schwartze striemen oder
strich hat von dem rücken gegen dem
bauch/ hat breite zän als die Menschen
zän/ beim schwantz hat er ein schwartze
flecken. Die fäckten so bey den ohren daß
ende deß schwantzes sind rötlecht: vnnd
die so am bauch schwartzlecht.

Von art vnd natur der Fischen.

Dise Brachßmen wonen mehr theils
anrauchen/steinechten gestaden vnd or-
ten/ belüstigen sich sehr ab dem Soñen
schein/ sie werden auch viel an lättechten
gestaden gefangé/ mießechten vñ krautechten steinen/ sie sind der art fleisch zuessen anderer kleinen fischen vnd Meer-
gewächsen/ leychen Frülingszeit so tag
vnd nacht sich vergleicht.

Von natürlicher anmütung
der Thieren.

Dises sind gesellige fisch/ dañ sie werden allezeit scharecht vnd häuffecht ge-
funden/vnd hat ein Milchling viel Rög-
ling/ sie sollen auch vmb die weiber käm-
pffen/ vnd der so gesiget die weiber allein
haben. Ein sonderbare anmütung vnd
begird sollen sie haben zu dé Geissen den
vierfüssigen jrdischen thieren/ also dz sie
jren geruch/ so sie bey nähe sich weidend/
vnder dem Wasser schmecken/ an das
gestad herauß springen oder schwimmen/
Item dergleichen/ so sie von hitz wegen
in das wasser getrieben/ so schwimen sie
häuffecht herzu/ auß grosser begird/ be-

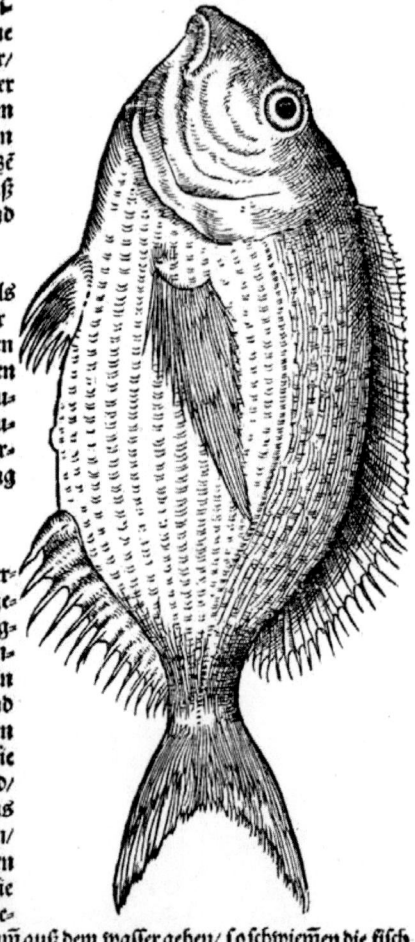

schlecken dieselbigen/ vnd so sie widerum auß dem wasser gehen/ so schwimmen die fisch
hernach biß an daß äusserste gestad dermassen daß die Fischer sölche Reglen getwißt/
in die außgezognen/ oder geschnidnen geyßfel sich verbutzen/ vñ auß der geyßbraten vnd
dem fleisch ein Aaß bereiten/ also die fisch in grosser menge fahen. Von sölchem schreibt
Aelianus vnd Oppianus gantz viel/ nit niot alles zu erzehlen.

Der art ist diser fisch/ das er sich gern auß fremder arbeit speiset/ dañ er folgt nach dé
Rotbart Mullus genañt/ an welchem ort derselbig nach seiner art in grund gräbt/ vnnd
darvoy schwimt/ an dasselbige Ort schwimt dieser Brachßmen herzu/ vnnd frißt auff
sein

sein oberleibscheten. Sie werden sonst auch gefangen mit den händen / mit dem angel/garn / aaß / als gehört / vnd dergleichen etlichen anderen künsten.

Von dem fleisch der fischen.

Ein gut gesund löblich fleisch sollen diese fisch haben / fürnemlich die so nit an wüsten stinckenden / lättechten orten gefangen werden : dann die ort vnnd art der speiß endert auch ihr fleisch.

Artzney von den fischen.

Die zän von den fischen angetragen / nemmen hin allen schmertzen der zänen.
Sein fleisch sol ein gebürliche speiß seyn den wassersüchtigen.

Von dem kleinen roten Meerbrachßmen.

Erythrinus Rubellio.   Ein kleiner roter Meerbrachßmen.

Von seiner gestalt.

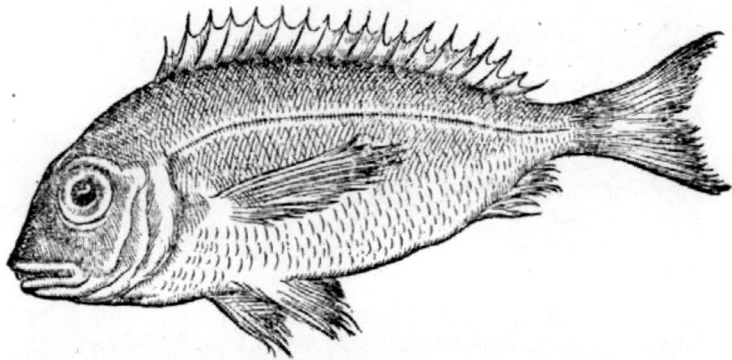

Dieser fisch als auch der folgend / hat seinen namen bey den Griechen / Latinern / vnd andern Nationen von der röte her seiner farb : ist nit vngleich an der gestalt dem Goldbrachßmen / schön rot an der farb mit viel blaiwen düpfflinen durchsprengt / am bauch weißlecht / hat grosse augen mit einem weissen silberfarben zirckel vmbgeben / mitten etliche goldfarbe flecken / hat ein kleins maul / kleine ronde scharpffe zän. Ist innerthalb an seinem fleisch gantz weiß. Es sollen in dem Niderländischen meer etliche der gestalt fisch gefangen werden gantz rot aussen vñ innerthalb durch das gantz fleisch : sollen ohne zweifel auch den jetzgenannten fischen mit ihrem geschlecht vnderworffen werden.

Das ist insonderheit an disen fischen zu mercken / daß keine männle oder milchling vnder jnen gefangen werden / sonder alle rögling oder weiblin. Welches ein vrsach zu glauben geben möchte / daß dise Fisch von jnen selber vnd durch sich selber geberen oder leychen. Wiewol noch kein gründtlicher vnd glaublicher bescheid von solchem geben ist worden / allein so viel die täglich erfarung erzeigt.

Es sollen auch gemelte Fisch nit allein im Meer / sonder auch in etlichen Seen gefangen werden.

Von art vnd natur der thieren.

Dises sind auß jrer eigenschafft meerfisch / wonen in den weiten tieffine deß weitë Meers / oder in den gantz tieffen gestaden. Winters zeit fürnemlich enthalten sie sich in den tieffinen : Somerszeit nahen sie auch dem gestad / zu welcher zeit sie allein gefangen werden. Mit seinen scharpffen zänen zerbricht er auch die schalfisch/Krebs/ Igel/vnd dergleichen/welche er zu seiner speiß braucht. Auff den Aprillen wirt er voll rogen gesehen.

Von dem fleisch der fischen.

Ein gut gesund/löblich/lustig fleisch sollen diese Fisch haben/auff allweg berei= tet/doch zum besten gebraten oder gebachen/vnd dieselbigen kalt/rc.

Artzney von den Fischen.

In der speiß genossen diese Fisch/sind denen dienstlich so den ritten oder feber ha= ben/gestellen den bauchfluß/bewegen zu vnkeuschheit. In Wein ertrenckt/derselbig getruncken sol bringen ein verdruß Wein zutrincken.

Von dem grossen roten Meerbrachßmen.

Phagrus seu Pagrus.   Ein grosser roter Meerbrachßmen.

Von seiner gestalt.

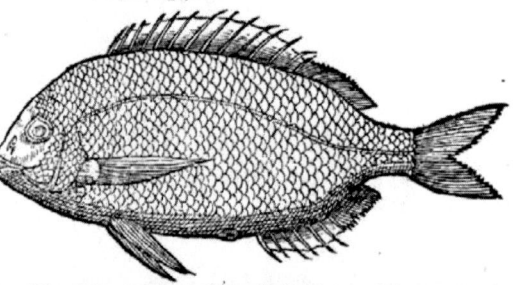

Dieser Brachß= men hat auch sei= nen namen von seiner farb/mit der ge= stalt gantz gleich dem vorbeschribne/alleindaß er grösser ist/sein röte auff blauw gezickt/vor= auß Winters zeit/zu welcher der vorgesetzt gätz rot. Er hat auch ein kürtzern/dickern/stümpffern schnabel oder maul. Sein floßsäckten auff dem rücken ist gantz rot/ist auch rönder/breiter vnd dünner: vornen bey der nasen oder kopff hat er auff jeder seiten zwey löchle/vnd ein silber farben flecken. Darzu so ist sein rachen jn= nerthalb gantz rot oder blutfarb: vornen im maul hat er scharpffe spitzige zän/hinden bey dem rachè stümpffe stockzän. Stein haben sie in jren köpffen/auß vrsach sie von der kälte sehr verletzt werden: sollen zu zeiten zu zimlich er grösse kommen/also daß sie zu stücken gehauwen vnd eingesaltzen werden zuverkauffen.

Von der Fischen art vnd eigenschafft.

Es schreiben etliche daß diese Fisch allezeit allein wonen/das ist nicht häuffecht oder scharecht/in den löchern der Felsen/steinen vnd schrofechten gestaden/auch in der tieffe deß Meers: sind fleischfrässig/begirig der kleinen muschelfischen/schalfischen/ kuttelfischlinen/Meeriglen vnd dergleichen. Winterszeit ligen sie in den tieffen lö= chern verborgen/auß vrsach daß sie von der kälte sehr verletzt werden als oben gehört.

Von fürwitz der Fischen.

Ein sonderliche fürwitz sollen diese Fisch an jnen haben/daß sie in dem fluß Nilo/ zuvor dem daß der fluß vberlaufft/vnd nach art der Landtschafft zu gewisser zeit die vmbligenden güter wässert/voran schwimmend sich erzeigen/als vorbotten deß ge= genwertigen vberlauffs: auß vrsach die Einwoner solche heilig Fisch nennen.

Von dem fleisch der thieren.

Diese Fisch sollen auch nit ein arg fleisch haben/sonder gut/gesund/vest/allein
daß

daß sie nicht one sondere arbeit verdäuwet werden. Es sind auch die so auß dem Meer gezogen / besser vnd gesünder dañ die so in süssen wassern / in welche sie auß dem Meer kommen / gefangen sind.

Etliche stück der artzney von den thieren.

Die gall von den Fischen wirt vnder etliche artzneyen gemischt / wider die stechenden haar der augbrauwen.

Von dem Zanbrachßmen.

Dentex. Ein Zanbrachßmen. Ein art der grossen roten Meerbrachßmen.

Von seiner gestalt.

Jtem kompt sein
nammm bey den
Griechen vnnd
Latinern / daß er scharp-
fe zän / als hundtszän
in seine maul hat / wel-
che er zuvorderst allezeit
entdeckt. Jst an seiner
gestalt nit vngleich den
vorgenannten Goldt-
brachßmen. Jst an der farb rötlecht / als besprengt / hat breite schüppen / hat stein in
seinem kopff / kompt an etlichen erten zu solcher grösse daß er 6. pfundt wigt / aber die
gemeine schwäre ist 3. oder 4. pfund. Solcher Fischen sind zweyerley geschlecht / das erst
so jetzt gemeldet / welche gestalt bey anfang gesetzt ist. Das ander Synagris von dē Griechen genant / welcher einen goldfarben kopff hat / viel linien oder strich durch die schüppen / von mancherley farben / ist bey heutigem tag nit sehr bekannt.

Von art vnd natur der Fischen.

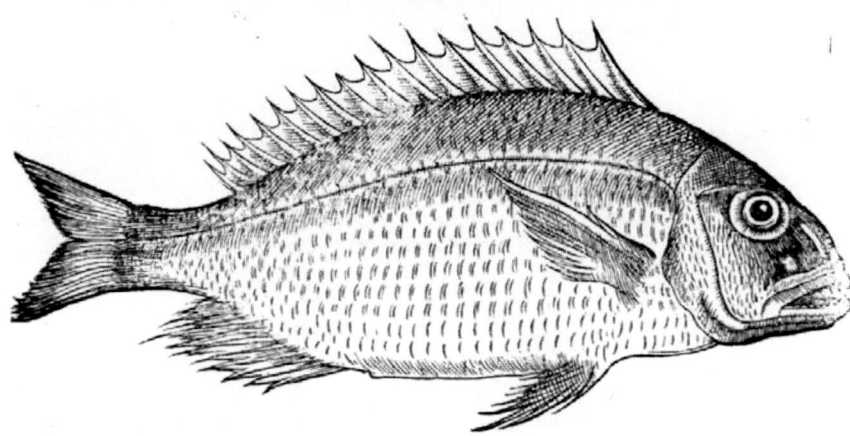

An sandechten / steinechten gestaden vñ orten wonen diese Fisch / sind Fleischfrässig /
fressen allerley kleine Fisch / kuttelfisch / auch harte steinechte Fisch als muschelfisch vnd

dergleichen/welchen auch auß mächtiger begird deß raubs der magen in den rachen vnd maul herauff steigen sol/als etlichen andern mehr geschicht.

Von natürlicher anmutung.

Gesellige/anmütige Fisch sind dieses/dañ keiner bleibt allein/sonder allezeit häuffen sie sich zusamen in solcher gestalt/ daß gleiches zu gleichem kompt : nemlich junge zu jungen/mitler älte zu seins gleichen alter/ die alten vnd erwachßnen auch zusamen/ dann sie belustigen sich der geselschafft/ mit welcher sie erwachsen sind.

Von dem fleisch der Fischen.

Ein gut gesund fleisch/weiß/keck/eines löblichen gesaffts sollen diese Fisch haben/ welches ob es gleich ein wenig hart ist zuverdäuwen/ so gebirt es doch hernach ein gesund schön geblüt/vnd macht einen satten stulgang.

Von einem andern geschlecht der Meerbrachßmen.

Acarnan.   Ein Fleckbrachßmen.
Von seiner gestalt.

Em grossen roté vorbeschriebnen Meer brachßmé ist dieser so gleich/daß er mit jhm vnd vnder jhm verkaufft wirt ohne vnderscheid/ist sonst an der farb weiß/mit silberfarben schüppen / grossen augen/Goldfarb/weissen floßfäckté/auch welchen die ersten vnd nechsten bey den ohren mit einem schwartzroten flecken bezeichnet ist:das ende deß schwantzes ist rötlecht.

Von art vnd natur der Fischen.

Von diesem Meerfisch schreibt Aristoteles/ daß er Sommerszeit belästiget/vnd auß gedöhnet werde/verzehre sich von der hitz vnd nemme ab/welches disem gegenwertigen Fisch auch begegnet.

Von seinem Fleisch.

Ein weiß/schön/süß/lieblich/gesund fleisch hat dieser Fisch/leicht zuverdäuwen/ gebirt ein gut geblüt/wirdt Sommers vnd Winters zeit gefangen.

Von dem Kestenenbrachßmen.

Chromis.   Ein Kestenbrachßmen. Ein Kestenenfisch.
Von seiner gestalt.

Jeser Brachßmen ist nit vngleich denen so Brandbrachßmen geneñt werden / hat doch kleiner augen/ vnd bey dem schwantz kein schwartze flecken/ist durch den gantzen leib schwartzlecht: Mit innerlicher gestalt vergleicht er sich dem Goldbrachßmen/ hat auch stein in seinem hirn / auß welcher vrsach er von der kälte sehr verletzt wirdt.

Von

Von art vnd natur deß Fisches.

Jese Fisch leychen deß Jars nicht mehr dann einmahl: wohnen in krautechtē sand/ wirdt ein stim̄/ gleich der Schweinen/ von jhm gehört/ derhalben jn etlich vnrein nennen. Mit solcher stim̄ verräht vnd erzeigt er sich/ also daß er ohne arbeit gefangē wirt. Sie sollen auch ein sehr scharpff gehör haben.

Von seinem Fleisch.

Vnachtbare kleine Fisch sindt diese Brachßmen/ verachtet/ sehr feucht/ auß vrsach die armen sie pflegen auff dem Rost zu braten.

Von dem Münchbrachßmen.

Orphus.　　Ein art der rötlechten Meerbrachßm n.

Von seiner gestalt.

Em grossen rotē Meerbrachßmē ist dieser nit vngleich/ an der farb purpurrot: in jm find man zu keiner zeit milch/ auß vrsach ich jhn Münchbrachßmen genen̄t hab/ hat scharpffe zän/ vnd so er zerhauwen wirt/so

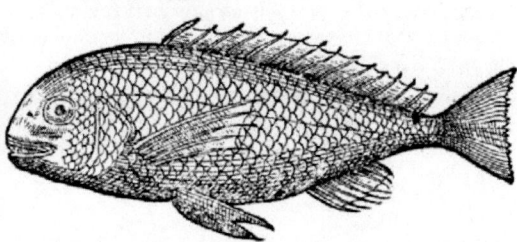

lebt er lang. Die Griechen bey vnserer zeit zeigen ein anderen Orphum/welcher gleich nach dem wirt beschrieben werden.

Von art vnd natur der Fischen.

Winters zeit ligen diese Fisch verborgen/wohnen bey den gestaden/in durchlöcherten Felsen/ so voll Muschelfisch ligen. Diese Fisch wachsen insonderheit in grosser eyl zu guter grösse: dann sie geleben nicht weitter dan̄ zwey Jahr. Es werden auch diese Fisch heilig von etlichen genam̄t/auß vrsach daß sie an etlichen orten der Meerländischen leuten die Priester so am gestad opfferen/vnd jhre stim̄ erkennen/an das gestad herauß schwimmen/vnd von dem fleisch so jhnen dargeworffen/fressen. Die Pfaffen freuwen sich auch derselbigen als ein sonder glücklich zeit vnd zeichen/vermeinen/ das Opffer seye den Göttern angenehm gewesen. So aber die Fisch die fürgeworffenen stückle fleisch mit den schwentzen an das gestad wider herauß stossen/ so trauren die Pfaffen/vnd haben ein grossen schmertzen darab.

Von jhrem Fleisch.

Von etlichen sind diese Fisch in hoher achtung gehalten worden zu der speiß/wiewol sie ein hart Fleisch haben sollen/nicht ohne sondere arbeit zuverdäuwen/hat auch nicht wenig schleim an etlichen orten seines leibs. Sie werden gelobt zu den Kranckheiten so von heisser/scharpffer/beissender/gelsüchtiger feuchte entspringen.

Von einem andern Geschlecht der Fischen.

Orphus Græcorum Bellonij.　Ein Griechischer
Meerbrachßmen.
Von seiner gestalt.

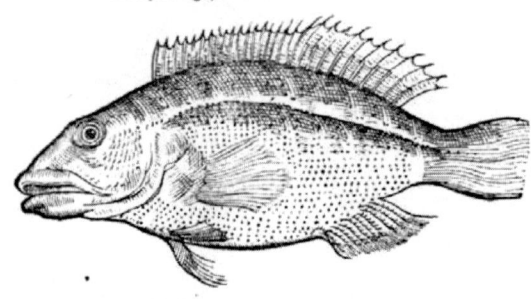

AN der farb ist
diser Fisch rot/
wiewol auch
andere farben ver-
mischet an jm gese-
hen werdé/ist breit-
lecht oder flach wie
ein Brachsmé/hat
breite schüppé/hart
behafft: seine fäckté
mit mancherley far-
ben getheilt/ hat
fleischechte leffzen/vnd zän wie der Steinbrachßmen/ am rücken ist er schwartzlecht/
der bauch weißlecht/ der kopff gar nahe gantz rot: anfangs deß schwantzes sol er ein
schwartzen flecken haben wie der Brandbrachßmen: ist bey den Griechen in hoher ach-
tung/gelebt deß krauts/rc.

Von dem Leberbrachßmen.

Hepatus.　Ein Leberbrachßmen/ Ein Meerlebern/ Ein art einer Meerbrachßmen
mit einem schwartzen flecken am schwantz.
Von gestalt der Fischen.

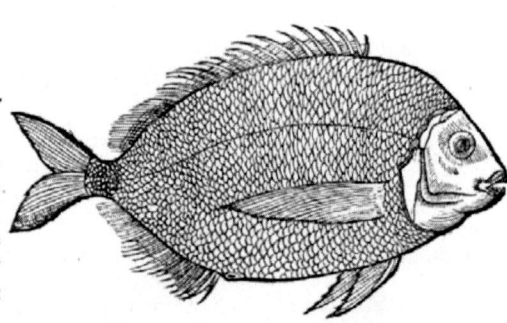

DIeses ist auch ei-
ner auß den brei-
ten Meerbrachß
men von den Griechen
Hepatus geneñt/hat groß-
se augen nach ansehung
deß Leibs als der Bråd-
brachßmen/ ist Leber-
farb oder schwartzblaw:
hat inwendig kein Gal-
len/ronde scharpffe zän/
vñ in seinem Hirn zwen
stein.

Von art vñ natur deß
Fisches.

Dioeles zehlet solche vnder die Steinfisch/so sie doch eigentlich zu redé nit Steinfisch sind/ wiewol allezeit einer allein gefangen wirt/ selten oder zu keiner zeit viel zu
mal. Darzu kompt/ daß sie fleischfrässig sind wider die art der Steinfischen/ welches
das so in jhrem geweyd gefunden wirt/bezeuget. Man fähet solche Fisch gar selten.

Von jhrem Fleisch.

Galenus setzt diese Fisch als mittler art zwisché den Fischen so ein hart fleisch/ vñ
denen so ein lind fleisch haben. Ist doch nicht zuvergleichen dem fleisch der Steinfisché.
Es sind etlich die ein andere gestalt vmnd art der Fischen an statt der Leberbrachßmen
setzen/ welche jhren namen haben sollen von der Farb vnd grösse jhrer Lebern.

Von

Von dem Meerschatten.

Vmbra. Ein Meerschatten/ Meerwerßen/ oder Werßer/
Ein Seerapp. Ein Magerfisch.

Diese Fisch haben
jren namen von
der schattechten/
duncklē farb/oder daß er
im Meer so geschwindt
schwimmet/daß er nit an-
derst dann ein schatten
anzusehen ist.

Dieser Fisch ist gar
nah änlich dem kleinen

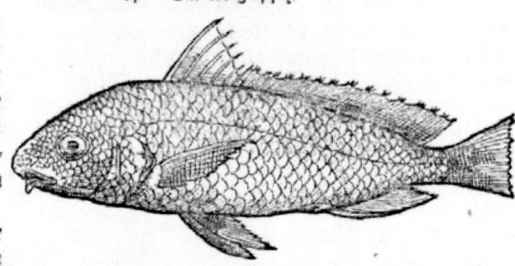

Meerrapp/doch viel grösser/dann er kompt zu mercklicher grösse/ auch auff 4.Elen.
Dennnach so hat er ein Wartzen am vndern kiffbacken/ mit welcher er von dem Meerrappen leichtlich zu erkennen ist/ bey jedem aug hat er löchle auch in dem vndern maul/
sol keine zän haben. Dergleichen sind diese Fisch anderer Farb dann die Meerrappen/
von wegen der Linien oder gekrümpten strichen entzwerch/ etlich goldfarb. Das ende
der ohrendeckeln ist schwartzlecht/ hat auch in seinem kopff stein/ ist innerlich gestaltet
wie die Meerrappen. Diese Fisch kommen zu zeiten auff 60.pfund.

Von art vnd natur der thieren.

Wiewol diese Fisch nit vnder die Steinfisch sollen gezelt werden/ daß sie etwas
härter vnd nicht so löblich sind/ so wonen sie doch bey vnd vmb die stein/ in den tieffinē/
werden viel gefangen bey dem außgang der flüssen/ob sie gleich wol in keinen herauff
steigen. Sind einer schnellen bewegnuß/ fressen viel/ sind fleischfrässig/ wirdt durch
kälte vnd frost verletzt/ von den steinen wegen so er in seinem kopff tregt.

Von natürlicher thorheit deß fisches.

Sie schweben alle zeit allein herumb/ ist sehr forchtsam/in der forcht so thörecht daß
so er seinen kopff in ein spalt oder schrunden zwischen die stein/ oder vnder das kraut
verbirgt/ so vermeint er/er habe sich gantz verschlossen/ gleich wie die kind/ so sie jre augen verhalten/vermeinen man sehe sie nit: werden auß der vrsach von dē fischern leichtlich mit den händen gefangen.

Von jrem fleisch.

Das fleisch der fischen wirdt in hocher achtung gehalten/ daß es ist sehr lieblich zu
essen zu einer jeden zeit deß jars/ fürnemlich in den Hundstagen/ säht man solche sehr
feist/man pflegt sie allein reichen/auch Fürsten vnd Herren darzustellen/daū sie gebären ein gut löblich geblüt vnd safft/ werden leichtlich durch den leib auß theilt/ ist eines
lieblichen gusts oder geschmacks/ welches alles wol erkant gewesen ist T. Thamisio
dem dellerschlecker dem Römer. Dann es zu Rom gewonheit ist/ daß so einer der fisch-
en gefangen wirt/pflegt man jre köpff der Oberkeit als ein zol zugeben. Als nun der
Thamisius auff ein zeit vernommen hatt/ daß ein grosser kopff der fischen den Regenten zugetragen was/vnd er bey solchen wol am Hoff von seiner schimpff reden vn hold-
seligkeit wegen/ ist er one verzug zu der Oberkeit/ vnder der gestalt etwas geschäffts/
gangen/sich mit vil geschwätz lang bey jnen gesaumt/ auß hoffnung deß Mals oder
Essens zu erharren/ist er doch endtlich sehr betrogen worden. Dann die Oberkeit hat-

ten solchen kopff einem Cardinal geschenckt. Derselbig einem anderen Cardinal/ weiter derselbig einem sehr reichen man einem Publicanen/ welcher endtlich den Kopff einer Metzen oder Huren geschenckt hat. Als nun Thamisius sollichs vernommen/ ist er von einem zum andern in grosser eyl gelauffen/ als ein ginender Rapp hin vnnd wider/ letztlich müd/ in grossem schweyß/ mit grossem kosten mit der Huren zu tisch gesessen/ welche sich ab dem neuwen Gast sehr verwundert hatt.

Artzney von den fischen.

Die stein vö dem Kopff der Fischen werden in silber vnd gold eingefasset/ getragen als ein sonder Secret wider das Bauchgrimmen vnd die Mutter/ doch sollen sie nicht kaufft/ sondern geschenckt worden seyn.

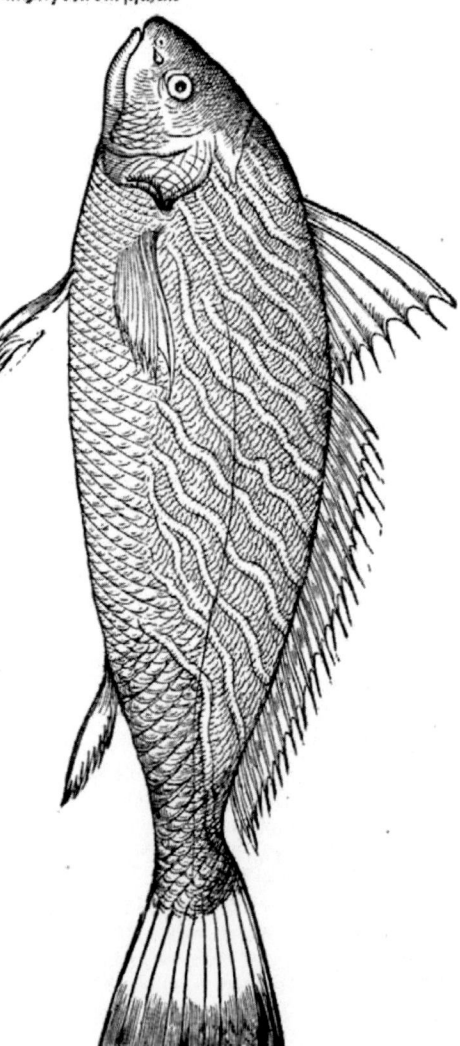

Von der andern gestalt deß vorgesetzten Fisches.

Dese Figur so zu Venedig ist conterfetet worden/ ist viel schöner/gründtlicher vñ eigentlicher von gestalt vnd Farben / dann die vorgesetzt. Solcher Fisch wirt von etlichen Chromis, aber von dem mehrertheil Vmbra, genannt.

Von dem Latbrachßmen.

Latus. Ein art der Meerbrachßmen änlich den Meerrappen.
Von der gestalt der Fischen.

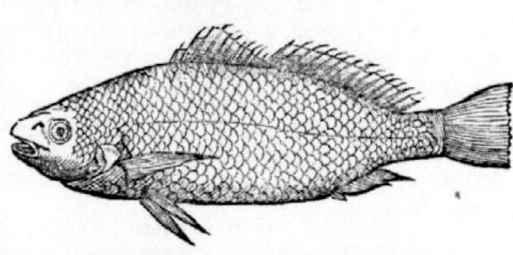

Iſe art der Meer
brachßmen iſt
gantz ähnlich an
der geſtalt deß Meerrap-
pen/von welchen naher
geſchrieben wirt/ allein
daß ſie nit ſo breit ſind/
haben auch kein War-
tzen an dem Maul als
die vorgeſetzten. Hat ſil-
berfarbe ſchüppen/ zän vnd ſtein in dem kopff: kompt zu mächtiger gröſſe/ iſt gantz
breuchig zu Rom/ vmd in dem Adriatiſchen Meer/ durch das gantz Italiam oder
Welſchland. In dem Fluß Nilo kommen ſolche Fiſch auff zween centner: von etlichen
werden dieſe Fiſch weiſſe Meerrappen genannt.

Von dem fleiſch der fiſchen.

Ein ſchön/ hübſch weiß fleiſch haben dieſe Fiſch/ gantz köſtlich/ lieblich vnd angenehm zu eſſen/ kommen auff die Tiſch der Königen/ Fürſten vmd Herzen/ ſind eines
löblichen geſaffts/ geſund/ gebären ein gut geblüt. Mag auff alle weiß vnd weg bereitet werden.

Von dem Meerrappen.

Coracinus. Ein Meer oder Seerapp.
Von mancherley geſtalt vnd geſchlecht der Thieren.

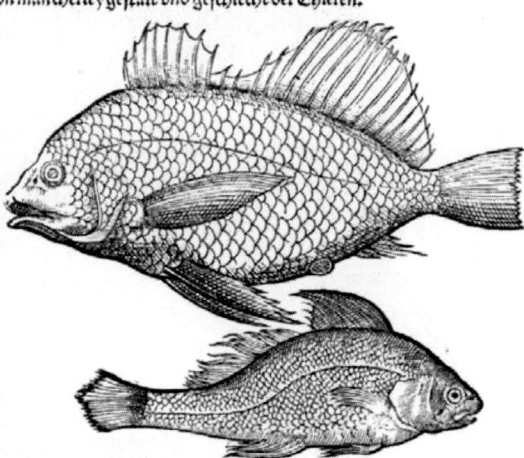

Elich wöllen dz
dieſe Fiſch ihren
namen haben
von der vnſtäte/ oder
beweglichkeit jrer au-
gen welche ſie one vn-
derlaß betwegen ſollē:
andere von jrer Farb/
von den ſchwartzen
groſſen floßfäckten ſo
ſie haben. Solcher
ſind zweyerley ge-
ſchlecht. Etliche two-
nen in ſüſſen waſſen/
von welchē an ſeinem
ort wirt gehört wer=
dē: andere im Meer/
von welchen wir hie ſchreiben. Die ſo im Meer wonen/ haben etwas vnderſcheidt ſo
viel die gröſſe vnd farb betrifft. Dann etlich ſind zimlicher gröſſe/ als einer Elen hoch/
andere etwas kleiner. Einer iſt weiß/ der ander ſchwarzlecht. Nun iſt die Beſchreibung deß Meerrappen alſo.

Der vierdte theil/von

Der Meerrapp kompt auch in die Meerpfützen/vnnd in den fluß Nilum/ist ein
schüpfisch/dem Gold oder Brandbrachßmen änlich/etwan lenger dann ein Elen/mit
einem hogerechten rücken/an der farb schwartzlecht/bey dem kopff getheilt/nemlich so
er newlich auß dem Meer gezogen ist worden/so scheint sein kopff goldfarb/schier pur=
purschwartz als ob gold herfür gleisse. Hat grosse schwartze sächten bey den ohren/
bauch/schwantz vnd rücken. In seinem hindern theil deß kopffs hat er zween stein wel=
che zu der artzney dienstlich. Am leib sollen solche Fisch wachßfarb seyn schier getheilt
oder schwartzlecht.

Von art vnd natur der thieren.

Die Meerrappen wonen bey den krautechten steinen vnd Felsen/schwimen all=
zeit scharecht/auß vrsach man der Fischen allezeit zumal ein grosse zal fäht: sie fressen
Meerkraut/leyché im jar zur zeit deß Herbstmonats/erwächßt in kurtzer zeit zu mäch=
tiger grösse.

Von dem fleisch der Fischen.

Auß jetz beschribnem Fisch sind die die löblichsten so in dem fluß Nilo vnd andern
süssen wassern gefangen werden: dann die so auß dem Meer gezogen/sind eines har=
ten fleischs: auch sind vnder denselbigen die jungen oder kleinern löblicher dañ die so zu
mächtiger grösse komen sind/welches dañ auch in allen grossen Meerfischen geschicht.
Summa diese Fisch haben nit ein sonder löblich gesund fleisch. Sie werden auch einge=
saltzen/vnd auff alle manier bereitet.

Artzney von den fischen.

Das fleisch der fischen ist krefftig wider den stich der Scorpionen auffgelegt.

Sein gall in die augen geschmiert/nimpt hin die tunckle/finstere der augen/die
flecken vnd annäler/stelt die fluß der augen.

Die stein auß seinem kopff pflegt man in gold vnnd silber einzufassen/welche
krafft sollen haben wider den stich der seiten/das ohr damit berürt/auch bauchgrim=
men vnd mutter/sollen hindern die stein der nieren/vnd so sie gewachsen/außtreiben/
gepulssert vnd eingegeben.

Von den andern zweyen gestalten obge=
nannter Fischen.

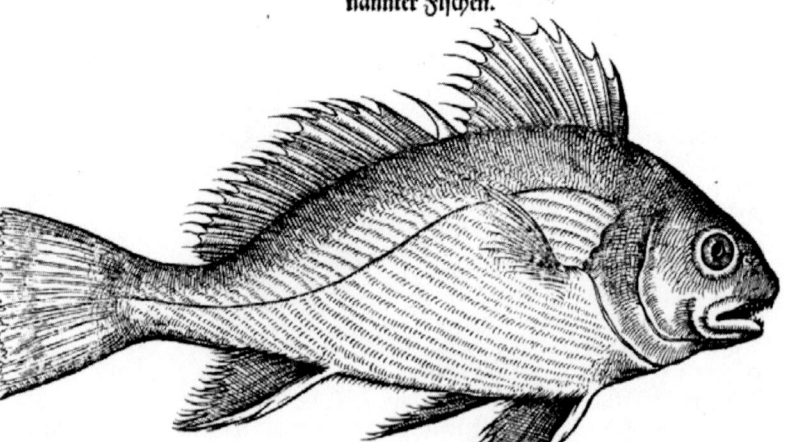

Coracinus

Coracinus maior.   Der schwärtzer Meerrapp.

Jeses ist gantz ein schöne gestalt deß Meerrappen/ist der mehrer theil schwartz-lecht mit leib vnnd fäckten : doch durch die seiten hat er das braun mit wenig grünem besprengt.

Coracinus minor.   Der weisser Meerrapp.

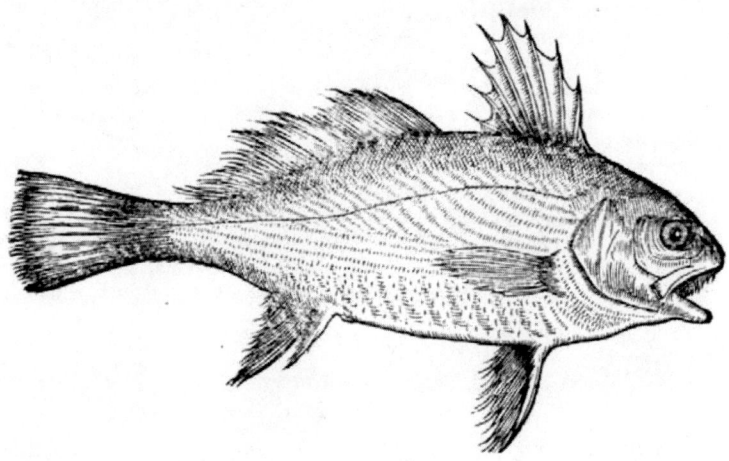

Jeser hat von dem vorgesetzten kein vnderscheid/dann daß er an der farb weisser ist/vnd durch den rücken minder hogerecht.

Von dem Meer räpple.

Coruulus.   Ein rötlechter Meerfisch.   Ein groß kopff.
Meerräpple.

Von seiner gestalt.

Vsserhalb der vor-gesetzten Meerrap-pen/ist ohne zweifel dises das dritte geschlecht/klei-ner/rötlecht/welchen die Jta-liener in jrer sprach Meer räp-le nennen.

Volget hernach von etlichen andern breiten Fischen/ die nit schüpfisch sind/welche mit den vorbeschriebnen Brachßmen kein gleichnuß haben.

Erstlich/

Von dem Säuwfisch.

Capriscus.　　Ein Säuwfisch.

Von seiner gestalt.

Dieser ist gantz ein
wunderbarlicher
Fisch / also rauch
von hartē schüppē / daß
man holtz vnnd helffen-
bein darmit feilen mag /
als mit einer feilen / auch
gleicher gestalt gekä-
nelt / hat sönst auch starck
spitz auff dem rücken /
vnnd vnden am bauch
bey dem weydloch / darzu scharpffe zän. Sein gestalt ist sehr breit / mechtig dünn oder
flach / in der circumferentz schier rund. Mit solchen gewehren kempffen sie auch wider
die grossen Fisch / vnd wider die Fischer selbst. Der art Fischen werden auch in den
süssen wassern gefangen als in dem Nilo. Die alten haben jm zugeschrieben / daß er ein
stim habe wie ein Schwein / hat ein hart vngesund Fleisch / eines häßliche geschmacks.

Von einem andern Säuwfisch.

Aper.　　Ein Meereber.

Von seiner gestalt.

Diese gestalt so hie vor augen / hat
kleine schüppen / ein sehr rauch vñ
harte haut / sein leib ist gar nah
rund / dünn oder flach / an der farb rötlecht / auff dem rücken vnnd vnden am
bauch bey dem weydloch hat er scharpffe
spitz / aber doch ein gut / gesund vnd löblich fleisch.

Von einem andern Säuwfisch.

Aper Bellonij.　　Ein süß wassereber.

Von seiner gestalt.

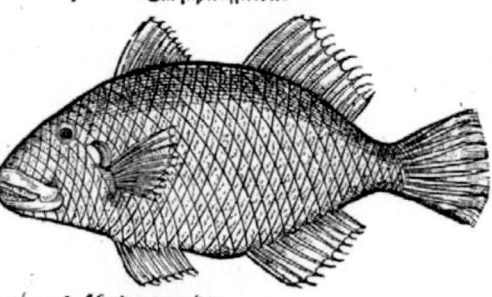

Dieser sol auch ein
mechtige / rauche
harte haut habē /
ohne schüppen / hat in
der Beschreibung viel
gemeins mit dem ersten
geschlecht / an der gestalt
grossen vnderscheid / dieser sol der alten Säuw-
fisch seyn / so in wassern
etwas stimm erschallet als ein geräusch oder gruntzen.

Von

Von dem Meerteppich.

Stromateus.   Ein Teppicher.

Von seiner gestalt.

Dieser hat seinen namen von den Alten bekommen/ daß er durch den Leib schöne
goldfarbe streimen hat/ mancherley farben/ nach gestalt der Teppichen der Al-
ten/ auch daß er also gleich dünn oder flach ist/ist zu Rom sehr wol bekannt.

Von einem andern Teppicher.

Fratola.

Von seiner gestalt.

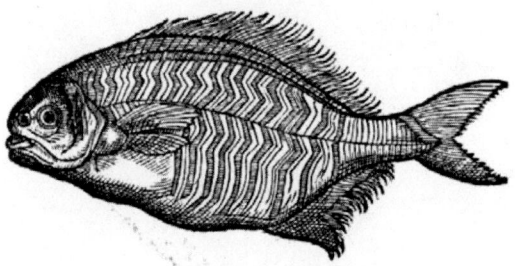

Dieser ist auch auß der art der Teppicher/ wiewol er seine streimen vnnd Farben
viel anderst gestaltet hat.

Von einem andern.

Stromatei species altera.   Ein ander geschlecht der
Meerteppich.

Von seiner gestalt vnd grösse.

Der vierdte theil/von

Dieser ist gantz weiß als silber/gläntzet mit viel güldenen streimen oder strichen durch den leib: der rücken vnnd oberseiten an dem Fisch sind blauw/ der bauch weiß/ die lefftzen oder maul purpurfarb. Oben bey den Ohrendeckeln hat er ein schwartzen flecken: ist gantz eines lieblichen gesunden fleischs/ hat keine schüppen.

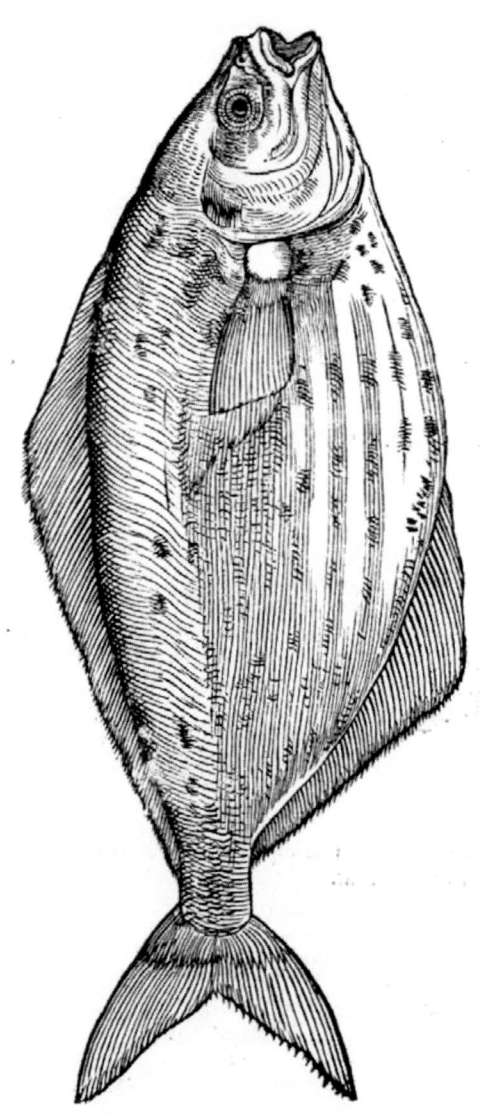

Von

Von einer andern gestalt.
Alia Stromatei icon Venetiis facta.

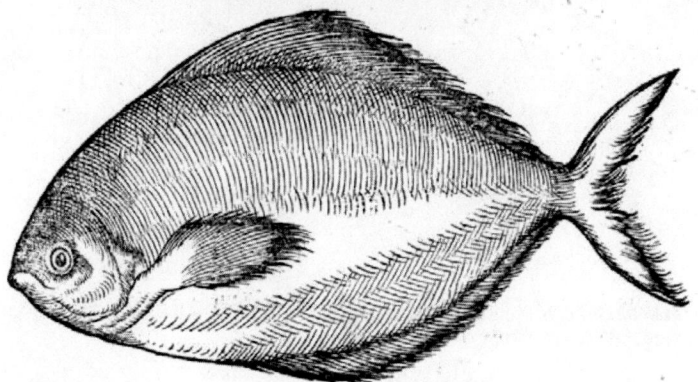

Jeses ist auch ein gestalt deß vorbeschriebnen Fisches / wil mich doch mehr bedunckē die gestalt deß Fisches seyn / so Seserinus genennt wirdt / so hernach gesetzt wirdt.

Ein besonderer breiter Meerfisch / ohne schüppen / mit zweyen strichen von den ohrwangen gegē dem hindern theil / wirdt Seserinus genannt.

Von dem Meerschersack oder Wetzstein.
Nouacula. Ein seltzamer frembder Meerfisch.
Von seiner gestalt.

Jses ist ein oberauß seltzamer schöner Fisch / abentheurig von gestalt vnnd farben. Plinius beschreibt jn mit einem zeichen / nemlich das so man mit dem Fisch bestreiche / bekome ein Geruch nach dem Eissen. Ist sonst an der gestalt einē schersack / oder stein darauff man solche scherpffet fast gleich. An der grösse ist er vngefehr einer spañ lang / drey zwerch finger breit / eines dick. Sein grind groß / gantz stumpff / auch flach / von den augen so zu oberst gesetzt / hat er strich herab durch den kopff / etlich blauw / etlich purpur / hat grosse schüppen rot von farb. Wirdt viel in den Jnseln Sicilia vnd Malta gefangen. Wonet allezeit allein forchtsam / fleischfrässig nicht desto minder / hat ein zart / gesund / mürb fleisch / eines guten ge-

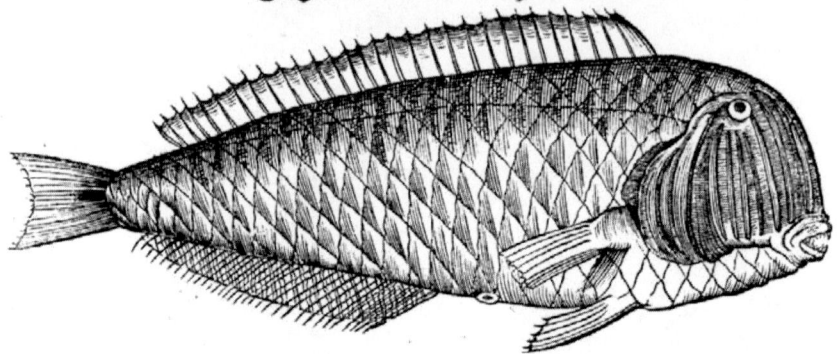

saffts vnd ringer dauwung. Die ander vnd grösser Figur deß Thiers ist viel gründtlicher gestaltet vnd abconterfetet.

Von dem Meerschmidt.

Faber.   Ein Meerschmidt. S. Peters Fisch.
Von seiner gestalt.

Je Alten habē die-
sem Fisch seine na-
men geben von der
farb vnd gestalt. Es ist ein
flach Fisch oder denselben
gantz gleich/ von mancherley farben/ dann der kopff
vnnd rücken sind dunckel-
farb als russig/ seine fäckten schwartz/ die seitē goldfarb. Mittē deß leibs hat
er zu jeder seitten einen
schwartzen runden flecken/
in der grösse wie ein pfen-
nig/ hat so kleine schüppen
daß er gar nahe one schüp-

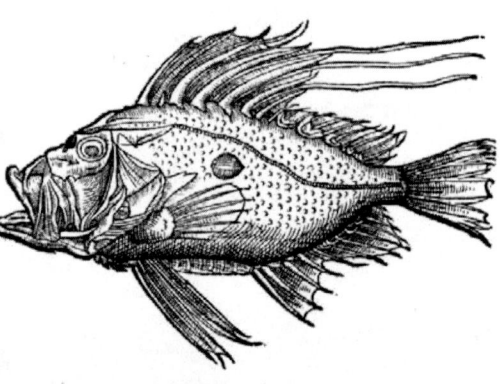

pen geachtet wirdt/ hat ein weit auffgespert maul/ von den Welschen wirdt er Schmid
in jhrer sprach genennt/ etlich wöllen jn der Alten Säuwfisch seyn/ dieweil er weyß so
man jhn fäht.

Von seiner art vnd natur/ vnd seinem fleisch.

Der Meerschmidt weydet sich bey den krautechten Felsen vnd Steinen/ ist ein
grosser fraß/ fleischfrässig. So du jhm den kopff vnd schwantz abschrotest/ so ist er mit
seinem fleisch gleich dem Plateißle.

Ein vnbekanner Meerfisch/ in der Tafel deß Mit-
nächtischen hohen Meers/ von dem Olao Magno
beschrieben/ sol zwölff Schuch lang seyn.

Der

Erstlich von dem Meerscheisser.

Mæna. Ein Scheisser.
Von seiner gestalt.

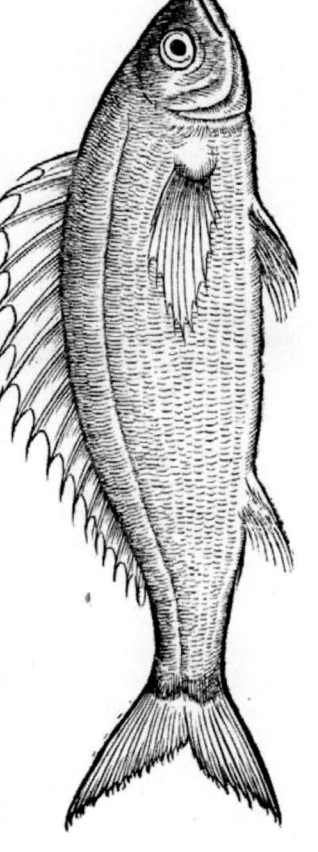

In kleiner schüppfisch ist dieses/kompt bey uns hart zu einer spañ mit seiner länge: an der farb Winterszeit weiß/ Sommerszeit getheilt mit blawen flecklinen durch den gantzen leib besprengt/ fürnemlich auff dem kopff und rücken: zu beyden seiten mitten deß leibs hat er ein grossen flecken: hat stein in seinem kopff: das Mäulein in diesem geschlecht ist breiter und lenger/das Weiblein ründer. So der rögling anhebt vol rogen zu werden/ so verwandelt sich das Mäulein in ein theilte oder schwartze farb/wirdt zur selben zeit der speiß gar untüchtig/von etlichen ein Bock genent von dem heßlichen geruch.

Von art und natur deß Fisches.

Diese fisch weyden sich an krautechten orten/ vñ gestaden/ als auch die nachfolgende/ist der aller fruchtbarest Fisch so geseyn mag/ schwimpt und wohnet scharecht mit hauffen/ frißt dem grossen Fisch/ Schwerdtfisch genannt/seinen bauch auff/ leycht anfangs deß Jenners.

Von seinem Fleisch.

Unachtbare schlechte Fischlein sindt diese Meerscheisser/ also daß man sie ohne gewicht bey grossen hauffen umb ein klein gelt verkaufft/ist ein speiß der Armen: auß ursach Cicero geschrieben hat/ Daß man zu denen sage/so die wollust als ein eytel ding halten/ sie fressen lieber den Meerscheisser dann den Störfisch/ wo sie doch an frischen steinechten orten gefangen/ sollen sie ein gesundt fleisch haben/ als dann etlich mehr der unachtbaren Fischen. So der rögling anhebt vol zu werdē/ so uberkompt der Milchling einen so häßlichen geruch/ daß sie zur selben zeit von etlichen Böck genēt werden. Man pflegt sie auch einzusaltzen.

Artzney von den fischen.

Die sultzen von dem Meerscheisser ist bey etlichen Nationen viel im brauch gewesen wider den roten schaden/ hüfftwehe/ alte schäden damit zu seubern. Item die sultzen mit Stiergallen auff den Nabel geschmieret bringt den stulgang.

Die Brühe von den gesottnen Fischen getruncken/vñ das fleisch gessen/purgiert/ macht den bauchfluß und scheissen/von welchen man inen iren namen geben hat.

f iij

Der fünffte theil/ von

Item die köpff von den gesaltznen Fischen zu Pulfer oder äschen gebrennt/ ist ein Artzney wider das geschwollen zäpffle/ Halßwehe vnnd durchfeule genannt/ auch die vmb sich fressenden löcher deß rachens/ vnd dem gespaltnen Sitz/ vnnd mit honig emplastriert vertreibt die kröpff.

Von dem Meerbitzling.

Smaris.   Ein Meerbeisser/ Ein Bitzling/ Ein
weisser Scheisserling.
Von seiner gestalt.

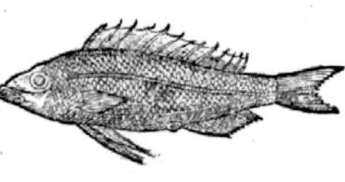

Dieser Fisch ist auch auß der art der Scheisserling/ dem vorigen gantz gleich/ allein daß er allezeit weiß beharret/ nicht nach der zeit deß Jahrs sein farb endert/ ist auch kleiner/ eines Fingers groß: schmäler dann der vorgesetzt: hat bey jeder seit ein grossen schwartzen flecken/ hat keine blauwe oder getheilte Pünctle als der vorig/ sonder ist gantz weiß/ allein daß er etliche dunckle goldfarbe strichle hat von dem kopff gegen dem schwantz.

Von seiner art vnnd Fleisch.

Genañte Fisch sind gäntzlich geartet vñ genaturt gleich den verbeschriebne/ auß vrsach nicht weitter hie zu melden: dañ auch sein fleisch jm gantz gleich ist/ allein zu mercken ist/ daß dieser einzusaltzen viel lieblicher ist/ auch die allerbeste Brühen oder Galreyen Garum/ geneñt/ gibt. Man pflegt sie auch auß dem saltz an rauch zuhencken vnd zu dörren.

Artzney von den Fischen.

Gar nah allerley Artzney so den ersten Meerscheissern ist zugeschrieben worden/ dienen auch zu gegenwertigen. Ihre köpff zu äschen gebrennt/ mit Bärenschmaltz angeschmiert/ ist dienstlich dem abreisenden Haar.

Von etlichen andern Geschlechten
deß Houtincks.

Boopis prima species.   Das erste Geschlecht deß Houtincks.
Von seiner gestalt.

Dieser ist ein Meerfisch eins schuchs lang/ zimlich dick vnd rond wie die Meeralet/ nit flach/ hat einen kleinen kurtz kopff/ mit vberauß grosse plerau- gen. Dann die augen sind der gröste theil deß kopffs. Ist nicht von einerley farb: dann auff dem rücken von dem kopff gegen dem schwantz hat er strich oder linien/ etlich goldfarb/ etlich weiß silberfarb/ am bauch ist er von silberfarben schüppen gantz weiß: der schwantz schier goldfarb.

Von dem andern Geschlecht.
Boopis secunda species.   Das ander Geschlecht deß Houtincks.

Von

Von ſeiner geſtalt.

Das ander geſchlecht iſt dem erſten an der geſtalt gantz ähnlich / hat doch ein ſpitziges maul / der rücken auß blauwen rot / oder rotblauw / der bauch weiß als ſilber / der ſchwantz rötlecht / mit groſſen getheilten augen / iſt mit dem leib breiter vnd kürtzer dann der vorgeſetzt.

Von dem dritten Geſchlecht.

Rara Boopis ſpecies.   Ein ſeltzam Geſchlecht deß Houtincks.

Von ſeiner geſtalt.

Mit der gröſſe kompt dieſer zu einer ſpañ / gantz ohne ſchüppen / mit ſehr groſſen augen / hat einen breiten dicken ſchwantz / wirt gar ſelten gefangen / hat auß der vrſach keinen namen bey den Fiſchern.

Von einer andern geſtalt obgenannter Fiſchen.

Bocis imago Venetiis picta.

Dieſes iſt die allerſchönſte geſtalt / deß erſten geſchlechts der Fiſchen / ſo von jhren groſſen augen den namen haben.

Von art vnd natur aller Houtincken.

Dieſe Fiſch geſellen ſich häuffecht zuſamen / wohnen an geſtaden / ſo viel Meerkraut haben / freſſen kraut / lätt vnd fleiſch.

Von jhrem Fleiſch.

Obgenañte Fiſch ſind von den Alten gantz vnachtbar gehalten worden / haben doch nicht ein arg fleiſch / kommen bey vnſerer zeit viel in die ſpeiß / auch den krancken.

Artzney von den Fischen.

Diese Fisch in der speiß genossen/sind dienstlich den nieren/bewegen den stulgang/ihre Gallé scherpfft das Gesicht: vnd die äschen von den gebranten gräten/heilt die alten schäden.

Von dem Goldtstreymer.

Salpa.   Ein Goldtstreymer.
Ein Streymfisch.

Von seiner gestalt.

Ein gantz schöner Meerfisch ist dieser Goldtstreymer/ein schüppfisch änlich an der gestalt dé vorgenanté/eines Schuchs lang. Sein maul hat er wie ein Meeralet/hat silberfarbe schüppen/durch dieselbigen von dem kopff gegen dem schwantz viel schöner goldfarber streymen/welche in dieser gestalt nit son-

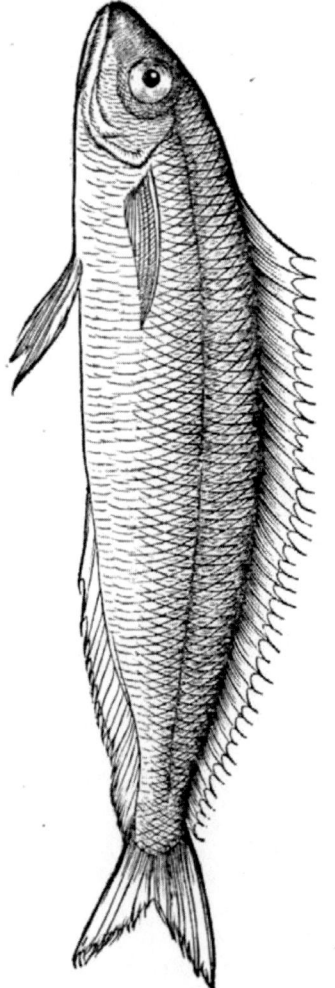
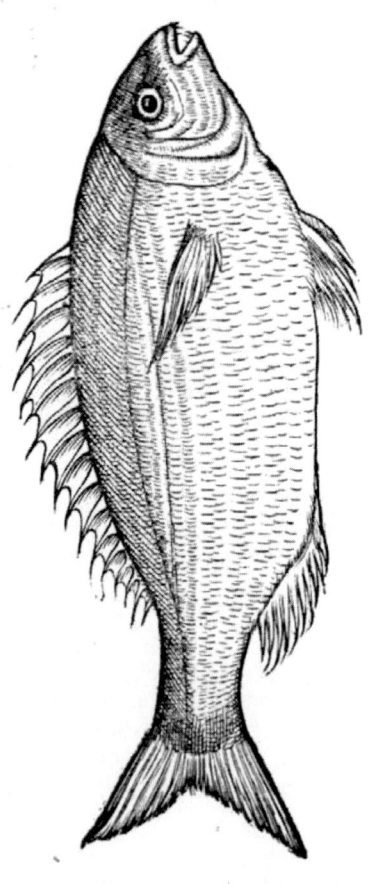

derlich be-

derlich bezeichnet/mögen von den Illuminiſten darein geſetzt werden: hat weiter goldfarbe augen/mit grünlechte augbrawen oder Circklen/ein klein maul/ſpitzige zän/wie
ein Sägen.

Von art der Fiſchen.

Die ſpeiß der Fiſchen iſt allerley wuſt/geſtanck/kaat vnd Meerkraut/welche ſo
ſie gefreſſen/fahren ſie wider dem tieffen Meer zu/beluſtiget ſich auch der Kürpſen/mit
welcher ſie gefangen werden. Leychen deß Jahrs nicht mehr dann ein mahl/nemlich
Herbſts zeit: ſollen ein ſcharpff Gehör haben/nach art etlicher anderer Fiſchen: iſt ein
wüſter Fiſch/vberauß ſchön von geſtalt vnd farben. Ouidius zehlt ſie vnder die ſo
wohnen in krautechtem geſtad/ſo ſie doch viel mehr in den tieffinen wohnen/von wegen jhres ſcharpffen Gehör.

Von dem Meeralet.

Cephalus, Mugil.   Ein Meeralet / Ein Harderer.

Von mancherley geſtalt vnd Geſchlecht der Thieren.

DJe Alet bekomen jhren namen bey den Griechen vnd Lateinern von der gröſſe
jhrer köpffen/welche ſie nach der proportz haben: wiewol etlich der Alten allerley Albelen Cephalos genennt haben. Solcher werden viererley inſonderheit
geſehen/welche nach der Ordnung mit ſonderen ſchönen Figuren werden beſchriben
werden/allein wöllen wir hie etlichs die Fiſch in gemein betreffend/auff das kürtzeſt
anziehen.

Von art vnd natur der thieren.

Der Fiſchen wohnen etlich im Meer/etlich in ſüſſen Waſſern vnnd Flüſſen/ꝛc.
Doch ſo ſollen auch die auß dem Meer ſich in die Flüß laſſen/vnnd die andern in das
Meer: geleben allein deß ſchleims vnd wuſts/freſſen kein fleiſch/auß vrſach ſie heilig
vnd nüchter genennt werden. Sind einer ſolchen ſchnelle/daß ſie ſchieſſen wie ein pfeil
von der Sennen/auch auß dem Waſſer vber die Garn fahren allezeit ſcharecht/thun
gantz kein ſchaden andern Fiſchen/als oben gehört. So ein thörecht Thier iſt dieſer
Fiſch/daß ſo er den kopff in das kaat verbirgt/er vermeint ſein gantzer leib ſeye wol verhalten. Man fäht ſie mit Meerwürmen an die Angel geſteckt.

Von jhrem Fleiſch in gemein.

Dieſe Fiſch haben ein ſüß/lind/zart/löblich fleiſch/lieblich zu eſſen/ꝛc.

Von jedem Geſchlecht inſonderheit.

Von dem erſten Geſchlecht.

Cephalus.   Ein Kopffalet/ Ein Meeralet.
Von ſeiner geſtalt.

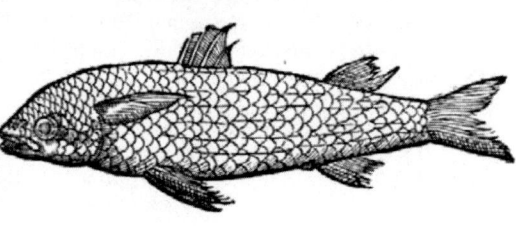

DJeſer hat ein kur-
tze groſſen kopff/
von welchem er
für andern ſeinen namé
bekompt/iſt weißlecht/
mit groſſen ſchüppen/
wirt zu zeiten gröſſer vñ
lenger dañ ein Elen: hat
keine zän/groſſe augen
mit dünné ſchleim vber-
zogen/hat ſchwartze linien von dem kopff gegen dem ſchwantz gezogen: hat ein breiten
ſchwartzen rücken/weiſſen bauch/ꝛc. Die vbrig geſtalt iſt zugegen.

Der fünffte theil / von

Diese Capitones oder Meeralet sind der art daß sie sich der gesaltznen vñ süssen Wassern belustige/ auß vrsach sie in dem Meer vñ Flüssen/ so darein fliessen/ gefangen werden/ fürnemlich mit grosser zal in den Pfütz oder Seen bey dem gestad deß Meers gelegen/ dañ auß dem Meer lassen sie sich in die nechsten See der süssen Wassern/ dem schleim vnd der speiß nach: wintern sich auch vnd gebären an solchen orten: dann ihr leych ist im Wintermonat. Schlagregen vnnd kälte bringen zu zeiten genannten Fischen den Meeraleten grossen schaden: dann sie werden blind daruon vnd sterben/ als die täglich erfarnuß bezeugt. Dann an etlichen orten/ als der Winter sehr rauch/ herb/ vnd grosse kälte gewesen/ sind viel solcher Fischen tod gefangen worde/ etlich mit gantz weissen augen/ blind.

Von natürlicher anmutung der Thieren.

Gantz vnschädlich sind diese Fisch andern Thieren/ haben auch kein haß oder feindschafft zu andern Meerfischen/ dieweil sie keinerley andere Fisch noch fleisch/ weder jung noch alt fressen/ sondern allein wie viel mahl gehört/ deß schleims vnnd wusts geleben. Es werden auch jre jungen oder eyer von keinem andern Thier beleydiget oder gefressen/ ehe dann sie erwachsen/ vnd zu zimlicher grösse kommen sind.

Ein geyler vppiger Fisch/ wunderbarer anmutung vnd liebe ist der Meeralet/ also daß sie auß solcher vrsach mit ringer arbeit zu fahen sind. Dann so ein Fischer ein rögling fäht in dem leych/ oder ein milchling zu allerzeit/ vñ denselbigen an einer schnur durch das Wasser her zeucht/ so folgen die andern jm nach/ auß begierd der Weiblein nach dem Mäulein/ oder auß brunst der Mäulein nach dem rögling/ vorauß so man die schönen feißten außerkieset/ also/ daß sie ohne arbeit sampt dem gebundnen gefangen werden/ sollen auch ab keinen streichen/ geschrey/ oder dergleichen von dannen weichen/ ob man sie gleich zu todt schlegt.

Wie diese Thier zufahen.

Ein art diese Fisch zufahen haben wir gehört/ werden sonst auch mit aaß/ vnnd Garnen gefangen/ insonderheit auff ein besondere art/ bey Nacht vnd Monschein bey stillem Wasser/ zu welcher zeit sie sich herfür in das gestad herauß lassen solle/ jre köpff für das Wasser herauß strecken/ vnd also sich belustigen.

Von dem fleisch der fischen.

Das fleisch der Fischen hat vnderscheid nach art der orten/ in welchen sie gefangen worden/ als dann aller andern Fischen fleisch: dann die so in weitem grossen Meer lautern vnd frischen Wassern gefangen werden/ sind viel löblicher dann die so in Pfützen/ Seen/ vnd süssen Wassern wohnen/ vorauß auß denen orten genommen in welche allerley wust/ kaat vnd gestanck fleust. In gemein aber so habe sie ein schleimig/ lind fleisch/ vngesund/ so viel wust im Menschen gebirt vnnd den Magen schädiget: doch werden die so im Meer/ gesaltznen Wassern/ auch etlichen rauchen/ schrofechten orten der Meerpfützen oder Seen/ gefangen/ auff kein art gescholten. Man pflegt sie auch einzusaltzen auff die Fasten/ nicht nur das fleisch/ sonder auch jhren rogen sampt seinen Belgle beräucht vor gesaltzen/ etc. Das gesaltzen fleisch/ so neuwlich gesaltzen worden/ ist nicht arg/ dann sein schleim wirt von dem Saltz verzehrt/ das veraltet aber ist sehr schädlich/ als in allen andern sultzen gewon ist: der gesaltzen rogen aber ist sehr angenem zu essen/ wirt von den Weinschleuchen sonderlich begert: dann sie machen lustig zu essen/ bewegen den durst vnd machen den Wein gantz wol geschmackt.

Artzney von den fischen.

Die Brühe der gesottne Meeralet bewegt den stulgang/ sein Kopff zu äschen gebrant/ mit honig angeschmiert heilet die Feigwartzen vnd Bresten deß sitzes. Jre eingesaltzne rogen wie gehört/ heilt allerley gebrechen/ macht lust zu essen vñ zu trincken/ etc.

Von

Von dem andern geschlecht der Meeralet.

Cestreus. Mugil.   Ein Meerharderen. Ein ander
geschlecht der Meeralet.
Von seiner gestalt.

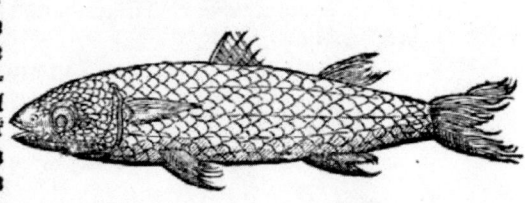

Dieser möchte ge-
nennt werde ein
pfeilharderé oder
pfeilalet / daß er sich etlicher gestalt einem pfeil
vergleicht / oder so starck
springt / oder sich schwin
get wie ein pfeil. Ist dem
vorgesetzten ähnlich al-
ler gestalt / allein daß er
ein kleinern spitzigern kopff hat / vnnd seine schüppen so breit / dick vnnd rund als ob es
Müntz oder Gelt were / ist weiß / hat einen dicken fleischechten Magen wie die Vögel /
als auch der erste / daß er deß schleims gelebt / kein fleisch in sich frißt.

Von art vnd natur der thieren.

Viel ist in den vorgesetzten Historien gemelt / als diese Fisch in gemein betreffen /
nit not zu jedem geschlecht zu repetieren / wonet bey dem gestad / leßt sich in die grossen
Flüß herauff / sollen ein scherpffer gehör haben dann etliche andere Fisch / schksst auch /
ist in der gefahr: so grosser schnelle / daß er auch die kleine Schiff entzwerch vberscheußt /
lenchen deß Jars einmahl / Winterszeit bey dem ort / so grosse Flüß ire außgäng habe.

Es schreibt Aristoteles daß diese Fisch so sie vol rogen / so vngestüm werden / von
schmertzen also gereitzt / daß sie zu keiner zeit ruhen / sonder ohne vnderlaß sich hin vnnd
her bewegen / auch auff die Erden herauß vnd vber die Garn her schiessen. Er frißt allein schleim vnd wasser / auß dem das Sprichwort komen ist / Der Meeralet fastet /
daß sein Magen allezeit lär gefunden wirdt.

Von angeborner Witz vnd annmutung der Thieren.

Solcher geschwindigkeit sind diese Thier / daß ob sie gleich der speiß vnnd aaß be-
gierlich sind / nicht vom fleisch wie vor gehört / so weiß er doch vnd erkent den Angel in
dem aaß seyn / braucht also ein list / er schlegt mit seinem schwantz das aaß ab dem Angel / frißt also dasselbig / damit er nicht sampt dem aaß behange. Er vberscheußt auch
zu zeiten das Garn / so er vermerckt vberzogen seyn. Ist sonst ein forchtsame art der Fischen / gantz thörecht / daß er meynt so der kopff verborgen ligt / der gantz leib seye auch
verborgen / solcher grösser Feind ist der Meerwolff ein Fisch an der gestalt jhnen gantz
ähnlich / welcher solche zu seiner speiß braucht / Item offt jhnen jhre schwäntz abfrißt /
welche nicht desto weniger geleben sollen. Die gifft Rochen / Kuttelfisch / sollen auch
dem Meeralet nachhalten zu jhrer speiß vnd narung.

Wie sie gefangen werden.

Man pflegt sie mit Angeln / doch schwerlich / mit Garnen vñ aaß zu fahen / werden auch schlaffend zu zeiten sonst erschlagen. Werden in summa gefangen als andere Meeralet / auch mit hülff der Delphinen als in seiner History gehört worden ist.
Item so sind diese Fisch bey den Alten in die Fischeten vnd Weyer beschlossen worden /
als bey vns die Karpffen vnd Rottelen.

Von jhrem Fleisch.

Ein gleicher underscheid sol gehalten werden in der achtung deß fleischs der Fischen/ als in dem vorgesetzten beschrieben ist. Auß frischem wasser und tieffen Meer sind sie sehr löblich/ aber auß faulem Wasser und stinckenden orten/arg und schädlich.

Artzney von den Thieren.

Der kopff deß Fisches zu äschen gebrant in einem jrdenen geschirr/mit honig angeschmiert/heilt die fehl so im sitz begegnen.

Von einer andern gestalt/
obgenants Fisches.

Jeses ist ein sehr schöne/ eigentliche gestalt deß Meeralets Cestreus genannt/ zu Venedig abconterfetet worden.

Von dem dritten geschlecht/
der Meeralet.

Mixon.   Ein Schleimharderen.
Muco.   Ein Schleimalet.
Von seiner gestalt.

Jeser hat seinen namen von dem schleim und roß mit welchem er vberzogen ist/ sol auch allein solches schleims geleben. Ist dem vorigen mit eusserlicher und innerlicher gestalt gantz ähnlich/ allein daß er wüster und schleimiger ist/einen kürtzern kopff hat/ und ein schleimiger fleisch.

Von dem vierdten geſchlecht der Meeralet.

Chelon, Labeo.　Ein Leffsalet/ Ein Streimharderer.
Der vierdte Meeralet.
Von ſeiner geſtalt/ art vnd natur.

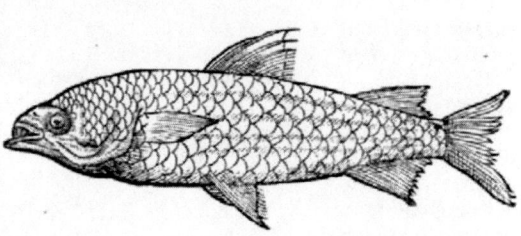

Dieſer iſt auch an
der geſtalt dé vo-
rigen ánlich/ be-
kompt bey dé Griechen
vnd Latinern ſeinen na-
men von den dické/ weit
außgeſtreckten leffsten:
von ſeinem kopff gegen
dem ſchwantz hat er
ſchwartze linien gleicher
weite von einander geſetzt/ vnd ſind ſeine augen ſo weit außher bauſſend/ mit keinem
ſchleimigé Háutle bedeckt als andere/ iſt auch mit innerlicher geſtalt den andern gleich/
allein daß ſein Gall mehr gelb iſt. Dieſe Fiſch gelebé allein deſſ ſchleims vnd wuſts/ wonen in lättechten orten/ bey den Meerpfützen/ haben auß allen geſchlechten der Meeralet das ergeſt fleiſch.

Von dem Meeralet der Meerpfützen.

Die Meeralet/ oder einfaltig die Alet werden im Meer/ in Meerpfützen/ vnnd
in ſüſſen Waſſern oder Flüſſen gefangen. Die ſo in dem Meer/ Seen gefan-
gen/ haben kein vnderſcheid an der geſtalt/ mit denen ſo im Meer gefangen wer-
den/ allein/ daß ſie nicht ſo lieblich zu eſſen/ nicht ſo ein geſund vnd löblich fleiſch haben/
wiewol das iſt/ daß ſie feiſter werden in den Meerpfützen dann im Meer ſelbſt/ vrſach
iſt/ daß ſie in den Meerpfützen mehr ſchleim zu jhrer nahrung finden. Es werden auch
ſolche Meeralet in keinem ort in ſolcher menge gefangen als in den Meerpfützen/ vnd
ſind die gemeineſten Fiſch ſolcher Seen/ ſo jhnen ein ſchirm vnnd ſicherheit ſind wider
jhre tödtliche feind die Meerwölff.

Von dem ſchwartzen Meeralet.

Mugil niger.　Ein ſchwartzer Meeralet/ Ein
Dornalet.
Von ſeiner geſtalt.

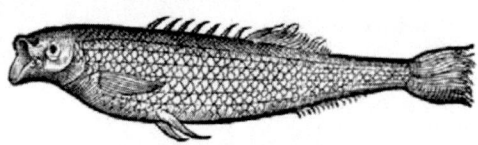

Dieſer iſt dé Meer
aleten gantz án-
lich/ allein daß
er gantz ſchwartz iſt/ hat
auch ſchwartze linié der
lenge nach gezogen/ hat
ein weit maul/ obé auff
dem rücken/ ſiben oder acht dörn oder ſpitz gantz ledig: wirt ſelten gefangen/ ſol vnder
die Meeralet billich gezehlt werden.

Von dem fliegenden Meeralet.

Mugil alatus.　Ein fliegender Meeralet.

Von seiner gestalt/vnd wo er zu finden.

Jeses ist ein Meerfisch/wonet an dem gestad/kompt auch in die Meerpfützen/mit seiner grösse auff ein elenbogen: hat keine zän/grosse ronde augen/sein kopff vñ rücken breitlecht/gleich andern Meeraleten: wirt mit grossen schüpen bedecket: ist mit eusserlicher vnnd innerlicher gestalt den

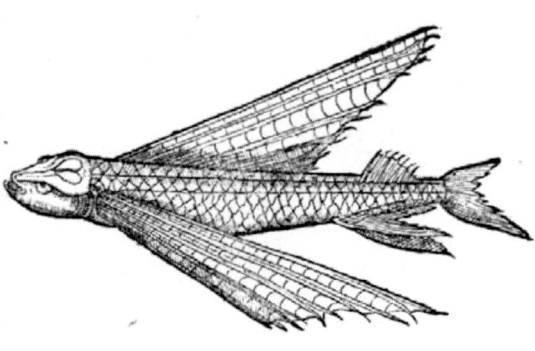

andern Meeralete gantz ähnlich/wirt gemeinlich gesehen vnd gefangen bey dem außfluß deß roten Flusses in das Meer: wiewol das ist/daß dieser zu Rom vnnd etlichen andern für den Meerschwalben gehalten wirt/doch ohne wissenheit.

Von art vnd natur der Thieren.

Diese Fisch sind der art/daß sie sich auß dem Wasser erheben vnd fliegen/sollen derhalben vnder die zahl anderer fliegenden Fischen gesetzt werden.

Von jhrem Fleisch.

Diese sind mit art vnd natur jhres Fleischs/vnd safft den Meeraleten gleich/ist doch nicht so löblich als die ersten geschlecht der Meeralet.

Von dem Meerwolff.

Lupus.   Ein Wolfffisch/Ein Meerwolff.
Von mancherley gestalt vnd Geschlecht der Thieren.

Es sind etlich der Scribenten/die den Hecht/der Alten Wolfffisch Lupus genennt geachtet habe/nicht ohne Irsal/als auß seiner Beschreibung wirt gehört werden. Die gegenwertigen aber sind der Alten

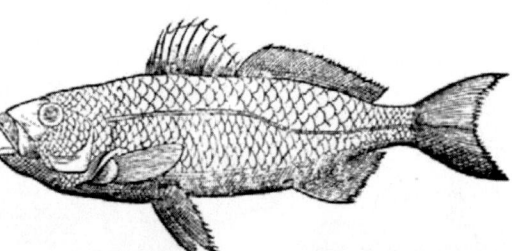

gerechter Wolfffisch: Dann der Alten Wolfffisch sol allein in dem Meer vnd gesaltznen Wassern wohnen/vnnd so er in den süssen Wassern nechst bey dem Meer gefangen wirt/so ist er auß dem Meer in dieselbige auffher geschossen. Der Hecht aber wirt in Seen Flüssen gefangen/im Meer gantz nicht. Die gestalt der Thieren ist zugegen/allein zu mercken ist/daß ob er gleich der aller frässigest Fisch seyn sol/so sol er doch keine zän haben/allein rauche kiffbacken. In seinem kopff haben sie stein/auß vrsach sie von der mercklichen kälte leichtlich ersterben sollen.

Deren

Deren Fischen werden zweyerley geschlecht gefunden/ dann das erste so grösser/ wirdt ohne flecken oder maculen gesehen: das ander so kleiner/ hat schwartze flecken/ durch die schüppen. An der farb ist er weiß/ oben auff dem rücken blauwlecht/ der so nah bey den süssen Wassern gefangen/ gantz weiß. An etlichen orten werden solche Fisch in guter grösse gefangen/welche ort von kürtze wegen nicht zunennen sind.

Von art vnd natur der thieren.

Diese Fisch sollen allein in dem Meer vnnd gesaltznen Wassern jhren vrsprung nehmen/wiewol das ist/daß sie auch den süssen Wassern nachstreichen/ in jhrem außlauff/ bey welchen sie sehr feißt werden/ dann sie werden auch in der Tyber gefangen. Ein sonderlich frässig Thier ist dieser Fisch/ daß also jm sein maul allezeit offen steht vñ ginet/ ist fleischfrässig/ aller so er bekomen mag gleich dem hecht/ verschont auch den Schlangen nicht/ welche offtermals in solchen gefunden werden/ helt sonderlich den Meerkraben streng nach/ab welchen er sich belustigen sol/gebirt eyer/ leycht deß Jars zwey mal/ wirdt verletzt von der mercklichen kälte/ dann er stein in seinem kopff tregt/zu dem daß er hoch in dem Wasser schwimmet.

Von natürlicher annmutung der Thieren.

Auß der zahl der aller listigsten Thieren sollen diese Fisch seyn. Dann so sie mit dem Angel gefangen/sollen sie mit grosser stärcke hin vnd her schiessen/ so lang sie die wunden ergrössert/geweitert vnd den Angel außgezert hat. Item so ist auch die gemeine sag der Fischer/ daß so sie mit eim Garn vmbzogen/sollen sie erstlich mit grosser stärcke in das Garn schiessen/dasselbig zerreissen/ vnnd so es nit geseyn mag/sollen sie mit grosser eyl vñ kräfften/in den boden vnd sand ein loch graben/ oder klufft einscherren vñ machen/sich darein verschliessen/so lang das Garn vber sie her gezogen werde.

An etlichen orten sollen diese Fisch so heimlich werden/ daß sie auch brot von denen empfahen so jhnen darstrecken.

Der Wolff Fisch vnd Meeralet haben Feindtschafft zusamen/ dann der Wolfffisch sol zu mancher zeit dem Meeralet seinen schwantz abfressen/ wiewol das ist/ daß sie sich zu gewisser zeit zusamen vereinigen sollen: nemlich so ein grosser raub zugegen.

Den langen Meerkraben Squillæ genant halten sie auch nach auß grosser fresserey: doch mit grossem schaden vnd scharpffer verletzung. Dann vorgenannte Krebse haben vornen bey dem kopff ein scharpffes Horn als ein Sägen/ welches es in seinem rachen heckt/jhme denselbigen in solcher gestalt verletzt/daß er endtlich sterben vnd verderben muß. Also ist manchem fresserey ein vrsach eines früzeitigen todts.

Von nutzbarkeit der Thieren/ vnd wie sie gefangen werden.

Die grösse nutzbarkeit ist jhres fleisch so zu der speiß löblich. Auff mancherley art werden sie gefangen mit den Garnen in grosser menge/ Item mit dem aaß als mit feißten langen Meerkrebslein/ oder Hogerkrebslein. In der Fasten im eingaug deß Glentzes habe wir sie offt gessen. Dañ zu derselben zeit werde sie zu meisten gefangen.

Von dem fleisch der fischen.

Ein vberauß löblich/gesund/gut/lieblich/lustig fleisch haben diese Fisch/also daß die Alten durch diese Fisch die allerlöblichsten Fisch haben wöllen zuverstehn geben. Dann sein fleisch ist weiß/zart/fest oder kech/leichtlich zuverdäuwen/ vrsachet ein gut löblich geblüt. Summa hat gar nah den grösten preiß auß allen Fischen.

Etliche stück der Artzney/ so von diesen Fischen in brauch komen.

So krefftig sollen diese Fisch seyn wider die kröpff/ daß sie auffgelegt/ ein jeden kropff an jedem ort vertreiben gewaltiglich sollen.

Seine stein auß dem hirne angehenckt sollen den schmertzen deß haupts vertreiben.

Der fünffte theil/von

Sein gall mit honig angeschmiert/sol das Gesicht scherpffen/vnd Fell oder flecken vertreiben/auch alle andere Bresten der augen gewaltiglich heylen.
Seine eyer frisch gessen oder gedörzt/sol lustig machen zu essen.

Von einem andern Geschlecht deß Meerwolffs.

Lupus minor & varius.　Ein gefleckter Meerwolff.

Von seiner gestalt.

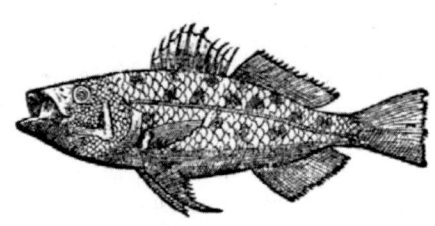

Iser Meerwolff ist getheilt/sein rück weißblaw. der Bauch weiß/mit schwartzen flecken besprengt/werden gemeinlich an den orten gefangē deß Meers vñ Meerpfütze/so die fliessenden Wasser empfahen.

Vor einer andern Figur obgenannter Fischen.

Lupi effigies Venetiis depicta.

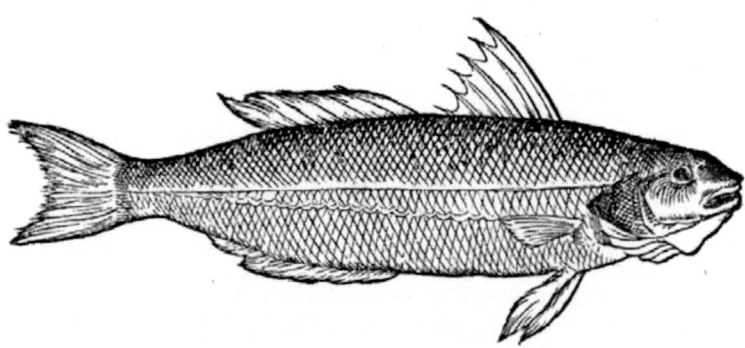

IN sehr natürliche/eigentliche gestalt ist dieses der Fischen/so man Meerwölff nennet/so die ersten gröblecht/vnähnlich sind. Er mag auch ein Meerfraß oder Meerräuber genennt werden.

Von dem fleisch der Fischen.

Ob gleich wol diese Fisch für die allerschönsten Meerfisch gehalten werden/so werden sie doch gäntzlich veracht vnd gescholten so viel ihr Fleisch betrifft/welches vngesund/hart/stinckend/eines heßlichen vnangenehmen geschmacks ist. Werden doch etlicher gestalt Herbsts zeit gelobt/vnd die so auß tieffem Meer gezogen werden. Diese Fisch werden mit Kürpsen gefangen/ab welchen sie sich sonderlich belustigen.

Von

Von dem Meerhecht.

Sphyrena prima species. Das erste Geschlecht der Meerhechten/
Ein Meerpfaal oder Schwyrenfisch.

Von mancherley geschlecht der Thieren/vnd der gestalt deß ersten.

Wiewol das ist/daß allein einerley geschlecht vnd gestalt der Fischen von etlichen bekannt ist/so werden doch von andern zwey geschlecht erzehlt. Das erste so hiebey steht/ist dem Hecht gantz ähnlich/auß vrsach sie von etlichen Meerhecht genennt werden: sein vndermaul streckt sich weiter auß dann das ober/hat scharpffe zän als auch der Hecht/ein weit maul: seine leffzen außwendig als ob sie außgestochen weren: das ende derselbigen schwartz/hat grosse augen/vor denselbigen löcher zuhören oder schmecken/von dem kopff gegen dem schwantz hat er ein linien von schüppen gezogen. Der ander leib bedunckt sich ohne schüppen seyn. Am bauch sind sie weiß/auff dem rücken schwartzlecht oder äschenfarb/der strich von welchem obe gesagt ist bey anfang gelblecht/als auch der jnner rachen: seine Fisch Ohren gantz weit.

Von art vnd natürlicher anmutung der Fischen.

Diese Fisch gesellen sich häuffecht/weyden sich bey dem Sand vnd Felsen/ist sehr frässig/als dann auch vnsere Hecht der süssen Wassern.

Von jhrem Fleisch.

Ein weiß süß lieblich/keck vnd trocken fleisch haben sie/doch mürb/also/daß jhm nicht wenig preiß geben wirt:dann jren rogen in der speiß genossen macht lustig zu essen.

Von dem andern Geschlecht.

Sphyrena parua seu secunda species. Ein kleiner Meerhecht.
Das ander Geschlecht deß Meerhechts.

Von seiner gestalt.

Dieser ist mit gestalt dem vorgesetzten gäntzlich gleich/ist lang/spitzig/rhan/ohne schüppen/sein Haut silberfarb/sein Fleisch vngrät durchscheinend: ist allezeit kleiner/dann die erste/vbertrifft selten ein spann:hat auch ein linder Fleisch/änlich dem Fleisch der Steinfischen.

Von einem andern geschlecht der obgenannten Fischen.

Ammocœtus, Exocœtus marinus, Ammodytes.
Ein Sandaal.

Von seiner gestalt/art vnd natur.

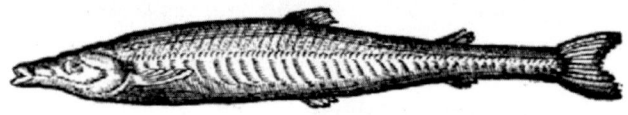

Diesen Fisch haben wir den obgesetzten Meerhechten zusetzen wöllen/von seiner
gestalt wegen so lang/rhan/spitzig maul/ohne schüppen/ ic. mit welchen allen
er den obgenanten ähnlich ist: ist solcher art/ daß er sich tieff in den Sand begräbt: dann gar selten wirt er gesehen ausserhalb dem Sand/in welchem er verborgen
ligt/zur zeit so das Meer ablaufft so lang es wider anlauffe. Die Einwohner aber der
orten/welchen solches bewust/graben sie außher mit krummen eysinen Instrumenten
so zän haben wie ein Sichlen. So einer den Fischern so sie außher graben/ohn geschrd
jhnen auff den Sand wider empfelt/ sollen sie sich so mit grosser geschwinde in den
Sand verschliessen vñ vergrabe/daß sie mit keiner arbeit weiter außher graben mögẽ
werde: ist selten dicker dann ein Daumen/vñ lenger dann ein spaß/hat auß der ursach
under die kleinen Meerfisch bey anfang mögen gezehlt werden : wir aber haben jn von
ähnligkeit seiner gestalt auff die Meerhecht gesetzt.

Von allerley Stockfischen.

Asellus, & primum de Merlucio.   Ein Meeresel.

Das erste Geschlecht der Stockfischen.
Von seiner gestale.

DER Stockfischen
ist mancherley ge-
schlecht / gestalt/
nach mancherley namen
bey den Niderländern so
jhnen gebẽ / werden auch
von den orten an welchen

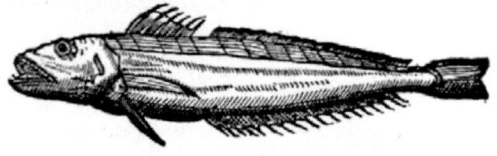

sie gefangen werden/ von welchen dann nit weiter zu schreiben ist/ sonder so wöllen
wir ein jedes geschlecht vnd gestalt der Ordnung nach für augen stellen.

Dieser erste Stockfisch ist eines Elenbogen lang/ zu zeiten grösser/ gantz ohne
schüppen/sein rücken eselfarb/von welchem er den namen/oder äschenfarb/sein Bauch
weiß oder silberfarb/mit einem langen kumpffen grind/grossen augen vnd weitẽ maul:
das vnder maul lenger vnd breiter dann das ober/ seine kiffbacken auch rachen voller
zänen/gegen dem rachen gekrümbt.

Die Stockfisch so gedorrt vnd gesaltzen in vnsere Land durch Kauffleut gebracht
r e den sind bekañt/welchen man vor der bereitung wol pflegt zu schlagen mit schweren
Hämern oder andern Schlägeln/ von welchem sie auch jhren namen Esel haben mögen : dann ein Esel arbeitet oder sol nichts/er seye dann wol geschlagen.

Von art der Fischen.

Aristoteles schreibt daß dieser Fisch Sommers zeit verhalten lige ein lange zeit/
welches beiwiesen mag werden/daß man sie lange zeit nach dem Sommer fäht:so ist doch
zu mercken/ daß sie an etlichen orten durch das gantz Jahr gefangen werdẽ / gantz frässig sind diese Fisch/fressen allerley Meerfischen/nicht anderst dann vnsere Hecht.

Von

Von ihrem Fleisch.

Das Fleisch der Wasserthieren endert sich nach natur der orten vnnd jhrer nahrung/ welches auch den Stockfischen geschicht: dann so man dem Meister Galeno vñ der Erfahrenheit glauben wil/ so haben sie ein gut/ gesund/ weiß/ lind/ löblich Fleisch/ welches auch den Krancken dargestelt mag werden/ nemlich so sie auff tieffem Meer/ lustigen orten gefangen werden. So ist auch die Leber der Fischen frisch gefangen ein sonderbarer köstlicher Geschleck.

Von dem andern Geschlecht.

Asellorum secunda species. Merlangus. Ein ander Geschlecht der Stockfischen.

Von seiner gestalt.

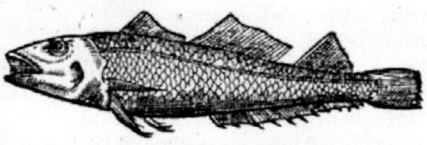

Diser hat gantz kleine schüppen an der gestalt dem vorgesetzten Stockfisch gleich/ hat einen grossen kopff/ mit welchem er billich einé Esel verglichen wirdt. Ist weiß/ silberfarb/ mitten durch den leib von dem kopff gegen dem schwantz hat er ein gelblechten strich oder linien/ hat grosse/ runde augen/ mitten silberfarb.

Von seiner natur vnd eigenschafft.

Hieuor ist gehört/ daß alle Geschlecht der Stockfischen frässige Thier sind/ fleischfrässig. Dieser speißt sich mit allerley kleinen Meerfischlein/ als Groppen vnd dergleichen/ welcher stuck in seinem Magen gefunden werden.

Von jhrem Fleisch.

Ein lind/ mürb/ matt/ gut/ gesund fleisch haben diese Fisch nach art aller Stockfischen/ ist besser gebraten dann gesotten.

Von dem dritten geschlecht der Stockfischen.

Asellorum tertia species. Eglefinus. Das dritte Geschlecht deß Meeresels oder Stockfischs.

Von seiner gestalt.

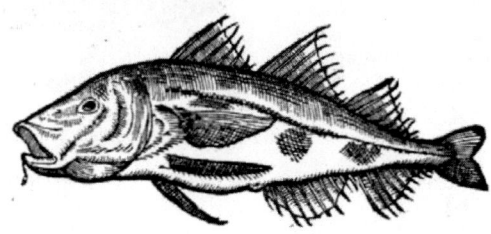

Diser hat ein grossen grindt oder kopff/ ohren/ augen/ maul wie ein Esel. Von dem vndern kiffbacken hat er ein Züttele oder bart hangen/ hat etliche schwartze flecken durch den leib/ als ein junger Müller Esel/ kompt mit der grösse zu einem Elenbogen.

Der fünffte theil / von

Von seinem Fleisch.

Dieser hat auch ein lind / matt Fleisch / gesund vnd löblich in der speiß. Solche werden insonderheit bey den Schotten vnd Engelländern gefangen / eingesaltzen / gedörrt / vnd in andere Land geführt.

Von dem vierdten geschlecht.

Asellorum quarta species Gobergus.   Das vierdte Geschlecht der Stockfischen.

Von seiner gestalt.

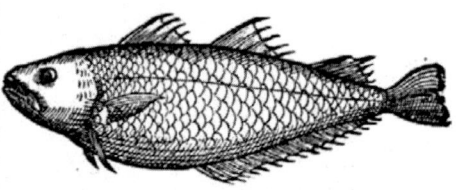

Dieser wirdt auß dem neuw erfundnen Land in vnsern theil deß Erdreichs gebracht / Goberga genannt / kompt mit der grösse vber zwo Elenbogen. Ist äschenfarb / mit schüppen bedeckt / hat in seinem maul keine zän / ist mit anderer eusserlicher vnnd jnnerlicher gestalt den Stockfischen gantz ähnlich.

Von seinem fleisch.

Das Fleisch der Fischen ist härter dann der andern Stockfische / nicht so schleimig. Solche gewässert vnnd wol geschlagen / kompt in die speiß er Armen vnnd Bauren.

Von dem fünfften Geschlecht.

Molua maior, vel asinus varius.   Ein gefleckter Stockfisch.

Von seiner gestalt.

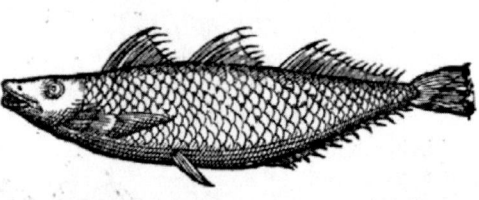

Dem vorgesetzten ist dieser gantz ähnlich / hat einen äschenfarben / oder Eselfarben rücken mit viel schwartzen flecken / sein bauch weiß / hat grosse augen / mit anderer gestalt den Stockfischen gleich / Ist gemein bey den Schotten vnd Engelländern / wirdt auß Island zu jhnen gebracht.

Von seinem Fleisch.

Dieser hat ein Fleisch gleich dem so nachher folgt / ist doch minder schleimig oder kleberig.

Von dem sechsten Geschlecht.

Moluus seu Morhua altera minor.   Ein Mormel Stockfisch.

Wie

Wie er gestaltet.

Ieser ist mehr mit gestalt deß leibs/ dañ mit dē fleisch den Stockfischē gleich/etwas mehr dann ein Elenbogen lang/eins schuchs breit/hat grosse augen/ eines finstern gesichts/von dannen ein Sprichwort geflossen/Er hat Mortmel augē/ in die so ein kurtz dunckel Gesicht haben/der rücken mit äschenfarben oder rötlechten flecken.

Von seinem Fleisch.

Dieser Fisch/so er frisch ist/hat ein vberauß gut gesund lustig Fleisch. Dann so sie gesaltzen vnd gedertt/so werden sie gantz klebrecht als Leim/welchen man von den Blasen vnd etlichen andern theilen deß Fisches sieden mag.

Von einem andern Geschlecht der Stockfischen.

Colfisch Anglorum.   Colfisch.

Von seiner gestalt.

Ie auß Britania nēnen diesen Stockfisch Colfisch entweders von dem Leim: dañ er ist sehr klebrecht/oder von der farb/ vnd kolen/wirdt auß dem theil Britanien zu vns getragen/so gegen Holland sich streckt. Wirt mit breiten schüppen bedeckt/auff dem rücken ist er schwartzlecht/am bauch ein wenig weisser:von dem kopff auff den schwantz hat er einen schwartzen strich gezogen/vnd harte sloßfäckten.

Von seinem Fleisch.

So er groß vnd alt worden/so hat er nicht ein vngesund Fleisch zimlicher güte: aber jung ist er zu der speiß vntüchtig/ist ein schlechter gemeiner Fisch der Armen vnd Bauren.

Von dem Rheinfisch.

Von seiner gestalt vnd natur.

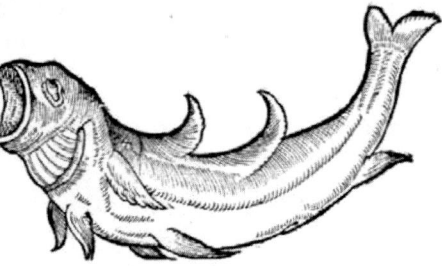

Iese gestalt ist nach dem gesaltznē/außgederrten Fisch conterfetet wordē: wirt in der Donauw gefangē/ ist so frässig/daß er auch die jungen Thier so man in den Fluß wirfft frißt: bekompt seinen namen von dem Rhein/nit daß er dariñ gefangen werde/ sonder daß man solche auff dē Wasser/ dem Rhein an andere ort führe.

Der fünffte theil/von

Von der Meertrüschen.

Mustela vulgaris. Ein Meertrüschen.
Wie dieser Fisch gestaltet.

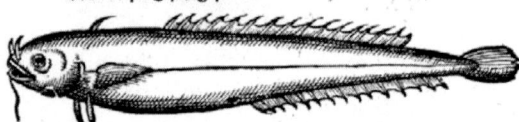

Ie Meertrü-
schen haben nit
einerley gestalt:
dann etliche haben flec-
ken/etliche werden oh-
ne flecken gesehen. Diß erste geschlecht hat einen langen rauen leib/braunfarb/gäntz-
lich ohne schüppen/hat ein groß maul/kleine zän / am vndern kiffbacken hat er ein weisses Züttele hange/am obern zwey schwartze Züttele/auch auff dem Genick ein anders.
Diesen haben wir die gemeine Meertrüschen genennt/ dann der so von den Alten be-
schrieben/ist viel ein anderer Fisch.

Von seiner art.

Hogerkrebßle/vnd allerley kleine Fischlein fressen diese Meertrüschen/welche in
jhrem Geweyd gefunden werden.

Von jhrem Fleisch.

Das Fleisch der Fischen mag auch von den krancken an Statt der Steinfischen
genossen werden: dann es ist lind/zart/gut/gesund vnd angenehm zu essen.

Von dem andern Geschlecht.

Mustela vulgaris altera, Galea piscis.   Das ander Geschlecht der
Meertrüschen.
Von seiner gestalt.

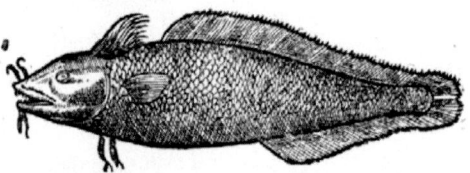

On den Griechē
wirdt dieser Esel-
fisch geneñt / ist
auß dem geschlecht der
Meertrüschē/ auch der
Stockfischen: von dem
obern kiffbacken hat er
zwey Züttele auffgestreckt/von dem vndern eines als ein bärtle. Ist ein schüpfisch mit
innerlicher gestalt dem obern gleich/frißt allerley kleine Meerfischlein.

Von seinem Fleisch.

Er hat ein lind/zart/mürb fleisch/weiß/löblich / gesund /nit minder dañ die stein/
oder Stockfisch.

Von dem dritten Geschlecht.

Mustela marina tertia.   Das dritte Geschlecht der
Meertrüschen.
Von seiner gestalt.

Ein sonder zeichen vnd gestalt hat dieser Fisch an jhm/bey welchem er leichtlich zu
erkennen ist/ nemlich zwischen dem kopff vnnd anfang der obern floßfeckten deß
rückens/ein Känel oder höle/eines zwerch Daumens lang/ vnd mitten in demselbigen ein weisse linien: von der obern lefftzen hat er zwen schwartze Züttele außgestreckt als haar/ von dem vndern eins weiß von farb/welches anleitung gibt/ daß er
möcht der Alten Musculus/oder Meußfisch geachtet werden/von der Bärten wegen
seines

feines mauls. Daß von den Venedigern wirt er mauß genennt.
Solchs ist der Fisch von welchem
Plinius geschrieben hat daß er
der Führer vnd Anleiter seye der
grossen Wallfischen / Balenen
auff Latein genennt.

Von dem 4. Geschlecht.

Mustela marina quarta. Ophidion Plinij
Gryllus. Das vierdte Geschlecht
der Meertrüschen.
Von seiner gestalt.

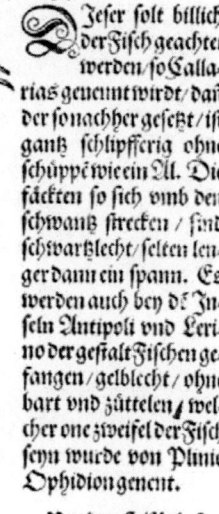

Dieser solt billich
der Fisch geachtet
werden / so Calla-
rias genennt wirdt / dañ
der so nachher gesetzt / ist
gantz schlipfferig ohne
schüppé wie ein Al. Die
säcten so sich vmb den
schwantz strecken / sind
schwartzlecht / selten lenger dann ein spann. Es
werden auch bey deñ In-
seln Antipoli vnd Leri-
no der gestalt Fischen gefangen / gelblecht / ohne
bart vnd züttelen / wel-
cher one zweifel der Fisch
seyn wurde von Plinio
Ophidion genent.

Von dem fleisch deß Fisches.

Das fleisch deß Fi-
sches ist sehr köstlich / wirt
in grosser Wirde gehal-
ten / weiß / gut / gesund /
matt / allein von den reichen vnd Hoffleckern be-
gert.

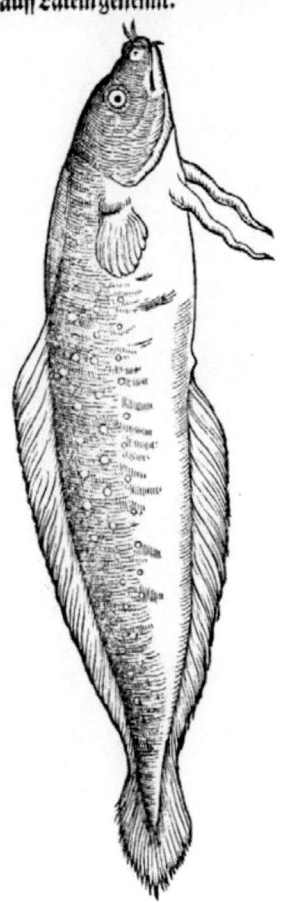

Weiter von einem Stock-
fisch oder Meertrüschen.
Asellus Callarias. Ein andere art der
Meertrüschen.
Von seiner gestalt.

Jeser sol zum theil einem Wytling/
zum theil einer Meertrüschen sich
vergleichen / wirt zu Rom Feigen
Fisch genant/ daß er blut vnd lär als ein v-
berreiffe Feigen/ hat gantz keine schüppen/
einer seltzamen gestalt.

Von seinem fleisch.

Sein fleisch ist vnlieblich zuessen / in
kleiner Würde geachtet / hat ein lind/ zeh
fleisch/ ring zuverdäuwen/gebiert aber viel
wust vnd schleims.

Von dem Meerdracken.
Araneus, Draco marinus. Ein Meerdracken/
Peter manche/ Peter menches/ Fiuer/
Torpor.
Von mancherley gestalt vnd geschlecht
der Thieren.

Jese Fisch sind auß der zal der Meer-
thieren/ so den Menschen mit schäd-
lichem gifft verwunden/ auß welcher vrsach/ auch von jhrer gestalt vñ farb
ohne zweifel jhren namen haben. Nun sind
der Fischen so Meerdracken genennt werden mancherley : Etliche werden grosse
Meerdracken genant/ etliche klein/ als die
dracunculi. Auch ist der grossen Meerdracken dreyerley geschlecht/ als dann von einem jeden insonderheit wirdt gehört vnnd
gesehen werden.

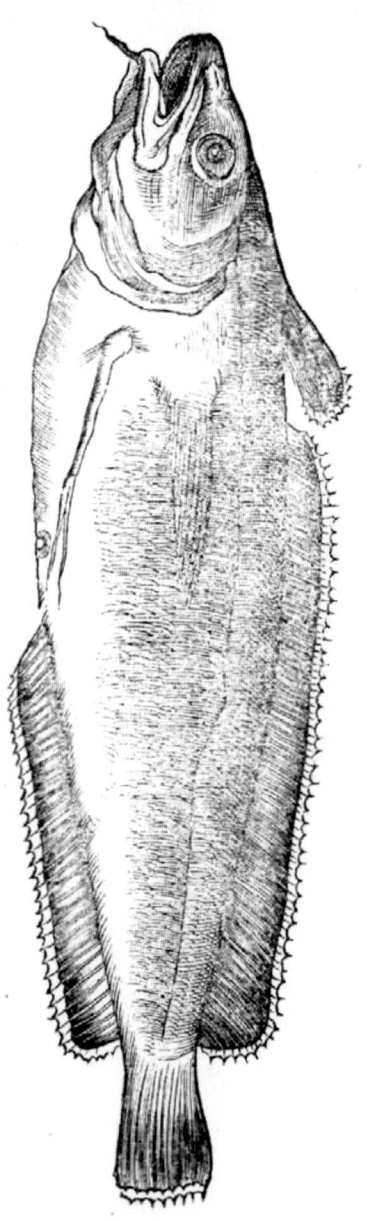

Von

Von dem grossen Meertracken.
Araneus siue Draco maior. Grosser Meertrack.
Von seiner gestalt.

VOn seiner gestalt ist nicht viel zuerzehlen/
dann sie mag auß der figur ersehen werden.
Ist ein gantz schöner Fisch/ hat vornen drey
grosser starcker spitz/ zween bey seits/ ein oben
am end deß Kopffs/ an seiner Farb getheilt/ mit
guldinen strichen durchzogen/ ꝛc. mit kleinen
schwartzen flecken/ etlichen rot.

Von dem kleinen
Meertracken.
Araneus minor, Draco minor.
Kleiner Meertrack.

DJeser ist dem vorige an der gestalt gleich/ allein daß er klei-
ner/ weniger flecken hat/ vnnd
grössere/ gelblecht/ keine am Fischfäckten deß rücken/ so im grossen viel
gesehen werden.

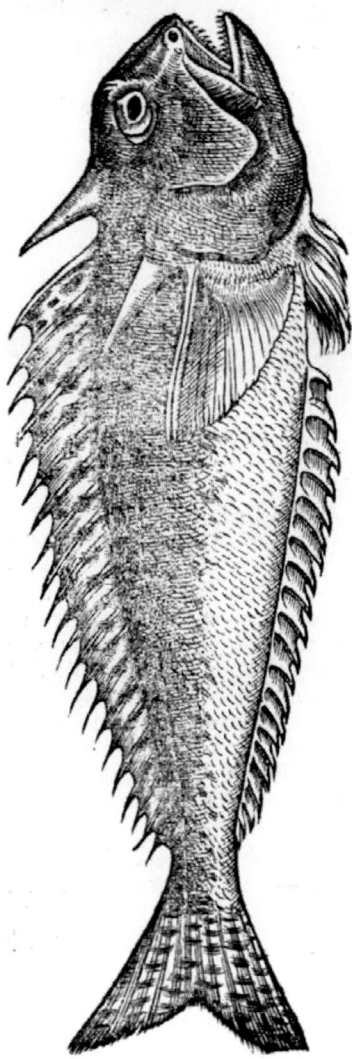

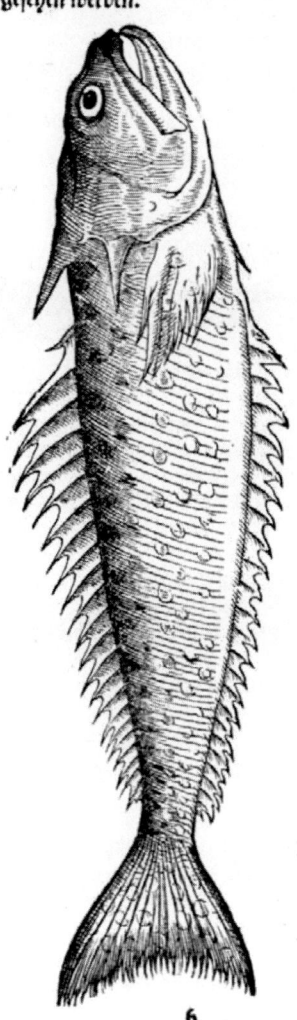

h

Der fünffte theil / von

Von dem dritten Geschlecht der Meerdracken.

Draco siue Araneus Rondeletij.　**Der dritte Meerdrack.**
Von seiner gestalt.

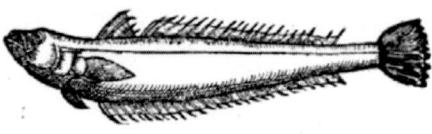

Dieser sol mit seiner grösse
auch auff ein span kom-
men / ist auff dem rücken
braun / am bauch weiß / bey seits
mit schönen guldinen strichen
durchzogē / ist nicht vngleich dem
Meeregle. Hat kleine dicke zän /
grüne augen / gleich einem Smaragd / hat ein harte haut / kleine rauche schüppen.

Von dem kleinen Meerdracken.

Dracunculus Aranei species.　**Ein kleiner Meerdrack.**
Von seiner gestalt.

Dieses ist ein vber-
auß schöner Fisch
anzusehen / nicht
vngleich einem Grop-
pen / hat keine Fischohrē
bey seits / sonder an statt
derselbigen obē auff dem
kopff zwey Löchle / welche bey lebendigem Thier allein erscheinen. Bey end deß kopffs
hat er spitz gegen dem schwantz geneigt / hat gantz lange Fischsäckten nach der grösse se-
nes leibs getheilt / an orten goldfarb / an anderen weiß wie silber. Die so bey den Fischohren sich erstrecken / sind bey anfang weiß als silber / bey end goldfarb. Item die so bey
nechst / sind auch viel zu lang / wider die art anderer Fischen / auch zu nah bey dem kopff
gesetzt. Auff dem rücken hat er zween säckten. Die erste klein / mit guldinen vnnd sil-
beren strichen gezieret: die ander mitten auff dem rücken gantz groß vnd lang / auch getheilt mit silbern strichen durchzogen : dieser säckten so er nidergelegt / wirdt in der höle
oder Känel deß rückens verborgen / gleich als in einer Scheiden : die so vnden gegē dem
schwantz ist goldfarb / außgenommen die eusserste ende so schwartz sind. Item so ist auch
sein leib von farben schön / dann von der mitte gegen dem bauch sind weiß linien oder
strich gezogen / als wann sie von silber weren. Seine kiffbacken / Item die fordern theil
sind mit silberfarben puncten gezieret / hat einen weiten / breiten / weissen bauch / mit einer dünnen haut vberzogen : ist gantz ein seltzamer Fisch / wirt selten gefangē / allein zur
zeit der Hundtstagen / sol nit so schädlich seyn mit seinem stich als die andern Tracken.

Von art vnd natur aller Meertracken.

Diese Fisch wonen an den gestaden / sandechten vnd steinechten orten / fressen allein kleine Fisch / vorauß kleine Kuttelfisch / vergleichē sich mit jrem gifft dem Scorpion.

Die sag ist / so man diesen Fisch mit der rechten Hand ergreiffe / so folge er nicht /
sperre sich. So er aber mit der lincken erfasset werde / so werde er ohne arbeit hernach
gezogen.

Von jhrem Fleisch.

Diese Fisch sollen ein hart Fleisch haben als Aristoteles vnd Galenus bezeugen.
Artzney

Artzney wider den ſtich vnd gifft ſolcher Thieren.

Ohne verzug ſol man den Fiſch ſo man in gehabē mag auffſchneiden vñ vberlegen.
Item kleinen Coſten geknütſcht auffgelegt vnd Wermutwein getruncken.
Item ſchwebel mit eſſig auffgeſchmiert/vnd mit Bley oder Bleyweiß gerieben.
Item den ſtich mit Menſchen harn warm waſchen vnd knoblauch.
Item ſein Leber auffgebunden.

Artzney von den Thieren zu nutz den Menſchen.

Seine ſpitz ſollen gantz krefftig ſeyn wider das zanweh / die bilderen oder Zanfleiſch
damit gerieben vnd geſcubert.

Von einem andern grauſamen Meerdracken oder
Meerwunder ſo von etlichen beſchrieben auff folgende geſtalt.

DEr Meerdrack iſt ein grauſam Meerwunder/mit der lenge gleich den jrdiſchen
Dracken/doch ohne Flügel/hat einen langen gekrümpten ſchwantz/einen kleinen kopff nach anſehen deß Leibs/mit einem weiten/grauſame ſchlund/ein harte haut vnd ſchüppen. An ſtatt der Flügeln/hat er breite Fiſchſäckté/welche er braucht
in dem ſchwimmen/in einer kleinen zeit vberſcheuſt er groſſe weite deß Meers/auß
ſtercke ſeiner Kräfften. Sein Biß iſt tödtlich/den Menſché/Fiſche vñ allen Thieré/ꝛc.

Von dem Federkopff.

Hippurus , Lampugo. Ein Federkopff.

Von ſeiner geſtalt/vnd wo er gefangen werde.

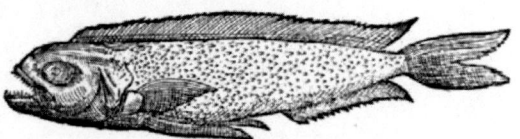

EIn ſonder Zeichen
hat dieſer Fiſch an
jhm/für all ander
Fiſch zumercken/ nem-
lich daß j hm ſein Floß-
feder oder Fiſchſäckten
ſo breit vnd groß/gleich
oben von dem ſchnabel anhebt vnd ſich biß auff den ſchwantz ſtreckt/deßgleichen auch
eine von dem geführloch biß auff den ſchwantz. Die ſäckten bey den ohren ſind kurtz vñ
breit/ſchier goldgelb/die vnden am bauch/lang vnd ſchwartz/bekompt ſeinen namen/
daß er geſtaltet iſt wie ein Roßſchwantz/hat am andern leib gantz kleine ſchüpple/wirt
inſonderheit in Hiſpanien gefangen.

Von art vnd eigenſchafft der Fiſchen.

Die art der Fiſchen iſt/daß ſie nach dem leych auß den rogen noch klein/in gantz
kurtzer zeit erwachſen/welches den Spanniſche Fiſchern beiwuſt/beſchlieſſen ſie noch
jung vnd klein in Reuſſen/oder dergleichen Inſtrument/in welch en jhr zunehmen vnd
wachſen von tag zu tag mag gemerckt werden. Sie leychen im Glentz oder Früling/
ligen Winters zeit verborgen wie die Schlangen. Wirdt durch das Jahr allein zu gewiſſen tagen/vnd ohne fehlen gefangen/als dann die erfahrnuß bey den Spaniern
bezeugt. Sie ſind fleiſchfräſſig/freuwen ſich der Schiffbrüchen/welchen ſie hauf-
ſecht herzuſchwimmen.

Von ſeinem Fleiſch.

Ein feißt/ſüß vnd kecklecht Fleiſch haben dieſe Fiſch/löblich/gut vnd geſundt zu
eſſen.

Der fünffte theil/ von

Artzney von den Fischen.

Die gall deß Fisches mit honig angeschmiert/ nimpt hin alle dunckle/ schwertze/ vnd finstere der augen.

Von dem Meerscorp.

Scorpius maior.   Ein grosser Meerscorp/ Ein grosser Meerscorpion/
oder Scorpfisch/ oder ein roter Meerscorp.

Wie

Wie dieser Fisch gestaltet.

Zweyerley geschlecht der Scorpfischen werden in dem Meer gefangen / welche underscheid haben an gestalt / grösse / farb / vnd orten an welchen sie wohnen. Dann dieser hieben anfang gesetzt / ist der groß / rot von farben / in den tieffinen deß weiten Meers gefangen. Der nachfolgend der klein / äschenfarb oder schwartzlecht in den Moßechten gestaden wohnend: bekommen beyde geschlecht jren namen nicht von der gestalt / sonder daß sie starcke spitz vnd dörn haben / mit welchen sie gifftige Wunden einhecken: haben sonst grosse köpff / grosse / lange / breite / starcke Fischfäckten / mit starcken spitzen: haben kleine schüpple wie ein Schlangenhaut / sind viel mehr ohne schüppen. In dem Rotenmeer sollen sie mit der grösse auff zwo oder drey Elen lang kommen. Diese Fisch werden ohne gefahr nicht gefangen / dann jrer stich oder verletzung ist gifftig.

Von dem andern Geschlecht.

Scorpis, Scorpæna seu Scorpius minor. Der kleiner Meerscorpl oder der schwartz Scorpfisch.

Wie dieser gestaltet.

Dieser ist kleiner an der grösse / schwartzlecht an der farb / mit anderer gestalt dem vorgesetzten gantz gleich. Diese Fisch tragen auch stein in jhren köpffen.

Wie die Scorpfisch genaturt seind.

Auß den Meerscorpen wohnen etlich in tieffem weitem Meer / als vor gehört / etlich in lättechten gestaden / leychen in den tieffinen deß Jahrs zwey mahl / im Glentz oder Früling vnd Herbstzeit / wohnet allezeit einig / frist Krebs vnd Meerkraut. Der groß insonderheit ist Fleischfrässig / hat so ein weit maul / daß er einé andern Fisch sein kopff darein schleust / ob er wol gleicher grösse gewesen / sind gar eines harten lebens: dann so er gleich außgenommen / vnd seines hertzens beraubt ist / so bewegt er sich doch darnach.

Von dem Fleisch der Meerscorpen.

Das Fleisch deß grössern Meerscorpen ist viel löblicher vñ besser dañ deß kleinē.

h iij

Der fünffte theil/von Meerfischen.

In der gemein haben sie ein weiß/vest/hart fleisch/nit vngesund/speist vnd füret wol so es verdänwet wirt: von dem fleisch der Fischen pflegt man ein brühe zubereiten/den stulgang zu bewegen.

Artzneyen wider das schädliche gifft der Thieren.

Hievor ist gehört/daß der stich der Thierē sehr gifftig ist/welches Artzney ist Wermut auß wein getruncken. Item essig vnd schwefel aufgeschmiert/weiter drey lorbonē geknütschet in wein getrunckē/item bleyweiß darauff geribē dazu salbinē getruncken: vber das ist auch jres fleisch ein Artzney darauffgelegt: item junger knaben Harn damit begossen.

Artzneyen von den Meerscorpen zur gesundheit der Menschen.

Die gall der Fischē hat den preiß in der Artzney für all andern Fischgallen: dañ sie ist gewaltig wider die dūckle/finstere/felle vnd flecken der Augen: vertreibt die wertzen/erfült die kallköpff oder abgeflossen haar: in baumwolle gefassen gebraucht/bringt dē weibern jr zeit: jr fleisch genossen/oder zu äschen gebrent/dieselbig in wein eyngenommen/oder jre stein gepülfert vnd getruncken/ist ein erfahren stück dem grien vñ andern Bresten der blatern vnnd nieren. Die Fisch lebendig in wein ertrenckt/der wein getruncken sol ein artzney seyn denen so schmertzen haben in der Lebern/auch den grien/Bresten der nieren vnnd blatern.

Von dem Meerheydox.

Lacertus peregrinus vel rubri maris.　　Ein Meerheydox.

Von seiner gestalt/vnnd wo er zu finden.

Dieser Fisch ist mit seinem kopff/maul/mit der schönen grünen farb/vnd anderer gestalt dem irdischen Heydox gleich/ist ein frembder Fisch von den Griechen Saurus genannt/wirt im roten Meer gefangen/nit an jedem ort/belüstiget sich lättechter vnd kaatechter orten.

Der

Der sechste theil/ von den langen

Meerfischen/ welche sich mit jrer gestalt den Schlangen vergleichen : Erstlich/

Von dem Muraal.

Muræna.   Ein Muraal/ Ein art der Meerschlangen.

Von jhrer gestalt vnd grösse.

Vß den geschlechten der Meerfischen ist auch eines so sich dem Aal oder Schlangen vergleicht/ von welchem nach der Ordnung wirt geschrieben werden. Der Muraal/ Murena genannt/ ist ähnlich mit seiner gestalt vnd haut einem Aal/ doch breiter/ kompt mit der lenge zu zweyen Elen. Hat ein groß maul/ lange scharpffe zän durch den gantzen rachen/ weisse augen/ ist an der farb braun/ von einer haut ohne schüppen/ mit weißlechten flecken besprengt/ hat gantz keine Fischfäckten zu schwimmen/ sonder schwimt vnnd bewegt sich in gleicher gestalt in dem Wasser vnd Meer/ als sich die jrdischen Schlangen ohne Füß auff der Erden bewegen. Auß den Muraalen sollen etlich schwartzlecht seyn/ mit gelben flecken besprengt. Etlich sind weiß/ mit schwartzen flecken besprengt. Strabo schreibt/ daß an etlichen orten diese Muraal zu der grösse kommen der Walfischen/ auff die 80. pfundt.

Von dem Muraal männle.

Myrus, Murænæ mas.   Das männle von dem Muraal.

Von seiner gestalt.

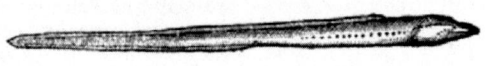

ETlich der Scribenten wöllen/ daß der Muraal so bey anfang beschriebe/ kein männle oder milchling habe in seinem geschlecht/ sondern das seye das männle deß Muraals so von den Griechen Myrus genennt wirt/ welche gestalt hie bey gesetzt. Zuwider sind andere/ welche achten/ daß diß jetztgenanter vnnd vorbeschriebner Muraal/ etlichs in seinem geschlecht männle vnd weible/ das ist milchling vnd rögling haben. Wie dem seye/ wöllen wir das vrtheil mitten gestelt haben/ denen zu ergründen so die ort deß Meers einwohnen. So ist doch zu mercken daß nicht wenig vnderscheid vnder den zweyen thieren gesehen wirt. Dann der Muraal ist gesleckt/ dieser ohne flecken von einerley farb/ ist auch viel stärcker daß der Muraal/ auch hat dieser Myrus zän jnnerthalb dem maul vnd ausserthalb/ ist mehr gleich einer Schlangen dann einem Muraal/ mit einem

h iiij

spitzigen schnabel/langen ranen leib/an der farb schwartzlecht/zu beyden seiten von
dem halß hat er etliche güldine düpfle oder püncte/welche mehr in den lebenden/dann
in den todten gesehen werden.

Von art vnd natur der Muraal.

Der Muraal sol mittler art seyn vnder den stad Fischen vnd denen so in tieffem
Meer wohnen/dann sie halten in die löcher der steinen vñ Felsen/so voller kleiner Muschelfischen sind/dann sie sind fleischfresig/haben ein sondern lust ab dem grossen Kuttelfisch zu jhrer nahrung/freuwen sich der süssen vnd gesaltznen Wassern/ wiewol sie
in keine Flüß herauff kommen sollen/mögen lange zeit ausser dem Wasser geleb nach
art der älen/dann sie haben kleine vnd wenig Fischohren.

Die Murál mehren sich vnd leychen nach art der Schlangen/darzu wirt von
jhnen geschrieben ein wunderbare vermischung mit den jrrdischen Schlangen oder
Natern. Dann die Natern sollen erstlich jren gifft von jhnen kotzen/ auff einen ebnen
Platz/ demnach an dem gestad deß Meers mit pfeisen jhr gegenwertigkeit anzeige/den
Muraal also herauß reitzen/ sich zusamen vermischen/nachdem sie jhre begierd voll-
bracht haben/sol der Mural dem Meer zufahren/die Natern jhrem gifft zu/ welches
sie widervmb fressen sol. Wo nun ohne geferd solches verendert oder verstossen/die
Natern jhr gifft nicht wider kriegen mag/sol sie sich hin vnnd her von einem ort an das
ander weltzen vnd schiessen/biß sie gantz gestorben. Solches ist nicht allein von den
Heyden/sondern auch von etlichen berümbten Theologen vnd Außlegern der heiligen
Schrifft als ein warhafftige art/auß der sag deß gemeinen mans geschrieben worden.
wiewol solcher vermischung kleiner glaub geben sol werden/dann ohne zweifel sie auch
mäñle oder rögling in jhrem geschlecht haben.

Sie leychen zu aller zeit durch das gantz Jahr/ haben kein gewiß zeit/ nach art
der mehrer theil Fischen/leychen in grosser menge kleine röglin oder eyer/welche in kurtzer zeit in gute grösse erwachsen/ als dañ von dem Federkopff/Hyppuro auch geschrie-
bn wirdt. Durch den Winter halten sie sich verborgen in den Löchern/ werden selten
zur selben zeit gefangen.

Zu mercken ist daß diese Fisch jhr leben in dem schwantz haben sollen/ welchen so
man jhn schlegt/so sterben sie leichtlich zur stund/ so man jhnen aber den kopff schlegt/
sterben sie hart/nicht ohne arbeit.

Von natürlicher anmutung der Fischen.

So diese Fisch essig versuchen/werden sie mächtig grim vnd wütend/ dann sie
kempffen/streiten/verletzen vnd beschirmen sich mit jhren zänen/welche sie hab zwey-
fachter Ordnung. Dem Meeraal ist er gehaß/frißt jm seinen schwantz ab. Ein tödlichen haß haben zusamen/der Muraal/groß Kuttelfisch/ vnnd Meerstöffel Locusta
genannt/von welchen auch auff das kürtzest jn genañten Historien ist geschrieben worden. Dann ob gleichwol der groß Kuttelfisch sich verwandern kan in die farb der steinen an welchen er klebt/hilfft es jhn doch nichts/ dann der Muraal ist deß wol bewust/
vnd so er jn in der höhe hervmb schweiffen ersiht/so scheußt er auff jhn/ergreifft jhn mit
seinem Biß/zwingt vnd treibt jhn zu kempffen/so lang biß er jn müd/seine Arm abge-
bissen/ gefressen/vnd den andern leib in stücke zerzerrt hat.

Dargegen reitzt der Meerstöffel/so da ist auß der art der Meerkrebsen/den Muraal zu kampff/mit sondern Listen/in dem daß er in die löcher der Felsen/ in welchen der
Muraal wohnet/seine hörner streckt/von welchem der Muraal ergrimmet/ jhme deß
kampffs besteht/vnd wiewol der Muraal mit grosser vngestümme jhn anfelt mit seinem Biß/mag er doch jhn nicht schädigen/auß vrsach daß er mit einer harten schalen
voller scharpffer spitzen bedeckt ist. Der Krebs aber erfasset den Muraal in seine sche-
ren/läst nit nach so lang der Muraal sich vmb jn her vñ die spitz windet/ also sich selbst

verwundt

verwundt vnd stirbt. Zu wider der groß Kuttelfisch / so gantz lind vnd zart / bekrieget den vorgenannten Krebs / welcher wol mit harten schalen vnd spitzen bewahret ist / daß der Pollkuttel so er ein solche in einem Felsen ersihet / schwimpt er sattlich herzu / setzt sich jm auff den rücken / vmbfaßt jn mit seinen Armen / verschleust jhm mit seinen Armen das maul also / daß er sich nit erkülen mag / sonder zur stund ersticken muß / wie grausam er sich hin vnd wider von ort zu ort an die schrofen weltze. Der Pollkuttel so er jhn getödt / saugt nit anderst jm sein fleisch auß der schalen dañ als ein junges kind die milch auß den Brüsten

Von Crasso dem Römer wirt geschrieben / daß er in einem Weyer habe ein sehr schönen grossen Muraal gehabt / welchen er sehr geliebt / jhn mit güldinen Kleinoten gezieret / welcher Muraal die stiñ deß Crassi erkeñt / jm nach an das gestad zuschwimmen / speiß auß seiner hand zunehmen gepflegt habe : welcher Fisch als er gestorben / sol der Crassus vmb jhn getrauret / jhn bestattet vnd beweinet haben.

Von nutzbarkeit der Fischen vnd jhrem Fleisch.

Die alten Römer haben solche Fisch in die Weyer / oder andere ort Fisch zu pflantzen gethan / auß vrsach / daß sie sehr lieblich / auß keiner vrsach als andere Fisch geschädiget werden / auch sich in kurtzem mächtig mehren vnd erwachsen.

Jhr haut sol sehr hart seyn / auß vrsach man sie pflegt zu schlagen oder mit einem stecken knütschen vor dem man sie bereitet. Jhr Fleisch ist lind / feißt / matt / als die äl die so auß frischem Meer / steinechten orten gefangen werden / insonderheit gepriesen / sonst sol jhr Fleisch etwas args vnd gifftigs in jhnen haben. Sind vor zeiten von den Römern als ein köstliche speiß begert worden.

Von dem Meeraal.

Conger. Ein Meeraal.
Von seiner gestalt / vnd grösse.

Jese Meerál sind sehr lange Fisch / vier oder fünff Elé lang / an etlichen orten so groß / daß sie hart von einem mañ mögen getragen werden : etlich auch die einen Wagen belässtigen / haben ein schlipfferige glatte haut anzusehen wie die äl. An dem kopff hat er etliche püncte / der bauch ist weiß / milchfarb / der rücken schwartzlecht / an etlichen auch weiß : die ende der säckten so vmb jhn her sind schwartzlecht : jhre eyer oder rogen sind mit feiste vberzogen / also daß sie hart erscheinen. Etliche haben allein feiste vnd keinen rogen.

Von natur der Meerälen.

Die Meerál so weiß sind wohnen in tieffem Meer / die so schwartzlecht auff dem rücken vmb die gestad : beyde geschlecht bey den Außflüssen der süssen Wassern in das Meer : es sollen sich auch die kleinen in die süssen Wasser herauß lassen : sie sind fleischfressig / fressen sich selber je der grösser den kleinern. Durch den Winter ligen sie in den Löchern verhalten nach art deß Muraals / welcher jhm seinen schwantz abfressen sol ohne verletzung seines lebens.

Von natürlicher Feindtschafft der Thieren.

Als gehört / so haben diese zwey geschlecht der älen Feindschafft zusamen : dañ sie freffen einander die schwäntz ab/ so beist auch dieser dem Pollkuttel seine Arm ab/ von welcher Feindtschafft deß Meeraals oder Muraals/ deß Pollkuttels/ deß Meerstöffels/ ist hievor in der History deß Muraals geschrieben worden.

Von dem fleisch der Fischen.

Galenus schreibt/ diese Meerål haben ein hart Fleisch/ harter dåuwung/ gebåre ein dick außsetzig geblüt/ vorauß gesaltzen. So sind doch andere die wenig an diesem Fisch schelten: dañ das ist ohne fehl/ daß sie sehr lustig vnd lieblich zu essen sind/ als ich selbst erfahren hab an dem gestad deß Meers bey Maganolla/ insonderheit so sie zu stücken gehauwen/ vnd am Spiß gebraten werden. Dann sein Fleisch ist matt/seißt/ gantz weiß vnd süß zu essen.

Von der Meerschlangen.

Serpens Marinus.   Ein Meerschlange.
Wie sie gestaltet.

Die Meerschlangen sind mit aller gestalt gleich den jrrdischen Schlangen/ allein mit dē kopff sind sie ånlich dem vorgesetzten Meeraal/ kommen mit der lenge auff drey oder vier Elen. Mit der Farb sind sie gelbgrün/ oder braunlecht. Der bauch vnd maul åschenfarb: die augen gelblecht: ist mit jnnerlicher gestalt gleich dem Muraal. Solinus schreibt von etlichen Meerschlangen bey sondern Inseln auff zwantzig Elen lang.

Von dem andern Geschlecht deß Meeraals.

Serpens marinus rubescens.   Ein rote Meerschlangen.
Von seiner gestalt.

Diese ist auch der jrrdischē Schlågen gleich/ rötlecht an der Farb/ mit vberzwerch gezognen linien von dem rücken gegen dem bauch/ hat scharpffe zån/ seine ohren bedeckt als die schüppfisch. In dem Indianischen Meer findt man Meerschlangen groß mit breiten schwåntzen.

Von den gelben Meerschlangen.

IN dem Balthischen Meer/ als der groß Olaus schreibt/ findt man gelb Meerschlangen dreissig oder viertzig Schuch lang/ welche niemandts schådigen/ sie werden dann zuvor zu Zorn gereitzt.

Ein

Ein andere gestalt einer Meerschlan-
gen/ so der erst gesetzten Meerschlangen
gantz ånlich/ vnd auch gleiche Beschreibung hat: welche vns auß Italia
von einem guten Freund
zugeschickt.

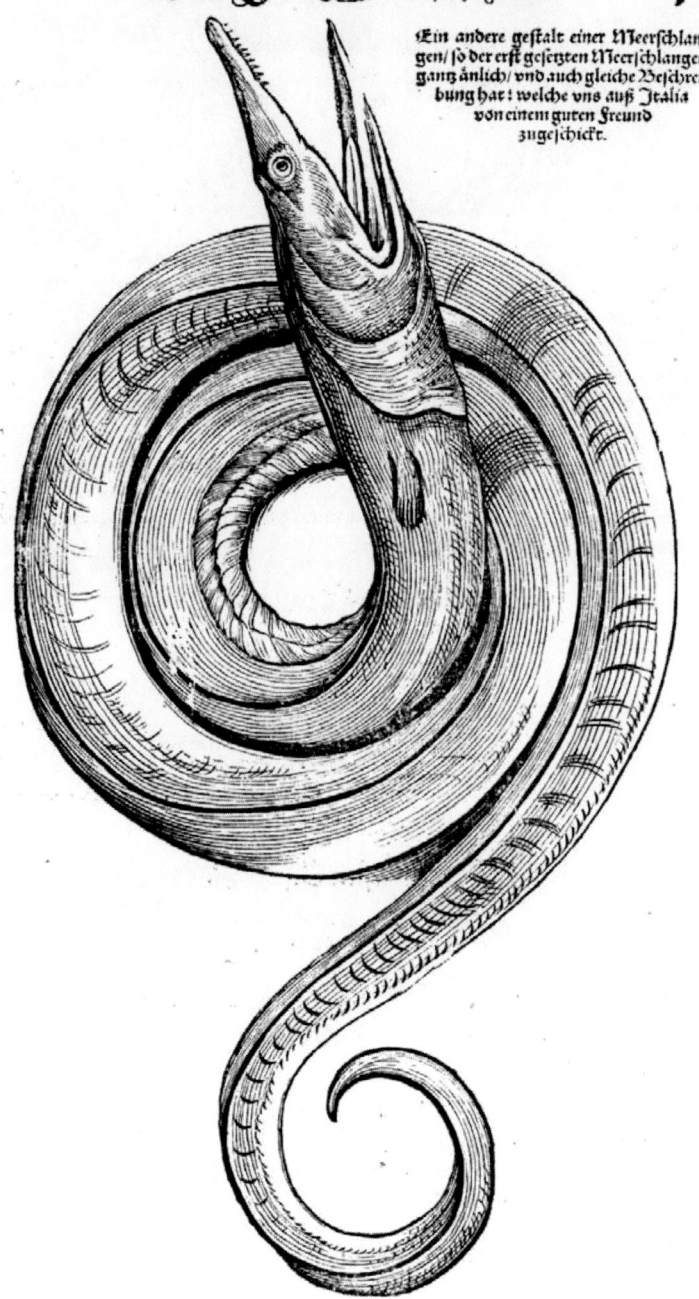

Der sechste theil/von
Von der Wallschlangen.

Ey Norwegen in stillem Meer / erscheinen Meerschlangen 300. Schuch lang/
sehr verhaßt den Schiffleuten / also daß sie zu zeiten ein Menschen auß dem
Schiff hinnemmen/vnd das Schiff zu grund richten: erhebē solche krümb vber
das Meer/daß auch zu zeiten ein Schiff darunder hinfahren mag. Solche gestalt hat
der groß Olaus in seinen Taflen gesetzt.

Von dem Hornfisch.

Acus Marina.   Ein Hornfisch/ Ein Meernadel/
Ein Schnackotfisch.

Von mancherley Geschlecht vnd gestalt der Thieren.

Je Hornfisch bekommen jhren namen von jhrem langen maul oder schnabel/
gleich einer nadel oder horn/ auß der vrsach sie von den Lateinern Acus genennt
werden/ von den Teutschen Hornfisch. Solche sind mancherley geschlecht/ als
sie ordentlich nach einander werden für augen gestelt werden.

Von dem ersten Geschlecht.

Acus prima species.   Das erste Geschlecht deß Hornfischs
oder Meernadlen.

Diese Figur ist zu Mompe-
lier vom Doctor Ron-
delerio in sein Fisch-
buch gestelt.

Von seiner gestalt.

Jeses ist ein langer glatter Fisch/ ohne schüppē/ wiewol jnen von etlichen kleine
schüppen zu geben werden/hat einen langen schnabel/welcher nach vn nach lin-
deret/ sein kopff dreyecket/ grün/ grosse runde gelbe augen/vor welchen dreyecke-
te Löcher zu hören oder schmecken gesehen werden. Hat zwey kleine fäckten bey den
ohren/andere zwey kurtze vnden am bauch. Sein gantzer leib ist gar nah viereckt/
von

Diese Conterfactur deß
erſten Hornfiſchs iſt zu
Venedig gemacht.

von wegen beyder linien bey ſeyts der lenge nach geſtreckt auß ſchüppe zuſamen geſetzt. Auff dem rücken iſt er blauw/ am bauch weiß/ der grad auff dem rücke grün: alle jnnerliche theil/ als Magen/Läber/ꝛc. langlecht/ das hertz ecket.

Von ſeiner art vnd natur.

Sommerszeit werden ſie voll eyer geſehen/ auß der vrſach ſie zur ſelben zeit leychen/ doch ſpat/ vnd ohne zerſpaltung deß bauchs.

Von ſeinem Fleiſch.

Dieſer hat ein trocken/ hart vnd feſt Fleiſch/auß welcher vrſach es nit one arbeit verdduwt wirt/ gebirt doch ein gut ſafft vnd geblüt.

Von dem kleinern Hornfiſch.

ZV dem erſten Geſchlecht der Hornfiſchen ſollen auch dieſe hie fürgeſtelte zwo Figuren gerechnet werden : auß welchen die gröſſer zu Monpelier vom Doctor Rondeletio conterfetet iſt / vnnd Saurus oder Sauris genent/ ſol kürtzer vnd dicker ſeyn dañ der vorgemelt : vnd hinden vom weydloch biß an den ſchwantz/ von geſtalt vñ floßfäderlein einem Mackarell gleich/ deßhalb wir jn auch mögen ein Mackeralſen nennen. Dann der ſchnabel iſt zum theil wie ein nadel oder alſen.

Der ander aber / der minder /iſt von dem Bellonio in ſeinem Fiſchbuch geſetzt vnder dem namen Acus minor, das iſt/ der minder Hornfiſch conterfetet nach einem lebendige in dem Oceano/das iſt/ dem hohen oder groſſen Meer an Franckreich ſtoſſende/ gefangen/ vielleicht nicht ebé der/ den Rondeletius fürſtelt/ doch demſelbigen gleich vnd verwandt.

Von dem andern geſchlecht
der Hornfiſchen.

De Acus ſecunda ſpecie ſiue de Acu Ariſtotelis.   Das ander
Geſchlecht der Hornfiſchen.

Von jhrer geſtalt vnd gröſſe.

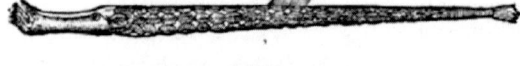

Diese Conterfacturen stelt
Doctor Ronde-
letius.

Diese zwo andern Anbil-
dungen sind in Italia
conterfetet/vns
zugeschickt.

Jeses ist auch ein langer rauer Fisch / einer Elen lang / eines
Fingers dick/ mit augen/ohren/ schnabel/ so sich einer Trum-
meten vergleicht/ dem Meerpferdt gantz gleich: vornē biß auff
den ars ist er sechsecket/ hindenauß vierschrötig: der Arß gar nah mitten deß Leibs/ von welchem ein langer spalt sich streckt/ in welchem die
Eyer gelegt werden/ als dañ solches manches mahl durch auffschnei-
den augenscheinlich gesehen ist worden. Hat weiter bey beyden ohren
ein kleins Fischfäcktle/vnd eins auff dem rücken. Hat keine schüppen/
sonder ein glatte haut/gleich den Schlangen/doch dick vñ hart/schön
als außgegraben. Hat kein maul / sondern allein vornen durch die
schnorten ein kleines Löchlein/allein geschickt das Wasser durch solches an sich zu ziehen vnd saugen.

Bellonius nennet diesen Fisch Typhlen marinam/ das ist/ein
Meerblindenschleich: darumb daß er sich den Schlangen/die wir
Blindenschleicher nennen/vergleichet/vnd beschreibt jhn also: Dieser Fisch wohnet gemeiniglich bey den Gestaden / wirdt doch mit keinem Angel betrogen: dañ so ein kleines maul sol er haben/daß es hart
ein Nadel in sich faste. So der schnabel ist beschlossen/ so ist er hol als
ein Federkeil/ hat sonst ein harte haut/ohne schüppen. So sie zu rechter grösse kommen/sind sie eines Fingers dick/ einer Elen lang/ seine
ohren bedeckt/ augen so klein daß sie sich kaum einē kleinen Hirßkörn-
le vergleichen. Das māñlein hat ein vnderscheid von dem weiblein:
dann das ein ist vornen biß auff die mitte gar nah viereckt/ hindē-
auß fünffecket. Das ander aber ist vornen gar nah sechsecket/ hindē-
auß viereckt. haben mitten im bauch ein spalt/ welcher sich auffsperzt
oder zerlaßt/ gleich den vorige zwenen. Solche Beschreibung stimpt
mit den vorigen so Aeus Aristotelis genennt sind worden vberein.

Von art vnnd natur aller Hornfischen.

Diese Fisch gebären Winterszeit/ als Aristoteles schreibt/ wonen in Felsen vnd sandechten orten/ werden gar nah in jedem Meer
gefangen/ welcher Fischen schnabel getragen vnnd berönckt/ sol die
Teuffel vnd bösen Geister vertreiben. Dieser Fisch sol den Häringen
mächtig auffsetzig seyn/ jhnen streng nachhalten/ ist auß der vrsach den Fischern gantz verhaßt vnd schädlich.

Von jhrem Fleisch.

Dieser Fischen Fleisch/ als ich es offt erfahren hab/ ist ein hart/
fest Fleisch/ hat nicht viel Gesaffts/ gantz lustig/ lieblich/ vnd anmu-
tig zu essen/ auff was art gleich derselbig bereitet werde. An etlichen
orten werden sie auch eingesaltzen/vnd roh auß dem Saltz gessen/als
etliche andere kleine Meerfisch.

Artzneyen

Arzneyen von solchen Fischen.

Dieser Fisch zu äschen gebrant/ solche getruncken vertreibt die harnwinde/ Item in die faulen schäden gesprengt/ reiniget vnd seubert wol.

Von dem Indianischen Jagfisch.

Guaicanus vel Reuersus, piscis Indicus. Ein Jagfisch.

Von seiner gestalt/ art/ natur vnd eigenschaffte.

Nicht anderst dañ wie man bey vns die Hasen auff weitem Feld fähet mit jaghunden/ Ite die vögel mit dē Habich oder Stoßvogel/ also fahen auch etliche Völcker in frembden Inßlen die Fisch deß weiten Meers / durch andere Fisch so zu solcher arbeit genaturt vnd gewönet worden sind. Solcher werdē zweyerley gestalt beschriben.

Der erste sol sich vergleichen einem grossen Aal/ allein daß er ein grösseren kopff hat. Auff seinem genick sol er haben ein fel oder haut/ gleich einer grossen/ weiten/ langen taschen oder wie ein sack. Solchen pflegen sie angebunden zuführen im wasser her/ am Schiff also daß er den Lufft nit erreichet/ dañ gentzlich mag dieser Fisch den Lufft oder daß licht nicht erleiden. Wo sie nun einen raub ersehen/ er sey von grossen Schiltkrotten oder andern Fischen/ so lösen sie das seyl auff/ der Fisch/ so bald er vermerckt daß solch seyl nachgelassen/ so scheust er nach dem raub wie ein Pfeil/ wirfft auff jn sein fel oder taschen/ also daß er jn damit ergreifft so starck/ daß solcher raub mit keiner arbeit mag von jm entlediget werden / so lang er lebet: er werde dann nach vnd nach mit dem seyl herauff an den Lufft oder tag gezogen/ welchen so bald er ersihet/ so leßt er den raub den Jägeren oder Fischern/ welche jn so vil widerumb ledigen/ daß er sich möge in das wasser an seinen alten sitz oder ort halten. Den raub oder fang theilen sie vnnd lassen ein theil dem Fisch herab an einem seyl zu seiner speiß vnnd narung. Mit solchem jagfisch sollen sie in kurtzer zeit viel fahen.

Von einem andern Indianischen jagfisch/
auch Reuersus genannt.

Diser sol auch ein sehr wunderbarliche art/ vñ geschickligkeit an jm habe zu jagen/ also daß er heimisch gemacht/ also gelert/ daß er die sprach der Fischer verstehen sol/ welche auch solche zu fischen brauchen. Wirt von etlichen beschriben daß er seye einer spannen lang/ mit gerümtzleten schüppen bedeckt/ habe scharpffe dorn nemblich auff dem rücken/ vnnd von dem Nabel gegen dem schwantz/ mit welchen er auch grosse Fisch sticht/ vnnd zeuget als mit einem angel. Solche machen sie heimisch/ damit sie jnen zu solchem brauch dienstlich seyen/ ꝛc. sol sonst zu der speiß ein gut/ löblich Fleisch haben.

Der sibendt theil/ von allerley Flach-
fischen/ oder Blattfischen die Grät haben.

Von mancherley gestalt vnd geschlecht der Meerbutten/
vnd erstlich von dem Dornbutt.

Rhombus aculeatus.   Ein Dornbutt.

Von seiner gestalt.

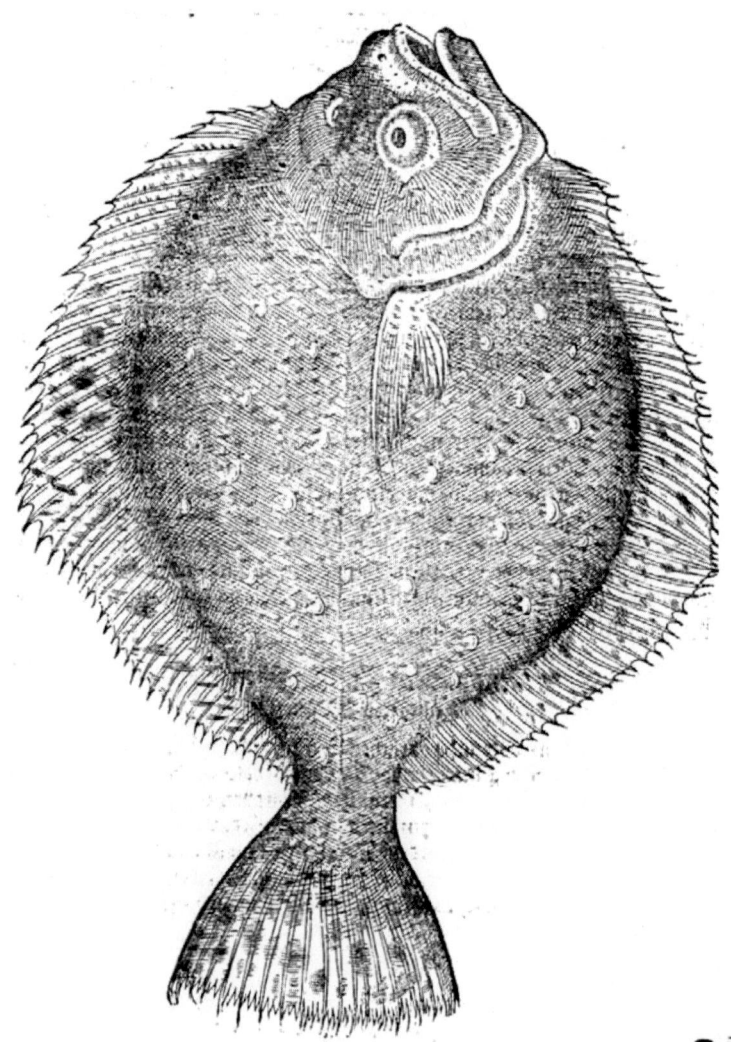

Dei

Er Dornbutt/ so der erst/ vnd gar nahe der löblichest ist
auß dem geschlecht der Flachfischen/ bekompt seinen namen auß der ge-
stalt/ dann an der schwartzen oder rechten seiten hat er viel kleiner krummer dörnen/ vorauß gegen dem kopff vnd dem schwantz/ an der rechten
brauwē/ mehr aschen farb/ vnden gantz weiß/ hat sonst ein dicke haut/ ein weit ginnend
maul/ one zäne/ an statt derselbigen rauche kiffbacken. Innerlich hat er vier Fischoren/
an jedem ort zwen/ ein zusammen getruckt Hertz/ ein langen grossen magen/ oben
zwenfach zu sammen gelegt an den rucken geheffter/ sein läber rotlecht/ so den magen
als mit einer hand begreifft. Seine miltze schwartzrot/ zwischen dem Eingeweide ge-
legen/ seine Eyer rot/ zwenfächtig zusammen gelegt als der Magen/ dann die kürtze
deß bauchs in diesem Fisch vrsacht daß gar nahe alles eyngeweid manigfalig zusammen gelegt ist/ haben auch ein vnterscheid deß geschlechts die mänlin vnd weiblin/ dañ
tu etlichen wirt samen/ in etlichen aber werden Eyer gesehen.

Von dem andern Geschlecht obge-
nanter Fischen.

Rhombus Læuis. Ein Glatbutt.

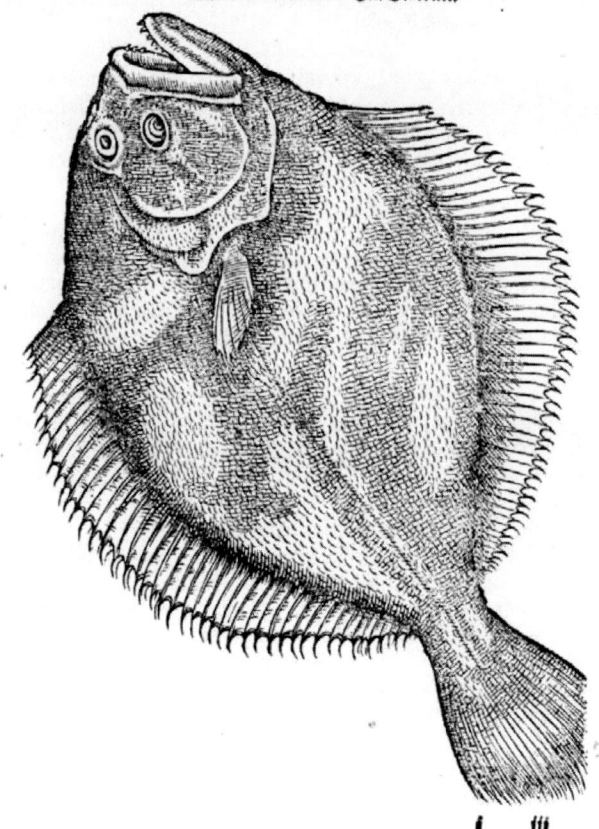

Der sibend theil/ von

Von seiner gestalt.

Dieser wirt genennt Glatbutt/auß ursach daß er ohne rauche spitz oder dörner erschaffen ist/gantz gleich dem Blatteysle/als auch der vorderig/allein habe sie solchen underscheit: dann jre köpff sind gantz widerwertig gesetzt. Dann so du den
Meerbutten also auff eine seiten setzest/daß seine Augen gen Himel sehen/vnd der vnder
kiffbacken vndersich/so zeigt sich das schwertzer ort gegen der rechten Hand. Am
Blatteysle aber hengt sich das schwertzer ort gegen der lincken hand.

Der Glatbutt ist dem Starbutt oder Dornbutt gantz gleich mit eusserlicher vñ
innerlicher gestalt/ohn harter spitz/welche er gantz keiner hat/weder an der rechten noch
an der letzten seiten/ist auch etwas breiter vnd dünner dann der Dornbutt.

Von art vnd natur der Thieren.

Obgenannte Fisch geleben deß fleisches anderer Fischen/vorauß der Krebsen: ist
mächtig fressig/verschluckt der Fischen ein grosse zal/auß welcher vrsach er in dem außlauff der fliessenden wasser vñ Meerpfützen der mehrtheil gesehen wirt/daß er sich mit
den Fischen fülle/so sich in solche wasser herauflassen: wohnen sonst auch an andern
feisten sandechten gestade/ist faul im schwimmen/treibt viel krümmen/braucht sich mehr
seiner breite dann der Fischfäckten.

Von seiner Grösse.

Die Fisch werden vngleicher grösse gefangen: dann in dem Narbonensischen oder
Mittägigen Meer werden sie etwas kleiner gefangen/dann in dem Adriatischen oder
grossen hohen Meer/in welchem sie fünff elen lang/vier elen breit/vnd ein schuch dick
gesehen werden. Von solcher mercklichen grösse hat auch Ouidius der Poet geschriben.

Von natürlicher anmütung vnd listigkeit der Thieren.

Dieweil/wie hievor gehört/diese Fisch frässig sind/hilfft jm darzu sein listigkeit
im jagen: dann er sol sich in das kaat oder mieß verbergen/nichts bewegen dann seine
eussersten Fischsecken/als ob sich hauffen würme bey einander bewegten. Zu welchen
die andern kleinen Fisch als von einem Aaß gereitzt/herzu schwümmen/vnd ohne verzug
von solchen thieren verschluckt werden. Solche kunst wirt auch von dem Blatteysle geschriben.

Wo/wie/vnnd wenn er zufahen/vnd seiner nutzbarkeit.

Der Tarbutt wirt zu jeder zeit an allen orten leichtlich gefangen mit dem angel/
vnd etlichen andern maniren/als hernach mag erlesen werden in der Histori deß Blat-
teisen: wirt jni allein nachgestelt von seines löblichen fleisches wegen/zu narung vnnd
auffenthalt der menschen.

Von der natur deß fleisches solcher Fischen.

Das fleisch dieser Fischen wirt von allen natürliche Meistern größlich geprisen/
als daß so gar gesund vnnd nützlich sey/lieblich zu essen/eines angenemen geschmacks/
sey ring zu verdäuwen/speise oder führe wol/gebe auch einem krancken leib vil krafft/
habe kein arg gesafft. Summa/wirt vergleicht einem edlen Phasanen: doch sol der
Glatbutt etwas besser vnd löblicher sein/dann der Dornbutt: mag auff alle weise gekocht vnnd zubereitet werden: behelt sein lob vnd preiß er sey gesotten/gebraten/oder
gebacken: wirt als auß der zahl der köstlichsten Fischen/Fürsten vnd Herrn dargestelt.

Artzney von solchen Fischen.

Das fleisch obgenannter Fischen zerstossen/auß hungwasser getruncken/ist
nütz denen so den Ritten haben.

Von

Von dem dritten geschlecht der Meerbutten.

Rhomboides. Winckelbutt.

Von seiner gestalt/grösse vnd natur.

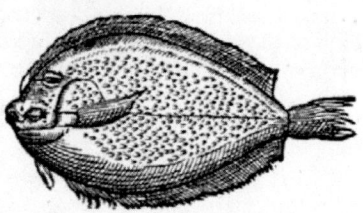

Das dritt geschlecht solcher Fische
ist das/ so gar viel zu Rom verkaufft wirt / vnder dem namen
der zweyen ersten geschlechten/ hat doch
nicht wenig vnterscheid / mag vō sel.er
gestalt wegen Winckelbutt genennet
werden / ist auß dem geschlecht der
Flachfischen/ den zweyen ersten gantz
ånlich/ doch allzeit kleiner/ kompt nicht
vber ein spann/ hat kleine schuppen/ die
augen weit von einander gesetzt. Innerlich ist er gestaltet wie der Tarbutt oder Glat-
butt/ ist von keinen Alten beschrieben worden.

Von sainem Fleisch.

Sein fleisch ist gleich den obern/ löblich/ mitler art/ nicht zu hart noch zu lind zuver-
dåuwen.

Von dem Blatteißle.

Passer. Ein Blatteißle.

Von dem ersten geschlecht der Blatteisen/ vnnd seiner gestalt.

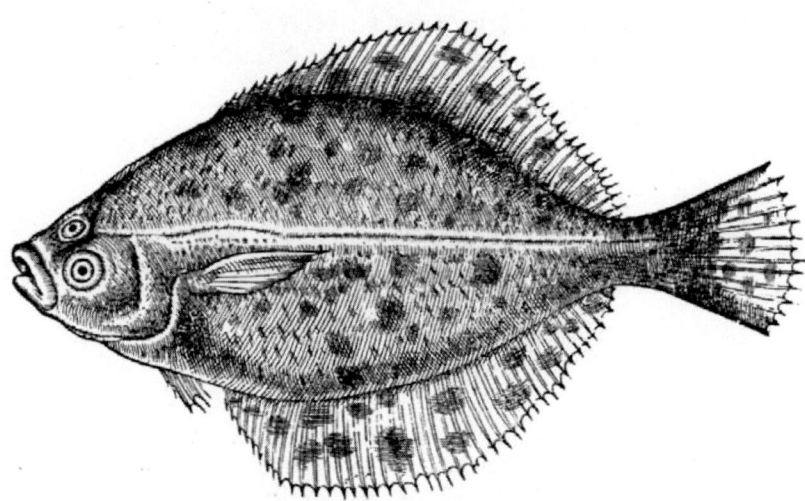

Die Blatteißle werden von den Latinern Passeres, das ist Meerspatzen genennt/
auß der vrsach/ daß sie oben schwartzgraw/ vnden weiß erscheinen/ auchzu ort
herumb breite fåckten haben gleich den Spatzen.   Werden auch von etlichen

i iiij

Völckern gleich den vorderigen Meerbutten / das iſt Meerſpatzen genamſet. Solcher werden mancherley Geſchlecht hie nach einander beſchrieben / vnnd fürgeſtellt
werden.

    Das erſte Geſchlecht iſt daß ſich hie erzeigt / gleich den vorbeſchriebnē Dornbut-
ten / oder Glatbutten / ein wenig ſchmäler / breiter doch dann die folgenden Meerſolen.
Hat ein kleins Maul gleich als die genannten Meerſolen / kleine zän / welches ein vnderſcheid iſt gegen den vorderigen ſo zän erzeigen / hat ſonſt noch mehr vnderſcheid / hie
vor in dem Dornbutt erzehlet / welchem er mit der innerlichen geſtalt gantz ähnlich.

Von dem andern geſchlecht der Blatteyßfiſchen.

De Quadratulo.   Von dem vierſchröten Blatteyßfiſch.
            Von ſeiner geſtalt.

Das ander ge-
ſchlecht der Blat
teyßfiſche iſt ge-
genwertiger / bekompt
den namē von ſeiner ge-
ſtalt ſo gar nah geviert
iſt: andere ſeiner geſtalt
mag hie wol erſehē wer-
den / allein daß er viel roter oder gelblechter ſle-
cken an ſeinē leib erzeigt.

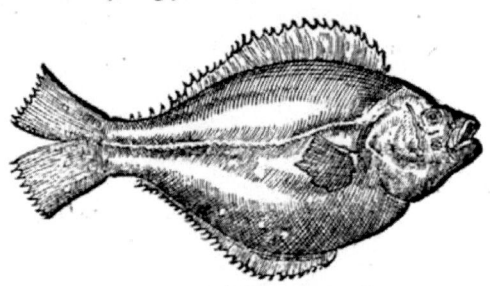

Von dem dritten Geſchlecht der Blatteyßfiſchen.

Limanda, tertia Paſſeris ſpecies.   Ein rauch / oder ſchüpp
               Blatteyßle.

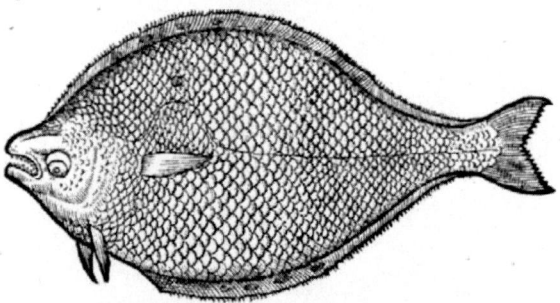

Das dritte geſchlecht wirt von den zweyen erſten / von wegen ſeiner ſchüppen:
Schüpplateyß genēt / an ſeinem Leib / vnnd Fiſchfäckten werden gelb fläcken
geſehen / die Linien ſo mitten den Leib theilt iſt krumb.

Von dem letzten Geſchlecht der Blatteyßfiſchen.

Fleſus & Fleteletus.   Helkutt.

                                                   Dieſer

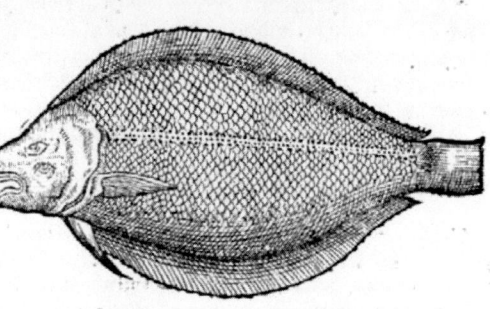

Iser Blatteißfisch
kompt in etliche flis-
send wasser auß de
Meer herauff / ist de vorgehenden ånlich / hat kleine schüppen / ist schwartz/
hat in seinem leib vñ fisch-
flåcken so jn vñgeben rote
flåcken / köpt zu zimlicher
größe. Solches geschlecht
sol auch in zwey getheilt
werden: dann eins ist kleiner / wirdt Flez Frantzö-
sisch genent: das ander grösser / wirt von den Engelländern Heelbut genennt.

Von art vnd natur der Blatteißfischen / vnd wo sie zufinden.

Die Blatteißle werden in dem Meer gefangen / auch in den Meerpfützen oder Seen / doch sollen die letsten zwey geschlecht allein in dem Oceano in dem hohen Teut-schen oder Englischen Meer gefangen werden: wohnē in lättechtem gestad vñ ort. O-uidius schreibt / in den orten so vil kräut haben: schwümen mit der breite deß leibs als halb blind: werdē von dem Ostwind feist gemacht. Aristoteles schreibt / daß sie nimer ohne eyer gefunden werden / vnd gebåren des jars nur ein mal. Plinius schreibt / daß sie sich Winters zeit in der tieffe deß Meers verschliessen und vergraben / werden doch in den Meerpfützen so sich bey Mompelier an dem Meer herumb strecken in grosser menge Winters zeit gefangen. An etlicher orten kommen sie auch in die Flüß herauff: dann in dem Fluß Ligen genant / werden sie zu zeiten gefangen / nicht so schwartz / vnd linder dann die so in dem Meer gefangen werden / welches geschehen sol von art vnnd natur jrer narung oder speiß.

Die Blatteißle haben in jrem geschlecht weyblin vñ månlin: dañ in etlichē wirt milch oder samen / in etlichen aber eyer gefunden: winters zeit sollen sie jre beuch voller eyer haben / auß welcher vrsach sie dann begirlich gekaufft werden / dañ die eyer sollen besser sein dann jhr Fleisch / wiewol dasselbig auch gar löblich vnnd gut ist. Auff den Früling gebirt er / schwümmen in die beyligenden See oder pfützen / darinn zu gebå-ren: dann sie sonst auch lättechte ort lieben / werden in dem hohen Teutschen Meer in solcher menge gefangen / daß es nicht zu glauben ist: deñ sie verschliessen sich in die låt-techten gestad / vnnd so das Meer wider abfleust / werden sie ohne arbeit gefangen.

Von seiner listigkeit vnd anmütung.

Die Blatteißle schwümen alle zeit mit grosser schar im Meer daher: vñ so sie die Fischer / so jnen nachstellen / gemerckt / so schwingen sie sich in die tieffe herab / hangen an dem grund / verschliessen sich / vnnd betrüben das wasser / damit sie nicht gesehen werden: dann er sonst auch am Rucken grünfarb ist.

Was listen er auch brauche andern Fischen nach zu jagen vñ sich zu speisen / ist hievor in der Historia deß Tarbut oder Glattbut beschriben worden.

Von nutzbarkeit genanter Fischen / vnd wie sie zu fahen.

Die grösse nutzbarkeit solcher Fischen ist / daß er zu speiß vnd narung der menschē gantz dienstlich / wirt auff allerley gattung gefangen / mit dem garn / angel / reusen vnd dergleichen / mit minderer arbeit bey nacht dann bey tag.

Oppianus schreibt ein andere gattung solche Flachfisch zu fahen/ also: Etliche ort
deß Meers spricht er/ enden sich in pfützen/ in solche führen die Fischer/ so sie von ungewitter und wällen still/ viel menschen/ welche mit jren füssen tieffe tritt in den boden herein tretten. So nun dann solche fußtritt blieben/ mit sand nicht zusamen gefallen/ oder
sonst mit ungewitter betrübt worden sindt/ so werden ein kurtze zeit nachher viel der
Flachfischen in solchen fußtritten funden/ entschläfft/ und solcher ein grosse menge gefangen.

Von dem Fleisch solcher Fischen.

Die Blatteißle haben alle ein löblich/ gesund fleisch: doch sind die so in den Meerpfützen oder Seen etwas linder und feuchter/ auch etwas erger dann die so in weitem
Meer gefangen werden/ noch linder/ ungeschmacker sind die so in die Flüß herauff ge-
schossen/ eine zeitlang sich darinn enthalten haben. Wo sie aber beruckt oder sonst ge-
dert/ werden sie arg/ als allerley Fleisch. Das ander geschlecht ist gantz lind vñ feucht.
Das dritte etwas minder/ vergleicht sich mit seinem Fleisch gar nahe den Solen: werden zu Antorff mit grossem wucher verkaufft. Der vierdte hat ein harter Fleisch dann
der dritt/ werden doch alle/ so sie frisch sind/ größlich gepriesen: als die so nicht hart seind
zu verddumen/ wol speisen/ stercken/ gantz lieblich umd angenem zu essen: es werden auch die so zur zeit der fasten bey uns gessen/ nicht sonderlich gescholten.

Artzney von solchen Fischen.

Diese Fisch so sie eine zeit gelegen/ anheben zu stincken: so sie dann gessen werden/
sollen sie einen mächtigen bauchfluß/ oder purgatz bewegen.

Von der Meersolen oder Meerzungen.

Solea siue Buglossus.   Ein Meersolen/ Ein
Meerzungen.

Von mancherley geschlecht solcher Fischen/
und wie das erste gestaltet.

Auff die vorgehende
Fisch sollen billich
die Solen gesetzt
werdē/ als die auch auß
der zal der Flachfischen/
den vorigen änlich/ glei-
cher speiß/ auch gleich-
förmige ort einwohnen.
Die Solen sind lenger
und schmäler dann die

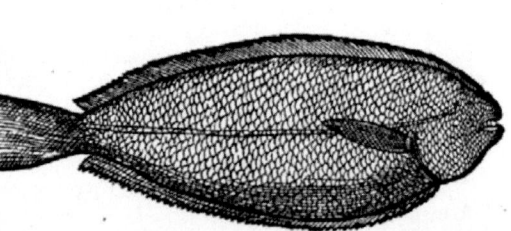

Blatteisle/ eines schugs grösse/ oder ein wenig grösser: oben schwartzlecht/ an welcher
die augen stehn/ und unden gantz weiß: ist mit kleinen schuppen bedeckt: seine Fischfek-
ten sind auch gleicherweis unden weiß/ oben schwartzlecht. Innerlich ist er gestaltet
wie das Blateißle.

Von dem andern geschlecht der Solen.

Solea oculata.   Augsolen/ Fleckensolen.

Von

Von seiner gestalt.

Jeses geschlecht
der Solen ist der
vorderigen gantz
gleich/auch mit innerli-
cher gestalt / allein daß
sie an der rechten oder
schwartzen seiten grosse
fläcken hat / welche sich
einem aug mit jhrer ge-
stalt vergleichen / auß
welcher vrsach sie aug-

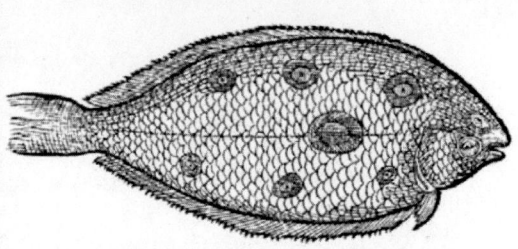

solen oder fläckensolen mag genennt werden. Seine schüppen sind so starck behafftet/
daß wo man sie nicht vor wol brühet/so mögen sie nicht geschüppet werden.

Von dem dritten geschlecht der Solen/
oder Meerzungen.

Cynoglossus.   Hundtszungen.

Von seiner gestalt.

Jeser Flachfisch
so hie gesetzt sol
auch billich vn-
der die Solen gezehlt
werden / von der gestalt
wegen / so sich mit den
Meerzungē vergleicht/
ist doch dicker vnnd kür-
tzer / mit gantz kleinen
schüppē / so bey end her-

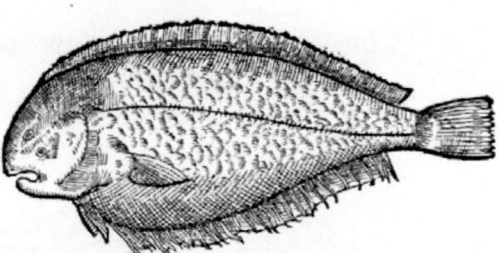

umb gesetzt sind/ist braun an der farb. Wirdt bekēnt vor dem ersten geschlecht der So-
len/an der farb/stellung der seyt/auff welche weiß auch der Dornbutt von dem Pla-
teyßle vnderscheiden wirt. Item mit dem geschmack seines Fleischs/ als hernach wirt
gehört werden.   Wirt viel in dem Oceano/im hohen teutschē Meer gefangen.

Von dem vierdten geschlecht der Meersolen/
oder Zungen.

Arnoglossus, seu Solea leuis.   Ein Glattsolen.

Von seiner gestalt.

Jeser fisch sol auch
vnder die gschlecht
der Meersolen ge-
rechnet werden / von we-
gen seiner gleichförmigen
gestalt / wirt Glattsolen
genennt von glätte we-
gen / vnnd daß er sich bedunckt one schüppen seyn/

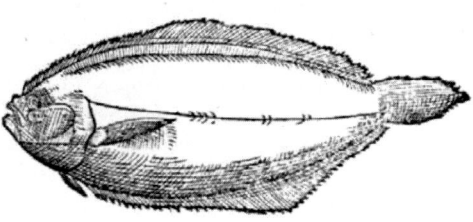

hat doch viel gantz kleine schüpple/welche zu stund abfallen/auß welcher vrsach sie den mehrer theil glat gesehen werden.

Von dem fünfften Geschlecht der Meersolen.

Solea parua, siue lingula. **Kleine Solen/oder Meerzüngle.**

Von seiner gestalt.

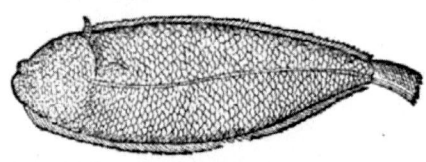

S Olche Solen wirt zu vnderscheidt der andern Meerzüng-le genennt/darumb daß es die kleinste ist auß allen Solen oder Meerzüngle. Es sol niemand achten/ daß solcher der ersten zucht oder junge seye/dann er hat ein augenscheinlichen vnder-scheid. Dann ob er gleich sich dem ersten oder anderen allen vergleicht/bleibt er doch allezeit klein/kompt nimmer vber ein gedümpte hand: Demnach die linien so den leib theilt/vnd den rückgrad befestnet/ist von schüppen zusamen gesetzt/viel höher dañ der ander leib/außgenommen bey dem vndern kiffbacken.

Von dem sechsten Geschlecht der Meersolen.

Hippoglossus, siue Buglossus maximus. **Ein Wallsolen.**

Von seiner gestalt/vnnd wo er zu finden.

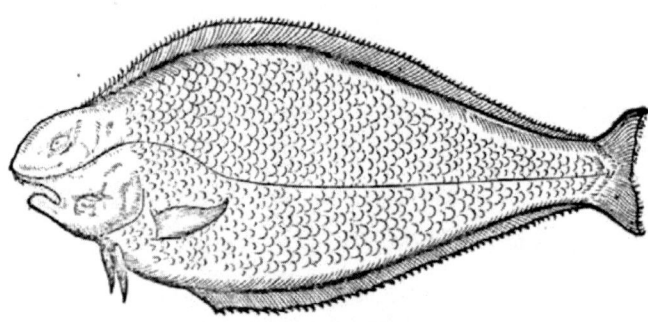

D Iese art der Meersolen/nennen wir Wallsolen/von seiner mercklichen grösse wegen/mit welcher er die andern Solen all vbertrifft/ist sonst den vorderigen Solen gleich gestaltet/allein hat er sein maul voller zänen/deren die andern manglen. In Summa ist ein Wallsolen/dann als die Wallfisch die grösten Meer-fisch sind/also ist auch dieses der gröste vnder den Solen. Dann er wirt zu zeiten vier Elen lang gesehen/wirdt in dem hohen Meer gefangen/bey Bolongen in Franck-reich gelegen. Wirdt zu stücken geschroten/eingesaltzen/zu Antorff vnnd an andern orten verkaufft.

Von

Von dem siebenden Geschlecht der Meersolen.

Gegenwertige Figur hat Doctor Conrad Geßner von Venedig
vberkommen / vergleicht sich keiner deren so
hievor gesetzt.

Von natur vnd eigenschafft vorgedachter Fischen.

Die Meersolen oder Zungé/ sind Fisch die sich an gestadt enthalten: doch schreibt Ouidius sie lieben mießechtig sand. Sie hassen den frost/ vnd entsitzen die kälte von jrer dünne wegen/vnd daß sie stein in dem kopff tragen: auß welcher vrsach sie sich winters zeit in den tieffen grund herab verschliessen. Solches ist auch võ dem Blateyßle hievor beschrieben worden.

Von jhrer art vnd natürlicher anmutung.

Es schreibt etliche daß die Solen allerley boßhafftige/ schädliche Fisch fliehen/ wohnen allein an denen orten/ an welche die schädlichen Wallfisch nit kommen/welches bezeugt daß auch sie selber nicht ein schädlich Thier seye/ sonder wo sie geseh/seye alle sicherheit/von dannen er den namen Heilig bekommen.

Von jhrer nutzbarkeit.

Die grösie nutzbarkeit ist jr fleisch. Columella schreibt wie man zu solcher merung/als auch der Blateiß fischen/ solle Fischgruben bereiten.

Von dem Fleisch der Fischen.

Das Fleisch gegenwertiger Fischen oder Meersolen behelt den preiß auß allen Fischen/ also/ daß sie auch die krancken zuerlaben gebraucht werden. Summa/ist schön an der farb/ring zuverdäuwen/vrsachet ein gut geblüt/sterckt/gebiert kein vberflüssigkeit vnd schleim/ist lieblich zu essen.

Artzney von solchen Fischen.

Ein lebendige Meersolen oder Tarbut auff das Miltze gelegt ein zeitlang/demnach lebẽdig in das Meer gelassen/nimpt hin jre Bresten. Kirandes schreibt/die Meersolē sollen auff das Miltze gebunden werden/ vnd nach dreyen tagen an rauch gehenckt.

Von etlichen andern Geschlechten der Meersolen.

Cytharus. Ein Meerharpffen/Ein Meergeygen/Ein art
der Meerzungen oder Blatteyßlen.
Wie sie gestalt.

Jeses sind breite/
düne fisch /gleich
andern Meerzli-
gen mit grossen Schüp-
pen/habē ein ledige zun-
gen /wider die art ande-
rer Fischen. Zu mereken
ist daß ein anderer Cy-
tharus von den altē be-
schrieben wirt/von schö-

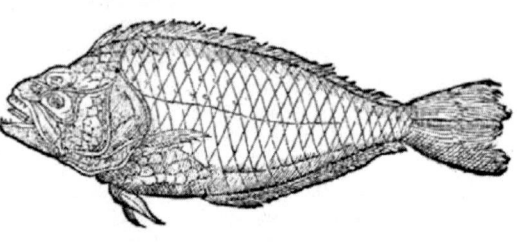

nen farben/ähnlich dem Blatteyßle mit strichen oder linien von dem Kopff gegen dem
schwantz/als seyten der Harpffen oder genaen.

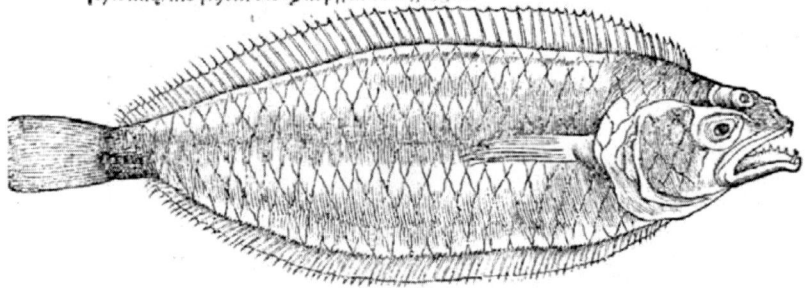

Von einem andern geschlecht.

Cytharus flauus siue asper.   Ein rauche Meerzungen/
Ein Ochsenzungen.
Von seiner gestale.

Jeser ist rot oder
gelblecht hat rau
che schüppen wie
ein rauche Ochsen zun-
gen /ist dünn vnnd breit
wie die andern Meer-
solen.

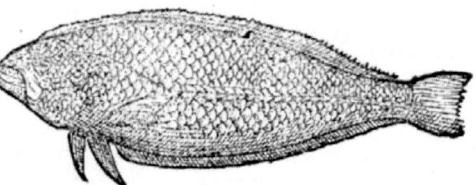

Von natur der Thieren.
Die Fisch wohnen vmb die Gestad/an sandechten orten/fressen Meerkraut.
Von jhrem Fleisch.
Xenocrates schreibt/daß diese Fisch ein vngesund Fleisch haben/dem Magen
schädlich/gebären ein böß geblüt.

Von

Von der Meerbinden.

Tænia. Ein Meerbinden/ Ein Flämling/ Ein Meerhauben.
Von mancherley Geschlecht der Thieren/ sampt jhrer gestalt.

Er Meerbinden ist mehr dann einerley gestalt vñ Geschlecht/als hernach wirdt gehört werden.
Dieser erste ist gleich einer Binden lang/dūñ vnd schmal/weyß von farb/vnd beweglich nach Art der langen Fischen/ist so sehr dünn/daß der gantz Rückgradt sich vnbedeckt seyn bedünckt gantz gesehen mag werden.

Von dem andern geschlecht der fischen.

Tæniæ altera species. Das ander Geschlecht der Meerbinden.
Wie er gestalt.

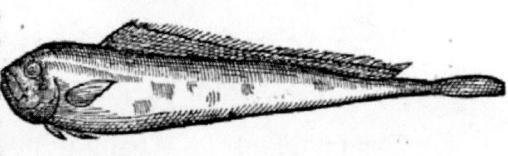

Iser ist auch gantz lang vnnd dünn/ auff 2. oder 3. Ellebogen lang/ mit der Gestalt dem vorgesetzten ähnlich/vber die Fischsäckten bey dē ohren/hat er auch
onder dē vndern Kiffbacken zwen rote säcktle/die Haar auff dem Rücken vñ Schwantz sind roht/darzu hat er oben fünff flecken/rund vnd purpur farb/gleicher weite von einander/hat keine Schüppen/ist Silberfarb/wiewol auch etlich blawlecht gefunden werden.

Von dem dritten Geschlecht.

Tænia Bellonij. Ein sonder Art obgenannter Fischen.
Ein Leimfisch.

Von seiner gestalt.

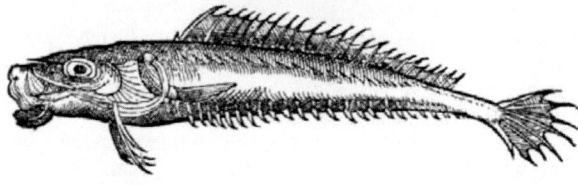

Ieses ist gantz ein scheußlicher/ vnzierlicher Fisch wie ein Murmelthier. Einer Ellen lang vnd Spanenn breit/weyß/lind wie ein Kuttelfisch. Die säckten auff dem Rücken ist rötlicht/hat grosse Augen/einen scheußlichen Kopff vndMaul. Dieser Fisch gekocht oder gebraten/wirdt zu einem Leim/ zäh/auß vrsach er gantz von der speiß verworffen/ist so dünn/daß er durchscheint als ein glaß/rc.

Der achte theil/ von

Von dem Fleisch der Meerbinden.

Beide erste geschlecht der Fischen gebären ein dick / zähe/ schleimig/ böß geblüt
auß vrsach sie nicht viel in die speiß kommen.

Von einem andern Meerfisch.

Piscis passerini generis colore rubicundo.　　Ein roter Meerspatz.

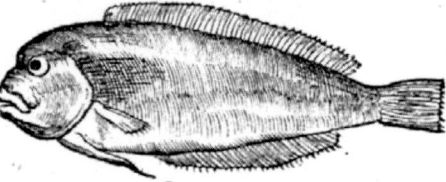

Dieser möchte auch vn-
der die Meerspatz ge-
zelt werde/ so beyde au-
gen an einer seiten stünden/ ist
an der farb rötlecht.

Der achte theil/ von den
Macrellen/ vnd seines gleichen.

Von dem Macrellen/ Thunnen vnd jhres gleichen
Fischen in einer gemein.

ES werden von den Lateinern Lacerti genannt/ der Ma-
crell fürnemlich vnd seins gleichen : etlich andere Fisch ihnen ähnlich vnd
gleich/ wiewol viel grösser/ als die Geschlecht der Thunnen oder Thunii-
nen. Diese alle haben Floßfederle hinden am Leib biß gegem schwantz
vnden vnd oben der mehrertheil viel vnd vnderscheiden/ sind auch lenglecht nach jhrer
grösse/ vnd vergleichen sich mit jhrer gestalt dem vorderen theil deß Arms deß Men-
schen/ welcher auff Latein Lacertus genañt ist gegen der Ellenbogen dicker/ vnd dümmert
sich nach vñ nach biß gegen der hand/ wie auch diese Fisch von dem vordern leib biß gegem schwantz/ da sie gar dünn scheinen/ je lenger je mehr nach vnd nach in die lenge sich
dümmeren/ das ist/ die grösse/ dicke vnd breite verlieren. Der Alsefisch/ Acus auff Latein/
hat auch viel solche kleine Floßfederle hinden zu/ doch haben wir denselben in die sechst
Ordnung gestelt/ von wegen seiner lenge vnd gestalt/ mit welcher er sich den Schlangen vergleicht. Noch ist ein anderer Fisch/ welchen Saluianus in seinem Lateinischen
Fischbuch zu Rom im Truck außgangen/ Saurum, das ist/ Lacertum neñt/ darvmb daß
er den vierfüssigen Lacertis, das ist/ den Heidoxen mit seiner gestalt/ sonderlich deß
kopffs vnd mauls ähnlich ist: von welchen wir in der 5. Ordnung gemeldet haben.

Von dem Bastart Macrell.

Trachurus, aut Lacertus priuatim.　　Ein Bastart Macrell/
oder raucher Macrell.

Von seiner gestalt.

Dieser

Dieser Fisch wirt mit samt dē Macrellen im Sommer hauffecht gefangen/ sonderlich in Franckreich vnd Hispanien in dem Meer vor Africa vber gelegen. Er vergleicht sich mit der farb den kleinen Macrellen/ vom leib nit so dick vnnd rund/ sonder ein wenig zugetruckt. Hat keine schüppen. Mittē durch sein haut gehet ein strich oder linien von dem kopff biß zum schwantz/ die so rauch ist wie ein Segen/ nicht gestreckt/ sonder nach der mitten deß leibs gebogen vnnd schälb/ bey dem schwātz (der bey nah vierecket scheinet) raucher vnd höher dañ anders wo. Sein schnortz ist nit so spitz als deß Macrellen. Die augen groß vnnd grünlecht. Er schwimpt mit vier Floßfedern: derselbē hat er zwo/ die grössern bey den ohren/ vnd zwo kleiner am bauch. On die sind zwo ander auff dem rücken: auß welchen die vorder dornecht ist/ die hinder aber weicher vnd linder. Die letzt ist vom Weydloch biß an schwantz an einandern mit zweyen Dörnen gleich nach dem Weydloch. Das Weydloch ist mitten am Leib: der schwantz vergleicht sich dem schwantz deß gemeinen Alfefischs.

Von der nahrung auß diesen Fischen.

Sie haben ein trocken Fleisch/ vnnd härter dann die Macrellen: darumb sie nicht leicht zu dduwen sind. Die Italiäner/ Griechen vnd Frantzosen essen sie nit anderst dann eingesaltzen. Sie sind den Macrellen gleich/ nit allein von farb vnd gestalt/ sonder auch am geschmack.

Es sollen am hohen Teutschen Meer etliche Fisch Grossen genãt diesen Macrellen gleich werden/ welche den Angel/ so sie angebissen/ wider auß dē Schlund thun können.

Diese Figur ist zu Venedig conterfetet. Rondeletius hat die zwo Floßfedern auff dem Rücken zu nechst an einander gestelt: vnd die Linien die mittē durch den Leib vom kopff zum schwantz gehet/ rauch wie ein Segen/ scheinlicher erzeiget.

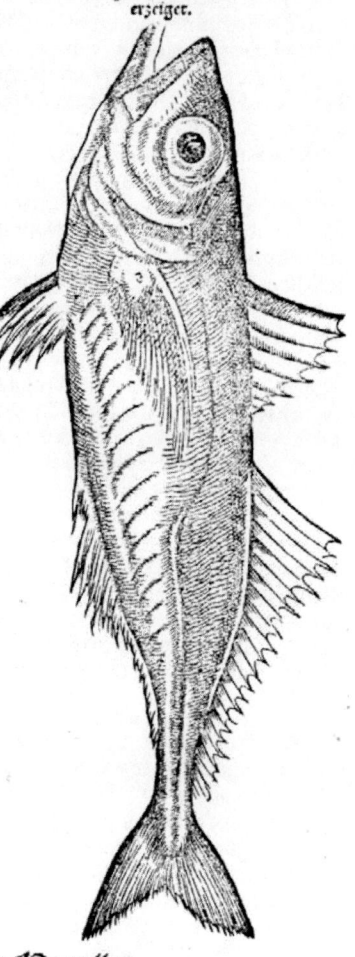

Von den Macrellen.

Scomber vel Scōbrus, veterib. Græcis & Latinis: Lacertus quibusdam generis nomine. Piscis Iberus Horatio. Recentioribus Macrellus. Ein Macrell/ Macrill/ Mackerel/ oder Maccarell Teutsch vñ Englisch. Doch nennt man im Niderland auch ein andern Fisch in süssen Wassern/ ein Macrel/ sonst mit einem zuviel gemeinen namen Bratfisch genãt/ dem Alet verwandt.

Von dem namen vnd gestalt deß Macrellen/ vnd seinen ort.

ER Macrell mag also genañt seyn Erstlich von den Teutschen (dann er nach hie dieser vnd jenseit deß Teutschen Meers diesen namen behelt/ auß vrsach daß er etwas mager ist : dann sonderlich im Oceano/ das ist dē grossen oder hohen Meer wirt er gefange/ härter vñ tröckner am Fleisch weder in dem mindern Meer zwischen Europa vnd Africa : deßhalben auch für schlechter zu der speiß gehalten. Sonst fähet man sie in allen Meeren vberflüssig/ vnd im hohen Meer etwan so groß/ daß sie als dick sind als ein Halbtunijn. Dieser Fisch weidet im Meer häuffecht/ vñ kompt auff die lenge eins Elenbogens. Hat keine schüppen. Ist rund von leib/ dick vnd fleischecht/ spitz oder dünnert sich gegen kopff vnd schwantz : dann er hat ein außgespitzten kopff/ vñ den schwantz noch spitzer/ der selb endet sich in zwei theil weit von einandergescheiden. Sein maul ist wie am Tunijn/ weit auffgespaltē. Der vnder Kifel gehet vñ schleust sich ein in dē obern. Die augē sind groß/goldfarb. Der rück scheint im Wasser schwebelfarb: ausser dem Wasser an dem todten/blauw. Er ist zierlich getheilt mit schwartzen vberzwerchē strichen. Der bauch vñ seiten sind silberfarb. Sein Floßfedern sind so viel vnd also gesetzt/ wie die Figur augenscheinlich beweiset.

Von seiner art vnd natur.

Sie fahen an sich zu parē on gesehē mitten im Hornung : vnnd leychen im anfang Brachmonats/ in dem Meer/ Pontus genañt/das ob Constantinopel zwischen dem Europa ligt/als Aristoteles vermeint: daū er schreibt er habe jhre Jungen nie gesehen. Sie fahren dem süssen Wasser nach in das jetz gemelt Meer/die aller ersten/vñ haben jhre Führer von den Thunijnen vnd jhres gleichen/daū sie mögen grosse kälte vnd hitz nicht leiden/minder dann die Thunijnen/ als die am leib schwecher vnd dünner sind.

Diese Contrafactur zu Venedig gemacht/ zeigt die Floßfederle gegen dem schwantz nit gnugsam an: dann es solten jhrer mehr seyn / auch oben vnd vnden gleich wie am Thon oder Thunijn/ vnd seins gleichen.

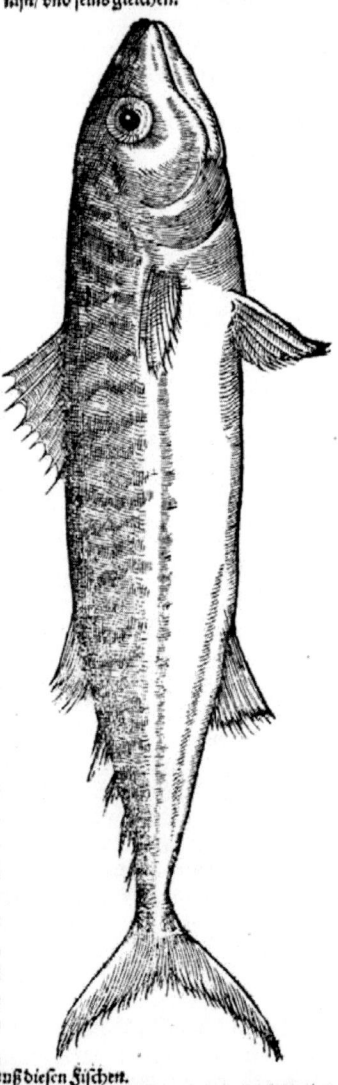

Von der nahrung auß diesen Fischen.

Sie sind feist im Früling/ vnd gut einzusaltzen: ring zuverdäuwen/ habē keine böm. Zu Venedig sind sie gar gut vnd fett: Zu Rom aber tröckner vnd härter/vnd vberal im grossen Meer/am leib grösser vnd härter/wie obstehet: dann in dem mindern zwischē Africa vnd Europa. Bey den altē Griechen vnd Lateinern ward von diesem Fisch ein gar köstliche vnd schläckerhaffte brühe / Garum genannt/bereitet.   **Von**

Von einer andern grössern art der Macrellen.

Colias à Rondeletio dictus, nam
Bellonij Colias Scomber minor est,
ætate tantum à maiore differens.
Gaza ex Aristotele Monedulam ver-
tit, quasi εβελην non κολιαν legerit: ut
& Plinius, qui alicubi Græculum red-
didisse videtur. Eundem, Lacertum
Saxetanum (alias Sexitanum) Mar-
tialis esse coniiciunt eruditi.

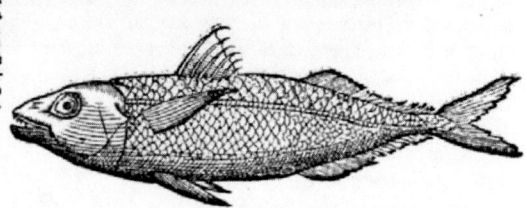

Von der gestalt vnd
natur dieser Fische.

Iser Fisch ist dem Macrellen so ähnlich vnd gleich/daß jn die Frantzösischen Fischer vmb Mompelier/ auch ein Macrell (in jhrer sprach Veirat oder Mague-
reau/ zu Massilien Auriol nennen. Doch ist er grösser vnd dicker/ vnd hat kleine dünne schüpple / auch vberzwerch kurtze streimle mit schwartzen tüpfflinen von dem
rücken abhin. Ein theil seines Kopffs ist also durchscheinig / daß mä die nerué der augé
sampt dem hirn gleich wie durch ein glaß dadurch sihet. Sein blut im Früling ist gar
schön rot wie purpur. Er wirt vmb Mompelier selten gefangen /in Hispanien vnd an-
derßwo öffter. Sie werden gefangen wenn sie in das Meer Pontum wandlen am ein-
fahren/ am außfahren aber nicht.

Von der narung auß diesem Fisch.

Er ist gar gut in dem Meer Propontis genannt / ehe daß er leychet. Er gibt nicht
so gute gesunde narung als der Macarell/ ist nicht so feist / sonder tröckner vnd rässer/
gehet ehe nider sich zum stulgang.

Von den Thunnen.

Pelamis vera seu Thunnus Aristotelis. Ein Thunn Fisch/
Das erste Geschlecht der Meerthunnen.
Von mancherley Geschlecht/ grösse vnd gestalt der Thunnen.

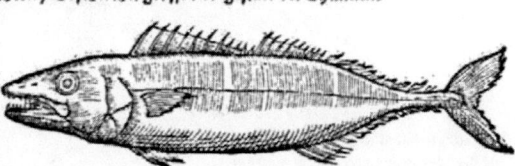

Iewol das ist /
die hienach etli-
che geschlecht der
Meerthunnen beschrie-
bé/vnd mit jhrer gestalt
für augen gestelt werdé/
so halté doch die gelehr-
ten endlich dauon/daß sie keiné andern vnderscheid habé/dann so viel das alter betrifft.
Das Vrtheil wöllen wir frey vnd ledig einem jegliché lassen. Diese erste gestalt sol der
Meerthunn seyn so von Aristotele beschrieben ist worden/ welcher jm den namé gebé
hat von seiner art/weil er in dem lätt mehrertheil wohnet/ist gantz ánlich dem letzté geschlecht Pelamis Sarda genant/außgenomé/daß derselbig vnder den fäcklé bey den ohré
schüppé hat/dieser gantz glatt/one schüppé sein rücken bleyfarb/an etlichen orten weiß/
der bauch weiß von dem rücken/gegé dem bauch hat er gezogne strichle nit weit von ein-
ander/durch dé leib hat er als bleyfarbe sleckeré/einé schwantz als ein wachsender Mon.

Von art/ natur vnd eigenschafft der Fischen.

Diese Fisch wohnen im lätt/an orten deß Meers so grosse Flüß empfäht / oder bey
den Seen/von wegen deß süssen Wassers/ gesellen sich häuffecht zusamen/ wande-

ren auß einem Meer in das ander. Ist ein fleischfrässiger Fisch/belustiget sich der süssen wassern/ab welchen er sehr feist wirdt/sie leichen deß Winters zeyt/durch welchen sie sich in den Tieffenen des Meers enthalten/welches vrsach gibt/daß kein kleiner dieser Fischen gefangen wirdt. Das männlin hat vnterscheit von dem weyblin/daß nemblich das männlin seine fäckten vnden bey dem schwantz oder geführloch gantz hat/das Weiblein aber solche fäckten getheilt. Sie lassen sich auch in die Flüß oder süssen Wasser hinauff.

Von jhrem Fleisch.

Solche Fisch fächt man im Früling vnd Sommers zeit/jr Fleisch ist etwas löblicher daum der andern Thunen/so gebären sie doch ein dick geblüt/wiewol sie lustig vnnd lieblich zu essen sind.

Von dē andern Geschlecht der Meerthunnen.

Thinnus, Thunni imago Venetiis missa. Ein Meerthunnen.

Wie er gestaltet.

Dieses ist ein rechte/warhaffte/löbliche gestalt der Thunfischen/in gestalt wie ich solche gesehen hab. Solche kommen zu mächtiger grösse/ich hab eine gesehen/welcher hart von einem grossen Maulthier mocht getragē werden. So schreibt auch Aristoteles von einem der gar nah zu der grösse kommen ist eines Wallfisches.

Von natur vnd eigenschafft der Thieren.

Die Thunfisch sind der art/daß sie gern an der wärme wonē/schwimmē der wärme nach an die sandechten gestad herauß/vnd zu oberst in den Wassern/fressen Fleisch vnnd Eichlen welche in den Tieffinen deß Meers wachsen sollen/Jtē purpur Schnecken/vn allerley kleine Fisch/verschonen auch jrem eignen leych nit/Winterszeit liegen sie in Tieffinen verborgen/werdē allein Sommerszeit gefangen/schlaffen starck/also daß sie manches mal im schlaff gefangen vnd zu land gezogen werden/sh eichen auß einem Meer in

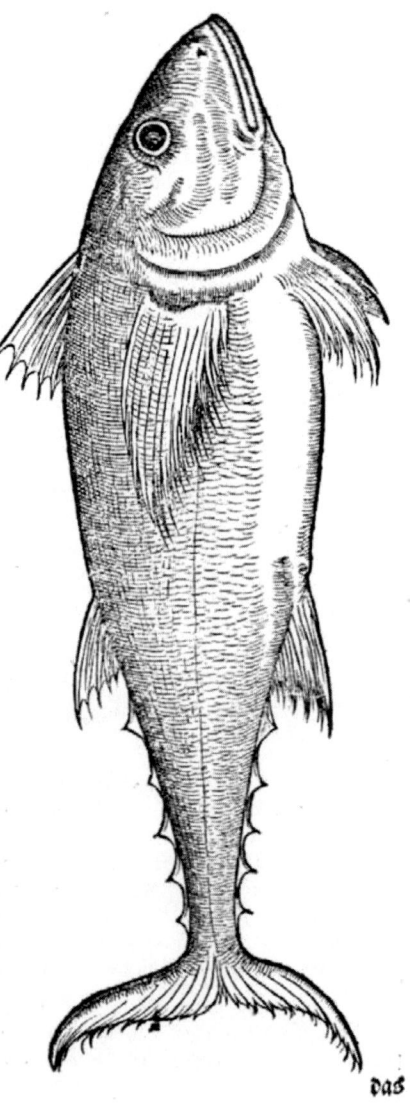

das

das ander: haben an dem rechten aug ein schärpffer gesicht dann an dem lincken: keñnen die zeit deß Jahrs vnd Gestirns so wol als kein Sternenseher. In dem leych geñbärē sie Eyer in eine Bälglein beschlossen/erwachsen in kurtzer zeit zu mächtiger grösse.
Diese Fisch werden von einem Käfer sehr geplaget/Asilus genañt/welcher sich vnñder ihre sächten bey den ohren setzt/sie also peiniget/daß sie zu zeiten in die Schiff vnnd an die gestad herauß werffen: solches geschicht auch dem Delphin vñ Schwerdtfisch.

Von natürlicher Anmutung der Thieren.

Die grossen Meerthunnen schwimmen allzeit einig/die kleinen mit hauffen oder scharen: so grausam ist er/vnd so vnbarmhertzig/daß er seinem eignen Rogen vñ Junñgen so darauß erwachsen sind/nicht verschonet. Der Schwerdtfisch ist ihm sehr verñhaßt/treibt jn an andere ort zu streichen: so werden sie auch von etlichen grossen Wallñfischen/als Balenen gefressen. Zu zeiten haben sie grossen lust ab den Schiffen oder Galeen deß Meers/welche sie weit beleyten/vnd gantz nicht weichen.

Wie diese Fisch zufahen.

Diese Fisch sind groß/müssen mit stärcke gefangē werden:man pflegt sie auff alle art zu fahen/ mit dem Aaß/mit starcken eisinen hacken/mit dem stechen/mit garnen: man braucht gar nah ein art als man bey vns die Lächs im Rhein pflegt zu fahē. Sie sollen sehr forchtsam seyn/bey dem gestad her schwimmen/welches so es von den Fischern gesehen wordē/fassen sie solche ein mit einem Seil/welches bewegung sie also förchten/ daß sie nicht weiter in die Tieffinen kehren/ sondern also am gestad gefangen werden. Auß der Leber deß Fisch bereiten etliche ein Aaß die Meeralet zu fahen.

Von ihrem Fleisch.

Wiewol das ist/daß das Fleisch der Fischen den besten/edlesten Fischen nicht zuñvergleichen ist:so ist es doch nicht zuverachten/sondern es wirdt von etlichen mächtig gepriesen. Im besten sollen sie seyn so sie in Tieffinen verhalten ligen/oder erst herauß kommen: auch je älter/grösser: je feister vnd löblicher er zu der speiß seyn sol. Auß dem gantzen Fisch sind die theil zum besten/nemlich der kopff vnd die theil vnden am bauch/ so ist doch ihr Fleisch in gemein harter däuwung/fest/vergleicht sich schier dem Rindñfleisch anzusehen: gebiert ein dick geblüt/ist doch der natur nicht vnähnlich zu essen. Man pflegt auch diese Fisch zu stücken zu hauwen/vnd einzusaltzen in kleine Fäßle/alñso in andere Land vnd ort zuschicken/welche viel vngesünder sind dann die frischen.

Etliche stück der Artzney so von den Thieren in brauch kommen.

Das Blut/Leber vnd Gallen der Meerthunnen macht das Haar außfallen/ läst auch keine weiter wachsen/auffgeschmiert. Sein Schmaltz heilt die Bresten deß rachens/vnnd vertreibt die räude der Pferdten. Es hat auch ihr gesaltzen Fleisch viel krafft in der Artzney/ von welchem wir geschrieben haben in den orten von gesaltzen Fischen in gemein.

Von dem Wallthunn.

Orcynus.   Ein Wallthunn.

Wie er gestalt.

Hievor ist viel von Thunnen geschrieben worden/ welches alles von gegenwertiñgen auch dem so hernach folget sol vnd mag verstanden werden: dann nach dem Vrtheil Sostrati vnnd Archestrati/ welche insonderheit von den Wasserthieñren oder Fischen geschrieben haben/so ist Orcynus/oder der Wallthuñ nichts anders

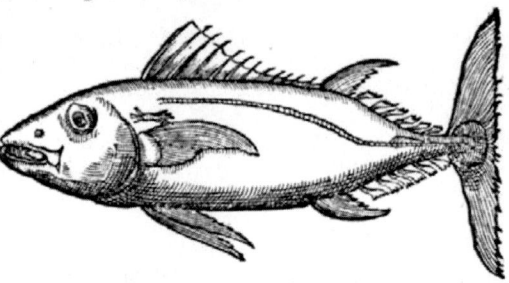

dann ein alter Thuñ / so zu mächtiger grösse kom men ist. Dañ nach dem Alter verwandlen sie etlicher weiß jr gestalt vñ farb. Dieser ist der grösse auß den Meerthunnen/ hat grosse schüppé/ mit einer dünnen haut oder fell bedeckt/vñ vber zogen/also/daß er anzusehen ist/ als ob er glatt ohne schüppen seye: so man jhn aber kochet oder siedet/ so erzeigen sich die schüppen. Der Rücken ist schwartzlecht.

Von natur vnd listigkeit der Fischen.

Dieser Fisch wirt zu zeiten so feist/ daß er von feiste aufffpalt: wirt Frülings vnd Herbstszeit mehrer theil gefangen: leychen in den Tieffenen deß Meers/ nach art anderer Meerthunnen. So dieser Fisch mit einem hacken gehafftet wirt/ so streifft er sich in der Tieffe an den Grund/ ob er den hacken auß jm reissen möge/ welches so nicht beschehen/ so sol er die Wunden weiteren/ also/ daß er den hacké auß jm schwingt. Doch wirt er zu zeiten mit solchen hacken an die gestad herauß gezogen.

Von jhrem Fleisch.

In gemein ist von dem Fleisch der Thunnfischen geschrieben worden. Dieser sol ein hart Fleisch haben/feist/ eines rässen geschmacks: gebiert ein dick Melancholisch geblüt. Man pflegt sie zu Scheiblein zerschneiden/ vnd einzusaltzen: auß welchen die feisten löblicher gehalten werden.

Von einem andern geschlecht der Thunnen.

Pelamys Sarda, seu Sarda simpliciter.   **Ein Sardthunn.**

Von seiner gestalt.

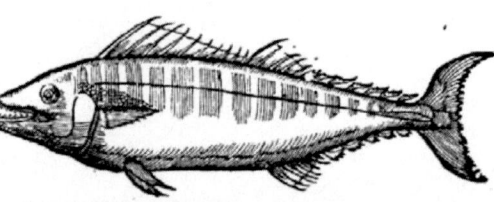

Diser ist gantz ännlich den Thunnfische/hat ein glatte haut ohne schüppen/ außgenommen an dem theil so bey den ohren/ob den vorderen fäckté ligt: dann daselbst hat er allein schüppen: hat stärckere grössere zän dañ die Thunnen/gegé dem rachen gekrümpt.

Von seinem Fleisch.

Dieser Fisch sol nicht so ein löblich fleisch habé als das erste geschlecht der Meerthunnen.

Von dem Streymthunn.

Amia.   **Ein Streimthunnsin.**

Wie

Wie er geſtalt.

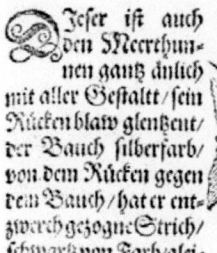

Dieſer iſt auch den Meerthunnen gantz ähnlich mit aller Geſtallt/ſein Rücken blaw glentzent/ der Bauch ſilberfarb/ von dem Rücken gegen dem Bauch/hat er entzwerch gezogne Strich/ ſchwartz von Farb/gleicher weite von einander/kleine goldfarbe Augen/ein gantz glatte Haut one Schüppe/außgenommen bey den Fiſchohren/nach art deß vorgeſchribnen. Zumercken iſt daß dieſer ſein Gallen durch das gantz Eingeweyd der lenge nach angeſtreckt hat/auß vrſach er ſo grimm vnd wütend iſt/wie hernach wirt gehört werden.

Von Art vnd Natur der Fiſchen.

Dieſe Fiſch belüſtigen ſich der ſüſſen Waſſeren/werden vielgefangen an engen orten/als in der Prouintz/bey viel kleinen Inſeln. Iſt auch ein fleiſchfräſſiger Fiſch/er wächſt in kurtzer zeit/ alſo daß ſein zunemmen von tag zu tag mag gemerckt werden. Es ſind geſellige Fiſch/wohnen allezeit ſcharecht/dann ſie lieben einander/ſind auch einandern behülffen in der Geſahr/Streit oder Kampff.

Was natürlicher Anmutung dieſe Fiſch zuſammen haben.

Dieſe Fiſch als vorgehört/haben ſtarcke/ſcharpffe Zän/mit welchen ſie ſich beſchirmen/vnd andere groſſe Walfiſch verletzen. Nun iſt ir Art alſo/daß ſie ſich zuſammen häuffen als ein Schlachtordnung. Dann wo ſie einen groſſen Walfiſch erſehen/ ſo häuffen ſie ſich/vnd die ſo die gröſten vnd ſtäreckeſten vnder jnen/vmbſtellen die gantz Ordnung/vnd ſo einer auß jnen von dem Walfiſch geſchädigt wirdt/ſo erretten ſie jn vnd vertreiben den Walfiſch mit groſſer vngeſtümme.

Ein mächtigen Haſſz/Kampff vnd Streit pflegen genante Fiſch wider die Delphin zuhaben. Dann mit jhren Zänen bekriegen ſie auch den König aller Fiſchen/in dem daß ſie jn häufficht mit gantzer vngeſtümme angreiffen/allenthalben jre Zän einſchicken/anhangen/nicht nachlaſſen/ſie reiſſen dann das Fleiſch damit herauß/welches inſonderheit weitleufftig Oppianus beſchreibet/wirdt auch zu vnſern zeiten ſolcher Krieg manchsmal von den Fiſchern deß Meers geſehen/alſo daß auch von Blut das Meer entfärbt wirt. Man pflegt dieſe Fiſch mit ſtarcken/krummen Anglen zuſahen/ vñ mit dem Aaſz.

Von dem Fleiſch der Fiſchen.

Ein gut/geſund/lind/matt/lieblich Fleiſch ſollen dieſe Fiſch haben/gantz angenem zueſſen.

Artzney von den Fiſchen.

Die Zän der Fiſchen angehenckt/machen die jungen Kinder one ſchmertzen zanen. Derſelbigen Fleiſch genoſſen/iſt gut denen ſo den roten ſchaden haben.

Von dem Leitfiſch.

Pompilus.   Ein Leitfiſch.

Wie sie gestaltet.

Jses ist ein Meer
fisch ohne schüp-
pen/nit vnänlich
an der gestalt deß Thun-
né/von dem kopff gegen
dem schwantz/hat er ein
grosse krumbgezogne li-
nien/von derselbigē ge-
gē dem bauch herab viel
entzwerch gezogne/der
rücken oberhalb ist getheilt vnd geflecket. Auff dem kopff vmb die augen ist er gelblecht
wie Geldt.

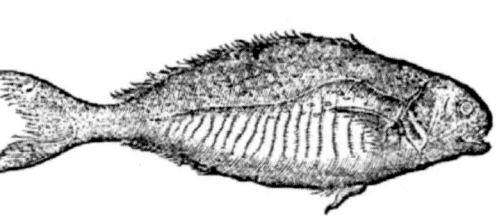

Von art vnd natürlicher anmutung der Thieren.

Ein sonderbare art haben diese Fisch/in dem daß sie allein in den tieffinen woh-
nen/zu keiner zeit an das Gestad kommen/als ob sie das Erdreich hassen. So haben
sie auch ein sonderbare anmutung zu den Schiffen so auff dem Meer schweben/Nem-
lich daß sie bey sich vnd vmb sie her schwimmen ohne vnderlaß/so lang/biß sie den boden vnd Gestad erschmecken: welches den Schiffleuten wol bewust/so sie sehen daß
sich diese Fisch hinden saumen/das Schiff nit weiter beleiten wöllen/können sie wol
erkennen/daß sie dem Gestad vnd satten grund nahen/ob sie gleich wol kein Gestad
ersehen mögen. Dann je haben diese Fisch ein hertzliche begird vnd liebe zu den Schif-
fen/vnd ein abscheuhen ab dem grund. Sie erkennen auch auß solcher beleitung der
Fischen gut Wetter/stille deß Meers vnd glückhaffte reiß. Dieser Fisch wirdt selten
gefangen auß vrsach/so oben gehört ist.

Von dem Schwerdtfisch.

Xiphias.   Ein Schwerdtfisch.
Gladius.   Ein Meerschwerdt.

Von seiner gestalt vnd grösse.

Jses ist ein ober-
auß sehr schöner/
lustiger/gewalti-
ger/edler Fisch/bekompt
seinen namē von seiner
gestalt.Dañ sein oberer
kiffbacken wachst in ein
lēge gleich als ein scharp-
fes schwerdt. Der Fisch
köpt zu mächtiger gröf-

se auch vber die zehen Elenbogen an seiner lenge/dann zu zeiten etlich gefangē sind wor-
den/welche an der lenge 20. Schuch gehabt haben/an der breite drey/der schnabel oder
schwerdt gar nah 7. Schuch. Solches schwerdt oder schnabel ist gantz einer harten
Substantz wie ein hartes Bein/welches auch ab den steinen sein scherpffe nit verliert/
kompt zu zeiten zu einer grösse eines Wallfischs/daß sein schwerdt einem grossen Ruder fast zuvergleichen ist.   Sein haut ist glatt ohne schüppen/durch den Rücken
schwartz/gleissend als der Samet/vnden der bauch gantz weiß/als silberfarb/vn-
der der haut hat er viel feiste/als ein Schwein/vnd hinden einen breiten schwantz/an
der

der gestalt gleichförmig einem halbgewachs=
nen Mon. Der vnder kiffbacke ist gantz kurtz
gegen dem obern zu rechnen/ gar nah drey=
ecket. An der ißerlichen gestalt sol er keine wir=
bel am eyngeweid haben/ sonder gestracks von
oben biß vnden auß/ welche gestalt an wenig
thieren gemercket wirdt. Hat auch kein zän/
daß solche matery wirdt alle in die grösse deß
schwerdts oder horns gezogen.

Dieser Fisch wirdt sonst auch von andern
Nationen in jrer sprach Kriegsmann/ vnd
Hauptmann oder Meerkeyser genennet/ auß
gleicher vrsach von seines grossen schwerdts
vnd gewalts wegen/ auch grossen schadens
vnd stärcke.

Von art vnd natur der Thieren.

Diese Fisch wohnen allein in den grossen/
weiten tieffinen/ werden vil gefangen in dem
Teutschen vnd Englischen Meer/ Item in dē
letzten orten Italie/ vñ andern orten mehr/ ité
auch in der Donauw/ auß vrsach daß sie sich
der gesaltzenen vñ süssen wassern belustigen.

Zur zeit deß hungers helt er den Fischen
so streng nach/ daß es sich zuverwundern ist/
daß er auch den grossen Wallfischen nit ver=
schonen sol.

Von natürlicher Anmutung der Thieren.

Zur zeit der Hundstagen vnd grossen hitz
sol dieser Fisch von einē kleinen thierlin/ Asi=
lus genant/ welches an seinem ort beschriben
wirt werden/ so sich zwischē seine oren oder fä
säckten festiglich kleibt/ so grausälich gepeini=
get werden/ daß sie von schmertzen zu zeiten
sterbē/ auch auff dz läd oder schiff sich schwin=
gen oder werffen müssen. Solches begegnet
auch den Delphinen/ als an seinē ort gehört.

Die Wallfisch sollen sich vor den Meer=
schwertern förchten als vor tödlichen feindē/ wiewol auch gegenwertiger ab dem Wal=
fisch/ Balena genannt/ ein mächtig abscheuhē haben sol/ also daß er vor forcht seinen
schnabel oder schwerdt in den grund hinein stecken sol/ also satt stehen ohn bewegnuß.
Die Balena aber vermeinend solches ein vnbeweglich bloch sein/ schwimpt vber jn her
ohne verletzung. Zur selben zeit werden sie von dem Houtinck gefressen vnnd getödt/
welche jhnen jhre dünne haut auffbeissen vnd fressen.

So gelehrig vnd verstendig sollen diese Fisch sein/ daß sie auch die sprachen von ein=
ander vnderscheiden können. Denn in dem Locrensischen gestad/ als zu zeiten etliche
Italiäner bey solcher thieren Fischung gewesen/ haben sie gesehen wie daß solche Fisch
ein anmutung zu der Griechischen sprach/ ab solcher gantz kein abscheuwen gehabt:
ins widerspil aber ab der Italiänischē (so sonst von art ein scheußliche gepletzete sprach)
ein abscheuhen gehabt/ vnnd von dannen geflohen.

Ein andere gestalt deß Schwerdtfi=
sches/ so vns von einem gutem freund
zugeschickt worden.

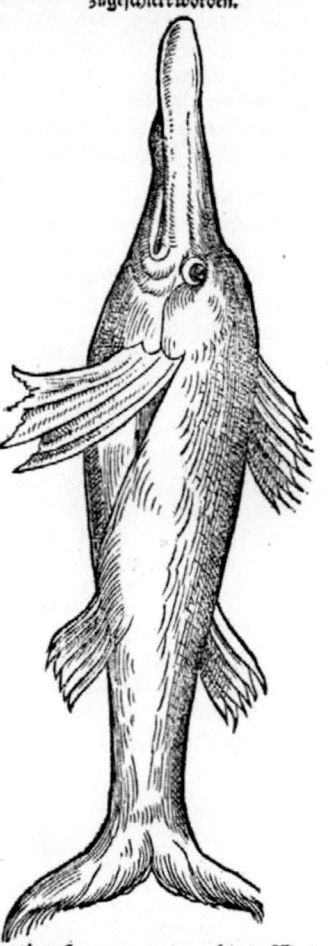

l

In dem Indianischen Meer sollen diese Schwerdtfisch zu solcher grösse komen/
daß sie der Lusitaner Schiff/ die Wände so anderthalb spannen dick/ mit jhren spitzen
oder schnabel durchstechen oder schiessen. Item so sol es auch von glaubwirdigen gelehrten berümbten Männern gesagt seyn worden/ daß zu zeiten ein Mensch so neben
dem Schiff her im Meer geschwummen/von solchem Fisch mit seinem Schwerdt mitten entzwey/gantz vnd gar in zwey stück geschnitten vnd geschlagen solle seyn. Summa/
das ist ohne fehl/ daß ein scharpffes/hartes/starckes schwerdt/sampt mächtigen kräfften an solchem Thier gemerckt wirdt.

Wo diese Thier gefangen werden.

Die Fischer haben ein grosse forcht ab solchen Fischen so sie jne in jre Garn komen/
dañ der mehrertheil zerreissen sie jnen dieselbigen mit grossem gewalt vnd stärcke jhres
schwerdts. Wiewol sie zu zeiten/vorauß jung mit den Garnen herauß gezogē werden.

In dem Narbonensischen Meer pflegen sie Schifflē zumachē an gestalt den Fischen
gantz gleich mit schnabel/schwantz/ic. welche sie zu der Fischung oder Gejägt solcher
Fischen brauchen. Solch spiel haben wir offt mit grossem lust gesehen. Dañ die Fisch
werden betrogen von der gestalt der Barcken oder Schiffleins/ vermeynen es seyen
auch Fisch jhres gleichen/fliehen gantz nicht/werden also vmbgeben vñ zu todt geschla-
gen/wiewol es sich offt viel begibt/ daß sie mit jren Hornen den Fischern die Wänd der
Schifflein durchstechen oder schiessen/welche zu stund solche spitz oder zincken mit einer
Art abschlagen/ vnd das Loch mit einem geförmten Nagel/ welchen sie bereitet haben/
verschlagen: sie werdē auch offt in solchem Kampff verwundt vnd geschädiget von den
Fischen. Man pflegt sie auch zu fahen mithacken oder pfeilen so widerhacken haben
an Seil behafftet/ welche man an einem langen Spieß in jhren Rücken oder seiten
sticht: dann als von allen grossen Wallfischen gehört/ so sie im Meer schwimmen/ erzeigen sie den halben theil jhres Leibs ausserhalb dem Wasser.

Von dem Fleisch der Thieren vnd seiner art.

Diese Fisch sollen ein arg/schädlich/vnlieblich Fleisch haben/harter verdäwung/
eines häßlichen Geruchs/gantz feist wie ein Schwein. Auß der Saltzbrühe in die
Speiß genommen ist er am besten:gebiert ein vberflüssig rauw Geblüt/sol in der Bereitung mit rässen Gewächsen gebessert werden/als Zwibeln/Knoblauch/ Senff/ic.
Summa/sein Fleisch vergleicht sich gar nahe dem Fleisch der Delphinen.

Von dem grossen Meerstichling.

Glaucus. Ein Meerstichling.

Von mancherley Geschlecht der Thieren.

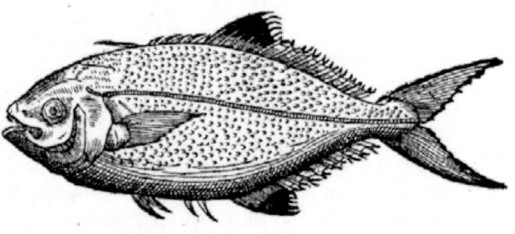

Dese Art der Fi-
schen bekömpt võ
den Griechen vñ
Lateinern jhren namen
von der Farb/ welche
blaw ist/ bey vns Teut-
schen aber / so nit bey
dem Meer wohnen/sol-
len sie Meerstichling ge-
nennt werden/ auß vr-
sach/daß sie vornen spitz oder dörn haben/welche scharpff sind/ vnd stechend/nit nach
Art der Fäckten/sonder frey ledig/auch deren etlich gegen dem Kopff gekehrt. Nun sind
der Geschlechten nit einerley/sonder 3.oder 4. auß vrsach sie nach einander ordenlich
sollen für Augen gestellt vnd beschrieben werden.   Von

Von dem ersten Geschlecht deß Meerstichlings.

Glaucus maior seu prima species. Ein grosser Meerstichling.

Von seiner gestalt.

Jeses sind lange/flache Fisch oder dünne/ komen auff drey Elen lang/ hat ein glantzende haut/ mit gantz kleinen schüppen bedeckt/ welche sich hart erzeigen/ allein bey außgederter haut. Sein Rücke ist gantz blauw/ der bauch gantz weiß: gleich anfang deß kopffs hat er scharpffe spitz/ welcher der erste sich für sich strecket/ die andern gegen dem schwantz/ kurtz/ scharpff mit kleinem Häutle zusamen behafftet/ vnden am Bauch hat er zwen andere/ welche er verbirgt als in einer Scheiden/ an beiden säckten vnden vnd oben werden schwartze flecken gesehen: hat keine zän allein rauhe Kiffbacken. Bey den Fischoren hat er kleine goldtfarbe säcktle/ kurtz aber breit. Sein Leber ist ohne Gallen/ daß das Gallenbälgle klebt jm an dem eingeweyd.

Von dem andern Geschlecht deß Meerstichlings.

Glauci secunda species, Das ander Geschlecht der Meerstichling/ kleiner Meerstichling.

Von seiner gestalt.

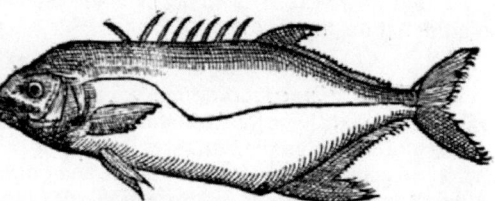

Jeser köpt nit zu solcher grösse als der erste/ wiewol er jm an der gestalt gätz gleich ist. Hat der spitzen oder Dörnen auff dem Rücken acht/ auß welchen der erste sich als ein horn gegen dem Kopff strecket/ auß vrsach sie von etlichen Nationen Meergemsen/ oder Meeregle sind genennt worden. Dieser hat keine flecken an seinen Fischsäckten/ auch ist er nicht so gar breit als der erste/ ist jm sonst mit eusserlicher vnd jnnerlicher gestalt gantz gleich.

Von dem dritten Geschlecht der Meerstichling.

Glauci tertia species. Der dritte Meerstichling.

Von seiner gestalt.

Jeser vberkompt mit dem andern in der form seiner gestalt halbe/ allein daß dieser scharpffe zän hat/ vnnd sein Linien durch den Leib gekrümbt als ein Schlangen. Sein Rücken biß auff die Linien ist schwartz blauw/ das vnder theil vnd bauch gantz weiß: ist anderer theilen halb den vorgesetztengantz gleich.

Der achtetheil / von den

Von einem andern Geschlecht.

Glaucus Bellonij.   Meerblauwling.

Von seiner gestalt.

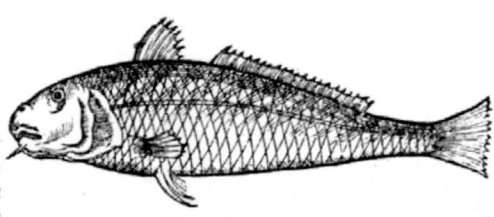

Dieser wirdt von Belloniobeschriben vñ Glaucus genennet / ist an seiner Farb ga: nah goldblaw. Sein vndermaul oder lefftzē hat 5. kleine Löchle/das ober 3. hat grosse augen / vnder welchen beyden wincklen an jeder seiten ein kleines löchlin ist/hat kleine zän/eine runde zungen/zu ende daß rachens rauhe beinle / auß der vrsach wirt sein kopff sehr begert/daß zwey bein in jm gefunden werden/zu der artzney dienstlich.

Sein innerliche gestalt ist wunderbarlich/vber anderer Fisch art vñ eigenschafft/dañ er soll auch eine blatten / nieren vnd Vreteres,das ist äderle so von den nieren in die blasen reichen den harn tragende / haben/welches allen thieren so eyer gebärē gantz widerig sein sol.

Dieser Fisch wirt von etlichen mit einem andern namen genent / doch nit für augen gestelt/auß welcher vrsach er hie platz haben sol.

Von art vnd natur der Meerstichlingen.

Diese Fisch wohnen in den tieffinen deß Meers / weyden sich bey dem sand vnd Felsen/ist ein fleischfrässiger Fisch/dann mit etlichen Fischen vnd aaß werden sie gefangen. Dieses ist sich zu verwundern ab den Fischen/daß sie Somerszeit / so grosse hitz eingefallen / gantz nicht erscheinen / sondern verborgen ligen in der tieffe. Solches geschicht etlichen andern gleicher weise/die die krafft deß gestirns der Hundtstagen befinden. In der forcht sol er seine jungen widerumb in sich fassen/als etliche schreiben.

Wie sie gefangen werden.

Als oben gehört so sindt sie fleischfrässig/fürnemlich das letzte geschlecht/auß der vrsach sie mit dem aaß gefangen werden / so auß hanen hoden/vnd etliche Meerschnäglinen zusamen gestossen bereitet wirdt.

Von jhrem Fleisch.

Die gröste nutzung von den thieren ist zu der speiß/dann sie seindt sonderlich arg/gantz nicht zu schelten/wiwol sie ein fleisch haben harter däuwung / nicht desto minder so es wol gekocht vnd verdäuwet wirdt / so gebirt es vil löbliches geblüts/speist wol. Ist eine bequemliche speiß denen so rässe / geelsüchtige / beissende feuchtigkeit haben/auch denen so das bauchgrimmen haben/auch denen so hitzige Mägen haben/ic. Summa so solche Fisch wol erwachsen/zu guter grösse kommen / so sol es vberauß ein liebliche speiß sein.

Etliche stück der artzney so von solchen fischen in brauch kommen.

Die brühen von solchen gesottnen fischen / mehret die milch. Item sein fleisch auß seiner brühe gessen. Sein Leber nimpt hin die wartzen.

Sein gall macht den Kindern schwartze augen / so ist auch sein feist nütz vnnd dienstlich zu vil dingen / fürnelich zu den bresten deß sitzes vnd der Mutter der weiber.

Von

Von dem Klippfisch.

Anarrhichas, Scanſor.　Ein Klippfiſch.

Von ſeiner geſtalt/art/natur/vnd eigenſchafft.

DIeſes iſt ein groſſer Fiſch deß Teutſchē Meers abconterfetet worden von einē außgederten. Die Einwohner derſelbigen Landen neñen jhn Klippfiſch/ entweders daß er auff die Felſen ſteiget/ welches von jm geſagt wirdt/ oder daß er ſich zwiſchen den Felſen enthelt. Auß der obern Naſen hat er zwey kleine Rörle/in ſeinem gantzen Rachen viel ſcharpffer/ſtarcker zän/ auch auff der Zungen/iſt ſtarck/ſchnell/geſchwind/vnd ſehr fräſſig/auß vrſach er den Schiffbrüchen nachfolget/iſt ein wunderbarlicher Fiſch/ denen weiter zubeſchreiben/ſo an den Geſtaden vnd orten deß Teutſchen Meers wohnen.

Der neundte theil/ von Meerthieren/
ſo begreifft die breiten Kroſpelfiſch.

Von dem Stachelroch oder Angelfiſch.

Paſtinaca marina.　Stachelroch/ Dornroch/ Angelroch/ Gifftroch/ Angelfiſch/ Meerangel.

Von mancherley Geſchlecht der Thieren/ ſampt jhrer geſtalt.

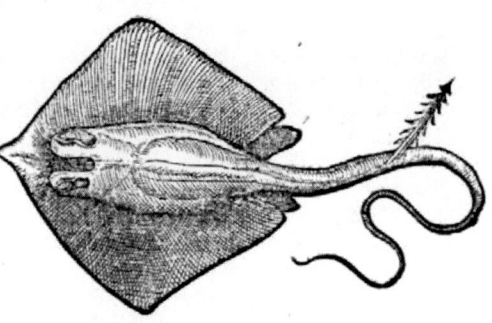

VNder die Flachfiſch wirt auch der gifft Roch/oder Angelfiſch gezehlt/ das allergifftigſt Thier auß allen Meerfiſchen. Auß ſolchen ſind etlich rauch/ dornecht/ andere glatt/ welche letzte in zweyerley geſchlecht getheilt werden / wiewol ſie einander gantz gleich/außgenommen der ſpitz vñ geſtalt deß kopffs.Die Alten haben nur ein Geſchlecht ſolcher Fiſchen erkennt.

Der Gifftroch iſt ein Flachfiſch/ hat ein glatte haut/one ſchüppē/mittē am ſchwātz/ ſo ſich vergleicht dem ſchwantz der Ratten/ hat er ein ſcharpffen angel oder pfeil/ eines

fingers oder halben schuchs lang/zu welches grund zwey ander kleine zu zeiten herauß wachsen. Der Pfeil hat der lenge nach widerhäckle/welche vrsachen daß sie
nit one grosse arbeit so sie eingeheckt herauß gezogen mögen werden. Daß so er ein fisch
gestochen/so behelt er jn/zeucht jhn nachher/gleich als ob er mit einem Angel behafftet
were. Mit solchem pfeil vnd angel/sticht vnd vergifftet er alles so jn verletzt/mit einem
schädlichen gifft. Solchs ist den Fischern bewust/schneiden jnen zustund den schwantz
ab/alsdann kompt er auch in die speiß: hat ein kleines Maul/ innerhalb eien weiten
Rachen oder schlund one Zän/an solcher statt rauhe beinechtige Kiffbacken: hat keine
Fischfäckten/ sondern schwimpt mit der breite seines Leibs als ob er flöge. Die grösser
gestalt deß Gifftroches oder Angelfischs/wirt in der Histori deß Meeradlers erzehlet
vnd gezeigt werden.

Von Art vnd Natur der Thieren.

Die Gifftrochen wonen gemeiniglich in lättechtigem/mießechtigem/oder katech-
tigem gestadt/sol geleben deß Fleischs etlicher anderer Fischen/welchen er nachhelt/nit
mit stercke/ sonder mit list/als Plinius schreibt: denn er helt sich im lätt/vnd die Fisch
so vnter jn schwimen/hefftet er mit seine angel: dann man findet zu zeiten die Meeralet in jren Bäuchen/welcher doch der schnellest geachtet wirt auß allen Meerfischen.
Sie mehren sich auff form vnd gestalt anderer Flachfischen/oder wie die Rochen.

Von art vnd natürlicher anmutung der Thieren.

Der Gifftroch beschirmpt sich allezeit/vnd kempfft mit seinem Pfeil: verwundet
auch zu zeiten die Fischer/oder andere so sie vnbehütsam/freffentlich angreiffen: ist
sonderlich listig in dem gejägt: denn er verschleufft sich vnder das kaat/frist kein Fisch/
er habe jn denn vor lebendig oder zu tod gestochen/als Oppianus schreibt.

Das Meerschwert sol dem Gifftrochen mechtig auffsetzig seyn vnnd nachhalten.
Dann Oppianus sol auch von dem kampff der zweyen Thieren schreiben.

Sie sollen auch eine anmutung haben zu tantzen vnd zu pfeiffen/mit gesicht vnnd
dem gehör/als hernach gehört wirt werden.

Von Nutzbarkeit der Thieren/vnd wie sie gefangen werden.

Diese Thier kommen auch in die speiß/werden gefangen mit Garnen vnd etlichen
andern listen. Dann so die Fischer einen Gifftrochen oder mehr/oder sonst gantz scharf
solcher Fischen ersehen/so hebt einer an zu tantzen vnd schimpfflich zu springen vnd zu
pfeiffen. Von solchem empfahen solche Fisch grossen wollust: dann sie habe ein anmut/
als hievor gehört/zu tantzen vnd pfeiffen: lassen sich zu oberst auff das Wasser/nahen
sich dem Tantz vnd Gesang zu: alsdann vmbgeben sie solche mit Garnen oder einer erfasset vñ ergreifft jn mit einem Feymer/hebt jn zuhand herauß. An etlichen orten hau-
wen sie jhnen zu stund die Schwäntz ab: an andern orten führet man sie gleich gantz
auff die Märckt.

Von seinem Fleisch.

Bey etliché alte vnd grossen ansehens Männern wirt das Fleisch solcher thieré nit
wenig gelobt/jedoch erzeigt die tägliche erfahrung gantz dz widerspiel. Denn jr fleisch/
ob es gleich wol lind/ist es doch allezeit zähe/lampechtig/eines vnangenemen widerigé
geschmacks: vngesund vnd hart zu verdäuwen/auch eines argen gesaffts. Wirt doch
in etlichen franckheité zubrauchen gelobt: item in grosser theivre vnd mangel anderer
fischen von menniglické/vorauß den armen gessen. Dz häupt vñ schwantz sollen jnen
vor abgeschnitten werden/vnd dem rücken nach außgezogen werden alles dz so gelb ist.

Von dem schädlichen gifftigen Biß der Thieren.

So schädlich vnnd gifftig ist der stich deß pfeils solcher Thieren/daß ein Mensch so
also geschädiget/von dem Gifft vnd Schmertzen den tod erleiden muß/wo jhm nit mit

artzney

artzney zu stund geholffen wirt. Item so ein frischer grüner baum mit diesem pfeil am stammen verwundt wirt/ so sol er zu stund verdorren.

Leonides Byzantius schreibt/ daß vor zeiten einer/ dem die gestalt/ art/vnd eigenschafft diser fischen der Gifftrochen vnbekannt/ einen heimlich auß einem Fischergarn verstolen/ vermeinende ein Plateißle seyn/ denselbigen in der Schoß darvon getragen:als er nun auff dem weg den Fisch getruckt/ hat er jm mit seinem Pfeil den Bauch verwundt/ daß jm die kutteln oder eyngeweyd herauß gefallen/ er sampt dem Fisch allein tod gefunden worden/mit welcher that der Diebstal an der statt ergriffen vnnd gestrafft ist worden.

Mit was zeichen der stich erkennt werde.

So der gifft Roch jemands gestochen/spricht Dioscorides/ so folgen grosse schmertzen/zablen/ hinfallen gleich der fallenden sucht/ müdigkeit/ schwachheit/ beraubung deß Schlaffs/dennach werden sie stumm/vnd die augen oder das gesicht verdunckelt/ das ort so gestochen/sampt denen so bey herumb gelegen/werden schwartz/verleurt alle empfindtligkeit/so der Schad getruckt wirdt/ so fleußt schwartzer/dicker/stinckender Eyter darauß.

Artzney so zu solchem stich oder gifft dienen.

Wider den stich vnd gifft deß stichs solcher Thieren/werden alle Artzneyen gelobt/ so zu dem biß der Nater dienstlich sind.

Der gifft Roch selber/auffgelegt/heilt sein eignen schaden so er gestochen hat.

Essig warm auffgelegt/ Item kleyen mit warmem essig auffgelegt/ heilt den schaden.

Item lebendiger schwebel mit altem harn angemacht.

Item Andorn/Salbeyen/Lorberbletter/Angelica vnd dergleichen.

Item saurer hebel mit lindem hartz auffgelegt.

Item schmerwurtz getruncken vnd auffgelegt.

Item kleiner Kosten/oder Lorbeer oder Salbeyen in wein gesotten getruncken.

Item der gifft Roch zu äschen gebrannt/ mit warmem Essig auffgelegt/ oder sein Leber auff den schaden gelegt.

Item Tryax/Mythridat/c.

Etliche stück der Artzney/ so von solchem Thier in Brauch kommen.

So man einen Zan mit dem Pfeil der fischen sticht oder sonst antastet/oder gedert/gepüluert vnd Nießwurtz gepüluert/vnd wachß an den Zan gekleibt/nimpt dé schmertzen/macht die Zän herauß fallen one allen schmertzen.

Sein Leber in Oel gesotten/nimpt hin böse räude vnd grindigkeit.

Item das puluer von dem pfeil mag auch mit Terpentin auffgefasset werden/ vnnd der Zan damit bekleibet/macht sie herauß fallen one schmertzen.

Von der Meerkrott.

Rana piscatrix, siue Marina.   Ein Meerkrott/Ein Meerteuffel/ Ein Fischerkrott.

Wie diese Thier gestalt.

Diese Contrafractur ist von Rondeletio gesetzt worden.

IN sonder scheuß-
lich häßlich Thier
sollen diese Meer-
krotten seyn/an etlichen
orten auff drey Elen mit
jhrer lenge komen/ mit
so einem weiten maul/
daß sie auch einen ge-
meinen Jaghundt ver-
schlingen mögen. Ist
sonst von zähem Fleisch
als Krospelé/ flach von
gestalt/an der farb brau
oder Rußfarb/mit einé
grossen dicken kopff/al-

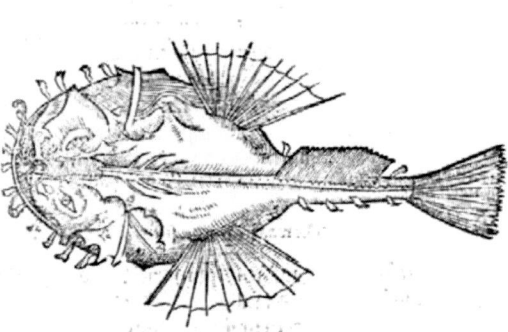

so daß gar nah nichts an dem Fisch ist/dann der kopff/wie ein gropff. Der vnder Kiffbacken streckt sich für den obern herauß/ auß vrsach jhm sein Maul allzeit offen steht.
Auff dem kopff vnd vmb die augen hat er viel spitz oder Dörn/sein Kiffbacken beyde der
rachen/Zungen voller zänen. Vornen auff dem Kopff hat er zwey streußle/auch etliche
hinden auff dem Rücken/aber kleiner/welche sehr vbel stincken sollen. So diese Fisch
außgezogen/vnd weit zerspannet werden/vnd ein Liecht darein gethan wirt/so gibt es
ein wunder scheußliche Laternen/ als dann auch sonst der Fisch scheußlich anzusehen
ist/auß vrsach in etliche Nationen Meerteuffel nennen.

Von Art vnd Natur der Fischen.

Diese Fisch sollen an krautechten Gestaden wohnen/sehr fräffig seyn/ dem menschen nachstellen/auff die schwimmenden acht haben/ sie bey den Gemächten erfassen/
vnd zu grund ziehen/endtlich fressen. Er füllet sich auch so voll anderer Fischen/ daß die
Einwohner der Meer Gestaden/wo sie einen grossen sahen/hauwen sie jhn auff/ daß
sie die frischen Fisch jhm auß seinem Bauch nehmen.

Jhr art ist/daß sie Rogen oder Eyer legen wider die art der Fischen/so von den Lateinern Cartilaginei genennt werden.

Von natürlicher anmutung der Thieren.

Viel der Fischen sind die sich mit sondern list/vnd betrug so jnen von natur gebe
weyden vnd speisen. In solchem sol diese Meerkrott andere vbertreffen/dan als gehört/
so haben sie vornen an jhrem Maul Züttele oder Hörnle/ welche sie bewegen/ in dem
lätt oder kaat verschlossen/als ob es Würmle weren/welchen so die kleinen Fisch nachhalten als Würmlein/ werden sie von jhnen gefressen.

Von dem Fleisch der Fischen.

Das Fleisch der Thieren sol nicht in die speiß kommen/dann es ist blutt/vnlieblich/
eines häßlichen geruchs. So sol doch der Bauch von jhm das beste seyn.

Artzney von den Thieren.

Die Haar der Augbrauwen so einem vberlegen sind/ sol man außreissen/vnnd
den Platz mit der Gallen deß Fisches schmieren.

Von

Von der andern gestalt der Fischen.

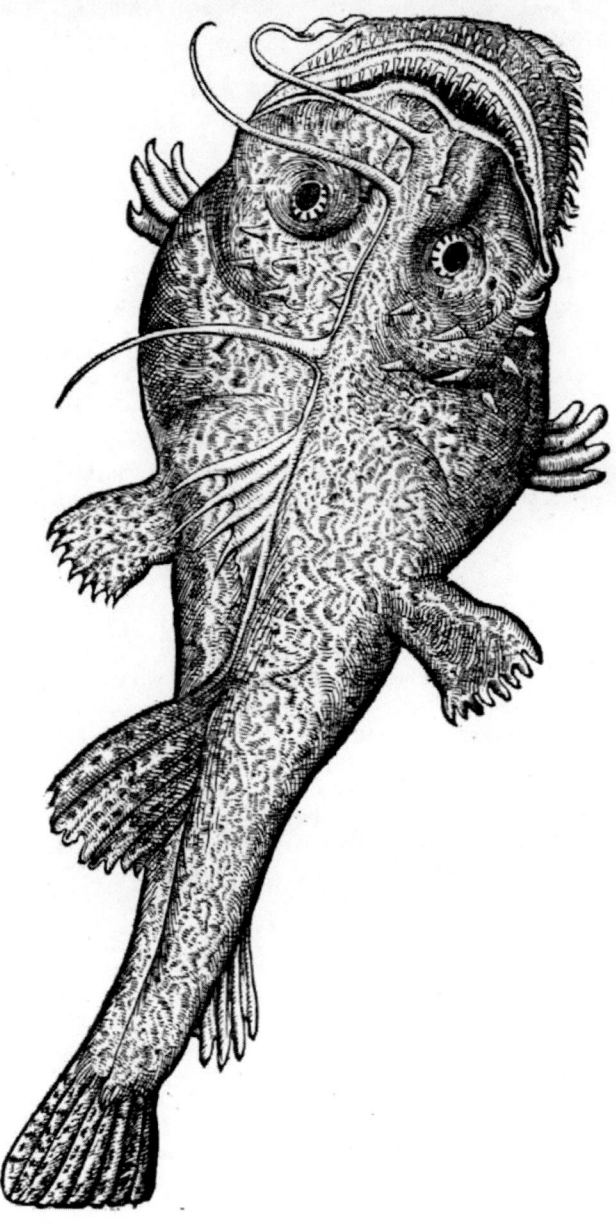

Der neundte theil/von den

Iese ander groß geſtalt der Meerkrotten iſt zu Venedig abconterfetet worden/
bedunckt ſich gründlich abcöterfetet ſeyn/dieweil ſie bezeigt die ſpitz oder Dörn
auff dem kopff vnd vmb die augen die zwey ſtreußle vornen vnd eins auff dem
Rücken gantz gründtlich.

Von der dritten geſtalt.

Ad Sceleton quam à Miſenis Georg. Fabricius miſit.

St ein geſtalt zu einem außgederiten Cörper der Fiſchen/mit kunſt zu ſolcher geſtalt gebogen vnd getrieben.

Von dem MeerEngel.

Squatina ſeu Angelus marinus.   Ein Meerengel/ Ein
Engelfiſch/ Ein Spatefiſch.

Von ſeiner geſtalt vnd gröſſe.

Dieſe Figur iſt von Rondeletio geſetzt worden.

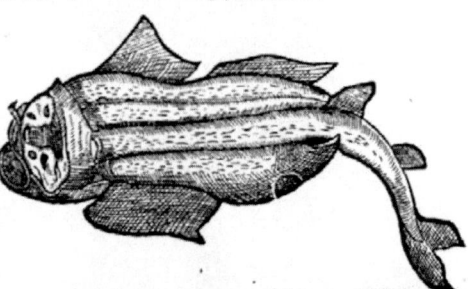

Iſer Fiſch beköpt
den namé von ſei
ner geſtalt: dann
er mit ſeinen breité vor-
deren ſäckté ſich etlicher
maß einem Engel ver-
gleicht: iſt auß der zahl
der Flachfiſché oder Kro
ſpelfiſchen : kompt zu
mercklicher gröſſe/ der-
maſſen dz er ſich der gröſ
ſe eines menſché vergleicht/zu zeiten auff 160.pfund köpt. Iſt lang vñ ſchmal/ mit einer
harten rauchen haut bedeckt. Oben iſt er braun äſchenfarb/vndé weiß vñ glat. Sein
maul hat er voller kleiner ſcharpffer zänen/ein ſpitzige Zungen/welche zu end ein fleiſch-
echtigen düſſel hat: das end deß obren Kiffbacken wirt gantz bloß geſehen/ mit keiner
haut bedeckt/hat ſeine Fiſchohré bey ſeyts/nit vndé gleich den Rocké. Mitté durch den
Rücken hat er kleine Dörnle/mit der jnnerliché geſtalt ſind ſie dé andern Kroſpelfiſché
gleich: dañ ſie haben einen groſſen magen/groſſe breite gedärm/ die Leber in zween ſpitz
getheilt/an welcher das Bälgle der Gallen/voll grüner Gallé: das miltze ſchwartzrot/
das

Ein ander gestalt deß Meerengels/ so mir von Venedig zukommen/
welcher von einem außdorreten abconterfetet
seyn/ sich ansehen lest.

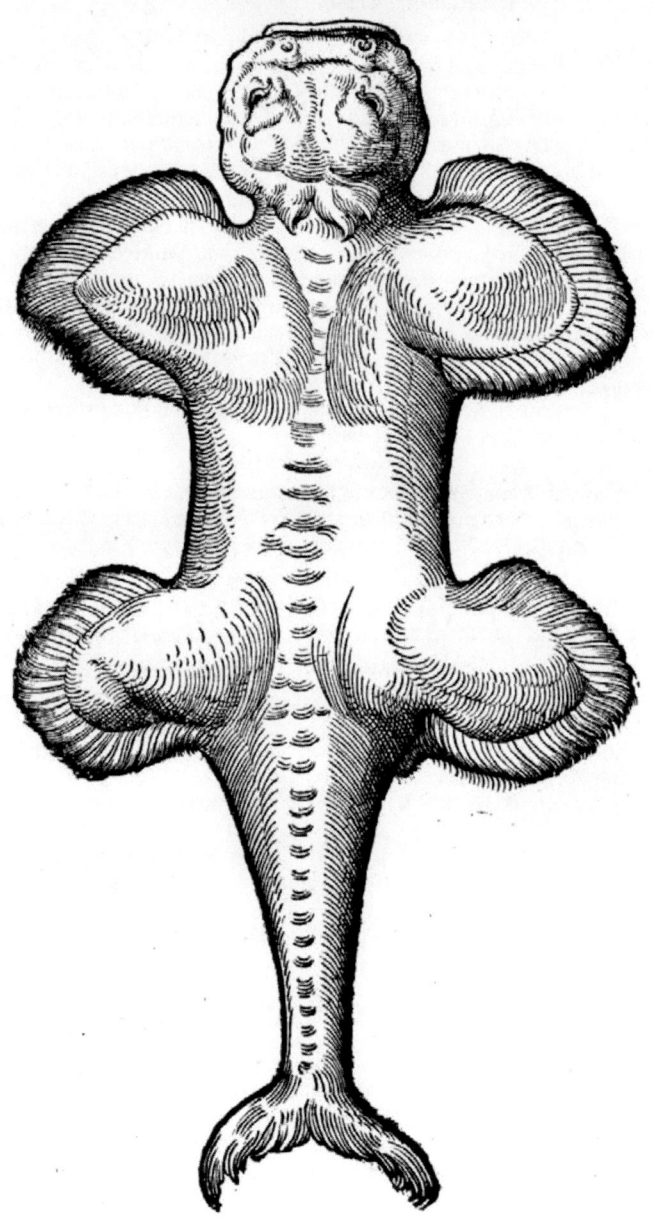

das hertz eckecht vnd zusamen getruckt. Die Männle werden von den Weiblinen vn-
derscheiden/ mit etlichen krospelechtigen züttelin bey dem arß/ welche die weible nicht
haben/ haben sonst einen dicken schwantz.

Von seiner art/natur/ vnd eigenschafft.

Die Meerengel mehren sich mit zusamen gethanen bäuchen/ nicht nach der art
anderer Flachfische/ leycht deß jars zweymal/ Früling vnd Herbstszeit/ zu jeder geburt
7. oder 8. junge/ als Aristoteles schreibt/ vermischt sich auch mit dem Rochen/ auß welcher vermischung ein sonderer Fisch entspringet/ als hernach wirdt gehört werden.

Der Meerengel ist sonst fleischfräffig/ wohnet allein in dem tieffen Meer.

Von natürlicher anmutung der Fischen.

Diese Fisch sollen auch gleich andern in der forcht oder gefahr/ jre jungen in sich
schlucken/ vnd nach etlicher zeit wider herauß werffen/ als Aristoteles schreibt/ so doch
etliche wöllen/ daß die jungen durch jhre säckten oder flügel beschirmpt werden.

Dieser Fisch stellet auch seiner speiß nach mit listen/ als von etlichen andern ist gehört wordé/ dañ er verschliefft sich vnter das kaat/ streckt nichts herfür dañ die streuß-
le seiner obern Nasen/ welche er beweget/ zu solchen schiessen die kleiné Fisch herzu/ vermeinen es seyen würm/ le/ als dann werden sie von jhnen verschluckt.

Aristoteles schreibt daß der Meerengel allein auß den Fischen seine farb in viel
gestalt verendere/ gleich der Meerspinnen.

Von nutzbarkeit deß Thiers.

Dieses thier bringt nicht allein nutz dem menschen mit seinem fleisch/ so von etlichen gessen wirt/ sondern auch mit seiner haut/ welche gebraucht wirt zu feilen/ rasplen/
polieren: Item zu Handtheben der schwerdter/ vnd allerley Waffen.

Von seinem Fleisch.

Ein hart/ vngesund fleisch haben diese Fisch/ harter däuwung/ eines argen gesaffts vnd vngeschmackt/ wirt doch von Hippocrate zu etlichen kräckheiten gelobt.

Artzney so von solchen thieren in brauch kommen.

Sein haut zu aschen gebrant mit wasser auffgelegt/ heilt vnd zertreibt die blätter-
lein so an der Scham sich erheben.

Auß der Leber dieser Fischen wirt öl bereitet/ welches gelobt wirt zu der härte der
Leber mit Celtischem Nardo/ Styrace oder wermut.

Jre eyer gedert/ werden für eine bewerte artzney von den Fischern gebraucht/ zu
allerley bauchflüssen.

Die aschen auß der gebrannten haut/ salb davon bereitet/ wirt gelobt/ zu bissen/
grindigkeit vnd räude/ Item zu dem abfliessenden haar vnd kalköpff/ auch trieffende
Geschwer des haupts.

Diese Fisch noch frisch auff die brust gelegt lasse sie nicht wachsen oder groß wer-
den/ ist ein bewehrte kunst.

Von dem Engel Roch.

Rhinobatus, seu Squatoraia.   Ein Engel Roch.

Von seiner gestalt.

Dyser Fisch entspringt auß der vermischung des Rochen/ vnd Meerengels/ ist
auch auß der zahl der flachen Krospelfischen/ wirt zu Genua vnd Venedig zu
zeiten gesehen. Sol ein rauche haut haben/ ein weiß fleisch/ welches auch im
die speiß kompt/ ist mitler gestalt zwischen den vorgenanten zweyen Fischen.

Von

Von dem Meeradler.

Aquila marina.   Ein Meeradler.

Das erste Geschlecht deß Meeradlers/ vnd seiner gestalt.

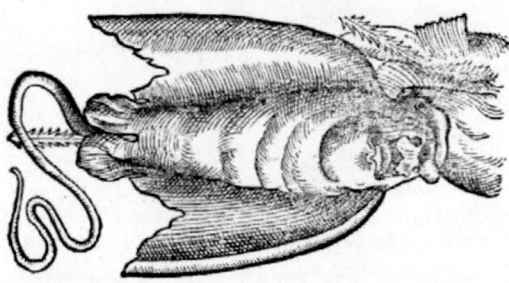

Das erste Geschlecht der Meeradlern/ so vnder die Flachfisch gezehlt werden/ vergleicht sich gar nah einem Habich/ oder Adler mit seinem maul/ kopff/ augen vnd fäckten. Ist gantz ähnlich hievor dem Gifftrochen beschriebe/ vorauß das ander geschlecht deß Adlerfisches/ so hernach wirdt gezeigt werden/ von wegen der breite/ langen schwantzes vnd dem gifftigen pfeil/ welcher er zween an seinem schwantz tragen sol. Ist oben am Rücken blauwlecht/ vnden am bauch weiß: hat einen gantz mercklichen langen schwantz/ zu end gantz klein. Ist ein seltzamer Fisch/ nicht jederman bekannt/ vor zeiten zwey tausend schritt ob der Insel Clodia gefangen/ deß zwey vnnd viertzigsten Jahrs/ welches lenge von dem kopff biß zu anfang deß schwantzes war mehr dann vier schuch bey seits entzwerch/ als jm die fäckten außgestreckt/ acht schuch/ eines schuchs dick/ mit einem seltzamen scheußlichen kopff: der schwantz drey Elen lang/ welcher bey anfang ein kleins Fischfäcktlein sol gehabt haben. Etlich wöllen der Adlerfisch habe nicht allein nur ein pfeil oder angel/ sonder zween: solcher schwäntzen werden zween hieben gesetzt.

Der erste ist dem hochgelehrten Herrn Doctor Conrad Geßner auß Italia zugeschicket worden von Cornelio Sittardo.

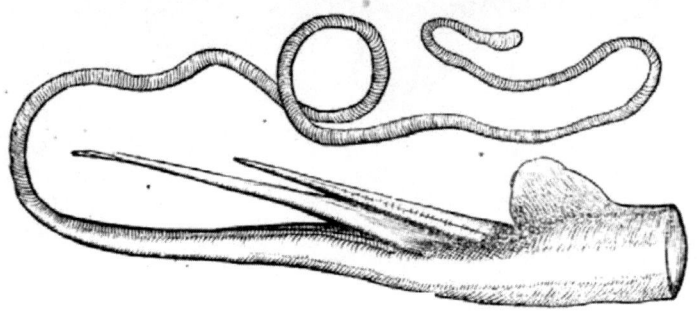

Der neundte theil/ von den

Die ander Figur bezeugt/daß auch zu zeiten dornechtig/rauch Adlerfisch im Meer gefangen werden/wie dann augenscheinlich bey dieser gestalt/so zu Cremona in Italia/bey dem Fluß Pado/zu S. Peters Tempel gezeigt/ zusehen ist: der schwantz sol acht span lang gewesen seyn/bey anfang drey zwerch Finger breit: der grösser pfeil zwo spannen lang oder mehr.

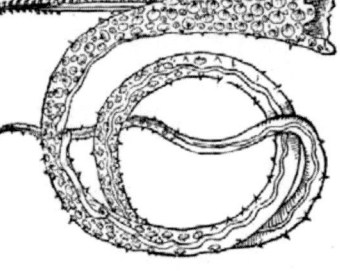

Von dem Fleisch deß Adlerfischs.

Galenus im 3. Buch/so er geschriebe von den speisen vn narunge/spricht daß die Adlerfisch haben ein hart Fleisch/harter däuwung/eines häßlichen Geruchs/ welcher gebessert wirt mit Knoblauch/Zwibeln/sampt etlichem andern Gewürtz.

Etliche stück der Artzney/so von solchen Fischen gebraucht werden.

Der stein so gefunden wirt in dem kopff deß Adlerfischs/nimpt hin den viertägigen Ritten/wirt gelobt wider die Trunckenheit. Sein feiste oder schmaltz zu den Wartzen vnd Trüsen. Sein gall in die augen gestrichen/scherpfft das Gesicht.
Das Fleisch für sich selbst in der speiß genossen heilet die fallend sucht.

Von dem andern Geschlecht deß Meeradlers.

Aquila piscis alter.　　Der ander Adlerfisch.

Von seiner gestalt.

Als ander Geschlecht der Adlerfischen/so von etlichē vnder die Gifftrochen gezehlt wirt/ist gantz gleich dem Gifftrochen mit eusserlicher vnnd jnnerlicher gestalt/allein daß er einen breitern fürgestreckté kopff zeigt/rond/gantz gleich dem kopff der grossen Thascé/oder schwartzen Krotten/hat zween fäcktē gleich einer Flädermauß/mit welchem namen er bey etlichen Völckern genennt wirdt.

Von seiner art/natur/vnd eigenschafft.

Dieser Fisch lebt in mießechtigem vn lättechtigem grund/jagt mit gleicher kunst vn listigkeit den Fischē nach/als von dem Gifftroch geschriebē ist. Schwimpt langsam/
mit

Breiten Krospelfischen. 68

Ein andere gestalt deß Aolerfischs so von Cornelio
Sittardo mir zugeschickt.

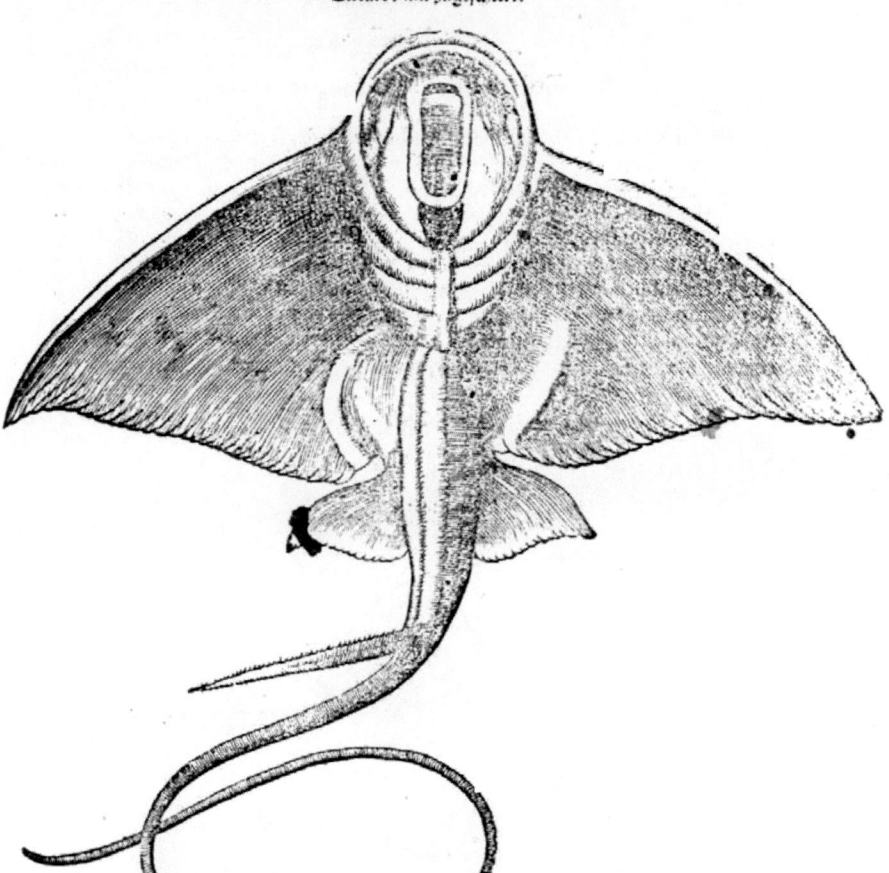

mit grossem Pomp vnd Pracht/von welchem er bey den Welschen den namé bekompt/
dann so er schwimt/ so sticht er die Fisch so vmb j n her schwimmen/dermaassen daß jhn
alle andere Fisch weichen müssen.

Von seinem Fleisch.

Es wölle etlich/es erzeigt es auch die täglich erfahrung/daß dieser Fisch solle haben ein lind/zäh Fleisch/schaummechtig/vnangenem/böß/vn zesund/hart zu ver-
däuwen.

Der neundte theil / von den

Von dem Rochen.

Raia. Ein Roch.

Von den Rochen in gemein / jhrer gestalt vnd vnderscheid.

Leich als das Erdreich voller mancherley dörnen ist/also ist auch das Meer voller mächerley Roché/welche den namé bekommé von den dörné vnd rauhe wegen/ so sie an jrem Leib haben/dañ ob gleich etlich glatt vnder jhnen gesehé werdé/haben sie doch alle dörn/ oder rauhe spitz an den schwäntzen/ einer mehr dann der ander. Der Griechisch nam bedeut auch nichts anders/ dann ein Hagendorn. Bekommen auß der vrsach ein vnderscheid von dörnen/ oder spitzen/rauhe/ glätte/ Macklen/ Masen/ flecken vnd gestalt deß Leibs/rc. Item etliche haben zän/etliche an statt derselbigen rauhe Mäuler. Item jnnerlich ist etlicher Leber röter dann der andern/ etlicher mehr gelblecht/haben alle die Gall in der Leber/ welcher vnderscheid hernach ordentlich auff einander werden beschrieben/ auch die gestalt vnd Figur für augen gestelt werden.

Von dem ersten Geschlecht der Rochen.

Raia leuis. Glatt Roch.

Von seiner gestalt.

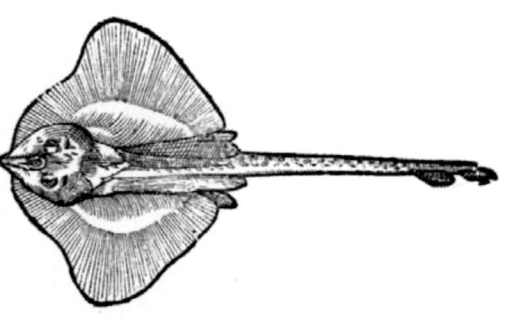

As erste geschlecht der Glattroché/ist ein flach Fisch/gätz dünn/ vnd auff das allerweitest außgespreit / ist glatt an der haut / allein daß er zwen spitz auff dem kopff bey jedem aug einen hat / Item etliche vnden bey dem maul/gegen dem maul gekrümbt/ die speiß zubehalté/ auch etliche oben durch den Rückgrad vnd schwantz/die doch viel kleiner vnd minder an der zahl/ dann an andern geschlechten gesehen werden. Sein maul hat er an der vnder seiten weit gegen dem schwantz/ welches ein vrsach ist/ daß er allein auff dieselbig seiten gewendt/essen kan/ist sonst weit/hat keine zän/ sonder rauhe Kiffbacken/ Löcher neben den Augen/in welche man ein kleinen Finger stossen mag/ zwey andere vorn an der Nasen zu schmecken/seine Flügel zu beyden seiten außgestreckt sind gantz dünn/ am obern ort schwartzlecht/außgenommen ein kleins ort/ so weiß ist/ vnden ist er gantz weiß.

Von dem andern Geschlecht.

Raia vndulata. Ein Schamlot Roch.

Dieser

Dieser Fisch ist auß
dem geschlecht der
Glatrochē/mit der
gestalt deß leibs nicht vn=
gleich einē Ey/glat/außz=
genommen die Linien so
mitten durch den rücken/
welche wenig kleine häck=
le oder spitz hat/etliche bey
den augē durch dē schwātz
her sind sie in dreyfacher
Ordnung grösser vñ stär
cker sampt zweyen kleinen
Fischfäckten zu end deß
schwantzes. Ist am obern

ort äschenfarb/mit viel krummen Linien gleich dem Schamlot/von dannen er den na=
men bekompt.

Von dem dritten Geschlecht.
Raia Oxyrhynchos minor.   Kleiner Spitzroch.

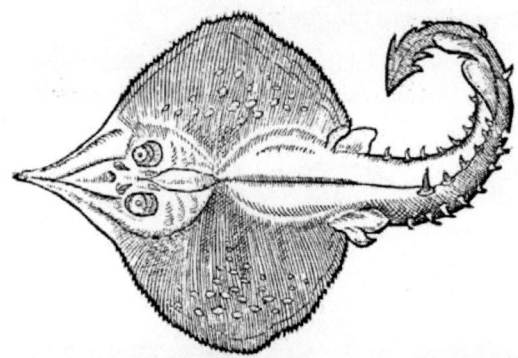

Dieser ist auch einer vnder die Glatrochen zu zehlen/ von wegen seines spitzigen
schnabels/von dem er den namen bekōmen: wirt gantz groß/auff der obern sei=
ten mit vielen flecken geziert/welche sich einer Linse vergleichen/von welchen er
auch Linseroch genennt möcht werden.   Bey den Augen hat er vier dörn: durch den
schwantz drey Ordnungen/in der grösse/krüme vnd gestalt vngleich: die letzsten so am
schwantz/krümen sich gegē dem kopff: an der vndern seiten sind auch etlich gar scharpff/
gegen dem maul gekrümpt: mitten der kiffbacken hat er zän gegen dem rachen ge=
krümpt/ist mit anderer gestalt den ersten gleich.

Von dem vierdten geschlecht.
Raia Oxyrhynchus maior, quam aliqui Bouem antiquorum esse putant.
Grosser Spitzroch/ Wallroch/ Meerochß.

Dieser Fisch ist auch einer auß den Glatrochen/dem obern fast vngleich/außge=
nommen der spitzig schnabel oder maul/von welchem er auch den namen bekompt
grosser Spitzroch/ oder Wallroch: dann er zu mercklicher grösse kompt/ daß er

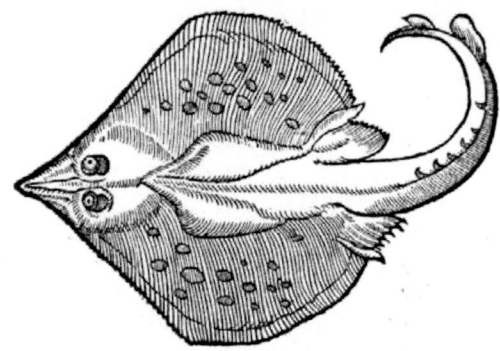

gar nah möcht ein Wallfisch geachtet werden/ hat an seinem leib gantz keine Dörn/
außgenommen am schwantz/an welchem er allein wenig in einer Ordnung hat. Etlich achten solchen Fisch für den Meerochß der Alten von seiner grösse wegē/Item daß
er in seinem Maul kleine schwache/als bewegliche zän hat:mit welchen Zeichen Opia-
nus den Meerochß beschreibt. Darzu kompt der nam/ dann etliche jhn ein Kuh nennen. Mit anderer gestalt ist er den ersten gleich.

Von dem fünfften Geschlecht.

Raia oculata & læuis.   Spiegelroch/ glatter Spiegelroch/
Augenroch.

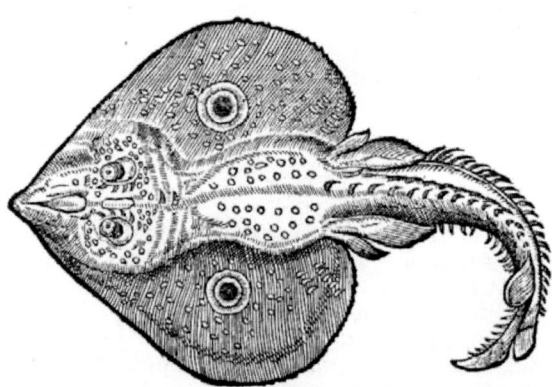

VNder die glatten Roch sol auch dieser gegenwertiger Fisch gezehlt werden/ von
seiner gestalt wegen vnd flecken Spiegelroch/oder Augroch genañt. Ist den vorderigen an der gestalt gleich: hat einen durchscheinenden schnabel oder spiß: ist
sonst oberhalb braun mit vielen duncklen flecken besprengt: auff jeder seitē hat er einen
grossen flecken/welche sich einem aug oder Spiegel vergleichen: hat an seinem Leib viel
mehr Dörn dann die ersten/oder zwo vordern: der schnabel am vndern theil ist rauch:
am schwantz hat er der Dörnen fünff Ordnungen/ist ein gantz schöner Fisch.

Ein

Breiten Kroſpelfiſchen. 70

Ein andere geſtalt deß Spiegel Rochs/ ſo mir von Cornelio
Sittardo zugeſchickt.

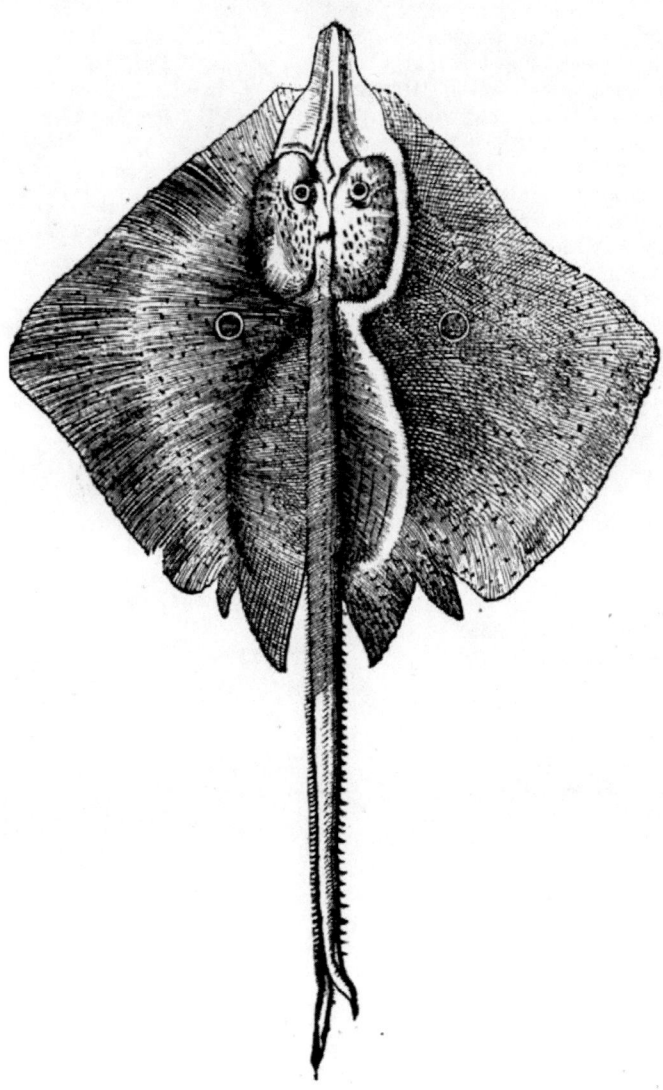

Von dem sechsten Geschlecht.

Raia asterias.　Stern Roch/ Glatter Stern Roch.

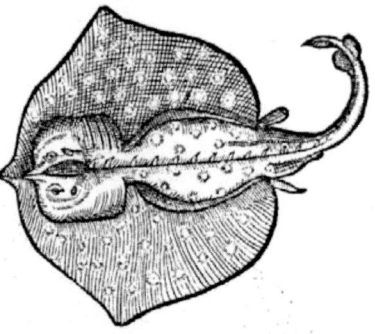

Dieser ist auch auß der zahl der Glat Rochen/ wirdt selten gefangen/ auß welcher vrsach er menniglichen vnbekañt ist. Hat vnderscheid von dē andern daß er allein dörn mitten durch den rücken der lenge nach hat/ sonst gantz keine. Oberhalb ist er mit schönen Sternlein geziert / von welchen er den namen bekompt. Sein schwantz klein/ vnd kürtzer dann in den andern Rochen: sein kopff vergleicht sich mehr dem ersten geschlecht deß gifft Rochs hievor beschrieben/ dañ den gegenwertigen Rochen. Wohnet allein im tieffen weiten Meer/ auß welcher vrsach er selten gefangen wirdt. Solches sind die glatt Rochen nach einander erzehlet. Von der art/ natur der Thieren vnd jrem Fleisch wirdt hernach zu endt der Fischen geredt werden.

Von den Rochen so nicht glatt/ sonder rauch vnd dornecht sind.

Von dem ersten geschlecht.

Raia oculata & aspera.　Ein raucher spiegel Roch.

Dieser ist dē glatten spiegel Roch gātz ānlich/ allein daß er vil raucher dörnē zu beyden seitē auß den Flügeln hat/ vnd durch dē gantzē leib/ viel mehr vnd stärcker dörn dann der glat spiegel Roch. Es ist auch nit zu achtē/ daß solche fisch allein vnderscheid haben von dem geschlecht/ sonder es werden in jeder gestalt māñlin vñ weiblin gesehen.

Das ander geschlecht.

Raia asterias aspera.　Raucher Stern Roch.

Vnder die rauch Rochen wirt auch dieser gezehlt/ so den namen bekompt von den Sternen/ welche sich durch den gantzen leib erzeigen/ ist gantz voller Dörnen allenthalben. Solcher Fisch möcht in zwey geschlecht getheilt werden/ das erste so ster-

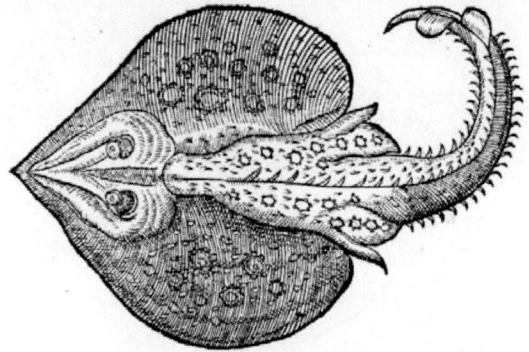

so Sternen hat/ mitten weiß/ welche vmbgibt ein kleiner Circkel mit schwartzen Puncten: der leib gantz voller Dörnen. Das ander hat solche Sternen gantz weiß/ mit viel minder Dörnen. An statt der zänen haben solche rauche Kißbacken.

Von dem dritten Geschlecht.

Raia Clauata. Nagelroch.

Jeser Fisch wirdt auch vnder die Rauchrochen gezehlt/ bekompt den namē von den krumen dörnen oder ängeln/ so sich einē krummen nagel vergleichen : entspringen auß rondē bein : ein gelblechte Leber hat er/ an welcher hanget die Gall/ so dünn vnd wässerecht ist. Solche Leber wirt vnder die edlesten vñ lieblichstē

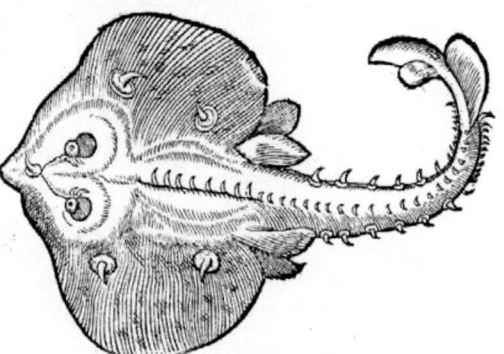

speiß gerechnet/ ist feist/ wirdt ohne arbeit in öl resoluiert/ dienstlich zu der Artzney/ als hernach wirdt gehört werden.

Von dem vierdten Geschlecht.

Raia clauata altera. Das ander Geschlecht deß Nagelrochs.

Jeser Roch hat ein spitzigern schnabel dann der vorig/ ohne angel/ hat keine zän/ an statt derselbigen rauche Kißbacken. Auff jeder seiten hat er acht langer scharpffer Dörn/ welche in allen andern nicht gesehen werden. Ist sonst an der Farb äschenfarb.

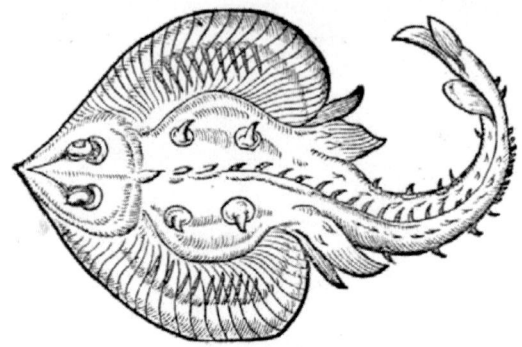

Von dem fünfften Geschlecht.
Raia spinosa. Ein Dornroch.

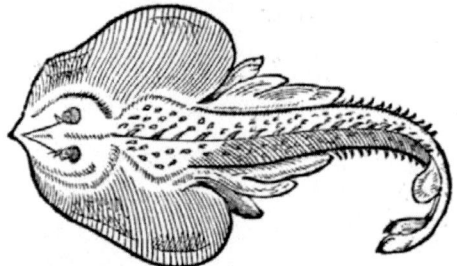

Dieser ist dem Glatroch gantz ähnlich/ außgenommen daß er lange dörn auff der haut hat.

Von dem sechsten Geschlecht.
Raia aspera. Rauchroch.

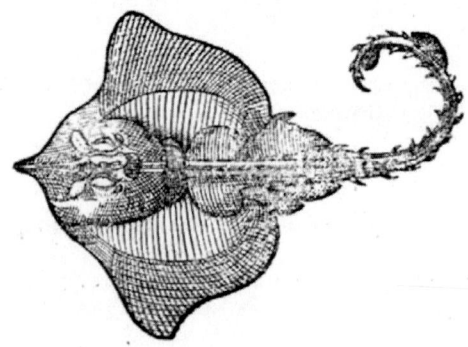

Diesen

Jesen nennen wir rauch Roch zu vnderscheid der andern/dieweil er seine fäckten voller kleiner dörnen hat/mitten auff dem leib keine.

Von dem siebenden Geschlecht.

Raia Fullonica. Karten Roch.

Iser beköpt auch den namen von seinen dörnen/so sich dem Instrument/ Karten genannt/ vergleicht/ ist allenthalben durch den gantzen Leib voll.

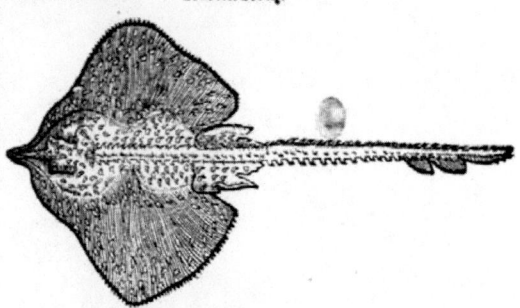

Von dem achten Geschlecht.

Raia asperrima. Gantz raucher Roch/Hech Roch.

Iser Roch ist obē vñ vnden so voller dörnē vñ starcker spitzen/daß er ohne verletzung nit mag gehandlet werden / allein ergreifft man jn bey den zweyen Fischfäckté bey dem schwätz. Ein solche gestalt deßvnden theils haben auch alle andere Roch / hat auch keine zän als der mehrertheil/ sonder an statt derselbigen rauche/ harte/ beinechtige kiffbacken.

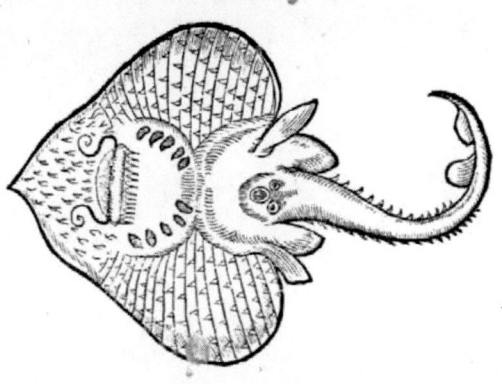

Von dem Geschlecht der Rochen so Olaus
Magnus in seinen Tafeln mahlt.

Solchen Rochē malet Olaus/welch er ein vndergesenckté mensché/ von dē Meer hunden zu grund gezogen/auß natürlichem anmut ein zeitlang beschirmt.

Der neundte theil / von den

Von den 3. Figuren der Rochen so von D. Conradt Gäßner gesetzt worden.

Die erste.

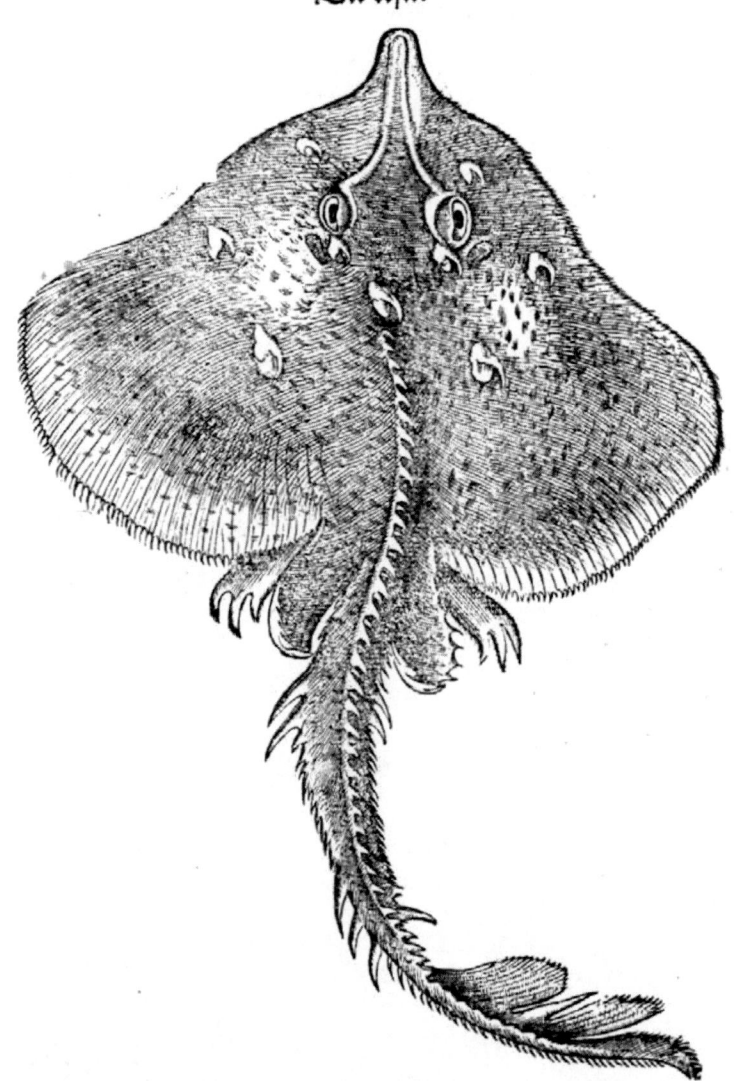

Jst von Venedig jhm zugeschickt / vergleicht sich dem ersten Nagel Roch / ist mit braunen flecken besprengt / ist sonst finster gelb.

Die

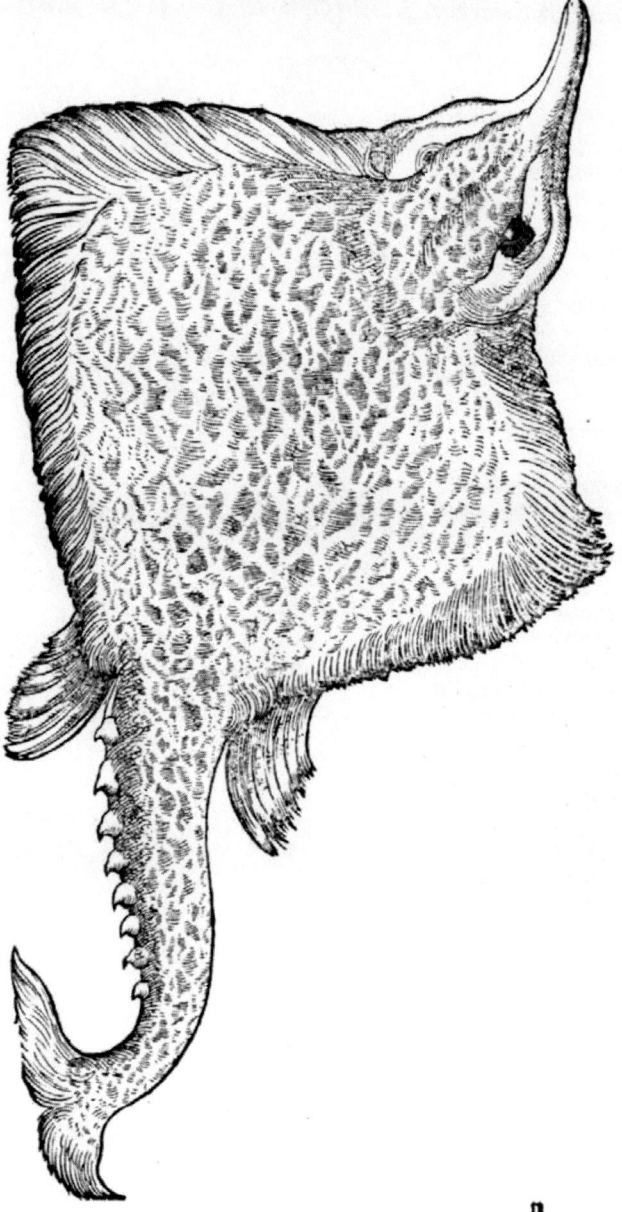

ij

Jeser ist auch zu Venedig abconterfetet worden: der leib ist schier aschenfarb/ mit braunen flecken: aussen vmb den leib herumb/ rotlecht. Mich bedunckt zu den Spitzrochen dienen/wiewol er sich keinem andern gantz vnd gar vergleicht.

Die dritte.

Je Apotecker vñ andere landstreicher gestalten die leib der Rochen in mancherley gestalt nach jt gefallé mit abschneidé/krümmen/zersperré/in Schlangé/ Basilisken vnd Tracken gestalt. Solcher gestalt eine ist hiher gsetzt/damit hernach solcher trug vnd bschiß gemerckt werde. Jch hab ein landstreicher bey vns gesehen/ der ein solche form für ein Basilisck gezeigt/ so doch allein auß dé Rochen gestalt ist worden.

Von Art/Natur vñ Eigenschafft der Thieren.

Dise fisch wonen gemeinlich an lättechtigen/mießechtigen orten/nicht weit von gestadten/ schwimmen mit der breite jres Leibs/ist langsam vnd faul in dem schwimmen/ sind fleischfrässig/geleben der andern kleiné fischen:mehren sich gleich andern fischen:vergleicht sich mit der fruchtbarkeit den Hünern : dann ob sie gleich nit mehrt/daß ein oder zwey schalechtige eyer zu vnderst in dé Legdarm oder mutter haben/welcher eins hie ab conterfetet gesetzt ist / haben sie doch ein vnzal kleiner Eyer oben in dem Legdarm/welch e mit der zeit auch vollkömlich gestalt werden/je eins nach dem andern/gleich als in den Hennen geschicht.

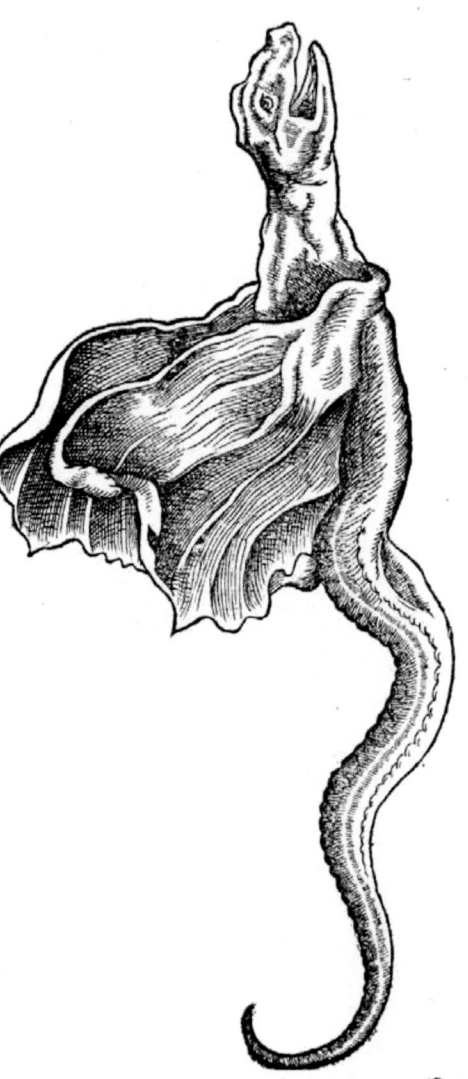

Von

Von der gestalt der Eyer.

Je eyer so obē auff
der figur deß gros-
sen eys gesehē/wer
den erstlich one schalē empfangen vñ gestalt/oben
in dem Legdarm/welcher
etliche mit der grösse den
heūen eyern vergleichē/et
liche kleiner/etliche kaum
einer erbs groß/gleich als
ein eyrstock in dē hennen/
sollen zu zeiten mehr daň
100.gezelt werdē.Auß sol
chen/so gar nahe vollkom
men werden in den boden
der Mutter herab getruckt/mit einer schalen vmbgeben/in welcher weiß das Dotter/
vnd das gelbe gesehen wirt/als in den Hünereyern.

Die schalen aber vnder dem Eyerstock so one schalen gezeigt/ist gleich einem Küssen/
zu end hat er riemle/gleich einem nestel.So viel von der fruchtbarkeit dieser Thieren.

Auß den Rochen wirt allein von dem glatten Sternroch geschrieben/daß er in tieffem Meer vñ lautern wassern wonet/welches auch ein besser löblicher fleisch vrsachet.

Alle Rochē/Flachfisch/Item alle andere fisch so krospelen an statt deß gebeins oder
gräten hat/ligt Winterszeit im grund verborgen/schreibt Aristoteles.

So rauhe/dörnechte/ scheutzliche Fisch sindt die Rochen/ daß sie von keinem anderen Fisch mögen gessen werden/ denn von dem Sqat fisch vnd fraßhunden.

Von dem fleisch der Thieren.

Die Rochen haben allesamen ein rauch/hart/vndūwig/vngesundt fleisch/eines
argen gesaffts/hat ein vnlieblichen geruch/so es von dem kaat/vñ Meer bekompt/auß
welcher vrsach sie etwas bessers werden/ wo sie an andere ort weit von dem Meer gelegen geführt werden/ vnnd behalten/dann sie verlieren also ein guten theil deß vnangenemen geruchs/werden gesotten auß essig gessen/oder erst darnach gebacken. Ist ein
schlechter fisch/wirdt von niemand gessen/dann allein so man anderer Fischen mangel
hat/ist so hart/trocken vnd zähe/als wenn einer ein gesotten tuch fräße. Doch als vor
gehört/wirt das Fleisch deß glatten Sternrochen/für anderer fleisch gepriesen. Item
das Fleisch deß grossen Spitzrochen ist auch nit böß. Die Leber ist das beste von solchē
fischen/wirt sonderlich gelobt.

Etliche stück der artzney so von solchen fischen in brauch kommen.

Die Gall von den Meerrochen frisch/ist gar dienstlich den bresten der ohren/Item
auch mit altem Wein.

Die Leber sampt der Gallen wirt gebraucht zu dem beissen vnd räude.

Von dem Zitterfisch.

Torpedo. Ein Zitterfisch/ oder Schläffer fisch.
Von mancherley Geschlecht/ form vnd gestalt der Fischen.

Ie Zitterfisch so vnder die Flachfisch vñ Krospelfisch gezehlt werden/ob sie schon all gleichförmig gestalt/ so haben sie doch etwas vnterscheid/ an augen/ flecken/ mackeln vnnd etlicher anderer gestalt/ als hernach ordentlich auß den Figuren mag ersehen werden.

Von dem ersten Geschlecht.

Torpedo oculata prima.   Der erste augecht Zitterfisch.

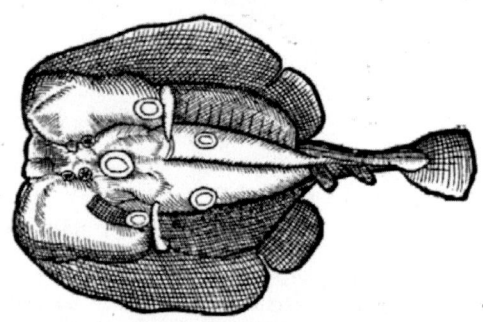

Iser erste auß dē Zitterfischen bekompt seine namē võ den fleckē auff seinē rücken/ so sich einem aug vergleichen/ Zitterfisch aber/oder schläffer/ oder krampfffisch auß der vrsach/daß so er angerürt/bringet er dz zittern der glieder vnd den krampff derselbige/ machet sie einen oberwillen entschlaffen/auß welcher krafft er bey den Latinern vñ Griechen den namen bekompt. Die augen solches fischs vmbgeben circkel/ mit weissem vnd schwartze vnterscheidet/ vergleichen sich gantz einem aug. Oberhalb sind sie rötlecht als röttelstein/ etliche gelblecht/vnden weiß. Ist vornen breit vñ dünn/ hinden endet er in ein dicker/fleischechtigen schwantz/welcher zu end sich einem steurruder vergleicht. Hat kleine augen nach der gestalt seines leibs/ ein klein maul an der vnder seiten/ gleich einem halbgewachsenen Mon/ mit kleinen zänen/dabey zwey löcher an statt der nasen/ hat ein gestalt gleich als ob er kein Kopff hette/ hat doch ein hirn/ hat eine weisse leber gantz zart/ eine grosse gall/ein glatte schlipfferige haut/kompt nit zu mercklicher grösse/selten zu 6.pfunden. Sömliche innerliche gestalt sol auch von den nachkommenden verstanden werden.

Das ander geschlecht.

Torpedo oculata altera.   Der ander augechtig Zitterfisch.

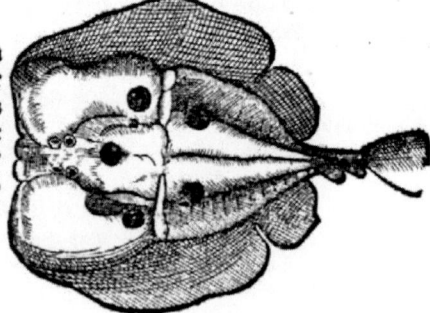

Iser hat von dem erstē kein vnderscheid/ dann daß er die Augen oder Maculen rund vnd gantz schwartz hat/ one vmbgebende Ringle oder Circkle/ ist auch der vorigen an der farb gleich.

Das

Das dritte Geschlecht.
Torpedo maculosa. Gefleckter Zitterfisch.

Jeser hat allein kleine flecken auff mancherley ge-
stalt/ on ordnůg bespren-
get.

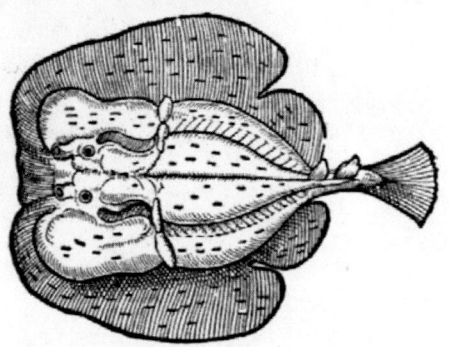

Torpedo maculosa supina. Das letzte ort deß ge-
fleckten Zitterfischs.

Von diesem fisch ist hie-
her auch die letze gestalt
gesetzt / damit die ge-
stalt deß mauls gesehen möch-
teiwerden.

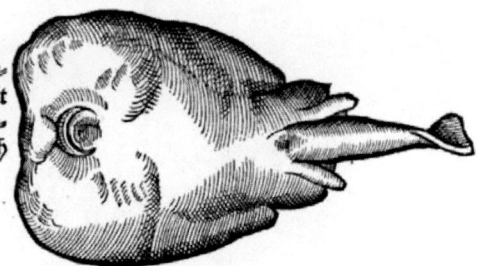

Das vierdte Geschlecht.
Torpedo non maculosa. Der Zitterfisch ohne
maculen oder flecken.

Die erste Figur.

Je erste vnd kleiner ge-
stalt der vngefleckten
Zitterfischen.

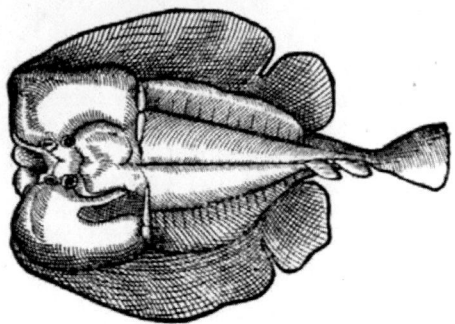

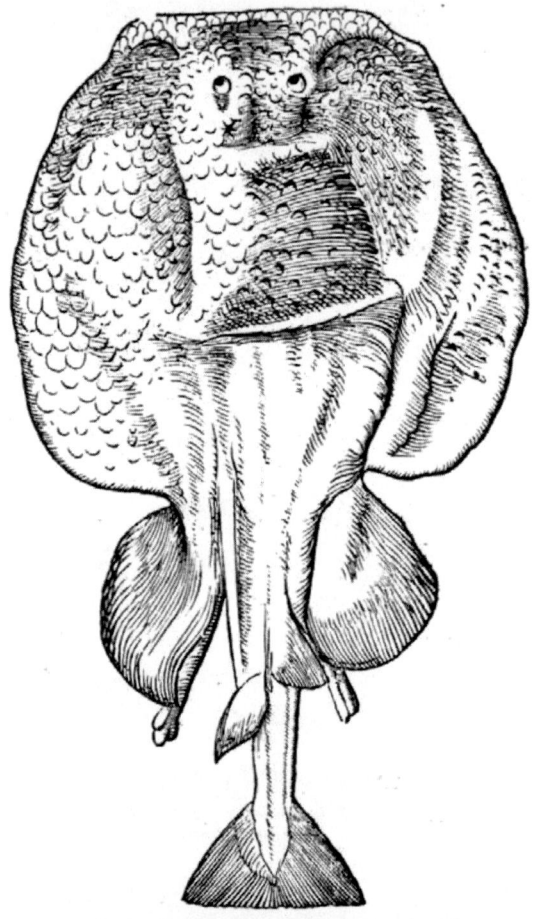

Ie ander vnnd grösser Figur hie zugegen ist dem Hochgelehrten herrn Doctor
Conrad Geßner von dem gelehrten mann Cornelio Sittardo zugeschickt wor-
den/ist vil besser vnnd baß abconterfetet dann die andern alle: wirt one alle flecken oder maculen gesehen/an der farb dem ersten gantz gleich.

Von der letzten Figur oder gestalt der Zitterfischen.

Egenwertige grosse gestalt oder figur hat Doctor Conrad Geßner von einem
Maler von Venedig bekommen/keinen andern hievorgesetzten sich vergleichen-
de/vermeint er sey nit wol abconterfetet worden.

Von Art vnd Natur der Thieren.

Dise Fisch wonen allein in lättechtigen/katechtigen orten vnd pfützen deß Meers/
schwimpt mit seiner breite langsam vnd träg/vnd mit den hindern zweyen fischfäckten:
verbirgt sich in den grund deß Meers zur zeit deß Winters.   Der

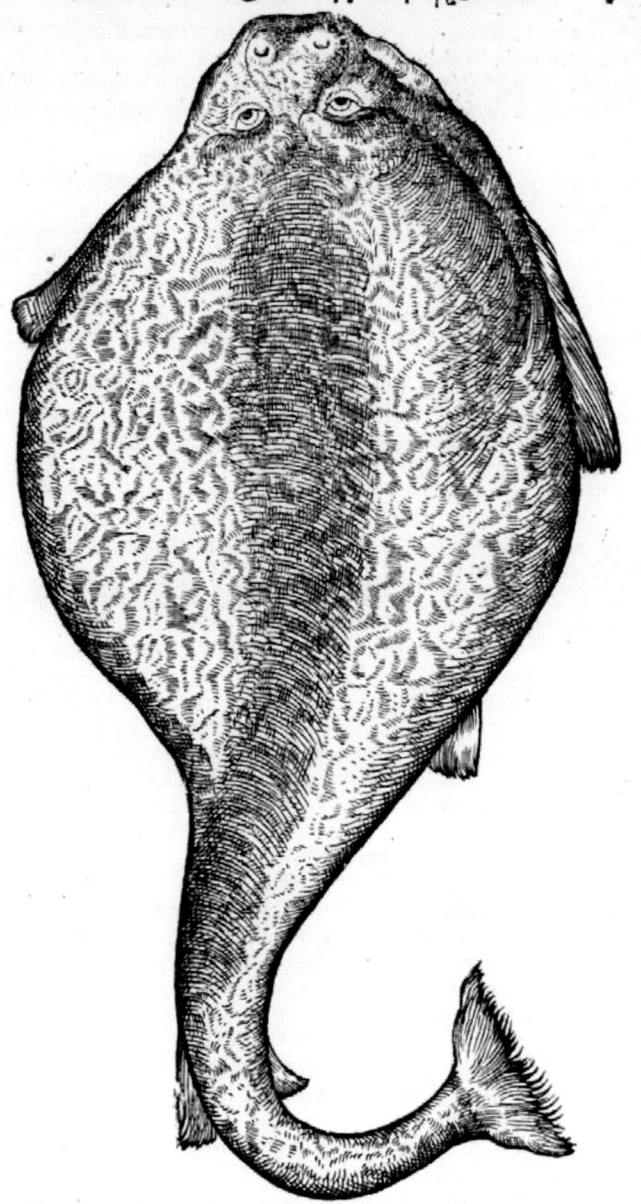

Der Zitterfisch gebirt linde Eyer in jm selber/schleifft dieselbigen auß noch in seinem Leib/gebirt lebendige Frucht/dann solt er die Eyer gebären/möchten sie also lind

nit beschirmpt im wasser werden/ solche Junge fasset er alle in sich durch das Maul/ so
forcht oder gefahr vorhanden ist. Es schreibt Aristoteles von einem grossen Zitterfisch
der 80. Juge in sich gehabt/ sol gesehen seyn. Es wohnen auch etliche solcher Fischen in
den Flüssen/ als im Fluß Nilo/ welche von denen so im Meer wohnen kein vnderscheid
haben.

Von natürlicher anmutung vnd listigkeit der Thieren.

Wiewol die Zitterfisch von Natur im schwimmen langsam vnnd träg sind/ so hat
doch dieselbig natur jne ein solche kunst vñ krafft verlihen/ daß sie auch die aller schnel-
lesten fisch zu jhrer speiß vnnd nahrung kriegen mögen/ nemlich was sie berürt/ daß
solchs zu stund entschläfft/ müd/ lam vnd todt wirt. Auß der vrsach ligt sie auff dem
grund zertthon als todt/ bewegt sich nicht/ Welche Fisch dañ jnen nahend vnd berüren/
auch sonst in den wällen/ wassern vnd andern orten von jnen berührt/ oder sonst vmb
sie herumb schwimmen/ die werden allsamen entschläfft/ müd/ vnbeweglich vnnd
todt.

Sömliche krafft erzeigt sie nit allein gegen den Fischen vnnd Thieren so in wassern
wonen/ sondern auch gegen dem Menschen/ gegen den Fischern/ welchen sie zu zeiten
in die Garn kommen/ dann die krafft sol auch durch die seil vnd garn an jren Leib kom-
men/ dermassen daß sie die angelruten vnnd garn wider jhren willen müssen fallen las-
sen/ solches ist den Fischern wol bewust/ werden von keinem angetastet/ dann so sie
mit der hand berührt werden/ vorauß so sie verletzt oder truckt/ so entschläfft das glied/
bekompt von grosser mechtiger kälte so von solchem fisch fleußt/ ein vnentpfindtligkeit/
vnd entschlaffen.

Item das wasser so vmb sie her berühret wirdt/ so sol auch gleicher weiß solcher gifft
so von jren gantzen leib fleußt/ solch glied/ verletzen vnd entschläffen.

Item so sie mit einem langen stecken/ ruten oder spieß von weitnuß berührt werden/
so sol auch solch gifft dem holtz nach/ vnnd durch das holtz an die hand deß Menschen
kommen/ so kräfftig ist es. Sömliche krafft vñ gifft haben sie allein so sie lebendig sind/
dann so sie todt/ werden sie one gefahr von menniglichen berührt vnd gessen.

Als zu zeiten in abfliessung deß Meers einer diser fischen blieben/ sich mit springen
gern hette wider in das wasser geworffen/ von einem jungen Gesellen vnbehutsam mit
füssen getretten ward/ jhn an den sprüngen zu hindern: hat er angehaben an dem
fustritt zu stund gantz erzittern/ dann er vrsachet nit allein/ so er angetastet wirdt/ ein
entschlaffen der gliedern/ sondern auch ein mechtig zittern.

Von dem fleisch der Fischen.

Wiewol etlich der Alten das fleisch diser Fischen gelobt/ sol es doch endlich gescholl-
ten werden/ als ein harte/ zähe speiß/ hart zu verdäuwen/ eines argen gesaffts/ eines
vnlieblichen geschmacks vnnd gestancks/ wirt von niemand gessen/ dann von den Armen in der theuwre anderer Fischen. Hippocrates lobt die speiß von solchen Fischen/ in
den Lebersüchtigen vnd außferbenden.

Artzneyen von solchen Fischen.

Die lebendigen Zitterfisch werden auffgelegt/ denen so alte Häuptwehe haben/ vnd
dem außgefallenen sitz. Item den Bresten deß Miltzes/ vrsachet auch ein ringe geburt in die stuben getragen.

Sein fleisch in essig gefüllt/ an die harechtige ort gespregt/ macht die har außfallen.

Item an die schmertzen der gleychen gebunden/ heilt zu stund. Item solcher fisch
gleich lebendig in öl gesotten/ vnnd das öl mit wenig wachß gemischt/ ist die aller köst-
lichste artzney zu dem Podagra. Sein gall an die hode gestrichen/ vertreibt die geilheit.

Item die gall mit essig angestrichen/ an die verwirten augbrauwen macht sie außfallen.

Der

Der zehende theil/von den Meer-
thieren/ so begreifft die lange Krospelfisch.

Von andern kleinen Hundfischen/so von den Grie-
chen Galei genennt werden. Erstlich
von dem Dornhundt.

Von seiner gestalt.

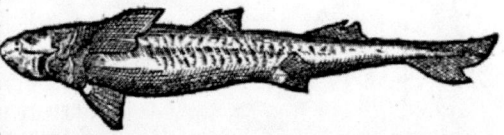

Tlich der
Hundfische
sind hievor
erzelet wor-
den/ dieweil aber der kleinen Hundfischen von den
Griechen Galei, von den Latinern Musteli genannt/noch mehr sind/wöllen wir dieselbigen der ordnung nach beschreiben/unnd an dem anheben/ so von seiner Spitzen wegen
Dornhund genennt wirt/welcher doch ein underscheid hat von dem so nachher Stachel-
hund genennt wirt werden.

Diser ist äschenfarb/hat zwo starcke un scharpffe spitzen auff dem rücken/an welche
die fleckten behafftet sind/ hat grosse augen/ein weiten rachen. Diser kan nit seine jungen in den schlauch fassen gleich andern/von wegen der scherpffe der dörnen oder spitze/
welche vor der geburt lind und zart sind/ nach dem leych aber erharten unnd erstarcken
dieselbigen. Hat weiter inwendig ein gelbe zweyfache Leber/ein fünffecket Hertz/Eyer
gleich dem gelben eines Eys/doch grösser/rc.

Von dem glatten Hundfisch.

Galeus læuis.   Ein glatter Hundfisch.

Von seiner gestalt.

Iser wirt zu un-
derscheid ein glat-
ter kleiner Hund-
fisch genennt/nit daß er
gantz glat: dann solche
Hudfisch sind all rauch
sonder dz er glätter dann
die anderen befunden
wirdt. Ist dem vorgehe-
dé an der gestalt änlich/
doch one dörn oder spitz/hat auch keine zän als der vorgesetzt/sonder an statt derselbigen
rauche Kiffbacken. Ist an seiner gestalt äschfarb. Dieweil nun diese Thier / als hernach gehört wirt werden/lebendige frucht oder jungen gebären/ist er hie also abconterfetet worden/daß das Junge noch an dem nabel seiner Mutter gesehen wirt.

Diese ander Figur ist auch die
gestalt deß glatten
Hundfisches.

Von dem Sternhund.

Galeus stellatus seu asterias.. Sternhund/
Sternhundfisch.

Von seiner gestalt.

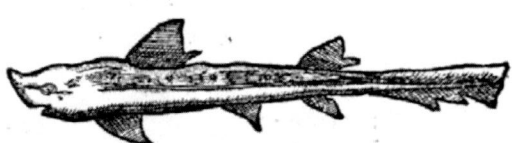

Dieser bekompt sein vnderscheid von den weissen Flecken so sich den Sternen vergleichen: ist nicht so rauch
als der Glathund/ sonst mit anderer gestalt jm gantz
ähnlich: der flecken oder maculen sind etlich gleich den stern/
etlich allein rund. Diese sollen zweymal in einem Monat leychen: hat auß allen Hundfischen das beste fleisch.

Von der andern gestalt deß
Sternhunds.

Galei stellaris icon Venetijs efficta.

Dieser fisch ist an der farb bleichrot/ hat auff seinem rücken viel schwartzlechter Flecken/etlich braun.

Von art vnd Natur der
Fischen.

Mit gestalt/sitten/speiß/vnd nahrung sind diese fisch all
gleich/auch mit natur vnd jrer eigenschafft den nachgeschrie-
benen kleinen Meerhunden. Dann sie gebären ein lebendige
frucht/ ob sie wol erstlich eyer oder rogen angesetzt haben/ zu
mercken ist daß diese Fisch auß den tieffenen an die gestad herauß schwimmen so sie leychen oder gebären wollen/ von natürlicher anmutung wegen zu der wärme.

Von natürlicher anmutung der Thieren.

Plutarchus schreibt viel von natürlicher anfechtung der
Thieren/dann in der forcht verschlucken sie jre Jungen/vnnd
kotzen sie naher widerumb herauß/ welches vrsach geben hat
etlichen so geschrieben haben/ diese Fisch leychen deß jars manchesmal ohne vnterlaß.
Beschauw weiter von den kleinen Hundfischen.

Von

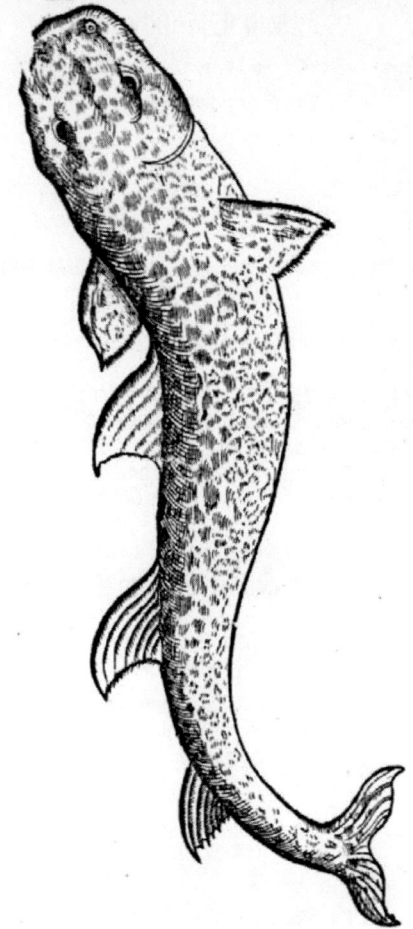

Von jhrem Fleisch.

Ein hart Fleisch habe diese fisch / schwer zu verdäuwen/ gebäre ein böß/ dick geblüt/ haben einen heßlichen Geschmack / werden allein von den Armen/ vnd so man anderer Fischen mangel hat/ gessen.   Jr Fleisch wirt auch in etlichen Kranckheiten/ die Leber betreffend/ von Hippocrate dem Artzt/ gelobt. Die Aegyptier wo sie haben einen menschen wöllen bedeuten der viel gefressen/ zur stund kotzet/ vnd widerumb frisset/ haben sie der Fisch einen gemahlet.

Der zehende theil/ von den

Von dem Blauwhundt.

Galeus Glaucus. Ein blauwer Hundfisch/ Ein blauwhund.

Von seiner gestalt vnd grösse.

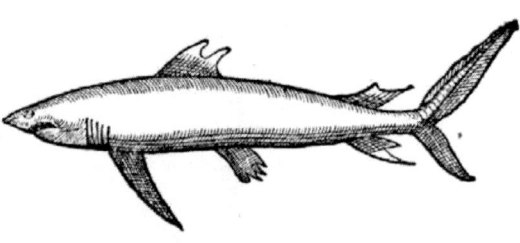

Dieser ist eigetlich auß dēgeschlecht der Hunden/als bey anfang von dē grossen Meerhunden geschrieben ist wordē/köpt mit seinem Leib auff 4. oder 5. Elen/ sein Rücken ist lauter blaw/von dannen er den namen hat/vnden am bauch weiß/hat bey jedem Kiffbacken zwo Ordnung starcker zänen/ein dicke/breite/rauche Zungen/ ein vberauß weiten langen Magen/ vnd an dem Mästie vnden ein Fleischechten Zapffen eines Fingers groß. Dieser ist auch auß der art deren so ihre Jungen in der forcht in das Maul fassen/ vnnd naher wider herauß kotzen/ ist Fleischfrässig/ein rechter Fraß/ hat ein rauch/hart stinckend Fleisch.

Von dem Spitzhundt.

Galeus Centrina. Ein Sauwhundt/ Ein Spitzhund/ Ein Stachelhundt/ Ein Giffthundt.

Von seiner gestalt.

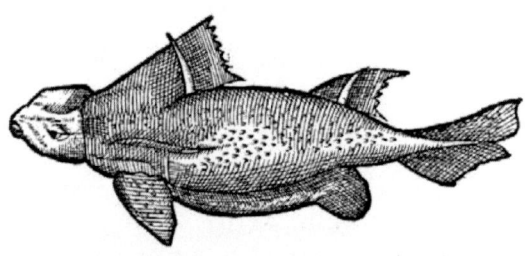

Dieser ist kurtz vnd dick gegen den vorgeschriebnen Hunden zu rechnen/hat seinen namen von den langen/scharpffen/vergifftigen spitzen/ deren er etlich auff dem Rücken tregt/ welche aussen mit einem schwartzen Häutle vberzogē sind/ sonst innerhalb weiß/hat ein vberauß rauche Haut/ mit kurtzen/ dicken vnnd kleinen Spitzen vberzogen/ vorauß mit starcken auff seinem kleinen vnd flachen Kopff/ hat weite/grosse/grünlechte Augen/durchscheinend als ein Glaß. Item ein groß Maul/ am obern Kiffbacken ein dreyfachte Ordnung der zänen/ In dem vndern einfach/ welche breit vnd scharpff sind/sein Leber vndGallen weiß vnd ein nidergetruckt hertz auch weißlecht. Ist ein häßlich/wüst/vngestalt Thier/ so in dem wust/kaat oder lätt wohnet.
Diese

Dise andere gestalt deß Spitz
oder Dornhunds ist zu Vene=
dig gantz gründlich conterfe=
tet worden.

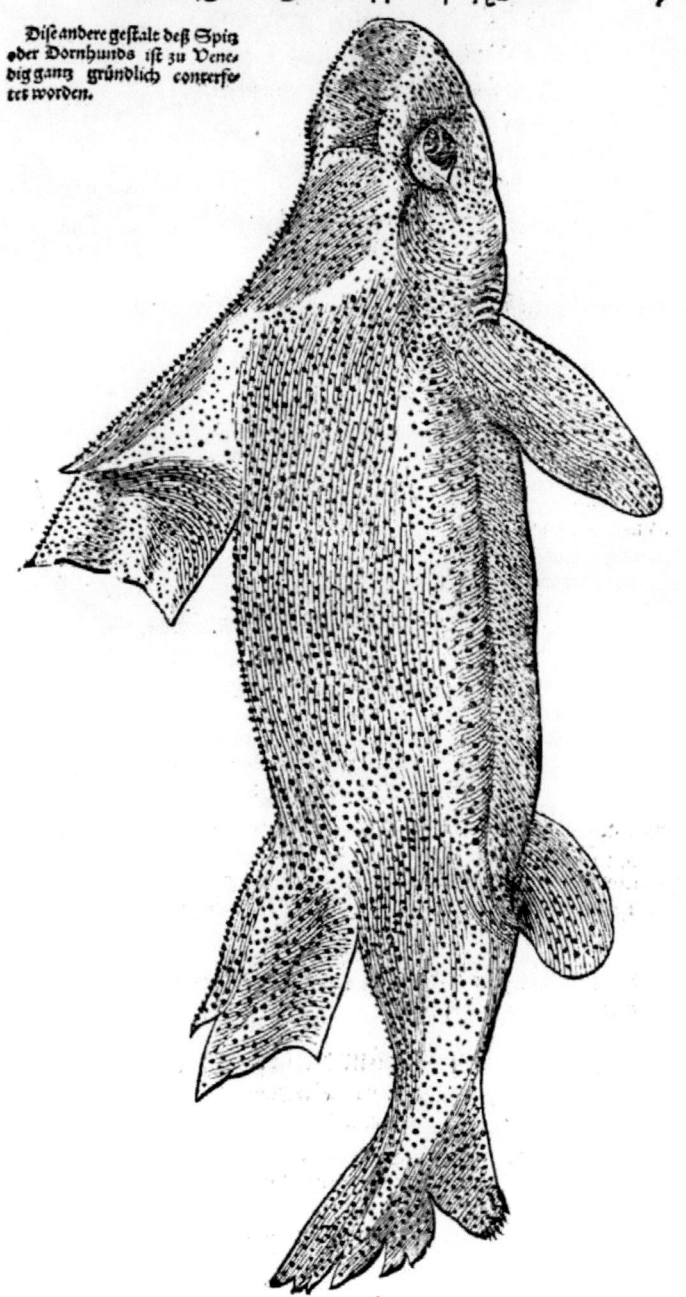

Von dem kleinen Fraßhund.

Maltha Lamiola. Ein kleiner Fraßhund.

Von seiner gestalt/art/natur vnd eigenschaffr.

Diser fisch wirt von etliche gzehlt vnter die grossen / grausamen Meerthier / ist auß der art vñ natur der Fraß hunden oder Hundfisch / hat ein lind blutt fleisch / welches den Stulgang bewegt: bedarff keiner weiterer beschreibung.

Von dem Meerfuchß.

Vulpes Galeus. Ein Fuchßhund.

Wie er gestaltet / vndvon seiner Natur.

Diser ist mit aller Gestalt andern Hundfische ånlich / allein dz er hinden an dé schwantz die ober såckté sehr låg hat auffgestreckt / empfåhet / leycht vñ gebirt gleicher gestalt wie der Dornhund / ist auch mit innerlicher gestalt déselbigé ånlich / hat einé heßliché geruch / gleich als auch die jrdische fúchß heßlich stincké / wonen allein an gesaltzné wassern / låttechté orté / weit von den gestaden.

Von natürlicher listigkeit der Fischen.

Gleicher gestalt als der jrdische Fuchß das listigste Thier geachtet wirt / also sollen auch diese fisch sondere listigkeit an jnen haben. Dann ab dem aaß der angel hat er ein abscheuwen / vnd so er jn gefressen / so scheußt er der schnur nach / vnd beißt dieselbig ab / also daß zu zeiten drey oder vier ångel in seinem bauch gefunden werden.

Von jhrem Fleisch.

Diese haben auch ein hart / rotzig fleisch / schwer zu verdåuwen / eines heßlichen goruchs / nach art anderer Hundfischen.

Von den kleinen Meerh unden oder Fraßhunden.

Canicula. Ein kleiner Meerhund.

Von mancherley Geschlecte der Thieren.

Allerley Meerhund bekommen jren namen von jrer art / so sich vergleichet mit fressigkeit / geschwinde / rauhe / schnelle / rc. den jrdischen Hunden. Hievor ist gehört von den zweyen grossen / hie wöllen wir die kleinen nach einander / jedes geschlecht / deren gantz viel sind / ordentlich erzehlen vnd beschreiben.

De

Von dem erſten Geſchlecht der kleinen Meerhunden.

De Galeo cane vel canicula Plinij.

Von jhrer geſtale.

Die gſtalt deß fiſchs iſt vor augē/ allein zumercken/dz diſer von etlichen Plinij canicula gehalten wirdt/ auß vr=ſach/ dz jm ſeine augē mit einem dünnen heutle als

ein wolckē verfinſtert werden. Item daß er ein ſonder groſſe begierd tregt nach den bloſ=ſen/ entdeckten/ vnnd weiſſen theilen der Menſchen/ als den Fiſchern begegnet vmb die füß vnd ſchenckel/ welche poſſen inſonderheit einem von Plinio zugeſchrieben werden. Wie dem ſeye/ ſo iſt diſer fiſch auß dem geſchlecht der kleinen Meerhunden.

Von dem andern Geſchlecht der kleinen Meerhunden.

Canicula ſecunda ſpecies ſiue Ariſtotelis.

Von ſeiner geſtale.

Damit dieſes Geſchlecht võ meñiglichen bekãt würd/ iſt ſein ey/ jtem ſein auffge=ſchnittner leib/ ſamt dē weiſſen düttlinē auch zwyfachē mut=ter/ durch abconter=fet/ vor augen geſtelt worden. Von ſolchs geſtalt ſchreibt inſö=derheit Ariſtoteles/ fürnemlich dz ey be=treffend. Iſt ſonſt an

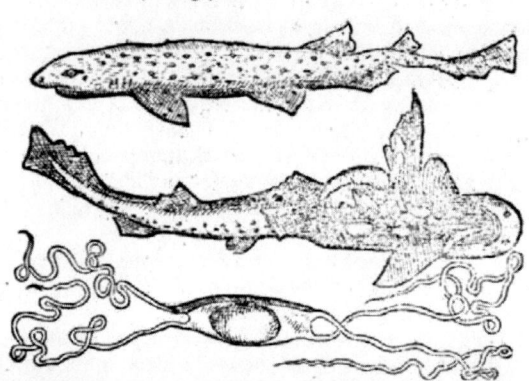

ſeiner farb rötlech t/ mit ſchwartzen flecken beſprengt/ mit einer gantz rauchen Haut/ ſo du jn ſtreicheſt vom ſchwantz gegen dem kopff/ als ein Feile. Sein ey iſt einer ſchalechten art/ hart/ durchſcheinend als Horn/ auch an der farb/ in welchēm ein Feuchte geſeſſen wirt/ gleich einem Ey/ iſt an der gantzen geſtalt gleich einem Häuptküſſen/ ein welches end lange riemle in ſich gekrümpt hangen/ als ſeyten oder neſtel oū alle höle. Diſer fiſch hat ein vnlieblich fleiſch/ hart/ eines heßlichen geruchs.

Dieſer Fiſch wirt auch von Rondeletio für ein kleinen Meerhund geſetzt.

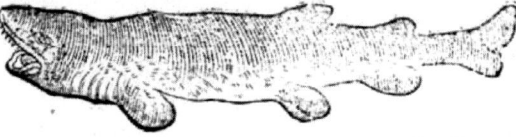

Von dem dritten Geschlecht der kleinen Meerhunden.

Canicula saxatilis. Stein Meerhund/ Das dritte Geschlecht der Fraßhunden.

Von seiner gestalt.

Ser fisch ist dē vor=
gehendē mit inner=
cher vnnd eusserli=
cher gstalt/gestäckte/weiß
vnd form zu gebärē gantz
änlich/aber am lebē/grös=
se/rauhe vñ härt der haut
hat er ein vnderscheid/daß der vorder lebt im wust/lätt vñ gstad/dieser in felsen vñ tieffē
Meer/auß welcher vrsach er selten gefangen wirt/Der vorig ist gemeiniglich ein Elen
lang/dieser kōmpt biß auff zwo/hat auch so ein harte/rauche haut/daß man bein vnd
holtz damit feilen vnd raspen mag/als mit dem Squatfisch. Solche haut wirt auch
gebraucht zu den hässten der Schwerter. Darzu hat er auch die flecken viel breiter
vnd grösser dann der vorige. Sein fleisch ist ein wenig löblicher/ doch nicht minder ei=
nes häßlichen geschmacks. Dieser sol zu vnderscheid Steinhund genent werden.

Von art vnd natur aller Meerhunden in gemein.

Zumercken ist/ daß diese fisch ein sonderbare art haben zu gebären/ Dann erstlich
so empfahen sie Eyer/demnach so bekommen dieselbigē ein Gestalt vnd Leben/ dannen
hin so werden sie an ein ander ort bewegt/im leib nemlich in die Mutter/ daselbst wer=
den sie erhalten als ein Kind in Mutterleib/ durch den Nabel/ zu end werden sie frey
ledig vnd lebendig geboren. Solche weiß bedunckt sich mittē seyn den zweyen/ nemlich
deren so Eyer oder Rogen empfahen vnnd leychen/ vnnd denen so empfahen gleich
ein lebendige Frucht ohne Eyer. Der ersten art sind alle gemeine schüppfisch/ vnd süß
wasserfisch. Der andern art sind die/ so eigentlich Wallfisch heissen. Der dritten vnnd
mittlern art sind diese Meerhund/ Hundfisch oder Fraßhund/ sampt etlichen andern
Krospelfischen.

Im Meer sol ein kraut oder mieß seyn/ so zu nacht scheint/ wechst in tieffen Felsen
oder schrofen/ gibt von jm ein glantz vnd schädlich gifft/ welches gifft insonderheit an=
gehends der Hundstagen wirt gemehret vnd gescherpfft. Zu solchem so diese kleine
Hundfisch als zu einem raub schiessen/ werden sie gentzlich vergifft/ zu dem daß deß
gifts ein theil fressen/ sterben davon/ vnnd schweben auff dem Wasser. Auß solcher
Maul vnd andern theilen samlen die Fischer/ solcher sachen bewußt/ das Gifft/ vnnd
behaltens.

Von natürlicher anmutung der Thieren.

Dise Thier wie bald sie die lebendige Jungen/ als vor gehört/ geboren haben/so
schwimmen sie bey seit der alten/ wo sie jnen förchten oder gefahr mercken/ so schliessen
sie wider hinein in der alten leib/ wo sie herauß kommen waren/ vnnd so die gefahr hin=
dan/ so schliessen sie wider herauß/ als von neuwem geboren.

Ein sondern haß tregt er gegen dem Menschen/ sol auch den außgezogenen oder
blossen so vnder dem wasser schwimmen mechtig nachhalten/ von sōmlichem kampff
schreibt Plinius sehr lüstig/ wie die Fischer einen blossen/ mit einem seil vmb die lende
gebunden herauß zu dem kampff mit einem scharpffen spitz lassen/ welcher so er mit
der lincken hand ein zeichen deß kampffs geben/ so ziehen sie jn nach vnnd nach zu dem
Schiff/ ꝛc. welche er zu zeiten von Fischen zu grund gezogen/ vnnd zu spat von den

Fischern

fischern zu dem fisch gezogen schreibt. Jedoch ist das one fehl/daß er den blossen theilen der Menschen stets nachhelt.

Ein Zeichen der sicherheit haben die Fischer/so sie der Flachfischen einen ersehen/dann solche zu keinen zeiten vmb solche oder andere räubige Fisch gesehen werden.

Von Nutzbarkeit der Thieren/ vnd wie sie gefangen.

Diese Fisch tragen wenig nutzbarkeit/dañ jr fleisch ist nicht lieblich/so wirt jr Haut gebraucht zu den handhäben oder häfften der schwerter. Mit dem Angel pflegt man sie zu fahen/auch so einer behafftet/herauß gezogen wirdt/ fallen die andern so begirlich nachher fahren/daß sie auch zu zeiten in die schiff hinein springe/ auch nit von dannen fahren//er seye dann gantz herauß gezogen. Werden also mit garnen vmbzogen/ vnd hauffecht herauß gezogen.

Von dem fleisch der Thieren.

Diese Thier haben alle ein hartdäuwig fleisch/eines vnlieblichen geschmacks: geré ren ein arg wüst geblüt. Auß denen werden etlichso sie zuvor außge nomen vnd von jrem wust entlediget/an der Sonnen gedert/ vnd also zur speiß behalten.

Etliche stück der Artzney/ so von solchen Thieren in Brauch kommen.

Sein Feißt oder Hirn in Oel gesotten/ oder mit essig vnd wasser die Zän damit gespült/nimpt hin jren schmertzen.

Sein Gall vertreibt die geschwär vnd fehle oder flecken der augen. Dise gall sol ein scharpff Gifft seyn/innerhalb neun tagen tödten/ob gleich schon nur einer linsen groß in den leib käme. Sol doch mit butter vnd entzian geheilt vnd gedempfft werden.

Von dem grossen Meerhund.

Canis. Ein Meerhund/Seehund/Ein Hundsfisch.

Von mancherley geschlecht vnd namen der Thieren.

Er Meerhunden werden mancherley gestalt vnd geschlecht ersehen/von welch jedem insonderheit wirt geschrieben werden. Sie haben auch vnderscheid an der grösse/dann etlich vergleichen sich den Wallfischen/andere sind viel kleiner/ sie haben auch viel andere vnderscheid/ als gehört wirt werden an etlichen orten.

Von dem grossen Meerhundt oder
Wallhund.

Canis Charcharia. Der erste grosse Meerhund nach einem
außgederten fisch.

Von seiner gestalt vnd grösse.

Jeses ist gantz ein scheußlicher grosser Fisch/gantz schnell vnd sehr räubig/welches auß seinem rachen vñ grossen fischsäcken mag ersehen werden. In seinem maul hat er ein dreyfache ordnung/starcker spitziger/vmbgekrümpter Zänen. Zwischen den zweyen vndern vnnd hindern säcken/ sol er ein loch haben so sich vergleicht der scham der Weiber/ wirt von den Balthischen Völckern so das gestad deß Meers einwonen Hundsfisch genent. Ein wunder ding ist das/daß dieser fischen zu zeiten etliche gefangen sind worden/welche vier tausend pfund sollen gewogen haben/in denen man gantze Menschen gefunden soll haben. Vnd zu Marsilien auff eine zeit in einem ein gantzer gewapneter Mann. Etliche haben keinen vnderscheid zwischen diesem Fisch vnnd dem andern grossen Meerhund so folget/ so doch ein grosser vnderscheide

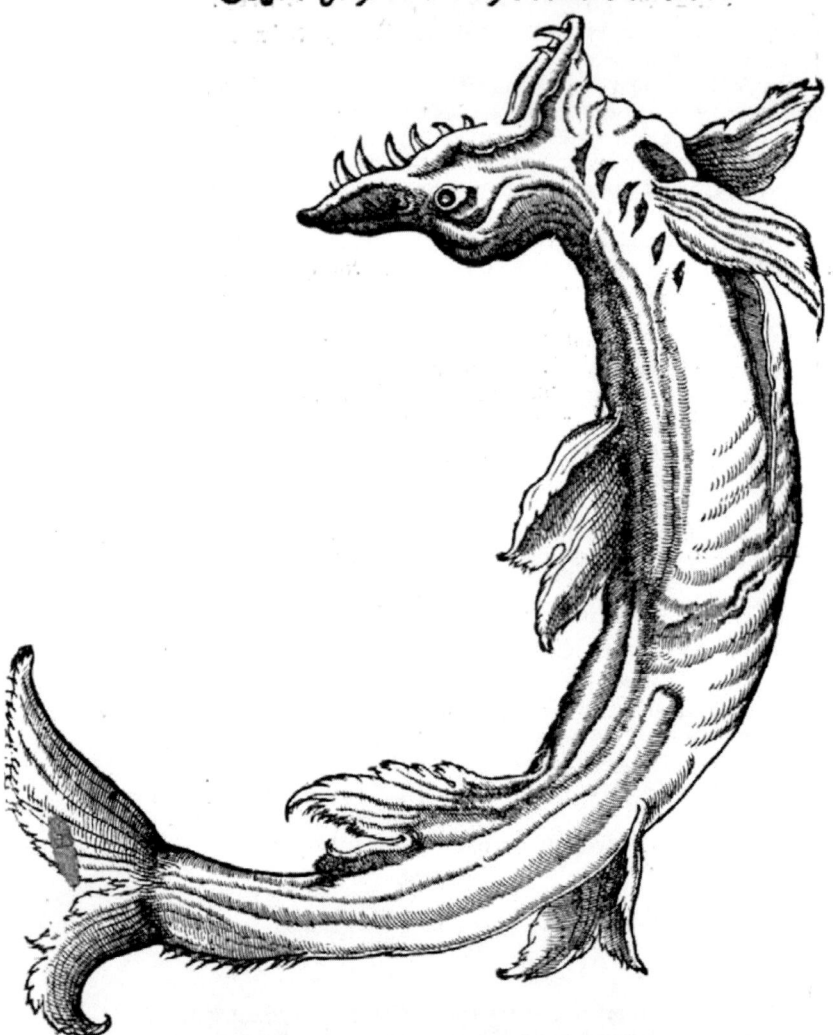

auß den gestalten gesehen mag werden. Es haben auch etliche der alten vnnd newen/
vollkommenen vnterscheid vnder solchen zweyen Thieren erkannt.

Von Art vnd Natur deß Thiers.

Dieser grosse scheußliche Meerhund wohnet in den kleffinen mitte deß Meers/ nit
in dem lätt vnd ort der gestaden gleich den nachfolgenden Meerhunden. Ist zu seiner
grösse gantz schneller bewegnuß/ räubig vnd arglistig/ wider die natur vnd art anderer
grossen Wallfischen / wiewol das ist daß sie eigentlich zu reden mit Wallfisch sind: sie
haben keine Lungen vnd athemen nit/ gebären auch nit eine lebendige frucht one Eyer/
als die so Wallfisch genennt werden.

Von

Von natürlicher anmutung der Thieren.

Diese Fisch geleben der andern kleinen Fischen/ halten doch sonderlich nach den Amys vnd den Thünnen/von welchen sie gantz feißt werden. Sind für all ander Fisch geil/ frefelig/ hochprächtig/ stoltz vnd vnverschampt/ also daß sie auch zu zeiten den fischern die Fisch auß den reussen vnd garnen fressen.

Von Nutzbarkeit der Thieren vnd jrem Fleisch.

Die Haut dieser Fischen getragen/verjagt alle jrdische Hunde.

Sein Fleisch ist fest/ harter däuwung/gebirt viel wust/ vnd ein melancholisch Blut.

Artzney von solchen Thieren.

Seine Zän zu aschen gebrannt/ vnd mit honig angestrichen/ seubert den wust deß fleischs/macht weisse zän/vnnd gantz angehenckt/macht die Kinder ohne schmertzen zanen.

Von dem andern grossen Meerhund.

Lamia Rondeletij.   Ein ander grosser Meer oder Wallhund.
Von seiner gestalte/ eusserlich vnd innerlich/ auch seiner grösse.

Jses ist auch ein sehr grosser fisch also dz er zu zeiten von zweyen pferden hart auff einem wagen gezogen mag werdē/die mittelmessigen kommen auff 1000.pfund/hat einen gantz breiten kopff vñ rücken/welchs Plinium verursachet hat/ daß er jn vnter die Flachfisch gezehlet hat/wirt bedeckt mit einer rauchen Haut gleich einer Feilen/vnter welcher etwas feißte ist/ hat ein gar weiten schlauch/scharpffe/harte/ dreyeckechte Zän zu beyden seiten als ein sage/welcher sechs ordnungen sind/die eusserste ordnung krümpt sich ausser dem maul/ die ander ist auffrecht/die 3.4.5.6.gegen dē schlauch hinein gekrümpt/hat ein vberauß weiten schlauch/ maul/ halß vnd magen/ hat grosse runde augen/rc.

So weit sol sein schlauch seyn/ daß auch ein gantz feißter Mann hinein schlieffen mag. Item so jnen jr maul auffgesperret/der vbrig leib bedeckt/ so schlieffen die Hund ohne arbeit hinein/ fressen die vbrige Fisch in seinem Magen gelegen. Solcher Fisch wirdt von etlichen geachtet der gewesen seyn/ so Jonam den Propheten verschluckt/ vnnd am dritten tag widerumb an das gestad herauß geworffen hat/ wiewol das ist/ daß die heilige Schrifft einen Wallfisch nennet/ so doch dieser eigentlich zu reden kein Wallfisch ist/ nichts desto minder haben auch etliche mehr auß den alten Scribenten alle grosse Meerfisch/ Wallfisch genennt. Diese Fisch sollen viel gefangen werden zu Napels vnd Gennouw/ den Italienischen orten.

Von art vnd natur der Thieren.

Ein fressig/ Fleischfressig/ Menschenfressig thier ist dieser Fisch/welchs die tägliche erfahrung bezeugt/ wohnet in den tieffinen/wirt an etlichen orten selten gefangen.

Von seinem Fleisch.

Dieser fisch hat ein weiß fleisch/nit sehr hart/auch nit eines so gar scheußlichen geruchs oder geschmacks/auß der vrsach wirdt es mehr gepriesen/dañ aller ander Meerhunden fleisch/es ist auch nit darum ein abscheuhen von solchem fisch zu haben/daß er
Menschen frißt/dann auch etliche andere kleinere fisch/so zu der speiß in hoher Würde
gehalten werden/halten nach dem Menschenfleisch.

Etliche nennen ein art eines Steins/welchen Plinius
von seiner gestalt wegen Glossopetram genennt hat/vnd
zeigen denselbigen an statt der Zänen dieser Meerhunde/
welcher steinen bildtnuß vnd gestalt wir hiebey gesetzt haben auß Andrea Theuet.

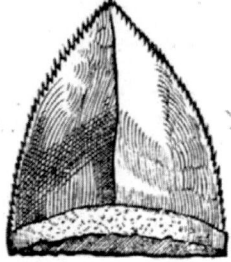

Von dem Meerschlegel.

Zygæna.   Ein Merschlegel/ Ein Meerwag/
Ein Schlegelhund.
Wie er gestalt.

Dieser fisch ist mit seinem Kopff gestalt wie ein Wag oder schlegel/von welcher er
den namen bey allen Nationen bekompt/ hat vnden ein weit maul/ mit starcken/
vielen scharpffen Zänen. Ein breite Zungen als die Menschen/ der Rücken
schwartz/der Bauch weiß/ist gantz grausam vnd scheußlich anzuschauwen/ hat nit so
ein rauche haut als andere Hundfisch.

Von seiner Art/Natur vnd Eigenschafft.

Seer grosse/scheußliche/grausame Thier sollen diese Fisch seyn/ kommen zu keiner
zeit an dz gestad/auß vrsach allein die kleinen gefangen werden/so sich verschiessen/fres-
sen allerley fisch/verschlucken vnd zerreissen auch die schwimmende Menschē. So sie von
jemand gesehen werden/hat man es für vnglückhafftig.

Von jhrem Fleisch.

Jr Fleisch ist geartet/als ander Hundfischen fleisch/nemlich hart/vnlieblich/ eines
häßlichen/wildlechten Geruchs/wiewol das ist/daß jres fleisch zu Rom gemeiniglich
gessen wirt.

Von

Von der andern Gestalt.

Caput Zygænæ depictum.

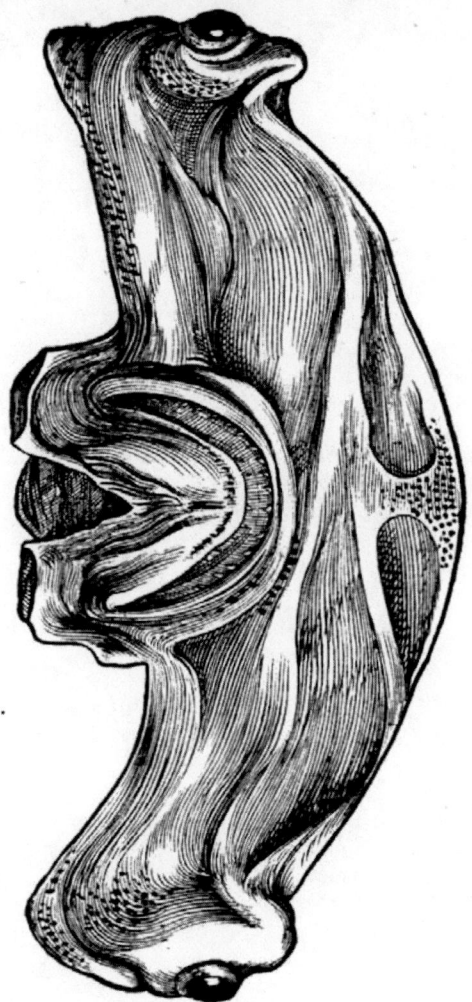

Dieses ist ein außgederter Kopff oder Scheddel von genanntem Hundfisch in Jtalien abconterfetet worden.

Von dem Meeraffen.

Simia marina. Ein Meeraff.

ELianus beschreibt ein geschlecht der Fischen deß roten Meers gantz gründtlich/welches er Meerraff nennet / zu welcher beschreibung gegenwertige gestalt nah herzu streicht: seine Säckten streckt er auß als ein fliegender Fisch: auff dem Rücken hinder den säckten hat er eine Spitz hinder sich gestreckt. Ist an seinem Leib gantz grün/doch am rücken mehr auff braun gezickt/vnd die seiten auff bleich : bedünckt sich nach einem außgederten fisch abconterfetet worden seyn : ist kommen auß der Landschafft Dania.

Der eilffte theil / von dē Meerthieren/

so begreifft die Kugelfisch oder Rundfisch.

De orbiculatis piscibus.

Von den runden Krospelfischen.

Orbis.   Ein Lumpfisch/Ein Kugelfisch/ Ein Schnottolff/
Ein Meerfläsch.
Wie dieser Fisch gestaltet.

Diese Fisch sollen Kugelfisch genennet werden / von wegen jrer gestalt/ so sich einer kegelkugel vergleicht. Diser erste Lumpfisch wirt vmb vnd bey dem außfluß Nili gefangē/ist gātz rund wie ein fläschē/gātz on schüppen/mit einer rauchen hartē haut bedeckt wie ein Igel : hat ein klein

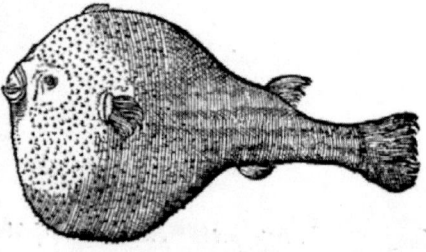

maul/ mit vier breiten Zänen : kompt nit in die speiß/ dann es ist nichts an jm dann der kopff oder bauch. Man pflegt jm die haut abzuziehen/ mit Baumwollen außzufüllen/ also in andere land zu verkäuffen fertigen. Man henckt sie auch in die Tempel/ Apotecken vnd andere ort zu einer zierd.

Von

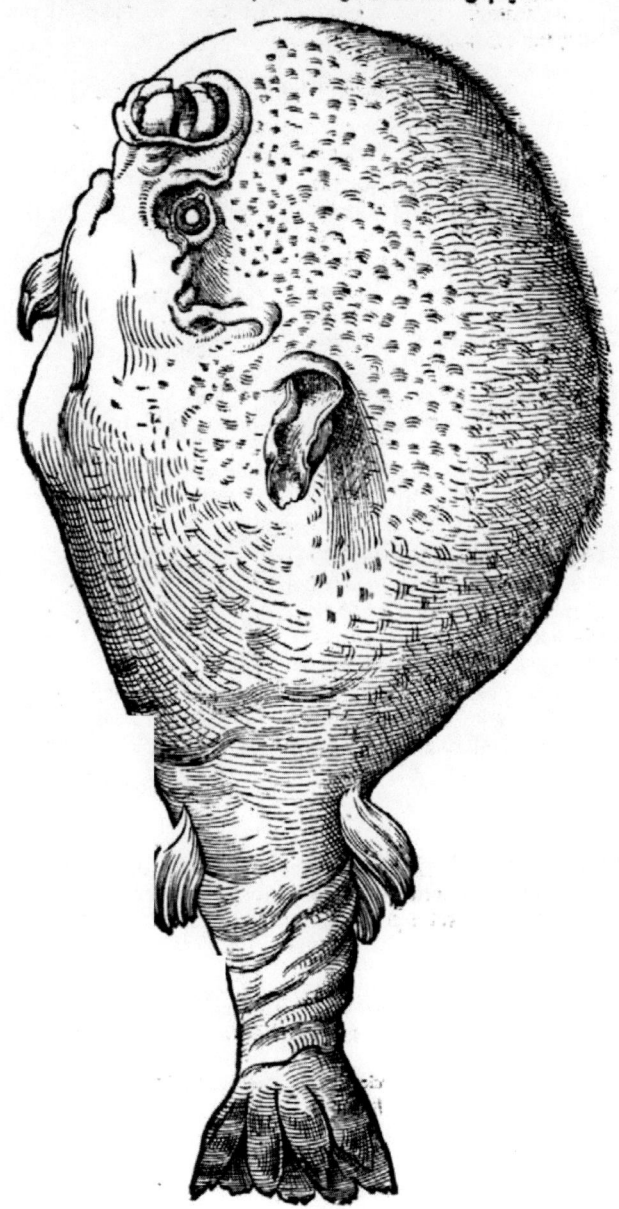

Der eilffte theil / von den

Jese grosse gestalt vorbeschribenen fisches ist zu Franckfurt von einem ausge-
derten abconterfetet worden / welches schwantz one den runden leib / einer zimlichen spannen lang gewesen.

Von dem andern Geschlecht der fischen.

Orbis Scutatus.   Ein Schnuderfisch / Ein Schnottolff.

Wie sie gestaltet.

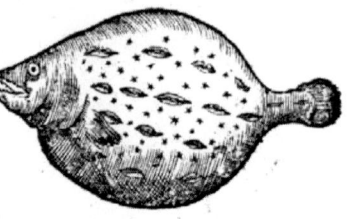

Jeses ist auch ein runder Fisch / hat
doch sein Maul mehr ausgestreckt /
vñ durch seine leib beinle oder knospe-
len / länglecht als eyer / darzwischē viel spitze
oder dörn / wirt gar selte gefangē / komt nit
in die speiß. Etliche nennen jn Seehan / dz
er auffgehenckt / sich kehrt nach dem wind /
mit seinem Maul den zeigt / von welichē:n
ort er komme.

Von der Stachelkugel.

Orbis Echinatus siue Muricatus. Ein andere art deß Schnottolffen
oder Schnuderers / Ein Stachelungen / Ein Jgesläsch.

Wie er gestalt.

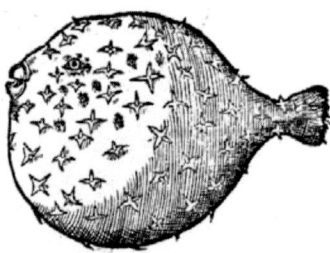

Er aller rundest auß den Fischē ist dieser / wirt in dem Mittnächtigen Meer
gefangen / hat vnderscheid von denan-
dern / daß er dörn hat von vilen spitzen / als die
wurff oder fußeisen / solcher dörnen oder spitzen hat er so viel / daß er hart mag auffge-
haben werden / man begreifft jn dann bey dem
schwantz / sol viel bey Engelland gefangen
werden.

Von jrem Fleisch.

Auß allen runden fischen sol diser allein in der speiß gepriesen werden / so man jm sein
haut außzeucht / dann er sol sehr feißt seyn / viel blut haben / so er rötlecht ist / als ein erst-
geboren Kind / so behelt er den preiß / dann die weissen sind nit so löblich.

Von etlichen andern Geschlechten der
Schnottolffen.

Orbis Oceani speciexalia.   Ein andere art des Schnott-
fisches oder Seehasen.

Wiser gestaltet.

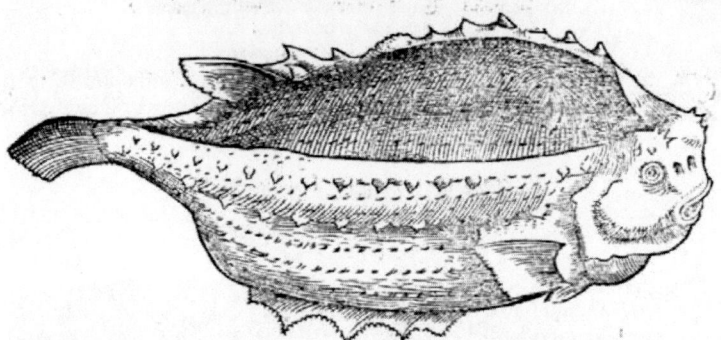

JN dem hohen Teutſchen Meer wirdt dieſer Schnuderfiſch gefangen/ in ſolcher
Geſtalt / als hie erzeige wirt: dann er von einem lebendigen grundtlich ſol abconterfetet worden ſeyn. Oben auff dem Rücken iſt er an der Farb geweſen als die
jrrdiſchen Fröſchen bey ſeits/ vnd vnden auß blawvlechtem vnd grünem gemiſcht. Zu
Antorff ſollen ſie äſchenfarb gefangen werden.

Von dem Engliſchen Lumpfiſch.

Orbis Britannici ſiue Oceani ſpecies.　Ein Lumpfiſch.

Wie dieſer Fiſch geſtaltet.

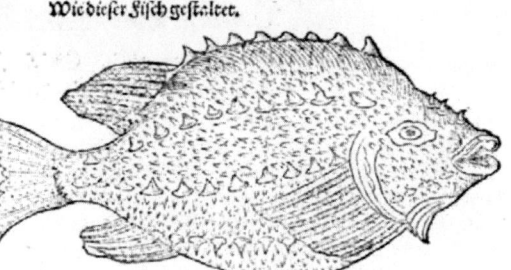

DIſer ſol der rech-
te Lüpfiſch ſeyn/
ſo bey den En-
gelländern gefangen
wirt: doch wöllen etlich
die zween fäckten bey dé
ſchwantz ſeyé vberflüſ-
ſig. Der Rücken ſol
rotlächt ſeyn/ vnnd der
Bauch weiß/ ſol keine
Bein oder grät haben/ſonder allein Kroſpelen: hat einé Kopff vñ maul als ein Froſch/
kleine augen/ein rauhe haut. Sol ein gut Fleiſch haben/lieblich zu eſſen.

Von dem Hogerlump.

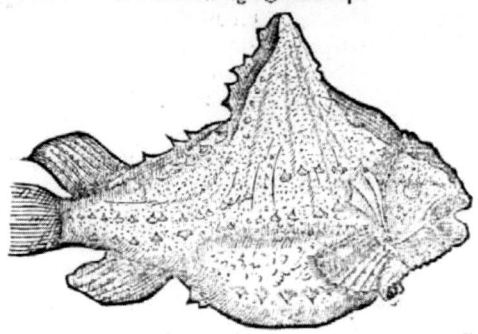

Der eilffte theil/von

Orbis Gibbosus. Ein Hogerlump/Ein art deß Schnottolffs
mit einem hohen Rücken.

Von seiner gestalt/vnd wo er gefangen.

Jeses ist ein sehr scheußlicher Hogerlump/wirdt in dem Balthischen Meer ge-
fangen/mit einer dicken zehen haut vberzogen/mit vil spitzen/samt einem greü-
lichen Hoger.

Von dem langen Lumpfisch.

Orbis oblongus. Ein rauer Lumpfisch.
Wie dieser gestaltet.

Jser ist dē ande-
ren Lumpfische
oder Schnuder
fischen etlicher gestalt
gleich mit haut/schnu-
der oder schleim/spitz oder dörnen/allein daß er nit so rund ist. Ist wol müglich dz durch
kunst deß außderrens der fischen etlich zu solcher gestalt gebracht seynd worden. Sol
nicht ohne arbeit gefangen werden: denn so er den angel verschluckt/oder sonst mit dem
garn vmbzogen/sol er sein schnuder herauß kotzen/sich damit besudlen vnd schlipfferig
machen/sich zusamen ziehen in ein kugel/vnd sich also herauß schwingen.

Von dem Meermond.

Orthragoriscus siue Luna piscis. Ein Monfisch.
Von der scheußlichen gestalt vnd grösse der Fischen.

Grosse/lange/dicke fisch sind dieses/gantz vnge-
stalt/vbel proportioniert/wie ein zimlich Faß/
sind mit einer rauhen dicken haut bdeckt/silber-
farb/oder wie das gebrannt Erdreich/haben ein klein
maul/breite zän/kleine runde augen: sein schwantz ist
als ein wachsender Mon/hat ein weiß fleisch als kut-
teln/vnd vil feiste oder speck als ein Schwein.

Von art vnd natur der Thieren.

In dem wasser auch so er gefangen wirt/sol er girn-
sen oder treyssen wie ein schwein/bey nacht mit etliche
theilen also scheinen vnd glentzen/ daß man achtet/es
scheine ein flam oder liecht/oder sonst glentzende matery auß im/also dz zu zeiten die Menschen von solchem
schein oder glätz ein schrecke vñ forcht angestossen hat.

Von jrem Fleisch.

Ihr fleisch so es gesotten wirt / so ist es nit anders als leim so man auß dem leder
siedet/oder als dz fleisch der gesaltzen küttelfischen/eines gantz heßlichen geruchs/auß
vrsach er von niemand gessen wirt.

Von Nutzbarkeit vnd Artzney von den Thieren.

Viel weisse feiste oder schmaltz haben diese fisch / dienstlich zu den liechtern/doch
so gehet ein heßlicher fischlechter geruch davon. Solche feiste ist auch gut vnd dienst-
lich

lich zu den ſchmertzen dergleichen: / vnnd ſtarrechten glidern/mit mål auff die Eyſſen o-
der Apoſtemen gepflaſtert/macht ſweich vnd zeitig / auch weicht ſolches fleiſch allerley
harte geſchwer der lebern/miltzes oder anderer innerlichen theilen.

Von dem andern Geſchlecht obgenannter Fiſchen.

Orthragoriſci ſpecies altera.　　Ein anderer Monfiſch.

Wie dieſer geſtaltet.

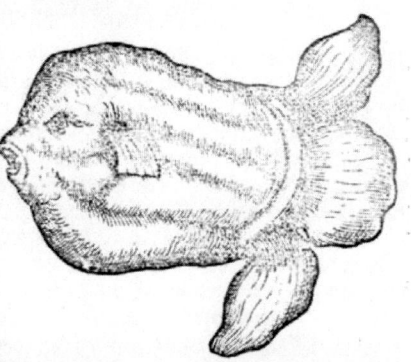

DJeſer iſt zu Venedig gründtlich abconterfetet worde/ge-
fangen im iar 1552.nit weit
von Venedig/welcher im erſten an-
ſchauwen die Welt bedünckt ein vn-
geſtalt kugelfleiſch ſeyn/gantz rund/
mit einer haut bedeckt one ſchuppen
vnd har/ ſein maul ſo klein/daß ſich
zu verwundern war/in einem mercklichen thier/hat ſonſt weite bauſſen-
de augen/als ſtir:augen/an ſtatt der
zänen hat er harte Kieffbacken/ der
ſchwantz vier ſchuch lang/mit dreyß
ſäckten/ alſo/daß die breite von der
vndern ſäckten biß zu ende der obe-
ren neun ſchuch bracht. Die lenge deß Fiſches acht ſchuch/die dicke oder höhe gar nach
ſechs ſchuch/vnd in welchen theil man jn weltzet/ſo behielt er ſein geſtalt vnd höhe. Als
er auffgeſchnitten/hat man ſein Hertz/leber vnd miltze gröſſer gefunden/dañ ſo ſie von
einem Rind kommen weren. Sein farb war braunrot / als nemlich in ſonderheit die
vier ſtrich an der ſeiten/ dar zwiſchen war er weißlecht/vorauß die ſäckten deß ſchwan-
tzes/doch alſo / daß an keinem ort die braunrot farb nit erſchienen ſeye. Solche Fiſch
ſollen zu mechtiger gröſſe kommen/zwey mal gröſſer dann ein Ochß/alſo/daß ſie auch
die Schiff mit jren ſäckten zu grund kehren.

Von jhrem Fleiſch.

Sein fleiſch ſol weiß geweſen ſeyn/ nicht vngleich an der feiſte dem Schweinfleiſch
mit Speck vmbzogen fünff oder ſechs zwerch finger dick.

p ij

Der zwölffte theil/von dē Meerthierē/

So begreifft allerley grosse Wallfisch/ Meerwunder vnd Schiltkrotten.

Von den Wallfischen/ grossen Meerfischen oder Meerwundern. Erstlich in gemein/ demnach von jedem insonderheit.

Cetus.   Ein Wallfisch.

Wallfisch werden fürnemlich die genēut/so groß sindt/ vollkommene lebendige Thier gebären/ auß ihrem Samen/ gleich den vierfüssigen Thieren/nit von Eyern. Als da ist der Delphin/Braunfisch/ Meerhund oder Meerkalb vnd dergleichen/ wiewol auch etliche andere grosse Meerfisch solchen namen gekriegen. Doch wirdt hie eigentlich von den Wallfischen geredt werden/welche von jhrer grösse wegen vnd gleichnuß so sie mit den vierfüssigen Thieren haben/ Meerthier genennt sind. Dann sie werden gleicher weiß empfangen vnd geboren/ haben Lungen/Nieren/Blatern/ Hoden/ Zümpele/ Item die Weible Mautzen/Hoden/Brüst oder Dutten/Milch vnnd dergleichen/ haben auch den jrdischen Thieren ein gleichförmig Fleisch.

Was vnderscheid die Wallfisch haben/ vnd von jhrer mercklichen grösse.

Die Wallfisch sind an der jnnerlichen vnd eusserlichen gestalt oder erschaffung/ vnd an der grösse vngleich/ Dann etliche haben grosse/lange/ starcke zän/ etliche kleine/ aber derselbigen viel/ etliche gleich den Wolffszäne/ andere gantz keine/ sondern an solcher statt lange Bürst/ etliche haben Rören dardurch sie blasen/ etliche allein Löcher auff der Nasen/ bey den augen. Sie geleben auch vngleich/ dann etlich als die Balenen/ oder Braunfisch deß schaums vnd gesaltznen Wassers/ etlich der Fischen/ von welchen allen hienach insonderheit wirdt gehört werden.

Von gestalt der Wallfischen.

Die grossen Wallfisch haben keine schüppen/ sonder allein ein dicke glatte haut/ haben keine oren (Branchias) sonder von wegen der Lungen/Rören oder Löcher/ durch welche sie das Wasser so sie mit der speiß verschluckt/ widerumb herauß kotzen oder speyen/ ziehen auch durch solche den Lufft/ dann es vnmüglich/ daß die Fisch so ohren haben/athmen oder blasen/dieweil sie kein Lungen haben. Denen aber so lungen haben/sind von natur Rören oder sonst Löcher erschaffen/ durch welche sie das gesoffen Wasser herauß kotzen/ vnd zu dem Wasser/ herauß gestreckt/ den Lufft an sich ziehen. Lungen sind jnen erschaffen auß der vrsach/ daß solche mercklliche Thier zu der bewegnuß mehr hitz bedörffen/ als Aristoteles schreibt.

Zu solchen Rören so einer Elen lang seyn sollen/ kotzen sie zu zeiten so viel Wassers/daß sie gantze grosse Schiff mit Wasser ertrencken. Seine Fischfedern so von vielen Sprossen zusamen gesetzt/ solle gantz schön seyn/ gleich dem Gehörn/ schwartz/ als die Büffels Horn/ brechen nit von dem biegen/ gläntzen an der Sonnen gleich dem Gold/ sollen in dem Alter weiß werden. Das maul oder lefftzen seind so weit daß man Schiffle davon bereitet/ Ehe dann sie die kleinen Fisch verschlucken/ müssen sie sich vmbwenden/ den rücken zu grund kehren/ dann sie den Schlund vnder dem Schnabel haben/ Solches hat die natur gethan zu bewarung der andern Fischen. Alle Wallfisch haben Gallen/ außgenommen der Delphin/welcher auch seine Hoden jnnerhalb dem Leib hat.

Von

Von mercklicher grösse der Wallfischen.

Merckliche grosse Wallfisch werden in dem weiten Meer gesehen/auch zu zeiten auff das land geschleifft/oder sonst vom ungewitter außgeworffen/als hernach durch etliche lustige geschicht sol gehört werden.

Von den grossen Wallfischen / welche den Heerzeug deß grossen Alexanders erschreckt haben mit scheutzlichem auffblasen deß wassers/wirt hernach geschriben werden in der histori deß Wallfischs so den namen davon bekompt.

Die Macedonier als sie auß Mesambria gen Thocam schifften/als Nearchus bezeuget/solle sie wallfisch gesehen habe/so an dz gestad herauß geworffen fünfftzig ele lang/mit einer schuppechtigen haut einer elen dick.

Juba der Geschichtschreiber in den büchern die er zu dem Keyser Caio/deß Augusti son auß Arabien/geschriben hat/bezeugt/daß in Arabia in einen fluß Wallfisch sollen kommen seyn auff sechs hundert schuch lang und drey hundert und sechtzig breit: auch die feiste solcher thieren zu mercklichem brauch kommen seyn.

Item Turanus schreibt/dz an die Gaditanische gestad Wallfisch herauß getribn seyn sollen/welcher weite zwischen zweyen federn deß Schwantzes 16.elen gehabt/das maul 130.zän. Die grösten einer elen lang/die kleinesten eines halben schuchs.

Bey Cadara/so ein halbe Insel ist deß roten Meers/als Plinius schreibt/trette thier auß dem Meer auff das erdrich gleich anderm Vieh/weiden sich/und graben die wurtzeln auß dem boden/gehen oder kriechen dann wider in dz Meer/etliche gleichförmig den Pferden/Eseln und Stierköpffen/welche auch die saat abweiden sollen.

Einem solchen scheußlichen Wallfisch ist auch die aller schönste Andromeda fürgebunden/vñ von dem Perseo entlediget/welcher das grosse thier getödt hat.Marcus Scaurus der Römer sol zu erst solche Gebein under anderm wunder zu Rom gezeigt haben 40.schuch lang/der Ruckgrad anderthalben schuch.

Wo aber einer were/der solcher mercklichen grösse der Wallfisch nit gläube/sonder für ein gedicht haben wölte / der gebe doch glauben der Biblischen histori/als der Prophet Jonas von den schiffleuten herauß geworffen / zu hand von einem grossen Wallfisch verschluckt/in welchem er drey tag gelebt/demnach widerumb auff das läd herauß geworffen ward.

In dem Judianischen Meer werden die Wallfisch fünffmal grösser dann gleich die aller grösten Helfante/auß welchen ein ripp auff zwantzig ele lang sich erstreckt/ein Lefftze fünfftzehe elen/der federn eine bey dé kopff siben elen lang/als Elianus bezeuget.

Es schreibt auch genannter Elianus/daß in dem Meer/so die Landschafft Taprobana umbgibt/ein unzal der grossen Wallfischen gesehen werden/auß welche etlich haben angesicht der Löuwen/Pantherthiern/und der Widder/auch der Affen/etliche angesicht der Weiber/welchen an statt deß hars dörn herab hanget:item viel grausamer scheußlicher thieren/ welche sich zu zeiten auff den grund herauß lassen/ersteigen die bäum bey nacht/schütten die frucht herab/fressen dieselbige/kehren dañ widerumb in das Meer.   Albertus schreibt von einem scheußlichen Meerwunder/so in dem Britannischen Meer sol erschienen seyn/ gleich einem Kriegßmann.

Der groß Albertus in dem Buch von den geschichten der thieren schreibt also:

Der Wallfischen sind mancherley gattung : dann etlich sind rauch / dieselbigen sind die grösten.Etlich haben ein glatte haut/sind kleiner / solcher werden zweyerley in unsem Meer gesehen/spricht Albertus/das ein hat lange scheußliche zän / welche der mehrertheil einer elen sich vergleichen/zu zeiten zwo oder drey lang/gar selten vier/vorauß die zween so Hundszän genennt werden/kommen zu solcher lenge/gleich den hörnern/bereitet zu dem kampff.

Das ander Geschlecht hat keine zän gerüst zu saugé/ist kleiner daũ das vordrig/
hat viel ein lieblicher Fleisch/haben beyde keine ohren/athmen zu den Löchern oder Rören herauß gleich den Delphinen/haben beyde ein dicke schwartze Haut ob den ohren/
Augen so groß/daß ein ort darin das Aug gestanden 15.Menschen fassen mag/zu zeiten 20. haben lange streimen/oder Hörner ob den Augen/mit welchen sie die Augé beschliessen zur zeit deß Ungewitters/gemeiniglich 8.schuch lang/gleich einer Häutw sá-
gesen/an der zal 250.vm jedes aug an die Haut gelegt/komen zu mercklicher grösse/ dz
sie ripp haben wie die grossen Träm der Häuser. Solcher sol vier juchart Feldts ein-
nehmé durch die breite seines Bauchs: Der gröste so Albertus gesehen/hat 300. Kar-
ren belästiget/ die Gebein sampt dem Fleisch zu stücken geschroten. Solcher schwere
werden auch selten gefangen: aber deren so 200.oder 150.Karren belästigen/werden gemeiniglich gefangen (spricht er) seine naturliche Glieder hat er innerhalb dem Leib/
so er nollen wil/streckt er den Zumpel herauß: die Maußen der Weiblein gleich einer
Frauwen Maußen/machen kürtze arbeit/gleich allen Thieren/welchen die Hoden in
dé Leib verborgé ligen.Das Mänlein hat vberflüssigé Samé/auß der vrsach ein theil
so herauß fleußt von den Fischern auffgesamlet/wirt eines edlen Geruchs/fast köstlich
zu manchen Kranckheiten/wirt Ambra genennt/dergleichen blust deß Meers. Solche
Fisch habé viel schmaltzes oder feißte/vorauß in dé Kopff bey dé Hirn. Zu meiner zeit/
spricht Albertus/sind solcher viel gefangé. Einer in Friesslãd bey dem ort so Staiuria
genennt wirt/welches kopff als er bey dem aug mit einer spitz durchstochen/ eilff Krüg
voll schmaltzes geben hat/welcher Krügen einer kaum von einé menschen mocht getragen werden.Solches spricht Albertus/hab ich selber gesehen. Ein anderer sol auch in
Holland gefangen seyn/vnd sein Kopff viertzig Krüg voll schmaltzes geben haben.

Etliche Teutsche namen der Wallfischen/welche Hubertus Laguetus/als
er von Hamburg in Eyßland geschiffet/wargenommen/vnd etlichen Freunden mitgetheile hat.

Andwall/ist 23.klaffter lang/wirt von niemand gessen.

Blotewall das ist/blutiger Wall/ist nicht zuessen.

Fischskeck/ist 30.schritt lang/verfolget die scharen der Häringen.

Gerwall/wirt nit zu essen/wirt also genennt võ seines lange spitzigen schnabels wegen.

Hauerkeytte/ist 30.schritt lang/hat Marck vnd Vnschlät gleich einem Ochsen:
mag Rinderwall genennt werden.

Karckwall ist auch 30.schritt lang/hat 70.zän/welche die Schmid begeren zu jrem
brauch:mag Zanwall genennt werden: wiewol auch der Rusor solchen namé bekompt.

Nachtwall/ist 20. Elen lang/hat zän 3.Elen lang.

Nonwersrack/ist 50.Elen lang/verschluckt vñ kehrt vm die Leut/ Schiff vnd Vieh/
als auch der Rußwall.

Nordwall lebt von Tauw vnd Regen/12.schritt lang vnd breit.

Rauenschwall/das ist/ Rappenwall von der schwartzé farb/köpt nicht in die speiß.

Rorewall/solcher sol einer milten natur seyn/ gantz groß vnd dick/30. schritt lang.

Rußwall/ist 50.schritt lang/verschluckt gätze schiff sampt dé leute/kehrt sie zu grüd.

Schellenwinck/80.schritt lang/kehrt auch die grösten Schiff hervmb.

Schiltwall von seinem Schilt genennt/wirt nicht gessen.

Schlichtback/von härte wegen seiner Haut/30. schritt lang/förchtet die menschen.

Wangwall ist 12.schritt lang/hat zän gleich einem Hund.

Wintinger/wohnen nah bey den Inseln vnd Schlossen der Inseln 20. schritt lang/
sind lieblich zu essen.

Wittewall das ist/ Wießwall ist nicht zu essen.

Das Meerthier genennt Herill/ist im 22.Jar deß Ostermontags außgeworffen an
das

das Gestad in Seeland/ist funden zwischen Wickam vñ S. Werppin/ 72. Schuch
lang/ 14. Schuch hoch: der Platz zwischen den augen vnnd dem rachen/ 7. schuch: von
solchem Fisch als er zu stücke gehauwe/ hat man 40. Häringfäßlein gefüllt/ der grind
gleich einem Eber/ ein schüppecht Haut/ als ob sie von kleinen Muscheln were.

Zu Gripswald in Pomern/ist auch zu zeiten ein grosser Wallfisch gefangen wor-
den/ daselbst in dem obersten Tempel abgemahlet/ mit schöne Sprüchen dabey/ sol 22.
schuch lang gewesen seyn/ gantz vberauß groß.

Plinius schreibt von etliche Wallfischen/ welche 960. schuch lang/ vñ etliche andern
so 240. schuch an der lenge gehabt sollen haben: Nearchus schreibt von 23. schritten.

Zu Mompelier in S. Peters Tempel/ wirdt ein Ripp von eine Wallfisch gezeigt/
welches ich selbst gesehen hab 28. Schuch lang.

Es sollen auch etliche Wallfisch 4.mahl so groß seyn als gleich der gröste Helfand/
daß auch zu zeiten die Schiffleut vermeinen/ sie haben bey nacht den Boden/ Grundt
oder Erden funden/ vnd ihre Encker auff sie werffen/ sich zu ruhen begeben: welche dañ
auß ersehen oder spüren deß Feuwers/ sich zu grund schwencken/ Leut/ Schiff vnd alle
Waar zumal herunder ziehen/ Von solcher mächtigen grösse wirt hernach mehr gehört
werden in dem Gejägt der Wallfischen.

Von natur der Wallfischen.

Alle die Wallfisch so Rören oder sonst Löcher haben/ athmen/ dann sie sind nicht
ohn ein Lungen als vor gehört.

Die Wallfisch kommen an keine dünne/ enge ort oder gestad/ sonder wohnen allein
in den Tieffenen deß weiten Meers/ sind schwer/ langsamer fauler art vnd bewegnuß/
allezeit frässig/ von grösse wegen jhres Bauchs vñ Magens vnersättlich/ auß welcher
vrsach auch sie sich selber fressen/ der stärcker vnd grösser den mindern vnd kleinern.

Die Wallfisch nollen gleich andern Thieren/ ja nicht vngleich den menschen/ dann
sie haben jhre natürliche Glieder den andern jrdischen Thieren gantz gleich/ saumen
sich nicht lang in solchen Geschäfften/ gebären ein vollkomne lebendige Frucht/ haben
Dutten oder Vter/ Milch säugen zu zeiten zwey Junge/ welche den alten nachfolgen/
welches von vielen Fischern deß Teutschen/ Englischen/ Flandrischen vnd Illirischen
Meers gesehen vnd wargenommen ist.

Von natürlicher anmutung der Wallfischen.

Es schreibt Aelianus daß alle Wallfisch einen Führer/ Leiter/ oder Furirer müssen
haben/ welcher jn vorschwüme/ den raub so vorhande/ gefahr von den Fischern anzei-
ge/ welches den Fischern bewust/ mit gantzem fleiß dem Führer nachhalten/ welcher so
gefangen/ der Wallfisch/ als seines Gleitmans beraubet/ gar nah blind/ von wegen
der grösse vñ feiste/ one sondere arbeit/ bey den Felsen vmbschweiffend gefangen werde.

In der gefahr oder forcht/ Item gegenwertigkeit grosses Vngewitters/ sollen die
Wallfisch jhre Jungen in das Maul oder Rachen hinab schlucken/ vnnd nach etlicher
zeit widerumb herauß kotzen.

Die grossen Wallfisch werden erschreckt mit wildem/ grausamen Getümmel/ Trum-
meten/ Trummen/ schreyen/ klopffen/ bochen/ vnd schlagen. Item von dem Getümmel
der grossen stücken der Karthaunen/ vnd dergleichen. Fahren mit grossem gewalt/ vngestümme in dem Meer daher/ bewegen grosse Welle/ werffen scheußlich Wasser auff/
vber die Schiff herein/ vnd trucken dieselbigen zu grund.

Mit was Kunst oder Listigkeit die grossen Wallfisch gefangen/ werden.

Die Fischer damit sie die grossen Wallfisch fahen vnd gedämmen mögen/ lassen jne
groß starck Angel oder Hacken bereiten/ an eysen Ketten gehafftet/ an welche Ketten
läge starcke Seiler geknüpfft sind/ an die Hacken stecke sie ein Stier Hame oder Leber/

p iiij

zu eusserst an die seil hefften sie viel auffgeblasener Gaißheüt als blatern/legen es ordentlich in den schiffen/damit es one verwirrung nachhengen möge. So sie den zeug
also bereitet/haben sie acht auff den Fisch/ob er mercklich groß oder klein sey: Dann so
er allein das gnick vber das wasser herauff streckt/ achten sie ihn gantz groß seyn/ so er
den rücken herauff streckt/ ist er nit so gar groß/ als dann halten sie sich gantz still/da-
mit das thier nit von dem gethön oder geschrey die flucht nemme/grimmig vnd wütend
werde/werffen ihm den angel mit dem aß für/ welches dann der Wallfisch mit grosser
begirligkeit vnd nachhalten verschluckt/ jm selber den angel in den rachen hefftet/von
welchem verwunden er zu stund ergrimmet/ begert den angel vnd ketten mit den zänen
zerreissen/ fehrt der tieffe zu/zeucht die seil hinab/ biß an die auffgeblasenen heüt oder
blatern/welche allzeit begeren oben auff dem wasser zu schweben. Solche verachtet er
auß zorn/zeucht es als herunder so lang biß er auff den grund oder boden kümpt/ alt α
begeret er müd/zu ruhen mit grossem seufftzen/vnd mechtigem blodern/ welches jm die
auffgeblasenen heüt/so allezeit vber sich tringen/ nit gestatten/ solche verfolgt er als
Feind/zeucht sie wider hinab. In solchem kampff bewegt er so mechtige wind vnd wällen deß Wassers/daß einer vermeinte der Bißwind hette zu vnderst sein wonung/ hie-
zwischen führt der Schiffleuten einer das seil so an die blatern gebunden an dz gestad/
hefftet es an einen felsen.

Zu letzt so das thier müd vnd krafftloß worden/fleußt der auffgeblasenen heütte
eine herfür/ein gewisse bottschafft deß sigs/demnach die andern auch/mit welchem auch
der Wallfisch mit gewalt herfür gezogen wirdt. Alsdenn häuffen sich die Schiffleut
mit jren barcken zusamen/vnd so sie einander zugeschryca/gleich als ob ein schlacht zu-
thun/ greiffen sie die thier mit grosser vngestümme an/ mit spiessen/pfeilen/ruderen/
achsen/krummen messern/allerley geschoß vnnd instrumenten/verwunden/hauwen/
schlahen den Wallfisch/wie mechtig er widerstrebe/die wällen vnd wasser bewege/also
daß auch das Meer von blut rot wirt/vnd so sie gesiget/schleiffen sie jn zu land/vnnd
theilen vnter jnen sein fleisch mit grosser freud vnd frolocken auß.

Auff ein andere gattung werden sie gefangen also. Die schiffleut samlen sich zu
hauff an einen ort/da sie vermeinen Wallfisch zu finden/ haben grosse lange scharpffe
Hacken oder Rechen/gleich einem angel/an langen stangen/an welcher ende ein loch/
durch welche gantz lange/starcke/grosse seiler gezogen. So sie dann mit fleissigem auff-
mercken ein solch thier ersehen daher fahren/ schlagen sie die Hacken allzumal in sein
haut/vnd fliehen hindan. Als dann der Fisch verwund auß schmertzen/begert sich am
grund zu gniffen/dann das gesaltzen wasser beißt sie in jre wunden in solchem gniffen/
treibt er die spitzen der hacken je lenger je mehr herein auch durch das fleisch/ also daß
auch das blut herauff schwimpt/welches ein anzeigung ist deß raubs/fehrt also vnnd
schwimpt dem gestad nach herauff/wirt von der menge der Schiffleuten bekrieget/er-
schlagen vnd zu land geschleifft. Solche hacken werden auch sonst auff sie geworffen/
oder mit starckem geschoß in sie geschossen. So die Wallfisch mit solchen instrumenten der weite nachschwimmen/so haben sie die arbeit verlorn vñ grossen koste empfangen.

An dem gestad deß Meers so an vnd abfleußt/ auß grosser begird so sie zu dem
hering haben/verschwimmen sie zu zeiten auff das gestad/als kürtzlich in Frießland ge-
schehen/wie Albertus schreibt/ alda ist einer der sich nach den Fischen verschossen/von
den Einwonern behafftet/getödt/den grind abgehauwen/welcher in seinem fall also
graussamlich gebrasselt sol haben/als ob ein geheuß zu hauffen fiele.

Was nutzbarkeit solch thier bringe.

In etlichen landen/stetten vnd Inslen/geleben die einwohner solches Fleischs/so
hab ich auch zu Mompelier von manchem Delphinen/welche man samt andern grossen fischen/an dem Marck bey der wag als ander fleisch außwigt/ gessen.

Auß

Auß den Häuten werden in etlichen Landen Kleider bereit/ gantz starck Riemen geſchnitten/welcher man zu Cöln am Marckt ein groſſe menge feihl hat.

Der groſſen Wallfiſchen Nerffadern werden in etlichen Landen gebraucht zu Seiten vnd Seunen oder ſchnür an die Bogen.

Auß jhren ſtarcken zänen werden ſchöne Heffte bereitet an die Meſſer oder Schwerdter/ dann ſie ſind weiß/ vnd glintzen wie das Helffenbein/ ſind ſtärcker. Item Strål gleich den Helffenbeininen.

Etlich brauchen jre Lefftzen oder Kinbacken zu den orten der Pforten an Häuſern/ vnd die Ripp zu Träm oder Tach ſtül: auß dem breiten Gebein Thüren.

Die Völcker ſo man Fiſchfreſſer nennet/ deren das Fleiſch der groſſen Wallfiſchen/ ſtoſſen es zu Puluer vnd backen Brot darauß.

So die Wallfiſch in dem Meer geylen/ verkünden ſie Vngewitter.

Von dem Fleiſch der groſſen Wallfiſchen.

Die Wallfiſch allzumahl haben ein hart Fleiſch/ hart zuverdäuwen/ voll vberflüſſigkeit/ ſchleim vnd wuſt/ machet roh vngekochet Blut/ iſt den alten Leuten gar ein ſchädliche Speiß: vrſachen ein dick/ ſchleimerig/ wüſt Geblüt. Auß der vrſach werden ſie der mehrertheil eingeſaltzen/ hernach auß dem Saltz geſſen: dann das Saltz machet es etwas beſſer/ angenehmer vnd löblicher dann ſo man ſie roh iſſet: doch vrſachet es gleich/ als alle eingeſaltzne Speiß/ ein ſchwer Melancholiſch Blut.

Etliche ſtück der Artzney ſo von ſolchen Fiſchen in Brauch kompt.

Die Rud deß Viehs ſol man mit Schmaltz von den Wallfiſchen ſchmieren.

Ambra ſo auß dem Magen der Wallfiſchen genomen/ oder als etlich wollen an dem Geſtad deß Meers auffgeleſen/ etlich ſein Samen/ wie vor gehört/ iſt mächtig im brauch der Artzney/ zu dem Schlag/ oder Tropff/ lämme/ wärmt vñ tröcknet/ zertheilt/ ſtärckt das Hirn/ Hertz/ vnd alle Sinn deß Menſchen/ dienet alten Leuten vnd kalten Kranckheiten.

Hernach folgen etliche Figuren der
groſſen ſcheußlichen Wallfiſchen/ gezogen auß der Beſchreibung deß Mittnächtiſchen Meers deß Olai Magni/ wie er die conterfetet/ hat trucken laſſen/ wie wol vnd recht/ mag er ſelbſt verantworten.

IN dem Mittnächtigen Meer/ ſpricht er/ iſt ein groſſe menge der ſcheußlichen Wallfiſchen oder Meerthieren/ von wegen ſeiner mercklichen Tieffe.

Von dem Schweinwall.

Er erste wirt genennt Schweinwal/Olaus malet jn/gibt jm keinen namen/sol mechtig groß seyn mit starcken langen/scharpffen zänen.

Von dem Bartwall.

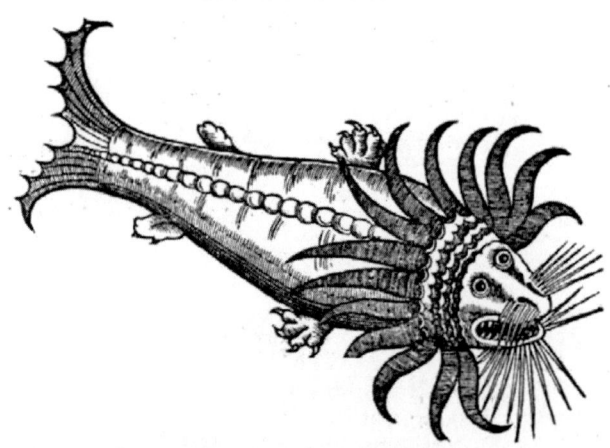

Als ander so sich hie erzeigt/mag Bartwall genennt werde/sol gantz groß seyn/mit hörnern vnd feuwrigem gesicht/ gantz scheußlich : die circumferentz seines Augs sechtzehen oder zwentzig schuch/einen langen bart: von solchem bedünckt sich der grosse Albertus hievon geschrieben haben.

Von dem gehareten Wall.

Der

Er dritt/von welchem Olaus allein den kopff malt/ Nhar oder bendelwall.

Von dem Grabwall.

As viert/so hie zu gegen/schreibt Olaus/sey gleich einem Schwein/so gesehen sey in dem Meer bey der Insel Thyle/so gegen Mittnacht ligt/deß jars 1537.
Mag ein Grabwall von der gleichnuß wegen/so es mit dem Grabthier oder Vielfraß hat/oder ein Eberwall/oder ein Schweinwall/wiewol zu nechst von eim andern Schweinwall geredt ist/vielleicht ist auch eben dieser der in Seeland vnnd anderswo ein Herill genennt wirt.

Von dem Schopff vnd Hornwall.

As 5. vnd 6. sollen bil-licher Meerwunder dañ Wallfisch genent werden/welche zwo figuren/in dem grund oder yß Meer ein wenig vnder der Insel Grundtland/gantz weit ge-

gen Mittnacht gelegen/von Olao gemalt werden/hernach nit beschrieben/mag das ein Schopff oder Schaupwall/das ander Hornwall genennt werden.

Von dem sprütz oder Blaßwall.

En kopff vnd gnick gegenwertigs thiers malt Olaus/vermeint der Sprützwal seyn/von welchem hernach insonderheit wirt geschrieben werden.

SOlch scheußlich Thier mahlt Olaus / welches er sagt gleich seyn einem Rheno-
cer / frist Krebs so 12. Schuch lang sind.

Von der Meerkuh.

IN den Taflen Olai / streckt sich der Kopff der Meer-
kuh also auß dem Meer herauß / Plinius zelt eins so
er von der Hörner wegen cornutam nennet / under den
Thieren deß Meers / setzt doch kein beschreibung darzu.

Von dem Zyffwall / oder Suffwall.

DEr Suffwall Ziphius / ist ein scheußlicher Wallfisch oder Meerwunder / wirt
von Olao also fürgestelt / verschluckt das schwartz Meerkalb / bey seit mahlt er
gleich einander grausam Thier / welches dem Suffwall nachstelt / gibt ihm keinen namen. Der Meerwider ist auch ein mächtiger Wallfisch von welchem geschrieben wirt / daß er das Meerkalb verschlucke. Dieses Thier sol das aller scheußlichest
seyn so gesehen mag werden.

Von dem Rußor oder Rostinger.

Osmarus ist ein Meer-
thier oder Wallfisch / so
groß als ein Helfant /
spricht Olaus / welcher gegenwertige figur auch setzt / ersteigt
die Berg vnd weydet dz graß ab /
henckt sich mit seinen zänen / auß
begird zu schlaffen / an die Felsen /
schlafft so starck daß in die fischer
mit stricken vnd seilen gebunden
fahen. Das gemál so zu Straßburg in dem Radthauß gezeiget
wirt / ist dem genañte Fisch gleicher / wiewol die sag ist / der kopff sey allein / nach dem fisch
schädel abconterfetet: der ander leib nach gefallé oder sag der leuten. Der kopff ist dem
Bapst Leo gen Rom geschickt auß Scandinauia. Die zän strecké sich auß dem obern
kinbacken / oder kiffbein herab gleich einem horn / als in Helfanten / mit solchen henckt er
sich an die Felsen. Die sprüch so zu Straßburg im Radthauß bey solchem thier gelesen
werden / lauten also.

Die gestalt eines Rußors so zu Straßburg im Radthauß gezeigt wirt /
auff Tuch gemalet / sampt diesen Reymen.

Rußor in Nortwegen neñt man mich /
Cetus Dentatus bin doch ich.
Mein weib Balena ist genant /
Im Orientischen Meer bekant.
Macht vngewitter groß im Meer /
Schreckt Alexandrum vnd sein heer.
Dem kalten Meer dem streich ich nach /
Zu streit vnd fechten ist mir gag.
Man findt vil tausend meiner genossen /
Die so lang zän haben auß der massen /
Die sind zwo / drey / vier elen lang /
Vnd so dick als ein zilig stang.
Da ist ein fechten vnd ein reissen /
Mit den Walfischen wir vns beyssen.
Vnd all fisch die wir kommend an /
Die mögend vor vns nit bestan.
Doch hand mich etlich so getriben /
Daß ich im Meer nit bin gebliebē /
Sonder müßt weychen an den staden /
Da nam ich mein tödtlichen schaden.
Zwantzig acht schuch man mich außmaß /
Wiewol ein klein Rußor ich was.
Solt ich mein zeyt auß sollen leben /
Ich hett nichts vmb all Wallfisch geben.
Von Nidrosia der Bischoff hat /
Mich stechen lassen an dem gstad.
Bapst Leo meinen kopff geschickt /
Gen Rom da mich manch mensch anblickt.
Zu Straßburg hat man den auch gesehen /
Tausend / fünff hundert ists beschehen.
Vnd neuntzehen jar vmb Weinacht zeit /
Mein starck gebiß hat mich geholffen nit.

Solch thier ist auch hievor von
Alberto beschriben worden/vñ vnter die Wallfisch gezehlt/wirt von
etlichen andern Meerhelfant genennt.

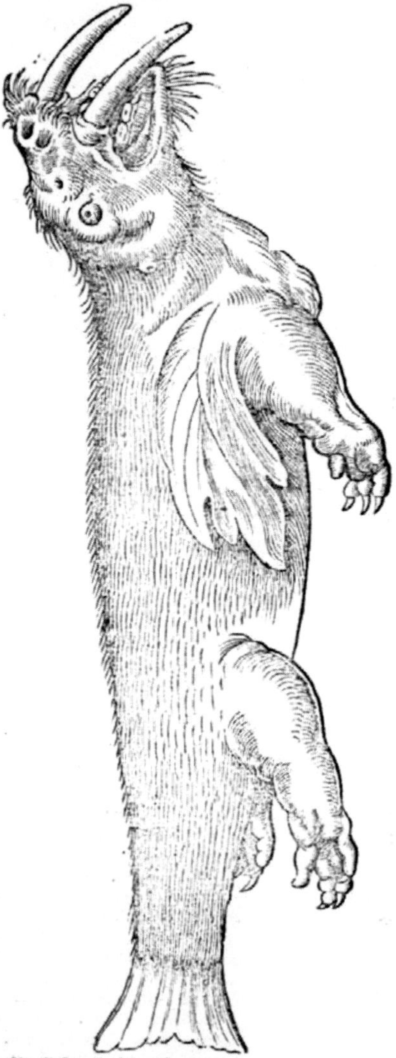

Wo diß Thier zu finden.

Es ist die sag / daß diser Wallfisch sich mit seinen zänen an die felsen hencke:werde von den Teutschen
deß hohe Meers Rosinger gneñt/
in dem end deß Moscowiter lands/
oder in dem Scytische Ungerland/
nit weit võ dem vrsprung Tanais/
wirt er Morß genennt/zu Teutsch
Rußor/von dem rauschen oder ge-
reusch/ist nit der Ruß wall hie oben
genennt.

Es schreibt Mathias von Mi-
chou/daß in den glenden Juhra/vñ
Lorela/so land sind in Scythia ge-
legen/weit gegen Mittnacht/seyen
etlich berg oder bühel/welche sich
strecken durch das gantze gestad/so
am Meer ligt/auff solche steigen
auß deß Meer fisch/Morß genañt/
welche sich an die Berg hencken/
mit hülff jrer zänen die berg ersteig-
gen/von dannen sie sich wider hinab stürtzen / vnnd zu todt fallen.
Solcher fischen zän / welche groß/
weiß / schön vnnd schwer/werden
von de Einwonern gesucht/behal-
ten / vnnd den Moscowitern verkaufft.

Von dem Britannischen
Wallfisch.

Die gestalt dieses Wallfischs
ist im Truck auß gange/erst-
lich zu Lunden / demnach in
Italien/auß solchen haben wir ge-
genwertige figur genommen mit einer sömlichen beschreibung.

Al schrifft auß den brieffen/so Polidoro Vergilio zugeschrieben
auß der Statt Tinemuth in Engelland gelegen.

Unser Meer hat in den sand herauß geworffen im Augstmonat deß 1532.jars ein
todt thier einer mercklichen vnd vngläublichen grösse/welches jetzt der mehrertheil zer-
zert vnd hindan geführt/bleibt doch noch bey hundert fuder.

Es ist

Es ist die sag/ dz die so zu erst diß thier ge-
sehen/ fleissig beschriben haben/ sein lenge sey
gewest 30. elen/ das ist/ 90. schuch/ von dem
bauch/ welcher tieff im Sand ligt/ biß an den
rück grad/ bey 8. oder 9. elen/ als ich solch thier
gesehen/ spricht er/ hats mechtig vbel gestun-
cken/ sie meinen sein Rücken sey 3. elen tieff
im sand begraben gewest/ dann das Meer so
an vnd abfleußt/ begiesse jn mit wällen. Der
schlund oder rachen sibendhalb elen/ die lenge
deß Kiffbackens achthalb elen/ Gillius sagt
22. spann/ sol an den seiten 30. rippen haben/
der mehrertheil 21. schuch lang/ dicke herumb
anderthalb schuch/ habe 3. magen als grosse
hülinen/ vnd 300. schleuch/ vnder welchen 5.
gantz groß/ hat zwo Fisch federn/ jede 15.
schuch lang/ es möchten 10. Ochsen die eine
kaum von jm reissen/ am rachen hangen als
hürnine blech an einem ort gehäret mehr daß
1000. eine grösser daun die ander. Die lenge
deß kopffs von anfang biß zu dem rachen 7.
elen/ von der zungen ist man nit gewiß/ etlich
schreiben võ 7. elen/ Gillius von 20. schuch
breit/ sol einen zerß gehabt haben mercklicher
größ/ als jn einer auß dem manne außschneid/
were er gar nahe in den bauch hinein gefal-
len/ vnd allda ersoffen oder erstickt/ wo er sich
nit an einem ripp enthälten hette/ von einem
aug zum andern 6. Gillius 5. elen. Augen
vnd lefftzen einer solchen grösse vngleich/ als
Ochsen augen. Der schwantz zwen zincken/
geseget/ 7. elen breit/ sol keine zän gehabt hä-
be/ allein als ein sage oder gehürite schüppé.

In seinem kopff waren zwey grosse löcher/
durch welche man achtet das thier e n grosse
menge wassers geworffen haben. Der hochgelehrte herr Doctor Cunrad Geßner vermeint es möchte der Wallfisch seyn/ so von
den Latinern Pristis genennt wirt/ von welché
auch hernach insonderheit wirt geschrieben
werden.

Von etlichen andern Wallfischen deß Teutschen Meers.

VAlentinus Grauius seliger gedechtnuß/ ein berümpter herrlicher Mann/ deß
Radts zu Friberg/ welchem der berümpt Man Doctor Cunrad Geßner/ das
buch von den vierfüssigen thieren/ so eyer gebären/ zugeschrieben hat/ ein mechtiger liebhaber der freien künsten/ hat genanntem Doctor Geßner 3. figuren zugeschickt/
der grossen Wallfischen oder Meerthieren/ welche er achtet mit fleissig abgemalet seyn
nach dürren Fischen/ so viel den Kopff betrifft: die orwangen aber vnd der hundert teil

q ij

düncken jn nit natürlich gemalt. Diese drey sind einander an der gestalt gleich gewesen/ hat auß der vrsach nit mer dañ eine herzu gestelt. Welcher fisch 36. schuch in der lenge/ sampt einer zwerch hand/ vnd 9. schuch in der dicke sol gehabt haben. Auß den andern zweyen sol einer an der lenge 34. vnd ein halben / 7 .in der höhe/ der dritte 27. in der lenge/ 8. in der höhe gehabt haben. Es ist allein der Kopff den Wallfischen ähnlich an solchen dreyen figuren/ abconterfetet worden.

Von dem Fleckenwall im Englischen Meer gefangen.

JM jar 1555. ist in dem Englischen Meer gegewertiger Walfisch von de fischern an dz gestad herauß gzoge/ gröblich ab gemalt/ durch dz gantz Engelland gezeigt worden/ sol an der leng gehabt haben mehr dann 60. schuch/ ein feißt fleisch/ weiß/ an dem geschmack nit vngleich dem fleisch der Hirtzen. Bedůnckt sich der alten Pantherwall (Pardalis)mit anschauwen seiner flecken gewesen seyn.

Jn dem jar 1531. hat das Meer in Holland einen scheußlichen Fisch außgeworffen 60. schuch lang/ 30. schuch hoch oder dick/ die weite seines auffgesperten Rachens 12. schuch/ als in etlichen Teutschen Chronicken gelesen wirt.

Von dem Delphin.

Delphinus. Ein Meerganß/ Meerschwein/ Ein Delphin.
Wo diese Thier gefangen werden.

Ein Delphyn in Italia conterfetet.

Die Delphyn werden gar nahe in jede Meer gesehen vnd gefange/ doch in vngleicher zal. Daß in dem Meer so Pötus Euxinus genent/ werdē sie hauffächtig gefangen: dergleichen in dem mittnächtigen Meer: daß als ich zu Monpelier gewesen/ hab ich der Delphinē drey gesehen/ eine an dem gestad deß Meers/ erst herauß gezogen/ was ein weiblin: 2. ander in der statt auff dē fischmarck gantz groß/ waren 2. mänlin/ hatten wäsenliche zumpel/ die hoden innerthalb dem leib: von denselbigen haben wir Teutschen allzumal von wunders wegen gessen. Im Adriatischen Meer werden sie gar selten gefangen.

Der Delphin streicht auch zu zeiten den süssen Wassern nach in die flüß/ als Nilum/ vñ andere/ speyset vnd settigt sich mit den fischē/ bleibt sonst kein lange zeit darinn.

Von seiner eusserlichen gestalt.

Der Delphin ist nit vnänlich dē kleinen Meerschwein/ so auff latein Phocena genent wirt/ auch den grossen Thunnē/ Habē ein kumpffe nasen/ auß der vrsach der namen Simon von jnē geliebt wirt/ hat ein glatte haut on schüppē vñ haar/ aber hart/ kleine scharpffe zän/ welche sich in einandern schlissen/ ein fleischächte zungē/ zu ortē herumb zeysert/ läg/ beweglich wie ein seuwzungē/ grosse augen/ doch also bedeckt/ daß nichts dann das schwartz herauß scheinet: der schwantz nit auffrecht nach dē rücken deß fisches/ sonder entzwerch/ ein theil auff die linck/ das ander theil auff die recht seiten sich streckend/ gleich

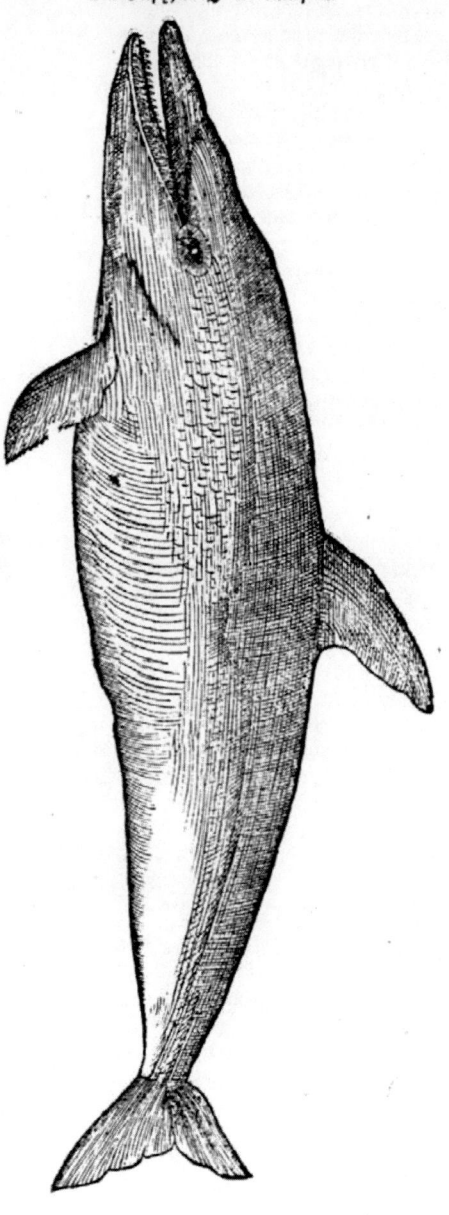

einem halb gewachsenen Mon: hat
einen schwartzē rücken/ weissen bauch/
ein dicke starcke haut / doch sind von
wegen der feißte oder schmaltzes so
darunder ligt.

Itē der Delphin hat ein weit maul/
engen rachen oder schlauch/ keine oren:
hat doch ein scharpff ghör/ durch kleine
löchlin/ gleich hinder dem aug/ so klein/
daß sie hart mögen gesehen werden/ erzeigen sich in seiner scheidel vil grösser.
Item sie haben kein naßlöcher oder instrument zu schmecken/ gleich allen andern Fischen/ so sie doch ein mechtigen
scharpffen Geruch haben: bewegen jre
zungen wider die art der thieren so in
wasseren wonen.

Der Delphin ist mit seinē innerliche
gliderē dem Schweyn gantz gleich/ mit
dem fleisch/ netze/ magē/ eyngweid oder
gedärm/ dz miltze in jungen groß/ in altē klein vn schwartz/ die leber blutfarb/
wirt kein gall gesehen: als daß Plinius
auch geschrieben hat. Itē grosse nieren/
zwischen der leber vnd den hoden/ von
kleinen strücklinen zsamē gesetzt wie ein
trauben/ die blater wie der Seuw/ lange hodē/ gebirt ein lebendige frucht wie
der mensch/ daß dz weiblin hat alle natürliche glieder dē vierfüssigē thiern nit
vngleich: dz männlin/ wie vor ghört/ sein
männlich glid/ die hodē innerhalb dē leib.
Itē das weiblin dutten vnnd milch die
jungen zu säugen vnd auffzubringen.

So ein scharpff gsicht hat der Delphin / dz er auch die fisch so vnter dē felsen oder schrofen/ item in den tieffen löchern verborgen sich enthalten/ ersihet:

sind fleischfreisig/ andern fischen auffsetzig/ sollen jhnen allein den Kopff abfressen/ in
dem gejägt so schnell vnd geschwind seyn/ daß sie im nachhalten/ zu zeiten sich auff das
land herauß verschiessen/ vnd auß dem wasser in die höhe vber die segelbäum herauff/
sol schneller schiessen dann die pfeyl von der sennen. Dann so er den fischen in die tieffe
herab nachjagt/ vnd den athem nit weiter verhalten mag/ so scheußt er mit so grossem
gewalt vn schnelle auß dem wasser herfür den lufft an sich zu ziehen/ dz er sich auch vber
die schiff vnd segel hervber schwingt/ dergleichen in seinem schwimmen so schnell vnnd
geschwind/

geschwind/daß er die aller schnellefte schiff/ ja die Vögel im lufft mit schnelle vbertrifft/ welches die Alten verursachet hat/ so sie ein vbertreffenliche schnelle oder geschwinde haben wöllen bedeuten/ so haben sie einen Delphin gemalt.

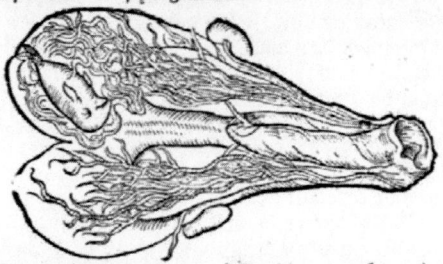

Die Bemutter deß Delphins sampt der Geburt darinn.

Die Delphin führen ein stimm gleich dem seufftzen der Menschen/ durch die rören durch welche sie den Athem ziehen/ vnnd so sie schlaffen/ strecken sie dieselbige zu dem Wasser herauß/ werden zu zeiten erhört schnarchlen. Aelianus schreibt von seinem schlaff also/ Nemlich so er schlaffen wölle/ so strecke er den Rücken vnnd Kopff ober das wasser herauff/ entschlaffe also/ falle darnach im schlaff in die tieffe herab biß auff den boden/ an welchem/ so er sich stößt/ so erwach er/ demnach schwimme er wider herauff/ in grosser schnelle auß begirt zu athemen/ entschlaffe vnnd falle widerumb/ wie zuvor/ an boden/ vnd treibe das so lang biß er außgeschlaffen/ sey auß der vrsach nimmer one bewegnuß.

Ein gar alter pfennig von kupffer conterfetet an beyde seiten/ auff der einen sind zween krumm gebogē Delphin/ mit dz sie von natur also seyen/ sonder anzuzeigen die gestalt vnd bossen/ in dem sie anfahen sich selbs in die weite zu schiesse wie ein pfeil von einem bogen geschossen wirt.

Hievor ist gehört wie die Delphin/ als dann andere Wallfisch all/ haben jre schäm gleich den menschen/ gebrauchen sich auß der vrsach jrer mehrung mit spielen vnd geilen mit zusamen gethanen beuchen vnd vmbfahen/ gleich den Menschen/ welches von Rondeletio sol gesehen worden seyn/ sind vns mit der geburt vnd liebe/ auch empfahen deß natürlichen Samens gantz änlich/ tragen oder sind schwanger 10. monat/ gebären Sommers zeit der mehrertheil zwey/ zu zeiten nur eins/ seuget jedes an seiner gewissen dutten/ tregt sie zu zeiten so sie schwach/ vnnd so sie noch jung/ werden sie von den alten beleitet/ die jungen erwachsen in kurtzer zeit/ dann in 10. jaren kommen sie zu rechter grösse: sind langes lebens/ dann sie werden one gallen gefunden/ etliche welchen die schwentz zu zeichen beschnitten sind/ biß auff 30. jar kommen/ mögen one Wasser biß auff den 3. tag leben so sie nit vor in den garnen vnter dem Wasser ersteckt werden/ sind der zeit jhres sterbens vorbewußt/ schwimmen dem gestad zu/ werffen sich auff das sand herauß zu sterben/ damit der furst deß Meers nit vnbestattet/ sonder von dem wasser/ oder von den Menschen mit sand begraben werde/ werffen sich sonst auch von etlichen vrsachen mehr auß dem Wasser in das gestad herauß/ als von grosser kränckheit vnd schmertzen wie vor gehört/ oder von strengem nachhalten vnnd jagen der Fischen/ verschie ssen sie sich selber zu zeiten in den sand herauß/ oder so sie von den Thier-

kinen/ so die Latini Afilos nennen (mögen Meerbramen genennt werden) gepeiniget/
oder von grossem getümmel vnd geschrey der Fischer so das garn ziehen.

Die Delphin sollen die erkennen vnd schmecken/ so von einem Delphin gessen haben/
dieselbigen im wasser so sie bekommen verletzen/ rechen/ beissen vnd fressen.

Im anfang der Hundstagen sollen sich die Delphin/ als Aristoteles schreibt/ verschliessen vnd im Meer verborgen ligen/ welches sich zu verwundern ist/ weil sie müssen geathmet haben/ ist auch der Warheit nicht gleichförmig/ es seye dann sach daß sie
sich in den hölen der grossen schrofen enthalten/ in welchen sie den lufft haben mögen.

Von natürlicher anmut deß Delphins.

Die Delphin haben ein sonderbare geselschafft vnd liebe zusamen/ nit allein sie gegen einander/ sonder gegen jren jungen/ eltern/ abgestorbenen/ auch gegen etlichen an-
dem Wallfischen/ vnnd dem Menschen. Dann dz sie eine sonderliche liebe gegen jren
jungen tragen/ erscheint auß dem/ daß sich das Männle vnd Weible paren gleich einer
Ehe/ allzeit ein par bey einander/ zu zeiten gantze hauffen gesehen werden/ sie solche er-
ziehen/ernehren/säugen/mit grosser freud tragen/in jren schnabel fassen/beleiten/füh-
ren vnd weisen zu jagen/ vnd so sie in der ordnung herein fahren zu kempffen/ so stellen
sie die Jungen zu end/ sonst zu schwimmen/ stellen sie die jungen vornen an/ demnach
die Weible zu end die alten Männer/ welche auff sie lügen/ acht vnd sorg haben/ summa verlassen sie nimmer/ ob sie gleich gefangen/ mit dem hacken durchschlagen/ gegen
dem gestad herauß geschleifft/ so folgen sie doch so streng hernach die jungen zu erretten/
daß man die auch mit der hand schlahen vnd schedigen mag/ vnnd also die alte Mutter
mit dem jungen gefangen wirt. Ire Eltern so krafftloß worden/ ernehren vnnd speisen
sie/ sind jnen behülfflich in jrem schwimmen/mit lupffen vnd schalten.

Item als der König von Caria ein Delphin gefangen/ an dz gestad gezogen/ vn
angebunden hat/ samlet sich ein grosser hauff anderer Delphinen bey dem gestad/ heu-
len/ seufftzen vnd trauwren/ so lang biß der König den gefangnen erlediget/ gleich sollen sie zu mal sampt dem gefangenen hindan gefahren seyn.

Item als bey der Statt Aenos in Thracia gelegen ein Delphin wund geschlagen/
von den Fischern gefangen ward/ sollen die andere seine gesellen/ so solches vermerckt/
mit so grosser vngestümme vnd gewalt herzu geschossen seyn/ daß die Fischer jr leben zu
fristen den Delphinen ledig zu lassen sind gezwungen worden/ welche die anderen erlediget mit grossem leid/ hilff/ lupffen vnd schalten in das Meer/ als ob sie menschlich verstand hetten/ beleitet haben. Gleicher gestalt sind sie offt gesehen worden/ die abgestor-
bene tragen/ zwen auff jrer lenden an das gestad oder sand herauß/ mit grossem pomp
der nach folgenden/ klagenden/ weinenden Delphinen/ jn auch zu beschirmen vor den
grossen Meerthiern/ damit er von der vngestümme deß Meers mit sand vberschwemt
oder von den Menschen begraben werde.

Den grösten anmut tragen sie gegen den Menschen/ dann sie nahen sich den schiffen auff dem Meer so bey Narbonen gelegen/ spilen/ geilen/ springen/ pfeissen dabey/
wollen sonderlich Simon genennt werden. Dann Bellonius schreibt/ daß er mit ruffen Simon einen Delphin auff dem Meer so bey Narbona gelegen dem schiff nach gezehlet habe/ daß er gar nahe mit der hand anzurühren sey gewesen.

Den gantzen tag verschliessen die Delphin mit jagen/ rauben/ zämen/ treiben vnnd
fressen/ solchs ist den Fischern deß Meers bekannt/ auß welcher vrsach so sie jhr jagen
ersehen/ vmbziehen sie den Platz mit Garn/ fahen ein merckliche last allerley Fischen/
Dann die Delphin treiben sie auß dem grund herauff an das gestad/ an einen hauffen zusammen/ alsdann fressen sie die nechsten so sie bekommen/ auch so sie in ein
hauffechte Schar der Sarden/ Hering oder dergleichen kommen/ so fressen sie
jhnen allein die Köpff ab/ also daß viel der todten Fischen zu zeiten auff dem Meer

schweben

schweben gesehen werden. Item der mehrertheil von forcht auß dem Meer in die höhe springen/gleich als ob es Fisch regnete.

Oppianus beschreibt den anmut der Delphinen gegen den Fischern/hilfft zu fischen vnd jagen: item gleiche theilung deß raubs oder fangs gantz lüstig.

Gegen den jungen schönen knaben/item gegen der Music/seitenspiel vnd gesang
sollen sie ein sonderliche lieb vnd anmut tragen. Welches auß etlichen lüstigen Historien wirt bekannt werden.

Die erste ist Arionis deß berümpten Harpffenschlegers/welchē als er lange zeit
zu Corinthen bey dem Keyser Periandro gewesen/ist ein begird ankommen in Italien
vnd Sicilien zu schiffen/an welchē orten/als er ein merckliche sum gelts bekrieget/auch
sich jne gezierd vnd kleinod/ist er willens gewesen heim zu kehrē. Als er nun niemand ge-
trauwet/dañ den Corinthen seinen Landsleuten/ist er in jres schiff gestiegē. Auff dem
Meer haben sie vnderstanden jn zu morde/von seines gelts oder schatzes wegen/wel-
cher als er jren willen gemer ckt/jhnen den schatz dargelegt/allein vmb das leben gebet-
ten: solches jm die fischer nit gestattet/sonder die wahl geben sich selbs zu tödten mit der
hand/so er wölle begraben seyn/oder zustund in das Meer zu springen. Als er nun den
gewalt verstanden/hat er sie gebeten/sie solten jm allein eins gestatten/daß er angelegt
mit seiner zierd vnd kleinod/noch ein löblich gesang vor seinem tod auff seiner Harpffen
schlagen möge/alsdenn wölle er an sich selber hand anlegen. Solches sie jm gestattet
auß begird den aller berümpsten Harpffenschleger zu hören. Als er nun wol außge-
rüst / bey seits deß schiffs ein zeitlang gespilt/ist eine grosse menge der Delphinen versamlet worden/ist er zustund herauß in dz Meer auff einen Delphin gesprungen/wel-
cher in gütiglich auff seinen rücken entpfangen/vnd in Tenarum geführet worden: sie
aber gen Corinthen schiffend. Als er nun von dem Delphin gestigen/an das land
kommen/ist er mit derselbigen kleidung gen Corinthen zugefahren/vnd daselbs dē Periandro alle histori erzehlt. Welcher weil er nit glaubt/hat er den Harpffenschleger verhüten lassen/die Schiffleut beschickt/nach Arion gefragt/welche gesagt/er lebe/fahre
frisch vnd gesund in Italien herumb / haben jn zu Tarent gelassen. Zu stund tritt A-
rion mit bekanntlicher bekleydung herein / ab welchem die schiffleut sehr erstarret vnd
erschrocken/haben nichts weiter gehabt sich der that zu entschüldigen.

Item als zu zeiten ein Lerch vber Meer die kelte deß lufsts geflohen/hat sie mit jhrem gesang den Delphin also belüstiget/daß er sie auff seinen rücken genommen/durch
das Meer geführt haben sol.

Die Delphin bedüncken sich danckbarer dann die Menschen. Auff ein zeit hat
ein Mañ mit namen Ceran/geboren von Farin/den fischern lebendige gefangne Delphinen abkaufft/sie wider lebendig in das Meer gelassen. Als er hernach in einē vber-
ladenen schiff auff dem Meer gefahren/das schiff zu grund gangen/haben jn die Delphin auß danckbarkeit auff sich genomen/bey leben behalten/zu land geführt/welches
ort den namen bekommen Cæranium promontorium/ auß der vrsach / daß sie den Cæranium alda angelend/vnd außgeführet haben.

Item Hesiodus/als er von den Mördern erschlagen/ist von den Delphinen gen
Rhium vnd Molheriam getragen.

In dem Africanischen gestad bey der statt Hipponen/hat sich ein Delphin/als er
von den Einwonern gespeiset / zu tasten vnd zu reiten geben : auch sol der Statthalter
oder Vogt deß lands jn selbs angegriffen/mit wolriechender Salb begossen haben/von
welchem geschmack er entschläffe/ein zeitlang als tod vom Meer geschwempt/hernach
etwas frembder sich erzeigt sol haben.

In der statt Jasso/als ein Delphin einen schönē knaben an dē gestad spielen ein zeit
lang geschauwet/als er von dem gestad hinweg gieng/ist er mit solcher begird vnd stercke nachgefahren/daß er sich in den sand herauß verschossen/zu stund gestorben ist.

Item ein andern Knaben in der stat Jasso/ welcher durch die Meer herumb auff den Delphinen reit / als er von grossen wällen ertrenckt / ist der Delphin mit jhm auß grosser schnelle auff das land herauß geschossen / allda gestorben / als ein vrsach er seines tods. Elianus schreibt die histori gantz weitleufftig vnd lüstig.

Zu zeiten sol in der statt / Flerofelenen genannt / ein Delphin von einem alten Weib von jugend auff gespeiset seyn / sampt einem jungen knaben / welchem sie einen gleichen namen gegeben hat. Als nun der Delphin grosse treuw vnd liebe gegen dem Kind von gemeiner speiß / namen vnd aufferziehung wegen vberkommen / hat er sich alle zeit am selbigen ort lassen sehen vnd finden als bey seinem hauß : vnd so jm der Knab von oben herab rüfft / ob er gleich mit andern Delphinen spilt / kempfft / jagt oder sonst von ferne war / so schoß er doch in grosser schnelle vnd geschwinde herzu gleich wie ein pfeil / erzeigt sich dem Knaben gantz freundtlich mit springen vnd spielen / mit vmb jn her schwimen als ob er jn zum kampff reitzte / vnnd mit jm begerte zu spielen. Zu zeiten als ob er jhn rehrte / oder in dem spielen sich vberwunden vergleichte : zu zeiten als ob er willens were vnter jn zu schwimmen vnnd jhn zu tragen mit grossem verwunderen vnd abentheur der zuschauer. Er widergalt vn verdient auch solche speise der wittwen vilfaltig.

Dann als er wol erwachsen / starck worden / täglich war zu jagen / der speiß der alten Frauwen nit mehr bedürfft / da jagt er der alten frauwen auch / trug alle tag mit seinem schnabel ein gut theil Fischen auß dem Meer herauß an das gestad / von welchen die frauw ein theil verkaufft / sich vnd den Knaben damit speißt vnd ernehrt. Als nun zu letzt der Knab gestorben / sol der Delphin nit mehr erschienen seyn.

Summa die freundligkeit vnd anmutung gegen dem Menschen sol auch Gott wol gefallen : dann auß allen thiern / so den Menschen lieben / als Hund / Rossz / Helfant / item auß den Vögeln die schwalwen / thuns allein von jres genützes wegen / sonst fliehen sie vns als weren wir wilde Thier / allein der Delphin liebt den Menschen / auß der vrsach / daß er ein Mensch ist.

Als Telemachus noch ein kleiner Knab war / vnd ohn geferd durch gähe schlipffertige ort in das Meer gefallen war / haben jhn die Delphin widerumb auß der tieffe herauff gelupfft vnd auß getragen.

Als einer mit namen Nemeus ermördt ins Meer geworffen / herumb schwebt / hat jn ein Delphin bey dem har vnd halß ergriffen / an das gestad so weit herauß geführt / daß er bey jm hat müssen sterben.

Nun wöllen wir von dem verstand vnd weißheit der Delphinen etwas schreiben. Dann so er in das garn kommen / so helt er sich gantz still / hebt an zu dempffen / frist die so mit jm gefangen / ersettiget sich als ob man jn zu gast geladen hab. Zu letzt so er sich vermerckt dem gestad nahen / so zerzerrt er das garn mit seinen zänen vnd schnabel / erlediget sich also auß der gefengnuß.

Wenn sie nun einem gefangnen Delphin sein nasen mit einē seil von bintzen durch zogen ledig lassen / damit so er hernach gefangen / gewisse anzeigung gebe / daß er vormals gefangen vnnd entlediget sey worden / alsdann sol der Delphin / als bewußt deß zeichens / alten gefengnuß vnd entledigung / nicht mehr mit fressen solchen schaden thun.

Gillius schreibt / daß die gefangene Delphin solch heulen / seufftzen vnnd klagen erheben / daß er auff ein zeit in einem schiff vber nacht gelegen / so der Delphinen vil trug / von solchem seufftzen groß mitleiden vnd schmertzen empfangen habe / den nechsten so für die andern auß solches weinen vnd seufftzen getrieben / heimlich herauß geworffen habe / demnach mit den andern auß erbärmbt geweinet / die gantze nacht in grossem trauwren gelegen.

Bey dem Delphin sol gemeiniglich seyn der Fisch Meerlauß genannt / sein Dellerschlecker / gelebt deß fleischs / so dem Delphin in seinem gejegt vberig ist / wirdt mechtig feist darvon.　　　　　　　　　　　　　　　　　　　　　　　　　　　Grossen

Grossen kampff treiben die Welser (Amiæ) vnnd Delphin/ von welchem in der Histori der Welser wirt gesagt werden.

Item dem Leitfisch oder Schiffgesell (Pompilo) ist er gehaßt nit one ge
ähr/ dann so
er jn gefressen/ so kompt jn das grimmen an vnnd schmertzen/ werden entzünd der mas-
sen/ daß sie nit gesehen/ sondern in das gestad herauß geschossen/ von den wällen ge-
trieben/ durch die Meerkräen oder Vögel gefressen vnd vmbbracht werden.

Der Delphin bringt vmb den Crocodyl mit listen/ dann er schwümpt in den Fluß
Nilum/ in welchem der Crocodyl regiert/ vnd so er jn ersehen/ so scheußt er jm mit grossem gewalt vnd stercke vnder seinen bauch/ an welchem er linder vnd zärter dann an andern teilen seines leibs/ schrentzt jm denselbigen mit gewalt vnd stercke auff/ ertödt vnd
beraubt jn seines lebens.

Von würdigkeit der Delphinen/ vnd wie
hoch sie geachtet.

Der Delphin wirt billich genennt vnd geachtet der König vnd Regent deß Meers
vnnd Wassers/ von wegen seiner anmutung/ geschwindigkeit/ stercke/ listigkeit vnnd
schnelle/ auß welcher vrsach die König von Franckreich/ Delphinat/ auch etliche andere Fürsten vnd Regenten die Delphin zu einem wappen führen/ vnd sein gestalt auff mancherley gülden silberin müntz geschlagen/ erzeigen/ in dem gemähl sauen vnnd panieren
führen. Es bekompt auch zu aller zeit der erstgeborne son deß königs von Franckreich
den Namen Delphin/ führt auch solchen zu einem wappen. Auff mancherley müntz
der Keyser werden sie geschlagen/ als Augusti/ Tyberij/ Ruffi/ Domitiani/ Vitellij/
Item der Griechen/ der mehrertheil Königen/ welche sie in jrem schimpffwerck treiben/
so sie spielen/ springen oder geilen/ welcher Müntz eine oben gesetzt ist/ welche bey der
seiten gestalt erzeigt.

Item in deß Keysers Titi Vespasiani müntz wirt gesehen ein Ancker mit einem vmb-
geschlagenen Delphin/ welches geschwindigkeit vnd saumung/ thun vnd lassen/ nach
gestalt der sach bedeuten wil/ dann sonst bedeutet er auch der mehrertheil/ das Meer/
herrschung der Wasser/ anmutung gegen den jungen Kinden/ einbrünstigkeit/ art der
liebe vnd dergleichen.

Was nutzbarkeit man von solchem Thier habe.

Nutzbarkeit deß Delphin ist erstlich sein fleisch/ so an etlichen ortn in die speiß kompt.

Die Alten haben es für ein laster/ sünd oder todschlag geachtet/ so einer einen Delphin gefangen oder getödt hette/ so werden sie doch von etlichen gefangen/ als ich selber
in dem Nidmächtigen Meer gesehen/ vnd jr fleisch gessen hab. Man fengt sie mit starcken garnen vnnd mit dreyspitzigen hacken/ welche man auff sie wirfft/ das seil henget/
fehrt jm nach/ biß er gefangen vnd verwundt/ müd herauß geschleifft mag werden.

Es sollen auch mehrertheil/ als Aristoteles schreibt/ die alten mit den jungen gefangen werden/ auß liebe so sie gegen solchen tragen.

So man sie in den garnen fengt/ so werden sie leichtlich ersteckt/ dann sie müssen den
lufft haben/ wie oben gehört.

Die feiste oder schmaltz der Delphinen wirt zu manchem brauch behalten/ vnd auß
seinem fleisch ein gattung leims bereitet.

So die Delphin in dem Meer spielen vnnd geilen/ so bedeuten sie künfftigen regen.

Von seinem Fleisch.

In Italien werden die Delphin von niemand gessen noch gefangen. In Britanien vnnd Narbonensischen Franckreich oder Langen Dock/ werden sie allein von
den Armen zur speiß vnd nahrung gekaufft. An andern erten deß Franckreichs am hohen Meer gelegen/ sollen sie für ein sonderbarliche/ köstliche Speiß geachtet werden/

gantz lieblich gekocht vnd zubereitet. Sein fleisch als aller Wallfischen/ist harter däuwung/args gesaffts vnd vollen sch leims vnnd vberflüssigkeit/vngesund zu essen/stinckend vnd dem magen widerig/auß welcher vrsach sein fleisch eingesaltzen wirdt/damit es etwas desto besser vnd löblicher zu geniessen werde.

Die beste theil auß den Delphinen sind die Leber vnd zungen. Die leber ist zart vnd mürb/doch eines bösen gesaffts.

Die zung mürber vnd feister/höher zu schätzen dann die leber.

Etliche stück der artzney so von solchen thieren kommen.

Die äschen von den gebranten Delphinen heilt die böse Grindigkeit vnd Außsatz/auß Wasser auffgestrichen.

Die Leber gebraten/nimpt hin das kaltwehe oder den Ritten/genossen ehe es den Krancken anhebt zu schütten.

Sein feiste oder schmaltz zerlassen/mit Wein getruncken/heilt die Wassersucht/wirt gebraucht wider den Gestanck deß Leibs/Item sampt einem Dochten gebrant als ein Liecht/vertreibt die Mutter der Weibern.

Item die zän von dem Delphin den Kindern angehenckt/jhre Bildern damit bestrichen/Item zu äschen gebrant/mit Honig angestrichen/leichtert das zanen vnnd erschrecken der jungen Kindern.

Sein Magen gedertt/gepüluert vnd getruncken heilt die Bresten deß Miltzes.

Von dem andern Geschlecht deß Meerschweins.

Phocæna siue Thursio.   Ein Meerschwein.

Wie dieser Fisch gestaltet/vnd wo er zu finden.

Dieser Wallfisch wirt auch von den Welschen genant Meerschwein/von seiner feiste vnd dicke wegen/vn gestalt. Dañ er ist dem Delphin mit der gestalt gantz ähnlich/allein daß er kleiner/kürtzer/doch dicker ist/vn kein solchen fürgestreckten schnabel hat/auch nicht so lieblich vnd geil an der Gesicht/gantz feist/dick vnd schwer. Dieser Wallfisch wirt in Ponto gefangen vnd gesehen/dergleichen in dem Welschen oder hohen Meer/werden viel gen Pariß gebracht/am aller meisten im Glentzen/Winter/auch zu zeiten Herbst vnd Sommers zeit.

Von seiner art vnd natur.

Dieser Wallfisch oder Meerschwein also genant von seines specks wegen/ist mit seiner art/natur/eigenschafft/innerlicher gestalt/dem Delphin gantz änlich/allein sol er arglistiger vnd böser seyn. Cardanus schreibt/er habe zu Diepe in Neustern gelegen/viel der Fischen gesehen/einen zu S. Valerin/welcher mehr dann 1000. pfund sol gewogen haben/so feist/daß er gar nach rund schein/der Kopff vnd Augen gleich einem Schwein/da mitten auff dem Kopff ein loch eines fingers groß/auß welchem er viel wassers sol gesprützt haben/hat stumpffe zän gleich den stockzänen der Menschen/er seicht/athmet vnd seufftzet mit auffgespertem maul/weinet/daß die Trenen herab flossen/so lang gelebt haben/ob gleich das blut jm auß der wunden herauß floß/als der wein auß einem Faß/hat starcke gantze schwartze fischsäckten.

Von

Von dem Braunfisch oder Balenen.

Balena. Ein Braunfisch / wiewol etliche auch die zweyerley Meerschwein Braunfisch nennen: zu vnderscheidt derselben / möchte dieser ein Bartwall oder Hoger wall genennt werden. Ein Balenen.

Von der eusserlichen vnd innerlichen gestalt dieses Thiers.

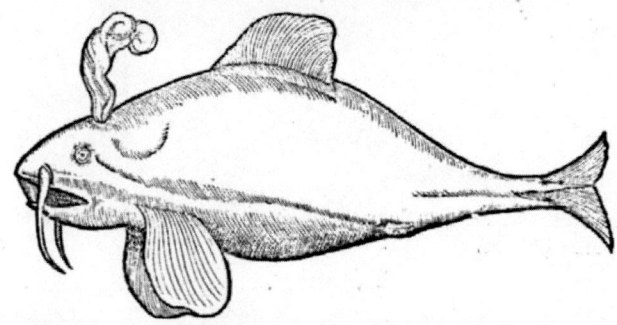

Dise gegenwertige Figur ist gantz fleissig von einem lebendigen Braunfisch / oder Balenen abconterfetet worden. Solcher Fischen einer ist gefangen worden deß 1545. Jahrs zu Gripswald vber 24. Schuch lang / ist ein grosse menge der Fischen in seinem Magen gefunden worden / vnder andern ein Salmen einer Elen lang noch lebendig. Solches Fisches Figur ist dem herrliche Mann Sebastiano Munstero von dem Cantzler der Fürste auß Pommern zugeschickt worden. Werde bey Friesland vnd dem Baltischen Meer gemeiniglich gefangen. Sollen ein mächtig feist Fleisch haben / eines vnlieblichen Geschmacks. Etlich schreiben / er habe einen Zumpel so dick als eines grossen feisten Manns Schenckel: haben sonst / als hievor von den Wallfischen gehört / ihre natürliche Glieder dem Menschen gantz gleich / empfahen vnd gebären lebendige Frucht ohn Eyer / habe milch / an der Farb schwartzgrün / Oreten / als hievor gehört / Item auff ihrer Stirnen Löcher durch welche sie den Lufft ziehen zu den Lungen / vnd das Wasser herauß sprützen / haben ein harte Haut / dick gar nah vnempfindtlich / schwartz / allein der vnder Kissbacken / ein theil deß Bauchs / vnd ob den Augen gantz weiß.

Von der mercklichen grösse der Balenen.

Hievor ist viel gehört worden von der mächtigen grösse etlicher Wallfischen / auß solchen wirt die Balenen gar nah der grösse geachtet. Dann etliche sollen neunhundert vnd sechtzig schuch lang gesehen seyn / als Solinus schreibt. Etlich bey dem Noruegischen gestad hundert Elen lang: gebären vn versamlen sich mit grosser menge / dz auch die Schiff von solchen in grosse gefahr komen / ob sie sich gleich in der Tieffe enthalten.

Es schreibt auch Olaus / daß / so die Balenen von vngestümme deß Meers in das gestad herauß geworffen / man ihr Fleisch mit viel Wägen müsse darvon führen. Im Britannischen Meer sollen sie auch zu mercklicher grösse kommen.

Von etlichen andern Figuren der Balenen.

Olaus Magnus in der Beschreibung der Mitnächtigen Lande / mahlet mancherley Meerthier / oder Meerwunder / auß welchen er etliche Balenen nennet: solcher Figuren etliche hieher gesetzt werden.

r

B Raunfisch oder Balenen/sampt dem Hogerwall/ Vtterwall/ Schluchwall/ o-
der Meerschwein.

Die ander.

Ein auffrechte Balene oder Braüfisch/ welcher ein groß mächtig Schiff vndertruckt.

Die dritte.

IN groſſer Wallfiſch/ ſo die Einwohner der Inſel Fare genannt Fiſchfräſſer/mit
dem Zunamen auß vngeſtüme deß Meers in das Sand hinauß geworffen/mit
einem groſſen eyſenen Hacken an das Land herauß gezogen/mit Achſen vñ Beilen zu ſtücke ſchroten/vnd vnder ſich ſelber theilen.

Die vierdte.

DEr Tüffelwall mit Sand beſprengt/auff welchë die Schifleut/vermeint kleine Inſlen ſeyn/kochen/das Schiff daran geheſft haben/alſo manches mahl in
groſſe Gefahr kommen.

Die fünffte.

ETlich groſſe Balenen oder Braunfiſch/welche nach der gröſſe gleich ſollen ſeyn
dem Gebirg/kehren die Schiff ſo ſie bekommen zu grund/ ſie werden dann mit
mächtigem Geſchrey/Getümmel/Trummeten/vnd Gethön von den lären Faſſen in das Meer geworffen/abgeſchreckt vnd hinweg getrieben/welches auch in dem
Balthiſchen Meer geſchehen ſol/als hievor gehört.

Von natur vnd eigenſchafft der Braunfiſchen oder Balenen.

Der Sitz vñ wonung der Balenen iſt die Tieffe deß Meers. Im Gaditaniſchen
Meer werden ſie nicht vor Weinachten geſehen/ſollë ſich darzwiſchen in einem ſtillen/

tieffen ort halten / daselbst mit grosser Freud gebären / fressen einen schwam Ambra genennt / welcher zu zeiten in jhren Magen gefunden wirt / als etlich schreiben. Item allerley ander Fisch / frißt vnnd käuwts nicht / sonder verschluckt alle ding gantz / wiewol
er sonst eine engen Schlauch hat. So er schlafft / strecket er sein Kopff / Loch oder Rören vber das Wasser herauß / schnarchlet auch / zu zeiten so er auff das Gestad herauß
gehn / vñ daselbst schlaffen / welches von dem Helffantwall sonderlich geschrieben ist / er
sol sich zu zeiten gar nah auff die tröckne herauß lassen / sich bey der Sonnen zuwärme /
erwachst sonst in kurtzen Jahren / gebirt als ein mensch / wie obgehört der mehrer theil
zwey Junge / säugt sie / samblé sich in der Geburtzucht auff / hat ein scheußlich murmle.

Der Wallfisch sol sich zu zeiten mit dem Braunfisch oder Balenen vermischen /
als dann krafftloß werden / vnd in den Tieffinen deß Meers zu solcher grösse kommen /
daß er mit keiner Kunst oder Macht mag gefangen werden.

Ein grosse Liebe tragen die Braunfisch oder Balenen gegen jhre Jungen / daß so
sie schwach / krafftloß oder sonst gefahr / Vngewitter vorhande / so tragen sie dieselbigen
oder schlucken sie in jhren Rachen / kotzen sie hernach wider herauß. Item so sie zu weit
herauß geschwummen / von wegen mangel deß wassers nicht mögen wider in die tieffe
kommen / so fassen sie in sich ein grosse menge deß Wassers / kotzen dasselbig zu jhn herauß / flöhen sie mit dem Wall Wasser wider herein.

Die Wallfisch / Item die Braunfisch oder Balené / reisen nicht ohne eine Gleit-
mañ / dann von der mercklichen grösse vnd feißte wegen / gesehen / gehören vnd empfinden sie wenig / solches ist ein schmaler / raner / weisser / läger Fisch / welcher ein sonderbar-
liche anmutung zu den Wallfischen haben sol / von Plinio Musculus geneñt. Solcher
Gleitman zeigt jhnen an Tieffe der orten / den Weg oder Straß / gegenwertige gefahr /
Vngewitter / Raub vnd dergleichen. So sie solches Gleitmans beraubet / schwebe sie
jrrig herumb vnd werden gefangen.

In dem Indianischen Meer so die Balenen oder Braunfisch zu viel gefressen /
schreyen vnd brunnen sie so starck / daß sie auff zwo Welsch Meilen erhört werden.

Sie sollen ein anmutung vnd lust ab dem Geruch habé deß Bechs oder Hartzes /
dañ so ein Schiff neuwlich verhärtzt ist / mercken sie den Geruch / belystige sich an solche Schiff zugniffen / auß welcher vrsach das Schiff in gefahr köpt. Die Schiffleut
aber solches wol wissende / werffen inen neuwlich gehärtzte Faß für / damit sie denselbigen nachhalten / vnd das Schiff lassen / mit solchen Geschirren spielen sie vnd schimpf-
fen gantz wunderbarlich / werffen darzwischen Wasser in die höhe.

Sie haben auch lust ab sanfftem Lufft / vorauß ab dem Mittnächtigen / so Sud-
wind genañt / dann zu solcher zeit erheben sie jetzt den Kopff vnnd Gnick herauß / demnach den Kopff vnd den Rücken nach vnd nach herunder / also daß er gantz gesehé mag
werden.

In die Balenen werden grosse / scharpffe vnd lange Hacken geworffen / welche biß
auff das Eingeweyd oder Ruttlen hinein dringen / die Hacken sind gebunden an starcke Seiler / welche zu end grösse Körb haben / welche embor schwimmen / vnnd den verwundten Fisch zeigen / von solchem sahen ist viel hievor gehört worden in der Histori
der Wallfischen.

So der Wallfisch oder Balenen in dem Meer spilt / bedeut er Vngewitter.

Damit die Schiff von deñ Balené nit vmbgekert / brauché die Schiffleut ein solche
Kunst. Bibergeil zertreiben sie in Wasser / schütten es in das Meer / von solchem wirt
die Schar der Balené vertrieben / als von einem Gifft / vñ in die Tieffiné gejagt. Daß
die Schiff leiden gefahr / so sie auff jhre Rücken kommen / oder in die Wirbel so sie bewe-

gen/

gend/oder von dem auffblasen deß Wassers. Von dem brauch der Gebeynen der Balenen zu den Gebäwen/sampt anderer Nußbarkeit/ist hievor in der Histori der Wallfischen beschrieben worden.

Von dem Fleisch der Balenen vnd seiner Eigenschafft.

Das Fleisch diser Fischen hat ein vnlieblichen stinckenden geschmack/sind vngesund/
hart zu verdäwen: so sie eingesaltzen/vrsachen sie ein melancholisch geblüt. Cardanus
schreibt/daß jre Kutteln gantz angenem vnd gut sollen seyn zu essen/einen Geruch haben wie Violen.

Von Artzney.

So einen der tödtliche Schlaaff ankompt/so brauchen die Zauberer/spricht Pli-
nius/das Mäglin der Balenen oder Meerkalb zu schmecken.

Von einer andern Gestalt der Balenen.

JM Jar gezehlt nach Christi vnsers lieben Herrn geburt 1555.ist in einem ort deß
Adriatischen Meers ein solcher mercklicher Wallfisch lebend funden worden/er
von wegen deß Wassers/so daselbst nit tieff/wiewol es doch auffvier schritt tieff
gewesen/sich nit hat mögen bewegen vnd schwimmen. Ist mit Büchsen/Spiessen vnd
Hacken getödt worden/vñ mit viel Schiffen an das Land herauß gezogen. Sein haut
was one schüppen bleychfarb. Sein lenge war 14.schritt/sein dicke mitten zwerch hindurch 8.schritt/der vnder Kynbacken 14.schuch lang mit vier vnd viertzig starcker Zä-
ne/so groß wie ein Kegel/welche vier vnd viertzig Zän einen Centner gewogen haben.
Der ober Kynbacken lär/ohne Zäne also beschaffen/daß er die vndern Zän mocht in
sich fassen. Der schwantz 13.schuch breyt zimlicher dicke/mit runde schuppen/als schiltu
Seine Augen kleiner dann Roßaugen/dunckel anzusehen. Der Kopff 3.schritt lang/
sein Rachen eines schritts weit/vnd sein Zungen auch eines schritts lang/welcher läge auch die Fecktein waren/neben bey seits nit weit vom Aug. Sein männlich Glied
oder Zerß vier schuch lang: seine Gemächt oder Hoden so groß als ein Kugel von 300
Pfunden. Oben auff dem Kopff hat er ein Loch gar nahe einer spannen lang/gekrüm-
met wie ein wachsender Mon/durch welches er wasser herauß sprützt/also/daß er das
nechste Schiff darbey zu grund versenckt. Die Einwohner derselbigen Orten neñen
jn Balener: sagen auch daß er nit vber dreyjärig gewesen/auch von jhnen vor etlicher
zeit viel grösser gefangen. Allein sein Kopff sol hundert Centiner schmaltz geben haben/
auß welchen ein Centner vmb fünffthalben Reinischen gülden sey verkaufft worden.
Solch schmaltz brauche man zu den Liechtern/vnnd etlichem andern brauch. Als ein
Hund vngesehr mit solcher feißte sich gefüllet hat/sol jm das schmaltz zur stund durch
alle Haut herauß geschwitzt haben/vnd der Hundt gestorben. Ist an der Farb als at-
ter lauterer Maluasier. Auß einem kleine Ripp sol drey pfund schmaltz geflossen seyn.

Der zwölffte theil/ von

Von der gemeinen Balenen oder Wallfisch.

Musculus Κυνιηγος.　　Gemeine Balenen oder Wallfisch/ Mußwall.

Von gestalt/vnd mercklicher grösse deß Thiers/ vnd wo es gefangen.

ES haben die Alten mit dem Namen der Balenen nur ein Thier bedeutet/welches in dem vorgehenden Capitel ist fürgestellt worden. Die Fischer aber deß Meers brauchens zu dem Hoger oder Vtterwall/Blaßwall/gegenwertigem vnd etlichen andern grossen Wallfischen/die sich der Balenen nit wenig vergleichen. Dieser Wallfisch oder Mußwall ein scheußlich groß Thier/wirt in dem Aquitanischē Meer vnd India gefangen/nennen in Balenen. Der mehrer theil 36. Elen lang/acht hoch/ sein Rachen 22. Schuch weit/keine Zän/sondern an statt derselbigen in jedem kißhörnine Blech/schwartz/welche bey ende außwachsen/als Säwbörst/zu hinderst im Rachen kürtzer/mitten länger: mit den hindern Blechen vnd Bürsten wirt seine Zungen hinden im Rachen behalten/welche so sie herfür gezogen/oder sonst außgeschnitten wirt/so zerläßt sie sich/zerfleußt/wirt so breyt vnd groß/daß sie hernach nit wider mag hinein gebracht werden: dann sie ist gantz groß/weich vnd lind/wirt eingesaltzen/von manchem in grossem wollust geachtet:dann sie ist gantz mürb/oder matt vnd zart/werden gemeinglich von einer Zungen 24.kleiner Fäßlein/als man sie in Franckreich pfleget einzusaltzen/gefüllet. Die Augen stehen vier Elen weit von einander/sind außwendig klein/innerhalb weiter dann ein Menschenkopff/auß welcher vrsach die betrogen sind/so sie mit den Stieraugen vergleichen: bey seits hat er zwo grosse Federn/ mit welchen er schwimmet/vnd in der forcht verbirgt er damit seine Zungen/auff dem Rucken hat er keine: sein schwantz gleicht dem schwantz der Delphinen/allein grösser/ welchen/so er beweget/so wirfft er das Wasser also zu hauff/daß auch die Schiff zu grund gehen/vnd so er die Schiff damit berührt/so kehret er sie vmb.

Hat ein kurtzen schnabel/hat kein Loch oder Rören gleich den Balenen/sondern an statt derselbigen/schrunden oder Löcher/auß der vrsach daß er nit ein lang Maul oder

Schnabel

Schnabel hat gleich andern Wallfischen/ wirdt mit einer harten/ schwartzen/ glatten Haut bedeckt ohne Haar. In dem magen deß Thiers werden allein gefunden/ schleim/ schaum/ wasser vnd stinckend Meerkraut/ keine stück oder zeichen der Fischen/ welches bedeuten wil/ daß er nicht ein fleischfrässig Thier ist. Zu zeiten soll auch Ambra in solcher Wallfischen magen gefunden werden. Mit der innerlichen gestalt ist er anderen Wallfischen oder der Balenen gantz gleich/ wirdt auß der vrsach hie die beschreibung vnderlassen.

Von nutzbarkeit solcher Thieren/ vnd wie sie gefangen werden.

Das fleisch gegenwertiges Thiers ist wenig nütz/ allein sein Zungen/ wirdt in der Speiß mächtig geprisen.

Ein grosse menge der Feiste oder Schmaltz/ wirdt auß dem Bauch vnd vnder der haut dann zusamen geschmeltzt/ gesteht nie/ wirt zu Liechtern vnd Ampeln gebraucht.

Mit den Gebeynen vnd Rippen/ vmbzäunen sie jre Wisen vnd Güter.

In dem Aquitanischen Gestad werden sie viel gefangen bey den stetten Biaris/ Capreton vnd S. Jan de Luß/ in jrer spraach genennet.

Auß einem Thurn spehen sie die Thier auß/ so nun etliche vorhanden/ so gibt er ein zeichen mit der Trumen/ alsdann kommen die Fischer all zusamen/ als ob man ein statt stürmen wölle/ mit Pfeilen vnd notwendigen Instrumenten wol gerüst/ in jedem schiff 10. starcke Mann zu rudern/ andere dergleichen mit viel starcken Pfeilen/ vnd Instrumenten/ als hiebey eines abgemahlet/ solche wirfft jeder nach sein besten vermögen in das merckliche Thier/ so den dritten theil ausser dem wasser erzeigt/ so sie tieff in sie geworffen/ so hengen sie das Seyl naher so lang/ biß das Thier von schmertzen vnd wunden sich selber zu todt geblutet hat/ nach demselbigen schleyffen sie es sampt den Seylen durch das Wasser an das Gestad herauß/ theilen den Raub nach zahl der Pfeilen/ so von jedem schiff in das Thier geworffen/ so gezeichnet sind. Die Männlin werden mit grosser Arbeyt gefangen/ die Weiblin aber viel ringer/ vorauß so sie den Jungen nachfolgen sie zu schirmen vnd zu erretten.

Von dem Sprützwall.

Physalus seu Physeter. Sprützwall.
Von seiner form/ gestalt vnd grösse.

Arnahe alle Wallfisch haben Rören vnd Löcher/ durch welche sie den Lufft ziehen vnd Wasser herauß sprützen. Dieweil nun dieser etwas besonderer Gestalt/ viel grosser Rören vnd Löcher hat/ durch welche er wasser herauß sprützt/

dann die andern/ wirdt er zu rechtem vnderscheid Sprützwall genennet/ von den Latinern Physeter, vom Wasser auffblasen oder sprützen/ es soll auch die rechte eigentliche
Figur oder gestalt vnd wahre abconterfeytung hie fürgebildet seyn.

Jre Art/Natur vnd anmutung/ Item grösse/ wirdt hie allein auß etlichen lustigen
Historien wol mögen erkennet werden.

Die Sprützwall kommen zu mercklicher grösse so hart zu gläuben ist/ haben ein weit
Maul/scharpffe Zän/ein grosse schwartze Zungen/hat kein Fischfedern/auff dem Rucken als der Vterwall (orca) hat mächtig viel schmaltz oder feißte/ gleich den Balenen.

Als Nearchus mit seiner Gesellschafft vber Cyiza gegen Auffgang schiffet/ soll er
sampt seinen Gesellen oder Heerzeug/ein grosse meng deß wassers gesehen haben auff-
geblasen in die höhe/als ob es mit gewalt außgesprützt were. Als nun von den Schiffleuthen vnd Patronen verstanden ward/daß solches grosse Wallfisch oder Meerthier
theten/das Volck mächtig von forcht erschrocken/ die Schiffleut die Ruder von forcht
auß den Handen fallen liessen/sind sie wider von Nearcho getröst worden/ dann so viel
er seiner Gesellschafft mocht beschreyen/ hieß er die Schiff zusamen zu hauff samlen/
neben einander als ein Angriff zu thun/starck daher fahren/ein groß/scheußlich Ge-
schrey/getümmel/klopffen vnd trumeten bewegen. Als nun das geschehen/vnd sie den
Thieren naheten/erschracken die mercklichen Thier ob dem scheußlichen Geschrey/ lies-
sen sich in die Tieffe/vnd fuhren die Schiff mit grosser schnell herüber/ gleich hinder den
Schiffen sollen sie widerumb herfür kommen seyn/ ein grosse menge deß Wassers in die
höhe geblasen haben/doch ohne gefahr. Als sie nun auß grosser Gefahr/vnversehener
sach behalten vnd entrunnen/ haben die andern Nearchum größlich gelobt vnd geprei-
sen vmb sein Verstandt/weißheit vnd frefenheit. Auß welchen Thieren spricht Near-
chus/werden viel an das Gestad herauß geschleifft/vom Meer vnd Vngewitter herauß geworffen/welche so sie erfaulet/ brauchet man die Gebeyn zu Thüren/ Porten/
Pfosten/Trām vnd dergleichen.

Der Sprützwall soll sich zu zeiten mit seinem Kopff vnd Gnick vber das Wasser
herauß strecken/ vnd ein grosse Güsse wassers so er in sich gefaßt/ herauß werffen.

Rondeletius schreibt daß in das Narbonensisch gestad deß mittägigen Meers zu
zeiten grosse Meerthier seynd herauß geworffen/ von welchen ein vnderer Kynbacken
sich in S. Peters Tempel gleich bey der Porten erzeige. Jch hab es für ein Ripp ange-
sehen/vnd es offt getastet/was doch Rondeletius schreibe/ solches hat auch hievor in
der Histori der Wallfischen/Doctor Gäßner gedacht/vnd es ein Ripp genennt. Auß
de Ruckgrad/oder wirten sind sitz zu Frötinia an de gestad deß Meers gemacht worde.

Ein anderer ist gesehen worden von dem Kopff so in dem Wasser lag/ biß zu end deß
Schwantzes 30. Schritt lang/ der Leib was gekänelt/ als ob er runtzlecht oder zusamen gefallen were.

Einen sol sein Vatter an dem gestad gesehen haben/100. Schritt lang.

Ein andern schreibt Rondeletius habe er in Italien gesehen gefangen/ welchen der
Hertzog von Florentz gedörrt/für seinen Palast soll von wunders wegen gelegt haben/
doch hab er jn von deß gestanck wegen widerumb müssen hinweg thun.

Auß dem Hirn solcher Thieren sol ein feißte herauß fliessen/dünner dann öl/welche
kräfftig vnd durchtringend seyn soll. So dasselbig herauß geflossen/wirdt vnder der
Hirnschalen ein andere Materi gefunden/ gleich kleinen Schüppen/ welche von dem
Fewer schmiltzt/vnd von der Kälte widerumb fallet als Vnschlit.

Etliche gelehrte Männer in Engelandt nennen den Sprützwall/ a Whyrlepole/
andere/ Whirlepoole/ etliche Horlepole/ auß der vrsach/ daß er das Wasser beweget/
vnd mächtige Wirbel vrsachet/ etliche nennen jn a Whorpoul.

Olaus

Olaus in den Taflen der Mittnächtigen Landen malet ein Figur deß Sprützwalls/ſo oben am 90. Blat fürgeſtelt iſt/iſt wol müglich daß ſolche groſſe Meerthier Wallfiſch/ſolche Röꝛen haben/vorauß der Sprützwall. Dañ Jacobus Zieglerus in der Beſchreibung Scandia/ Itē der groß Albertus/ ſchreibē von etliche ſo ſolche Röꝛen habē ſoll. Es vermeint der Scribent diſeß Buchs/ daß der Sprützwall/ Phyſeter vñ Priſtes/ nicht zweyerley Fiſch ſeyen/ ſonder daß mit ſolchem namen nur ein Fiſch bedeutet werde/nelich der Sprützwall/ oder das Priſtes/dem Sprützwall gantz gleich vñ ähnlich/ erzehlt vrſachen welche jn darzu beiwegē/ nit not hiezu erzehlen. Itē der Priſtes welchen Rondelet gemahlet/ ſey nit leblich abconterfetet/ ſonder nach ſeinē gefallē erdichtet: daß den ſchnabel oder bein voller zänen ſo er jn mahlet/ habe er gleichwol zu Franckfurt bey einem Kauffman geſehē/ jm daſſelbig laſſen abmahlen/ als die Figur hiebey anzeigt. Der Kauffmañ nennet es on vrſach ein Meerheydochs. Das bein was drey zwerch Finger breit/ gleich einer Zungen/an eine ort weiß/am andern äſchenfarb/ ein wenig lenger dann zwo Spañ: auff beyden ſeiten der zänen dreiſſig/in einer Ordnung gleich einer Sägen/ ſollen gleich den ſteinen hart ſeyn/ äſchenfarb/ werden ſonderlich verkaufft/und gebraucht wider das Gifft der Schlangen. Etlich wöllen es ſey von einem groſſen Fiſch von Plinio Meerſägen genennt.

Von dem Wallfiſch ſo Priſtes genannt wirdt.

Egenwertige Figur dieſes Wallfiſchs von dem Rondeletio geſetzt/iſt nicht warhafft/ ſonder nach dem ſchnabel oder Gebein/ wie voꝛ ſteht nach gefallen erdichtet: dann wie im voꝛgehenden Capitel gehöꝛt/ iſt der weitberümbt Mañ D. Cöꝛad Geßner der meinũg/ der Sprützwall/ Phyſeter vñ Priſtes/ bedeute ein Wallfiſch/ nēlich den ſo hievoꝛ beſchriebē.

Bellonius iſt auff der meinung/ Priſtes ſeye der Wallfiſch ſo von Welſchen Calderonus genent werde/ ſoll gantz gleich ſeyn den Balenen/allein ründer vnd lenger: bleibt noch alſo die Sach dem Vrtheil der Gelehrten fleiſſiger nach zugründen.

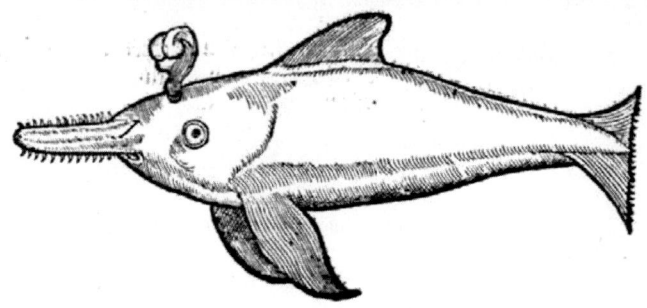

Orca. Vterfisch/Vterwall/Schlauchwall/Wallschwein. groß Meerschwein.

Von seiner gestalt vnd mercklichen grösse.

ER Vterwall/o-der Hogerwall/ bekompt den na-men von seiner gestalt/ so gleich ist einem Vter/ Faß/ oder grossen run-den Krug/ auch von sei-nem hockerechtigē Rü-cken/ ist nicht vnähnlich nach der gestalt dē Del-phin/ allein viel grösser vnd dicker. Daß Orca ist ein gattung eins ge-schirts oben vnd vnden eng/ mitten weit/ groß vnd rund/ also ist auch das Meerthier Orca genañt/ hat breite starcke zän/ zu eusserst spitzig vñ scharpff/ hat ein gantz glatte Haut/ am Rücken blauwlecht/ am Bauch weiß/ einen schwantz gleich dem halben Mon/ wie die Delphinen/ gantz breit mehr dann ein halbe Elen/ kleine Augen/ nach gestalt der grösse/ ein krumme Nasen vber sich gekehrt/ die vndern Lefftzen so groß/ dick vnd schwer/ daß sie sich von der obern scheidet so er auff den Bauch gelegt/ hat an solcher vierzig starcker zänen/ die vordern stumpff vnd ran/ die hindern starck vnd scharpff: hat sonst gleich in seinem Bauch ein Zumpel wie der Delphin/ so er herauß gezogen/ ist er mehr dañ zween Schuch lang/ zu end gantz auß-gespitzt: gleicher gestalt mit dem Weiblein/ wie von Delphinen geschrieben ist worden/ zu beiden seiten ein zwerch Finger davon Löchle/ in welchen sich die Wärtzle der Dut-ten verbergen. Sein Miltze hat er gleich einem runden Kuchen oder Deller wider die natur der andern Thieren.

Von seiner grösse.

Der Vter oder Hogerwall ist ein mächtig groß Thier. Bellonius schreibt/ er ha-be zween gesehen/ der kleiner habe achthundert pfundt gewogen/ der grösser mehr dañ 1000. Der grösser mehr dañ 18. Schuch lang/ mehr dañ 10. Schuch dick/ der kleiner 12. Schuch lang/ 6. Schuch dick/ beyd dem Delphin nicht vnähnlich.

Von seiner art vnd natur.

Der Vterwall ist ein mächtig Thier/ wirfft von jhm in die höhe durch die Rören oder Löcher/ ein grosse menge Wassers/ also/ daß man von weitem meint es seye ein Rauch oder Dunst von einer abgeschossenen Karthaunen.

Von natürlicher anmutung dieses Fisches.

So der Vterwall der Balenen oder Braunfisch auffsätzig ist/ jhn begert zu ver-letzen/ so stelt er sich zwischen zween Felsen/ dardurch die Balenen sich schwingen wil/ vñ greifft sie also mit vortheil an: von solchem streit/ erzelt Oppianus viel im 5. Buch. Die Balene verfolget er mit seinen zänē/ welche so er erbissen/ zwingt er sie zu lüyen wie ein Stier. Auß welcher vrsach die/ so von Fisches wegen in die neuw erfundnen
Inßlen

Inslen schiffen/den Einwohnern gebieten/oder sonst bitten daß sie kein Vtterwall ver-
setzen/dann sie helffen jhnen in dem Gejdgt der Balenen/Meerkälbern vnnd andern
grossen Wallfischen/ dann mit ihrem scheußlichen Gebiß fallen sie die andern in der
Tieffe an/zwingen sie vnd treiben sie an das Land herauß/ an welchem sie mit Pfeilen
vnd Instrumenten erschossen vnd getödt werden. Solchen Kampff vnd Streitt auch
Feindtschafft beschreibt Plinius gantz lustig.

So der Vtterwall in das Garn kompt/oder sonst zu Landt geschleifft wirdt/so ist
er nit schädlicher oder stärcker dañ auch der aller kleinst Fisch/ dann er hat kleine Fischfedern gegen seinem Cörpel zurech nen/ist allein ein vngestalt/ groß stück Fleisch mit
scheußlichen zänen. Er ersäufft auch so er lang vnder dem Wasser verhalten wirdt/als
auch alle andere Wallfisch/ so Lungen haben vnd athmen/ als Bellonius schreibt.

Von dem Meerkalb/ das im Meer zwischen Europa
vnd Asia gefunden wirdt.

Phoca seu vitulus Maris mediterranei.   Von dem Meerkalb/
so in dem Mitndchtigen Meer gefangen wirdt.

Von der gestalt deß Thiers/ vnd wo es zufinden.

Dieser Wallfisch oder Meerthier vergleicht sich gäntzlich einem Kalb. Daß als
hievor die Delphin oder Meerschwein/ sich den Säuwen vergliechen haben/
vnd das Meerpferdt dem Roß/also ist dieser Wallfisch dem Kalb gantz äntlich/
dermassen daß nichts auff Erdreich gefundẽ/ so nit das Meer viel fruchtbarer erzeige.

Das Meerkalb ist ein vierfüssig Thier/ein Wallfisch/ wirdt mit einer Haut be-
deckt/voll starcker Haaren/auff dem Rücken sind sie schwartz vnd äschenfarb/ an etlichen kleine flecken/ am Bauch sind sie weißlecht/ hat einen zimlichen weiten Rachen/
harte/spitzige/scharpffe/weisse zän/so sich den Wolffszänen vergleichen/sampt den vndern Kiffbacken/dann der ober ist etwas dicker/vnnd die Nasen gleich einem Kalb/mit
langen Haaren/ als einem Bart geziert/hat ein breite/gespaltene Zungen/leuchtende
glantzende Augen/welche sich ohne vnderlaß in tausend Farben verändern/ hat keine
ohren/an statt derselbigen wunder kleine Löchle/ welche nicht ohne sondern fleiß vnnd
ernst ersehen mögen werden/fallen in den todten also zu/ daß sie nicht mehr erscheinen/
ist sonst innerlich gestaltet als andere ohren der Wallfischen. Sein halß bedünckt sich
lang nach der grösse deß andern Leibs/ welche er außstreckt vnd zu ihm zeucht/nach ge-
fallen/hat ein breite Brust/kürtze Dapen vnd Füß/Summa/ist als ein verletzt/vnvoll-
kommen vngestaltet/halbgeschaffen vierfüssig Thier/zu end hat es ein kürtze Schwantz
als ein Hirsch/seine hindern Füß sind gleich den Fischflckten/ohne Finger vnd Klau-
wen/ob gleichwol Aristoteles anders davon schreibt.

Innerlich hat es Lungen/Hertz/Magen/Leber/Miltz/Eingeweyd/gleich als die vierfüssigen Thier/sein Gall an dem Hertzen/seine Nieren gleich den Nieren der vierfüssigen Thieren/Delphin oder Otter. Die Saugadern so in die Nieren kommen/bedüncken sich durch die gantze Substantz der Nieren strecken. Ihre natürliche Glieder oder Scham haben sie gleich den andern Wallfischen oder vierfüssigen Thieren.

Die Meerkälber werden gar nah in jedem Meer gefangen/ doch sollen die/so im Mitnächtigen Meer gefangen werden/etwas anderst gestaltet seyn/ dann die/so auß dem hohen oder Teutschen Meer sich erzeigen.

Von natur vnd eigenschaffte der Meerkälber.

Das Meerkalb wirt gezehlt vnder die Wallfisch/dieweil er zu mercklicher grösse kompt/hat Lungen/Löcher/durch welche er den Lufft an sich zeucht/auch seine natürliche Glieder andern Wallfische gleich/mag sonst weder ohne Wasser/noch ohne Erdreich seyn/dieweil es aber ein lange zeit ohne Wasser geleben mag/ sein speiß vnnd narung auß dem Meer hat/mehr zeits sich in dem Wasser enthelt dann auff dem Erdtreich/wirdt es billich vnder die Wasserthier gerechnet.

Das Meerkalb schläfft/ vnd gebirt auff dem Land vnd gestad/ schläfft stärcker dann kein ander Thier mit schnarchen vnd mugen/von wegen deß wusts vnd schleims der Lungen/kreucht den mehrerntheil gegen dem abend auff das gestad vnd Felsen herauß zu schlaffen/ zu zeiten auch bey hellem tag/ Dann in dem es kreucht oder geht/ so braucht es seine Fischfedern/vorauß die hindern an statt der Füssen/ kan sich außstrecken vnd zusammen ziehen nach gefallen. So es getödt wirdt/ so sol es ein stimm führen gleich einem Stier/ soll sonst auch ein andere angeborne stimm haben.

Das Meerkalb ist das aller frässigst Thier/ frißt im Wasser vnnd auff Erden/ Fisch/Fleisch/Kraut vnd alles so es bekriegen mag/verschont auch nit den Menschen/ auß welcher vrsach es auch den Fischern nachstellen soll/ sol sich sonst nicht weit an das gestad herauß lassen/sonder ohne verzug widerkehren/ ist gantz beissig/ jaget den Fischen scharechtig nacher/nach art der Menschen.

In der zeit ihrer brunst hangen sie an einander gleich den Hunden/ treiben es ein gute zeit/gebären vnd erziehen erstlich ihre Jungen an dem trockenen gestad/ ein lebendige Frucht/zu aller zeit zwey säugt sie/fürts nicht vor 12. Tage zu dem Meer/gewehnt es nach vnd nach in das Wasser. In dem Scythischen Meer/ sollen sie ihre Jungen auff dem Eyß säugen/nach art anderer vierfüssigen Thieren.

Von natürlichem anmut deß Meerkalbs.

Grosse liebe sol genant Thier/ so es Jung ist gegen jhre Eltern tragen vnnd erzeigen/mit helffen/trage vn schalten/ auch die Jungen sampt den Alten den mehrern theil gefangen werden. Es sol Damis/von welche Philostratus schreibt/in der Insel Agit ein Meerkalb gesehen haben/so von Fischern gefangen/welches eins der Jungen todt/ so es in dem Kefy oder Gefencknuß geboren/ dermassen mit solchem trauren sol beweinet haben/daß es drey Tag ohne essen verharret/ob es gleich für das aller frässigst Thier geacht wirdt/sollen sonst zu zeiten auch mit einander schimpff treiben vnd spielen. Dargegen schreibt Aristoteles daß die so eins orts Einwohner sind mit andern so dahin kommen/oder sonst darein begeren/kempffen/streiten/Mañ mit Mañ/Weib mit Weib/ Jungs mit Jungem/vnd dergleichen/ so lang biß ein theil getödt oder sonst vertrieben wirdt. Dann solches sol jhnen angeboren seyn/ daß sie nicht baldt das ort ändern/sonder beharren in jhrem Vatterland.

Gegen dem Menschen tragen sie ein solchen anmut/ daß sie leichtlich mögen heimsch gemacht/ vnd zu lieblicher/ schimpfflicher zucht gebracht werden/ daß sie mit stimm/vnd Gesicht auch knirschen/ die menschen grüssen/so man sie mit jrem getriebenen namen nennet/sollen sie schimpfflich antwort geben.   Grosser

Grosser verbunst soll in solchem Thier stecken: dann sein Mäglin/so in die Artzney
kompt/bewerct wider die Fallendsucht/kötzet es herauß von jm/wol bewußt/daß jhn
auß der vrsach nachgestellt wirdt.

Sein Haut soll sonderbäre krafft haben wider die straal/Donner/Plitz vnd Ha-
gel/daß auß der vrsach sollen die Schiffleut deß Meers/das öberst deß Segelbaums
damit bedecken. Palladius der Bawersmann schreibt/so sein Haut vmb ein Acker o-
der Weingarten getragen/oder mitten an ein stecken gehenckt werde/daß dieselbe Güter vor dem Hägel/Item andern Plagen wol versichert bleiben.

Die Haar der genandten Haut/sollen ein wunderbarlichen anmut haben gegen
dem Meer/nemlich/in welché ort oder ende/solche Haut oder Gürtel von solcher haut
getragen/sollen die Haar zur zeit deß Vngewitters/Vngestümme vnd bewegnuß deß
Meers/oder sonst so es anfleußt/sich auffrichten vnd streussen: So es aber still vnnd
milt worden/soll sich auch solch Haar glatt niderlegen/welches bey kurtzer zeit durch etliche glaubwürdige Männer in der Insel/Hispá iölá genandt/soll erfahren seyn.

Ab etlichen jrdischen Thieren/hat das Meerkalb ein abschewen/nemlich ob dem
Bären/von welchem es bekrieget/welches Lycotas der Bawer zu Rom in einé schawspiel soll gesehen haben. Dergleichen soll es den Meerwider förchté/den grossen Wallfisch Ziphius genannt/von welchem es verschluckt wirdt.

Als Hippolitus auff einem Wagen am Gestad deß Meers fuhre/vnd seine Pferd
ein Meerkalb ersehen/sind sie vnmütig worden/den Wagen mit dem Lauff zerrissen/
vnd den Hippolitum getödtet.

Wie die Meerkälber gefangen werden.

Die Meerkälber werden nit ohn Arbeyt von den Fischern gefangen vnd bekrieget:
dann so sie an dem gestad begriffen/sollen sie mercklich Sand mit den hindern Füssen
herauß werffen/daß niemand darbey sicher/sondern menniglich geletzt vnd geschendet
wirt: auch so sie mit den Garn begriffen/so zerzerren sie auch die aller stärckste Garn:
mögen dergleichen hart zu todt geschlagen werden/von der mercklichen feiste wegen/
vnd härte der Haut/so von Pfeil oder Geschoß wenig verletzt wirdt. Auß der vrsach
die Fischer/so sie ein Meerkalb in dem Garn vermercken/so schleiffen sie es ohn verzug/
mit grosser schnielle vnd vngestümme zu Landt/schlagen das Thier mit Rudern vmmd
Kolben zu den Schläffen/an welchen örten es ohne arbeyt zu todt geschlagen wirt.

Als die Seeländer sagen/tretten solche Thier zu zeiten auß dem Meer/folgen nach
der stimme der jungen Kinder/werden also zu zeiten gefangen.

In dem Bottnischen gefrornen oder Eyßmeer/sollen die Alten jre Jungen auff den
grossen Eyßschollen säugen/also von den Einwohnern oder Fischern/mit Spiessen
artlich gestochen werden.

Zu Rom sollen sie in kurtzer Zeit zu einem Schawspiel gezeigt seyn.

Von nutzbarkeit der Thieren.

Dem Meerkalb wirdt der mehrertheil nachgehalten von seiner Haut wegen vnnd
Mäglin der jungen/sonst ist der schad/so man von solchen Thieren hat/grösser dañ der
nutz. Etliche Völcker/Massagete genandt/werden von jren Häuten bekleydet.

Item in Scythia/so gegen Mittnacht gelegen/brauchen sie solche zu dem Kätzen-
geschirr/täschen: Item sein feiste zu schmieren/vnd Leder bereyten.

Item die Völcker/Lapponies genandt/werden winterszeit mit gantzen Häuten der
Meerkälber oder Bären artlich bekleydet/das von dem Leib sich nichts erzeiget/dann
die Augen.

Es werden auch in Jtalien/Hispanien/Franckreich/auch andern orten mehr/Gür-
tel von solchen Riemen gemacht/welcher ich viel gesehen hab/gantz schwartz/so vor
schwärtze gleissen.

Der zwölffte theil / von

Von seinem Fleisch.

Das Meerkalb ist auß dem Geschlecht der Wallfischen / hat auß der vrsach ein fleisch harter däwung voll schleims vnd vberflüssigkeit. Den Speck von solchem thier nennen die Sachsen Salspeck.

Etliche stück der Artzney / so von solchem Thier ist brauch kommen.

Der Speck der Meerkälber heylet den bösen Grind oder Räude angeschmiert / es sey an Meischen oder Viehe / heylet auch vnd vertreibet alle Geschwulst / Düssel vnd dergleichen / wirt auch gebraucht zu dem Glatzkopff: Item zu der verruckung deß langwirigen Schlaffs / vnd Beermutter der Weiber. Summa / wirt viel gebraucht zu den kranckheiten der Beermutter der Weiber.

Zu dem Podagra / wirt gelobt die äschen vnd feiste von dem Meerkalb.

Sein fleisch gessen / vnd sein gedört Blut auß Wein getruncken : Item sein Leber / Lungen / Miltz / vnd das Mäglin der jungen sampt seinem Blut / wirdt gelobt zu der fallenden Sucht / tobsucht / schwindel / schlag vnd andere kranckheiten deß Hirns.

Von seinem Mäglin einer Erbß groß getruncken / soll den viertägigen Ritten hinnemen / auch zu der Bräune / sampt etlichen andern stücken gelobt werden.

Der geruch von den gebrandten Beynen treibet die Geburt.

Sein Gallen wirt gebraucht zu allen schmertzen vnd trieffen der Augen.

Sein Haut vmbgegürt / ist gut den Nieren vnd Hüfften: Schuch darvon bereyt / vertreibt das Podagra.

Gantz starck schlässt solch Thier / wie vor gehört: Auß der vrsach wirdt sein rechte Fischfäckten vnder den Kopff gelegt / den Schlaaff zu bringen.

Von dem Meerkalb / so in dem hohen Meer gesehen wirdt.

Phoca seu Vitulus maris Oceani.

Iß gegenwertig Meerkalb / wiewol es dem vorigen gar nahe gleich ist / so ist es doch etwas dicker / vnd baß zusamen gestossen / als in der Figur mag gesehen werden. Daß es aber ein Meerkalb sey / zeiget an die gespalten Zungen / Nurggen / spitzigen scharpffen Zän / die hindern Füß / so sich den Fischfäckten vergleichen / kurtzer schwantz / vnd haarechte rauhe Haut / Item die vördern Füß / welcher Finger baß zertheilet sind / vnd die Augen mehr rund. Es bezeugen es auch die innerliche vnd eusserliche gestalt / natur vnd eigenschafft: Auß der vrsach haben wirs ein Meerkalb genent / deß hohen Meers / zu dem vnderscheid deß ersten / so in dem Meer Mediterraneum genennt / sich erzeiget.

Ein andere Figur deß Meerkalbs / auß dem vorgenandten Meer.

Diese

Jese Figur oder Gestalt ist vor Zeiten dem hochgelehrten Herrn D. Conrad Gäßner von einem seiner guten günnern zugestellt worden.

Von dem Wallnassel.

Scolopendra Cetacea. Ein Wallnassel.

Von seiner gestalt/natur vnd eigenschafft.

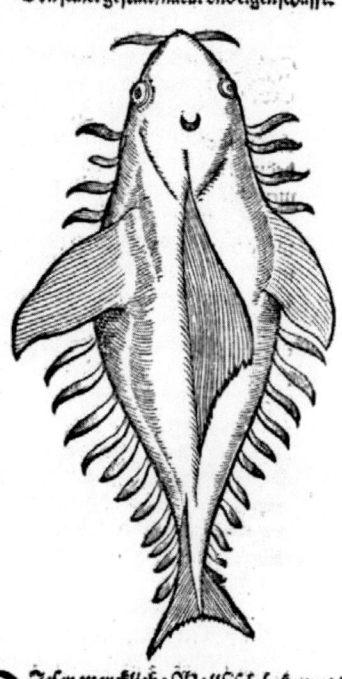

Jeser merckliche Wallfisch bekompt den Namen von der jrdischen Nassel/welche ein grösse menge der Füssen hat: also hat auch dieser Wallfisch viel der kleinen Fäckten/ an statt der Füsse/ mit welchen er schwimmet vnd rudert/ gleich den Ruderen einer grossen Galeen/welche in dem schwimmen ein räuschen vnd gethön haben sollen. Solch Thier soll in India gesehen seyn/ wirdt von Aeliano also beschrieben.

Als ich lange Zeit/spricht er/der Meernassel art/ gestalt vnd natur erforschet/ hab ich funden/ daß auch ein mercklicher Wallfisch solchen Namen bekompt/welcher von Vngewitter zu Landt geworffen/ grausamlich ist gewesen anzuschäwen. Die aber so die Meer durchfahren/sagen/daß sie den Kopff auß dē Wässer/vnd die stärcken Haar auß der Nasen vnglaublich in die höhe strecken/sein schwantz ist breyt gleich den Meerstöfflen. Item der ander Leib werde auch zu zeiten in dem Meer herauß gestreckt gesehen/einem grossen Meerschiff zu vergleichen.

Der zwölffte theil/ von

Von den Meermenschen. Erstlich in gemein/ demnach von jedem infonderheit.

Homo marinus. Ein Meermenſch. Ein Menſchfiſch:
Von geſtalt ſolcher Meerwunder.

BEy den Alten liſet man viel von den Meerwundern/ Meermenſchen vnd dergleichen geſtalten geſchrieben/ ſo haben ſich auch in kurtz verloffenen Jaren ſolcher Geſtalten vnd Thieren etliche an vielen orten ſo am Meer gelegen/ erzeigt/ welches vrſach gibt/ daß der alten Hiſtorien vnd Schrifften/ nit gentzlich erdichte Fabel beduncken zu ſeyn. Dann auch vnder den groſſen Wallfiſchen/ ſtreichen etliche der menſchlichen geſtalt nahe herzu.

Es iſt die ſage/ daß in der Landtſchafft Noruegia/ vor wenig Jaren von der gantzen menge der Einwohnern/ ein Meerfiſch geſehen ſey/ mit ſtarcken ſchüppen gewapnet/ mit eines Menſchen Angeſicht/ welcher/ als er lang an dem geſtad ſich erſpatziert/ endlich mit groſſem Gewalt ſich in das Meer geworffen habe.

In der Landtſchafft Dalmatia am Meer gelegen/ bey der Statt Spalat genandt/ ſoll ein Meermenſch geſehen ſeyn worden/ welcher die Anſchawer ſehr erſchreckt/ in dem daß er ſich auff die Erden herauß gelaſſen/ auß begierd ein Weib zu fahen/ ſo bey Nacht an dem Geſtad wandlet/ welche als ſie deß Wunders ſichtig worden/ vnnd geflohen/ hat er ſich zu ſtundt wider ins Meer geworffen: Solcher ſoll gentzlich ähnlich geweſen ſeyn einer geſtalt der Menſchen.

So ſollen auch bey dem rothen Meer ſolcher Meermenſchen offt vnd viel gefangen werden/ auß welchen Häuten man ſo ſtarcke Schuch bereyte/ dz ein par 15. Jar erharte. Dergleichen ſo das Meer ſich in vngeſtümme erhebt/ iſt das die endliche ſag der Fiſcher/ daß jämmerliche Seufftzen auß der tieffe deß Meers herauß von menniglichen erhört werden.

In dem fluß Tachmi/ ſo der euſſerſt fluß iſt deß Moſcowitterlandts/ ſollen Fiſche geſehen werden in menſchlicher Geſtalt/ mit Maul/ Zänen/ Naſen/ Augen/ Händen/ Füſſen/ vnd andern theilen/ on alle ſtimme oder reden/ welche gleich andern Fiſchen ein angenem fleiſch ſollen haben zu eſſen.

Zu der Zeit Gregorij vnnd Mauritij/ ſollen in dem groſſen fluß Nilo/ ſo Affricam durchfleuſt/ Thier geſehen ſeyn mit menſchlicher Geſtalt/ welche als ſie durch den Namen Gottes beſchwören/ haben ſie ſich morgens biß auff die neundte ſtund zu ſehen geben. Der Mann war mit einer breyten Bruſt/ rotem Haar mit grawem vermiſcht/ dz Weib hat ſchöne Brüſt/ langes Haar/ waren gantz entblößt. Solche Geſchicht wirt auch in etlichen andern Chronickbüchern geleſen.

Es ſoll auch in die Statt Edam ein ſolch Meerweib auß groſſer vngeſtümme deß Meers gefangen gebracht ſeyn worden/ ſoll ſtumm/ gantz geyl geweſen ſeyn/ ein zeitlang bey andern Weibern gewohnet/ vnd weibliche werck gethan haben.

Von einem jeden Meermenſchen/ oder Meerwunder infonderheit.

Monachus marinus. Ein Meermünch/ Ein Münchfiſch.

Von ſeiner geſtalt/ an welchem orth/ vnd zu welcher zeit er gefangen.

Dieſer

Jeser Meermünch sol sich an drey
orten erzeigt vñ an dreyk orthen ge=
fangk seyn wordē: Erstlich in Nort=
wegia/bey Dietz/bey der statt DēElepoch.

Demnach soll er auch in dē Balthischen
Meer gefangen seyn wordeit/bey der statt
Elboea/so 4. Meil von Coppenhaga ligt/
der Hauptstatt deß Dänischen Reichs.
Die gantze lenge deß Fisches 4. Elen lang/
soll dem König zugeschickt/gedörrt/vnd zu
einem wunder behalten seyn worden. Sol
von den Fischern im Garn mit den Herin=
gen gefangen worden seyn.

Dergleichen sol auch einer bey Portu=
gall in dē Gallischen Meer gefangen seyn
worden.

Albertus schreibt/daß auch diese Art
der Fischen im Britannischen Meer seyē
gefangen worden.

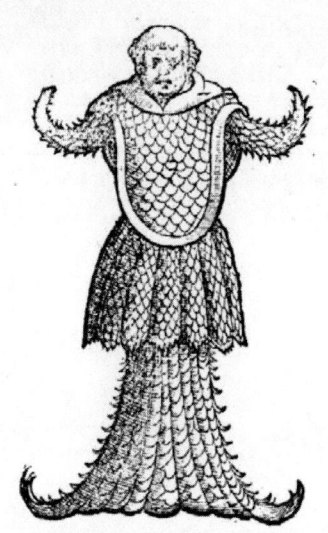

Von dem Meerbischoff.

Episcopus marinus.   Ein Meerbischoff.

Von seiner gestalt/ vnd an welchen orten er gefangen.

Uff das Ihar als man zehlt 1531. soll ein solcher
Fisch mit solcher gestalt gentzlich aller Zierden ei=
nes Bischoffs ähnlich/an dem gestad deß Meers
bey Poland nechst gefangen seyn worden/ vnnd dem
Polendischen König fürgetragen. Welches durch et=
was Zeichen/menniglich beduncken wöllen/bedeuten
vnd begeren/ daß es ein grosse begierd habe wider in
das Meer. Zu welchem als es ist geführt worden/ soll
es sich zu stund darein geworffen/vnd in die Tieffe ver=
schloffen haben.

Von einem andern Meerwunder/
auß einer Tafel oder Zettel in Teutsch=
landt getruckt.

s iij

Der zwölffte theil / von

Jeses gegenwertige Meerwunder ist zu Rom gesehen worden/ in dem grössern Gestad / den dritten Tag Wintermonats/ deß 1523. Jars. in der grösse als ein fünffjähriges Kindt/ in solcher gestalt gentzlich/ wie es sich hie erzeigt.

Von dem Meerfräwlin.

Nereides.　Meerfräwlin.
Etliche Geschicht von den Thieren.

Als in der tieffe deß grossen Meers wunderbare gestalten gesehen werden/ erzeigt die täglich erfahrnuß: under andern werden auch die zu zeiten gesehen/ so man Meerfräwlin nennet/ welche sich obenauß einer Frawen vergleichen sollen/ unden auß einem Fisch/ allenthalben rauhe und gehaaret. Solcher sind viel dem Keyser Tyberio erschienen/ welche so sie sterben wöllen/ nach menschlicher art/ so sollen grausame seufftzen/ achtzen und heulen von jnen gehört werden.

Es schreibt Theodorus Gaza / daß ein solch Meerfräwlin gesehen sey worden in Peloponeso/ von ungestümme deß Meers an das Gestad herauß geworffen/ noch lebend und athmend/ mit dem Angesicht gantz gleich einem menschen/ gantz schön/ sein Leib rauhe von schüppen biß auff die Scham/ der übrig theil soll sich geendet haben in ein Schwantz/ gleich einem Krebßschwantz. Als nun ein mächtiger zulauff geschehen sey/ von menniglichen solch Wunder zu sehen/ und sie gantz mit viele deß Volcks umgeben/ habe sie gantz betrübt und trawrig/ grosse Seufftzen gelassen/ gantz vor Leyd erschlagen/ als man auß dem Angesicht wol erkennen mocht/ soll letzlich auch mächtig geweinet und geheulet haben. Als nun auß erbärmde der viele der Leuth zu weichen gebetten/ und gegen dem Meer platz zu machen/ sol solch Meerfräwlin/ durch hülffe der Armen und deß Schwantzes/ nach jrem vermögen/ dem Meer zugekrochen seyn/ sich darein geworffen/ mit grosser Ungestümme/ in die weite und tieffe angehebt haben zu schwimmen: hernach nimmermehr seyn gesehen worden.

Solche Meerfräwlin sind auch von etlichen andern glaubwürdigen Leuthen gesehen worden.

Von dem Meerteuffel.

Triton marinus, Dæmon marinus, Satyrus marinus, Ichthyocentaurus,
Pan marinus.　Ein Meerteuffel/ Ein Wassermännlin/ ꝛc.
Von jrer gestalt/ art/ natur und eigenschafft.

Auß vorgehenden Geschichten unnd mancherley Gestalten der Wallfisch/ ist wol zu mercken/ daß die wunderbarliche beschreibung etlicher Meerthier/ so sich obenauß den Menschen vergleichen/ unden auß einem Fisch/ nicht gentzlich ein erdichte Fabel ist. Auß solchen scheußlichen Gestalten/ ist auch gegenwärtiger Meerteuffel/ welcher zu Antorff sol abconterfeyt seyn worden/ auß Noruegia zu den Niderländern gebracht/ welcher sich gar nahe dem vergleicht: so zu Rom in dem 23. Jar gefangen/ allein daß dasselbig keine Hörner hat.

Wider

Vnder dem Bapst Eugenio/ist bey der Statt Sibinicum/in dē Jllyrischen Meer/
ein solcher Meerteuffel gefangen worden / an der Gestalt gentzlich beschrieben/als die
gegenwertige Figur anzeigt/welcher einen Knaben dem Meer zuzohe.

Als zu zeiten der Vatter Aemiliani deß Römers in Jtalien geschiffet hat/ bey den
Jnseln so Echinades genennet werden/als kein Wind gieng /sind zu der Jnsel Paxas
genandt/komen. Als nun jederman fleissig wachet/ist ein starcke stimme von der Jnsel
Paxis erhört worden/welche eine rufft/ Thamnus: welchs ruffen jederman erschreckt/
vnnd in grosse verwunderung geworffen hat/auß vrsach daß jhr Patron oder oberster
Schiffmañ mit solche Namen genennt/war einer auß Aegypten. Als jhm nun zweymal ist gerufft worden/hat er kein Antwort wöllen gebē/ zum dritten hat er geantwor-
tet/da sol solche stiñ noch viel schärpffer geschryen vnd geredt haben/ Tanne/wann du
zu der grossen Pfützen/See/ oder engen Tieffe komest/ so verkünde mit lauter stiñ/ der
groß Gott deß Meers Pan genandt/sey gestorben. Als sie nun solches gehört/sind sie
noch viel mehr erschrocken/ vnd gleich ersilich/ als sie an solch vorgenant Ort komen
sind/hab der Tamnus nidersich in das tieffe Meer mit grosser stimme geschryen/ Der
groß Pan ist todt/gleich zur stundt als solches verkündt sey worden/ habe menniglich
ein jämmerlich seufftzen gehört/wunderbarlich/ als von viel vnzehlbaren Leuten/vnd
dieweil viel Leuth in solchem Schiff waren/als sie geñ Rom komen/haben sie die gantze Statt mit solchem erhörten Wunder erfüllt / auß welcher vrsach der Schiffmann
oder Patron Tamnus/von dem Keyser Tyberio sey berufft worden. Solcher geschicht
sol der Keyser Tyberius so grossen glauben gehen haben / als er die sach gründlich von
dem Tammo selbst erfahren/ daß er die Weisen vnd Gelehrten beschickt/ von jhnen zu
erfahren/wer doch der groß Pan were. Also ist es nit gentzlich ein erlogen Gedicht/ dz
so die Alten von solchen Meerwundern/so seufftzen/heulen vnd stimme geben/vnd sich
auch sonst mit den Menschen vergleichen können/geschrieben haben.

Ein frembde Gestalt eines Meerthiers.

Diß Thier ist in
deiner Jnsel Ja-
ua genannt/im
1551. Jar/ dē 14. Apri-
len funden worden/vñ
gantz gründlich abeconterfeyt. Jst zwischen dem kopff vnd schwantz 10. Elen lang/vnd
dritthalb Elen hoch. Hat sein wohnung im wasser vnd auff Erden. An der Farb ist es
mehrertheils rotlecht/vnd an etlichen orten blaw. Sein schwantz so sich zu eusserst wie
ein Roßzschwantz zerthut/ist liechtblaw/mit roten düpfflin besprengt. Hat Nägel wie
ein Löw oder Pantherthier.

B iij

Von einer andern gestalt eines scheußlichen Meerthiers.

Jeses thier ist zu
Meylandt in ei-
ne hauffen stein
funden worden/vñ von
dé hochgelehrten Herrn
Hieronymo Cardano/
an Herrn D. Gäßner
geschickt/mit keiner wei-
tern beschreibung. Die
gestalt aber deß schwantzes gibt zu/daß es ein Wasserthier sey/wiewol es sich mit dem
Kopff/vñ den Fingern so es an dé Füssen erzeigt/etlicher massen den Affen vergleicht.

Von dem Meerlöwen.

Monstrum Leoninum.   Ein Meerwunder gleich
                       einem Löwen.

Von seiner Gestalt.

Entzlich soll ein Fisch
solcher Gestalt gefan-
gen worden seyn/ vor
dem todt Bapst Pauli deß
dritten/in einer statt Centun-
cellis genandt/ Dergleichen
auch eins im Jahr 1284.wel-
ches soll geheulet haben als
ein Mensch/ vñ als ein wunder dé Bapst Martino dem
vierdten zugeführet worden.

Von einem erdichten Meerpferdt.

Equus

Equus fabuloſus Neptuni.

DJe Poeten haben ein Meerroſſz erdichtet/ auff welches die heydniſchen Maler
Neptunum den Gott deß Waſſers oder Meers gemahlet haben/ nach jhrer
Fantaſey vnd Erdichtung.

Von den Schiltkrotten in gemein.

Teſtudo. Ein Schiltkrott.

Von mancherley Geſchlecht vnd Geſtalt der Thieren.

DJe Natur hat die Schiltkrotten alſo erſchaffen/ dz ſie mit einer harten ſteinechten Schalen vberzogen vnd bewahret ſind/ alſo/ daß ſie auch von einem gelade-
nen Wagen nit in ſtücken mögen gebrochen werden. Solcher Schiltkrotten
ſind mancherley Geſchlecht: dann etliche wohnen vnd leben in Waſſern/ etliche allein
auff truckenem Landt oder Erden. Die Waſſerſchiltkrotten/ wohnen etliche im Meer
vnd geſaltzenen Waſſern/ etliche aber in ſüſſen Seen vnd ſüſſen Waſſern. Deren ſo
im Meer wohnen ſind dreyerley Geſchlecht/ deren aber in ſüſſen Waſſern/ zweyerley/
von welchen allen in rechter ordnung hernach wirt geſchrieben werden/ ſampt jren beygeſetzten Figuren oder Geſtalten.

Von der Meerſchiltkrotten.

Teſtudo marina. Das erſte Geſchlechte der Meerſchiltkrotten.

Von der Geſtalt der Thieren vnd jrer gröſſe.

DJE Meer-
ſchiltkrot/ iſt
an der gſtalt
gleich der jrdiſchen
Schiltkrotten/ mit
de kopff / ſchilt oder
ſchale/ doch gröſſer:
ſeinen Kopff kan er
nit in die Schalen
hinein ziehe/ ſonder
allein ſeinen Halß.
Den Kopff muß er
vorauß laſſen / ſo
doch die jrdiſchen
Schiltkrotten mit

Kopff vnd Füſſen gantz in die Schalen hinein ſchlieſſen mögen. An ſtatt der Zäne ſollen ſie allein rauhe Kynbacken haben. Dieweil nun diß Thier alſo geartet iſt/ daß es
im Waſſer vnd auff Erden geleben muß/ hat jm die Natur beyderley Geſchirr geben zu
ſchwimmen/ vnd zu kriechen oder zu gehen. Dañ vornen hat ſie zween Fäckten als flü-
gel/ am ende derſelbigen kleine Klawen : hinden hat er auch zwo mehr/ Füſſe gleich den
Fäckten/ mit gröſſern Klawen bewahret. Innerlich haben ſie groſſe Lungen/ Hertz/ Le-
bern/ Miltz/ auch das Mäülin ſein Gemächt/ Hödlin/ꝛc. Das Weiblin ſein Scham
vnd Mutter/ oben an ſeinem Schnabel hat er zwey Löchlin/ durch welche er das einge-
ſoffen Waſſer widerumb herauß ſprützet/ nach art der groſſen Wallfiſch: auch haben
dieſe Thier Nieren vnd Blatern/ nach art der vierfüſſigen jrdiſchen Thieren.

Der zwölffte theil/ von

Von art vnd natur der Schiltkrotten.

Wiewol diese Thier ein vnvollkömene Zungen haben / so wirdt doch ein kleine nidere vnvollkömene stimme von jnen gehört / darzu erseufftzen sie etlicher gestalt / welches von denen er hört wirt so lange zeit von vnd ausser dem Wasser hinderhalten werden. Sie mehren sich nach art der jrdischen Thieren / nemlich das Mänlin auff das Weiblin steigt: geberen nicht ein lebendige Frücht / sonder Eyer / nit im Meer oder Wasser / sondern auff dem trucknen Gestad oder Erdtrich / in welchen sie jre Eyer zu Zeiten bey hundert an der Zahl vergraben / bey Nacht auß dem Meer kriechen vnd sie außbrüten: solches thun auch die jrdischen Schiltkrötten.

Starcke harte Kynbacken haben sie / mit welchen sie allerley Muschelfisch zerbeissen / auch die Stein / vnd fressens: geleben sonst allerley Speiß / auch deß Krauts auff der Erden oder Gestad. So man diese Thier auff den Rucken legt / mögen sie sich nicht öhn grosse Arbeyt vmbwerffen.

Von nutzbarkeit der Thieren.

Die Alten haben auß dem Gebeyn / Schalen oder deckel der Schiltkrotten / schöne Trinckgeschirz bereytet / doch sollen die schöner seyn / so in dem Meer gefangen werden.

Von jrem Fleisch.

Ein süß lieblich Fleisch sollen sie haben / insonderheit die hindern theil / auch feyßt / ohn allen Geruch deß Meerwassers: jres fleisch wenig gessen / machet vnd bringet das grimmen im Bauch / viel aber darvon gessen / sol den Stulgang bewegen.

Artzney von den Thieren.

Sein fleisch ist ein widerige Artzney dem Gifft der Meerheydechsen / Salamander genandt. Sein Blut angeschmiert / erfüllet das abgefallen Haar / vertreibet die Schüppen / vnnd dergleichen Wust: mit Weibermilch wirdt er eingetreyfit für den schmertzen der Ohren. Item so wirt es geprisen für die Fallensucht / welches sich sehr zu verwundern ist / dieweil es auch kalt anzugreiffen ist.

Jr Gall ist ein sondere Artzney zu duncklen Augen / Anmälern vnd flecken / mit Honig eingeschmiert / in die Nasen gestrichen / erhebt die so die Fallendsucht haben.

Das Blut der Schiltkrotten / ist bey den alten ärtzten viel in der Artzney gebrauchet worden.

Ein andere Meerschiltkrott.

Testudo

Testudo altera marina, Coriacea siue Mercurij. Ein zugespitzte Meer-
schiltkrott/ Ein Meerlauten.
Von Gestalt vnd grösse der Thieren.

Jese Schiltkrott hat nit so ein harte steinechte Schalen / sondern einer harten
Rindshaut gleich. Innerlich ist sie gentzlich gestaltet / als die vorgeschriebene
Schiltkrott / was vnderscheid sie aber hab / so viel die eusserliche gestalt betrifft /
mag auß der Figur vnd gestalt ersehen werden / so beygesetzt / allein ist zu mercken / daß
sie vnder der schalen viel feißte hat / auß vrsach man solche pflegt auffzuhencken an die
Sonnen/ auß welchen zu zeiten täglich ein pfund Schmaltz auffgesamlet wirt.

Die Schiltkrotten kommen zu mächtiger grösse / vorauß die vorbeschriebenen / daß
als Plinius schreibt / sollen sie in dem Judischen Meer so groß gefangen werden / daß
ein Schalen von den Krotten / jhre Hütten oder Häuser bedecken mag / auch daß man
solche an statt der Schiff brauche.

Bey Mompelier ist im Jar 1520. ein solche Meerschiltkrott gefangen worden/ welche drey Menschen auff jhr getragen / vnnd nichts desto minder hat jwandlen mögen.
Ist an viel Orth von den Gaucklern / als ein Abentheuer / Gelt damit auffzuheben/
geführt worden.

Dieses gegenwertigen Geschlechts werden zu zeiten gefangen / die mit lenge auff
5.auch 8. Elen kommen. Jre Schalen braucht man zu Zierden / als der Zäumen vnnd
Sätteln/ rc.

Von jrem Fleisch.

Jhr fleisch ist ähnlich dem Rindfleisch / gleicher Art der vorgeschriebenen Meerschiltkrott.

Artzney von den Krotten.

Jr Fleisch vnd Gallen wirt in gleichen Kräfften zu der Artzney geachtet/ als von der
ersten Meerkrotten bezeichnet ist.

Von den Schiltkrotten so in süssen Wassern wohnen.

Testudo Lutaria. Ein süß wasser oder Flußschiltkrott.
Wie sie gestaltet.

Jese Schiltkrotten sollen ein
schwartze schalen haben/ von
etlichen kleinen Täfelin zusamen gestickt / verschleufft sich in die
schalen gleich den jrdische schiltkrotten. Ist mit innerlicher gestalt gentzlich den vorbeschriebnen gleich.

Diese beygesetzte Gestalt ist sehr
grob vnd vnartig. Als vnser etliche
der teutsche vor zeite zu Mompelier
an den vrsprung vnd Brunnen deß
flusses Ledi genandt/ gespaciert/ haben wir in demselben vrsprung oder

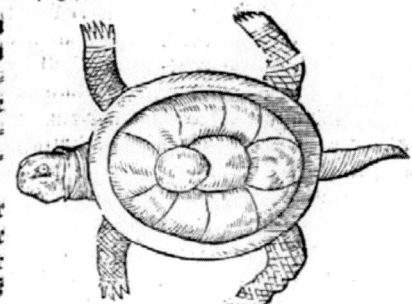

Brunnen/ so sich gegen dem nechst beyligenden Gebirg streckt/ solche Schiltkrotten in
dem Brunnen schwimmend gesehen/ welche vns den jrdischen Schiltkrotten sehr ähnlich bedunckten/ an der Farb grünlecht/ so viel wir in dem Wasser ersehen mochten/

Der dreytzehende theil/ von

Von Art vnd Natur der Schilckrotten.

Diese Krötten fressen allerley Wasserthier vnd Gewürm/Schnecken/kraut: werden auch in die Gärten gepflantzt/ doch müssen sie Wasser haben/ dann ohne Wasser mögen sie nit geleben/leben lange zeit ohn alle Speiß/ auch ein gute zeit/ ob jnen gleich wol der Kopff abgeschroten wirt/ auß vrsach daß sie ein kalt/dick vnd zähe safft haben.

Von jrem Fleisch.

So man sie in der Speiß brauchen wil/soll man sie vor lang behalten/daß sie desto zärter vnd dienlicher werden. Man pfleget sie in siedend Wasser zu werffen/ daß sich das Fleisch vnd Schalen von einander scheide/ demnach jr fleisch vnd Eyer zu bachen. Jr Blut ist kalt anzugreiffen/ ob sie gleich newlich getödt/ welches etliche zu trincken geben/ den außzehrenden Febern Hectica genannt/ den Etticken. So wirdt auch jhres fleisch in der Speise genossen/solchen die gebräuchlichst Artzney vñ Näkung gehalten.

Ein andere gestalt der Meerschiltkrotten/so den jrdischen gantz ähnlich/ findest du im Buch der vierfüssigen Thieren/ zu Venedig conterfetet.

Der 13. theil von den Meerthieren/
So begreifft die Kuttelfisch.

Von den Kuttelfischen. Erstlich von dem grossen
Meerkuttel oder Polkuttel in gemein.

Polypus.　Ein Vilfuß/ Ein Meerkuttel/ Ein grosser
Kuttelfisch/ Ein Polkuttel.
Von Gestalt vnd mancherley Geschlecht der Thieren.

Er Name dieser Thier bedeutet bey den Griechen einen Fisch so einen kleinen Leib hat/ lange außgestreckte Füß oder Arm/ auff welchen er wandlen oder gehen kan. Solcher sind mancherley geschlecht. Das erste/ groß Polkuttel genannt/ solcher seyn zweyerley/ der ein wohnet allein in dem tieffen Meer/ Der ander an den Gestaden/ welchen Plinius jrdisch genennet hat/ so grösser ist dann der so in den tieffen deß Meers wohnet. Diese zween haben kein vnderscheid an der Gestalt/ auß welcher vrsach nun ein Gestalt hie gesetzt wirdt/ ist ein scheußlicher Fisch/ wüst/ ohne Beyn/ohne Blut/ wie ein Kuttelblätz/ hat Kopff/Augen/Maul vnd Zän/ mitten der Füssen. Daründer ein Röhren oder hole Pfeiffen/ durch welche sie das Wasser an sich ziehen/ vnd durch dasselbig jre Schwärtze oder Dinten herauß kotzen/welcher sie ein guten theil in jrem Leib haben. Acht Füß/ mit zwyfältiger Ordnung der Acetabulen oder Grüblin/ in welchen er seine gröste stärcke hat/ sonst gantz schwach. Innerlich sind sie andern Kuttel oder Plackfischen ähnlich/ dann sie haben etwas gleich dem Hirn/ Item etwas Feuchtigkeit oder Dinten/ nit schwartz wie in dem breyten Plackfisch/sondern rötlech. Jhre Eyer haben wenig vnderscheid/ beduncken sich nur eins seyn/ solches vrsachet die Gestalt jres Leibs/ so gar nahe rund ist.

Von

Von Art vnd Natur der Thieren.

Diese thier wonen an schrofechten orten vñ holen löchern / hässten sich vñ kleben an den Felsen mit jrẽ Füssen / auß welcher vrsach sie von Atheneo Steinfisch genẽt werden / nit wie andere Steinfisch. Bereytet jm an solche orten näster von Muscheln / welcher fleisch er sonderlich mit begierd zur speiß begert / bey welchẽ zeichen sie von Fischern begriffen werdẽ: dann wo solche muscheln gehäufft / achten sie solche Fisch zu bekriegen.

Die Fisch ziehen das wasser an sich / nit wie andere Fisch zu erlabung vnd erkülung der natürlichen hitz / sonder mit sampt der speiß / welches wasser sie zu stundt durch die rören oder fistel herauß sprützen / als von den Wallfischẽ ist gehört worden. Schwimmen mit jrem leib vnd füssen hinder sich / doch wändlen sie der mehrertheil / auch in das trucken land vnd rauhen boden herauß: dañ das glatt vñ lind sandecht erdtrich hassen sie: sie ersteigen auch die häuser / als hernach in etlichen Historien wirt gehört werden: solche ersteigt er mit seinen füssen oder armen / als wañ er sich schleiffte / welche jm nit allein zu wandlen von natur geben sind / sonder auch die speiß zu dem maul durch jr hülff zu bringen. Dann ein sonderlich frässig Thier ist dieser Kuttelfisch / greifft an alles so er bekompt / also / dz er auch seines geschlechts thieren vnd Kuttelfischen nicht verschonet / auch jm selber seine Arm zu zeiten abfressen soll: sonderlich als vor gehört / begert er die Muschelfisch / welche er mit seinen Armen erfaßt vnd zertruckt: verfolgt vnd stellt auch nach andern Fischen mit solchem List. Er hässtet sich an die Felsen / verwandelt sein farb in die farb derselbigen Felsen / also / daß sie für stein geachtet werden / dann so die Fisch herzu schwimmen / so erfassen sie dieselbigen mit jren Armen / als mit einem Garn / vnnd fressen sie. Von verwandlung jrer farb wirt hernach weiter gehört werden.

Sie schmecken auch / dann sie nahen sich zu den ölbäumen / so bey nechst am Meer gelegen / rauben auch allerley andere Frücht / also / daß sie zu zeiten auff den Bäumen begriffen werden / vnd zu straffe deß Diebstals den Menschen zur speiß kommen.

Diese Fisch verschonen nit den Menschen: dann zu zeiten kommen sie zu solcher grösse vnd stärck / dz sie die Fischer auß den Schiffen ins Meer herauß reissen / sich mit jrem fleisch ersettigen. Ein sondere begierd sollen sie zu eingesaltznen Fischen haben / võ welchen ein wunderbärliche History bey Eliano gelesen wirt / auff solche meynung: In einer Statt Puteolis genandt in Italia / sol es geschehen seyn / daß auff ein zeit einer solcher Kuttelfisch auff solche grösse vnd läst kommen sey / daß er das Meer vnd die speiß so darinn / verachtet / auff das Landt herauß krochen / vnd jrdische Speiß geraubt habe. Als er nun bey Nacht durch ein Loch oder Gewelb / so den Wust vnd Kaat auß der Statt in das Meer durch ein wasser truge / hereiñ die statt / bey nechst ein Hauß erstigen / in welchẽ die Kauffleut viel Toñen / Fäßlin / dergleichen völler eingesaltzener Fische / verkäufften vnd behielten / soll er das Faß oder Tonnen mit seinen Armen ergriffen / zertruckt / vnd ein mächtigen theil gefressen vñ geraubt haben. Als nun Morgens die Kauffleut hinein kommen / dẽ schaden besichtigt / sind sie erstaunet / vorauß so die Porten / auch das Tach gantz vnverletzt vnd zerbrochen / auch alle Wände ohn Löcher oder schaden / haben sie den Dieb mit keinem Argwohn ergreiffen mögen. Auß welcher vrsach / sie der mannlichsten einen wol gewäpnet / auff die künfftige Nacht zu wachen geordnet. An welcher Nacht solcher Kuttelfisch zu dẽ Raub widerkert / die Fäß zertruckt / vnd zerbrochen. Der Hüter aber / wiewol das Hauß vom Monschein wol durchleuchtet / also / daß er alle ding / auch den Feindt wol ersehen mochte / soll er doch ob der scheuslichen Gestalt / grösse vnd stärcke deß Thiers / auch von Abentheuer wegen / also erschrocken seyn / dz er das Thier nit hab dörffen angreiffen / sonder den Kauffleutẽ morgens die sach vnd Wunder erzehlt / welchem doch gantz wenig glauben geben ir orden. Nichts desto minder / von wegen deß mercklichen schadens so sie empfangen / der gefaßt

vergessen/ haben sie sich vereiniget/ all zu mal auff die folgende Nacht in dem Hauß zu
warten/ vnd mit dem Feind zu kämpffen/ auch viel anderer Leuth von wunders wegen/
deß künfftigen Kampffs sich mit jn eingeflickt haben. Welches nun alles beschehen.
Auff den Abend oder Nacht/ als der gewöhnlich Dieb widerumb vber die Faß komen/
haben jr etlich das Loch mit Fassen verstopfft vñ verworffen/ etliche mit grosser macht
den Feindt angefallen/ mit scharpffen Wehren vnd Messern jm seine Beyn oder Arm
abgehawen/ nit anderst/ dann als wann sie grosse Blöcher zerschlagen/ endtlich mit
grosser Arbeyt getödt vnd vmbbracht/ vnd also auff trucknem Landt gefischet.

Ein andere Histori wirt von Trebio Nigro beschrieben/ der vorigen gleich: auch von
einem/ so die gesaltzenen Fisch geraubet hat bey Cartegia/ solcher soll durch ein Baum
herein gestigen seyn/ vnd von den Hunde begriffen/ welche jhn von seiner scheußlichen
grösse/ vnd mächtigen Geruchs wegen nicht angreiffen dorfften/ soll endtlich von den
Menschen mit grossen Rudern erschlagen vnd ertödtet seyn. Item dem Luculo sein
Kopff gezeigt worden/ welcher an der grösse einem Faß sich soll verglichen haben/ auch
solche Arm oder Füß/ daß sie hart mit den Armen haben mögen vmbgriffen werden/
30. Schuch lang mit grossen Gruben/ auch Zän nach der grösse deß Leibs. Das vberig fleisch so zum wunder behalten/ soll 700. pfundt gewogen haben.

Diser Fisch frißt jm selber Winterszeit vor faul- vnd frässigkeit seine Füß ab/ welche jm hernach wider wachsen sollen/ als den Eydechsen vnd Nattern jre abgestumpte
Schwäntz/ ligen auch deß Jahrs zween Monat verborgen/ als Aristoteles schreibt.
Der leych oder mehrung der Fisch/ ist gleich allen andern Kuttelfischen: dann in winterszeit leychen sie/ im Glentzen so geberen sie Eyr/ an einander hangend als ein Traube/ in
solcher viele/ daß es zu verwundern ist/ brütet solche auß/ kompt nit auff die Weyd/ sie
seyen dann vor außgebrütet.

Auß der vereinigung so sie thun mit zusamen geklebten vnd gezognen Armen/ auch
mit jren Fisteln/ wirt das Männlin so blöd vnd außgedenet/ daß er als todt ligt/ ohne
betwegnuß/ also/ daß er von jedem Meerthier verzehrt vnd gefessen mag werden: auch
das Weiblin nach der Geburt oder leych soll ein kurtze Zeit darnach sterben/ vnd ein
anzeigung seyn/ daß nach dem Leych so im Glentzen geschicht/ biß zum Herbst/ kein
grosser Polkuttel gefangen werde: auß welchem etliche/ sampt etlich andern vrsachen
schliessen/ daß keiner vber die zwey Jar komme.

Von natürlicher anmuthung der Thieren.

Wiewol dieser Kuttelfisch zum theil gantz thörecht ist/ als der zu zeiten von jm selbs/
zu der Fischer Handt vnd Garn kome/ auch jres jagens nit fliehe. Nichts desto minder
in bekriegung seiner speiß/ auch andere gefahr zu vermeiden ist er listig: dañ als vor ge-
hört/ so stellt er den kleinen Muscheln nach/ trägt sie alle in sein Nest/ vnd so er jr fleisch
außgefressen/ so wirfft er die läre Muscheln für das Nest herauß/ zu welchen/ so andere
Fisch schwimmen/ auch von jm gefressen werden. Sein farb verendert er von Natur/
in ein jede farb so nechst bey jm/ vorab den Felsen/ an welchen sie kleben. Item an anderen Orthen in andere farb.

Mit dem Adler hat er ein schönen kampff: dañ so er jm im flug mit seinen Klawen er-
greifft/ so vmbschlegt dieser Kuttelfisch den Adler mit seinen Füssen allenthalben/ also
daß er nit weiter fliegen kan/ sonder mit jm ins Meer gezogen vnd geworffen wirdt.

Der Meerstöffel hat so ein mächtig abschewen ob solchen Kuttelfischen/ daß er für
forcht/ so er jn ersehen/ oder zu mal in einem Garn gefangen/ vor forcht sterben soll.

Die Meerål vnd Murenen/ sind dem Polkuttel verhaßt/ dann sie vberwinden jn/
vnd er mag sie nit ergreiffen/ auß der vrsach/ daß sie glatt vnd schlüpfferig sind.

Der Zanbrachsine oder Meerzan/ Dentes genant/ kämpfft auch mit solchē fischen/

vnd

den Kuttelfischen.

vnd dieweil er jn auß seinem Loch oder Nest nit ziehen kan / so braucht er List / schwebet
bey dem Nest herumb ohne bewegnuß / als ob er todt sey. Der Kuttelfisch aber streckt
einen seiner Arm herauß / jn sittlich herein zu ziehen. Der Brachßmen aber erfaßt zu
stundt seinen Fuß in sein Maul vnd reißt jn herauß.

Mit Aaß werden sie gefangen / welchem sie starck ankleben / daß sie hart / nicht ohne
Arbeyt / darvon mögen geledigel werden.

Alles das so da stinckt / als Flöhkraut vnd Rauten / sollen sie hassen / auch jren Platz
von solchem meiden.

Item kalt vnd süß Wasser / als von Flüssen vnd Brunnen / hassen sie mächtig / als
vor gehört.

Von nutzbarkeit der Thieren.

Diese Thier könen in die speiß vnd nahrung der Menschen / werden gefangen mit
ästen von ölbäumen / sampt etlichen andern Aassen / auch daß man sie von Felsen bringen möge / werden sie mit süssem Wasser begossen.

Item auß solchen Fischen werden auch Aaß gemacht / etliche andere Fisch zu fahen /
als Murenen / sampt der mehrertheil der Meerfisch.

So vngewitter vorhanden ist / so sollen solche Kuttelfisch auff den trucknen Boden
herauß lauffen / an den kleinen steinlein kleben / welches Wind bedeuten soll.

Von dem Fleisch der Thieren.

An etlichen orten sollen diese Fisch nit arg seyn / doch gemeinglich ein vest / hart fleisch
haben / harter däwung / vnlieblich / vngesund / welches zu geylheit bewegen soll / auch
vrsachen ein empfängnuß / gantz dienstlich seyn den Weibern / vorauß der Bisemkuttel / wie er hernach wirt beschrieben werden / sollen lieblicher seyn gesotten dañ gebraten.

Etliche stück der Artzney von solchen Kuttelfischen.

Die äsch der gebrandten Fisch / wirt gebraucht mit Kupfferwasser zu einer kranckheit der Nasen / Polypus genandt.

Die gebrandten Fisch sollen dienen dem grimmen deß Bauchs. Item sonst auch dem
Grien / sampt vielen andern Kranckheiten vnd gebrechen der Mutter der weiber / welche auß Hippocrate mögen gelesen werden.

Die biß der Kuttelfisch / als aller andern / sollen ein wenig vergifft seyn.

Rohe gessen / vrsachen sie den Todt / dann Diogenes / Philoxenes vnd Cytherius /
sollen von solcher rohen Speiß gestorben seyn.

Von jedem Polkuttel insonderheit / erstlich von dem
ersten grossen Geschlecht.

Polypus. Ein Polkuttel.

Von seiner Gestalt.

Etliche machen solcher Kuttelfisch vier geschlecht / Das erste die grossen / neinlich
den ersten grossen jrdischen genandt / auß der vrsach / daß er allein an den Gestaden deß Meers wohnet / nicht daß er ohne Wasser lebe. Der ander auff Latein /
Pelagius genandt / so allein in Tieffen wohnet. Solche beyde sind einer gestalt / als hie
das obertheil / das ist / der Rucken gesehen wirt.

Das dritte / Bisemkuttel genandt / der vierdte auff Latein Eledona, wiewol etliche
denen zweyen letzten keinen vnderscheid geben. Die Natur vnd Eigenschafft ist jhnen
sampt andern gemein.

t ij

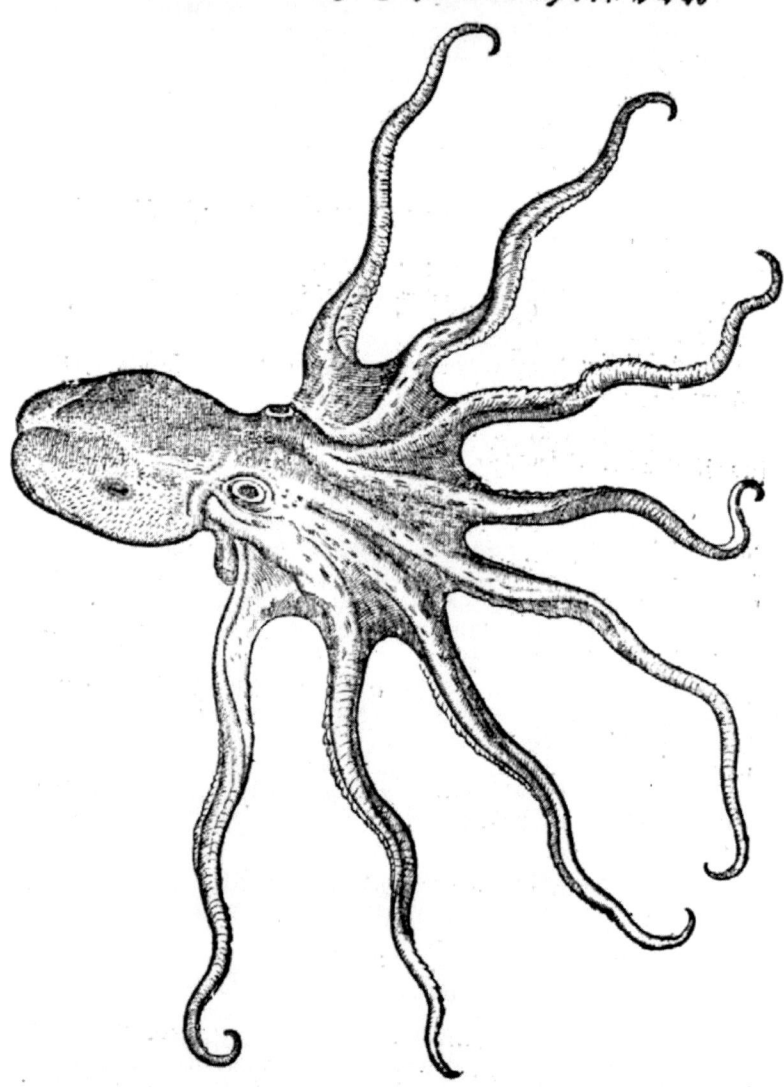

Von dem Bisemkuttel.

Tertia Polyporum species, Ocæna, Moscharolum, Bolitæna:
Ein Bisemkuttel.
Von seiner Gestalt.

Dier hat ein run-
dern leib/längere
füß/mit einfältig-
ger ordnüg (acetabuloru̅)
der Grüblin/ schmecket
starck nach Bisem lebe-
dig vn̅ tod/auch gedör̅t
auß welcher vrsach er vo̅
etliche̅ zu de̅ kleydern gelegt wirt/reitzt mächtig
zu vppigkeit/als vor ge-
hört/in der speiß genossen.

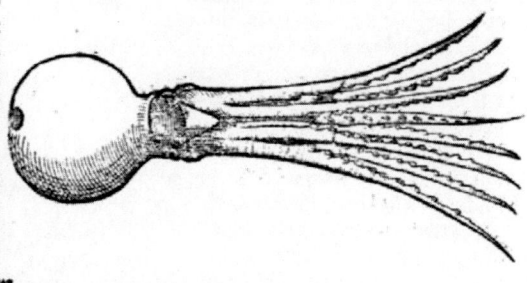

Von dem kleinen Blackkuttel.

Sepiola.   Ein kleiner Blackfisch.
Wie er gestaltet.

Dieser klein Black
kuttel ist von den
Alte̅ nit beschrie-
be̅ worden: ist an der gestalt zum allergleichsten
den grossen Blackkut-
teln/ so hernach fölget/

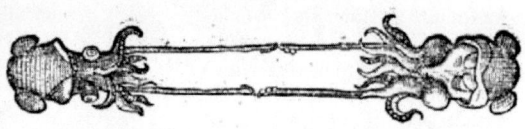

ist mit grösser dann ein Daumen: ist an der farb getheilt/ gantz gut zu der Speiß/ob er
gleichwol von kleine wegen verachtet wirt.

Von den Blackfischen.

Sepia.   Ein grosser breyter Blackfisch/ Ein Blackkuttel.
Von seiner Gestalt.

Dieser ist auch auß dem geschlecht der Kuttelfisch oder Meerkutteln / wirdt in
grosser menge in Franckreichischen Gestaden vnnd welschen Meer gefangen/
kompt zu zeiten mit seiner grösse auff zwo Elen/mit einer weissen/dünnen/glat-
ten/doch starcken haut bedeckt: gantz fleischecht wie ein Kuttelplätz/ allein innerhalb/
oder am Rucken hat er ein lind mürb vngestalt Beyn/ ϲήπιον von den Griechen genennt:
hat vor seinem Beyn acht außgestreckte Füß oder Arm/ mit zwyfacher ordnung der
Grüblin alle ding damit zu begreiffen/zu halten/zu schwimmen/ auch sein Speiß zu
dein Maul zu bewegen. Vber das hat er zwee lange Arm als ein schnabel/am anfang
rüund vnd glatt/zu ende mit Grüblin wie gehört/welcher brauch ist/greiffen/zu fahen/
halten/auch so vngestüm im Meer/ sich damit an die Felsen zu kleben/ vnd satt zu halten. Sein Maul hat er mitten zwischen den Füssen oder Armen/gleich einem Schnabel der räubigen Vögel:welche Plinius Zän genennet hat/ haben auch ein Hirn/ Item
ein schwartze farb in irem Leib/in einer Blatern/ von etlichen Dinten genannt/ welch e
sie in der gefahr vnd forcht durch ein Loch oder Fistel herauß kotzend/ sich damit zu be-

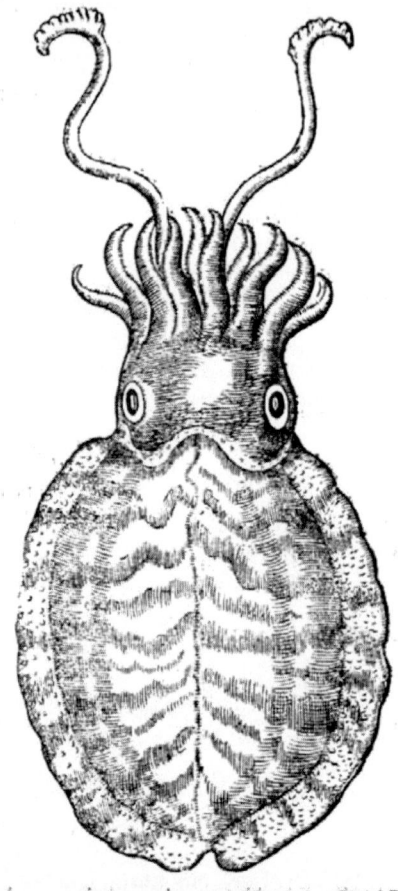

schirmen/ vnd das wasser zu betrüben. Solcher farb haben sie vil/wel-
che etliche geachtet haben/ jnen gebé
seyn/ an statt deß Bluts/ so es doch
nichts anders ist dañ ein Excrement
oder vberflüssigkeit/wie die Gallen/
zu schutz vnd schirm der Thiere. Die
Männlin werden von den Weiblin
erkennt/ daß sie gesteckt vnd schwärtzer sind/ auch rüher vnd beständiger
in der Gefahr: Item die weiblin haben etwas gleich zweyen Dutten/
aussen herumb bey seits haben die
Fisch etwas/ als wañ es von kleinen
Vogelfedern gemacht were/ welcher
brauch gleich soll seyn den Fischoren
anderer Thier/ sie beduncken mich
seyn an statt der Fischsäckten.

Von Art vnd Natur der Thieren.

Diese Kuttelfisch wohnen an den
Gestaden vnd Löchern derselbigen:
fressen allerley kleine Fisch so sie bekomen mögen. Mehren sich vnd vereinigen oder leychen mit der Nasen
oder Fisteln/ durch welche sie auch die
schwärtze herauß rotzé/ auch mit zusamen klebung jhrer Füsse/ vnd mit
schwimen/ 2c. Ihre Eyer gebeten sie
auch/ oder leychen durch die Nasen
herauß/ welche/ wie bald sie geboren/
so besprengt sie dz Männlin mit lebli-
ché schleim/ von welchem sie an einander hangen als ein Traube/ sonst
möchte kein thier darauß werdé. Die
Weiblin brüten auch solche auß/ vñ besprengen sie bey anfang mit schwärtze. Solcher
Eyer gestalt haben wir sonderlich hiebey gesetzt/ als sie das Meer außgeworffen hat.

Figur oder gstalt der Eyer.

Solche leychen sie gern
am Gestad zwischen den
Rören/ oder anderm ge-
säud vñ gestein. Solchs
thun sie alle Monat mit
grossem schmertzé/ am 15.
tag leyché sie/ ist ein oberauß fruchtbar thier/ sol-
len mit jré Leben nit wei-
ter/ dañ auff 2. jar komen.

Von

Von natürlicher anmutung der Thieren.

Diese Fisch sollen auch ihre farb verenderen in die gestalt der nechsten orth/vnd als Aristoteles schreibt/ So das Weiblin mit einem Ruder geschlagen ist/ so ist ihm das Männlin behülfflich/ so aber das Männlin geschlagen ist/ so nimpt das Weiblin die flucht. Item so solche Fisch das nachstellen der Fischer vermercken/ so kotzen sie viel der Dinten herauß/ schwaderen sich darinn/ verbergen sich/ verblenden also die Augen der Menschen. Also hat die natur kein Thier ohne hülff vnd schirm erschaffen.

Von nutzbarkeit solcher Thier/ vnd wie sie gefangen werden.

Die gröste nutzbarkeit so man von den Thieren hat ist/ daß sie zu speiß/ auffenthaltung vnd narung der Menschen komen/ auß welcher vrsach jnen/ als allen andern Fischen nachgestellt wirt/ werden auß der vrsach mit Aaß gefangen/ Weinhefen vnd öl gemischt/ mit Garn/ Reusen/ vnd mit Gestäud bedeckt.

Item man bindt ein Weiblin an ein Seyl/ schleyfft es durchs Meer her/ so folgt jm das Männlin nach/ auß Lieb vnd geylheit/ vmbfaßt es mit seinen Armen/ werden also beyde zu mal herauß geschleifft. Zu solchem brauchen etliche Spiegel in Holtz gefaßt/ welche sie in den grund lassen/ so dann die Kuttelfisch sich selber ersehen/ so begreiffen sie den Spiegel/ werden also zu dem Gestad gezogen/ vnd mit Garnen vmbgeben.

Diese Fisch werden auch gebraucht zu mancherley Aassen/ andere Fisch zu fahen.

Item jre Fischbeyn werden von den Goldschmiden begert/ in welche ohne Arbeyt allerley Formen vnd Gestalt gegraben/ vnd die geflossene Metall darinn gegossen mögen werden.

So die schwärtz dieser Fisch in ein Ampel gethan wirt/ vnd angezündt/ so scheinen die Menschen als Moren.

Von jrem Fleisch.

Das fleisch der Thier/ als von allen andern Kuttelfischen ist gehört worden/ ist vest/ harter däuwung/ vngesund/ machet pläst/ ein rauh Geblüt/ sind besser gesotten dann gebraten/ sollen vor wol geschlagen werden wie die Stockfisch.

Jre Dinten bewegt den Stulgang. Item jhre Eyer in der Speiß genossen/ dienen den Nieren/ bewegen den Harn/ säubern die Nieren vnd Blasen.

Etliche stück der Artzney/ so von solchen Thieren in brauch kommen.
Von den Eyern.

Jre Eyer in Wasser zertrieben/ mit Honig gemischt/ vertreiben die Mackeln vnd flecken deß Leibs.

Item so werden sie auch gelobt den Weibern jhren fluß zu bewegen/ sampt etlichen andern Artzneyen vermischt.

Von seinem Fischbeyn.

Sein Tugent oder Krafft ist zu trücknen vnd säubern/ gepüluert oder zu äschen gebrandt/ zeucht herauß alle Spitz/ säubert/ reinigt vnd heylt alle Masen/ Flecken/ Rüsseln/ Grindigkeit vnd beyssen/ verzehrt das vbrig Fleisch/ trücknet vnd heylet die feuchten Schäden/ dünnet das Haar/ mit Schmeer gemischt/ auffgeschmiert/ vertreibt die Kröpff/ gebrandt vnd gewäschen/ wirt gebraucht zu den Augen mit Honig gemischt/ oder mit Frawenmilch. Item rühig zu den Zänen/ vnnd geschwolnen Bildern gepüluert/ in ein reines Tuch gebunden/ die Zän damit gerieben. Ist auch gut getruncken den Keychenden.

Von dem grossen schmalen Blackfisch.

Der dreytzehende theil/ von

Loligo magna, Lolium, Teuthon. Ein grosser schmaler Blackfisch/ Ein
Meerschreibzeug/Meerlülch/grosser Hornkuttel/Messer-
kuttel/ Federkuttel.

Von jrer Gestalt/ vnd mancherley grösse.

Dieser Kuttelfisch ist
de vorbeschriebnen
breyten Blackfisch
gantz gleich/ in aller seiner
gstalt/ allein daß er etwas
länger/ schmäler oder ründer ist/zu end spitzig. Sein
Beyn oder Schwert so er
hat ist dün/schmal/durch-
scheinend/ sein recht Horn
ist dicker dann das lincke/
sprützt auch schwartze farb
herauß/ von welcher er genennet wirdt Blackfisch.
Sollen an etlichen orthen
mit der lenge kommen auff
5.Elen. Das weiblin wirt
von dem Männlin erkeñt/
so dz weiblin auffgeschnit-
ten/ so werden zween Zü-
ge/ Därm oder Gemächt
gesehen/tüglich zu der Frücht/ welche die Mäñlin mangeln. Sie habe auch etwas purpurfar-
bes Saffts in jhnen/ auß welcher vrsach sie gekocht rötlecht gesehen werden.

Von der andern Gestalt.

Loliginis maioris forma Venetijs effictz.

Deses ist ein gantz schöne/ gründliche ge-
stalt/deß grossen schmalen Blackfisches/
zu Venedig abconterfetet.

Von dem kleinen ſchmalen Blackfiſch.

Loligo minor.   Kleiner ſchmaler Blackfiſch/ Meſſer oder Feberkuttel.

Von ſeiner Geſtalt.

Dieſe ſind auff alle außwen-
dige vnd innwendige gſtalt
den obern gleich/ allein daß
ſie breytere Fäckten haben/ hinden
ſpitziger/ auch ſein Beyn oder meſſer ſpitziger iſt. Seine vndern Füß
kleiner dañ die öbern/ vñ das rechte Horn dann das lincke: werden
von den Welſchen in jrer ſpraach
Schreibzeug genennt.

Von Art vnd Natur der Thieren.

Dieſe Blackfiſch wohnen inſonderheit allein auß allen Kuttelfiſchen wider jre Art
in den Tieffen vnd Grund deß Meers: wiewol Ouidius der Poet anderſt geſchriebeñ
hat. Beweget mit den zweyen langen Hörnern ſein ſpeiß zu dem Maul/ hefftet ſich auch
damit an die Schrofen oder Felſen zur zeit deß vngewitters/ als mit ein Nacher oder
Hacken. Seine kurtze Zöttel oder Hörner braucht er zu jagen vnd faſſen. Iſt wunderbarlich ſchnell in ſeinem ſchwimen/ alſo daß ſie auch zu zeiten auſſer dem Waſſer in den
Lufft ſchieſſen vnd fliegen geſehen werden/ gantz hauffecht/ in ſolcher Geſtalt/ daß ſie
allerley Schiff zu grund richten ſollen. Sie ſchwimmen auch im Waſſer gemeinglich
hauffecht zuſamen kuppel vnd gehenckt. Welchs ein vrſach iſt/ daß allezeit ſolcher viel
zu mal gefangen/ vnd auß der Tieffe gezogen werden. Sie mehren ſich auff weiß vnd
form der Kuttelfiſch/ mit zuſamen gethanen Armen vnd Naſen: geberen oder leychen
in den Tieffen/ viel Eyer zuſamen gehenckt/ auß welchen jeden ein ſolcher Blackfiſch er-
wächſt: etliche ſchreiben/ ſie haben ein zwyfach/ oder zwey Eyer. Leben ein kurtze Zeit/
kommen ſelten vber zwey Jar.

Von natürlicher Anmutung vnd Vernunfft der Thieren.

Der Meerhaſe wohnet vnder ſolchen Blackfiſchen/ als ob er von jnk jung vnd vn-
geſtalt geboren were als ein Mißgeburt. In der gefahr kotzen ſie jre ſchwärtz herauß/
ſchwadern ſich darum/ trüben alſo/ verſchieſſen ſich/ vnd betriegen den Fiſcher.

Von nutzbarkeit der Thieren.

Dieſe Kuttelfiſch kommen auch in die Speiß vnnd Nahrung der Menſchen/ wiewol ſolche für die vnachtbarſten Fiſch gehalten worden/ ſo erſcheint auß dem Sprichwort der Athenienſer/ ſo ſie einen gantz armen haben wöllen bedeuten/ ſo ſprechen ſie/
er bedarſt deß ſchmalen Blackfiſches / nach bedeutung jhrer Spraach. Man pflegt
ſie zu fahen mit dem Angel/ an welche kleine Fiſchlin/ Meerjunckerlin genennt/ geſtecket werden.

So dieſe Fiſch fliegen oder ſonſt auffſpringen von den Schiffleuthen geſehen wer-
den/ ſo erkennen ſie vnd wiſſen ein groß Vngewitter vnd vngeſtümme Wind vorhanden ſeyn. Dann dieſer Fiſch als kuttel/ lind/ mit glatter Haut bedeckt/ ohn Schuppen/
Schalen oder Muſchel/ haſſet die Kälte/ vnd empfindet auch die Kälte/ Wind vnd vn-
geſtümme/ in der tieffe der Waſſer/ vnd fleucht dieſelbige.

Von jrem Fleiſch.

Wiewol dieſe Kuttelfiſch gantz lind / ein blutt Fleiſch haben/ ſo iſt es doch gantz

rauhe vnd hart zu verdäwen/gebirt ein dick/rauh/schleimig/heßlich Geblůt/eines versaltzenen geschmacks. Sind allein gebürlich in Kranckheiten/so von gehlinger/rässer/
beyssender feuchtigkeit entspringen. Solche zu bereyten sind mancherley art/welche
der Küchenmeisterey vnderworffen/den welschen vnd andern frembden Nationen/so
solche haben mögen/befohlen sollen seyn.

Von dem Schiffkuttel.

Nautilus.   Ein Schiffkuttel.

Von gestalt dieses Kuttelfisches/vnd mancherley Geschlecht.

Der Fisch an jm selbs/mit seiner obern vnd vndern Gestalt bezeichnet.

EIn art der Kuttel-
fisch ist/so in har-
te schale oder mu-
scheln wohnet/welcher
zweyerley gschlecht seyn
solle. Dañ das erste ge-
schlecht hat sein schiff o-
der schale gleich den Ja-
cobsmuscheln etlicher
gestalt/verläßt zu zeiten dieselbige/
vñ schwebt gantz ledig im Meer. Dz
ander geschlecht soll ein schale habé/
gleich ein Schnecken/auß welcher
er nimer kompt/sonder an dieselbig
behafft ist: jr gestalt ist gantz ähnlich
dé Polkuttel/ist auch ein geschlecht
derselbigé. Sein schiff oder muschel
ist ausserhalb braunrot/innerhalb
gantz silberfarb/glantzet/gentzlich
gestaltet wie ein rundes Schiff.

Die Schalen deß Fisches.

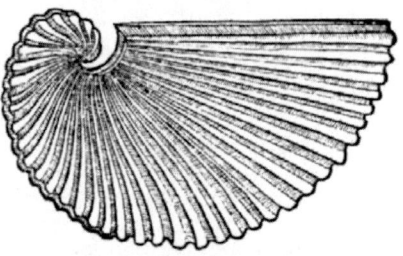

Von seiner art vnd geschicklichkeit.

Von diesem Schiff-
kuttel wirt viel von den
Alten geschrieben: daß
an solchem hat er ein
Loch/durch welches er
gantz herauß schliessen
kan: ist auch also gear-
tet/daß er bey stillem
Meer/ohne Gefahr/
mit seiner Muschel oder
Schalen von der tieffe

Der Fisch sampt seiner Schalen oder Schiff/
wie er schiffet.

in die höhe/zu oberst auff das wasser hinauff fehrt/also sein schiff omkeit/dz es in lär vff
dé wasser trägt/seine Arm streckt er in die wasser hinab/vñ rudert/so zu handt ein sanff-
ter Lufft ist/so hat er zwischen seinen Armé ein dünne haut/welche er zerspant vñ außstreckt als ein Segel. So er von den Menschen gefahr merckt/vngestümen wind/oder
andere grosse Meerthier/so kehrt er das schiff vnder vber/also/dz es voll wasser/schwer/
sampt jm zu grund fellt. Nun sind der gestalten drey gesetzt. Erstlich der Fisch an jm selber zu

her zu beyden ſeiten/oben vnd vnden bezeigt/Zum andern ſein Muſchel inſonderheit/
Zum dritten der Fiſch/ſampt ſeinem Schifff wie er ſchiffet.

Von jrem Fleiſch.

Es iſt wol zu achten/daß dieſer Fiſch kein ander fleiſch hab/dann nach Art vnd Eigenſchafft deß Polkuttels.

Von den Meer oder Seeneſſeln.

Vrtica Marina. Ein Meerneſſel/ Ein Seeneſſel.

Von mancherley Geſchlecht vnd Geſtalt der Thieren.

DIeſe Thier/in welchen der höchſte Schöpffer ſich wunderbarlich erzeigt/ſollen
auch vnder die Kuttelfiſch gezehlt werden/dieweil ſie als Kuttel ohne Gebeyn/
auch gleich den Kuttelfiſchen in der Speiß bereytet werden. Auch ſollen ſie vnder die Thier gerechnet werden/ doch als vnvollkommene/ dieweil ſie leben haben/ge-
wiſſe Geſtalt/ſich auffſperzen/zu ſchlieſſen/ꝛc.mögen empfindligkeit vnd geſchmack/ſo
nothwendig iſt/zu beſchirmung deß Lebens haben. Bekomen jhren Namen von jhrer
Krafft/ſo gleich den Neſſeln dem Kraut/brennt vnd jucken bewegt/nit mit dem Maul/
ſonder mit angreiffen deß gantzen Leibs.

Der Meerneſſeln ſind mancherley Geſtalt/Geſchlecht vnd Art. Dann etliche bleiben allezeit an den Felſen oder andern Orthen/etliche ſchweiffen herumb/ etliche ſind
mittler Art. Dieſe Thier haben kein Wuſt/Kaat oder Excrement/in welchem ſie den
vnleblichen Gewächſen/als Kreuter oder Geſtäud ſich vergleichen. Nun folget von
jeder Geſtalt inſonderheit.

Von der kleinen Meerneſſel.

Vrtica parua Marina. Kleine Meer oder Seeneſſel.
Von ſeiner Geſtalt vnd gröſſe.

DIe Neſſel iſt nit gröſſer dañ ein Nuß/ſein gantzer
Leib nichts dañ fleiſch/ hat viel kleiner Zütteln o-
der zotten/welche ſie außſtreckt vñ zuſame zeucht/
alsdann ſich einem Arß vergleichet. Iſt von mancherley
farben/etliche grün/etliche blaw/ andere ſchwartzlecht
mit etlichen blawen farben/ gelben oder roten Puncten.

Dieſe kompt in die Speiß/klebt an den Steinen oder
Felſen deß Meers ſo hart/ daß ſie mit gröſſer Arbeyt
dannen geriſſen/auch zu ſtücken zerzerrt wirdt.

EIn andere geſtalt
der Seeneſſel/ ſo
võ Bellonio zwy-
fach geſetzt wirt/ damit
die gröſſer ein außge-
ſtreckte/die kleiner aber
ein eingezogene/anbil-
det.

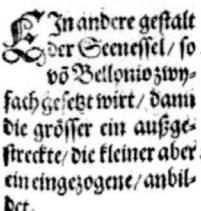

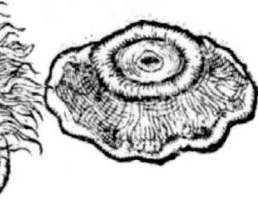

Der dreytzehende theil/ von

Von der äschenfarben Meer oder Seenessel.

Vrticà Cinerea. Eschenfarbe Seenessel.
Von jrer Gestalt.

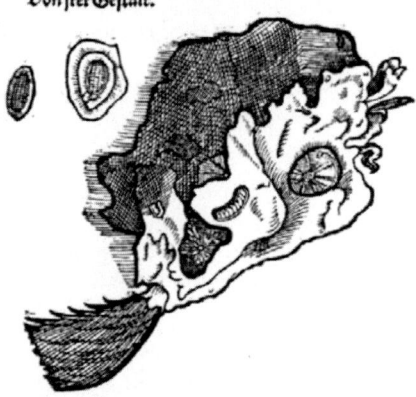

Ise ist äschenfarb/von dannen sie den Namen bekomt/ gantz zart vnd dünn/ dann sie hat ein grossen Wadel/oder viel Zotten/wenig fleisch oder leib/hat allezeit sein Wadel außgestreckt/ zeücht sie nimer zusame/doch breit sie gleich andern Meernesseln/wirt gefunden in den Spälten der stein oder schroffen/mag ohn verletzung nit davon gerissen werden/von seiner zärte vnd linde wegen.

Von der roten Seenessel.

Vrtica rubra seu purpurea. Rote Meer oder Seenessel.
Von seiner Gestalt.

Dese wirt von der Farb bey den Welschen Rosen genant/von etliche Roß oder Eselsarß/auß der Gestalt so sie sich zusamen zeucht/Ist dem ersten geschlecht gleich/allein dz er roth ist/vielmehr vnd längere Zotten/oder Wadel hat/klebt zu zeiten an den Felsen deß Meers/ zu zeiten schwebt sie im Wasser herumb. Dañ sie sollen zu zeiten mit dem Fischergarn herauß gezogen werden/kommen auch in die Speiß/haben doch ein härter Fleisch dann die ersten.

Von dem Schnecknessel.

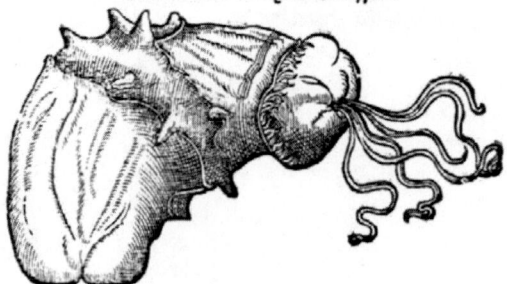

Vrticæ

Vrticæ quarta species quæ Purpuris vel Buccinis adnascitur.
Ein Schnecknessel.
Von seiner Gestalt.

Dise Meernessel wåchßt an etlichen Schneckl/vorauß Purpurschnecken. Sein
eusser theil ist hart/dicker dann die andern/hat ringsweiß herumb gantz kurtze
Zöttlin/von mitten andere lange weit außgestreckt/als ein Faden/so schön pur-
purfarb/daß der köstlich Purpur jnen hart zu vergleichen.

Von dieser Nessel ist müglich daß die Histori komen sey von Hercule/welches Hund
als er solche gebissen/soll sein Lefftzen so mit schöner Purpurfarb geferbt worden seyn/
das Herculis Bule ersahe/verschwur sie nimer Herculi zu willen werden/er habe jhr
dann ein Kleyd geschenckt/mit solcher farb geferbt. Wiewol solches etliche auff den
Purpurschnecken gründlich ziehen/der doch von seiner rauhe/spitzen vnd härte wegen/
von keinem Hund zerbissen werden mag. Diese hat ein härter fleisch/wirt zu der Speise verworffen.

Von dem Hut vnd Filtznessel.

Vrtica semper soluta.   Meersham/ Hutnessel/ Meerhut.
Von seiner Gestalt.

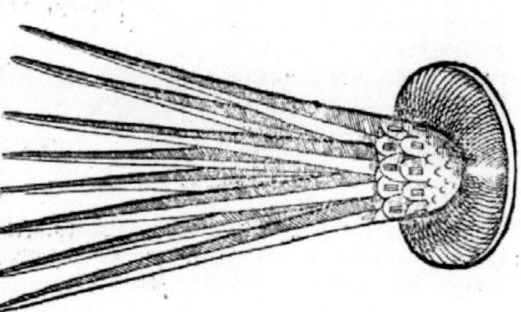

Diese hat obē ein
runden Deckel/
hol/mitte durch-
löchert/purpurfarb/als
mit einer schnur vmbge-
ben/als die breyte Filtz-
hut: vnden hat er Zottē
oder Füß als der groß
Kuttelfisch/ Polypus
genañt/mit 8. füssen/zu
end vierecket/vñ spitzig:
hat jñerhalb gantz kein
vnderschiedliche gstalt/
ist so gantz durchschein
vñ glantzend/dz er auch die Augen verletzt. Somerszeit zerschmeltzen sie/auch so man
sie sonst lang handlet/so zerschmeltzen sie in den Händen als ein Eyß schollen: wirdt so
groß/daß er sich einem breyten Filtzhut vergleicht. Bewegen das brennen vnd beysseit
in den Henden vnd Augen/auch in der Scham/mit welchē sie zu vnkeuschheit reitzen.

Von der andern Meersham oder Hutnessel.

Alia Vrtica soluta.   Ein andere Hutnessel.
Von seiner Gestalt.

Diese Meernessel oder Kuttelnessel/ist der vorigen vberal ähnlich vnd gleich/al-
lein daß diese nur vier Zotten weit außgestreckt hat als äst oder Bletter: oben etliche Linien außgetheilt/gleich einem Stern. Etliche zehlen solche fälschlich vnder die Meerlungen/so weit ein ander Geschöpff geachtet wirdt.
Von Art/ Natur vnd Eigenschafft aller Meernesseln.

Wie oben gehört/so kleben diese Thier an den Felsen vnd Schroffen: etliche aber

ii

schweiffen im Wasser herumb/ etliche haben jren wadel allzeit außgestreckt? vnd wie bald man sie angreifft/ oder von den Felsen reißt/ so verwandlen sie jr farb: vnnd als Aristoteles schreibt/ so fassen sie weder wasser noch lufft in sich/ ob sie gleich on solche nit lebē mögen. Allerley Fischlin fressen sie/ fahen solche mit jren Armē oder Zotten: wie-

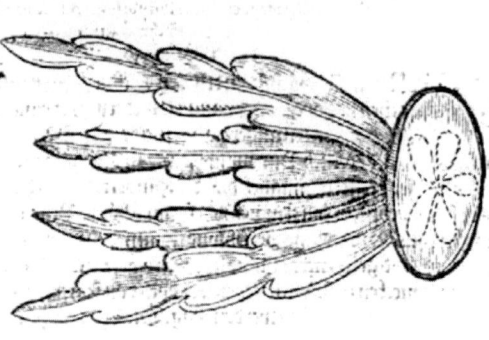

wol etliche von den Felsen leben sollen. Jtem bey der Nacht sollen sie auch den Jacobsmuscheln vnd Meerjgeln nachhalten.

Winterszeit haben sie ein zimlich satt hart fleisch: Sommerszeit bey der Hitz werden sie lind vñ zerfliessend: dann sie sind gantz feucht vnd blutt/ daß sie auch von antasten zerfallen. Zur zeit der grossen hitz verschliessen sie sich in die Felsen hin ein/ werden allein winterszeit gefangen.

Zwey andere Geschlecht der Meernesseln/ so in Jtalia conterfetet/ welcher eins dem ersten so oben gesetzt/ gantz gleich ist.

Von jhrem Fleisch.

Diese Thier kommen nit alle in die Speiß/ als vor gehört/ geben ein feuchte Nahrung/ geberen wenig Blut/ dieselbig gantz feucht/ bewegen den Stulgang/ vnnd treiben den Harn: werden gesotten vnd gebraten.

Etliche stück der Artzney/ von solchen Thieren in brauch kommen.

Diise Thier sollen ein solche Krafft haben/ daß sie in öl gesotten/ oder mit Essig von Meerzwibeln angestrichen/ die Haar verhindern/ daß sie nit wachsen mögen.

Jn Wein getruncken soll dienlich seyn den grienigen: dann sie auch für sich selbs/ als oben gehört/ den Harn treiben sollen.

Von dem Meerhasen.

Lepus marinus.　Ein gifftiger Meerhase/
Ein Gifftkuttel.

Von dem ersten Geschlecht der Thieren.

Leporis marini primum genus.　Das erste Geschlecht deß
gifftigen Meerhasen.
Von seiner Gestale.

Auß

Uß den gifftigen Thieren deß Meers/ ſind jetzbemelte / ſcheußliche vnge-ſtalte Fiſch/ welche auch durch dz ge-ſicht vnd geruch vergifften ſollen/von wi-derwertiger beſchreibung / bißher wenigen bekandt geweſen. Bekompt ſein Na-men von der farb/ ſo bey leben ſchwartzrot/ gleich den jrdiſchen Haſen. Vnder ſolchen ſind Mänlin vnd weiblin/ vñ ſind die ſchäd-lichſten auß allen andern Geſchlechten. So er todt / iſt er braunweiß/ oder weißlecht.

Mit jrem Fleiſch/ jnnerlicher Geſtalt vnd Schwärtze/ den ſchmalen Kuttelfiſchen Loligines genandt/ nit vngleich/hat ein heßlichen vnd böſen Geruch.

Von dem andern Geſchlecht deß Meerhaſen.

Secunda Leporis Marini ſpecies.　Der ander Meerhaſe.

Von ſeiner Geſtalt.

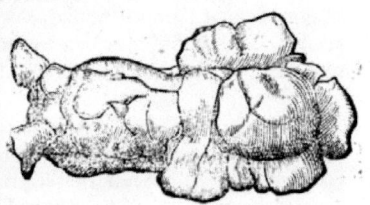

Das ander geſchlecht/ iſt mit Sub-ſtantz / Schwärtze oder Dinten/ jnnerlicher geſtalt dē obern ähnlich/ hat allein vnderſcheid mit euſſerlicher ge-ſtalt vñ gröſſe. Dann vornen hat er zween breyte Zotté/ darunder zwen kleine Hörn-lin/ hinden Fäckten gleich dē groſſen brey-ten Kuttelfiſch/ hat auff dem Rucken kein Maul wie der erſte. Iſt auch gröſſer.

Von dem dritten Geſchlecht.

Tertia Leporis Marini ſpecies.　Das dritte Geſchlecht der Meerhaſen.

Von ſeiner Geſtalt.

 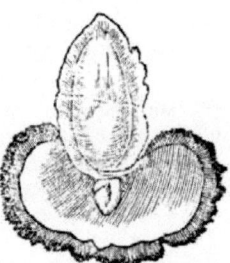

Das dritte Ge-ſchlecht der Thier iſt mit Kräfften vñ tugenden/ auch gan-tzer ſeiner ſubſtantz den vordern gleich/auß wel-cher vrſach es vnder ſol-che Thier billich gezehlt wirt. Dieſe Figur zeigt das letzt vnd recht orth/ dz iſt/ das ober vñ vnder ort beyder ſeiten. Das ſo mitten geſehen wirt/iſt das Maul das obertheil ſo ſich einem Ey vergleicht/ der Bauch/ das ſo vnder dē Maul iſt/ zu vnderſt/iſt ein dünn fleiſchecht Fell/ der ründe nach außgeſtreckt/ mit einer ſchwartzen plege oder Feckten vmbgeben.

Innerhalb wirt geſehen etwas hirnes/ ſchwartz/ mitten etwas gleich einē ſchwam/ in welchem er ſein Schwärtz haben ſoll. Sein gantzer Leib iſt glantzet vnd durchſchei-net klar/ alſo daß er ſich einem Cryſtallen oder erhartem weiſſen Schleim vergleichen möchte. Wirdt gar ſelten gefangen/ allein in der gröſten Hitz/ dann zur ſelben zeit wer-den alle ding bewegt/ auch die ſo in dem Grund der tieffe ligen.

Der dreytzehende theil/ von

Vber die vorbeschribnen geschlecht der Meerhasen/ ist ein anders von Aeliano beschrieben worden/welcher sich vberal mit dē jrdischen Hasen an der gestalt vergleichen soll/außgenomen die Haar so am jrdischen sind/am Meerhasen rauh/hart vnd dornecht/ daß sie auch im angriff verletzend/ soll allein zu öberst auff dem wasser schwimmen/ mit grosser schnelle nit mehr in die tieffe kommen : Läßt sich hart lebendig fahen/ dann er fleugt die Garn vnd Aaß. So er kranck wirdt/so mag er nit mehr schwimmen/wirt also herauß geworffen. Wo ein Mensch solchen angreifft/ so stirbt er zu handt/ob er jn gleich mit einem Stecken angerührt hette.

Von Natur vnd Eigenschafft der Thieren.

Diese Thier fressen Wust/Kaat vnd Schleim/ auß vrsach sie an solchen Orten gefunden werden/ wiewol etliche allein in dem Meer wohnen/ bey den andern Kuttelfischen/mit welchen sie zu zeiten gefangen werden.

Von natürlicher Anmutung der Thieren.

Der Meerhase ist dem Menschen ein Gifft/ dargegen sind bey den Indianern die Menschen jm auch ein Gifft/ also daß er auch mit einem Finger angerührt stirbt/als Plinius bezeugt. Item die Rotbart oder Meerbarben/ fressen solche Thier ohne schaden/als auch von dem Meermöuwer oder Meerbrachsiten geschrieben wirt/ auß welcher vrsach sie ohne schaden hart mögen gessen werden.

Von nutzbarkeit vnd schaden deß Thiers.

Auß seiner gantzen substantz vnd wesen ist dieser Kuttelfisch vergifft. Dañ der Keyser Domitianus hat seinem Bruder Tito mit solcher Speiß vnd Gifft vergeben/als die Geschichtschreiber bezeugen. Auß welcher vrsach etliche Zeichen beschrieben werden/solch genommen Gifft zu erkennen. Item den schaden zu wenden vnd heylen.

Etliche anzeigung bey welchen man solche vergebung erkennen mag.

Der geschmack solches Kuttelfisches ist gleich den stinckenden faulen Fischen/ Bewegt kranckheit deß Magens vnd der Blatern/ also daß man mit grossem schmertzen purpur oder violfarben Harn seycht/kotzen viel schaumecht/gelbecht oder blutig Matery. Jnen traumt von getöß der Wellen/jre Augen werden verletzt/schwerer Athem/keichen/enge/Husten/Blutspeyen folgt endtlich hernach/vnd der mehrertheil sterben jämmerlich ab/wo jhnen nit mit gerechter Artzney geholffen wirdt.

Artzneyen so wider solch Gifft dienstlich.

Allerley Milch getruncken/vnwillen/Wasserkrab in der Speiß gessen/Item die Muschelfisch/vnd Kernlin von Granatöpffeln/weiter das puluer der wurtzel Schwbrot genandt/(Cyclamen) in Wein genossen/ Endtlich ein starck Purgatz von Nießwurtz oder Scamonien bereytet.

Etliche stück der Artzney/ so von solchen Thieren dem Menschen zu gutem in brauch kommen.

Diß Thier zerknitscht/auffgeschmiert/macht die Haar außfallen/solchs thut auch das öl in welchem er gesotten. Item sein Blut macht daß solche außgefallene Haar nit wider wachsen.

Auff die Kröpff gelegt/ oder mit öl in welchem er gekocht solche bestrichen/ soll solche vertreiben.

Item frisch lebendig auffgelegt/soll den Podagrischen dienstlich seyn.

Dieser Kuttelfisch zu äschen gebrandt/die äschen mit Blut von Holtzböcken auffgefangen/in ein hörnin Büchßlin behalten/zerstöret die wurtzen der außgeraufftē Haar in Augbrawen.

Der

Der 14. theil von den Meerthieren/
so begreifft allerley Krebß/vnd jres gleichen
rund oder lang.

Von allerley Krebsen/ auch andern Thieren so sich den Krebsen
vergleichen/vnd Schalen die lind vnd zu biegen (nit hart vnd brü-
chig von härte wie an den Schnecken) an statt
der Haut haben.

Von dem Krab.

Erstlich von allem dem/so von den Kraben in gemein
geschrieben wirdt.

Cancer. Ein Krab.
Von mancherley vnderscheid der Thieren vnd jhrer Gestalt.

DEr Kraben sind etliche von natur vnd erschaffung groß/
etliche klein/etliche mittler grösse. Item etliche sind braun/etliche rot/an-
dere gelb: Item weißlecht/gelblecht/rc. Etliche haben lange Beyn/etliche
gar kurtze/etliche mittler lenge. Etlicher Augen stehen so nahe bey einan-
der/daß sie einander gar nahe berühren / etlicher Augen sind gantz weit von einander
gesetzt. Jn viel stücken kommen sie vberein/ sie haben alle harte Schalen / an statt der
Haut/innerhalb lind Fleisch: sie haben alle zehen Beyn/ sampt den Scheren/ wenig
kleine vnd dünne Hörner. Der Schwantz ist allen an den Leib vnden gelegt/ auß welcher vrsach sie sich rund beduncken/vñ vonAristotele ohne schwäntz beschriebē werden.

Die Kraben haben kein Kopff noch Halß/harte Augen/sehen allein entzwerch/ha-
ben Füß vñ Arm/Scheren an statt der Hände/der rechte ist der mehrertheil grösser vñ
stärcker dann der lincke/ hat in seinem Leib kein vnderschiedliche schöpffung. Jn dem
Maul haben sie zween lange Zän/ welche von zweyen Fäcklinen bedeckt vnd beschlossen werden: so er Wasser an sich zeucht/ so zerläßt er solche/ demnach beschleußt er sie/
damit er das Wasser/von welchem er lebt/durch ein ander Lёch / so jhm oberhalb von
Natur geben/herauß kotzen möge.

Das Männlin wirdt bekandt vor dem Weiblin mit grösse/ dicke/ vnd dem Deckel
vor dem Maul: dann solcher ist an dem Weiblin weiter/ haarechter vnnd dünckler.
Jtem der erste Fuß deß Weiblins ist zwyfach/deß Männlins einfach: dergleichen haben auch die Männlin zween Dorn oder spitzen zwischen dem Bauch vnd Schwantz/
welcher die Weiblin mangeln. So der Krebß alt ist worden/werden zween weisse stein
mit rothem gemischt/in seinem Kopff gefunden.

Von Natur der Thieren.

Galenus schreibt/ daß die Kraben deß Wassers geleben/ es sey süß oder gesaltzen/
fressen allerley/ auch sich selbs vnder einander: vorauß aber den erlegenen Kuttelfisch/
was sie ergreiffen/ schalten es mit jhren Scheren zu dem Maul : so er mit Milch ge-
tränckt/so soll er lange zeit ohne Wasser leben.

Die Kraben vnd Krebß wandlen mit jren Beynen oder Füssen allezeit entzwerch/
auch in der forcht hindersich/ nit mit minderer schnelle/ als Aristoteles schreibt/ ob sie
gleich Wasserthier sind.

Der vierdtzehende theil/von

Aristoteles schreibt/daß sich die Kraben mehren mit zusamen gethanen Schwäntzen/so doch Plinius schreibt/daß solches mit dem Maul geschehe.

Die Kraben vnd Krebß lassen alle Jar jhre Schalen fallen/ gleich wie die Natern vnd Schlangen jhre Haut/ bekommen newe zur zeit deß Glentzen/ welches auch dieselbigen thun sollen/so mit gantz harter Schalen bedeckt sind: sollen zur selbige zeit 5. Monat verborgen ligen.

Winterszeit sollen sie sonnechte Ort lieben: Sommerszeit aber an den schattechten gantz hauffecht gesehen werden: Herbstzeit vnd im Glentzen werden sie sonderlich feißt vnd voll/ endtlich so der Mon voll ist. Sollen sonst lange zeit leben.

Es ist die sag/daß so die Sonn im Krebß gehet/vnd der Krebß einer gestorben auff dem truckenen Boden faulet/ so sollen lauter Scorpiones darauß erwachsen.

Von Art vnd natürlicher anmuthung der Kraben.

Die Kraben vnd Krebß schertzen vnd kempffen gegen einander/ gleich wie die Wider oder Böcke/in dem daß sie mit den Hörnern gegen einander lauffen.

Der Meerbär (ist auch ein Krebß) frißt zu zeiten die Kraben.

Der Rauch von dem gebrandten Krab ist verhaßt den Bynen/ vertreibt vnd verjagt dieselbigen.

Es schreiben etliche/daß so man das Kraut Engelsüß zu einem Kraben lege/so lasse er seine Scheren fallen.

So verhaßt sind jnen die Krautwürm/so die Bäum verderben/oder Regenwürm/ daß wo man sie allein mit den Hörnern an die Bäum henckt/an welchen sie nisten oder kriechen/sollen sie zu stund herab fallen/vnd an andere Orth kriechen.

Von nutzbarkeit der Thieren.

Die gröste nutzbarkeit so man von solchen Thieren hat/ist das fleisch zur Speiß vñ narung der Menschen. So sind auch etliche nutzbarkeiten vor erzelt/zu vertreibung der Würm. Etliche heissen drey lebendige Krebß vnder dem Baum verbrennen/so die megere/Düssel oder Knüttel hat.

So Vngewitter oder Regen vorhanden ist/sollen die Kraben auß dem wasser auff das Erdtrich herauß kriechen.

Von der Complexion vnd Natur deß Fleisches der Thieren.

Die Krebß oder Kraben sollen ein hart fleisch haben/ hart zu verdäwen/ doch twol speisen oder führen/ein kalt vnd feucht vrsachen.

Gemeine stück der Artzney/so von allerley Kraben mögen verstanden werden.

Etliche Artzneyen/so den Wasser- vnd Meerkraben in gemein dienen/werden hernach in der History der Wasserkraben gezehlt werden.

Die Kraben werden gebraucht wider den stich der Scorpionen vnnd Schlangen/ dann solche werden auch von dem Hirtzen für solche Gifft gebraucht: Item die Eber so sie Bilsamkraut gefressen/suchen sie Kraben vnd fressen dieselbigen.

Zu gifftigen Eissen/Krebß vnd dergleichen schäden an den Weibern/soll das Krabweiblin mit saltzblust gestossen/nach Vollmon auß Wasser auffgelegt werden.

Die Kraben gedörrt oder sonst frisch genossen/stellen allerley flüß/vnd behalten die Empfengnuß.

Sie sollen auch gut seyn den Weibern jn den Febern so Hauptwehe haben/vnd zittern der Augen/getruncken in rauhem Wein.

Welcher nit wol harnen mag/der soll drey Kraben in Essig sieden/in einem Mörsel alles zu mal gestossen/außgetruckt/die Brühe getruncken.

Für das Grien sagt Marcellus/die krebß schale fleissig gestossen/mit süssem wein gemischt/durch ein tuch gesihe vñ zu trincke geben/soll wol helffe. Aetius heißt sie lebedig
zu äschen

zu äſchen brennen/von derſelbigen einen Löffel voll in einer Latwerge geben/ꝛc. Solche
äſchen brauchen auch etliche für das Zanwehe/vnd mit öl für den Außſatz/vnd gifftige biſſz oder ſtich.

Von dem Kraben/ſo in ein Stein verhartet.

Lapis inſtar Cancri.

Von einem Stein/ſo ſich gantz eine Kraben vergleicht/ſchreiben die alten Do-
ctores viel/ſoll kalter vnd feuchter Natur ſeyn im andern Grad/trücknen/ſäu-
bern/ſchärpffen das Geſicht/vnd gebrandt/wirdt gelobt zur Räude/ſäubert vñ
reiniget die Zän vnd Mackeln. Es ſoll auch der weitberhümpt Herr D. Conrad Geſner ein Meerkraben/in ein Stein verkehrt/vnd verhartet/bey ihm behalten vñ zeigen.

Von dem Meerkraben.

Cancer Marinús.   Ein Meerkrab.
Von ſeiner Form vnd Geſtalt.

Der Meerkrab hat einen runden Leib/gar nahe
Circkel rund/vornen breyter dañ hinden/gantz
ähnlich dem Kraben ſo in ſüſſem Waſſer oder
Flüſſen gefangen wirt/als hernach wirdt gehört werden. Die gröſten kommen auff 3.oder 4.zwerch Finger
breyt/haben auff jeder ſeiten vier Beyn/vornen zween
Arm/gleich andern Krebſ ſcheren. Haben ein glatte
Schalen/die Männlin röter dann die Weiblin. Haben auch ein rote Leber/eines gantz ſüſſen angenemen
Geſchmacks. Den Schwantz ſtrecken ſie nit auß/ſondern haben jn allezeit vnden an
den Leib gelegt vnd gekrümpt.

Von ſeiner Art/Natur vnd Eigenſchafft.

Die Meerkraben leben vnd wohnen bey den Felſen vnd Steinen/laſſen alle Jahr
jre alte Krebſ ſchalen fallen/vnd wachſen jhnen newe an die ſtatt/zu derſelben zeit ſollen ſie auch in den katechten/lettechten Orthen wohnen/mag ein gute zeit auſſerhalb
dem Waſſer geleben. In der mehrung ſitzen die Männlin auff die Weiblin/treiben in
ſolchen ſachen ein langen Kampff/vor vnnd ehe ſie ſich vereinigen/gleich den Widern
oder Böcken.

Jre Beyn werden gegen dem Bauch bewegt durch weiß Mußfleiſch/alsdañ auch
an vnſern Krebſen geſchicht/doch bedüncken ſie ſich nit fürſich oder hinderſich/ſonder
bey ſeits vnd entzwerg bewegen.

Ein wunderbarliche geſchwindigkeit oder liſt ſoll der Krebß brauchẽ/gegen allerley
Muſcheln/ſie außzufreſſen. Darñ ſo die Muſcheln jr zwo Fallen/oder Muſcheln auß
begierd deß Waſſers vnd Letts/auffſperrt vnd bewegt/ſo erfaſſet der Krab ein Steinlin in ſeine Scheren/wirfft denſelben durch den Schlauch oder Spalt der auffgeſper-
ten Muſcheln/von welchem Stein ſolche Thier verhindert werden/daß ſie jhre Muſcheln nit mehr mögen zuſchlieſſen/werden alſo von den Kraben außgefreſſen.

Aelianus ſchreibt/daß ſie zu zeiten an etlichen orten von vngeſtüm wegen der Wel-
len/welchen ſie nit widerſtehen mögen/auff das Land ſich herauß laſſen/zu fuß wand-
len/ſo lang biß ſie ſolche Ort vnd Gefahr fürkommen: als dann kriechen ſie wider in

Der vierdtzehende theil/ von

das Meer. Wo sie also wandlend von den Einwohnern derselbigen Orten erfunden/ werde jhnen verschonet/ damit nicht dieweil sie Menschen seyen/ grausamer dann das Meer befunden werden.

Von seiner nutzbarkeit vnd Fleisch.

Ein Krebß oder Krab/ so von jhm selber gestorben ist/soll gantz verworffen werden. Von Art oder Complexion deß Fleisches aller Wasserthieren so Schalen haben/ wirt in dem folgenden Capitel gesagt werden. Man pflegt jn zu sieden/ sein Schalen abzuziehen/vnd in öl oder Ancken zu rösten oder bachen/wirt sonst auch auff einer Glut gebraten/ist zum besten so er Eyer trägt.

Sonderbare stuck der Artzney von den Meerkraben.

Die Meerkrabe/haben gleiche Tugent den süssen Wasserkrabe/doch nit so kräfftig.

Die Meerkraben sollen wider alle Gifft geprisen werden/ auch viel gebraucht vnd fürgestellt denen/ so absterben auß kranckheit der Lungen.

Von dem Meerkrab 2.quintlin getruncken von den jungen oder Kindern/heylet die Harnwinde. Den Kindern auß der Mutter oder Säugammilch.

Oel/Wachs vnd äschen von dem Meerkraben oder süß Wasserkraben auffgelegt/ heylet den zerschrundnen sitz.

Von dem Kraben so in den Meerpfützen wohnet.

Cancer stagni Marini.

Die Kraben so in den Pfütze oder see deß Meers wohnen/sind den Meerkraben gar nahe gantz gleich. Ist mittler Art zwischen den Wasser- vnd Meerkraben/ dieweil solche Pfützen von süssem vnd gesaltznem Wasser gemischt sind/ mögen auß der vrsach in mangel der süssen Wasserkraben/an solcher statt gebraucht werden/wirt mächtig gepriesen in den absärbenden/vnd bresten der Lungen.

Von dem Heracleotischen Krab.

Cancer Heracleoticus.

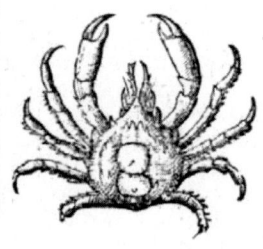

Diese Kraben sollen den Namen bekommen von der berhümpten statt Heraclea/ gelegen am Eurinischen Meer. Wiewol Rondeletius so auch von den Wasserthieren gar fleissig geschrieben/ gegenwertige Figur/ solchen Kraben zueignet: Bellonius aber denen/ so von den Frantzosen Meerhanen/nach bedeutung jhrer spraach genennt werden/ von wegen der gstalt seiner Scheren/so oberhalb sich einem Hanenkam vergleichen/ als auß der gegenwertigen Figur ersehen mag werden.

Der

Der Heracleotisch Krab nach meynung Bellonij.

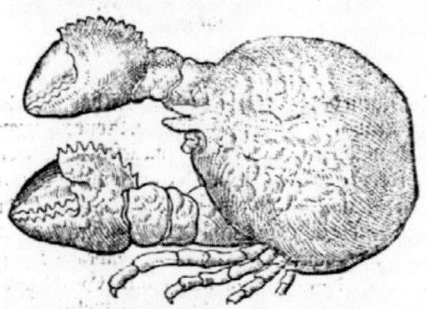

Jeser Krab wirdt hernach von D. Rondeletio für den Meerbär geachtet/als in seinem Ort gelesen wirdt werden.

Soll gantz ein dicke starcke Schalen haben/sollen langsam/faul vnnd träg seyn: wirdt gar viel gefangen an dem Gestad der Insel Sicilien: wirt in Italien/als zu Rom zu zeiten verkaufft. Etliche nennen jhn ein Seehanen von der gestalt der Scheren: die andern ein Granatöpffel/von wegen der gestalt vnd farb.

Von jrem Fleisch.

Der ober Krebß oder erste/gesotten vnd die Brüh getruncken/bewegt den Bauchfluß: sollen sonst zimlich führen/besser vnd löblicher seyn gebraten dann gesotten.

Ein anderer Heracleotischer Krab/oder Meerbär/oder Meerhan/in Italia abconterfetet worden.

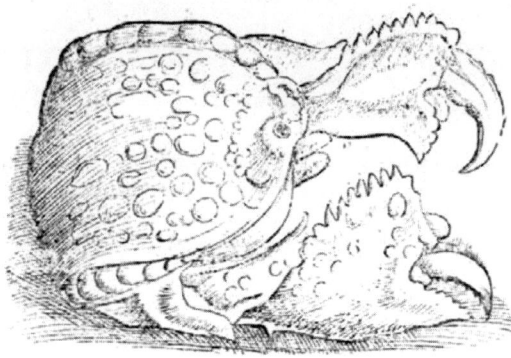

Von der grossen Meerspinnen.

Maia. Ein Meerspinn/ Spiegelkrab/ Hechelkrab/
Mutterkrab.

Von seiner Gestalt.

Je so von der Natur der Wasserthier geschrieben haben/ sind in der Gestalt gegenwertiger Kraben nit einhellig. Dann D. Rondeletius vermeynt Maiam zu
seyn der Krab/ welchs Figur hie bey anfang gesetzt ist/ auß sonderbarn schlechtē
vrsachen/ allein von der grösse genommen. Doctor Conrad Geßner aber/ sampt vielen andern gelehrten Männern/ vermeynt Maiam cancrum zu seyn den Kraben/ so hie
nach gesetzt/ im von Venedig für das Weiblin deß Geschlechts geschickt: ist gantz fleissig vnd wol abconterfet. Solchen setzt hernach D. Rondeletius/ für die kleiner Meer-
spinn/ das ist/ pro Paguro, das Männlin von solchem Geschlecht. Solche Kraben
sind gantz gleich einer Spinnen/ als dann die Gestalt wol bezeuget: Auß der vrsach
sie Meerspinnen genandt werden/ ob gleich einer auß den Kuttelfischen solchen Namen bekompt.

Grosse Meerspinn Weiblin.

Die Figur ist zu Venedig abconterfeyt.

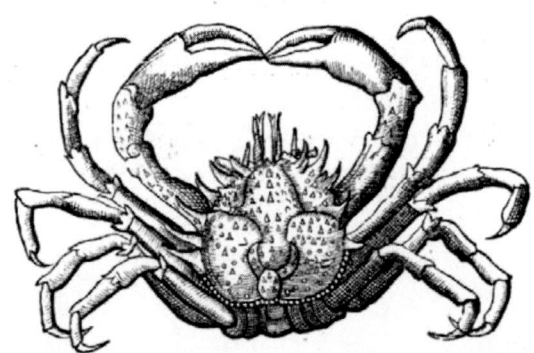

Jese Figur als oben gehört/ ist von Venedig kommen dem hochgelehrten Herrn
D. Conrad Gesner zugeschickt/ durch einen seiner besten Freund. Jch hab auch
solcher in Narbonensi Gallia gar offt gesehen/ vngefehrlich einer spannen breyt/
sonst gar nahe rund/ gentzlich in solcher Gestalt/ als hie gesehen wirdt.

Von

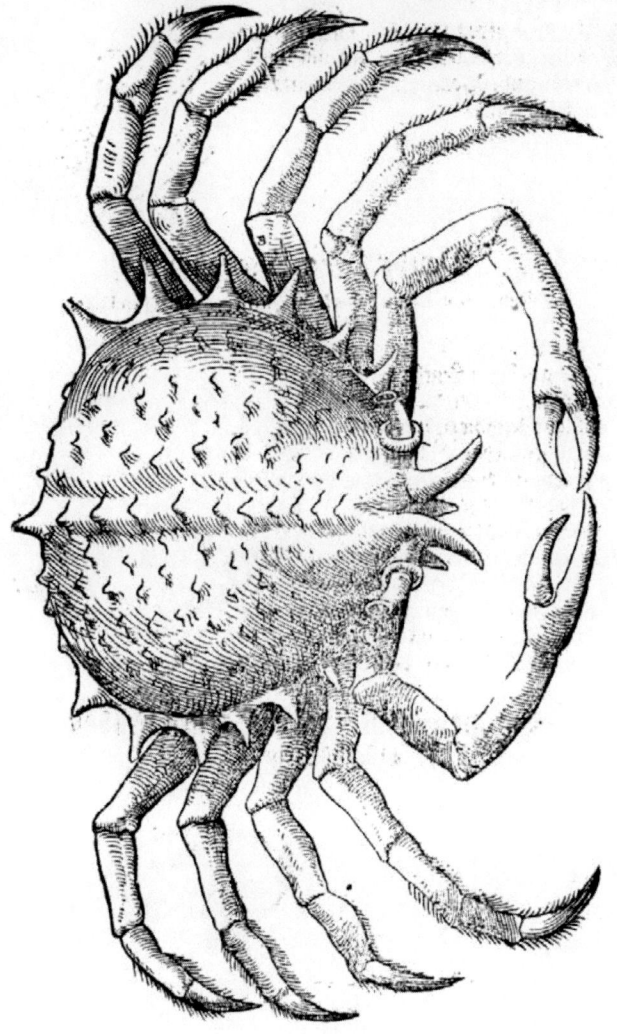

Von einem andern Geschlecht der Spinnkraben.
Folia vel Folca.

Dser Krab ist den vorgesetzk garnahe gleich/
allein daß er lengere Beyn/vnd auff der schalen ein rauhe Wollen vnd Bolster hat/wirdt
gar selten gefangen.

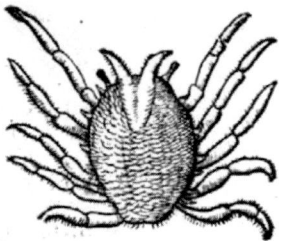

Von der kleinen Meerspinnen.

Pagurus Rondeletij.

Ein kleine Meerspinn/ Ein Meertäschen/
Ein Taschkrab.
Von seiner Gestalt.

VIeler gelehrten Leuthe grosse
Meerspiñ/ das ist/ Maia, wirdt
võ Rondeletio die kleine/ das ist
Pagurus geachtet/vñ das Mäñlin von
solchẽ geschlecht abconterfetet/ als hie
beygesetzt/so doch obẽ das weiblin für
Augen gestellet/ vnd Maia geachtet ist
worden. Die ander figur eines schönẽ
Kraben/ hie in diesem Capitel gesetzt/
wirt von D.Gäsner/sampt aller anderer viel gelehrter Leut/für die kleiner
Meerspinn/das ist/Pagurus gehalten.

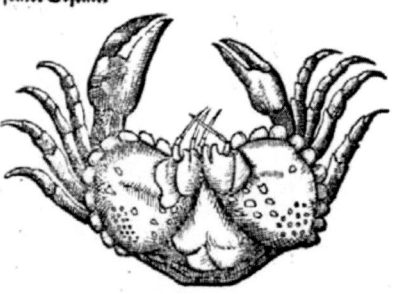

Ein andere Gestalt deß obgemelten Kraben/
zu Venedig conterfetet.

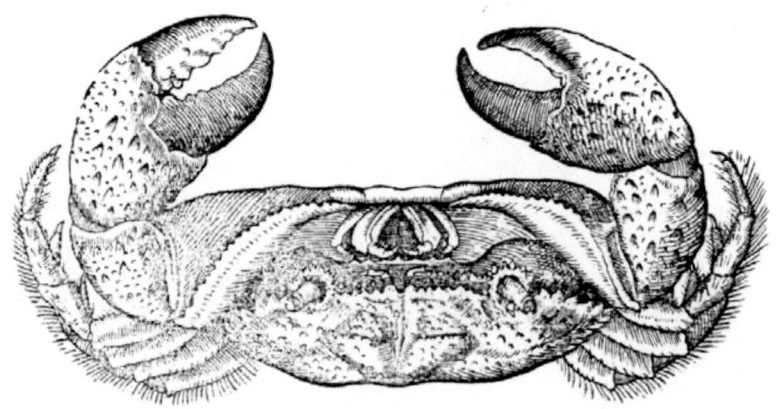

Dieser

Jeser Krab wirt von menniglich für den wahren Pagurum gehalten: hat ein starcke glatte Schalen/welche bey lebendigem Thier gar ein liebliche farb hat/schwartz Rosenrot:so er gekocht wirt/so verwandelt er sein farb gleich alle Kraben. Haben Schwäntz vnden an den Bauch gestreckt/auß welcher vrsach sie ohne Schwäntz von etlichen geachtet sind worden. Sind an jhrer gestalt viel breyter dann lang/daß sie auch zu zeiten eines Schuchs breyt gesehen werden/etliche kommen zu zehen Pfunden: hat ein vberauß süsse wolgeschmackte Leber rotlecht/2c.

Von Art/Natur/vnd Eigenschafft der Thieren.

Dieser Krab bekomt bey den Griechen seinen Namen von seiner Natur/dieweil er nit mehr in den tieffen deß Meers/sondern allezeit zu oberst im Meer in schroffechten Löchern vnd Felsen wohnet/welche orth in ablauffen deß Meers trucken vnd entdeckt bleiben/mögen auß der vrsach an der trückne vñ in Wassern wohnen. So er an trucknen orthen von dem Meer verlassen ist/so ligt er vor forcht ohne bewegnuß/gleich als todt. Seine Scheren sind kürtzer dann der grossen Meerspinnen/was sie begreiffen/halten sie gantz starck/seine Augen streckt er zu zeiten herauß/als ob es Hörner weren/zu zeiten als in der forcht/zeucht er sie herein. Sie lassen jre Schale alle Jar fallen/von welchem Oppianus viel schreibt/dann dieselbige hebt erstlich an zu spalten/welches so er vermerckt/so scheußt er hin vnd wider mit grosser vngestüme/frißt sich voll speiß/damit so er voll vnd groß/die Schalen zerbreche/vnd ledig vom Fleisch werde/von welcher so sie erlediget/ligen sie im Sand als todt. So dann die Schalen wider anhebe zu wachsen/so tragen sie grosse forcht/fressen erstlich Sand. Demnach so die Schalen erhartet/so fassen sie wider ein Muth/vnd kommen zu der gewöhnlichen Speiß.

Oppianus hat sie als vnverschämpt gescholten. Nit nur im Meer/sonder auch so sie gefangen auff den truckten Boden herauß gezogen sind/streitten vnd widerfechten sie denen so sie beleydigen/der massen daß sie vor sterben ehe sie nachlassen:was jhnen in die Scheren gehebt wirdt/fassen vnd heben sie so starck/daß du sie darbey biß auff den tod schleiffest/als offtermals an den gestaden deß Meers gesehen wirt von jungen Buben so jr Spiel mit solchen treiben.

Von seiner klugheit vnd weißheit ist hievor gehört/in dem daß er/so er seiner Schalen beraubt/so lang verborgen ligt/als vor bewußt seiner schwäche/biß jhm dieselbig wol erwachsen vnd erhartet ist: auß welcher vrsach auch an das Bild Diane/bey den Heyden/ein solcher Krab gehenckt ist worden.

Mit was Künsten diese Kraben gefangen werden.

Diese Kraben reitzen die Fischer herfür mit süssem Gesang/dieweil sie sonst ein anmuthing zu der Music haben sollen. Dann sie verbergen sich/heben an zu pfeiffen in t süsser stimme/von welcher stimme diese Thier herfür gereitzt/tretten der stimme zu auch auß dem Meer. Die Fischer aber weychen hinder sich/die Kraben folgen hernach/werden also auff trucknem Landt begriffen.

Plutarchus schreibt/sie werden mit Fackeln auß den Löchern vnd Wasser herfür gebrächt/auch wider jren eignen willen.

Von jrem Fleisch.

Dieser Täschenkrab so er gesotten/wirt er halb roth/halb schwartz/sollen lieblich zu essen seyn/sollen harter däwung seyn/dem Magen viel zu schaffen geben/jhre Brühe darinn sie gesotten/den Stulgang bewegen.

Von dem Kraben mit breyten Füssen.

K

Der vierdtzehende theil/von

Cancer Latipes, qui & curſor Ariſtotelis videtur, ab Equite alius.

Mag ein kleiner Meerkrab/ Läuffer oder Breytfuß genennet werden.

Dieſe ſind gantz kleine Kraben/nit gröſſer dañ ein Baumnuß/ bekompt ſein Namen von der breyte wegen ſeiner letzten Füſſe/ welche er brauchet zu ſchwimmen als Ruder. Iſt ſonſt veracht vnd verworffen: hat ein glatte ſchalen/ oben weißlecht/ vornen ſchwartzlecht: von ſolchen hat Ariſtoteles auch geſchrieben. Er ſoll auch ſchnell lauffen.

Von einem andern Geſchlecht
ſolcher Kraben.

Ein ander Geſchlecht ſolcher Kraben wirt viel von den Römiſchen Bawren vnd Fiſchern gefangen vnder den Muſchelfiſchen/ ſind gröſſer dann die vorgenandten: vnden ſind ſie weißlecht/ oben gar nahe äſchenfarb/ mit viel weiſſen Puncten oder Flecken oben beſprengt/ die letzten Füß breyt/ den vorigen ähnlich/ welcher gröſſe mag mit einem Daumen bedeckt werden. Die Fiſcher freſſen ſie gleich rohe/ ſollen alſo viel beſſer ſeyn dann gekocht/ wo ſie nit den Durchlauff bewegten.

Von dem Schamlotkrab.

Cancer flauus ſiue vndulatus.   Ein Schamlotkrab/ Gelbkrab.
Von ſeiner Geſtalt/ vnd wo er zu finden.

Diſer krab/ ſo zimlich groß/ iſt auß dē vnachtbaren/ bekoṁt ſein Namē von der farb vñ krummen Liniē/ ſo ſich dē waſſer oder Schamlot vergleichē. Wirt gefangen bey den Inſeln Antipoliṁ vnd Lerinā. Der ſchwātz iſt der lenge nach außgeſtreckt abgemalet worden/ welcher ſich ſonſt vnden an bauch legt/ gleich andern krabē: hat haarechte beyn vñ ſcheren/ auch vornē bey ſeits ſpitz oder dörn.

Von dem Marmelkrab.

Cancer varius ſiue marmoratus.   Marmelkrab.
Von jhrer Geſtalt/ Art vnd Natur/ vnd wo ſie zu finden.

Diſer krab hat ein glatte ſchalen/ gleiſſend mit mancherley farben vnd flecken/ grün/ blauw/ weiß/ ſchwartz/ äſchēfarb/ welche verſchwinden ſo der Krab todt. So er todt an der Sonnen gedörrt wirt/ ſo wirt er gantz geel. Wohnet in dē Felſen deß Agathenſiſche geſtads: ſo ſie jemand erſehen/ ſo fliehen ſie in die Löcher/ hefften ſich mit den Füſſen dz ſie ſchwerlich mögē abgeriſſen werden: ſo ſie ohne gefahr oder forcht/ ſo ſōnen ſie ſich auff dē ſchroffen/ ꝛc.

Von

Von dem kurtzen Scherenkrab.

Cancer Brachychelos. Ein kurtz Scher.

Dieser Krab ist schwartzroth/
klein / hat etwas vnderscheid
von andern Kraben/dañ hin-
den ist er breyt/vornen spitz/hat zwo
kurtz kleine Scheren/von welchen er
den Namen bekompt.

Von dem langen Scherenkrab.

Cancer Macrochelos. Ein Krab mit langen Scheren.

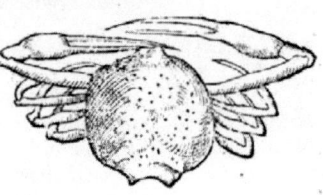

Dieser kriegt auch seinen Namen von
seinen Scheren so gantz lang/vnd düñ
oder klein/ist gantz widerig dem vorgenandten.

Von dem Haarkraben.

Cancer Hirsutus. Haarkrab.

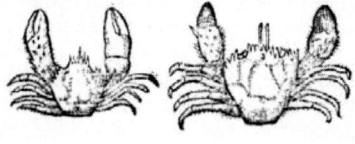

Der Haarkraben werden zweyerley geschlecht ersehen. Die ersten
haben dornechte Scheren/zu end
schwartz/sind gantz haarecht.

Das ander ist auch haarecht/ist aber
kleiner dann die vorgenandten/vnnd die
eusserste ende der Scheren nit schwartz.
Solche Kraben werden mit andern Fischen auß dem Meer gezogen / vnnd hingeworffen.

Von einem andern Geschlecht der Haarkraben.

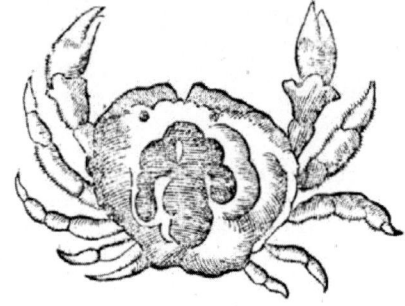

Den Haarkraben wirt auch
zugezehlt diese beystehende
Figur oder Gestalt/ so von
deñ Römern Meerwolff/oder schläffer wirt genennt in jrer spraach ei-
genschafft/auß der vrsach/daß sein
Schalen gepůluert vnd genossen/
den Schlaaff bringe.

ƒ ij

Der vierdtzehende theil/ von

Von dem Hertzkrab.

Cancer Cordis figura.   Hertzkrab.

Jese haben jren Namen von der Gestalt/ so sich
eines Menschen hertz vergleicht/ ist ein kleiner
Kräb/ wohnet allein in den tieffen deß Meers/
wirt selten gefangen / zu Zeiten in dem Magen deß
Stockfisches gefunden.

Von dem Meerspinnlin.

Aranea crustata Rondeletij. Cancer eques Bellonij, vel cognatus
Meerspinnlin/ Meertäschlin/ Spinnkräblin.

Wiewol man auch andere Kraben oder Täschenkrebß/
sie seyen klein oder groß Meerspinnen neüet/ von wegen der Gestalt/ so gehort doch dieser Name aller best
diesem kleinen Kraben zu welcher nit nur von der gestalt/ sonder auch von wegen daß er nit viel grösser ist dann die grösten
Erdspinnen/ billicher also genennt wirdt: darumb jhn auch D. Rondeletius/ der jhn zu
Mompelier abconterfetet/ in sein Fischbuch gestellt hat/ auff Latein Araneam crustatam
neüet/ das ist/ ein Spinkrab. Er ist am vordern theil deß Leibs/ gleich den Meerkrebß-
lin/ die in den leeren Schnecken wohnen. Sein Kopff streckt sich weiter herfür dann an
andern Kraben/ vnd spitzt sich vornen. Die Augen gehen verauß/ vnd zwischen denselben zwey Hörnlin. Er hat die Scheren gar lang/ vnnd auch die acht Füß zu seiner
grösse fast lang/ mit welchen fürauß er sich den Spinnen vergleichet. Der Leib ist gar
dünn/ vnd durchscheinend/ wirt von den Fischern von wegen seiner kleine verworffen.
Diß Meerspinnlin bedunckt mich seyn die kleine art der Kraben/ welche Bellonius
neunet Cancros equites, das ist/ Reutterkraben (von welchen bald hernach) oder doch
jnen gar ähnlich an gestalt vnd grösse. Man sagt/ daß auch im teutschen Meer vmb
Frießlandt/ etliche Kraben gefunden werden/ den Spinnen so gleich/ daß allein an der
grösse der vnderscheid sey.

Von den Kraben so in frembden Häusern wohnen.

Pinnothes aut Pinnophylax.   Wechterkrab/ Steck-
muschelkrab/ Muschelkrab.

Er Kraben etliche wohnē in mancherley frembden Häusern / als
Steckmuscheln/ Perlinmuscheln
Schnecken vnd dergleichen/ dieser wirdt
allein in den Muscheln wohnend gesehē/
bey dem lebendigen Thier/ so die nachfolgenden allein in den Häusern der gestor-
benen wohnen. Solche verschliessen sich herein/ damit sie vor schädigung desto sicherer
mögen seyn. Etliche Historyschreiber sagen wunder fabelwerck von solchen Kraben/
als der von Natur den Steckmuscheln zugeben sey/ sie deß Raubs zu warnen/ vnd die
Muschel zu verhüten/ von dannen er den Namen bekompt.

Von

Von dem Schneckenkrable.

Cancellus qui in Turbinatis & in Neritis habitat. Bilgerkrab/
Schneckenkrable/ Brüderkrab.

Schneckenkrable in
ſeinem Hauß.

Schneckenkrable
entblößt.

Sein ihr Hauß oder
Schalen.

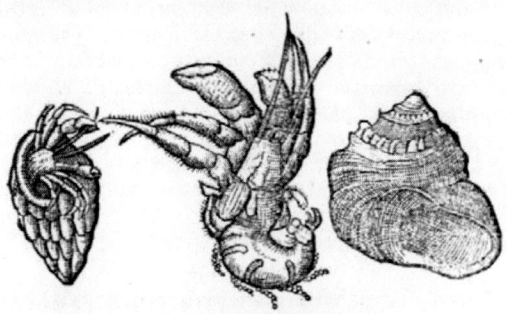

Ein andere ſchöne figur deß Schneckenkraben in
ſeiner Wohnung oder Hauß.

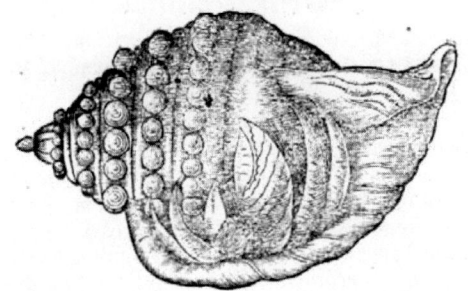

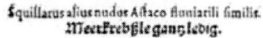

Squillarus ſiue Cancellus in Nerite concha.
Meerkrebßle in ſeinem Hauß.

Squillarus aliur nudur Aſtaco fluuiatili ſimilis.
Meerkrebßle gantz ledig.

Von der geſtalt der Thieren.

DJeſes ſind wunderbarliche Thier/ bekommen den namen von jrer wohnung oder
Hauß: dañ ſie wohnen in den lären Häuſern etlicher Meerthieren/ welche ſich
den Schneckhäußlein etlicher geſtalt vergleichen. Die erſten ſind vorne gantz
gleich den Kraben/ mit natürlicher Schalen bedecket/ gelbrot/ hindē ſind ſie bloß/ ſind
gleich den Locuſtis, jhre Hörner gelb. Die andern hievor geſetzt/ vergleichen ſich vnſe-
ren Waſſerkrebſen/ welche von vnderſcheid wegen nit Kraben/ ſonder Krebs hienach
genennt werden.

Von art/ natur vnd eigenſchafft der Thieren.

k iij

Die Brüder oder Schneckenkrable wachsen erstlich für sich selber / gantz bloß: demnach schlieffen sie in die lären Häuser vorgenanter Schnecken / tragen dieselbigen mit jhnen herumb / erwachsen in denselbigen. So sie dann groß worden / daß jhnen jhr Behausung zu eng seyn wil / wechßlen sie die Herberg / schlieffen herauß / wandlen in grössere / auß der ursach sie von natur an dem hindern theil / so inen zart / der verletzung underworffen / nit an die Häuser behafft sind / sonder also / daß sie herauß und in andere hinein schlieffen mögen. Wohnen sonst am gestad an rauchen steinechten orten / geleben der speiß anderer Kraben oder Schalfischen / Fleischs / lätts / kaats / und dergleichen. Wohnen auch zu zeiten in den Meerschwämmen. Summa / sie suchen allezeit ein schirm und decke jrem hindern theil / so gantz zart und der verletzung underworffen.

In der forcht ziehen sie mit so grosser schnelle in jhre Häuser / daß es auch erschallet / schlieffen gantz hinein / daß nichts gesehen wirt dañ jhre Hörner. Sie haben ein anmutung / und freuwen sich grosser Häuser oder Wohnungen / kempffen uñ streiten under sich selbst umb solche / in welchem kampff der Siger den Hoff behelt.

Von jhrem Fleisch.

Diese Thier möselen haben ein Geruch von dem lätt und Meerwasser / werden durch grosse arbeit verdäuwt / gebären ein versaltzen arges Blut und Gesafft: werden von den Fischern verworffen.

Von dem Reuterkrab.

Vielleicht das allerkleinest Meertäschle oder Meerspinnle / welches Rondeletius Araneam cristatam nennet / oben von uns gesetzt.

Cancer eques.   Reutterkrab.

Von seiner gestalt / natur und eigenschaffe / und wo er zu finden.

Jese Reuterkrab hat jren namen von jrer schnelle bekomen / hat zweyerley natur: dann er wohnet in Wassern und auff dem Feld: dañ zur zeit der grösten hitz deß Somers / reisen sie umb Mittag hauffechtig auß dem Meer / verziehen den übrigen Tag an der Sonnen / sich zuerkülen / oder den Gewalt der Fischen zu fliehen: auff den abend kehren sie widerumb zu dem Meer mit so grosser schnelle / und starckem Lauff / daß sie von niemand mögen erlauffen werde: daß auch die Heydochsen / so jhnen nachhalten / sie nit mögen mit schnelle erreichen / mit so schnellem lauff schiessen sie in das Meer / als ob sie flögen.

Sind an jhrer grösse als ein kleine Restene / an der Farb weißlecht mit roten puncten / gantz rond / gegen der Sonnen gehalten / sind sie durchleuchtende / außgenommen der theil so die Eingeweyd fasset: haben kleine Augen / ein gar scharpffes Gesicht / sind langlecht / durchscheinende als glaß: jhre Bein haarecht / sonst an der gestalt der Scheren den Kraben gantz gleich. Kommen nit in die speiß / als Aristoteles wol geschrieben hat / von wegen daß sie lär und gantz klein sind.

Von dem Bärenkrab.

Ursus.   Ein Meerbeer / Ein Beerenkrab.

Je / so von den Wasserthieren geschrieben haben / sind in der Histori deß Meerbären nit einhellig: dañ die gegenwertige gestalt von etlichen der Bärenkrab geachtet / von etlichen aber der Heracleotisch krab: und an statt deß Bären ein nachfolgender Krebs / als an seinem ort gemeldet wirt werden.

Von

Von seinem Fleisch.

Er sol ein lind Fleisch haben/voll wusts/eines häßlichen Geruchs. Dieser Krab wirt zu zeiten in ein stein verwandlet/als sie dann von menniglichem gezeigt werden.

Von dem Löuwkrab.

Leo.   Ein Löuwkrab/ Ein Meerlöuw.

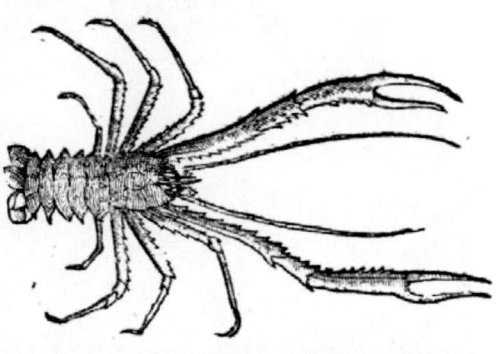

IN diesem gegenwertigen Meerthier sind die Seibenten auch zweyspältig. Doch sol hiebey gesetzte Figur von menniglichem der war vnd recht Meerlöw geachtet werden / vergleicht sich mehr den Krebsen/ ist doch lenger an Füssen/ an der Farb gelb/ so er auß dem Meer gezogen/ mit artigen Wasserlinie gleich dẽ Schalet/ auch haarecht vnd rauch von Dörnen/oder spitzen/ die eusserste theil oder end der Füssen enden sich in sporen/spitze oder klauwen. Was weiter die gestalt erfordert/ mag auß der Figur gemerckt werden.

Von dem Haberkrebßle.

Auena quibusdam vulgo.   Haberkrebßle/Futerkrebßle.

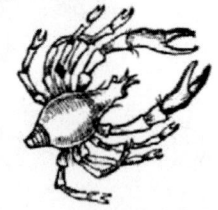

DJese art von Krebsen/ ist klein vnnd wirt selten gefangen zu Mompelier: ist vornen auß den Krebsen gleich an außgestrecktem Kopff/ an dem schwantz aber zum theil wie die Kraben/ dann er kurtz ist/ vnd gegen dem Bauch gebogẽ. Die Füß sind alle geschäret/ so die Cöterfactur recht ist/ als ich achte. Alle theil seines Leibs sind fast klein. Er sol an etlichen orten in Franckreich vmb Mompelier Auena genennt werden/ das ist/ Haber/ darumb auch wir jhn Haberkrebßle verteutschen/ vieleicht darumb/ daß man sie also gantz von der Handt etwan viel zusammen ist sampt den schalen/ von wegen jrer kleine/ wie die Roß den Habern/ darumb auch die kleinsten Squille/ das ist/ zwerg Krebßlein oder kleinste Gernier/ zu Mompelier vnd von den Gasconiern Liuade/ das ist/ Haber/ genennt werden.

Von dem Humer oder grossen Meerkrebs.

Astacus.   Ein Humer/ Ein grosser Meerkrebs.

Der vierzehende theil / von

Von seiner gestalt vnd grösse.

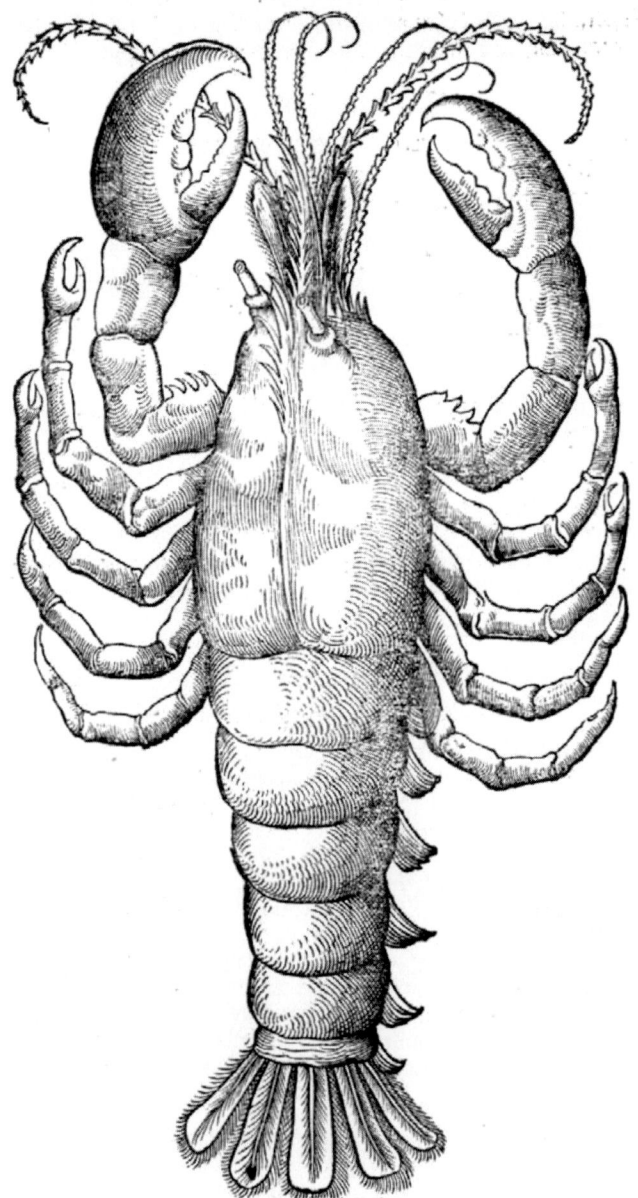

Diese

Jeſe geſtalt deß groſſen Meerkrebß oder Humers / iſt zu Venedig abconterfetet worden. Iſt an der geſtalt gleich dem gemeinen Waſſerkrebß / allein gröſſer /
vnd an der farb ſo er lebendig / dunckel violbraun / mit viel flecken weiß / roth /
blaw: ſo er geſotten oder gebraten / wirt er gantz rot / gleich allen andern Schalfiſchen.
Seine Scheren ſind gleich als ob ſie Zän hetten / gantz glatt / die euſſerſte ſpitz krumb /
gleich einem Vogelſchnabel. Die vberige Geſtalt mag auß der Figur erſehen werden.

Dieſer Krebß / welcher ich viel geſehen / auch offt vnd viel mit luſt geſſen hab / ſoll zu
zeiten zu mercklicher gröſſe kommen. Dann Olaus Magnus / in der beſchreibung der
Mittnächtiſchen Landen vnd Meers / ſagt von beſondern groſſen / zwiſchen den Jn-
ſeln Orchades vnd Hebrides / welche auch einen ſchwimmenden Menſchen mit den
Scheren ergreiffen / vnd jn zu grund hinnab reiſſen / als auß der beyſtehenden nachfolgenden Figur luſtig mag erſehen werden.

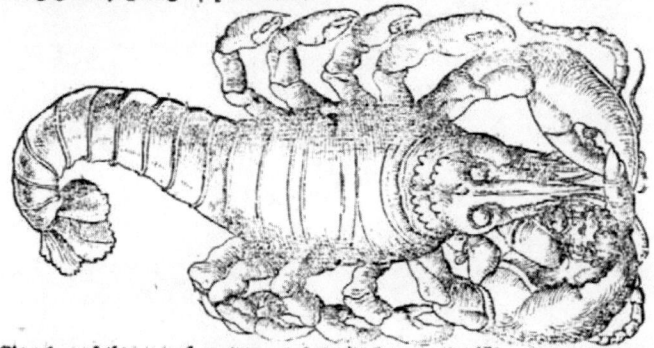

Gleich am ſelbigen orth malet er auch ein ſolchen groſſen Meerkrebß oder Humer /
ſo 12. Schuch lang / welcher gefreſſen wirt von einem Meerwunder / gleich einem Rhe-
nocer / als an ſeinem orth mag geſehen werden / im zwölfften theil / am 90. Blat.

Dieſe obgenandte Meerkrebß nennet Plinius Meerhelffant / von wegen jrer gröſſe vnd ſtärcke / werden ſonſt auch von etlichen Meerlöwen geachtet / ſind mit ſolchem
Namen von menniglichen zu Mompelier genennt worden: ſind wunderbarlich ſchön
vnd luſtig anzuſchawen.

Die gröſſe dieſer Krebß mag auch auß den ſcheren / ſo hiebey geſetzt / ermeſſen werden / welche der hochgelehrte Herr D. Geſner in ſeinem Hauß behelt / menniglichen
zeiget / in ſolcher gröſſe / wie ſie hie abconterfetet: möcht von einem Maler zu ein Nar-
renkopff artig gebracht werden: dann der kleiner theil der Scheren vergleicht ſich einer
Habichnaſen / vnd zu end an der dicke beyde wartzen die Augen / vber welche Augbraw-
en ſollen gemahlet werden: Die vier oder fünff ſpitzen vber die Stirnen herauff / ſollen
blaw angeſtrichen werden / damit ſie ſich einem Krantz der Narrenkappen vergleichen /
hinden vnd bey den Schläffen ſoll ſchwartz herfür geſtreckt Haar gemalet werden: das
Angeſicht zum theil weiß / mit roſechtigem Glantz. Die Zung ſoll ſeyr der groß Zan
oder Düſſel deß gröſſern theils der Scheren / roth zu ferben. So man dann auch ein
buſch krummer Hanenfedern zu oberſt in das fürgeſtreckt Loch ſteckte / ſo würde es vberauß ein abentheurig ſcheußlich Angeſicht geben.

Von Art / Natur / vnd Eigenſchafft der Thieren.

Dieſe Thier wohnen nit in lettechten orten / auch nit in rauhe vnd ſchroffechtē / ſonder in glatten / ſandechten oder erdechten orten: laſſen jhre Schalen fallen / gleich allen
Schalfiſchen / mögen ohne Meerwaſſer nit weit lebendig gebracht werden / auß wel-

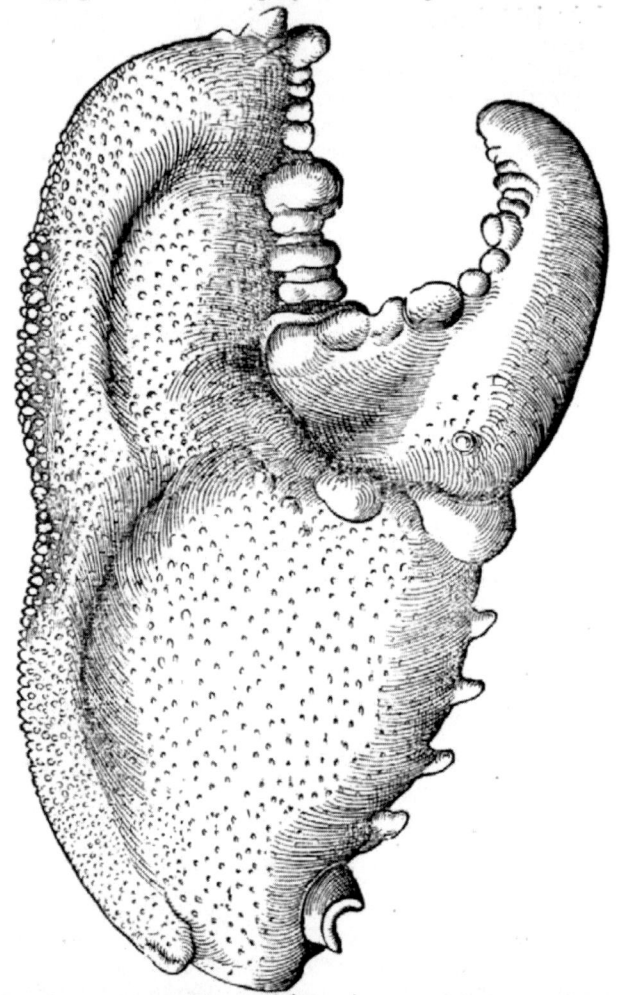

Diese Thier was sie ergreiffen das behalten sie gantz festiglich : dann als auff ein
zeit zu Massilien in eim Schiff viel Schalfisch/ vnd solcher grossen Meerkrebß behalten an dem Gestad vber Nacht stehen blieben/ vnd ein Fuchß in das Schiff getretten/
etliche der Fisch zu fressen/ ist er vngefehr zwischen ein Scher der groß genanten Meerkrebß getretten/ welcher jn begriffen/ vnd festiglich behalten/ biß auff Morgen er von
den Fischern gefangen ist worden. Zur belohnung haben die Fischer dem Jäger sein Leben gefristet/ vnd wider lebendig in das Meer geworffen.

Diese Thier so sie kempffen/ so schiessen sie mit den Hörnern zusamen als die Böck/
schlagen auch mit jhren Schwäntzen gantz starck. Den Kuttelfisch Polypus genandt/
so man sonst auch Meerspinn nennet/ entsetzet dieser Meerkrebß heßlich/ als etliche
Autores schreiben.   So man

So man dieser Krebß einen gefangen/ etwan weit von dem Gestad trägt/ vnd jhn dann läßt kriechen vnd wandlen/ so wirt er ohne verzug den nechsten Weg an das orth deß Meers kehren/ an welchem er herauß ist gezogen worden. Diese Thier werden gefangen mit Geschmack vnd Aaß.

Von jrem Fleisch.

Das Fleisch der Thier soll hart vnnd rauhe seyn zu verdauwen/ kalt/ schleimig/ Blut geberen/ sind dienlich denen/ so von Hitz wegen die Speiß im Magen verderbt wirdt/ oder reisse beyssende feuchtigkeit in jhnen haben. Die Meerkrebß sind eines heßlichern Geschmacks/ dann vnsere gemeine Wasserkrebß/ werden sonst gebraten vnd gesotten.

Von dem kleinen Meerkrebß.

Astacus Marinus paruus. Kleiner Humer/ kleiner Meerkrebß.

Von seiner Gestalt.

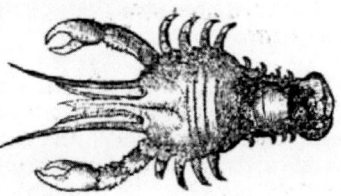

Dieser Krebß ist dem vorgesetztē gantz gleich/ allein daß er nimmer grösser wirt/ dañ dise Figur für Augē stellt/ ist mit dem Kopff/ Leib der beyden seiten/ rund vnd geseget/ seine Augen steckt er herauß/ vnd zeucht sie herein nach gefallen/ so er lebendig/ so ist er rotlecht/ mit blawē strichen vber zwerch.

Von seinem Fleisch.

Dieser Krab wirt selten gefangen/ hat ein gut süß Fleisch/ besser dann die andern Krebß.

Von dem Meerstöffel.

Locusta, Carabus. Ein Meerstöffel/ Ein Humers art/ Ein gattung der grossen Meerkrebß.

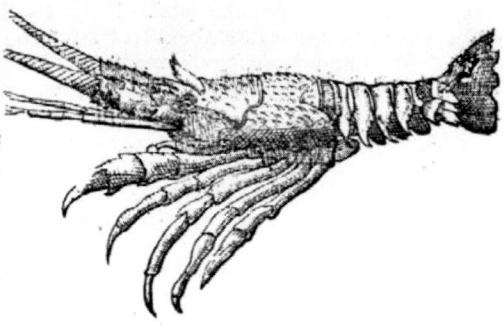

Dieser Krebß ist gätz gleich dē vorgesetzten grossen Meerkrebß/ hat doch keine scheren/ ist röter/ vnd auff dem Rucke auch bey dem kopff rauh/ voller dorn oder spitze/ vornē hat er zwey grosse Hörner/ welche bey anfang dick/ rauh/ voll Dorn vñ spitze sind/ mit vil gleychen/ ꝛc. Seine augen sind hörne/ allezeit herauß gestreckt/ welche sich gegē seit

bewegen/mit viel starcken spitzen bewahret. Auß der Stirn streckt sich ein anderer starcker grosser spitz: Sein schwantz ist glatt ohne spitz oder Dorn/in welchem sie die gröste
stärcke helt/welches die tägliche erfahrnuß offt bezeuget hat. Daß so er bey dem schwantz
ergriffen wirt/so schlägt er so starck ohn nachlassen/biß er sich auß den Händen schwin-
get/vnd auff den Boden fellt. Solche boßheit erschreckt offt den Käuffer mit Wollust
der beystehenden/so er der dingen vnbewußt ist. Auß der vrsach muß man jn bey seinen
Hornen begreiffen vnd halten/oder seinen Schwantz zu dem Leib mit gewalt trucken/
dann sie sind starck vnd groß/ich hab solcher gesehen/die ein gantzen Tisch mit Leuthen
vberflüssig sollen gespeißt haben.

Das Männlin hat ein vnderscheid von dem Weiblin/daß sein der erste Fuß zwyfach ist/am weiblin einfach/demnach hat das Weiblin vnden am schwantz zwyfache
Fäckten/als Fischfäckten die Eyer zu beschirmen/das Männlin aber kleine einfache/
darzu sollen die Weiblin grösser seyn dann die Männlin. Zu letzt/hat das Männlin an
den hindern Füssen lange spitzige grosse sporen/das Weiblin klein/glatte. Durch den
Leib werden zween durchgäng gesehen/einer das Eingewend/der ander wirt offt voll
roter Eyer gesehen/auß der vrsach man sie Corallen nennet/ist zur selben zeit im besten.

Die vorder Krebßschalk deß Kopffs vnd Halß/scheinet innerhalb als ob sie durchlöchert were.

Von Art vnd Natur der Thieren.

Diese gegenwertige Krebß wohnen allein in steinechten/schroffechten/rauhen orthen. Winterszeit suchen sie sonnechte warme Gestad. Sommerszeit aber fahren sie
der tieffe nach/schwimmen mit jrem schwantz hindersich in grosser schnelle/nit nur in
der tieffe nach gewonheit anderer Krebsen/sonder auch in der höhe/gleich den Schlangen oder Aelen. So er ohne forcht ist/so hat er sein Gang fürsich/läßt seine Hörner
bey seit fallen. So er forcht oder gefahr besteht/so scheußt er mit grosser schnelle hinder-
sich/streckt seine Hörner weit/gestracks fürsich.

Diese Thier sind fleischfressig/fressen kleine vnd grosse Fisch/als im nachfolgenden
Capitel wirt gehört werden/ligen deß Jars 5. Monat verborgen/als auch von den
Krebsen ist gehört worden.

In der mehrung der Thieren sind die Authores nit einhellig/dann etliche wöllen/sie
mehren sich mit zusamen reibung/oder haltung jhrer schwäntzen. Etliche schreiben/sie
mehren sich mit dem Maul/bekommen jre Eyer vnden am Schwantz/in grosser men-
ge/gleich einem Trauben/die mittelsten sind die grösten/die eussersten die kleinsten/wel-
che in der grösse sind/gleich einem Feigenkörnlin/nach 15. Tagen werden es Krebßlin/
auß welchen zu zeiten gefangen werden nit grösser dann ein Finger.

Diese Krebß gleich allen andern/verwandlen jre schalen alle Jar zur zeit deß Glen-
tzens/gleich den Schlangen/sie seyn gleich alt oder jung/auß welcher vrsach sie zu zeiten mit gantz linden/zarten Schalen gefangen werden.

Die Krebß sampt allen Schalfischen/werden zur zeit deß Winters häfftig verletzt/
Sommerszeit aber im Glentzen vnd Herbst/werden sie feißt vnd schwer/gantz lieblich
zu essen/dann jr fleisch gantz lustig ist/weiß vnd süß.

Sie empfinden auch die krafft deß Mons/dann so der Mon wächßt vnd voll ist/so
sind sie am besten/gleich allen andern Schalfischen.

Sollen zu viel Jaren kommen/alt/schwer/vnd groß werden.

Von natürlicher anmuthung vnd Eigenschafft der Thieren.

Sie kempffen mit gewaltiger ordnung/mit außgestreckten Hörnern als Spiessen/
gegen einander/vmb die junge/Weyd vnd Weiber/als die Wider vnd Böcke.

Dieser Krebß trägt feindschafft gegen dem Kuttelfisch/so etlich Meerspinnen nen-
nen/

nen/dann derselbige ohne forcht seiner spitzen vnd Dörnen/ergreifft jn mit seinen fürgestreckten Armen oder Zotten/dermassen daß er jn ersteckt vnd vmbbringt/sein Safft
von jm saugt vnd frißt. Er förchtet auch die Murena: etliche schreiben den gegentheil.
Dieser Fisch wirt mit dem Aaß gefangen vnd gereitzt.

Von seinem Fleisch.

Dieses fleisch der Krebß/ist nit ein vnliebliche Speiß/wirt vnder die köstlichen speiß
gerechnet vnd gezehlt: werden mit grosser Arbeyt verdäwet/speissen doch wol: dienen
einem starcken hitzigen Magen/vnd den Menschen so resse/düme/beissende/vnnd gesaltzene feuchtigkeiten haben/bewegen den Menschen zu Vnkeuschheit/haben ein lu-
stig/weiß/rein/schön/süß Fleisch/werden gesotten vnd gebraten: jnen wirt das Maul
vnd Arß mit einem büschelin Werck wol verstopfft/sonst würde das beste Safft von
jnen außtrieffen.

Etliche stück der Artzney/ so von diesen Thieren in brauch kommen.

Ein Kindbettherin soll solch Fleisch essen/spricht Hippocrates/damit sie desto baß
gesäubert werde.

Die Brüh võ den gesottnẽ getruncken/wirt gelobt für dz gifft deß krauts Dorleny.

Sein dornechte schalen die so bey dem Kopff/in einem newen Geschirr zu äschen ge-
brandt/darvon in altem Wein geben denen so ohne Feber sind/ in Wasser denen so
febricitieren/soll ein fürtreffliche edle Artzney seyn.

Von den Hogerkrebßlin.

Erstlich alles das/so in gemein von solchen Thieren geschrieben wirt.

Squilla. Hogerkrebß/ Meerkrebßlin ohne Scheren: oder
Gernier vnd jres gleichen.

Von jhrer Gestalt vnd mancherley Geschlecht.

GEwisse erkandtnuß der Thieren ist/ daß sie keine Arm vnnd Krebßscher haben/
klein vnd lang sind/als Würm vnd viel Füssen oder Beynen/wiewol etlicher füß
mit kleinen Scherlin begabet sind/ als auß den Figuren hernach wirdt ersehen
werden. Oben auff dem Kopff haben sie ein scharpff starck Horn oder spitz/gleich einer
Segen/fürnemlich die so sonderbarlich Hogerkrebß genennt werden. Die Männlin
haben zwey weisse Wertzlin oder flecklin vornen an der Brust/mit welchem Zeichen sie
bekandt werden/als Zöttlin zusamen gekrümt/welcher Fleisch roth ist/ꝛc. Die Weiblin tragen Eyer vnder dem Schwantz gleich den andern Krebsen. An etlichen Orthen
konnen sie zu mächtiger grösse. Dieser Krebß werden etliche zu besserm verstandt Hogerkrebß genennt ohne zusatz. Etliche groß Hogerkrebß. Etliche klein Hogerkrebßlin. Etliche Wurmkrebß: Die vrsach wirt an seinem Ort gehört werden.

Von Art vnd Natur der Thieren.

Der Hogerkrebßlin (spricht Elianus) wohnen etliche in Meerpfützen oder Seen/
etliche im Meermieß/etliche in steinechten rauhen Orthen deß Meers. Diese Thier
mehren sich oder empfahen durch zusamenfügung deß Mauls/verwandlẽ jre Scha-
len/als offt gehört/gleich allen andern Schalfischen. Im Glentzen werdẽ sie schwartz/
spricht Aristoteles/darnach bekommen sie widerumb jr weisse farb/ein wenig rotlecht/
so sie gekocht/so werden sie gantz roth.

Natürliche Anmutung der Thieren.

Diese Krebß werden von einer gattung der Meerschleyen gefressen/ so sonst nicht
fleischfressig sind. Item diese Krebß ertödten den Meerwolff/ von welchem sie sonst

ij

Der vierdtzehende theil/von

gefressen wurden/ solches soll allein von dem Hogerkrebß ohne zusatz genennet/ verstanden werden.

Wie diese Thier gefangen werden.

Diese Krebß werden auch mit etlichem Aaß gefangen vnnd gereitzt: so wirdt auch mancherley Aaß andere gattungen vnd Geschlecht der Fischen zu fahen/ von solchen Hogerkrebsen bereytet.

Von jrem Fleisch.

Das Fleisch der Thieren/ist anderer Krebsen oder Schalfischen fleisch in seiner Art vnd Complexion gantz gleich: allein sagen etliche/ es sey viel lieblicher vnnd lustiger zu essen/ werden von vielen gelobt/ von etlichen gescholten. Wie dem seye/ so schreiben die Griechen/ daß Apitius ein trefflicher Mann/ von solcher Krebß wegen in Africam vber Meer geschiffet habe.

Von Artzneyen vnd nutzbarkeit der Thieren.

Diese Thier sollen nit wenig krafft haben wider das Gifft der Scorpionen: Item geknütscht auffgelegt/sollen Pfeil/Dörn/Spitz/Spreissen/vnd dergleichen/auß angeborner anziehender krafft/herauß ziehen.

Diese Krebß gestossen mit Schmerwurtzen oder Oxymel (Brionia) getruncken/treibet auß die Würm.

So solche von den Weibern gessen werden/ sollen sie ein sonderliche tugenthaffte Krafft haben/sie rüsten vnd bereyten zu der Empfängnuß.

Von jedem Hogerkrebß in sonderheit.

Erstlich von dem so Hogerkrebß ohne zusatz genennet wirdt.

Squilla gibba. Hogerkrebßlin insonders/ Hogergernier/
Springkrebßlin/ Meergeyß.

Springkrebßlin von D. Rondeletio fürgestelle.

Dieser bekompt seinen Namen von dem Hoger/ so er mitten auff seinem Schwantz zeiget/ sind klein/vber den Kopff habē sie ein starck scharpffes Horn/nach ansehen jhrer grösse/ an den Beynen viel kleine Scherlin.

Von jrer Art/ Natur/ ꝛc.

Aristoteles schreibt/ daß diese Thier vier Monat tragen/ werden sonst von allerley Fischen gefressen/ mit grosser verletzung: dann sie hefften jr fürgestreckt auffgericht Horn in die Keelen deren so sie fressen vnnd ertödten sie/werden von den Fischern als ein Aaß gebraucht.

Oppianus der Poet schreibt lustige Verß von der vorgeschriebnen verletzung der kleinen Thieren gegen dem grossen fressigen Fisch/ Meerwolff genandt (Lupus) dann ob er gleich von jm verschluckt wirt/ so verletzt er jm doch seinen Rachen mit den spitzen deß Horns dermassen/daß sie endtlich beyde sterben müssen.

Sie geberen vnd bringen für jre Eyer gleich den Meerstöffeln (Locusten) dann sie sind jnen mit der Gestalt gleich/allein daß sie kleiner.

Von jhrem Fleisch.

Diese Krebß werden in Wasser gesotten/auß Essig gessen/oder in öl gebachen: sind ein bequemliche Speise denen so abnemmende/ außdorrende Febres haben. Bringen den Gästen viel lust vnd auffsehen.

Ein

Ein andere Figur deß Springkrebßlins in Italia gemahlet/
solte vielleicht kleiner seyn/vnd der schwantz nit also gestreckt/
doch mögen es wol zweyerley seyn/ dann deß Rondeletij
Figur hat die Füß all vornen gespalten/die ander
nit also/ wie augenscheinlich.

Von dem grossen Hogerkrebß.

Squilla Crangon ex sententia
quorundam, vel Squilla gibba maior.   Grosser
Gernier.

Diese Conterfeytung ist in
D. Rondeletij buch.

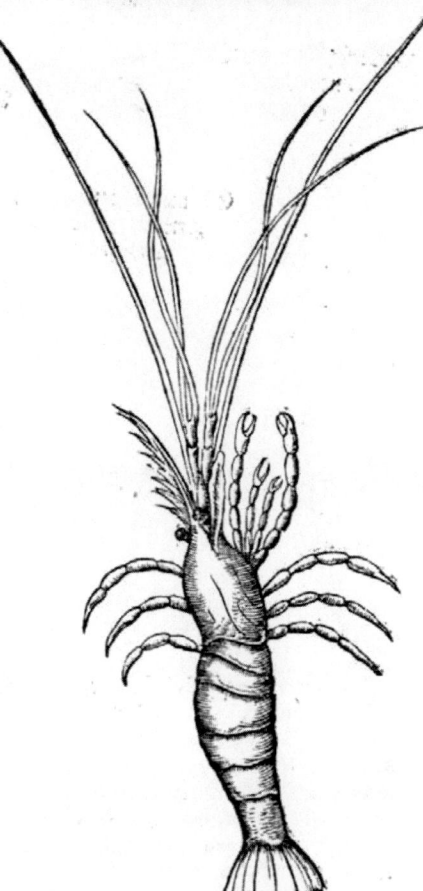

Diese Krebß sind eins
daumes dick vñ hal-
be schuchs lang/ etli-
liche sollé einer Handt breyt
sein/ habé ein düñe schalé/ zü
theil rotlecht/ zü theil bleych-
weiß/ bey seit gelblecht.

Die eussersten theil der fäckten am Schwantz blaw / die spitzig hart Fäckten so mitten rot. Diese sollen an etlichen orten zu einer spann kommen. Seine schalen sind durchscheinend als Horn. So er gekocht/ so wirt er gantz rot.

Von seinem Fleisch.

Dieser hat ein zart/ süß lieblich Fleisch/ eines guten Saffts/ speißt wol/ ist gut den
abserbendeu magern Leuthen.

Ein andere Gestalt deß grössern Gerniers auß Italia.

Von dem kleinen Hogerkrebß.

Squilla parua. Zwergkrebßlin/ kleiner Hogerkrebß/ süß wasser Hogerkrebß.

Von seiner Gestalt vnd grösse.

Diese Figur hat D. Rondeletius gesetzt.

Ein andere Figur deß Hogerkrebß zu Venedig conterfetet.

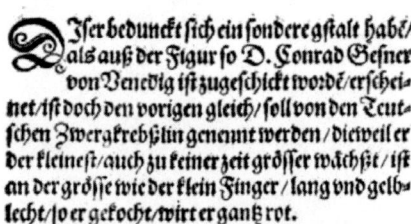

Iser bedunckt sich ein sondere gstalt habē/ als auß der Figur so D. Conrad Gesner von Venedig ist zugeschickt wordē/erscheinet/ist doch den vorigen gleich/soll von den Teutschen Zwergkrebßlin genennt werden/dieweil er der kleinest/auch zu keiner zeit grösser wächßt/ist an der grösse wie der klein Finger/lang vnd gelblecht/so er gekocht/wirt er gantz rot.

Von seiner Art/ Natur vnd Eigenschaffte.

Diese Zwergkrebßlin wohnen im Meer/ in Meerpfützen oder Seen/ vñ auch in süssen wassern/ werden in Italia bey Rom herumb in grosser menge gefangen.

Von jhrem Fleisch.

Ein oberauß süß fleisch haben sie/ das hart zu glauben ist/ dermassen/ daß sie von manchen von süsse wegen nit gessen werden. Man röstet oder backet sie/ oder so jhnen

ihre

jre Füß in einer durchlöcherten Pfannen abgebrandt/so werden sie gesotten. Geberen ein gut Geblüt/speissen wol/reitzen den Menschen zu vnkeuschheit/werden gelobt den außdanrenden Menschen.

Von dem Wurmkrebß.

Cicada, siue Squilla, Mantis. Ein Wurmkrebß/Ein art deß Hogerkrebß.

Von seiner Gestalt.

DJeser Krebß hat seinen Namen von der Gestalt/ so gleich einem Regenwurm/mit lenge vnd gley-che der viel Füssen/summa mit aller Gestalt. Zu hinden auff dem schwantz hat er zween rotlechte flecken/ einem Aug nit vngleich/möchte auß der vrsach Flecken-krebß oder Augkrebß genennt werden: sein gantzer Leib ist durchleuchtet oder durchscheinet/hat alle Art/Na-tur vñ eigenschafften anderer Hogerkrebßlin gleichför-mig.Hat grüne/fürgestreckte Augen/bedeckt sie mit etli-chen Fäcktlin/hat so ein klein Hirn/daß es nit ein Ger-stenkorn vbertrifft.

Von jrem Fleisch.

Diese Krebß haben ein lind Fleisch/süß vnd lieblich zu essen/welches wol speisset: reitzet auch zu Vnkeusch-heit/als von allen Hogerkrebsen ist gehört worden.

Von dem grossen Meerbären.
Auß D. Rondeletij Buch.

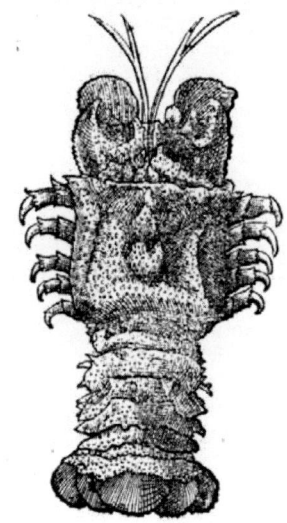

Vrsa maior, Squilla rara quorundam.　Ein grosser Meerbär/
Etliche der breyten Hogerkrebß.

Von seiner Gestalt.

Ein andere contrafattur
von Rom.

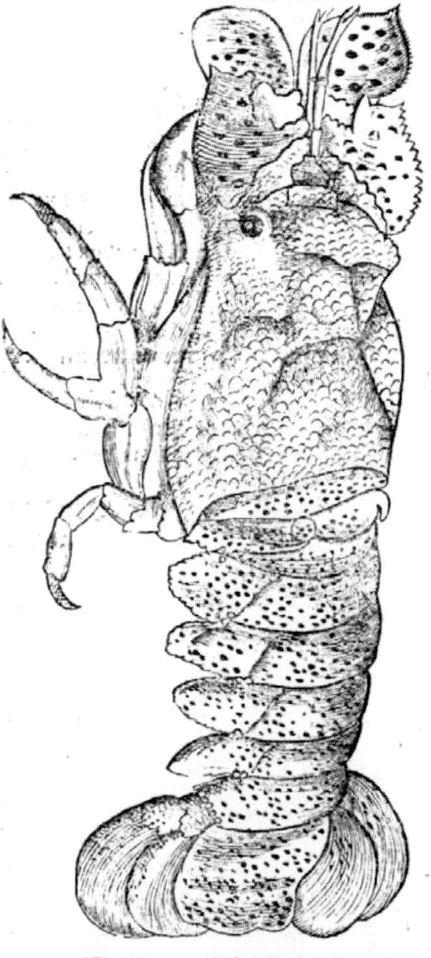

Dieser Krebß/welchen et-
liche den breyten Hoger-
krebß nennen/nicht nach
beschreibung der Alten / sonder
auß erdichtung/soll der wahre/
recht/eigentliche Meerbär seyn/
von den Alten beschrieben/auß
der vrsach/ daß so er strack ligt/
an der farb vnd Haar eine Bä-
ren/ dem vierfüssigen jrdischen
Thier gantz vergleicht. Die gestalt ist Herr D. Gesner auß J-
talia komen/ vnd Meerbär genañt worden. Ist an der gestalt
gleich dem grossen Meerkrebß
(Astaco) hievor gesetzt/allein daß
er breyter vnnd dünner ist/ ohne
scheren vnd Hörner/ an welcher
statt er breyte Lamelé hat. Seine schalé sind haarecht vñ rauh/
die gstalt seines mauls ist gleich
einem Meerstöffel (Locusta) hat
ein gevierdte Stirn/breyter dañ
an keinem Schalfisch gesehen
werde: seine Augen tieff/ als ob
sie verborgen seyen: viel Düsse-
lin hat er durch den Rucken / in
welché mittéein weißlin herauß
gehet/so rot als ein Carfunckel.

Von Art vnd Natur der
Thieren.

Diese Thier mehren sich wie
die Locusten oder Meerstöffel:
leychen Somerszeit/ haben jnnerliche gestalt der vorgenandten Krebsen gleich: leben in wüsten lettechten Orthen/welches
die erfahrnuß beweist: dann so sie auß dem Meer gezogen/so sind sie mit Kaat/Wust
vnd Lett beklebt. In Africa werden sie mit grosser menge vnd schwere gefangen.

Von jrem Fleisch.

Dieser Meerbär hat ein lind Fleisch wie der vorbezeichnet groß Meerkrebß.

Von

Von dem kleinen Meerbären.

Camarus, Vrſa minor, Vrſeta, Crange Squilla, Squilla Cælata.
Ein kleiner Meerbär/ Ein art der Hogerkrebſen.

Von ſeiner Geſtalt.

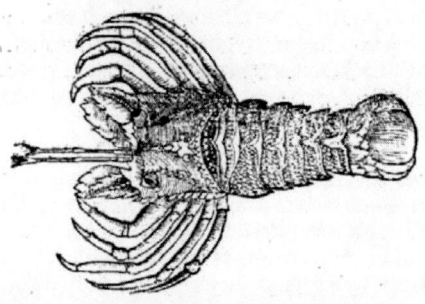

Dieſer ſoll vnder die Geſchlecht der Hogerkrebß gezehlet werden/ von Ariſtotele Crange, genandt/ wiewol der vorbezeichnet groß Hogerkrebß von etlichen Gelehrten/ für Squilla Crange geachtet wirt. Iſt dem vorgehenden groſſen Meerbären gantz gleich/ allein daß er kleiner vnd ſeine ſchalen gantz ſchön/ von Natur auſßgegraben vnd auſßgeſtochen/ als die Figur anzeiget/ iſt an der farb gantz rot/ mit innerlicher ſchöpffung den Meerſtöffeln nit vngleich.

Von jhrem Fleiſch.

Dieſes fleiſch iſt gleich andern Schalfiſchen/ neimlich härter däwung/ vnd ſo es von einem ſtarcken Magen verdäwet wirt/ ſo ſpeiſet es faſt wol.

Der 15. theil/ von allerley Muſcheln
vnd Schneckfiſchen/ auch allen denen/ ſo mit harter
ſteinechter ſubſtantz bedeckt ſind.

Erſtlich alles das ſo von den Muſcheln
in gemein geſchrieben wirdt.

Concha. Ein groſſe Muſchel.

Von mancherley Geſtalt der Muſchelfiſchen.

Muſchel iſt ein Wort das ſich weit auſßſtrecket zu viel Fiſchen oder Meerthieren/ als hernach beſſer der ordnung nach wirdt verſtanden werden. Der Muſchelfiſchen haben etliche zween Deckel/ etliche nur ein Deckel oder Schalen. Item der Fiſchen ſo harte ſteinechte Schalen haben/ iſt das erſte Geſchlecht/ welcher fleiſch mit einer harten Schalen bedeckt/

y iiij

mögen aber den Kopff herauß strecken nach gefallen/ als dann sind die Schneckfisch.
Das ander geschlecht ist der Muschelfischen/ welcher fleisch in harte Deckel oder schalen gefasset ist/ etlicher in zwo schalen/ etlicher nur in einer/ etliche haben an einem orth
ein harte Muschel/ auff der andern seiten sind sie bloß/ mit welcher sie an den Felsen
kleben/ so jhnen an statt deß andern Deckels sind. Etliche sind von Natur geschaffen/
daß sie beyde Schalen von einander thun/ vñ auffsperren mögen: etliche sind gantz vest
zusamen geheffter. Item etliche der Muscheln tragen Perlin/ etliche keine. Item die
Muschelfisch haben keine Augen/ der Kern oder jr Fleisch wächßt mit dem Mon/ꝛc.
Item etliche Muscheln sind rot/ etliche grün/weiß/blaw/ꝛc. etliche rauhe/glatt/dornecht/ꝛc. Item etliche lang/ etliche rund/schmal/breyt/zusamen gekrümbt/tieff/flach/
dünn/dick/haarecht/ꝛc.

Von Natur vnd Eigenschafft der Thieren.

Die Muschelfisch/ spricht Aristoteles/wachsen in sandechtem Lett/vnd sandechten
Orten/etliche in dünnen/andere in tieffen/etliche an harten rauhen orthen/andere an
sandechten/etliche wandlen/andere bleiben stets an einem Orth.

Die Muschelfisch haben keine Köpff/ bedunken sich doch der Speiß nachfahren/
durch etwas Geruchs. Fürtrefflich aber sollen sie begeren den Menschen zu verderben
vnd zu fressen.

Das fleisch der Thieren als vor gehört/wächßt vnd mehret sich bey zunemmendem
Mon. Sie erwachsen sonst in kurtzer Zeit.

Die Muscheln werden zu zeiten an manchen orten gefangen/ als von etliche glaubwürdigen Leuthen ist geschrieben worden/ daß in etlichen orthen vnd rauhen Gebirgen weit von dem Meer gelegen/gantz grosse Marmor gesehen werden/in welchen viel
der Muscheln erscheinen/ nit von Stein/ sonder beynecht/ der substantz der Muschelen
gantz gleich/ der massen/ daß bey langer zeit/ die Stein/Felsen/Marmor/sampt den
Muscheln in ein Leib vnd substantz kommen sind.

Solche Muscheln/ sampt andern Gestalten der Meerthier/ sollen zu zeiten in den
Löchern/schossen oder hölen der Schroffen deß Gebirgs/nahe am Meer gelegen/gefunden werden.

Von natürlicher anmuthung der Thieren.

Aristoteles schreibt von dem Pelecanen/ daß sie die Muschelfisch in den Wassern
herauß graben/derselbigen viel verschlucken/ vnd so sie genug gesamlet so sollen sie dieselben wider herauß kotzen/jres fleisch außlesen/fressen/die Muschel ligen lassen.

Viel auß den Meerfischen/fressen das fleisch der Muscheln/fürnemlich der Kuttelfisch Polypus genandt/soll ein grosse begierd nach solcher Speiß haben. Mit was Listen er solche bekompt/ist in der History von Kuttelfischen gehört worden.

Platina schreibt/ daß kein Thier auß allen Wasserthieren soll grössere begierd zum
Menschenfleisch haben/als die Muschelfisch.

Von nutzbarkeit der Thieren.

Etliche der Muscheln werden gezehlt vnder den Werckzeug der Maler/ als komliche Geschirr zu den Farben.

Die Perlinmuscheln/ sampt etlich andern/ werden von vielen artig poliert/davon
sie dann einen vberauß schönen glantz vnnd schein bekommen/ darvon hernach mancherley Zierden vnd Geschirr bereytet werden.

Von dem Fleisch der Muschelfisch.

Die Brühe von allerley gesottenen Muschelfischen getruncken/bewegt den Stulgang/wiewol jres Fleisch auß seiner substantz solchen stellet/soll ein angeneme Speiß
seyn

seyn dem Magen/ vnkeuschheit bewegen : denen so die Fallendsucht haben schädlich
seyn. Summa so werden sie von etlichen gantz gescholten vnd verworffen.

Artzneyen von den Muschelfischen.

Das Fleisch der Fischen soll gebraucht werden von denen/ so in ein strengen Bauchfluß kommen sind von purgierender Artzney.

Die Muscheln zu äschen gebrandt/ die Zän damit gerieben/ säubert die Zän/ trücknet häfftig. Solche für sich selbs zu Puluer gestossen/ ein Pflaster davon bereytet/ ist
dienlich denen/ so sich mit dem Fewer gebrandt haben.

Von jedem geschlecht der Muschelfischen insonderheit.

Von der Schüpmuschel.

Concha Imbricata. Schüpmuschel/ Ziegelmuschel Känel-
muschel/ Schamlotmuschel.

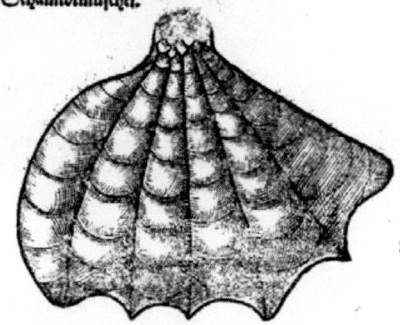

Von jrer Gestalt.
Dieser Muschelfisch krieget
sein Namen von der gestalt
her/ als auß der Figur mag
ersehen werden. Ist ein grosse Mu-
schel/ vnden weit/ vneben als abge-
rissen/ vest/ mit einer harte schalen/
jnerhalb gantz weiß : wirt viel gegē
Auffgāg/ auch hohē meer gefundē.
Von jrem Fleisch.
Sie haben ein vest fleisch/ hart
zu verdäwen.

Von der ersten Faltmuschel.

Concha Striata. Ein Faltmuschel/ Ein
Känelmuschel.

Dise Muschel ist gar nahe rund / bekompt auch seinen
Namen von der gestalt: hat zwo Muscheln fast hol/ mit
hogerechten Rucken: auffer sind sie fältlecht oder gekä-
nelt/ jnner gantz glatt vnd weiß/ auffer in der circumferentz ge-
seget/ als die Jacobsmuscheln. Solcher sind etliche weiß/ etliche schwartzlecht/ etliche gelblecht.

Von jrem Fleisch:
Dieser Muschelfisch hat ein vest Fleisch/ härter däwing:

Von der andern Faltmuscheln.

Concha Striata altera. Die ander Faltmuschel.

Jese Muschel ist gantz rot der vorigen gleich/ allein daß sie nit einfache strich entzwerch hat/ sondern viel zusamen als ein Band.

Von der dritten vnd langen
Faltmuscheln.

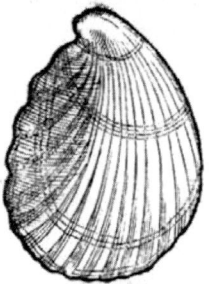

Je dritte Faltmuscheln ist den andern gleich/ allein/ daß sie lenger/ gleich einem Ey gestaltet/ hat ein tieffe schalen/ die Känel nit tieff/ mit etlichen Linien entzwerch.

Die vierdte Faltmuscheln.

Je vierdte Faltmuschel/ mag man runde Faltmuschel nennen/ wiewol die erste auch gar nahe rund ist.

Von der ersten Dornmuscheln.

Concha Echinata prima.   Igelmuschel/
Dornmuschel.
Von jhrer Gestalt.

Jeser Muschelfisch bekompt seinen Namen von der rauhe oder spitzen: in solcher werden auch Perlin gefunde/ als Plinius schreibt: sollen in dem Fleisch gefunden werden/ ist den vorigen auch den Jacobsmuscheln ähnlich/ mit tieffen holen Schalen/ gekänelt/ rc. auff den Falten strecke sich viel krumme spitzen herauß/ gleich weit von einander gesetzt: so die Dörn abgebrochen/ so erscheinet doch der platz: welches auß der vrsach geschrieben/ daß etliche vermeynen/ daß alle Känelmuschel spitzen habe/ welche durch bewegnuß/ vmd werffen deß Meers gebrochen vnd abgeschlissen werden. Ist sonst mit dem fleisch den andern nit vngleich.

Von der andern Dornmuscheln.

Concha

Concha Echinata altera.　Die ander Igelmuschel.

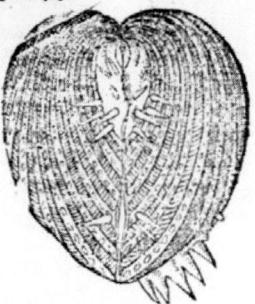

Dieser ist der vorigen gestalt nit vngleich/ist von
Venedig kommen/wiewol solche in dem Meer
so gegen Auffgang der Sonnen gelegen/fun-
den werden. Oben werden sie mit dreyen Gleychen
zusamen gehäfftet/sind beyde schalen gantz einander
gleich/eusserlich vnd jnnerlich/ist lustig also erschaffen/
daß sich die Fält oder Känel ordentlich an beyden enden auff einander fügen/als die Figur anzeigt.

Von der langen Meermuscheln.

Concha longa.　Lange Muschel.

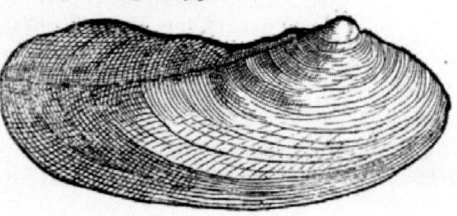

Dieser Muschelfisch hat
zwo lange grosse scha-
len/dick/runtzlecht/mit
vngleiche farben/aussen vmbher rotlecht/mitten weißlecht/
jnnerhalb glatt vnd weiß/auß
solché wirt kalck bereytet/auch
auß der äschen Zänschaber
bereytet.

Von der andern langen Meermuscheln.

Concha longa altera.

Dieser Muschelfisch/soll von Plinio lang Muschel genennt werde/
nach bedeutung seiner spraach/ist
keine auß deß Muscheln lenger vñ schmäler. Hat ein weisse rauhe schalé/mit viel
vngleichen Linien durchzogen/an einem
ort haben sie viel Löcher nach ordnung.

Von der Malermuschel.

Concha pictoris.　Malermuschel.

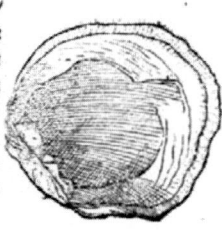

Dieser Muschelfisch wirt von Aristotele beschrieben/
bekompt nit seinen Namen auß der vrsach/daß in
solchen Muscheln die farben der Mahler behalten
oder anbereytet werden/sonder daß von seinen Schalen
oder Muscheln/so dick vnd starck sind/etliche Farben aussen abgeschaben werden. Diese sind jnnerhalb glatt/aussen
rauhe vnd büchlecht/an der farb wie Zinober oder Oper-
ment/solches wirdt abgeschaben vnd Farben darauß bereytet.

Der 15.theil/von Muscheln

Von der Corallmuschel.

Concha Corallina. Corallmuschel.

Jeser Muschelfisch bekompt sein Namen von der farb/
welche sich den roten Corallen vergleicht/Ist ausserhalb
wie ein Jacobsmuschel/ist doch/nit gekänelt/sonder hat
allein rauhe strich oder linien/viel roter bücheln/inerhalb weiß/
als weiß Marmor. Die schalen dün/doch vest vnd starck. Ha=
ben ein hart fleisch/eines heßlichen geruchs. Man findt sie sel=
ten/allein nach vngestümem Winde zur zeit der Hundstagen.

Von der grossen Runtzelmuschel.

Concha rugata. Rumpffmuschel.

Von seiner Gestalt.

Jse muschel ist groß/mit viel hohen Linié oder stri=
chen entzwerch gezogé/häfftig gerümpfft/die scha=
len sind gantz dick/inerhalb weiß/silberfarb/als
die Perlinmuschel/ist oben zusamé behafft/als wen man
zwee sträl zusamé schleußt. In disen sol man Perlin finde.

Von nutzbarkeit.

Diese Muschel werden von jrer dicke wegen in pläch=
lin oder stücklin zerschnitten/auß welchen man Paterno=
ster macht/vnd Zänschaber/alsdann auch von den Per=
linmuscheln wirt gehört werden.

Von der andern Gestalt.

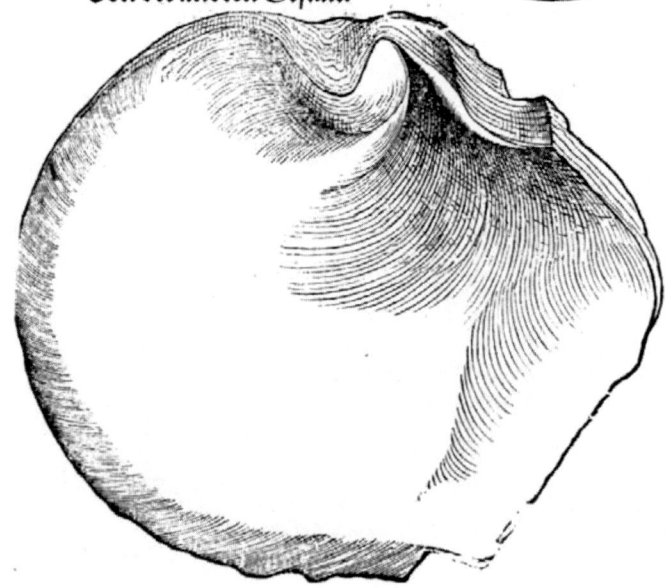

Concha

Concha rugata Venetijs olim Mater Perlarum dicta.

Ju andere Conterfactur einer schalen der jetzgenandter grossen Runtzelmusche-
len/von etlichen Italiänern Perlinmutter genennet/auß welcher man Paterno-
sterzälin/Zangrübel/vnd andere schöne Arbeyt pflegt zu bereyten.

Von den kleinen Rumpffmuscheln.

Conchula Rugata Rondeletij.   Kleine Runtzelmuschel.

Von seiner Gestalt.

Jese hat nit Linien von vnderst biß zuoberst/sonder von
einer seiten an die ander/viel runtzel ohne ordnung/wel-
cher etliche gleich auff mitten enden. Seine schalen sind
flach/mit mancherley farben/nemlich weiß äschenfarb/vñ auff
blaw gezickt: die Lefftzen der schalen sind dick/so starck zusamen
gehefftet/daß sie nit ohne gewalt von einander brechen
mögen von einander gethan werden/welchs den Ginmuscheln
gar widerig ist. Dieser Muschelfisch saugt Wasser vnd Sand
mit dem Maul/durch ein spalt so sich bey seits erzeiget.

Von der dritten Runtzelmuschel.

Jese Figur ist der obern gleich/soll für ein Geschlecht
oder gantz für die kleine Rintzelmuschel gehalten werden.

Von der getheilten Muschel.

Concha varia.   Gespregelt Muschel/
Mürmuschel.
Von seiner Gestalt.

Jese kriegt seinen Namen auß den farben: dann seine
schale sind dick/flach/mit viel mancherley farben kleine
strichlin durchzogen: ist gleich der rauhen Ginmuschel.

Von Natur vnd Art der Muscheln.

Diese Muschelfisch wohnen nit allein im Lett vnd Kaat/eines Schuchs tieff darñ
verborgen/sind allezeit mit Wust vnd Kaat besudelt: werden von den armen Weibern
mit breyten Messern außgegraben/ nahe bey Narbonen: bekompt auch bey jnen von
solchem Kaat den Namen/als wenn man sie Stinckmuscheln nennte.

Von jhrem Fleisch.

Hat ein hartes vestes fleisch/welches nach dem Kaat vnd Wust stinckt/eines versaltzenen Geschmacks/ auß der vrsach die gesotten Brühe den Bauchfluß beweget:
werden allein von den Armen gekaufft.

Von der Spitzmuschel.

Concha Rhomboides, vel Musculus Striatus.
Spitzmuschel.

Der 15.theil/ von Muſcheln

Dieſe Muſchel bekompt auch ihren Namen von der geſtalt: iſt gantz ſchwartz/ wirt ſelten gefunden/ auß der vrſach/daß ſie in dem tieffen Meer wohnet/ hat ein veſt Fleiſch/eines argen geruchs.

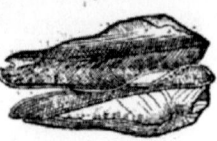

Ein ander Muſcheln art/der nechſt obgeſetzten gleich/ zu Venedig conterfetet.

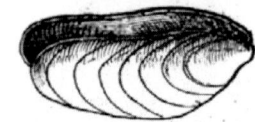

Von den Glatmuſcheln.

Die Muſcheln werden von Ariſtotele alſo getheilt/etliche in rauch/etliche in glat/etlich gekänelt/ꝛc. Hiernach werden die Glatmuſcheln in der ordnung folgen.

Von der Milchmuſchel vnd
Schwartzmuſchel.

Concha Galate, Concha nigta.　Milchmuſchel/
Schwartzmuſchel.

Dieſe zweyerley Muſchelfiſch ſind einer geſtalt/ allein haben ſie vnderſcheid an der farb. Dañ die erſte iſt gätz weiß wie milch/ groſi/vberauß glat/ etlich ein wenig purpurfarb oder gelblecht. Die andere gantz ſchwartz auſſer vmd jnnerhalb / die erſte hat ein weiß/veſt/arg Fleiſch/ harter däwung/gebiret ein dick geblüt:die brühe dariñ ſie geſotté/bewegt den ſtulgang.

Die andern haben auch ein ſchwartzlecht Fleiſch / dem obern in der Complexion gleich.

Von der Bandmuſchel.

Concha faſciata.　Bandmuſchel.

Dieſe iſt den vorgehenden zweyen gleich/allein dz ſie ein wenig breyter : hat von einer ſeit zu der andern fünff band/ein vberauß glatte/härte/ſteinechte ſchalen.
Vnder die ſoll auch ein andere gezehlt werdé/ſolcher an der geſtalt gantz gleich/hat etwas vnderſcheids/nemlich purpurfarbe Linien entzwerch von obé biß zu vnderſt. Zu zeité weiſslecht/ zu zeiten gelblecht/ innerhalb iſt ſie gantz violfarb: hat ein vberauß glatte dünne ſchalen. Sind mit jrem fleiſch den vorgeſchriebnen gleich.

Von der Dickmuſchel.

Concha craſſa.　Dick oder Steinmuſchel.

Dieſe ſind den Milchmuſcheln gantz gleich/ mit Geſtalt/Leben/ vnd Subſtantz / allein daß ſie viel dicker ſind / haben etliche Linien entzwerch gezogen/ſind nichts deſto minder gantz glatt.

Auß

Auß solchen / gebrandt zu äschen / wirt ein köstlich Puluer bereytet zu vielen dingen nützlich. Item es wirdt auch Kalck auß solchen Muscheln gebrandt. Summa so viel vñ mancherley Muschelfisch / etliche groß / etliche klein / hart einer Nuß groß / so wunderbarlich gestaltet / werden durch die Gestad deß Meers gefunden / daß es hart zu glauben / auch mit nichten mögen beschrieben werden.

Von der Perlinmuschel.

Concha mater vnionum.   Perlinmuschel.
Von seiner Gestalt.

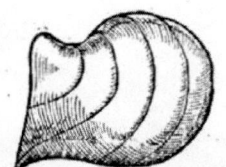

Jeses ist die aller schönest Muschel auß allen schalen der Muschelfischen. Wirde Perlinmuschel genennet auß der vrsach / daß in solchen viel mehr Meerperlin gefunden werden dann in andern.

Dieses ist ein grosse Muschel / dick / nit mächtig hol / den Jacobsmuscheln gleich / dann an einem orth haben sie ein Ohr / vnnd kleine Löchlin / so nit durchgehen / am andern orth sind sie rund / sonst gantz mit Farb vnd Glantz gleich dem Silber / fürnemlich in dem innern theil / ausserhalb sind sie gelblecht / gantz glatt wie die Perlin. In solchen werden in etlichen Landen die köstlichsten Perlin gefunden / vnd mit Gold außgewegen. Von solchen wirdt hernach weitläufftiger gehört werden / in dem Capitel von den Perlin.

Von der Ginmuschel erstlich in gemein.

Chama seu Chame.   Ein Ginmuschel / Ein Pfeffermuschel.

Von jrer Gestalt vnd vnderscheid.

Jese Muschelfisch haben jhren Namen von der Natur her / dann auß jhrer Art werden sie alltweg ginnend gesehen / dann mit solchem werden sie auß andern erkannt. Solcher sind etliche glatt / etliche rauhe / Item etliche lang / andere rund / als von jeder insonderheit wirdt gehört werden.

Von jrer Natur vnd Eigenschafft.

Ein vielfältig vngleich Geschlecht haben diese Muscheln / haben auch vngleiche sitz / plätz oder orth an welchen sie wohnen. Etliche schweben an dem Gestad / ligen im Sand / etliche verschliessen sich vnder den Wust vnd Kaat / andere in Lett / etliche kleben an den Felsen. Zu Somerszeit so die Ernde angehet / so werden sie in etlichen orten deß Istrischen Meers gesehen / häuffig daher schwimen / mit ringer bewegnuß / ob sie gleich vor derselbigen Zeit / jhnen selbs ein schwerer Last / sich nicht bewegen mochten. Den beyssen Ostwinde vnd dergleichen starcke Bläst hassen sie / dann sie mögen dieselbigen nicht gedulden. Dargegen empfahen sie ein sondern Wollust / vnd haben ein groß gefallen ob dem stillen Meer / frewen sich eines sanfften Luffts / auß der vrsach wo sie in den Löchern verborgen / das Meer ruhen / vnd den blast der sanfften Lufft empfinden / so lassen sie sich herauß oben auff die Wasser / erzeigen sich mit auffgesperrten Muschelen oder Schalen / gleich wie die Rosen auß jhren Knöpffen sich gegen der Sonnen auffsperren / empfahen also den sanfften Lufft / vnd strecken ein Schalen vber sich als ein Segel / die ander legen sie vndersich als ein Schiff / also daß sie zu zeiten gesehen werden daher fahren / als ein grosser hauffen Schiff. So jnen dann einn schiff nahet /

Der 15.theil/ von Muscheln

oder ein Wallfisch oder sonst grosser Meerfisch/ so verschliessen sie sich in die Schalen/
fallen zu grund auß grosser forcht gegenwertiger Gefahr.

Von nutzbarkeit der Thieren.

Diese Muschelfisch sollen mehr in die Speiß koñen dann kein andere dergleichen.
Die Brühe der gesottenen beweget den Stulgang/ als von etlichen andern Muschelfischen auch gehört ist worden:

Von jeder Ginmuschel
insonderheit.

Von der glatten Ginmuschel.

Chama leuis.　　Glatte Ginmuschel.

Von jrer Gestalt.

Diese Muschel hat glatte schalen/ von dañen sie den Namen bekompt/ sollen vberal weiß seyn/ werden zu zeiten
in hohem Meer gefangen einer zwerch Handt breyt/ vñ
sechß zwerch Finger lang/ sämptlich werden von den Jacobsbrüdern auff die Hüt gehäfftet/ werden sonst mit andern Muschelfischen gefangen vnd verkaufft/ haben dünne zerbrechliche Schalen.

Von jrer Natur vnd Art.

Die wärme hassen sie/ auß der vrsach sie auß dem Wasser gezogen ehn verzug gin-
nen vnd ire Schalen auffsperren/ mögen nit weit lebendig geführt werden/ speyen zeitlich jhres Wassers herauß.

Diese Muschelfisch bewegen sich/ vnnd wändlen jhren weg/ welches es mag gesehen
werden von denen/ so solche in ander süß Wasser schütten/ damit sie desto lenger bey leben bleiben/ vnd sich nit mit Sand besudlen.

Von jrem Fleisch.

Das fleisch der Thieren ist voll Sand/ auß der vrsach sie wol müssen gewäschen
werden/ vnd von dem Sand gereiniget/ sonst weren sie vnnütz. Also gesäubert werden
sie zu der Speiß dienlich/ werden von vielen gessen.

Von der rauhen Ginmuschel.

Chama Trachæa.　　Rauhe Ginmuschel.

Von jhrer Gestalt.

Diese Muschel ist ausserhalb rauh/ hat viel böglin von einer seiten gegen der ander/ hoch oder tieff vnd starck/ gemeiniglich mit Mieß oberzogen.

Diese haben ein dicke harte schalen/ so doch alle andere Ginmuschel linde vnd zerbrechliche Schalen haben.

Von seiner Natur vnd Eigenschafft.

Diese Muscheln werden auch gemeinlich zu eusserst an den Gestaden im sand ge-
funden/ dann er entsetzt kein gefahr/ von wegen seiner harten Schalen. Er bewegt sich
wie

wie ein Schneck: dann mit bewegen seiner harten Schalen steigt er auß dem Sand herauff als ein Wurm.

Von jhrem Fleisch.

Sie sollen ein heßlich arg fleisch haben/eines argen Saffts/welches wenig speiset/sey hart vnd versaltzen. Etliche sprechen anderst/sie haben ein fleisch/welches dem Magen der Menschen lieblich vnd dienlich sey.

Von der grossen Ginmuscheln.

Chama Peloris.   Grosse Ginmuschel.

Von jrer Gestalt.

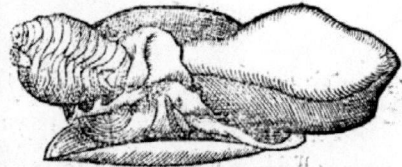

Diese bekomen den Namen von einer spitz eines Bergs in Sicilien gelegē/daselbst die edelsten vnnd grössten gefunden werden oder sonst von wegē jrer grösse. Solche haben auch zwo Muscheln/welche allezeit ginnen/das Thier sey tod oder lebendig ohn alle wärme: sind länglecht vnd glat/weiß purpurfarb/mitten an der Muscheln zusamen gehäfft. Das fleisch innerhalb ist weiß/welches/ob es gleich zusamen gezogen/so mag es doch hart darein beschlossen werden: außgestreckt ist es viel lenger/rund vnd dick/gleich einem männlichen Glied. Zu ende deß einen theils werden zwen Löcher gesehen/eins ist das Maul/das ander der Arß.

Von jhrem Fleisch.

Das fleisch der Fischen ist hart/saumpt sich lang in dem Menschen/speiset wol/vnd hat viel Nahrung.

Von der süssen Ginmuschel.

Chama Glycymeris.   Süsse Ginmuschel/ Ein art der grossen Ginmuscheln.

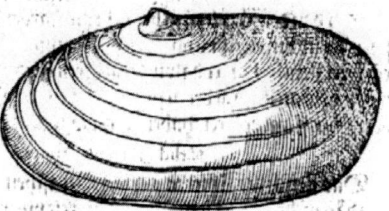

Diese sind auch auß der art der Ginmuscheln/sind süsser vnd minder versaltzen dañ die andern/von dañen sie jhren Namen haben. Diese sind grösser dann die vorigen/haben ein lenglechte Muschel/zimlich hart vnnd dick/gerintzelt/ist doch nit rauhe/weißrot.

Von jrem Fleisch.

Das fleisch der Thieren ist dem fleisch der grossen Ginmuschel gleich/allein süsser vnd lieblicher.

Von der schwartzen Ginmuschel.

Chama nigra.   Ein schwartze Ginmuschel.

Die soll auch vnder die Geschlecht der Ginmuscheln gezehlt werden/dañ sie zu aller zeit ginnet: ist schwartz/hat lange Muscheln/glat/hart vnd dick als Marmorstein.

Der 15.theil/ von Muscheln
Von den Mießmuscheln.

Musculi Myes. **Kleine Mießmuscheln.**   Mytuli, Myax, Musculi maiores mares. **Die grösser Mießmuscheln/ Kleine Schwartzmuscheln.**

Von der Gestalt der Thieren.

Dieses sind auch beschlossene Muschelfisch mit zweyen schalen: sie thun sich auff/ vnnd beschliessen sich nach gefallen/ haben glatte schalen/ dünne Lefftzen/ oder Pörter/ sind klein/ wiewol Plinius schreibt/ es werden in dem Arabischen Meer gefangen/ welcher Muscheln gar nahe ein Maß fassen: an der Farb sind sie aussen schwartz/ innerhalb bleyfarb/ jre Muscheln dick vnd starck.

Von der Art vnd Natur der Thieren.

Diese Thier wachsen in den krautechten Orthen/ in dem Wasser deß Meers/ wiewol sie an etlichen sandechten/ oder scherblechten Orten entspringen/ welche für die ärgern geachtet werden. Wo einer hafftet/ so entspringt in kurtzem an solchem Orth ein grosser hauff/ nit anderst dann etliche Gewächst/ als Knoblauch/ Schnittlauch/ vnd dergleichen. Dann so eins an einem Orth behafftet ist/ so wachsen allezeit von etwas Schleim/ Rotz oder Samen zu grund an der Wurtzen junge/ gleich einem Jmmen/ oder Beyenwaben/ als dann die Figur der kleinen Mießmuscheln klärlich erzeigt. Sie haben Löcher/ durch welche sie das Wasser an sich ziehen.

Von jhrem Fleisch.

So diese Muschelfisch gesotten oder sonst gekocht werden/ so wirdt in solchen gesehen ein weiß fleisch/ gleich dem weissen von einem Ey: das fleisch der kleinen ist löblicher vnd besser: der grössern fleisch hat ein versaltznen/ hetzlichen geschmack. Jre Muscheln werden von den Malern gebraucht die Farben darinn anzubereyten. Etlicher fleisch soll reß vnd bitterlecht seyn/ den Harn vnd Bauchfluß bewegen: die grössern haben ein hart fleisch/ harter däwung/ geberen ein dick Geblüt/ viel Schleims oder Koders: wo sie gebraten/ so geberen sie ein mercklichen Durst: aber gesotten/ vnnd mit Kreßig oder Senff anbereytet/ haben sie nit so gar ein hetzlichen Geschmack.

Etliche stück der Artzney von solchen Thieren.

Das fleisch der Thieren purgiert/ zu äschen gebrandt/ heilen sie die bißz der Hundt vnd Menschen/ mit Honig die schäbigkeit vnd rüsseln: die äschen getruncken/ vertreibt die dunckeln Gesicht/ heylet die bresten der Zän vnd bildern/ auch Kindsblatern. Jhre Muscheln werden gebraucht in etliche Wundpflaster.

Von den andern zweyen gestalten der Meermuscheln.

Diese zwo gestalten oder art der Muscheln werden zu Venedig Mießmuscheln (Musculi) genent/ welcher die eine gantz mit Mieß vberzögen ist.

Von

Von den Muscheln so in den Meerpfützen wachsen.

Solche Mießmuscheln werden auch in den Meerpfützen gefunden/ an den Felsen/ Steinen/ oder Holtz/ dann bey solchen wachsen sie denselbigen angehafftet/ haben auch zwo schalen aussen schwartz/ innerhalb bleyfarb/ ein sind gelblecht fleisch/ sind lenger dann die so im Meer gefunden/ welche ein dickere schalen haben/ vnd viel lieblicher sind zu essen.

Von den Muttermuscheln.

Concha Venerea. Venusmuscheln.
Concha Porcellana. Muttermuscheln.
Von mancherley Geschlecht vnd Gestalt der Thieren.

Dieses sind gantz schöne Muscheln/ allein von einer schalen/ welche sich zusamen beugt/ als beyde seiten zusamen gewallet. Solcher sind etlich rot/ etlich weiß/ rc. etliche groß/ etliche klein/ andere mitler gestalt. Item etliche geflecket/ etliche getheilt/ mit streymen gezieret/ andere mit sternlin/ von welchen allen insonderheit soll geschrieben werden.

Wo diese Thier zu finden.

Diese Muscheln werden viel in dem roten Meer/ auch in dem hohen Meer (Oceano) gefunden/ kleben an den Felsen.

Von der grossen roten Muttermuscheln.

Concha Porcellana ruffa maior. Grosse rote Mutter
oder Venusmuscheln.
Von seiner Gestalt.

Dise muschel vergleicht sich an der gestalt vnd grösse einem gantzen/ etliche grösser/ hat ein vberauß glatte schalen/ bey den zanechté lefftzen ist sie weiß vñ flach/ mit welché ort sie an dé Felsen vnd andern orten behafftet/ oben der runde Hoger rot/ mit schwartzen flecken/ nit so schön als die folgende so von den sternen den Namé bekomt. Den namen Venusmuschel haben sie bekriegt 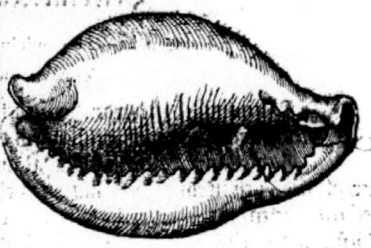 auß einer History. Dann als Periander zu zeiten bottschafft auff dem Meer hat/ etlichen edlen Knaben jr gemächt außzuhawen oder zu verschneidé/ da ist solch schiff durch viele genandter Muscheln so sich daran gehenckt/ hinderhalten worden/ auch in aller

Der 15.theil/ von Muscheln

vngestüme deß Lufffts / dermassen daß solche Bottschafft nit ist vollstreckt vnd in das
Werck gebracht worden. Auch sollen sie jren Namen haben von der schöne wegen jrer
Gestalt. Solche sollen auch auff die höhe deß Wassers kommen/ sich mit der außge-
streckten Höle dem Wind zu treiben geben/ als ein Segel eines Schiffs.

Von der kleinen roten Muttermuscheln.

Porcellana ruffa minor.   Kleine rote Muttermuscheln.

Von jrer Gestalt.

Jese ist länglecht an der Gestalt/ vnd an der grösse
einem Hennen Ey gleich/ der kumpffe theil rot/ welcher an allen andern nachfolgenden weiß ist/ auch
an den Lefftzen bey den Zänen/ die kleinen Känel sind rot/
das hohe aber oder die Gräd oder Fält sind weiß. Der
Hoger zu öberst vieler Farben/ mit weissen/ grawen/ bleychen flecken/ durch beyde seiten graw/ zu vnderst rot/ innerhalb weiß.

Von der dritten Muttermuschel.

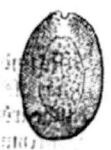

Jese soll auch vnder die Muttermuscheln gezehlet werden/
von wegen der ähnlichen Figur/ Gestalt vnd Natur. Ist in
der grösse eines Eys.

Von der Sternmuscheln.

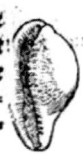

Ein andere Mutter oder Venusmuschel ist wenig kleiner dann die erste
grosse Muttermuschel/ weißblaw / vorauß auff dem Hoger/ bey seit/
weißlecht/ zu vnderst ist sie gantz weiß/ innerhalb blawlecht/ gar nahe
durchscheint/ dañ die Steinlin durchscheinen/ so mitten schwartz/ rings hervmb rot/ der mehrer theil rund/ einer Linsen grösse/ etliche kleiner/ ohne ord-
nung/ ist die aller schöneste auß den Venusmuscheln.

Von dem Mutterstein.

Concha Venerea minima.   Mutterstein.

Von jhrer Gestalt.

Jse Venusmuscheln werden sonderlich Mutterstein genandt. Ist gantz weiß/ allein daß sie zwo
gelblechte Linten gegen einander hat/ auff dem ho-
ger/ gleich der gestalt eines Eys / hat ein vnebnen hogerechten Rucken/ innerhalb roth blaw. Bey den zweyen
Gestalten zeiget die eine den Hoger oder Rucken/ die ander den Bauch oder Spalt.

Von nutz vnd brauch aller Muttermuscheln.

Die Venusmuscheln werden fürnemlich von den Jndianern geliebet/ welche als
auch andere Nationen vnsers Erdreichs / jhre Kleyder damit polieren vnnd schönen/
vorauß

vorauß mit den ersten. Die grossen sägen die Goldschmid in zween theil/ bereyten Löffel darvon. Solche sind auch bräuchlich die Schlüssel daran zu hencken: dann dieweil
sie glat/ so nemmen sie kein Wust an sich/ vnd zerreissen die Kleyder nit.

Etliche stück der Artzney von solchen Muscheln.

Diese Muscheln werden vnder etlichen Artzneyen gebraucht/ so bereytet werden
zu dem Bauchfluß vnd geschwer der Mutter. Item sie sind auch nütz zu den bresten
oder trieffen der Augwinckeln: dann sie trücknen mächtig. Man bereytet auch Artzneyen darvon/ damit man die Zän reibt sie zu säubern vnd weiß zu machen.

Von der Jacobsmuscheln.

Pecten.   Ein Jacobsmuschel.

Von der Gestalt der Muscheln/ vnd mancherley Geschlecht.

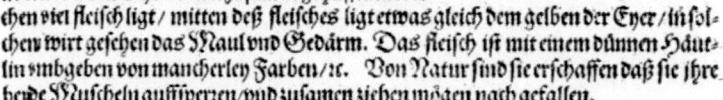

DEr Jacobsmuscheln sind etliche groß/ etliche
klein / etliche haben zwey Ohren/ etliche nur
eins: etliche sind weiß/ etliche rotlecht/ etliche
schwartz/ grün/ etliche dornecht vnd rauch.

Dieses erste geschlecht der Jacobsmuscheln/ hat
zwo schalen/ eine hol/ mit einem bogechten Rucken:
die ander gantz flach vnd eben/ welches der deckel der
vorigen Muscheln ist. Sein gestalt ist bekandt/ vnd
mag auß beyden vorgesetzten Figuren wol ersehen
werden/ mit einem schwartzen Band als ein Senn-
adern werden beyde deckel zusamen gehäfft/ in wel-
chen viel fleisch ligt/ mitten deß fleisches ligt etwas gleich dem gelben der Eyer/ in solchen wirt gesehen das Maul vnd Gedärm. Das fleisch ist mit einem dünnen Häutlin vmbgeben von mancherley Farben/ rc. Von Natur sind sie erschaffen daß sie jhre
beyde Muscheln auffsperren/ vnd zusamen ziehen mögen nach gefallen.

Solche Jacobsmuscheln werden bey jedem Meer gefunden in grosser menge/ auch
gmeiniglich von den Jacobsbrüdern auff den Hüten in das Teutschlandt getragen/
gantz lustig vnd schön.

Von dem andern Geschlecht der
Jacobsmuscheln.

Pecten alter.   Das ander Geschlecht der Jacobsmuscheln.
Von seiner Gestalt.

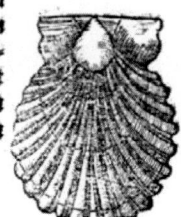

DIeses geschlecht hat vnderscheid von dem vorigen/ wiewol
sie einander gantz gleich sind: dann sie sind lenger/ haben
grössere Oren/ auch sind beyde schalen oder muscheln gebogen oder hol/ so doch in den vorigen der Deckel flach/ eben/ glat
als ein Deller. Demnach hat diese auff den falten keine strichlin
oder Linien herab/ als die ersten. Solcher werden auch etliche zu
zeiten von den Jacobsbrüdern in das Teutschlandt getragen.

Von dem dritten Geschlecht der
Jacobsmuscheln.

Pectunculus. Jacobsmuscheln/ Kleine Jacobsmuscheln.

Ein ander gestalt der kleinen Jacobsmuscheln.

Von seiner Gestalt.

Diese haben den Namen darvon/ daß sie allezeit klein bleiben. Die gestalt mag wol gesehen werden/ sie haben nur ein Ohr/ beyde Müscheln hol oder gebogen/ haben Fält: etliche sind gantz schön/ haben viel strichlin durch die Fält nach der Ordnung entzwerch/ als auß der grössern Figur erscheint. Solcher haben wir zu zeiten an dem Gestad deß Meers mit grossem lust viel zusamen gelesen/ etliche gantz grün/ etliche gantz roth/ braun/ blaw/ schwartz/ summa allerley farben.

Von Art und Natur der Thieren.

Wiewol Plinius solchen Thieren Augen zugeben hat/ so ist es doch nit zu glauben: dann er schreibt/ so man gegen einem auffgesperrten Jacobsmuscheln ein Finger halte/ so ersehe er denselbigen vnd beschliesse sich zu handt/ so doch solches von den Thieren nicht gesehen wirt/ man berühre sie dann vor/ alsdann beschliessen sie sich behend/ vnd kleinen zusamen das so in die Schalen gestossen wirdt.

Item so hat auch Aristoteles geschrieben/ daß solche fliegen/ welches nit anderst soll verstanden werden/ dann daß sie sich so mit grosser schnelle im Wasser hin vnd wider bewegen/ mit stärcke vnd geräusch/ als ob sie fliegen. Sie sollen auch zu oberst auff dem Meer schiffen/ als dann von etlichen andern Muschelfischen gehört ist.

Diese Thier leychen nit/ geberen auch nit/ sonder wachsen von jn selber an sandechten orthen/ erwachsen in grosser schnelle/ in einem Jar als Aristoteles schreibt.

Die Jacobsmuscheln ligen zu zeiten verborgen/ solches sollen sie pflegen zu thun in grosser Hitze oder mercklicher Kälte/ dann die vbrige Hitz/ Item die trückne ist jnen gantz verhaßt.

Von anmuthung der Thieren.

Ein Geschlecht der Kuttelfisch/ Vrtica genandt/ ein Meernessel/ verfolget vnd helt nach solchen Muschelfischen/ zerfrißt vnd zernaget sie.

Von dem Fleisch der Thieren.

Das fleisch der Thieren soll ein dick arg Geblüt geberen/ den Stulgang vnd Harn bewegen: wirdt gelobt von etlichen in den Bauchgrimmen/ ist dienlich denen/ so ressch/ versaltzene/ beissende/ bittere feuchtigkeit im Leib haben. Sonst werden sie von etlichen geprisen/ als die so ein süß Fleisch haben/ lieblich zu essen/ sollen wol speisen/ nemlich so sie sampt jhren Schalen gebraten/ sind dem Magen angenem vnd reitzen zu vppigkeit.

Artzney.

Gesaltzener Jacobsmüschelin fleisch gestossen mit Cederhartz/ widerhelt die außgeraufften irrig ein Haar der Augbrawen/ daß sie nit mehr wachsen.

Von den Steckmuscheln.

Pinna. Pinna magna. Ein Steckmuschel/ Ein grosse Steckmuschel.

Von

Von mancherley Geschlecht vnd Gestalt der Thieren/ sampt jhrer grösse.
Ein andere Gestalt der grossen
Steckmuscheln.

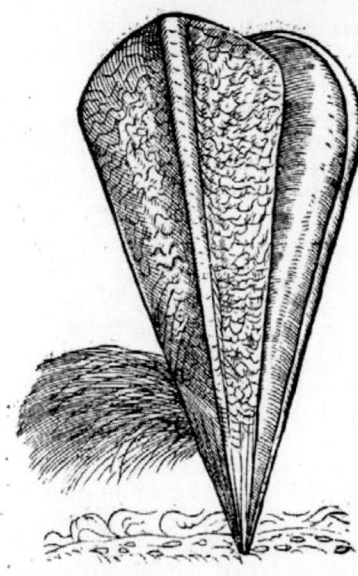
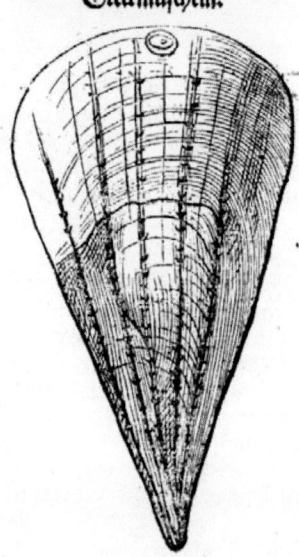

Er Steckmuscheln sind etliche groß/ etliche klein/ diese gegenwertige wirdt die groß Steckmuschel genennt/ ist einer Elen lang/ etliche kürtzer eines Schuchs lang. Hat ein rauhe Muschel/ graw/ Innerhalb weiß silberfarb/ vorauß so sie im Sand gelebt hat/ dann die so im Kaat gesteckt/ist mehr weiß gelblecht/ minder glantzend. Mit dem spitz stecken sie fünff zwerchfinger tieff im Grund/ das ander breyter theil streckt sich in das Wasser herfür/ an welchem orth sie sich auffthun vnd beschliessen mögen nach gefallen. Werden angehefftet durch ein subtile reine Wollen der dem zu vergleichen sey/ auff Griechisch Byssus genandt. Innerhalb der schalen haben sie viel Fleisch/ in welchem mitten gesehen wirt als ein Ey. Die so bey Affrica gefangen werden sind viel grösser/ dann vnsers theils deß Erdtrichs/ werden nit in jedem Meer gefangen/ in dem Griechische Meer in mächtiger viele/ so sie doch in dem hohen Meer/ so an vnd ablaufft nimmer gesehen werden.

Von der kleinen Steckmuschel art.

Perna.   Ein art der kleinen Steckmuschel.

Je so von den Fischen geschrieben haben/ sind in der History gegenwertiges Thiers zwyspältig/ wie dem seye/ so soll diese Figur ein art der kleinen Steckmuschel gehalten werden/ dann sie auffrecht steckt in dem Sand gleich den andern/ hat auch gleiche Gestalt/ allein daß sie Gräd oder Ripp der lengenach hat/ soll sich einem schweinen Hammen vergleichen/ von dannen sie bey den Latinern den Namen bekommen. In solcher sollen auch Perlin gefunden werden.

Der 15. theil/ von Muscheln

Von der kleinen Steckmuschel.

Pinna parua.   Kleine Steckmuschel.

Von jrer Gestalt.

Diese Steckmuschel solte billicher Perna genennt wer-
den/ dann sie sich einem schweinen Hammen mehr ver-
gleicht/ dann kein andere/ als erscheinet auß dem eck oder
spitzen zu vnderst/ gleich dem knoden oder glench deß Hammens/
wirt auch angehefft mit Wollen oder Seiden.

Von Art vnd Natur aller Steckmuscheln.

Diese Thier wachsen auß dem boden herauff von jhn selber
ohne Eyer oder Leychen / welches sich bewret auß dem / so sie
von jrem orth außgerissen werden / so mögen sie nit weiter geleben. Werden angeheftet mit gantz reiner Wollen oder seiden/
damit sie steiffer stehen/minder von jhrem orth bewegt werden/
solche Wollen dienet auch jnen zu auffsperrung der Muscheln/in welchen auch Perlin
gefunden werden.Auß solcher reinen Matery oder Wollen/ so sich von den Steckmuscheln herauß streckt/ werden auch Kleyder berechtet / vnd vnder andere reine Wüpper
gezettelt/ ist doch ein andere Art / dann der köstliche Flachß oder Byssus von welchem in
beyden Testamenten geschrieben stehet.

Von natürlicher Anmutung der Thieren.

Hievor ist gehört worden in der History der Krebsen/daß der mehrertheil in solchen
Steckmuscheln kleine Krebßlin gefunden werden/auch bey lebendigem Thier/welcher
jnen soll von Natur zugeben seyn als ein Hüter oder Wächter/dann die Steckmuschel
zersperrt jre Schalen/streckt ein kleines fleischlin herfür/zu solchem schiessen die kleinen
Fischlin als zu einer speiß/so dann eins oder mehr in die Schalen komen/so kneupt das
Wächterkrebßlin die Muschel/ zu stund beschleußt sie die schalen zu/ darinn die Fisch/
welche dann von beyden gefressen werden.

Von jrem Fleisch.

Die besten Steckmuschel sind die so jung/zart/klein/voll/fleischreich/so in krautechten boden/stillen orten/da das süsse Wasser sich vnder das gesaltze mischt/die so Sommerszeit gefangen werden/sind besser gesotten dann gebraten.

Von allerley Schneckfischen. Erstlich alles das so
von jrer History die alten Scribenten in gemein geschrieben haben ohne vnderscheid:

Cochlea.   Ein Schneck.

Von mancherley Geschlecht vnd Gestalt der Thieren.

Je Schnecken sind menniglichen bekandt / ein Thier so ohne blut geschaffen ist/
Etliche werden genannt jrdische Schnecken/etliche süß Wasserschnecken/ande-
re Meerschnecken/Item Seeschnecken/von welchen nach der ordnung wirt geschrieben werden.Die Schnecken haben keine Augen/sonder brauchen an solcher statt
jre Ohren/die Italiäner vergleichen sie den Ochsen/von wegen jrer Hörner.

Von Art vnd Natur der Thieren.

Diese

Diese Thier wachsen vnd schwinden nach dem lauff deß Mons / als dann viel von Muscheln vnd Schalfischen ist gehört worden. Die Schnecken sollen sich auch ver einigen zu der mehrung / ob sie gleich sonst von Kaat vnd Erden wachsen. Solche meh rung soll gleich so wol von dem jrdischen als von dem Meerschnecken verstanden wer den: dann sie offt gesehen werden härtiglich vnd vest / mit grossem Geiffer vñ Schleim an einander kleben.

Von nutzbarkeit der Thieren.

Palladius der berühmte Bawersmañ schreibt / daß so die schalen der Schnecken zu puluer verbrandt / vnd die äschen in die Ambeyßlöcher geschütt / dieselbigen vertrei be / wiewol etliche ein Gummi / Styrax genandt / darzu brauchen.

Das fleisch der Schnecken wirt von etlichen gebraucht zu Fischaassen.

Von dem Fleisch der Thieren.

Die Schnecken haben ein fleisch hart zu verdäwen / geberen ein dick Geblüt: so sie doch von einem starcken Magen wol gekocht / so sind sie desto löblicher / vnnd speisen wol.

Etliche stück der Artzney von den Schnecken in gemein.

Diese nachfolgende Artzneyen / wiewol sie mehrer theils von den jrdischen Schne cken sollen verstanden werden / so sie doch von den Alten nit vnderscheiden sind / haben wir sie auch also bleiben lassen.

Die Schnecken sampt ihren schalen gestossen auffgelegt / trücknet wunderbarlich / dermassen / daß sie auch den Wassersüchtigen helffen: sie fallen nit herab / das Wasser sey dann vor herauß: sind dienstlich dem Podagra / auch Geschwulsten so von fallen oder schlagen kommen.

Das fleisch der Schnecken als vor geschrieben / mit Meel oder Mülstaub / heylt die wunden / vnd die zerschnitnen Nеruen: ziehen auch herauß alle spitz / Dörn vnd Pfeil.

Die Schnecken werden auch viel gebraucht zu etlichen innerlichen Kranckheiten / so die Leber / Magen / Lungen / gedärm / nieren / haupt / zän / augen vnd ohren betreffen.

Der schleim der Schnecken verhindert das Haar im wachsen / vnd trücknet mäch tig mit Aloe / Weyrauch vnd Myrrhen gemischt / vnder solchem schleim werden auch gebürlich gemischt etliche Puluer so das Blut stellen.

Das puluer oder äschen der gebrañten Schnecken / oder jrer häuser / ist einer mäch tigen trucknen Natur / behalt auß dem brennen nit wenig hitz vnd schärpffe / wirdt ge braucht das Blut zu stellen / der verwundten Schlagadern vnnd Blutspeyen / Item Brandt / verzehrt die Fell der Augen / säubert die Zän / neinlich die äschen von den scha len / summa wirt gelobt zu dem Zäpfflin / geschwollenen Rachen / roten Schaden / auß gefallenen Sitz: auß Wein getruncken soll auch dem Bauchgrimmen widerstehen.

Von allen Meerschnecken in gemein.

Cochlea marina. Ein Meerschneck.

Von mancherley Gestalt vnd grösse.

MAncherley gestalten der Meerschnecken werden hernach ersehen werden: etliche sollen zu zeiten zu solcher grösse komen / daß sie gar nahe ein maß Weins fassen. Ir fleisch wirt gantz in dem Hauß beschlossen / außgenomen der Kopff: haben ein Maul / kurtze / scharpffe / dünne / harte Zän: haben fürgestreckte Mäuler / als die Fliegen / welches sich einer Zungen vergleicht. Von innerlicher gestalt schreibt Aristo teles viel / im Buch von den Theilen der Thieren.

Von Art vnd Natur der Meerschnecken.

A

Der 15.theil/von Muſcheln

Die Meerſchnecken bewegen ſich gleich andern/vereinigen ſich durch geylheit/haben jre Eyer zur zeit deß Frülings vnd Herbſts.

Von nutzbarkeit der Thieren.

Vor erfindung vnd vrſprung der Trometen/ſind gebraucht worden zu ſolchem geſchrey die Häuſer der Meerſchnecken. Sind ſonſt auch bräuchlich zu der Speiß vnd Nahrung der Menſchen.

Von der Art jres Fleiſches.

Das fleiſch der Meerſchnecken ſoll löblicher ſeyn dann der jrdiſchen Schnecken: bewegen den Stulgang/ werden gepriſen von etlichen als ein gebürliche Speiß dem Bauchgrimmen/Colicis.

Etliche ſtück der Artzney von ſolchen Thieren.

Zu den auffgeſpaltne Brüſten/Bauch/Hüffte/zc.ſoll man ein langen Meerſchneckl zu äſchen breñen/ſtoſſen/anbereyten mit Eyerdotter oder Eſelsmilch vnd anſtreichen.

Im Niderlandt geben etliche auß ſolchen Häuſern zu trincken denen ſo ein trücknen Huſten haben/vorauß den Kindern.

Von dem Oelſchnecken.

Cochlea oleariorum.   Oelſchneck.

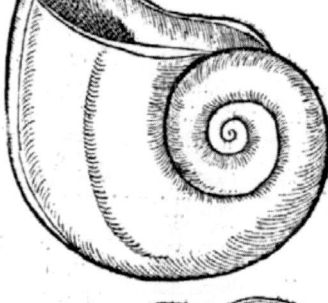

DAs Hauß ſolcher Schnecken faſſet zu zeiten vier pfund Waſſer: von ſolcher ſchreibt Plinius/ dz ſie im brauch ſey geweſen denen ſo mit dem öl vmbgehen/oder außmeſſen/damit zu ſchöpffen.

Von dem Perlinſchnecken.

Concha Margaritifera vulgo dicta.
Perlinmuſchel.
Von jrer Geſtalt.

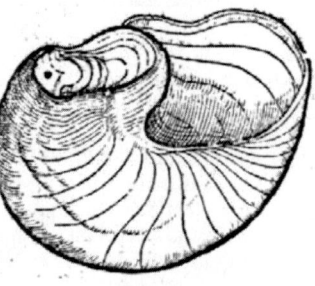

DJeſer Schneck iſt dem vorigen gleich/ wirt auß India vnd Perſiſchen Meer gebracht/ gantz glantzend an der farb/ gleich dé Perlin/wiewol keine Perlin in ſolché gefunden werden.Solche werden in Gold vñ Silber gefaßt zu Trinckgeſchirren / Item zu ſtücklin geſchnitten vnd Paternoſter darauß bereytet. Es wöllen etliche daß in ſolchen nit ein Schneck/ſondern ein Geſchlecht der Kutelfiſchen wohne/Polypus Nautilus genannt.

Von dem außgeſtochnen Schnecken.

Cochlea celata cum ſuo operculo.

DJeſer iſt gantz vneben vnd rauch/ſchön als ob er durch Kunſt außgeſtochen were/inñerhalb glat mittelner dicken ſchalen: wirt mit einem Deckel bedeckt/ der auch dick vnd hart/ auch geſchnecket iſt. Iſt innerhalb dem jrdiſchen Schnecken gleich.
Von jhrem Fleiſch.

Hat ein vest fleisch/hart zu verdäwen/gebiret ein versaltzenen Safft/reitzt zu Geyl-
heit/ist löblicher gesotten. So man diese Schalen in Essig beyßt/so wirdt sie der öber-
sten schalen als ein Haut beraubet/gantz schön/vnd glantzet gleich den Perlin. Solcher wirt von etlichen für den Nabelschneck gehalten.

Von dem Igelschneck.

Cochlea Echinophora.   Igelschneck/
          Dornschneck.

Jeser ist voller bücheln oder spitzen / wirt mit einem Deckel
bedeckt/ist gleich den Hornschnecken.

Von dem Kegelschneck.

Cochlea Cylinaröides.   Ein Cylinderschneck/
          Kegelschneck.

Jeser Schneck vergleichet sich einem Kegel/ mit mancherley flecken oder puncten besprengt/ ist nicht viel dicker dann
ein Finger.

Von dem glatten Stumpffschneck.

Cochlea leuis turbine obtuso.   Ein glatter
          Stumpffschneck.

Jeser ist gantz glatt/ welcher sich endet in einen langen wir-
bel/ so stumpff ist/ wirt mit einem deckel bedeckt/ hat ein dickere schalen dann andere/sein fleisch minder vest.

Von einem andern Meerschnecken.

Cochlea depressa.

Jser ist den jrdischen Schnecken an der gestalt gantz gleich/
wie dann sein gestalt/ so vor Augen/anzeigt.

Von dem Meernabel.

Vmbilicus.   Ein Meernabel.

Jeser bekompt den Namen von seiner Gestalt/so sich einem
Nabel vergleicht. Ist mancherley farben/mit purpurfarben
strichen/ sonst an etlichen Orten glantzet als die Perlin. Ist
nichts desto minder gantz glatt/ dick/ so die Sonn darein glantzet/
so erzeiget er mancherley schöner farben.

Von dem gesprengten Nabel vnd kleinen Nabel.

A ij

Der 15. theil/ von Muſcheln

Vmbilicus varius & paruus. Ein geſprengter Nabel/
Ein kleiner Meernabel.

Dieſer iſt dem vorigen gleich / auff wunderbarliche
weiß getheilt/mit ſchönen farben/ſchwartzen/roten/
weiſſen Düſſeln/gleich allen Corallen. Iſt obē breyt/
endet in ein kurtzen Wirbel.

Der ander iſt gantz klein/an der gröſſe gleich einer Erbyß/
zu zeiten gröſſer/wirt in dem ſchwimmen gefunden/geſprengt
mit roten puncten als Corallen.

Von dem erſten Nabelſchneck mit ſeinem Deckel.

Cochlea vmbilicata. Nabelſchneck.

Von ſeiner Geſtalt.

Dieſer Schneck wirt zimlich groß/iſt gewirbelt mitten wie ein
Nabel. Solcher etliche ſind getheilt/etliche ſchwartzlecht/
etliche als Horn/ etliche ſind an der geſtalt nit vngleich den
jrrdiſchen kleinen Schnecken/ ſo an den groſſen ſtengeln deß Fen=
chels hauffecht kleben / welche auch wider die Natur der jrrdiſchen
Schnecken einen Nabel haben.

Von dem andern Nabelſchneck.

Cochlea vmbilicata alia. Der ander Nabelſchneck.

Dieſer iſt etwas lenglechter mit viel krümen gewirbelt / das
ende deß Nabels mag hart geſehen werden. Iſt glat/ hörn=
echt/an der ſubſtantz gleich einem Klawen.

Von dem dritten geruntzelten Meernabelſchneck.

Cochlea rugoſa & vmbilicata. Geruntzelter Nabelſchneck.

Von jrer Geſtalt.

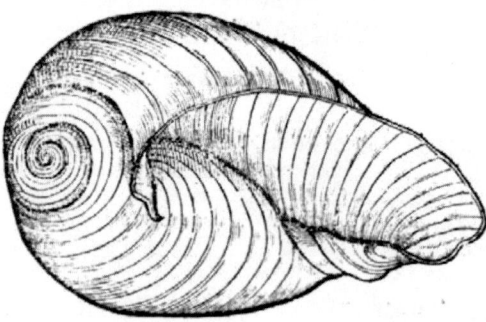

Dieſer

Jeſe Nabelſchneck hat viel groſſer Runtzel gleich den Falten/entzwerch: iſt ſner-halb weiß/auſſer gelblecht/hat ein zerbrechliche ſchalen. Der Wirbel endet nit in ein ſpitz: hat ein weit Loch/Etliche ſo von den Meerthieren geſchrieben haben/vermeynen in ſolchen wohn das dritte geſchlecht eines Kuttelfiſchs/Polypus genañt.

Von den Schnecken ſo in den Meerpfützen oder Seen wachſen.

Cochlea ſtagni Marini. Meers-pfützenſchneck.

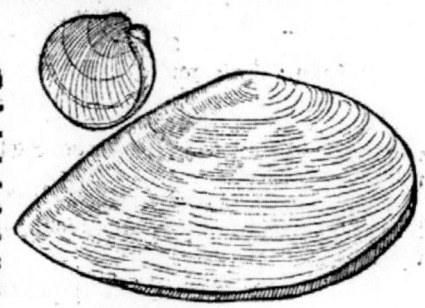

JN den Meerpfützen oder seen werden auch Schnecken ge-fangen/fürnemlich dieſe run-de vnd gefaltene/welche hie vor Au-gen ſtehen: ſind ſchwartzlecht/wer-den in groſſer menge gefange. Mö-gen auch nach irer geſtalt Seemu-ſcheln genennt werdē/ſo mān in den geſaltznen seen bey dem Meer findt.

Von dem Straubſchnecken.
Strombus ſeu Turbo. Ein Straubſchneck/ Meerſchneck.
Von mancherley Geſchlecht/Geſtalt vnd vnderſcheid der Thieren.

JE Straubſchnecken werden genandt die ſo in länge Wirbel oder ſpitz ſich en-den/gleich einer Straube. Solcher ſind etliche groß/etliche mitler gröſſe/etliche klein/etliche glat/etliche gekröpfft/andere rauhe/ɾc. von welchen alle hernach in-ſonderheit ordenlich wirt geſchrieben werden. Dieſe Thier vergleichen ſich etlicher ge-ſtalt den Schnecken. Dann ſie mit härten Schalen bedeckt/erzeigen den Kopff nicht/welcher zu māl in allen von Natur mit einem Deckel bedeckt iſt wider den Gewalt vnd verletzung: haben innerhalb ein lind fleiſch/welches ohne Arbeyt mag herauß geriſſen werden. Es iſt auch die innerliche Geſtalt in ſolchen Straubſchnecken allen gleich/ha-ben kein vnderſcheid daiñ an der gröſſe/härte vnd linde/ɾc. Sie haben an dem Kopff zwey Hörnlin nach gröſſe deß Leibs/ſtrecken ire Köpff herauß vnd herein nach gefal-len. Die Straubſchnecklin vnſerer Seen ſtrecken keine Ohren herfür/in ſolchen wer-den Löchlin geſehen als Augen. Item der theil bey dem Maul vnd Magen hat etwas roths als Blut.

Von Art vnd Natur der Thieren.

Dieſe Thier ſollen ſich auch bewegen vnd kriechen gleich andern Schnecken/auch einen geyffer oder ſchleim fallen laſſen/als Wachß: wohnen an ſandechten Orten vnd Geſtaden deß Meers. In den Häuſern der leeren Straubſchnecken wohnen auch zu zeiten kleine Krebßlin/Bilgerkrebßlin genandt/als an ſeinē orth iſt beſchribē worden.

Von nutzbarkeit der Thieren.

Mit ſolchen Schnecken werden andere Schnecken Purpuræ, Purpurſchnecken ge-fangen. Item ſo haben auch die Alten ſolche gebraucht an ſtatt der Trommeten.

Von natürlicher Anmutung der Thieren.

Die Straubſchnecken/als Elianus ſchreibt/ſollen einen König haben/welchem ſie in allen dingen gehorchen. Solcher vbertrifft die anderen weit an gröſſe vnnd

A iij

schöne. So es jn bedunckt die notthursst erfordern in die tieffe zu fahren/ so senckt er sich
zu erst/ wo aber hinauff zu fahren/ so hebt er erstlich an/ wo sie wandern/ so ist er der er-
ste/ die andern folgen jm glücklich hernach. Welcher solchen König fahen mag/ dem gehet all sein fürnemen glücklich von statt/ auch so einer solche fahen ersihet/ so wirdt er kecker. Zu Bisantz wirt ein gewisse summa Gelts geben denen so ein solchen fahen.

Von jhrem Fleisch.

Oribasius schreibt/ daß die Straubschnecken haben ein rauh / hart / vest fleisch/
harter däwung/ vnd je grösser/ je ärger vnd härterer däwung sie sind: werden mit senff
vnd Essig gessen.

Artzneyen von solchen Thierèn.

Die schalen etlicher Straubschnecken brauchen die Weiber zu schönen jhr Angesicht. Item so sie gebrandt/ werden sie gebraucht die Zän damit zu schönen vñ zu reibe.

Sie vermögen auch wider das Gifft Sorieny. Wo sie in Essig gefüllt/ vnd gero-
chen/ erwecken sie den starcken vnnatürlichen Schlaaff. Sind auch nütz denen so weh-
tagen vber das Hertz haben.

Dieser Straubschnecken fleisch gestossen/ vnd mit gutem theil gewässertem wein/
Mett/ oder so ein Feber vorhanden mit Wassermett eingeben/ hilfft den Wassersüchtigen.

Von jedem Straubschnecken insonderheit.

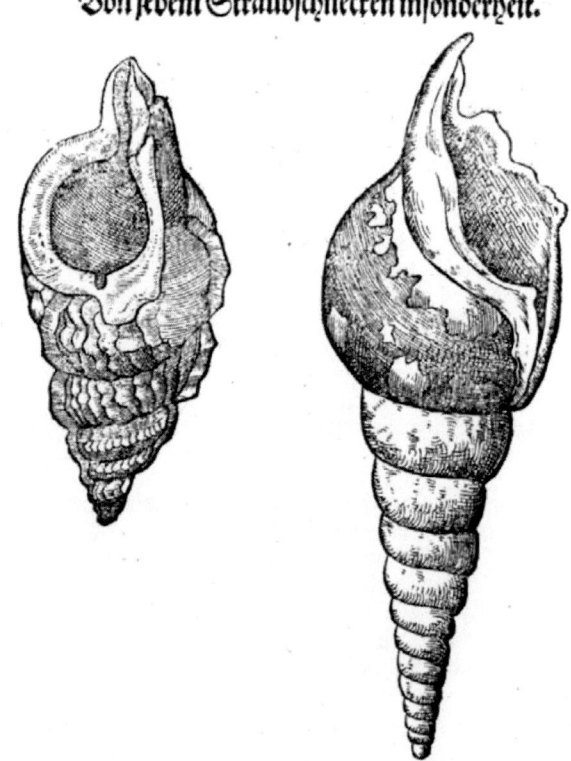

Von dem grossen Straubschnecken.

Turbo, siue Strombus magnus.   Grosser Straubschneck.

Er erste ist der groß oder lange/als die zwo Figuren hie beygesetzt anzeigen. Die lengere hat der weitberhümpt D. Gesner auß Türckey bekommen/ erzeigt solche in seinem Hauß/hat viel Wirbel/dicke rauhe Lefftzen/ein weisse schalen/ mit Linien vnd Düsseln rauch/klebt mit dem offnen Loch oder spalt an den Schrofen/mit auffgestreckten spitzen oder strauben.

Von dem Ohrschnecken.

Turbo auritus.   Ohrschneck/Straubohr/ohrechter Straubschneck.

Von seiner Gestalt.

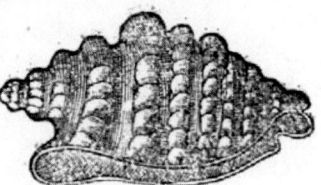

Dieser bekompt den Namen von der gestalt deß endes deß orts/ so sich offen erzeigt gleich einem ohr: Ist ein gantz schöner Straubschneck/wirt selten gefunden in etlichen Meeren. Ist lustig mit Corallen geziert/ als die Goldtschmid pflegen etliche güldine stäuff zu schmiden.

Von dem kleinen Straubschnecken.

Turbo paruus. Turbo tuberosus.   Das erste Geschlecht der kleinen Straubschnecken.

Diese bekommen den lateinischen Namen von den Düsseln oder Büheln. Solcher sind etliche weiß/ etliche schwartz/ andere getheilt/vergleichen sich mit der grösse einem Finger. In solchen sollen auch die kleinen Bilgerkrebßlin wohnen/ sind etwas lenger. Solcher werden auch etliche auff Erden gefunden/welche vnder die Schnecken gezehlt sollen werden.

Von dem eckechten Straubschnecken.

Turbo Angulatus.   Eckechter Straubschneck.

Dieser vergleicht sich etlicher Gestalt dem Rinckhorn oder Hornschneck. Oben hat er ein langen Schnabel oder Zincken. Ist an der farb gleich dem Marmor/wirdt gebraucht zu den Zänen.

Der 15. theil/ von Muſcheln

Von dem rauhen Straubſchnecken.

Turbo Muricatus.   Schroſechter Straubſchneck/
Rauher Straubſchneck.

Jeſer iſt auch ähnlich dem Rinckhorn/oder Hornſchnecken/
aber von wegen vieler Kröpffen/ kurtzen Düſſeln/ bekompt
er ſeinen Namen. An den öbern ſeiten iſt er etwas dicker/
Innerhalb purpurfarb/auſſerhalb weiß/als ob er mit Kalck vber=
zogen were.

Von dem Straubſchnecklin ſo in den Schwämmen wohnen.

De Turbinibus intra ſpongias viuentibus.

JN den Meerſchwämmen werden
mancherley Thier gefunden/ mit
harten ſchalen bedeckt/als etliche
Muſcheln / Rinckhörnlin/ vñ ſtraub=
ſchnecklin / welcher etliche hie geſetzt
werden.Auß ſolchē die letzte/ſo von einer farb Milchſtraubſchnecklin/oder Milchmu=
ſcheln/oder Milchſchnecklin mag genennt werden/welches nit ein offen Loch oder auß=
gang/ſonder mehr ein ſpält hat/auch keine Wirbel. Solche brauchen die Weiber ſon=
derlich jr Angeſicht zu ſchönen/ als vor gehört/ werden auch die Zäum/Gürtel/ vnnd
Halßband damit zu zieren gebraucht.

Von zweyen andern kleinen Straubſchnecken.

Turbo Pentadactylus.
Turbo Teſſaradactylus.

SOlcher Straubſchnecken gedencket
Plinius / bekommen jhren Namen
von den Spitzen oder Zincken/ ſind
rauhe/ lang gewirbelt. Auß ſolchen ſind
etliche weiß / etliche ſchwartz / etliche ge=
theilt.

Von den Meerdöpffen.

Trochus.   Ein Meerdopff/ Ein dopffechter Strauchſchneck.

Von

Von jhrer Gestalt.

Diese bekommen den Namen von jrer Gestalt/so sich vergleicht dem Instrument/mit welchem die Knaben spielen. Etliche sind kurtz/etliche lang/alle glat/vnd an der farb getheilt:die Schalen bedunckt sich zwyfach seyn:die eusser hat minder glantz/die inner ist Perlinfarb. Solchen Döpffen werden auch hiezu gesetzt etliche andere Gestalten der Straubschnecklin/nach dem sie sich zu handt getragen haben.

Von dem Rinckhorn.

Buccinum.   Ein Hornschneck/ Rinckhorn/ Pasunschneck.

Von mancherley Geschlecht vnd Gestalt der Thieren.

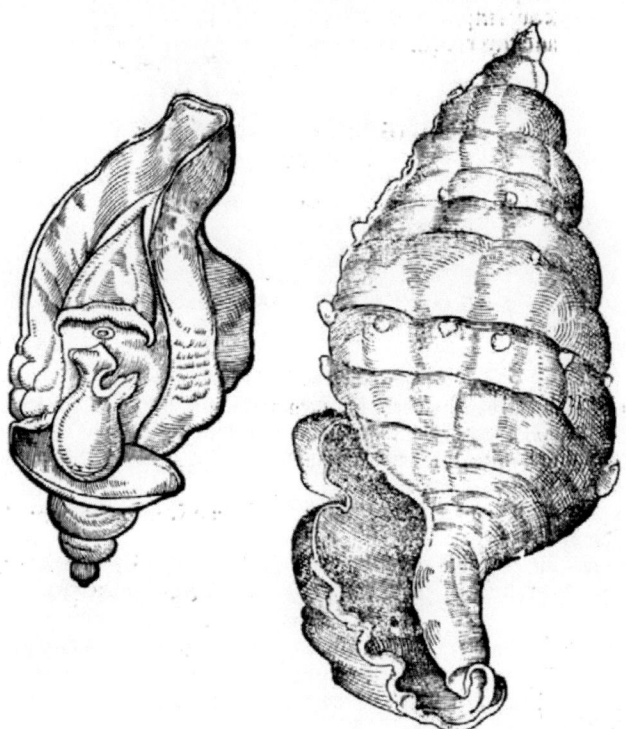

Iese Schnecken haben den Namen von dem brauch her: daß die Alten sollen sie gepflegt habē zu blasen vñ brauchē an statt der Trometen oder anderer Hornen: sind den Straubschnecken gantz ähnlich/allein dz sie etwas röter oder purpurfarb von jnen geben/als die Purpurschnecken/welches die Straubschnecken nit thun.
Diese zwo erste Figuren geben zu erkennen die gestalt der grossen Rinckhorn. Das eine zeigt den jnnwendigen Leib vnnd fleisch/sampt dem Deckel : das ander allein die eusserliche Schalen/welche auch zu dem blasen gebraucht wirt.

Der 15. theil/ von Muſcheln

Solche Schnecken ſind innerhalb gantz glatt vnd weiß/ auſſen von vielen runden
Düſſeln oder Nägeln rauch/nach ſchöner ordnung.Das fleiſch wirt zum theil rot/zum
theil braunrot geſehen/innerhalb weiß. Der außgang mit einem Deckel bedeckt vnd
beſchloſſen/gleich einem Ey. Die gröſten ſollen in dem Indianiſchen Meer gefunden
werden.Die ge╴ ╴inen in der gröſſe wie ein Ey.

Von den kleinen Rinckhornen.

Buccinum paruum.   Kleine Rinckhorn.

Von jrer Geſtalt.

Ieſe zwo Figuren ſind einander gleich/al-
lein die eine viel ſtrich/känel/oder fält hat/
auch ein dickere vnd härtere ſchalen.

Von dem dritten Geſchlecht der
Rinckhornen.

Buccini parui alterum genus.   Ein ander Geſchlecht
der kleinen Rinckhorn.

Von jhrer Geſtalt.

Ieſer Schneck iſt der ſchöneſt auß den kleinen Rinckhornen/
dem groſſen nit vngleich.

Von Art vnd Natur aller Hornſchnecken.

Ariſtoteles ſchreibt von ſolchen Schnecken/daß ſie jre Eyer zuſamen kuppeln gleich
den Imenwaben.Dann ſie ſollen dieſelbigen ſo weiß vnd länglecht auff die ſtein ordenlich an einander hencken/mit jrem Schleim oder Geyffer alſo artig / daß es hart erſehen oder gemerckt mag werden.

Die Rinckhorn wohnen vnd kleben an Schrofen vnd Felſen/geberen oder leychen
ſo ſich der Winter endet.

Solche Thier empfinden auch den gewalt deß Geſtirns:dann ſo der Mon wächßt/
ſo ſind ſie gantz vollkomen.Item Sommerszeit ſo nemmen ſie ab vnd ſchwinden.

Von nutzbarkeit der Thieren.

Dieſe Rinckhorn oder Hornſchneck/ſind auch nützlich vnd dienlich die purpurfarb
zu ferben/als hernach wirt gehört werden in der Hiſtory deß Purpurſchnecken.

Solche Häuſer ſind vor zeiten gebraucht worden an ſtatt anderer Horn/ ein Ler-
men damit zu blaſen.

Von jrem Fleiſch.

Das fleiſch der Thieren iſt lieblich zu eſſen/dienlich dem Magen/welcher ringdäu-
wige ſpeiß in ein arge qualitet vnd frembde Natur verendert vnd verderbt.Item denen
ſo reſſe/hitzige/gehlingen fluß vnd feuchtigkeiten haben. Sind ſonſt für ſich ſelbs harter däwung/nit eines lieblichen Saffts: bewegen zu geylheit.Ihr fleiſch wirt auch gepriſen als ein dienſtliche Speiß zu etlichen Kranckheiten: als Bauchgrimmen/bläſt-
gem Bauch/Hertzwaſſer vnd brennen: Item in hitzigen Augenflüſſen/ꝛc.

Etliche

Etliche stuck der Artzney so von solchen Thieren kommet.

Das fleisch der Thieren wirt in der Speiß geben für etliche Gifft der Cicutæ, vnnd Soricuj.

Zu den schmertzen der Oren von hitz lebendige Rinckhorn in öl gesotte/angestriche.

Diese Schnecken zu äschen gebrandt/sind dienlich den alten/erharteten/hitzigen Geschwulsten. Jtk in öl zertrieben als ein salb/angeschmiert/behalt das fliessend haar. Solche äschen wirt auch gebraucht wider die Grindigkeit vnd Räude/vnd wider den truckenen Husten der jungen Kinder/so man jnen auß solchen schalen zu trincken gibt. Man bereytet auch Kalck auß solchen Häusern.

Von den Purpurschnecken.

Purpura.   Ein Purpurschneck/ Ein Nagelschneck/
Ein Stachelschneck.

Von mancherley Geschlecht vnd Gestalt der Thieren.

Diesen Purpurschneck setzt Rondeletius in seinem Buch/ mit
sampt dem Deckelin.

Diese andere Gestalt hat Doctor
Gesner hinzu gesetzt.

 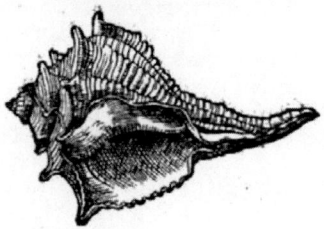

Diesen Purpurschnecken setzt Bellonius/ welcher setzt
beyde Gestalten/ nemlich die ober vnd
vnder erzeiget.

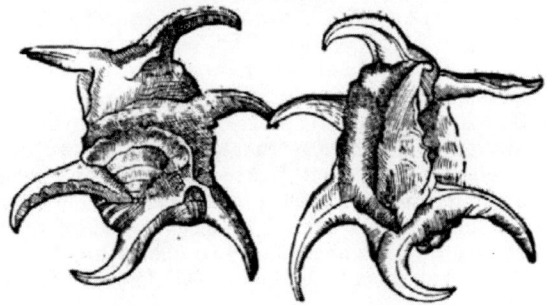

Er Purpurschneck ist das aller edelst Meerthier auß allen so Wirbel haben/an der gestalt gantz ähnlich dem gemeinen Schnecken/an der grösse wie ein Ey/zu zeiten/vñ etlichen orten viel grösser/als bey Sigeo vnd Lecto. Hat ein rumpff-echte schalen/rauch/äschenfarb/auch weiß vnd braun. Item gelblecht vñ grün äscher-farb. Innerhalb gelb/hat viel krumme Gäng/vmb die Schalen herumb mit vielen langen Zincken bevestiget nach der ordnung/die ersten klein/die letzte oder mittelsten die grösten. Hat auch oben ein langen spitz vnd schnabel/als ein Rörlin/außgehölt/durch welches sie ein Zünglin außstrecken sollen/so hart vnd starck/dz sie auch anderer Thier schalen/so jhnen zur Speiß dienlich/mögen durchboren/wiewol solchem von etlichen wenig glauben geben wirdt/haben auch einen Kopff vnd auffgestreckte Ohren als die Schnecken/welche jnen mit einem Deckel beschlossen vnd bedeckt wirt/welcher sonderlich ist hiebey gesetzt worden/gar mächtig im brauch der Artzney. Fleisch haben sie andern Straubschnecken ähnlich/in solchem ein lieblichen Safft/einer schönen farb/in grossem werth allezeit gehalten/Purpur damit zu ferben.

Von Art vnd Natur der Thieren.

Die grossen Purpurschnecken wohnen gemeiniglich in etlichen tieffen deß Meers/ die kleinen an jedem Gestad vnd Sand/wachsen in kurtzer zeit in die grösse/also daß sie nach der meynung Aristotelis bey eim Jar vollkommen werden/wiewol etliche wöllen/jre Jar sollen gezählt werde nach der zähl der Wirbeln. Sie bewegen sich langsam/ schmäcken das Aaß oder Speiß so jne dargeworffen wirt/zu welchem sie sich versamlen/sind fleischfrässig. Fressen sonst auch allerley Schleim vnd Wust deß Meers. Zur zeit der Hundstage ligen sie 30. Tag im Sand verborgen/leych im anfang deß Glentzen/geiffern Eyer zusamen/als im vorgehenden Rinckhorn/oder Hornschneck ist gehört worden. Wiewol etliche mächtig dariwder streitten/wöllen/sie wachsen vnd entspringen auß dem Schleim/vnd faulenden Matery deß Meers.

Die Purpurschnecken so sie die süssen Wasser gesoffen haben/so sterben sie zu hand/ ob sie gleich 50. Tag ausserhalb dem Meer leben mögen vnd ob er halb todt/so er wider in das Meer geworffen/so erholet er sich. Soll sonst mit seinem Leben auff 6. oder 7. Jar kommen/alle Jar sich mit einem Circkel deß Wirbels mehren.

Von nutzbarkeit der Thieren.

Vor etlicher zeit sind diese Schnecken in grösser achtung gewesen/von wegen der köstlichen schönen königlichen Farb/so man von jnen gebraucht hat/auß welcher vrsach sie sonderbare Fischer/vnd gewisse art deß fangens/so geschehen ist durch kleine Körblin oder Reusen/an lange Seyl gebunden/lustig darzu bereytet/gehabt haben. Als dann auch nach beschreibung der Fabel/Herculis Hund soll solche Farb erfunden haben. Zu vnsern zeiten ist der brauch der Purpur gantz verblichen/nit allein in vnsern Landen/sonder auch in allen andern Nationen so vber Meer gelegen. Man hört auch nit / daß einer deren/so solche Länder durchziehen/der Purpur mit einem wort gedencke/welches mächtig zu verwundern kompt / fürnemlich weil solche Thier an etlichen orthen hauffecht auß dem Meer herauß geschleifft werden. Zu der farb sollen sie lebendig seyn/dann wo sie gestorben/so verschwindt die Farb in solchen. Die so ferben pflegen solche ohne verzug lebendig zu tödten vnnd zerknitschen/demnach zu reinigen vnd waschen/vnd das beste zu der farb/mit Saltz einbeysen/hernach sieden vnnd also ferben. Die Purpurfarb freiwet sich deß glantzes der Sonnen/dann an solcher erglantzet sie vber alle maß/mit gantz lieblicher farb. Wie in mächtiger würde sie geachtet sey/erscheinet auß dem / daß sie auch bey den Königen gar selten ist gefunden/auch allezeit vmb ein groß Gelt gekaufft worden. Item dz die so solche farb gefälscht/an dem Leben gestrafft wurden.

Von jhrem Fleisch vnd seiner Complexion.

Hieoben ist gehört/daß alles fleisch der Muschelfisch sey eines versaltzenen Saffts/ harter däwung/werde nit bald im Magen verderbt/diene solchen so ein hitzigen Magen/gehlinge/resse/hitzige feuchte haben/rc. In summa wie hievor gehört ist von dem Rinckhorn. Der Kopff vnd Halß der Purpurschnecken ist viel härter/dem Magen nützlicher/das hindertheil aber leichter vnd ringerer däwung.

Etliche

Etliche Artzneyen von solchen Thieren.

Die Purpurschnecken / vnd Hornschnecken / oder Rinckhorn : Item der Straub-schneck hievor beschrieben / haben gleiche krafft im brauch der Artzney. Derhalben das so von einem geschrieben ist / von dem andern auch mag verstanden werden.

Die kleinen Purpurschnecken genossen / sollen ein wolriechenden Mund machen.

Die äschen von den gebrandten Purpurschalen trucknen artig ohne beissen: dienen den alten offnen schäden : mit Honig den geschweren deß Haupts / c.

Die Wollen mit der Purpur geferbt / kompt auch in brauch der Artzney / andere stück damit zu empfahen vnd auffzulegen.

Der Deckel der Purpurschnecken ist bey den Alten in grossem brauch gewesen / in viel köstliche Artzney gesetzt worden / von jnen genandt Blattum Bizantium. Solche auß Essig getruncken / sollen das geschwollen Miltz vertreiben / vnd gerucht den müterigen Weibern zu hülff kommen / vnd die Nachgeburt bewegen / einen Geschmack sollen sie haben als Bibergeyl / ein wenig feißte haben / riechen so sie angezündt als Horn.

Item die äschen deß gebrandten Deckels soll die zerschnittenen Neruadern wider zusamen heylen.

Von einem andern Geschlecht der Purpurschnecken / Conchylium genandt.

Jß ist ein Geschlecht der Purpurschnecken / hat aber keine spitz oder buckel wie die so hievor gesetzt sind. Ist schön vnd köstlich von wegen der farb so davon kompt / wirt etwan für den Purpurschnecken vnd Rinckhorn selbs gesetzt.

Das Deckelin von der nechstgesetzten art der Purpurschnecken.

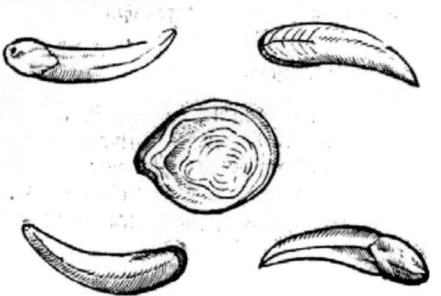

Je vier langen Figuren so sich den Klawen der Raubvögel vergleiche / sind deckelin der nechstgesetzten Purpurschnecken art / die mittelst aber so etwas breyter / ist ein deckel deß rechten Purpurschneckens vnnd Rinckhorns: werden doch von vnsern Apoteckeren vnder einander gebraucht.

Von den Stachelschnecken.

Murex marmoreus.   Das erste Geschlecht der Stachelschnecken.

Von jrer Gestalt.

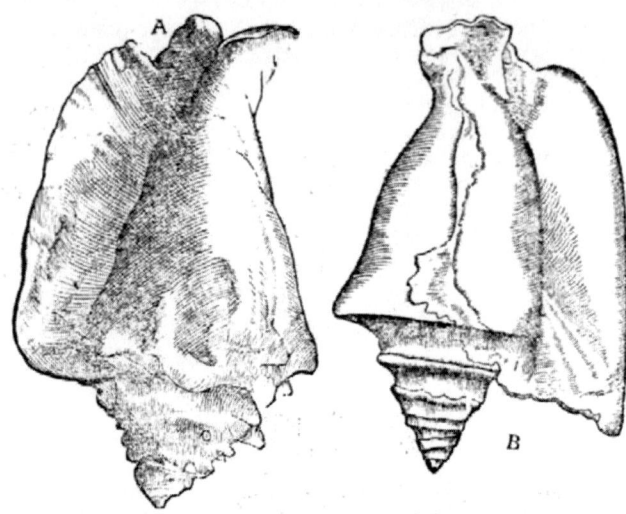

Jese zwo Figuren erzeigen die gestalt obgenannter Schnecken so fleissig/daß sie keiner weitern beschreibung bedörffen. Den Namen haben sie von den spitzen oder Negeln/ vnd von seiner eusserlichen farb Marmorschneck/ innerhalb ist er schön/weiß mit Purpur vermischt: hat ein schwere/dicke/starcke vnd weite schalen/ mit viel spitzen: ist jrdischer/kalter/vnd truckner Substantz vnd Krafft. Der so bezeichnet mit dem A hat Rondeletius in seinem Buch fürgestellt.Der ander bezeichnet mit dem B iß zu Venedig conterfetet worden.

Von dem andern Geschlecht.

Murex triangularis. **Ein dreyeckechter Stacheischneck.**

Von seiner Gestalt.

Jeser hat auch seinen Namen von der ge-stalt / hat kurtze dicke spitzen von mancher-ley farben : hat ein zwyfach gemutzet loch/ durch welche man pflegt diesen Schnecken auff-zublasen: gibt ein schweres/heßliches/trawriges Gethön.

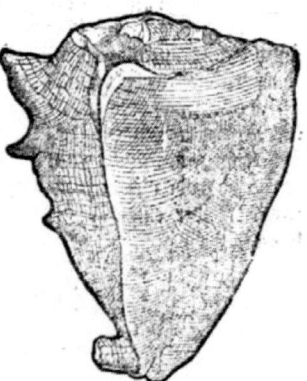

Von dem dritten Geschlecht.

Murex Lacteus. Ein milchfarbe
Straubschneck.

Gantz weiß als Milch ist dieser Schneck/so viel die
Gestalt betrifft/den vorgesetzten gleich/hat viel
mehr runde Düssel dann spitzen.

Von dem vierdten Geschlecht.

De Murice Coracoide. Das vierdte Geschlecht
der Straubschnecken.

Von seiner Gestalt.

Von den krummen spitzen hat diß vierdte geschlecht
sein vnderscheid gezogen. Ist den erstgesetzten
gantz gleich.

Von Art vnd Natur der Schnecken.

Diese schnecken wachsen in lettechte orten von schleim
vnd wust/als alle andere so gleicher substantz vñ art sind.
Man findt sie auch an lettechten örtē zum aller meisten.

Von nutzbarkeit der Thieren.

Die Alten haben von diesen Schnecken gleich so wol purpurfarb gezogen/die köstlichen wüllinen Tücher damit gefärbt/als mit der farb von dem Purpurschneck/doch
so soll diese farb von genandtem Stachelschnecken ein schweren heßlichen Geruch haben. Man hat auch diese Schnecken gebraucht an etlichen Orthen auffzublasen/an
statt der Trommeten.

Von jhrem Fleisch.

Das fleisch der Thieren wirt sehr in der Speiß gelobt/als ein dienlich essen/denen
so ein blöden Magen haben/welcher von solcher Speiß soll gestärckt werden.

Artzney von den Thieren.

Die harten schalen von den Thieren zu äschen gebrandt/sampt dem fleisch/säubert/
trücknet/vnd heylet wunderbarlich.Mit Honig angeschmiert/die schebigkeit/Räude
vnd Schüppen/auch die trieffenden geschwer deß Haupts/säubert die flecken deß An-
gesichts/machet ein glatte schöne Haut/sieben Tag angeschmiert/also daß am achten
das Angesicht mit weissem vom Ey gesäubert werde. Man braucht auch das Puluer
der schalen die Zän damit zu säubern.

Von einer andern Art.

Der 15. theil/ von Muscheln

Iß soll auch ein art seyn der Stachelschnecken oder Purpurschnecken im
Meer nach D. Rondeletij meynung:
Lise aber hievor die beschreibung deß Purpurschnecken / die ich hierzu dienstlich seyn
achte.

Von einer andern Art der Meerschnecken.

Nerita Aristotelis.　Die erste Gestalt genandter Schnecken.
Von jrer Gestalt.

Ieses ist ein runde art der Schnecken / gleich den Straubschnecken/
allein daß sie nit schmal/lenglecht oder rau ist/ sonder rund. Hie wirdt
allein sein gestalt fürgestellt/dann sein Gehäuß ist weit vñ groß. Wonen vnd wachsen in den spälten vnd löchern der Felsen/vnd erwachsen in kur-
ßer zeit in jre angeborne grösse/welche art auch etliche Fisch an jhnen haben.

Von dem andern Geschlecht.

Nerita Æliani.　Ein ander Geschlecht obberührter Schnecken.
Von seiner Gestalt.

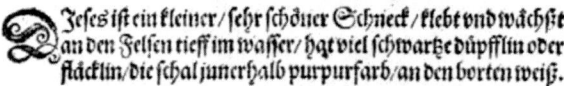

Ieses ist ein kleiner/sehr schöner Schneck/ klebt vnd wächßt
an den Felsen tieff im wasser/ hat viel schwartze düpfflin oder
flâcklin/die schal junerhalb purpurfarb/an den borten weiß.

Von der dritten Gestalt.

Nerita Bellonij.

Iese Schnecken haben ein glatt / rund / klein Gehäuß/
solche pflegt man hauffecht ob den Felsen zu samlen/ das
Fleisch von jnen zu nemen/welches so es gesotten/ gibt es
ein rot Gemüß/als ob es geferbt were.

Die Fischer so solche Schnecken samlen/ müssen sich sehr still
halten/dann sie hören das Geräusch/ fallen zu boden.

Bedeutung der Buchstaben/ damit diese hienach
gesetzte Figur bezeichnet.

Gleich vnder dem A. klebt an den Felsen ein Seeapffel. Nechst
bey dem B. ein kleine äschfarbe Seenessel/ vnd vor dem C. vber
ein Bocksaug/ oder grosse Schalmuschel/ ob dem D. aber ein
vmbkehrte Schalmuschel/ vnd ob dem E. ein kleine Schalmu-
schel oder Bocksaug.

Von

Von den Muschelfischen so allein Schalen haben.

Lepas siue Patella. Ein Schüsselmuschel/ Ein Napffmuschel/ Ein
Schalmuschel/ Ein Bocksaug nach art der
Frantzosen.

Von jhrer Gestalt.

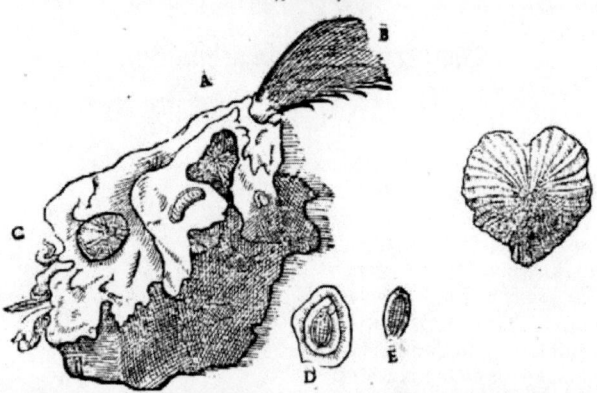

MVschelfisch wöllen wir hie nennen in der gemein allerley Fisch/ so mit harten/
steinechten Schalen bedeckt/vnd nach jrer art bewahret sind/als dañ von mancherley art/geschlecht/gestalt/vnd derselbigen vnderscheid/wirdt gehört vnd gesehen werden. Erstlich aber ist zu mercken/daß auß den Muschelfischen etliche von Natur von zweyen schalen zusamen gehefftet/gestaltet sind : Etliche aber an einer seiten
mit einer schalen oder muscheln/an der andern seiten sind sie ledig vnd bloß/kleben mit
derselbigen an den Steinen oder Felsen/ welche jnen an statt der andern Schalen seyn
mögen. Solcher art sind diese gegenwertige Lepades von den Griechen genandt/ von
den Latinern Patellæ/das ist auff teutsch Schüsselmuschel/daß sie allein an einer seiten
ein tieffe hole Schalen haben/als mit einer Schüssel bedeckt. Nun sind der Gestalten
oben zwo: Eine wie er an dem Felsen behafftet ist/ mit etlichen andern Meerthieren o-
der Gewächsen. Die ander ist die ledig Schal/nemlich der kleinen oder ersten Art der
Schüsselmuschel die zu Venedig abconterfetet worden. Das ort so an diesem Fisch mit
der Muschel oder Schal bedeckt/ist das hindertheil/das so ledig von hartem fleisch/ist
das vordertheil/an welchem orth das Maul vnd außgeführ gesehen wirdt/auch seine
Hörnlin an statt der Augen als der Schnecken. Die schal ist nit gentzlich rund/sonder
vngleich/ jñerhalb gantz glat/äusserhalb ein wenig rauch/jauff welchen zu zeiten Mieß
wächst/ist hol vnd hogerecht/bey ende herumb blawlecht vnd geruntzelt. Das eusser-
an der Schalen herumb endet sich in ein fleischecht ende/ welches er außspreitet oder
zerläßt/vnd zu jm zeucht nach gefällen/soll auch mit derselbigen kriechen von einem ort
zum andern nach art anderer Schnecken.

Von Art vnd Natur der Muschelfischen.

So man diesen Fisch angreifft/so hefftet er sich so hart an die Felsen/daß sie mit keiner
stärcke mögen abgerissen werden/sondern man muß solche mit Messern vnd Eisen von
den Schofen schelen. Aristoteles schreibt/ daß diese Muscheln sich zu zeiten von den
Felsen ledigen/Nahrung zu suchen/welches doch nit also geseyn mag/dieweil sie allein
deß Meerschaums vnd Wassers geleben: auch wo sie deß Wassers beraubet werden/

Der 15.theil/ von Muſcheln

alſo/daß ſolche Orth der Felſen ertrucknen/muß er endtlich ſteerbn. Die Felſen kleben zu zeiten ſolcher voll/ daß gantze hauffen an einander hangen/ als ein Imb ſo er gelaſ-ſen hat.

Von jhrem Fleiſch.

Dieſe Schüſſelmuſchel haben ein hart veſt fleiſch/ ſchwerer verdäwung / vnd we-nig Saffts. Man pflegt ſie allein ein wenig zu ſieden/ ſo ſind ſie nit vnlieblich zu eſſen.

Von der wilden Schüſſelmuſchel.

Auris marina ſeu patella fera.　Ein Meerohr/ Ein
wilde Schüſſelmuſchel.

Wie ſie geſtaleet/ vnd von jhrer Art.

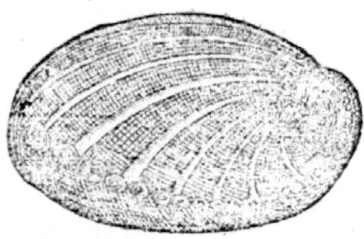

Dieſe art haben ſie gemein/daß ſie allein mit einer Schalen bedeckt ſind/ die ander ſeiten ledig an die Felſen behafft. So viel die Geſtalt vnd Schöpffung betrifft/ haben ſie vnder-ſcheid: darn dieſe hat in der Muſchel ein Loch/ durch welches ſein Geführ auß-gehet : hat auch etliche andere Löcher: Sein Muſchel iſt hol wie ein Schüſſel/ ſilberfarb/ auſſerhalo gehögert vnd ge-fältelt/oder mit viel ſtrichen bezieret. An dem einen orth iſt er gekrümt wie ein Schneck/ von welchem orth die Löchlin in der ordnung anheben/ bey anfang klein/ zu ende je len-ger je gröſſer. Iſt ein ſchöne Muſchel.

Von der groſſen Schüſſelmuſchel.

Patella maior Bellonij.　Ein groſſe
Schüſſelmuſchel.

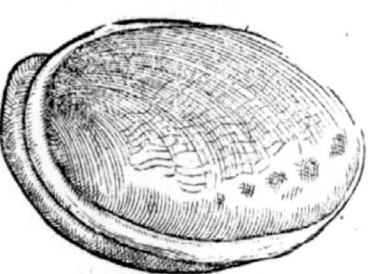

Dieſe groſſe Schüſſelmu-ſchel wirt viel bey den Golt-ſchmiden gefunden/ welche ſie zu mancherley ſchöner Arbeyt brauchen.

Von der Oſtermuſchel.

Oſtrea.　Oſtermuſchel/ Oeſter/ Steinmuſchel.
Erſtlich von der Meeroſtern.
Oſtrea marina.　Meeroſtern.
Von mancherley Geſchlecht der Oſter/ vnd wie die
Meeroſtern geſtältet.

Dieſe

Diese Gestalt setzt D. Rondeletius in seinem Buch.

Diese Ostermuscheln ist zu Venedig conterfetet worden.

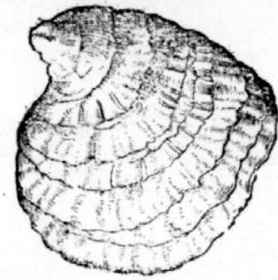

Er Ostermuscheln werdrn hie dreyerley Geschlecht beschrieben/ als hernach folget/ dann etliche in den gemischten Wassern/ etliche in Meerpfützen/ etliche allein im lautern Meer gefunden werden/ als nemlich die gegenwertigen/ welche zu zeiten zimlicher grösse/ als eines Schuchs lang gesehen werden. Ihr Muschel ist ausserhalb wüst vnd lettecht/ als von viel bläcklin zusamen gepletzt/ Innerhalb glatt vnd weiß/ sind nit einerley farb/ nach eigenschafft der Orthen. Haben ein dicke/ harte/ steinechte Schalen/ etliche sagen/ daß die obern theil der Schalen bey Nacht etwas scheins geben.

Von der Pfützostern.

Limnostrea. Ein Pfützostern oder Seeostern.

Von jhrer Gestalt.

Jese Ostermuscheln werden in den Meerpfützen oder Seen gefunden/ welcher Schalen so viel die substantz betrifft/ den vorigen gantz ähnlich/ doch kleiner ist/ jhr fleisch liud/ süß vnd gut.

Von der wilden Ostermuscheln.

Ostrea Syluestria. Durchscheinende Ostermuscheln.

Von jhrer Gestalt.

ANetlichen Orthen deß Meers/ als an dem Gestad deß Narbonensischen Franckreichs werden Ostermuscheln gefangen / welche von jhnen Scandeber genannt werden/ auß vrsach jrer resse/ daß sie die Lefftzen deren so sie essen/ beissen von jhrer schärpffe. Solche haben ein durchscheitnende schalen/ an etlichen theilen gelblecht/ oder purpurfarb/ ausserhalb dick gehaaret/ innerhalb glatt/ glantzet vnd weiß/ hat wenig fleisch/ dasselbig versaltzen/ bitterlecht vnlieblich. Man ersicht sich in solchen Schalen/ als in einem Spiegel.

B iiij

Von dem vierdten Geſchlecht der Oſtermuſchel.

Spondylus.   Ein Steinoſtern/ Ein Eſelohub.

Wie dieſe geſtaltet..

Dieſe Figur ſetzt Bellonius in ſeinem Buch.   Dieſe Geſtalt ſtellt Rondeletius für.

Dieſe Oſtermuſcheln kleben vnd hangen an den Steinen/ iſt an der geſtalt gantz ähnlich einer Eſelshub/ auß vrſach ihnen die Welſchen ſolchen Namen geben/ haben zwyfache Schalen/ auſſerhalb rauch/ jnnerhalb ſehr hol vnd glatt/ wirt an dem obern vnd dicken orth hart zuſamen durch ein Gleych gehefftet.

Von Art vnd Natur aller Oſtermuſcheln.

Jr Art iſt daß ſie ſich beluſtigen der orthen der geſaltzen Waſſern/ ſo andere ſüſſe Flüß vnd Waſſer in ſich empfahen/ wiewol ſie auch an andern Orthen deß Meers gefunden werden / erwachſen an lettechten orthen/ durch ſäulung vnd Meerſchaum/ ſo haben auch die Alten ſolche Muſchelfiſch in den Weyern oder gewiſſen Orthen geſpeißt vnnd erzogen als andere Fiſch. So iſt auch zu mercken daß jr Fleiſch wächſt vnd ſchwindt/ nach abnemmung oder wachſen deß Mons/ als dann auch viel anderer Schalfiſchen.

Von natürlicher anmuthung der Thieren.

Der Krebß vnd Meerſtern brauchen wunderbarliché liſt/ das fleiſch der Muſchelfiſchen zu nieſſen. Dann dieweil ſie mit Schalen bedeckt vnd beſchloſſen ſind/ nemmen ſie acht wie bald er den ſpalt ſeiner ſchalen ein wenig auffſperrt/ ſo erfaßt der Krebß ein Steinlin in ſeine ſcheren/ bewegt den in den ſpalt der Oſtermuſchel/ alſo daß er ſich nit weiter beſchlieſſen kau. Der Meerſtern aber ſtreckt den einen ſtriemen oder Arm in den ſpalt/ auff ſolche art vnd liſt mögen dieſe zwey Thier ſolcher Speiß genieſſen.

Etliche Völcker pflegen die ſchalen der Muſchelfiſch zu den Gebäwen zu brauchen.

Von dem Fleiſch ſolcher Fiſch.

Das fleiſch der Muſchelfiſch hat viel vnderſcheid nach eigenſchafft der Orthen. Jn gemein ſo haben ſie ein verſaltzen Fleiſch/ gebiret ein verſaltzen Geblüt/ iſt hart zu verdäwen/ vngeſund/ vrſachen ein kalt/ arg/ ſchleimig Geblüt/ ob ſie gleichwol nit vnlieblich zu eſſen ſind/ bewegt den Stulgang vnd Harn/ reitzen zu vnkeuſchheit. Die ſo auß den Meerpfützen geſamlet werden/ pflegt man auch rohe zu eſſen.

Von den Steinmuſcheln.

Pholades Conchæ.   Steinmuſcheln/ Mürmuſcheln.

Noch

Och sind zwey andere Geschlecht der
Muschelfischen / auß welchen die ersten
also genaturt sind / daß sie mitten in den
steinen oder Felsen wachsen / in dieselben gentzlich beschlossen sind / allein daß sie kleine Löchlin
durch die stein haben / durch welche sie deß Wassers geleben : haben zwo lange schmale Schalen oder Deckel / auch jr fleisch gleich ähnlich den
Mießmuscheln / wachsen also / vnd behalten die
Gestat der holen Löcher.

Das ander Geschlecht der Muschelfischen
so getheilt ist / wirt viel bey Narbonen der Statt am Gestad / auß dem Lett / mit welcher
sie gantz vberzogen ist / vnd in welchen solche allezeit auch auff einen Schuch tieff verborgen ligen / außgegraben: auß vrsach wir solche Mürmuscheln genennt haben.

Von den Tellmuscheln.

Tellinæ prima species.   Tellmuschel.
Das erste Geschlecht von der Tellmuschel.
Von jrer Gestalt.

Er Tellmuscheln werden hie zweyerley Geschlecht beschrieben werden: dann etliche im Meer wachsen / etliche aber allein in süssen Wassern gefunden werden : bekomen alle jren
Namen von den Griechen / auß vrsach daß sie in gantz kurtzer zeit
zu vollkommenheit erwachsen.

Diese erste Gestalt ist deren so in Meerwassern gefunden werden / haben zimliche
dicke starcke Schalen / glat in dem ende herumb gezettelt / auß vrsach sie gantz satt vnd
vollkommenlich beschliessen / sind glat / haben ein weisses fleisch.

Diese Muschelfisch ligen im Sand / auß vrsach man solche pflegt in lauterm Wasser wol abzuschwencken : damit das Sand im essen nit vberlegen sey. Dann sie sonst
ein lieblich gut fleisch haben / bringen lust zu essen / bewegen den Stulgang.

Von dem andern Geschlecht.

Tellinarum secunda species, siue Basilica seu fluuiatilis.   Das
ander Geschlecht der Tellmuscheln.
Wo diese Thier zu finden.

N den enden oder außlauff der Flüssen in das gesaltzene wasser / werden diese Muscheln gefunden / habe ein grössere dünnere Schalen / gelbrot. Mit solchen schalen pflegen die jungen Knabe auffzublasen als ein Trometen: haben ein süsser fleisch
dann die vorgesetzten.

Von dem dritten Geschlecht.

Tellinarum tertia species.   Das dritte Geschlecht
der Tellmuscheln.
Wie diese gestaltet.

Jeses Geschlecht ist den Tellmuscheln so ähnlich an gestalt vn art / dz sie billich vnder obgenañte geschlecht soll
gezelt werde. Ist an der farb weiß / hat ein durchscheinende schale / jnerhalb gantz glat /

als aller anderer Muſchelfiſchen gantz dünn. In gemein ſind die Tellmuſcheln kleine
ſtarcke Muſchelin/welche man am Marck pflegt mit einem Napff oder Schüſſel auß-
zumeſſen: haben nach jrer kleine ein ſehr gut/angenem/lieblich/geſund Fleiſch.

Dieſe zwo Figuren ſind von Venedig komen/be-
dunckt mich daß ſie auch zu der obgenanten Tellmuſcheln dienen/ ſonderlich die kleiner : die ander wirdt
zu Venedig Peneraza genandt/ das iſt/ Pfeffermu-
ſchelin.

Von der Nagelmuſchel.

Solen ſiue Dactylus mas.　Nagelmuſchel/ Rohr oder Spül-
muſchel Männlin.

Von mancherley Geſchlecht der Thieren.

Dieſe Nagelmuſcheln haben
bey den Alten/ auch zu vnſer
zeit/ bey den Meerländiſchē
Leuthen mancherley Name genommen von jrer geſtalt:dañ ſie ſich vergleichen mit der geſtalt ihrer langen
ranen oder ſchmalen/ auch gehölten

ſchalen/einem ſpül/haffte an Fingern. Solcher werden zweyerley Geſchlecht geſehen.
Das erſte Männlin/ das ander Weiblin zu vnderſcheid/ nit daß ſie Männlin vnnd
Weiblin/nach anderer Thieren art haben/ dieweil allerley Muſchelfiſch/ als oben ge-
hört/an ſandechten Geſtaden durch vnd von ſich ſelber erwächßt. Das Mäulin oder
erſte Geſchlecht ſo hieben geſetzt/ iſt geſetzt von zweyen ſchalen/ glat vnd dünn/ welche
allein an einem ende/durch ein Band zuſamen gehäfftet/ſind einer zwerch Hande oder
eines Fingers lang/vnd eines Daumens dick oder breyt/hol als ein Rohr/welche das
eine ende allezeit offen ſtehet / ſie ſtrecken den Kopff herauß/ ziehen denſelbigen widervmb herein als ein Schneck/ haben jr fleiſch nach der lenge der ſchalen. Die Schal iſt
an der farb blaw mit zwerch gezogenen Linien/ an dem ende/ an welchem er behafft/iſt
er etwas dicker/andere ſind ſehr dünn.

Von dem andern Geſchlecht.

Solen ſiue Dactylus fœmina.　Nagel oder Finger-
muſchel Weiblin.

Von ſeiner Geſtalt.

So viel die geſtalt betrifft/iſt vnder genanten zweyen kein vnder-
ſcheid/ allein võ farb/ geſchmack
vnd gröſſe. Die ſchal hat keine blawe
ſtrich als die erſte/ ſonder von einerley
farb/ſind kleiner dann die Männlin/haben ein ſüſer fleiſch.

Ein andere Geſtalt der Nagelmuſchel zu
Venedig conterfetet.

Von

Von Art vnd Natur aller obgenandter Muscheln.

Die Muschelfisch geleben deß Wassers vnd Sands / ligen in demselbigen verhalten / auß vrsach man solche mit eisenen Instrumenten herauß zerrt / von dem Geräusch vnd Geschrey sollen sie zu grund schlieffen. Sie scheinen in den Finsternussen / auch in dem Mundt deren so solche essen / auch die Tropffen jhres schleims so auff den Boden fallen.

Von jrem Fleisch.

Je grösser diese Muschel sind / je mehr sie in der Speiß gelobt werden: kommen doch endtlich allein auff die Tische der Armen / haben ein hartes Fleisch / schwerer verdäwung.

Artzney von den Thieren.

Es wöllen etliche das fleisch der Fisch gesotten / die Brühe getruncken / treiben den Harn. Jre schalen gepůluert / trücknet sehr wol vnd beißt.

Von der Meereychel.

Balanus Marina.   Ein Meereychel.

Von jhrer Gestalt.

Je Gestalt hat diesen Schalfischen auch den Namen geben / daß sie sich gentzlich den Eycheln vergleichen / wachsen in den spälten vnd Löchern der Stein oder Schrofen. Insonderheit dieses erste Geschlecht ist gantz ähnlich den Eycheln / bey anfang mit der rauhen Hülsen schwartzgelb / bey ende gantz glatt / von zweyen Schalen zusamen gesetzt / auß jren spältlin gehet als rote Flaumfedern / kommen an etlichen orthen mit der lenge auff fünff zwerch Finger / sind gantz angenem / gut vnd lieblich zu essen.

Von dem andern Geschlecht.

Balani secunda species   Das ander Geschlecht
der Meereycheln.

Von jhrer Gestalt.

Diese sind auch den Eycheln gantz gleich / wachsen an den Schrofen / an etlichen andern Muscheln / auch spälten der alten Schiffen / sind klein / haben wenig Fleisch / kommen nit in die Speiß.

Von dem Meerbensel.

Penicillus Marinus.   Ein Meerbensel.

Von jhrer Gestalt vnd Art.

Je Gestalt eines Ben=
sels / mit welchen die
Maler pflegen die far=
ben auffzutragen / oder einer
Bürsten/hat diesem seinē Na=
men geben. Dañ es ist ein har=
tes/steinechts oder schalechtes
Rörlin/mit weycher substantz
an einem orth an die Felsen behafftet/ also daß er von dem Wasser vnd Wellen bewegt
wirt. In der Höle wirt fleisch gefunden/getheilt/welches so es sich auß dem Rörlin her=
für streckt/ zerläßt oder zerthut es sich in solcher gestalt/ als die Figur beweißt.

Von einem andern Meerröhrlin.

Tubulus. Ein Meerröhrlin.

Iß Rörlin nennen gemeiniglich die Apotecker Anta=
le/ als ein Meerzan/mag ein Zanmuschel genēnt wer=
den. Ist weiß/gekänelt/rund /sie sind gebogen als ein
Hundszan/gantz hart/ als ein stein. In solchen pflegen etli=
che Würm zu wohnen/als hernach wirt gehört werden.

Von allerley Geschlecht der Meerigel.

Echinus maior siue Ouarius & esculentus.　Das erste
Geschlecht deß Meerigels.
Von mancherley Geschlecht der Thieren sampt jrer Gestalt.

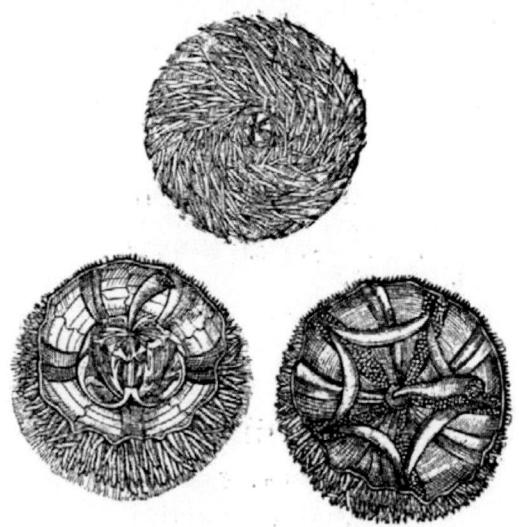

Die

Je Meeröpffel/oder billicher Meerigel haben jhren Namen von der Gestalt/so sie mit den jrrdischen Jgelñ haben:dann sie sind mit einer Schalen/voll spitziger Dornen gantz vberdeckt. Solcher werden insonderheit dreyerley Geschlecht hie beschrieben werden. Das erste Geschlecht so hie zu gegen/in welchem Eyer gefunden werden ist das aller gemeinst: die aller grössten vergleichen sich einem Ey. Jhre farb ist sehr schön so sie leben/der mehrer theil purpurfarb/etliche braun/grün/blaw/rc. Welche schöne farben mit dem todt verschwinden. Sie haben fünff hole Zän/fünff Nägen oder Geweyd/vnd fünff Eyer/als in den fürgesetzten/auffgeschnittenen offnen Figuren wol mag gesehen werden. An etlichen orthen kommen sie zu zimlicher grösse. Die so ich gesehen/vnd manch mal am Gestad deß Meers auffgelesen hab/vergleichen sich einer welschen Nuß mit jrer grösse. So sie todt/lassen sie die Dörn fallen. Ist ein sehr wunderlich seltzam Meerthier.

Von dem andern Geschlecht
der Meerigeln.

Echinus Spattagus & Brissus.   Das ander
Geschlecht der Meerigeln.

Wie er gestaltet.

Jese ist gestaltet als ein Hertz / minder rund dann der vorgesetzt/hat der Dörn wenig/vnd dieselben klein:hat keine Zän/gelebt deß Wassers/ Sands vnd Letts. Ist innerlich viel anderst gestaltet dann der erste/wirt selten gefangen.

Von dem dritten Geschlecht.
Echinometra.   Das dritte Geschlecht der Meerigell
Ein Mutterigel.
Von seiner Gestalt.

Er gröste auß dé meerigeln ist diser /mag mit beyden händé hart vmbgriffen werdé:hat nit sonderlich grosse dorn/doch grösser dañ dz ander gschlecht jñerlich ist er dé ersten gemeiné geschlecht gleich gestaltet/außgenomñen dz seine Eyer gantz klein sind vñ ohne safft.

Von dem vierdten
Geschlecht.

Echinorum quartum genus.
Der kleinest Meerigel.

Von seiner Gestalt.

Jeses vierdte geschlecht der Meerigeln wirt fürgestellt an dé felsen oder stein klebé: vnder dem Buchstaben A. haben ein kleine schalen : aber lange starcke Dorn nach grösse seines Leibs.

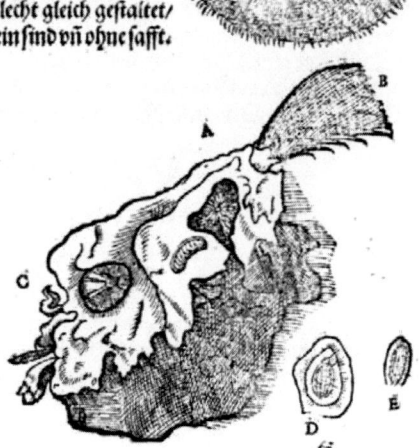

Diese gestalt deß Meerigels ist zu Venedig conterfetet/
mag zu dem ersten Geschlecht/oder für das
fünffte gezehlt werden.

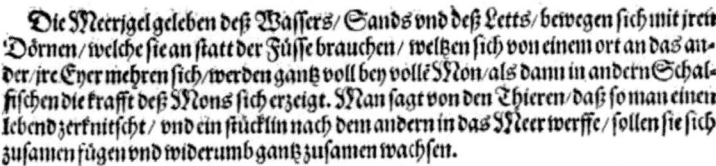

Von Art vnd Natur der Thieren.

Die Meerigel geleben deß Wassers/ Sands vnd deß Letts/ bewegen sich mit jren
Dörnen/ welche sie an statt der Füsse brauchen/ weltzen sich von einem ort an das an-
der/ jre Eyer mehren sich/werden gantz voll bey vollē Mon/als dann in andern Schalfischen die krafft deß Mons sich erzeigt. Man sagt von den Thieren/daß so man einen
lebend zerknitscht/ vnd ein stücklin nach dem andern in das Meer werffe/sollen sie sich
zusamen fügen vnd widerumb gantz zusamen wachsen.

Von anmuthung der Thieren.

Durch Vngewitter vnd vngestüme deß Meers vnd der Wellen werden diese Thi-
geutzlich in die truckne Gestad herauß geworffen/welches den Thieren wol bewußt/
so sie Vngewitter vorhanden seyn vermerckend/ welches sie auß angeborner Art wol
erkennen/ so weltzen sie mit jren Dörnen stein auff sich/ mit welchen sie beschweret/ der
vngestüme deß Wassers vnd gewalt der Wellen widerstehen mögen. So die Schiffleuth solches ersehen/werffen sie die äncker ein/ vnnd hefften das Schiff. Ein art der
Meernesseln pflegt solchen Igeln nach zu halten.

Von dem Fleisch der Thieren.

Der Meerigeln kommen etliche in die Speiß / etliche werden gantz in der Speiß
verworffen. Das erste Geschlecht/ so viel grosse Eyer hat/ gantz gemein an allen orten
deß Meers/ist sehr gut vnd löblich/ gesund in der Speiß zu essen/bewegt sänfftiglich
den Harn vnd Stulgang.

Etliche löbliche stück der Artzney/so von den Thieren in
brauch kommen.

Die Schalen der Thieren werden von etlichen gebraucht das Haar zu wachsen:
gepüluert trücknen sehr wol die trieffenden Schäden deß Kopffs/ dasselbige mit Essig
emplastriert/vertreibt den Kropff: gleicher Kräfften ist die äschen der gebrandte Scha-
len/trücknet vnd heylet mächtig.

Diese Thier in der speiß genossen sind dienlich denen so von wütenden Hunden gebissen sind/treibet mächtig den Harn/ bringet lust zu essen/vnd bessert den vnlustigen
Magen. Item in Wein zerstossen/getruncken/treibet den Harn vnd die Nachgeburt.

Von den Meersternen.

Stellæ prima species.   Das erste Geschlecht der Meersternen.

Von mancherley Gestalt der Meersternen.

Die Meerstern haben nit wenig vnderscheid/an grösse/räuhe oder Dörnen/zahl
der Zincken/an der farb vnd dergleichen/ als dann von jedem insonderheit wirt
gehört werden. Dieses erste Geschlecht ist ein gantz schöner Meerstern/welches
Zincken auch auff ein Schuch lang kommen/sind rauch/hart/brüchig/mitten hat er
den eingang oder Maul/ durch welches er gespeiset wirt/ hat innerhalb kein ordenliche
Gestalt. Auß solchen sind etliche äschenfarb/etliche gelblecht.

Von

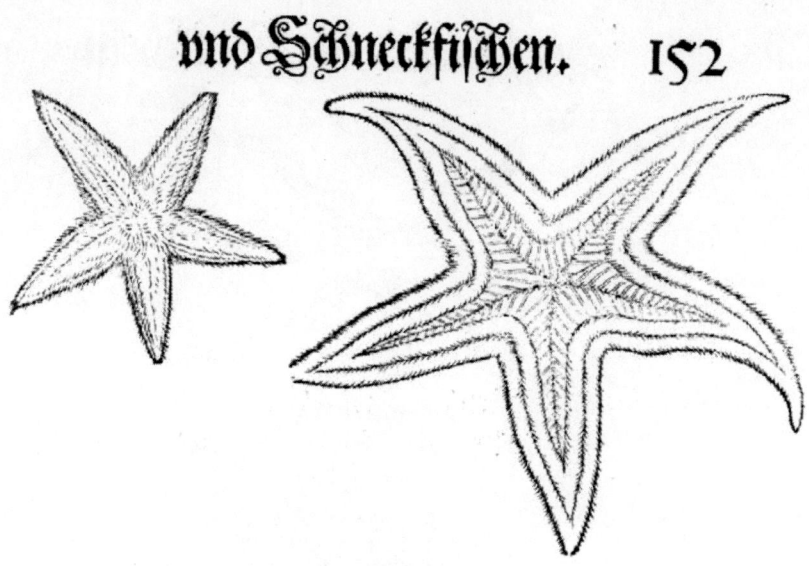

Von dem andern Geschlecht.

Stella pectinata. Ein Strälstern.

Von seiner Gestalt.

DIser ist auch auß der zahl der grosse Meer-
sternen/dann seine Zincken auff ein schuch
lang kommen/sind den vorigen gleich/allein
daß die end der Zincken/Grad/Dörn oder Spitzen haben / ordenlich als in einem Sträl/ auß
vrsach in solcher Namen gegeben ist/mitten an
welchem orth das Maul/hat er ein kleines stern-
lin/wirt selten gefangen.

Von dem dritten Geschlecht.

Stella leuis. Ein glatter Meerstern.

Von jhrer Gestale.

DIe Natur pflegt wunderbarlich zu schertzen in allerley Geschöpffen/ insonderheit in gestalt der Meerthieren/dann dieser Meerstern ist gantz glat/hat lange/
runde/lidtweyche streymen/als Mäußschwentz / beweglich/welcher Haut / so
zimlich hart/gleich ist einer Schlangenhaut mit schüppen/gantz lustig anzuschawen/
von wegen der schwartzen vnd weissen flecken. Mitten hat er fünff runde flecken mit einem Sternlin getheilt/ist mit seinen langen Armen sehr schnell mit schwimmen.

K ij

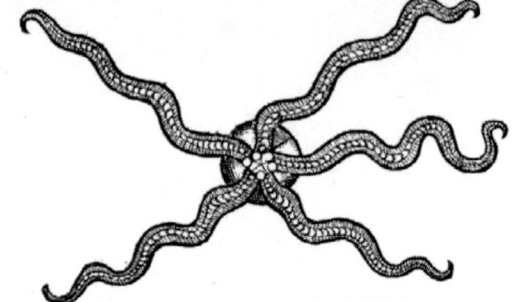

Von dem vierdten Geschlecht.

Stella arborescens.   Baum oder Staudenstern.

Von seiner Gestalt.

IN diesem Geschöpff ist Gottes Gewalt vnd Weißheit größlich zu verwundern/
von wegen der wunderbarlichen gestalt/so sich außspreitet als ein Baum in seine
äst/Gestäud oder ander Gewächß/mitten hat es sein Maul mit viel kleinē Zän-
lin/ist sonst der gantze Stern schwartzlecht/mit einer dünnen rauhen Haut vberzogen.
Die eussersten ästlin biegen sich alle herein gegen dem Maul oder mitte/ mit welchen er
die Speiß erfaßt/ als mit einem Garn/ dann was er ergreifft/mag jm nit entlauffen.
Dieser Stern wirt gar selten gefangen/ vnd mit gantzem fleiß behalten/ als ein sonder Spectackel vnd Meerwunder.

Ve:3

Von dem fünfften Geschlecht.

Stella reticulata siue cancellata. Ein Netze oder
Garnstern.

Von seiner Gestalt.

Dieser ist mit strichen durchzogen als ein Garn
oder Netze/ zwischen welchen viel runder Düsseln sich erzeigen / soll vnder die grossen Meersternen gezehlt werden: dann seine Zincken mit der lenge auff ein Schuch kommen / viel dicker dann andere
Stern. Ist ein mächtig Abentheuwer / wirdt selten ge-
fangen/ fleissig behalten : hat sein Maul nach art vnd
gestalt der andern Meersternen.

Von dem sechssten Geschlecht.

Stella Echinata. Igelstern/ Wurmstern.
Wie er gestaltet.

Der Leib deß Sterns ist gantz rund vnnd klein/
hat fünff schmale/ dornechte Zincke als würm/
mit solchem bewegt er sich vnd kreucht als ein
Schlange/ auch auff der trückne/ läßt nit nach/ ob jm
gleich seine Arm abgebrochen sind/ welche sich nit desto
minder bewegen / als die zerschrotnen Würme oder
Schwentz der Heydechsen: hat sein Maul nach gestalt
der andern/ frißt kleine Schnecklin vnd Krebßlin: wirt
zwischen den Steinen vnd Felsen gefunden.

Von der Meersonn.

Sol marinus. Ein Meersonn.
Von jrer Gestalt.

Als die Stern hievor gesetzt/ sind genennt worden von
gestalt der sternen/ so die Maler pflegen zu malen: Also mag diese gestalt ein Meersonne genennet werden/
dañ seine Zincken wachsen nit von mitte deß Leibs herauß/
sonder von der eüssern ende/ gantz kurtz/ spitzig/ glat an einer
seite. Mitte deß Leibs ist sie als ein Rosen gestalt/ hat sonst
mit anderer gestalt von den andern Meersternen kein vnderscheid. Als man Meersternen/ Meersonnen pfleget zu
fahen/ also wirt auch ein gestalt erzeiget/ welcher Meermon
genannt wirt/ den Meersternen gantz gleich/ ꝛc.

Von der Art vnd Natur aller Meersternen.

Man sagt von diesen Meersternen/ daß sie auff dem Landi/ so das Meer ablaufft/
erstarren/ vnd so das Meer widerumb anlaufft/ sollen sie widerumb lebendig werden.
Sie fressen allerley Schnecken vnd Krebß/ welche so sie in kurtzer zeit auß angeborner
Hitze verzehren vnd kochen sollen/ daß es sich zu verwundern ist. Sie wandlen mit jren
Zincken oder Armen/ als dann vor von etlichen gehört.

Der 15.theil/ von Muſcheln

Von jhrem Fleiſch vnd Artzney.

An etlichen orthen/an welchen dieſe Meerſtern zu mächtiger gröſſe kommen/pflegt
man jres fleiſch zu eſſen/welches ſehr zu vnkeuſchheit reitzen ſoll. Sonſt wirt der Rauch
von jnen/ auch jhr Leib/gebraucht zu etlichen Kranckheiten/ als der fallenden Sucht/
vnd Mutter der Weiber.

Von etlichen andern Meergewächſen/ſo leben

ohn alle empfindlichkeit.　Holothurium.

Wie ſie geſtaltet.

Jeſes ſind Meergewächſz / leben
ohne empfindligkeit/ſind an keinē
orth behafftet / ſonder ligen vnder
andern auſzwürfflingē deſz Meers/ wiewol dieſes erſte Geſchlecht ſich zu zeiten
mit einem Orth/ſo ſich einer Roſen ver-
gleichet/ an die Stein häfftet/ beharet
doch nit lange zeit.

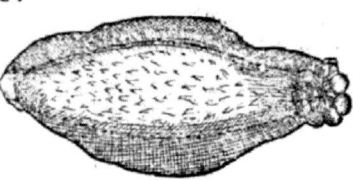

Von dem andern Geſchlecht.

Holothuriorum ſecunda ſpecies.　Ein ander Ge-
ſchlecht der Thieren.

Wie es geſtaltet.

Jeſes wirt auch an gleichen
orten gefunden/iſt mit leben/
rauhen hartē haut dem vorgeſetzten gantz gleich:vornen beduncket es ſich einen Kopff haben/mittē
ein Maul/ hinden zween Füſz/ mit
welchen es ſich etlicher geſtalt beweget.

Von der Meerſprützen.

Techia.　Meerſprützen.

Dieſe Geſtalten der Meerſprützen ſetzt Rondeletius/　Dieſe zwo andern Meerſprützen deren
deren ein mit ſeinem Lederlin bedeckt iſt / Die ander aber　eine gantz/ die ander offen/ ſetzet Bello-
offen/ alſo/ daſz man die Geſtalt deſz Fleiſchs deſz innern　nius.
Leibs ſehen mag.

Dieſe.

Diese vier folgenden Figuren sind auß Italia kommen / bedunckten mich
auch der Meersprützen art seyn / oder doch jrer
Natur gar nahe verwandt.

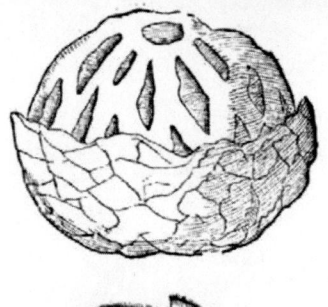

Wie diese gestaltet.

Jeses sind auch vngestalte / vnempfindliche doch lebliche Meergewächß / haben
vnderscheid von den ersten / daß sie nit in dem Gestad schweben / sondern an den
Steinen / Felsen vnd an etlichen Muscheln behafftet wachsen. Man pflegt solche zu Venedig au dem Fischmarck zu verkauffen / dann sie kommen in die Speiß / haben ein dicke / rauhe Haut / als ein Schalen / in welcher fleisch ligt / in der gestalt als ein
Magen. So man solche truckt mit der Handt / so sprützet Wasser herauß durch ein
Löchlin / als auß einer Sprützen oder Brust. Diese empfinden / so man sie berührt /
wachsen viel an den Ostermuscheln.

Von dem Meerzagel.

Mentula Marina, Pudendum marinum.   Ein Meerscham.

Von mancherley Gestalt der dingen.

Je Gewächß so leben haben / vnd aber kein gestalt innerlicher theilen / haben die
Griechen Zoophyta genandt. Etliche sind hievor beschrieben worden. Diß gegenwertig das erste Geschlecht der Meerscham / hat seinen Namen von der ge-

Der 15. theil/ von Muscheln

stalt/ als auch die folgenden/ hat ein harte Haut/ so es lebt/ ist es voll vnd auß gestreckt/ nach dem todt fällt es zusamen/ hat zwey Löcher/ durch welche es das Wasser an sich zeucht/ vnd von jm gibt. Etliche sind grün/ etliche schwartzlecht/ etliche gelblecht.

Von dem andern Geschlecht der Meerscham.

Pudendi marini altera species.

Wie dieser gestaltet.

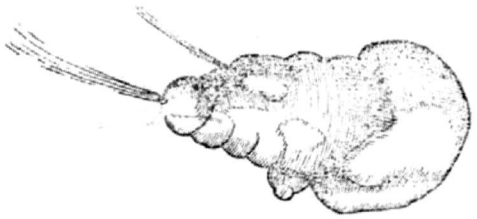

Ein gestalt erzeigt sich hiebey/ allein zu mercken ist/ daß sie ein harte schalen oder Haut hat/ dick gerunzelt vnnd durchscheinend/ hat zwey Löcher von einander/ durch welche er Wasser herauß sprützt/ so er getruckt wirt.

Von einer andern Meerscham.

Pudendi marini alia species:

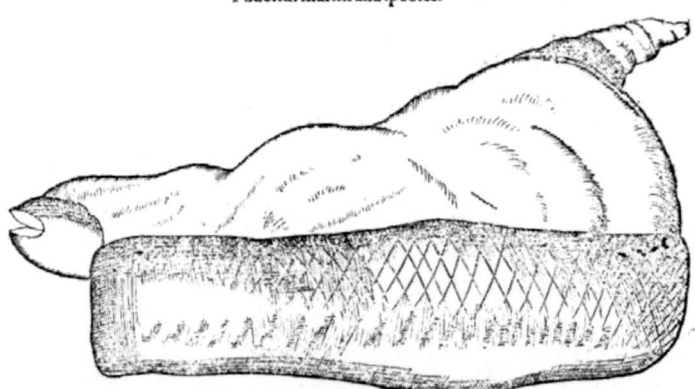

Dieses ist auch ein andere Gestalt der Meerscham/ ist gelbgrün/ der eine spitz so niderer/ ist gestaltet am ende/ wie der Kopff am männlichen Glied/ auch roth/ wirt selten gefangen/ kompt nit in die Speiß.

Von der Meerlungen.

Pulmo

Pulmo marinus, Spongia marina. Ein Meerlungen/
Ein Meerschwamm.

Von seiner Gestalt.

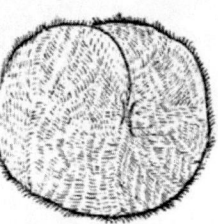

Die ligen gar nahe an allen Gestaden deß Meers/
von welchem sie außgeworffen werden. Sind
gantz rund/ mit einer harten dicken Haut bedeckt/
grün an der Farb/ welche so man mit dem Fuß tritt/ oder
sonst truckt/ so fleußt Wasser herauß/ vnd so man sie darnach widerumb in das Wasser legt/ so werden sie widervmb voll/ nit anderst dann ein gemeiner Schwam.

Von etlichen Meergewächsen/ so nit Kreuter/
auch nit lebendige Thier/ sondern mittler art sind/
von den Griechen genandt
Zoophyta.

Erstlich von dem Meernegelin.

Eschara. Ein Meernegelin.

Von seiner Gestalt vnd Art.

Dieses Gewächß ist gantz ähnlich an der
gstalt den gefüllten Negelinblumen/ oder
Hauptlelacten/ võ welcher jm die Meerländischen den Namen geben haben. Ist mit einer roten Haut bedeckt/ welche so sie jm abgezo-
gen/ ist die an der Substantz gantz durchlöchert
als ein Sieb: wächßt auff den Steinen/ auch
höltzern so lang im Wasser gelegen: wächßt vnden auß dem Stiel als auß einem Würtzelin.

Von einem andern Meergewächß.

Epipetrum. Ein Schwammdechtig vnd luck
Meergewächß.
Wie es gestaltet.

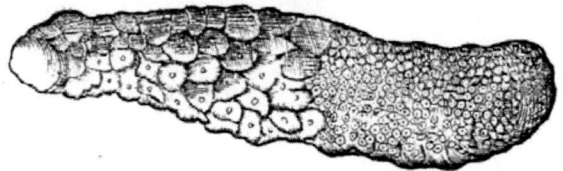

Jeses ist nit vngleich der Meerscham / ist sechß Finger lang / anderhalb breyt / dußlecht / vnd vneben / eins theils schwartzlecht / anders theils rotlecht.

Von dem dritten.

Cucumis marinus.   Meercucumer.

MIt Gestalt/Farb/vnd geschmack/ist dieser den Cucumern gantz gleich.

Von dem vierdten.

Malum insanum marinum.

DIe gstalt dises gewächß ist gätz ähnlich der frucht so die teutschē Dollöpfel nennen / möcht ein Art der Meertreubel geachtet werden.

Von dem Meertreubel.

Vua marina.   Ein Meertreubel.
Wie er gestaltet.

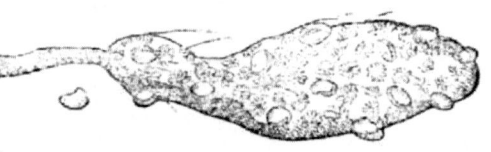

DIß ist ein lenglechter vngestalter schwam von einem stiel hangend: an dem eussern theil hat er blumē den Treubelblumen gantz gleich / darzwischen Beer. Die vmb das teutsche Meer wohnen/neñen solch gewächß Haffgufft.

Von der Meerhandt.

Manus marina.   Ein Meerhandt.
Von seiner Gestalt.

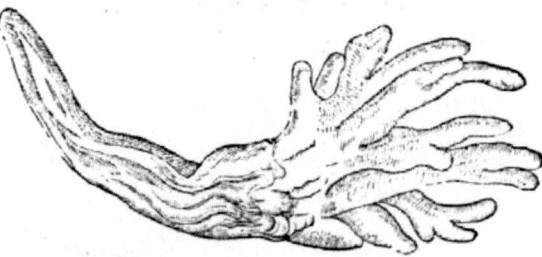

DIeses Gewächß hat auch den Namen bekommen von etlicher Gestalt mit der Handt eines Menschen.

Von

Von der Meerfedern.

Penna Marina. Ein Meerfeder.

Von solcher Gestalt.

Diese Figur setzt Rondeletius in seinem Buch.

DEr Meerfedern werden hie zwo gestalt gesetzt/auß welchen die letzte so rotlecht/auß Italien kommen ist/sind gantz ähnlich den Federn von dem Strauß. Bey Nacht sollen sie scheinen als ein Stern.

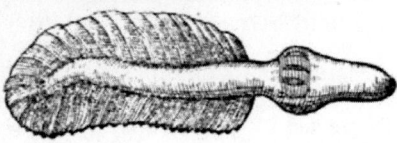

Ein andere Gestalt der Meerfedern auß Italia.

Der 16. theil von etlichen Meergewürmen.

Von dem Meerpferdt.

Hippocampus. Ein Meerroß/ Ein Meerpferdt.

Von seiner Gestalt vnd grösse.

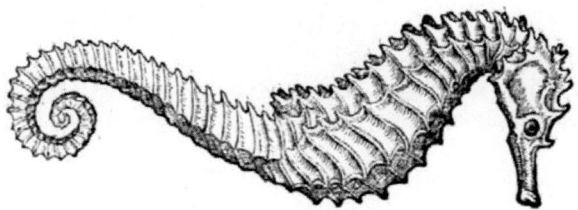

DIe grosse wunderwerck Gottes vnnd geschicklichkeit der Natur/ erzeigen sich in viel wunderbarlichen Geschöpffen/insonderheit in disem gegenwertigen Meerthier oder Fisch/welcher mit Kopff/Halß/ Maul/Brust/Halßhaar/ so an den schwimmenden allein gesehen wirt/ sich gentzlich einem jrdischen Pferdt vergleichet/ außgenommen der hindertheil oder schwantz/so ein andere gstalt hat/ als dann auß der gegenwertigen Figur wol mag gesehen werden / sein leng ist nit gar einer Spann lang / die dicke eines Daumens oder grossen Fingers / an der farb vorauß oben auff dem Rucken braun/ mit weissen puncten / vnden am Bauch weißlecht / der so vnser etliche zu Mompelier am Gestad deß Meers gesehen haben / war bleych / ohne zweiffel daß er todt was. Keine Fischohren hat er / sonder ob den Augen zwey kleine Löchlin. Ist ein sonderlicher schöner / wunderbarlicher / seltzamer Fisch/ wirt auch nit viel von den Fischern gefangen.

Von Art vnd Natur der Thieren.

Diese Wunderfisch fressen allein Kaat vnd leben deß Wassers. Etliche Abenthewrer zeigen solche Thier an statt der Basilischen / auß der vrsach daß sich sein ende oder schwantz auff allweg krümmen läßt / vnd wie er gekrümbt wirdt / so er stirbt / in solcher Gestalt soll er bleiben.

Von seinem Fleisch.

Das fleisch der Thieren kompt nit in die Speiß/ bey keiner Nation/ dañ sein brauch soll vergifft seyn/ schädliche Kranckheiten bewegen.

Etliche besondere stück der Artzney / so von solchen Thieren in brauch kommen.

Diese Thier angehenckt / sollen bewegen zu vnkeuschheit. Item gedörrt/ gepuluert/ vnd eingenommen / soll wunderbarlich helffen/ denen so von wütenden Hunden gebissen sind. Dergleichen auß starckem Essig gestossen/ auff den Biß gelegt.

Dieses Thier zu äschen gebrandt/ mit altem Schmeer vnd Salniter/ oder mit starckem Essig auffgeschmiert/ erfüllt die Kaalköpff/ oder abgeflossen Haar.

Das Puluer der gedörrten Meerpferd genossen/ miltert das Seitenwehe oder den stich/ vnd in der Speiß genommen/ hilfft denen so den Harn nit verhalten mögen.

Die Gall der Thieren soll ein sonderbare Artzney seyn/ wider die bresten der Augen.

Von dem Meerrauppen.

Eruca Marina.   Ein wunderbarer Haarwurm.

Von seiner Gestalt.

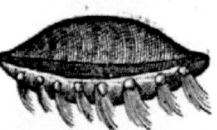 

Dieser wunderbahrer Haarwurm/ soll weder Maul noch Augé haben/ mitten dick/ zu beyden seiten spitzlecht/ am bauch ist er gerümpelt/ auff dem Rucken hat er kleine Düsselin/ welche die Fischer Wärtzen nennen/ auß welcher grüne haar sich herauß strecken/ so er berührt/ so erhebt er sich vnd laufft auff/ ist vergifft.

Von der Meerlauß.

Pediculus Marinus.   Ein Meerlauß.

Wie sie gestaltet.

Dieses

Jeses Thier wirt mit einer dünnen Schalen bedeckt als ein Krebßlin/ ist breyt vnd groß als ein Bonen / nit vngleich einem Rossßkeffer : plaget die Fisch sehr vbel/klebt an jnen vnd saugt wie ein Egel: weicht auch nit es hab dann ein Fisch gantz außgesogen.

Von dem Meerfloh.

Pulex marinus.   Ein Meerfloh.

Wie er gestaltet.

Jese närrische gestalt ist auch auß den kleinen Thieren so die Fisch plagen/ ist mit dünnen schalen bedeckt/ nach Art der Krebsen sehr klein / also daß er nit ohne sondern fleiß vnnd Arbeyt mag erkannt werden.

Von der Meerbrent.

Ostreus vel Asilus marinus.   Ein Meerbrem.

Von jhrer Gestalt/ Art vnd Natur.

Iß Thierlin ist auch auß der zahl der Meerplagen/ sticht vnd treibet etliche grosse Meerfisch/ daß sie sich von noth auff das Landt vnd Gestad herauß werffen/insonderheit die Thunnen/Delphin/auch etliche andere Wallfisch.

Von der Meeregel.

Hirudo marina.   Ein Meeregel.

Von jrer Gestalt vnd Eigenschafft.

IM Meer / Meerpfützen oder Seen werden Egel gesehen/ denen so in süssen Wassern gantz gleich: eines Fingers groß/das Maul vnd ende deß Schwantzes hat grüblin von fleisch wie der groß Kuttelfisch/mit welchen sie sich anhefften. Sein Leib nach árt der Würmen von viel Ringlin zusamen gesetzt/haben doch ein hártere Haut dañ die vorbeschriebnen Egeln/ also daß sie sich nit mögen zusamen ziehen oder krümmen : sondern bewegen allein den Kopff vnd Schwantz. Diese leben im Kaat/ Lett vnd stinckenden orthen: dienen nicht zur Speiß/wiewol etliche wüste Fisch solche fressen.

Artzney von den Thieren.

Diese Würm in altem öl gekocht / miltern den schmertzen der Ohren : in Mandel oder Camillenöl/den schmertzen der güldin Adern. In Wein gesotten/ sind sie dienlich den Wunden der Neruadern vnd erstarren der Glieder.   Gebrandt mit Essig angeschmiert/erfüllt die Glatzköpff mit Haar.

Von der Meernassel.

Scolopendra marina.   Ein Meernassel.

Von jrer Gestalt.

Je Meernaſſel iſt gleich der Jrrdiſchen Naſſel / welches Würm ſind rothlecht / mit viel Füſſen/ſind doch gröſſer vnnd lenger. Die kleiner auß denen iſt gantz rotlecht: die gröſſer ſo auff ein Elenbogen kompt weißlecht.

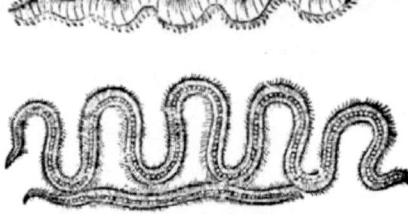

Von Art vnd Natur der Thieren.

Dieſe Thier wohnen in dem tieffen Meer bey den ſchroſen vnd ſteinen/ an welchen ſie kleben vnd kriechen. Sie brennen wie ein Neſſel ſo ſie angegriffen werden/ſtincken vbel/zerſpringen ſo ſie von einem Menſchen beſpeyet werden.

Von natürlicher liſtigkeit deß Thiers.

Die Meerneſſel ſo ſie ein Angel verſchluckt vnd gefangen/ ſoll ſie all jr Eingeweyd herauß kotzen/ſich gantz alſo vmbkehren/vnd vom Angel entledigen.

Artzney von den Thieren.

Dieſe Thier in öl geſotten/macht das Haar abfallen: auch die äſche mit öl gemengt. Dieſe Thier mit Honig emplaſtriert/vertreibet die Kröpff.

Von dem Meerwurm.

Vermis Mycrorynchoteros.　Ein Meerwurm.
Wie er geſtaltet.

Jeſer Meerwurm iſt eines Fingers lang/deß kleinſten Fingers dick/mit einem kurtzen kumpffen ſchnäbelin. Etliche haben nur ein Löchlin an ſtatt deß ſchnabels. Iſt auß der Art der Mettlen.

Vermis Macrorynchoteros.
Ein anderer Meerwurm.

Jeſer iſt gröſſer vnd dicker / kompt auff zwo Elen lang / eines Daumens dick/ hat ein legern ſchnabel: iſt geſtaltet wie ein lange Wurſt: gelebt im Kaat vñ Lett deß Meers vñ Meerpfütze.

Von dem Meermettel.

Lumbricus marinus.　Ein Meermettel.
Wie er geſtaltet.

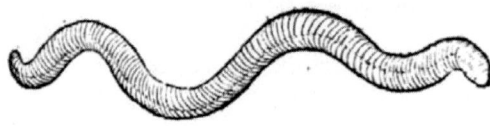

Dieſer

Jeser ist an der Gestalt gleich den Würmen so zu zeiten auß dem Gedärm der jungen Kinder kommen/zweyer Elen lang/wohnt in warmem Sand/läßt sich zu zeiten gantz in das Meer.

Von einer andern art der Würm.

Vermes in Tubulis delitescentes.

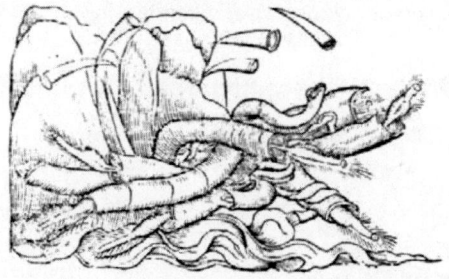

Jese wachsen an den Meersteinen vnd Felsen/ auch auff den alten Muscheln/ in rauhen Röhrlin / welche jnnerhalb gantz glat vnd weiß sind. Sind nit vngleich an gestalt der kleinen Meernassel/ von wegen der Füsse/ hievor vnder den Muscheln auch beschrieben worden.

D ij

Das ander Buch von den Thieren so
in Wassern wohnen / welches allerley Fisch der
süssen Wassern / Flüssen / oder anderer
Bächen begreifft.

Deß ersten Theils dieses andern Buchs die erste Ord-
nung / welche allerley kleine Fischlin / so in süssen Wassern
gefangen werden / innhaltet.

Von dem Bachbambelin oder Haarleuchlin.

Phoxinus lævis.　Ein glatte Bambelin / Haarleuchlin.

Von Gestalt vnd mancherley Namen deß Fischlins.

ER Bambelen sind insonderheit zweyerley Geschlecht.
Etliche glatt ohne Schüppen / werden bey vns gemeiniglich allein in dē
fluß Glat gefangen. Andere haben schüppen / als vnsere gemeine Bambelin. Der geschlechten jedes wirt widerumb in zwey getheilt werden.
Das erste Geschlecht der glatten Bambelen welches die Schwaben Pfrill nennt /
ist glatt ohne schüppen / weiß / allein daß es mit schwartzen Puncten besprenget ist / das
ende der vndern Fischfecken ist rotlecht / ist auch auff dem Rucken schwartzlecht ein theil
vmb den andern / ist vnden am Bauch weiß.

Von dem andern Geschlecht der glatten Bachbambelin.

Pisciculus varius ex Phoxinorum genere.

DJeser sol auch billich vnder das gschlecht der glatten Bachbambelen gezehlt werde. Der Rucken ist
glantzet / goldfarb / der bauch silberfarb / die seiten
purpurfarb / der schwantz so breytlecht / goldfarb / hat ein
glatte haut / mit etlichen flecken oder düpffelin besprengt.

Von dem schüppechten Bambelin.

Phoxinus squamosus maior & minor.　Das groß vnd
klein schüppecht Bambelin.

Wie

Wie sie gestaltet.

Die minder vnd kleiner gestalt / ist vnser gemeinen Bambelen. Dieweil sie nun bekandt / sind sie nicht weiter zu beschreiben: allein zu mercken ist / daß die Bambelen mit mancherley Namen genennt werden nach art vnd brauch frembder Nationen. Dann vmb Straßburg werden sie Milling / Mülling / Orlen / Erling / Hägener / vnd die aller kleinsten Brechling genandt / auch ein anders Geschlecht kleiner bitterer Fisch Riemling.

Butt / Bott / Baut / Bintzbaut / werden die glatten Bambelen genandt.

Die in Meissen vnd Sachsen nennen solche Elderitz / Elritz / Eldrich: Item Pfal / Ofrylls in Beyern.

Von Art / Natur / vnd Eigenschafft der Bambelen.

Die Natur vnnd schöpffung aller kleinen Fischlin ist also geartet / daß sie in gantz kurtzer zeit erwachsen. Das wirt jnen von den Alten zugeschrieben / daß sie gantz klein / doch voll Rogen allezeit gefangen werden / also / daß sie gar nahe geziweiffelt haben / ob sie von dem ersten vrsprung her mit Rogen erwachsen. Sind vnachtbare kleine Fischlin / die man pflegt gemeiniglich hinzuwerffen.

Von jhrem Fleisch.

Das fleisch der Fischlin wirt allezeit bitter erfunden / auß vrsach / daß sie klein / doch grosse gallë haben. Die grösser schüpecht Bambelë vergleicht sich mehr einer Rotten.

Von einem andern Geschlecht der Bambelen.

Epelanus fluuiatilis.   Ein Geschlecht der Riemling oder Bambelen.

Von jhrer Gestalt.

Diß ist ein art der kleine Bábelen / wirt in der Sequana einem fluß in Franckreich gefangen / sol ein sehr köstlicher Fisch seyn / eines lieblichen Geruchs / welchs jm vñ dem Meerfisch Epperlano insonderheit anerboren ist / kompt selten mit der lenge vber fünff zwerch Finger / vnd eines Daumens breyt / wirt allezeit sehr klein vnd jung / voller Rogen gefangen.

Von der Albulen deren so am Rhein wohnen.

Alburnus Ausonij.   Albulen.

Von seiner Gestalt.

Vnsere gemeine fisch / so von vns Albulen genennt werden / die Seefisch / sind viel ein andere gattung dañ die gegenwertigem. Am Bodensee wirt er von seinen roten Augen / Rotäuglin genennt / sonst auch

Der erste theil/ von allerley

Zwibelfischlin/Weißfischlin/Blteck/Biegge/Schneiderfischlin. Haben dünne/weisse/silberfarbe schüppen/allein der Rucken ein wenig schattecht: kompt mit der leng auff sechß zwerch Finger/ vnd auff zween zwerch Finger breyt. Ist ein schlechter verworffener Fisch/ auß verachtung man solche vmb den Bodensee Schneiderfischlin nennet.

Von dem Greßling.

Gobio fluuiatilis.　Ein Greßling/ Greß/ Kreß/
Bachkressen.

Von jrer Gestalt.

Vsonius ist der erste gewesen der diese Greßling beschrieben hat/ ist ein gemeiner Fisch bey vns/ weiß von silberfarben Schüppen/ mit schwartzen flecken besprengt.

Von Art vnd Natur der Greßlingen.

Diese Fisch schwimmen scharecht/ fressen die todten Leib der Menschen/ vnd Roßßköpff/ leben vnd wohnen im boden vnd Lett/ man fängt solche in Seen vnd Flüssen. Das gemeine Sprichwort ist/ Ein Kreß ist ein Todtengräber. Sie werden in grosser menge mit den Stoßbären gefangen. Man findet solche auch im Jenner voller Rogen.

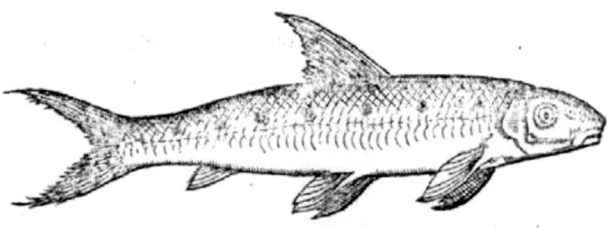

Von jhrem Fleisch.

Das Fleisch der Fischen hat gemeiniglich ein Geschmack nach dem Raat/ sind vnachtbare Fisch. Im Aprilen vnd Meyens zeit sollen sie zum besten seyn.

Von dem Neunaug.

Diese Figur setzt Rondeletius.

Lampredæ minimæ icon.　Ein Neunaug.

Wie diese Thier gestaltet.

Diese

Diese andere Gestalt hat vnser Maler conterfetet.

Dieser Fisch ist nit vngleich an der gestalt vnd grösse dem gemeinen Blindschleycher / ist auß dem Geschlecht der Lampreten / von den sieben Löchern der Fischohren / vnd den zweyen Augen / wirdt er ein Neunaug genennet. Solcher sollen zweyerley Gestalt seyn / nemlich das ander von dem Kaat oder Mür / Mürneunaug / in welches sie verhalten leben / schwärtzer dann die ersten / sollen nit in die Speiß kommen. Solche Fisch haben auff dem Kopff ein Loch / als die andern Lampreten. Man sagt / so ein kleiner Neunaug in einem jrdinen Geschirr in Wasser gesotten werde / daß der Hafen zerspringe. Man fängt sie viel mit dem Garn mit andern kleinen Fischen oder Bambelen. Werden im Hornung vnd Mertzen für andere zeit gepriesen. Etliche loben solche von S. Jacobs Tag / biß auff die Fasten. Im Aprilen findt man sie voller Rogen / sind nit lieblich zu essen / dann sie haben ein zehe fleisch / gantz kein Gradt / werden viel in der Glatt vnd andern viel Flüssen gefangen / geleben allein deß saugens / als die Blutsauger vnd Egeln.

Von dem Stichling.

Pisciculus aculeatus, Pisciculus pungitiuus, Spinachia,   Ein Stichling /
Ein Scharpling / Ein Stachelfisch.

Von seiner Gestalt.

In den Seen vnd Flüssen werden kleine Fischlin gefunden / mit scharpffen spitzen oder Dörnen bewahret / werden auß der vrsach Stichling genant. Solcher sind zweyerley / die ersten grösser / nit drey spitzen auff dem Rucken / vnd andern dreyen am Bauch zusamen gefügt / gleich einem Binetschsäulin / solche spitzen sind gantz scharpff vnd vest / welche sie in der forcht auffrichten vnd streussen sich vor gefahr zu bewahren. Mit jrem Leib vergleichen sie sich kleine Egeln / sind ohne Schüppen. Solcher werden zu zeiten in den Seen vnnd Flüssen so in grosser menge gesehen / daß etliche geachtet haben sie ein Raub oder Speiß seyn anderer Fischen. Auch so solche See oder Pfützen auffterucknen / werden sie von den Armen zu hauff gelesen.

Das ander Geschlecht hat auff dem Rucken sechß Dorn oder spitzen / bey seit nur einen / den Einwohnern der Tyber kommen solche zu der Speiß. Werden sonst auch zu Straßburg / vnd Wittenberg in der Alb gesehen. Das Männlin ist vnden am Halß ein wenig roth / das Weiblin nit. Man meynt / vorauß die Fischer / daß solche Fischlin von jnen selber wachsen / vnd auß solchen folgender Jaren andere Fisch / auß solcher vrsach darzu bewegt / daß auch in den new bereyteten Seen oder Weyern / solche in dem Jar gesehen werden / folgender Jahren andere Fisch / ob sie gleich mit keinerley Fischen nit besetzt sind worden.

Von dem Beißker.

Der erste theil/ von allerley

Pœcilias piscis. Ein Peißker/ Ein Beißker/ Meerputten/
Meertreuschen/ Pfulfisch.
Von jhrer Gestalt.

Peißker wirt dieser Fisch genandt von seiner Art / dieweil er in den Boden/ Gestad vnd Erden hinein gräbt/ in demselbigen sich verschleufft. Sind an der Gestalt gantz ähnlich den Grundeln/ einer spannen lang/ eines fingers dick/ wiewol auch grössere gefunden werden. Der Rücken ist äschenfarb/ mit viel/ entzwerch schwartzen vnd blawen flecken/ von welchen flecken sie den Namen bey den Griechen haben. Zu jeder seit ist ein weisse vnd schwartze Linien. Der Bauch ist weiß/ mit gelben flecken besprengt/ auch darzwischen gantz kleine rote vnd schwartze Düpffelin/ man gräbt sie auß dem Boden bey den Gestaden/ haben gern Wust vnd Kaat/ also daß sie auch den Wust der Scheißgruben verzehren. Ist ein gemeiner Beschiß bey den Landstreichern/ welche solche in gläsene Kuttern beschliessen/ also speisen/ vnd an statt der Nattern erzeigen/ dann sie sonst auch den kleinen Nattern nicht vngleich / dann so man solche mit Brodt vnd etlichem andern ding speiset/ leben sie auff anderhalb Monat/ Sie sollen ein stimme geben/ nach art etlicher anderer Grabfischen.

Von dem Kaulbarß.

Porcus fluuiatilis, Perca fluuiatilis minor, Cernua fluuiatilis,
Porces/ Kutt/ Kaut/ Kaulbarß/ Kaulpersich/
Goldfisch/ bey Cöln/ Pösch.
Von seiner Gestalt.

Diese Figur ist zu Straßburg conterfetet.

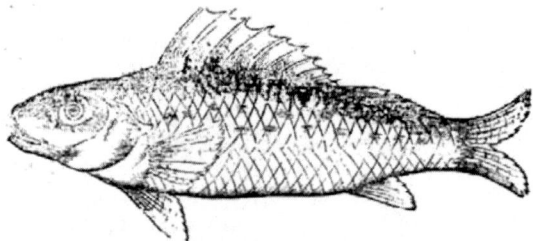

Diese andere Figur so auß Engellandt kommen/ ist etwas fleissiger gemacht/ dann die erste.

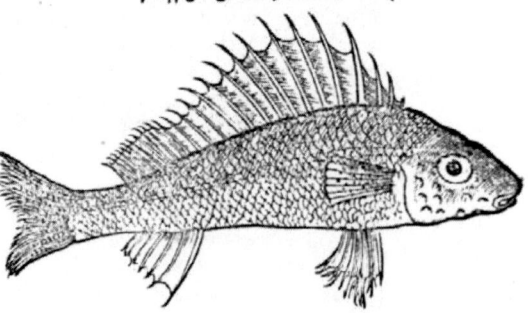

Dieser

Dieser Fisch ist nit vngleich dem Eglin/fürnemlich dem Meereglin/hat scharpffe spitzige Fischfeckten auff dem Rucken/vnd vnden am Bauch/welche er auffricht so er berührt wirdt sich zu beschirmen/also/daß er alliveg den verletzt so jhn begreifft/ist kleiner vnd ründer dann das Eglin. Oben auff dem Rucken ist er braun/gegen dem Bauch vnden bleychgelb: an dem Kynbacken hat er zwo ordnungen halber Ringlin: das ober halb theil der Augen braun/das vnder goldfarb: hat am schwantz vnd durch die Feckten schwartze flecken: sitzt gern an sandechten lautern Orthen. Es ist ein anderer kleiner Fisch von den Teutschen Kutt genamt/eines Fingers lang/mit gantz kleinen Schüppen/wie ein grosser Gropp/doch mit einem kleinern Kopff/grüner/gantz löblich in der Speiß/vorauß deß Glentzen/vnd so er leycht/wirdt er gleich seyn vnd zugehören dem jetzt beschriebnen Kaulparß.

Von dem Fleisch der Fischen.

Diese obgeschriebene Fisch haben ein sehr löblich fleisch/gantz gleich dem fleisch der Eglin/gut/gesund/vnd angenem zu essen.

Von dem Schröll.

Von seiner Gestalt vnd Fleisch.

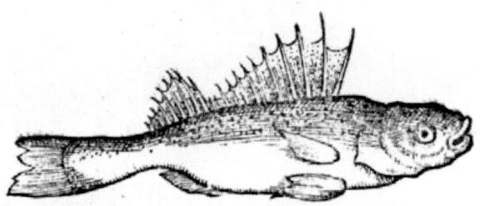

Dieser Fisch soll insonderheit in der Thonaw gefangen werden/gantz gleich dem Eglin oder obgesetzten/ist er anderst nit gantz derselbig: soll selten grösser werden daß die gestalt anzeigt: der Rucken oben her ist braun/die seiten grünlecht/mit viel braunen puncten besprengt/auch in der öbern Fisch oder Floßfeckten auff dem Rucken/welches spitzen weißlecht seyn sollen. Der bauch weiß/der anfang der feckten bey den Ohren rotlecht. Ist ein sehr guter löblicher Fisch/auff alle weiß vnd art bereyt.

Von dem Schwaal.

Leucisci, seu Mugilis fluuiatilis species prima. Ein Schwaal/ Furn/Reitel/Rotaug/Rotäuglin.

Wie diese Fisch gestaltet.

Die Schwaalen sind bey vns bekandte Fisch/auß vrsach von jrer gestalt nichts zu schreiben ist: allein zu mercken ist/dz sie bey etlichen orthen nach dem Alter vnd Jaren/andere vnd andere Namen bekommen: als nemlich zu Lindaw am Bodensee nennen sie solche im ersten Jar Förnfisch/im andern ein Guit/im dritten ein Furn. Etliche nennen sie im ersten Jar/Blieck/oder Rotäuglin: im andern Jar/Fürling: demnach Furn oder Schwaal.

Von jrem Fleisch.

Diese Fisch heben an zu leychen vom Aprilen an biß auff mitten Meyens. Ist ein guter gesunder Fisch/wirt gelobt vor dem Leych im Jenner/Hornung vnnd Mertzen: auch zimlicher weiß durch den gantzen Winter: sie haben roten/dicken Rogen/welche von vielen in der Speiß begert werden.

Von den Laugelen.

Leucisci

Leucisci secunda species. Ein Laugelen.

Von mancherley jrer Namen.

Die Langelen sind sehr wol bekandt dem gemeinen Volck/ so solcher gantz schosen voll kauffen vmb ein Creutzer. So sie gantz klein vnd jung mit dicken scharen schwimmen/werden sie Seelen genennt/zu Costantz Zienfische/so sie älter worden Agönen/Agünen/Lagenen. Jm Dmersee nennt man sie Blawling.

Von jhrem Fleisch.

Wiewol die Laugelen verachtete Fisch sind von jhrer kleine wegen / so ist es doch nit ein arger Fisch/sondern so sie wol bereytet werden/sind sie lieblich zu essen/insonderheit auff dem Rost gebraten/vnd mit Essig/Saltz/öl/Pfeffer vnd Zimmet puluer besprenget. Zu Viel pflegt man sie frisch auß dem See an den Rauch zu hencken vnd zu dörren/vorhin jhrer Köpffe beraubt.

Von dem Ryßling.

Risela.   Ryßling.

Wie sie gestaltet.

Diese Fischlin fängt man in den Bächen oder Reusen/so auß dem Gebirg starck fliessen/kommen selten ober ein Finger lang/auff dem Rucken ist er grünblaw/an den seiten vnd Bauch weiß/ hat Schüppen/soll auch etliche flecklin haben/jnnerhalb hat er ein schwartzes Häutlin/als die Nasen. Soll sonst vnder die guten löblichen Fisch gezehlt werden.

Deß ersten theils die ander ordnung von den Steinfischen.

Von vnserm gemeinen Groppen.

Cottus siue Gobio fluuiatilis capitatus.   Ein Gropp.

Von seiner Gestalt vnd grösse.

Je gemeinen Groppen mit dem grossen Kopff / so gar
nahe in allen Bächen vnd Flüssen gefangen werden/sind bey vns gnugsam bekandt. In der Thonaw sollen die grösten seyn/ etliche ein halben
Schuch lang/etliche die 4. Lot wegen. Solcher Fisch werden zweyerley
Geschlecht in dem Zürcher See gefangen/wiewol solcher vnderscheid von wenig Leuthen geachtet wirdt. Dann die so im See gefangen werden/sind kleiner dann die so in
der Lindt. Item die Seegroppen sind weisser/die so in der Lindtmat schwärtzer. Die
Seegroppé sind getheilt/mit mancherley mäcklen gesleckt/etliche schwartz vber zwerch.
Bey den Fischohren haben sie kleinere schärpssere Dörn oder spitz/so klein daß sie hart
mögen gesehen werden/welche auch die Händ verletzen deren so sie angreiffen/das mittel deß Augs grünlecht / mit einem glantz als ein Edelgestein/ kommen auß dem See
gantz nit in Fluß/auch die im Fluß nit in See/ die Seegroppen sind auch viel ärger an
dem Geschmack vnd Speiß/dann die andern.

Von Art vnd Natur der Thieren.

Die Groppen so in den Flüssen vñ starckrinnenden kleinê wassern wohnen/pslegen
sich vnder die Stein zu verschliessen/schiessen von einem orth an das ander mit so starckem gewalt/daß hart ein anderer Fisch jnen in solcher bewegnuß zu vergleichen ist. Allerley Speiß fressen die Groppen/ auch sie sich selber einer den andern/ der grösser den
kleinern/jr Leych hebt an am Mertzen/streckt sich biß auff Ostern.

Wie die Groppen gefangen werden.

Man pflegt sie auff mancherley art zu fahen/mit den Händen/mit Groppeneisen/
mit den Garnen so man Rötelingarn nennet/ auch zu zeiten mit dê Stoßbären. Bey
der Nacht fängt man sie ohne Arbeyt bey dê Mouschein/zu welcher zeit sie jre schlüpff-
lin vnd Stein verlassen/herumb schweiffen/also daß nit von nöthen ist die Stein vmb
zukehren oder zu bewegen. Man pfleget sie auch zu fahen mit den Reussen/ auch mit
bürdlin kleiner Ruthen oder Holtzes zusamen gebunden auff den grund gesetzt/in welche sie sich verschliessen vnd versiecken / welche man zu gewisser zeit auffhebt/ vnd die
Groppen herauß schüttelt.

Von dem Groppenfleisch.

Die gemeinen Groppen mit den grossen Köpffen haben ein gesund gut fleisch/lieb-
lich vnd lusig zu essen. Wiewol sie vnder die Steinfisch eigentlich zu reden nit gezehlt
werden/von jrer schleimigkeit wegen. Doch so werden sie von menniglichem gepriesen/
vorauß die so in rinnenden wassern gefangen. Die Seegroppen behalten wenig lobs/
zur zeit deß Winters sind sie am besten vnd löblichsten/von Weynachten biß anfangs
Aprilen/die edelsten sind die so voll Rogen gefangen werden.

Von dem rauhen welschen Groppen.

Gobius aspet.   Ein rauher schüppechter Gropp.

Von seiner Gestalt.

Jeser wirt allein in dem Rodê
gefangen/zwischen Wien vnd
Lyon/ist ohn Zän/an stattder-
selbigen rauhe Kynbacken/ Löchlin
vor den Augen/ist rotlecht/mit breyten schwartzen flecken vom Rucken
gegen dem Bauch herab/seine Fisch-
secten/wie in den Groppen.

Von

Von Natur der Thieren vnd jrem Fleisch.

Es ist die sag daß dieser Fisch Goldt fresse/ auß der vrsach/ daß er allein desselbigen Flusses Sand frißt/ vnder welchem zu zeiten goldblätlin vermischt gesehen werden: hat ein tröchner/härter fleisch dann der gemeine Gropp.

Von einem andern Fisch/ so sich solchem rauchen
Groppen vergleicht/ Zindel genannt.

Dieser soll kleine schüppen haben/ zeiget auch keine Fischfeckten vnden gegen dem Schwantz/ wider die art aller anderer Fisch. Kommen zu zimlicher grösse/ die so mittler grösse sind zwölff zwerch Finger lang: an der farb braunrot/mit schwartzen flecken: am bauch ist er äschenfarb/ kompt zu zeiten auff ein pfundt oder drey: so ein harten schwantz hat er/ daß er hart abgeschroten mag werden: hat ein gantz weisses fleisch/ soll ohne schüppen seyn als ein Aal: wirdt in der Thonaw vnd etlichen andern Flüssen gefangen: hat ein sonderlich köstlich gesund fleisch/ daß er auch den Kindbettherin erlaubt wirt/ vnd allein den Reichen zu kauffen kompt.

Von den Grundeln.

Cobitis barbatula. Ein Grundel/ Ein Bartgrundel.
Von mancherley Geschlecht der Thieren.

Ein andere Gestalt der Bartgrundel/ etwas besser vnd
fleissiger gemacht dann die kleiner.

Diese Figur setzt Rondeletius.

Der Grundeln so ein gantz gemeiner Fisch von menigklichen bey vns bekandt ist/ sind mancherley Geschlecht. Dann etliche haben bärtlin/ von solchen jren Namen/ andere an statt derselbigen spitzen oder Dörn. Deren so gebartet sind sollen dreyerley seyn/ doch zwey bey vns wol bekandt: dann etliche wohnen in lettechtem linden grund oder boden am Gestad der Seen/ werden Moßgrundeln genennt: andere in frischen rinnenden kalten Bächen oder Flüssen/ Steingrundeln/ oder einfältige Grundeln genennet. Sind gemeinigklich einer spannen lang/ glat/ schlüpfferig vnd geflecket.

Von Art vnd Natur der Grundeln.

Die Grundelfisch wohnen in lautern Wassern/ steinechten Orthen/ deren werden sonderlich viel in der Glat gefangen/ auch in der Thöß/ die aller grösten bey Araw in der Aar/ werden sonst auch in dem Zürcher see an den Gestäden gefangen/ welche mitten deß Meyen zu zeiten gantz voll Rogen gefangen werden: heben an zu leychen nach Ostern/ wiewol sie nach etlicher sag alle Monat geberen. Am Gestad deß Sees werden sie mit den Storbären herauß gezogen sampt den Gröppen/ von etliche gebraucht an die Kerder oder Angel als ein Fischaaß.

Von dem Fleisch der Thieren.

Das fleisch dieser Fisch behelt den Preiß vnnd Lob in allen dingen: dann es ist lieblich zu essen/ in dem daß sie nit so starck fischelin/ matt/ gesund/ gebiret ein gut Geblüt/ ist ringer däwung/ werden in viel kranckheiten der mehrer theil erlaubt/ von der Weynacht biß zu Ostern werden sie zum besten geachtet/ wiewol sie klein/ zu keiner zeit verarget mögen werden. So ist die kunst solche anzubereyten vnd zu kochen auch bekandt.

E

Der dritte theil/ von den

Der Kopff von den Grundeln soll ein bewehrte Artzney seyn den stein in der Blasen zerbrechen. Wider den Erbgrind/ Grundeln soll man in Meyenancken sieden/ vñ den Grind damit schmieren.

Von dem Steinbeisser.

Cobitis, Aculeata Dacolithus.   Ein Dorngrundel/ Ein
Steinbeisser/ Steinsmerling.
Von Gestalt der Thieren/ vnd wo sie zu finden.

GAr selten wirt dieser Fisch bey vns gefangen/ bey Straßburg ist er gemein/ die besten in Meissen bey der statt Dobel: wirt von Alberto also beschrieben/ nemlich er sey gantz gleich den Grundeln/ an der farb vnd gestalt/ nit gantz rund/ sondern als zusamen getruckt: bey dem Maul soll er scharpffe spitzen haben/ mit welchen sie auch verletzen die so sie angreiffen/ ist ein wenig lenger dann ein Grundel/ gefleckt mit einem spitzen Kopff.

Ein andere Gestalt deß
Steinbeissers/ besser vnd
fleissiger gemacht dann
die erste.

Von Art vnd Natur der Thieren.

In kleinen Flüssen vnd Brunnenwassern sollen sie sonderlich wohnen/ auß welchen sie auch in die grossen flüß streichen als in die Alb/ hafftet sich mit seinem Maul so starck an die Stein/ zu zeiten viel hauffecht zusamen: Item an die jrdinen Gefäß der Mägde so sie kauffen so starck/ nit anderst als ob er sauge. Deren solle etliche auch in lettechtem Grund vnd Krautwohnen: leychen vor Meyen mit andern Grundeln/ auff zwey oder drey mal deß Jars: werden gefangen mit engen gestrickten Garnen/ an dem Gestad mit andern Fischen.

Von jhrem Fleisch.

Ein vnächtbare Art der Fisch sind die Steinbeisser/ haben ein zehe/ koderig wüst fleisch/ viel ärger dann die gemeinen Grundeln. Im Aprilen vnd Meyen werden sie etwas gesünder gehalten/ auch zur zeit vor dem sie streichen vnd vollen Rogen sind.

Von einem andern Fischlin.

Cobites fluuiatilis simpliciter dictus.   Es bedunckt sich dem
Pfellen oder Pfrillen gleich seyn.

Von seiner Art.

DIeser Fisch wohnt in kleinen Bächlin vnd Flüssen/ eines Fingers groß: am Leib soll er gelblecht seyn/ mit etlichen schwartzen Flecken: ein feucht vnd schleimig fleisch haben.

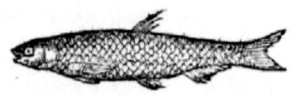

Deß

Deß ersten theils die dritte ordnung/
von den Flach oder Breytfischen.

Von dem Karpffen.

Cyprinus, Carpo. Ein Karp/ Ein Karpff.
Von mancherley Geschlecht vnd Gestalt der Thieren.

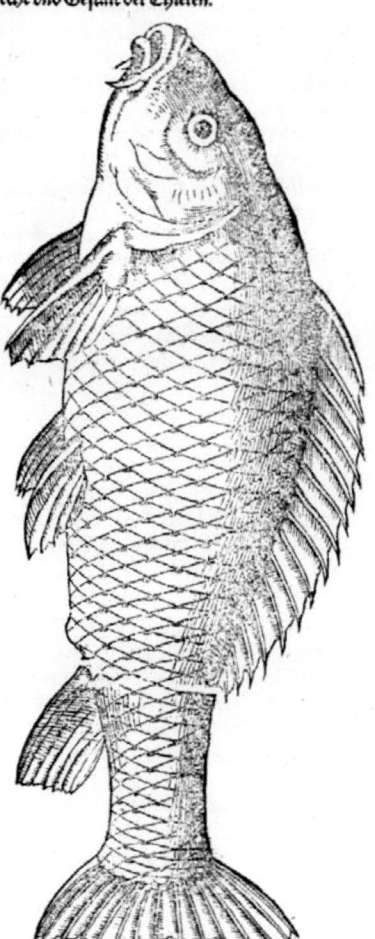

EIn Karpff ist auch
ein bekandter Fisch in vn=
sern Landen/ welches be=
schreibung auch sonder
zeichen dabey zu erkennen ist/ ein fleisch=
echten Rachen gleich einer zungen/ wel=
che von den vnsern Karpffenzungen ge=
nennt werden/ von manchē insonderheit
zu der speiß begert. Solcher werden et=
liche gschlecht gefundē/ als hernach wei=
ter wirt gehört. Dañ im Franckenland
werden etliche mit flecken gefangē/ wel=
che zu vnderscheid Spiegelkarpffen ge=
nennet / so sollen auch in der Thonaw
schwartz Karpffen gefangen werden.

So viel die jnnerliche gstalt betrifft/
so hat er ein sondere grosse breyte zunge/
welche von dem obern Rachen herab
wächßt vnd entspringt/ hat gleiche ge=
stalt/ nutz vnd brauch den zungen ande=
rer Thieren. Item in seinem Kopff trägt
er ein stein/ Karpēstein genañt/ welcher
sein sondern brauch vnd Tugendt hat/
als an seinem orth wirt gehört werden.
Auch in seinem schlund hat er dreyeck=
echte krospeln oder stein hart vnd zähe/
aussen weiß/ jñerhalb gelb. Sie haben
auch Zän weit in dem Rachen/ welches
vrsach geben hat/ daß sie etliche ohn zän
beschrieben haben. Diese Fisch komen
zu zeiten zu mächtiger grösse / so sie in
Weyern ein zeitlang erhalten werden.
Bey anfang deß Wintermonats wer=
den auch die Milchling voll gefangen.

Von Art vnd Natur der Thieren.

Diese Fisch wohnen in allerley Wassern/ dann es wachsen vnd entspringen deren
etliche von jnen selber/ auß Wust vñ Kaat/ ohne samen/ als von etlichen andern Fischen
auch geschrieben wirt/ vnd die erfahrung solches erzeigt. Nichts desto minder so meh=

E ij

ren sie sich auch durch den Samen vnd Leych/ also daß das Männlin die Röglin oder
Eyer nach dem Leych verhütet vnd bewahret.

Zur zeit aber so sie leychen/ so fahren sie dem Gestad nach an die wärme/ vnd mieß-
echte orth/ geberen vnd leychen zu jeder zeit deß Jars/ auch im Brachmonat/ etliche
schreiben von fünff/ etliche von sechß malen.

In etlichen Weyern sollen Karpffen gefangen werden/ in welchen kein vnderscheid
deß geschlechts/ Röglings oder Milchlings mag gespürt werden. Solche werden ohn
zweiffel die seyn/ so von jnen selbs wachsen vnd geschaffen werden.

Zur zeit der truckneu warmen Jahr fallen diese Fisch auch in Kranckheit/ dann es
wachsen jnen Düssel vnd Trüsen/ die schüppen fallen jnen herab/ an etlichen wirdt gespürt gestanden Blut jnner der seiten oder Grädten/ welches von wenig Leuthen ge-
scheuhet wirdt/ sind doch zu der Speiß vnd Nahrung vngesund. Die in solche Kranckheit fallen/ sterben der mehrer theil all.

So die wasser groß werden vñ außlauffen/ so sollen diese Fisch auch etliche Kreuter
vnd Graß abweiden.

Zu Michelsseldt in einem Graben bey dem Schloß/ soll ein Karpff auff hundert
Jar kommen seyn.

Von natürlicher anmuethung der Karpffen.

Daß das Männlin die Eyer oder Rogen deß Weiblins bewahre ist gehört. Wet-
ter ist er sonst auch ein listiger Fisch/ dann er soll viel der Listen brauchen vnd erdencken/
sich auß dem Garn zu entziehen: Erstlich soll er still ein außschlupff oder Loch suchen/
welches so er nit findt/ so würfft er sich vber das Wasser herauß/ sich also auß dem Garn
zu schwingen: oder er gräbt vnder dem Garn durch den grund herauß/ oder er faßt
ein starckes Kraut mit seinem Maul/ damit er dem zug widerstehen möge: zu zeiten erhebt er sich/ scheußt mit grossem gewalt mit dem Kopff in den grund hinein/ damit das
Garn der Fischer allein seinen Schwantz begreiffe/ also hindurch schlüpffe/ er wirdt
auch mit nichten mit dem Angel gefangen.

Item diese Fisch befinden auch den gewalt deß Gestirns/ dann jre Hirn schwinden
vnnd wachsen sampt dem Mon/ als dann gar nahe alle andere Wasserthier pflegen:
darzu den gewalt vnd Krafft der Hundstage/ auch deß Donners/ von welchem er gantz
vor forcht entschläfft/ vnbeweglich ligt.

Von nutzbarkeit der Karpffen/ vnd wie sie gefangen werden.

Der nutz von den Karpffen ist/ daß sie in die Speiß kommen/ auß der vrsach werden sie von mancher Herrschafft vnd Edelleuthen in kömlichen orten/ Weyern/ Was-
sergräben/ rc. gespeißt/ vnd zur mehrung vnnd nützung erhalten/ welche hernach ver-
kaufft/ ein mercklich anzahl Gelts bringen.

Man pflegt sie zu fahen gemeiniglich mit Garnen/ bäten/ vnd dergleichen Instru-
menten/ dann sie lassen sich mit keinem Aaß betriegen als andere Fisch.

Von dem Fleisch der Karpffen.

Die Karpffen haben nit ein arg fleisch/ feißt vnd lind/ wiewol sie nit vnder die löblichsten gezehlt werden. Minder arg sind sie auß den grossen Seen/ so starcke flüß emp-
fahen/ dann auß den Pfützen oder Weyern. Löblicher groß/ alt/ dann noch klein vnd
jung/ löblicher der Milchling dann der Rögling. Der Karpffenkopff wirt in der speiß
hoch geachtet von wegen der Zungen. Diese Fisch haben viel schweiß/ auß der vrsach
soll solcher mit Wein außgewäschen werden/ in welchem man jn sieden wil/ soll in kalten Wein gelegt werden bey anfang/ nit als andere Fisch/ so ein lind fleisch haben in
siedendem. So man ein Sultz darvon bereyten wil/ soll man die Schüppen in ein rein
Tüchlin verbunden zumal sieden/ damit sie desto baß gestehe.

E3

Es ist die sag bey vns/ dz bey kurtzer zeit ein Weibsbild habe das weiß geffen so an Ohren vnden klebt/welches gleich darnach groß geschwollen/ entlich gestorben ist. Doch ist wol zu achten daß ein gifftiger Wurm an solchen Ohren geklebt muß seyn.

Etliche stück der Artzney von solchen Fischen.

Die Gall von den Fischen in die Augen gethan/soll alle finstere hinweg nemen.

Sein feiste angeschmiert/nimpt den hitzigen schmertzen der Neruadern.

Der Karpffenstein ist löblicher von einem lebendigen genommen/dañ von einē todten oder gesottenen. Zu Puluer gestoffen/stellt das Blut: vnd so das Blut von der Nasen auff den gantzen stein fleußt/soll es zu stundt gestehn. Weiter ist er nutz dē grien: im Mund gehalten/widersteht dem sodt/oder hertzwaffer/behüt vor dem Bauchgrimmen: sie werden auch von etlichen am Halß getragen zu etlichen Kranckheiten.

Von einem wunderscheuß/lichen Karpffen.

Cyprinus rarus & monstrosus.
Wunderkarpff.
Von seiner Gestalt.

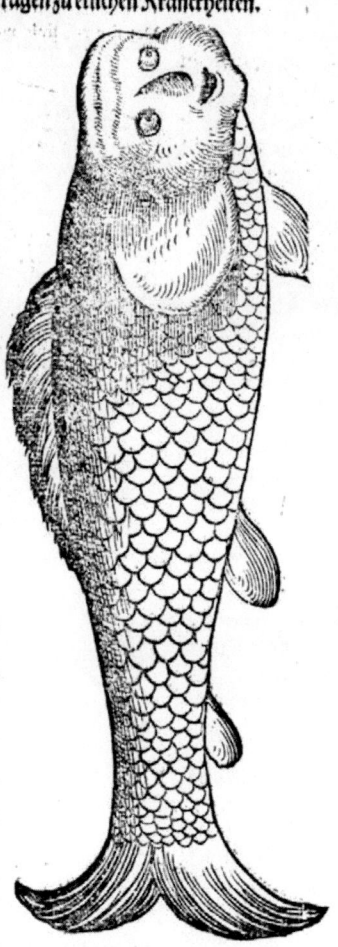

E In sölcher Karpff also gestaltet/sol im Bodensee gefangen seyn wordē bey Retz/in gegenwertigkeit vnnd beywesen deß Edlen vesten Junckern Wolffen von Schaumburg/ deß Jars als man zehlt võ der geburt vnsers Heylands 1554. gar nahe mittē deß Wintermonats. An der farb war es obe schwartz bey seit braun/vnden gelb: mit einem gesicht gantz gleich der Menschēgstalt/gegen der seiten entzwerch gekehrt oder gesetzt: ist von Abentheuer wegē lange zeit behalten worden. Soll mit einem Garn gefangen/an der gestalt einem Karpffen gantz gleich gewesen seyn.

Es soll auch an einem andern ort/im Nozerethäner see/deß 54. Jars einer gefangē seyn/mit einē Kopff gleich dē Delphin mit zweyen zütteln wie ein Barbet.

Vber die alle ist ein wunderseltzamer/nit võ gestalt/sonder von farben gefangen worden/im Landt deß Hochgebornen Fürsten vnd Herrn Marggraffen von Brandenburg/vnd gen Augspurg Keyser Carolo auff dē Reichßtag zugeschickt wordē/welcher jn seiner schwester Marien gschenckt hat. Seine fecktē auff dem Rucken waren zu eusserst zum theil goldfarb/zum theil rot/ bey der wurtzen oder anfang schön blaw : andere feckten alle goldfarb/als auch der gröfte theil seines kopffs vñ bäuchs/doch mit röte besprengt/

E iij

seine Bärtlin oder vier zöttelin rot: sein Rucken grünblaw: seine seiten oben grün/vnden goldfarb. Summa mit so gantz schönen farben getheilt/ daß sich darob zu verwundern war: hat auch gekocht seine farben behalten. Bey vns sind zu zeiten Karpssen gefangen/ in welchen weder Milchling noch Rogen gefunden worden/ sonder ein Zwydorn befunden/ solcher ist ohne zweiffel der so von jm selber sein vrsprung hat/ ohne vermischung beyderley Geschlecht.

Von dem Dornkarpssen.

Cyprinus clauátus, seu Pigus.   Ein Dornkarpff/ Ein
Steinkarpff.
Von seiner Gestalt/ vnd wo er zu finden.

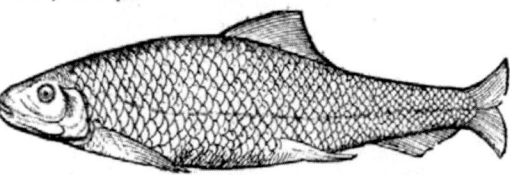

Iser Karpff wirt allein in dē Cumersee oder Lang see beyde in Italien gelegen/ an den wurtzē deß hohen Gebirgs/ so sich in Italien außstrecken oder enden/ gefangen/ den gemeinen Karpssen an der gestalt so gleich/ daß sie hart von einander zu scheiden werk/ allein daß dem gegenwertigen mitten auß seinen schüppen/ so breyt vnd groß sind/ viel kleiner Dörn oder spitzen außgestreckt sind/ von welchen er gantz rauch/ die Hände denen so in angreiffen sticht vnd verletzt. An seiner farb ist er graw oder wasserfarb/ mit einem röthlechtem Bauch/ wiewol etliche auß solchen weisse Bäuch haben sollen/ ohne zweiffel von vnderscheid deß Geschlechts. Vnder solche Dornkarpssen sollen auch die gezehlet werden/ so von den Teutschen Erfflen genennet werden.

Von den Brachßmen.

Cyprinus latus siue Brama.   Ein breyter Karpff/ Ein
Brachßmen.
Von mancherley Geschlecht der Thieren/ sampt jhrer Gestalt.
Diese Figur setzt Rondeletius.

Ie Brachßmen werden bey vns löbliche Fisch geachtet/ gar nahe in allen Seen gefangen/ in etliché gantz in grosser zahl. Solcher werden zweyerley geschlecht gesehen. Die ersten haben rauhe düpffelin bey dem kopff durch den Rucken biß zum schwantz/ sind etwas gr össet dann die andern/ werden Steinbrachßmen genennt. Das Geschlecht wirdt insonderheit in dem Greiffensee gefangen. Das ander Geschlecht hat keine rauche düpffelin oder Dorn / sind die gemeinen Brachßmen so man an allen orten fängt: so sind auch der Geschlecht der Meerbrachßmen mancherley/ als an seinem orth wirt gehört werden.

Ein

Ein andere Geſtalt der Brachſmen/ fleiſſig nach
denen/ſo in vnſern Waſſern funden
werden/abgemacht.

Die geſtalt der fiſch iſt
meniglichen bekant/ wie-
wol ſie ſich den Karpffen
vergleichen/allein daß ſie
breyter vn̄ nit ſo dick ſind/
auß der vrſach ſie vnder
das geſchlecht der Karpf-
ſen gezehlt werden.

Von Art vnd Natur
der Thieren.

Jn pfützechten Waſſe-
ren vnd Seen/beluſtigen
ſich die Brachſmē. Jn dē
Zürcherſee werdē ſie allein
in dem obern theil gefan-
gen bey Stäfen vn̄ Mä-
nedorff herumb/on zweif-
fel von wegen deß grunds
oder bodens/ ſo weiß vnd
lettecht iſt / dann ſolcher
grund wirt von jn̄ begert.

Auß dē Meer ſollen zu
zeiten ſolcher Fiſch durch
den fluß Varuon in einen
See/mit ſo groſſer menge
in 2. oder dreyen tagē herauff komen/vn̄ ſich in den
ſee verſamlen/ dz ein ſpieß
oder: Glän zwiſchen ſie ge-
ſteckt/auffrecht beſteht.

Jn Poland ſol einer viel
der Fiſch in ein Weyer als
ander Setzling geworffen
haben/als nun der winter
ſehr kalt/gantz vberfroren
gelegen/er auß begierd der
Fiſch ein Mahl anzurich-
ten/das Eyß auffſchroten

vnd den Weyer ledigen ließ/ſol er gantz keine Fiſch gefunden haben/ob er gleichwol den
Boden gantz vnd gar mit groſſem fleiß erſucht. Auff den Früling ſo gefolgt/ ſollen ſie
all wider erſchienen ſeyn vnd ſich erzeigt haben.

Von natürlicher liſtigkeit der Thieren.

Die Brachſmen ſo ſie mercken den auffſatz vnnd nachhalten von den Hechten/ ſo
ſchwimnen ſie gegen dem Grund vnd Lett zu/bewegen den Lett/ betrüben das Waſſer hinder jn/damit ſie ſich vor dem Hecht entſchütten mögen.

Von nutzbarkeit der Thieren/ vnd wie ſie gefangen werden.

E iiij

Die Fisch bringen grossen nutz zu auffenthaltung der Menschen/ zu der Speiß mächtig begert. Werden mit Garn gefangen/ doch darff man sie nit zu aller zeit/ auch nit alle/ sonder ein gewisse grösse fahen. In den Seen der Sueden/ oder Scandinaueren sollen zu zeiten in einem Zug/ drey oder vier tausent gefangen werden/ mit wunderbarlichen Listen.

Von jhrem Fleisch.

Die Brachßmen werden bey vns in hohem werth geachtet/ dann sie haben nit ein arg fleisch/ sie werden auch von andern Nationen gelobt vnnd gepriesen/ dann sie mögen Fürsten vnnd Herrn dargestellt werden. Bey vns werden sie besser geachtet auß dem Greiffen See dann auß dem Zürcher See/ im Hewmonat werden solche bey vns sonderlich als besser vnd gesünder gelobt. Wiewol sie auch deß Meyens/ vnd andere zeit nit zu schelten sind. Von einer jeden Meerbrachßmen oder Seebremen art/ wirdt an seinen orthen gehört werden.

Von einem andern Geschlecht der Karpffen/
oder Brachßmen.

Charax.   Karaß/ Kariß.
Wie er gestaltet.

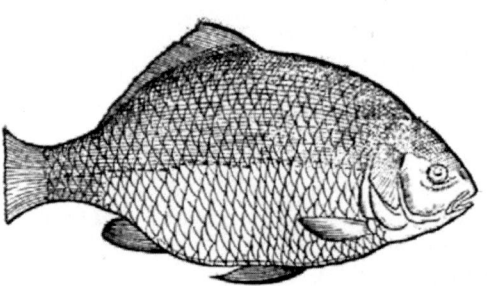

Em Brachßmé sö auch vnder die geschlecht der Karpffen gezehlt wirdt/ ist dieser Fisch sehr gleich/ allein dz er einen runden/ rauchern Rucken hat/ voller spitzen oder Dorn/ auch bey dem schwantz goldfarbe schüppen. In der Elb findt man jetzt genandter Fisch dreyerley geschlecht: Das erste nennen sie klein Karaß/ oder von der farb Gilblichen. Das ander/ halb Karaß/ Karpkaraß/ als ob sie von beyden geschlechten Karpff/ vnd Karaß gemischt seyen/ diese beyde Geschlecht kommen in die Elb auß den Weyern/ Seen/ vnd dergleichen Fischgruben. Das dritte ist dem ersten geschlecht gantz gleich/ allein daß sie grösser/ schön weiß/ vñd silberfarb sind. Solche wachsen vnd entspringen in der Elb.

Von Art vnd Natur der Fischen.

In den Fischeten ist er gantz schädlich/ dann auch ein kleiner Karaß vertreibt vnnd verjagt den aller grösten Karpffen/ welches denselbigen Leuthen wol bewußt/ haben grossen fleiß/ daß keine in die Gruben vnd Weyer geworffen werden.

Von jhrem Fleisch.

Ein sehr gut löblich fleisch sollen diese Fisch haben/ nicht vngleich dem fleisch deß Brachßmens oder Karpffens.

Von dem Orff.

Orfus.   Orff/ Vrff/ Erfflin/ Nörffling/ Würffling/ Elffe.

Von

Von den Rottenen.

Rutilus siue Rubellus.　Ein Rotteten/ Rottet
Rotteln/ Roddon.

Von seiner Gestalt.

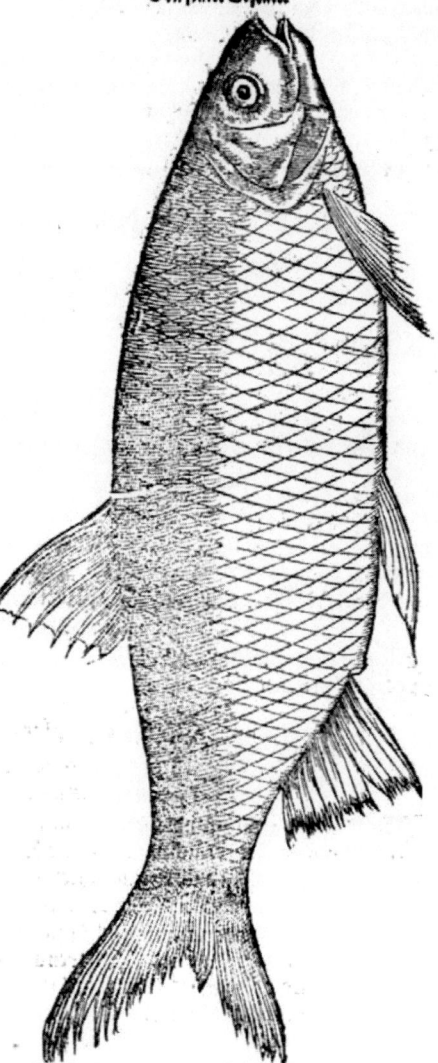

Von seiner Gestalt.

An der gestalt vergleicht er
sich einem Alet/ der Ruck soll
rotlecht seyn/ der bauch weiß-
lecht/mit grossen breyte schüppen bedeckt : ist minder breyt/
doch dicker dann der Brachß-
men:ist auch billich vnder dasselbig geschlecht zu zehlen/ dieweil er ein gewisse zeit deß jars
auß seinen schüppen spitze als
Nägel erzeigt/ wie der Dorn-
brachßmé. Deré solle zweyerley gschlecht seyn/ der eine rotlecht fleisch / der ander weisses
fleisch haben/ von welchem er
auch Weißfisch genestet wirt.
Sie fressen Mucken vnd flie-
gen/ wirdt in den Seen vnnd
Fischeten oder Weyern gefangen bey Augspurg vnd Nürn-
berg herumb.

Von jrem Fleisch.

Ein trefflich gut/gesund/an-
genem fleisch solle dise fisch ha-
bé/ fürnélich der so ein rotlecht
Fleisch hat / auch mürb oder
matt/ on allé schleimige wust.

Jē Rottene oder Rottelin sind bey vns genugsam
bekañt/gantz gemeine schöne Fisch/ werden in dem

Zürcher see/Bodensee gemeiniglich gefangen/dörffen keiner weitern beschreibung: allein so viel die Farben betrifft:ist das mittel der Augen der stern gantz schwartz/in einem goldfarben Ringlin: seine Lefftzen rotlecht: am Schwantz/Fischfeckten/am Bauch/vnd dem Geführloch gantz rot wie Zinober/die andern sind nit so gantz roth. Ob den Augen vnd bey den Fischohren ist er goldfarb/glantzet.Der Rucken braun/der Bauch bleych:hat sein fleisch voll Grädt.

Von Art vnd Natur der Fischen.

Diese Fisch werden allein in den seen gefangē bey vns/sehr leblecht:leicht im Brachmonat. Man pflegt sie in die Fischeten/oder Weyer zu setzen als die Karpffensetzling. Im Wintermonat werden sie bey vns gelobt/bey andern löblichen Teutschen/Hornung vnd Mertzens.Ir fleisch wirt gůt vnd hoch gehalten/fürnemlich so sie feißt sind.

Von den Blicken.

Blicca, Ballerus, Pleskya.   Ein Blick/ Blickling/ Breytelin/
Plecklin/ Meckel.
Wie sie gestaltet.

Dieses ist ein gātz ähnliche gestalt der blickē. Sind auch bey vns bekandte fisch auß vrsach sie wenig Beschreibung bedörffen:daū dē Brachsmen sind sie sehr gleich: die hindern Federn mit dem schwantz sind rot-

lecht: die obern Floßfedern schwartzlecht / ist von Natur geartet wie der Brachßmen.

Von ihrem Fleisch.

Ihr fleisch ist auch nit arg/voller Grädt/wirt in keiner sonderer achtung gehalten als die vorgeschriebenen.

Von den Schleyen.

Tinca.   Ein Schleyen.
Wie sie gestaltet.

Schleyen sind gantz bekandte Fisch/nit allein bey vns/sondern auch bey allen andern Nationen/auß vrsach wir die beschreibung gantz vnderlassen wöllen/allein zu mercken ist/daß sie auch Stein im Kopff haben.

Von Art vnd Natur der Schleyen.

Die Schleyen fängt man gemeiniglich in allē Seen/Weyern/Pfützen/Fischeten/ auch in den stillen/faulen Flüssen : daū sie haben gern stille/lettechte/oder kaatechte ort: sollen doch auch in der Tyber/vnd in dem Rhein zu zeiten gefangen werden:ist doch wol zu gedencken sie haben sich auß andern Orthen ihnen anmühtig in solche Wasser verschossen:sie geleben allein deß Schleims vnd Kaats als die Ael. So sie gefangen werden/ geben sie etliches Geräusches als ein stinē mit ihren Ohren. Sie wachsen auch auß dem Leych vnd Rogen/darzu für sich selbs: dann in den Fischeten wachsen sie ob man solche gleichwol nit darein gesetzt hat.

Von

Von etlicher anerborner
Freundschafft.

Die Schleyen vnd der
Hecht haben anerborne
freundschafft zusame/dañ
allerley Fisch pflegen die
Hecht zu fressen / außge-
nomen die Schleye/ man
fängt sie auch gemeinglich
beyde samhafft/so ist auch
die sag/daß der Hecht verwund seine wunden an dē
leib der Schleyen streiche/
vnd mit dē schleim also die
wunden heyle/davon das
sprichwort komen ist bey
dē Frießledern/die schleyē
sey ein Artzt aller Fisch.

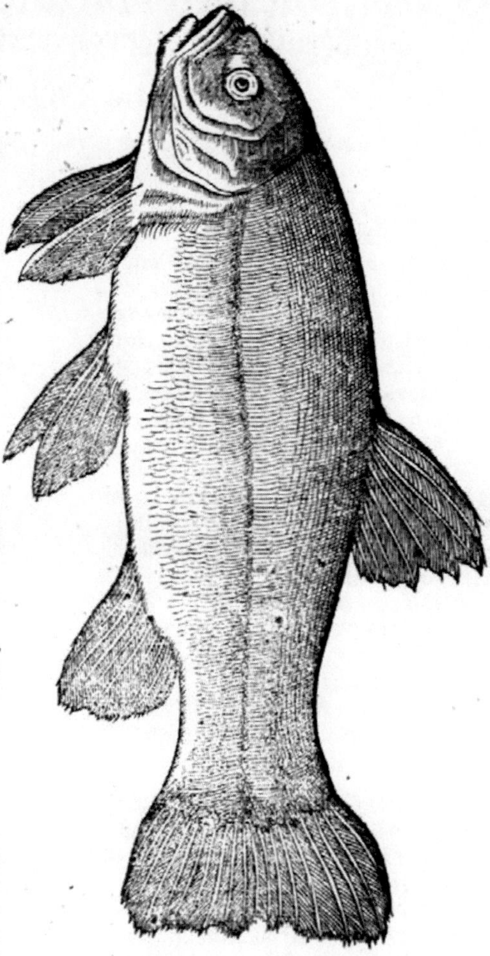

Von jhrem Fleisch.

Das fleisch der Schleyē
ist sehr arg/vngesund/ei-
nes vnlieblichē gschmacks
dañ sie möseln oder schmecken nach dē Raat vñ Lett/
haben ein wüst/schleimig
fleisch/dañ sie an solchē orten allein wohnen/geberet
vñ vrsachen gern das kalt-
wehe/friere oder feber. Ist
ein speiß deß gemeinē Pö-
fels/wiewol etliche mäuler
solche sehr begeren. Minder
der arg sollen sie seyn/wol
anbereyt mit specereyen/rc.

Artzney von den Schleyen.

Etlich der verfluchtē Ju-
den habē im brauch solche
Fisch dem Ruckgrad nach
auffzuschneide/vñ in hitzi-
gen/brenenden febern/vff
den Pulß der Hände vnd
boden der Füsse zu legen / dann sie erlaben vnd kälten sehr mächtig. Etliche brauchen
sie zu dem schmertzen deß Haupts / vnd Podagra/dergleichen auch zu der Geelsucht/
auff den Nabel oder Leber lebendig gelegt/ so eine darauff gestorben/binden sie ein andere darüber/ dann die Schleyen werden sehr geel/ als ob sie mit Saffran geferbet
weren.

Die Gall der Fisch wirt gelobt zu den bresten der ohren/flüß/würm vñ dergleichen.

Von dem Eingeweyd oder gesühr der Barben vnd Schleyen/pflegt man die Pferd
zu purgieren.

Der vierdte theil von allerley fischen/
so in Flüssen wohnen in gemein/ohne vnderscheid.

Erstlich von dem Bersich.

Perca fluuiatilis. Ein Bersich/ Ein Rehling/ Ein Eglin.
Von seiner Gestalt.

DJe Eglin so in süssen wassern wohnen sind bey vns/ auch
gar nahe allen andern Nationen wol bekandt/ vergleichen
sich mit dem Meereglin viel mehr mit dem
Namen/ dann mit Gestalt. Allein zu mercken
ist/ daß er seinen Namen verendert nach zahl
der Jaren oder Alter. Dann so bald sie wor-
den/nach dem Leych/werden sie Heürling genannt: so er grösser worden/doch in dem ersten
Jar/Teänlin. Im andern Jar/Eglin. Im dritten Jar/Stichling. Im vierdten vnd weiter
werden sie Reeling/vnd Bersich genant. Bey
vns vmb den Costentzersee erstlich Hürling/
so er grösser worden/Kretzer/Stichling. Im
dritten Schaubfisch. Zum letzten Eglin. Bey
vns auch allen andern orten werden sie in dem
See vnd Flüssen gefangen. Das Männlin
oder Milchling/ hat rote seckten/der Rögling
nit/ haben auch stein in jren köpffen welche nit
wenig tugendt in der Artzney haben sollen.

Von Art vnd Natur der Eglin.

Die Eglin fressen allerley kleine Fisch/auch
sich selbs vnder einander/ leychen Frülings
zeit im Mertzen vnd Aprilen in den tieffen/ha-
ben ein anerborne Kranckheit an der Leber/
dann hart ein Eglin gefunden wirdt/ welches
Leber nit etliche Pfinnlin hab. Man pflegt sie
auch in die Fischeten oder Weyern zubeschlies-
sen mit andern Karpffen.

Von natürlicher anmuthung der Thieren.

Mit scharpffen spitzigen Dörnen vnd seckten ist dieser Fisch bewahret/mit welchen
er sich auch beschirmt vñ kämpfft wider die grossen Fisch die Hecht/ so sie jnen nachstel-
len/richt er seine spitzen vnd Dorn auff. Die kleinen Eglin werden von den kleinen Ae-
sen vñ Forellen gefressen. Es ist die sag der Fischer vmb den Genffersee/ daß die Eglin
winterszeit/ so sie in ein Garn gezogen/ ein rotes bläterlin zum Maul außhencken/
welches sie mit gewalt bezwingt/ oben in dem Wasser empor zu schwimmen/ vermeynen es geschehe jnen von Zorn.

Nutzbar-

Nutzbarkeit der Thieren.

Die gröſte nutzbarkeit von dem Eglin iſt / daß ſie zu der Speiß gebraucht werden.
Bey vns iſt es nit zu aller zeit nachgelaſſen Eglin zu fahen / auch nit anderſt dann in beſtimpter gröſſe. Dann die Fiſchgeſatz lauten alſo: Die Eglin / vorauß klein / ſoll man von außgang deß Meyen / biß auff Martinſtag nit fahen / oder geſtrafft werden / außgenoſſen die zehen Tag vor S. Margreten tag ſind erlaubt die Heürling zu fangen.
Vom außgang deß Meyen biß auff Martini / iſt das weite Garn erlaubt Eglin vnd Hecht zu fahen. Von mitten Aprilens biß zu ende deß Meyen / welcher kleine halbgewachſene / zweyjärige Eglin fängt / ſoll geſtrafft werden: welcher aber baß erwachſene Eglin in einer hohen Tracht fahet / ſoll dieſelbigen dem Waſſer wider geben. Die garn mit welchen man die Eglin von Martini biß auff den Chriſtmonat fahet / nennen ſie Landtgarn / vnd andere kleine Tröglen.

Den Eglintag nennet man den neundten Wintermonats.

Die todten Eglin werden von den Fiſchern an die Angel geſteckt / äl damit zu fahen.

Von jhrem Fleiſch.

Bey den Teutſchen werden die Eglin zu einer jeden zeit deß Jahrs gelobt / außgenommen im Mertzen vnd Aprilen ſo ſie leychen. Bey vns werden die Eglin im Augſtmonat inſonderheit geprieſen / die Rehling im Meyen.

Das fleiſch der Eglin ſo auß dem Rhein / oder ſonſt andern friſchen lautern Waſſern vnd Seen gefangen / werden für ein geſund löblich Eſſen geachtet / alſo / daß man ſolche auch den Krancken / Verwundten / vnd Kindbetthern darſtellt: wiewol das iſt / daß ſie ein hartlecht fleiſch / vnnd etwas ſchleims haben / vngeſünder dann die Eſcher oder Seealbulen.

Von dem Alat.

Capito, Cephalus, Squalus.   Ein Alat.

Von ſeiner Geſtalt vnd gröſſe.
Dieſe Figur ſetzt Rondeletius.

Er Alet iſt auch ein bekandt fiſch vnſers Landts / wirdt gar nahe in allen orte / flüſſen / ſeen gefangen / außgenommen im groſſen bodeſee / in welche ſie gantz nit gefangé werden / weder in obern noch vndem. Bekompt ſein Namé bey dé Griechen vñ Latinern / auch vielen andern Nationé von der gröſſe ſeines kopffs / vergleicht ſich ſonſt den Fiſchen / Naſen genañt / welche offtermals von vnerfahrnen an ſtatt der Alet gekaufft werden. Iſt an der farb gantz weiß / die

Dieſe andere Geſtalt ſetzt Johann Rentman in ſeinem Buch.

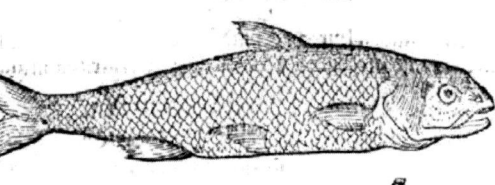

§

seckten rot/zu ende blawlecht/rc. Sol mit seiner grösse vnd lenge auch zu zeiten auff ein Elen kommen: steckt voll kleiner Grädt/vorauß gegen dem schwantz.

Von seiner Art/Natur vnd Eigenschafft.

Dieser Fisch/als hieoben angezeigt/wohnet in allen flüssen/bächen/pfützen/seen/ außgenommen der Costentzersee. Jm Rhein werden die grösten vnd schönsten gefangen. So werden auch Meeralet gefunden/als gehört wirdt werden. Diese Fisch schwimmen allezeit scharecht/fressen kein fleisch/auch kein andere Fisch/sondern allerley Kefer/Mucken/Fliegen/rc. so oben auff schwimmen vnd schweben: welchen er nach herauff scheußt vnd frißt. Sie leychen Meyens zeit/auch zur zeit der roten Kirsen Amarellen genandt.

Wie sie gefangen werden.

Dise Thier werden mit dem Angel vnd Aaß gefangen/mit Heüwschrecken/Fliegen/ Aletmucken/sind schwartze grosse Mucken. Item mit einem stücklin von Ochsenhirn/ seuberlich vmb den Angel gebunden. Man pflegt sie auch mit Beeren vnd der Handt zu fangen.

Von jrem Fleisch.

Der Alet ist bey vns ein vnachtbarer Fisch/ hat ein lind oder blutt fleisch/ nichts desto minder ist er nit vnlieblich zu essen/ nemlich so er groß/ wol erwachsen/ sein fleisch sein Rogen. Item so wirt er zu aller zeit gelobt/außgenommen mitten deß Sommers/ ist löblicher gebraten dann gesotten/ auß grossen flüssen/ frischen Wassern gesünder dann auß den Seen oder Pfützen. Sie sollen auch auff die Fasten eingesaltzen vnd behalten werden.

Von dem Jentling.

Capito fluuiatilis cæruleus.   Ein Jentling.
Von seiner Gestalt.

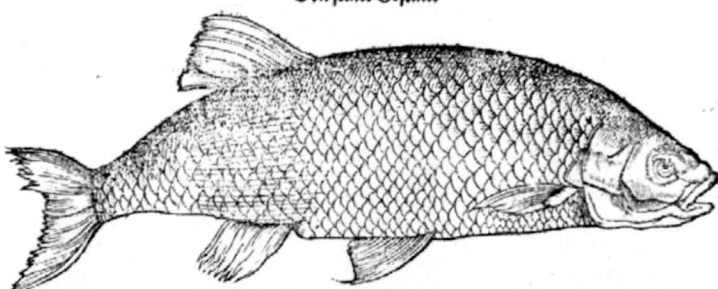

Dieser frembde Fisch/ welcher bey vns Teutschen/ so an der Thonaw wohnend/ gefangen wirt/gehört auch billich zu den Aleten. An seiner farb sol er blaw seyn/ vorauß auff dem Rucken vnd Kopff: der Bauch vnd seiten silberfarb/ die Feckten vnd schwantz gar nahe roth. Die Sachsenkerle nennen jn Jesen: mag ein blawer Süßwasseralet genennt werden.

Von seinem Fleisch.

Sein fleisch sol nit sehr gesund seyn/ dieweil er feißt vnd nit matt ist. Ist doch sonst nit vnlieblich zu essen. Man helt jn höher gebraten dann auff andere Art bereytet:

Von dem Rappe.

Capito fluuiatilis rapax.   Ein Rappe/ Ein Raubalet/ Ein Fraßalet.
Von jrer Gestalt/ vnd wo er gefangen.

Jeser wirdt in Meissen gefangen / welche jhn Rappe nennen / dieweil er sehr raubig vñ fressig sol seyn als ein Rapp / ist gleich so schädlich in den Wassern als der Hecht. Wirdt in der Elb gefangen / hat zimliche breyte schüppen / dünn vnd durchsichtig / ist lang / dick / vnd fleischecht / welches voll Grädt ist / fünff mal lenger dann breyt. Die grösten kommen auff 6. oder 7. pfundt.

Von seinem Fleisch.

Das fleisch der Fisch sol sehr löblich / gesund vnd gut seyn / gebraten vnd gesotten / auch auff all ander art bereytet.

Von dem Haselin.

Capito vel squalus fluuiatilis minor. Ein Haselin / Ein Haßlin / Heßling / In der Elb / Heßling / zu Straßburg Schnott / oder Schnattfisch.

Von jrer Gestalt.

Die Haseln sind vberal gleich dem Alet an gestalt vñ farb / sind linde Fisch / weißlecht / auff dem Rucken schwartzgrün. Die Floßfeckten auff dem Rucken vnnd der schwantz blawlecht / die andern Feckten rotlecht. Die Augen deren so in flüssen gefangen werden / sollen rotlecht seyn. Leychen mitten im Aprilen. Zu Lucern werden vnsere Schwalen Haselin genennt.

Von jhrem Fleisch.

Im Meyen vnd Aprilen / auch im Hew- vnd Brachmonat / sind sie zimlich gesund vnd gut zu essen. Zu zeiten wachsen Würm in solchen / die man Nestel nennet / als dann sollen sie zu der Speiß arg seyn. Winterszeit sind sie mäger. Die auß frischen flüssen sind löblicher / dann die so in den Seen gefangen werden. Man findt auch zu zeiten im Wintermonat Rogen in solchen Fischen.

Von zweyen andern Geschlechten der Alet auß den süssen Wassern.

Mugilum fluuiatilium species duæ. Siego, & Friton siue Friteau.

Wo diese Fisch zu finden.

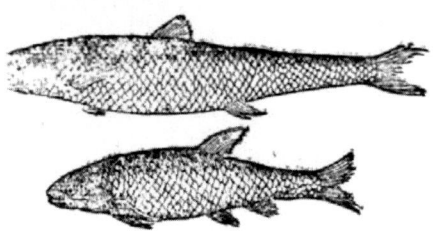

In etlichen flüssen Franckreichs / werden auch sondere geschlecht der Alet gefangen / als dañ die gestalt hiebey anzeigen / den grösseren / so auch auff ein Elenbogé köpt mit lenge / nennen sie in jrer spraach Siego. Den kleinetn so nit vber ein spann kompt / nennen sie Friton oder Friteau, haben gleiche

F ij

Der vierdte theil / von allerley

art an Natur/Leben/Fleisch vnd seiner Compler. Die kleinen werden eingesaltzen/vnd
an andere orth geführt.

Von der Nasen.

Nasus.　　Ein Nasen.

Von jrer Gestalt/ Art vnd Eigenschafft.

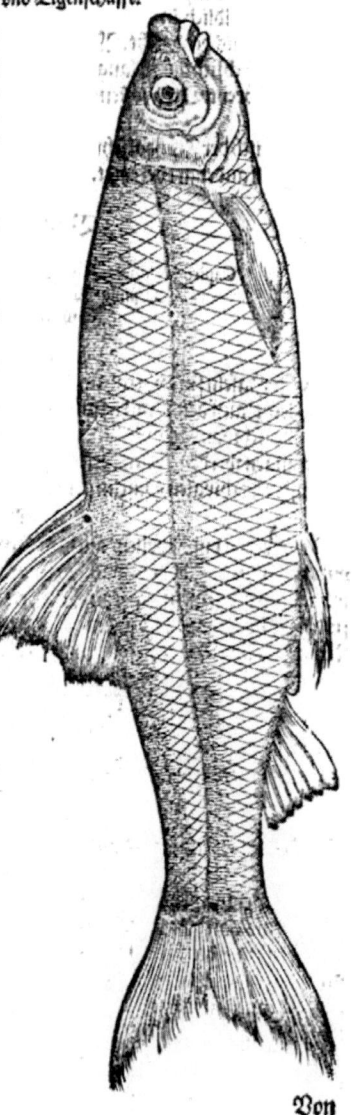

Die Nasen sind bekandte Fisch bey
vns auch andern Teütschen/hat seinen Namen von der gestalt seiner Na-
sen/so stumpff oder krumpft/wirt sonderlich
von Alberto benamset vnd beschrieben/Ist
nit vnähnlich dem Alat. In seinem Bauch
hat er ein sehr schwartzes fell/ von dannen
das Sprichwort kompt/ Ein Nasen ist ein
Schreiber.

Von Natur der Thieren.

Die Nasen fressen Wust/Lett vñ Kaat/
werden bey vns in flüssen/vñ kleinen Reusen gefangen / kommen in keinen See/ allein zu anfäg deß außflusses/ vorauß Frülingszeit. Werden zu gewisser zeit deß Jars
an etlichen Orthen in mercklicher zahl gefangen.

Von jrem Fleisch.

Bey vns werden sie Frülingszeit ge-
priesen/ dann sollen sie fett werden. Item
deß Wintermonats/ wiewol das ist/ daß
sie wenig zu loben sind/ dann jhr fleisch ist
allezeit lind oder blutt/ga: nahe keines oder
ödes Geruchs/voller Grädt/ vorauß gegen dem schwantz. Werdë lieblicher gebraten dann gesotten. Die besten sind die/so in
dem Rhein gefangen werden.

Von

Von dem Barben.

Barbus, Barbo, Barbulus. Ein Barben/ Ein Barl
Ein Barbel/ Ein Bärblin.

Von seiner Gestalt/ vnd mancherley Geschlecht.

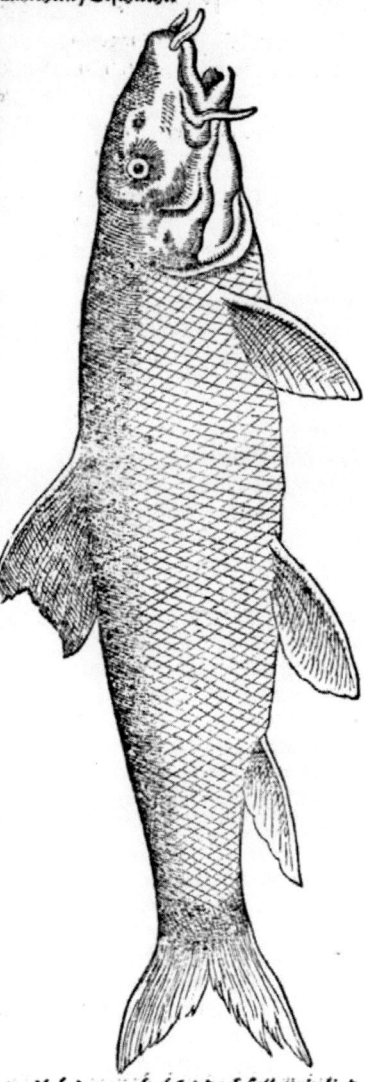

Dieser ist in vnsern Landen ein gantz bekandter Fisch/ist nit noth von seiner gestalt viel zu schreiben. Allein ist zu mercken/daß er keine Zän hat/sonder bey jeder seiten rauhe harte Kynbacke/als dann auch etliche andere der Schüpfische so in süssen Wassern wohnen. Item daß auch seines Geschlechts ein art im Meer laufft/hat wenig vnderscheid/allein daß er viel weisser vnd schöner.

Von seiner Art vnd Natur.

Diese fisch fressen Mieß/kraut/schnecken/fisch/verschonen auch jres eignen geschlechts nit/ wohnt gern in holen gestadē vnd büheln/gräbt wie ein saw/verschliefft sich in Löcher / also/daß sie sich zu zeiten in solchen verstecken/vnd sterben sollen.

Dise fisch leychē bey vns anfägs Augstmonats/werden an etlichē orten der Thonaw in vnglaublicher mēge gefangē: daß sie hassen die kält/werdē gātz lahm davon.

Von natürlicher anmutung der Thieren.

Die Blutsauger setzen sich zu zeiten an die Feckē der Barbē/welche sie am grund vnd steinen oder starckem rauß mit gewalt abstreiffen sollē. Es ist auch die sag der Fischer/daß solche Thier jre Eyer in wassern verhüten vnd bewahren/damit sie nit von andern Fischen gefressen werdē.

Wie diese Fisch gefangen werden.

Etliche schreiben/ daß solche Fisch mit stinckendē Aaß oder fleisch gefangen werden: jedoch pflegt man sie zu Straßburg vnd andern orten durch etliche Reussen zu fahen/ in welche die Würm Engerich genannt gebunden werden.

Diese Würm ligen vnder der Erde verborgen/biß auff den Früling werden sie im Meyen in Kefer verwandlet.

Von jhrem Fleisch.

Das fleisch dieser Fisch wirt von etliche wenig gepriesen/wiewol das ist/daß sie bey vns lobs genug habē/jedoch soll er ein lind vnd schwamecht fleisch haben. Seine Eyer oder Rogen sind gantz schädlich: dann sie fuhren den Menschē in gefahr Leibs vnd Lebens mit grosser pein vn schmertzen: nem-

F iij

lich sie bewegen den gantzen Leib mit stärckem treiben oben vnd vnden auß / mit grosser angst vnd blödigkeit : welches die täglich erfahrung in vielen Leuthen genugsam erzeiget. Auß der vrsach soll sein Rogen wie gemeldt zu stundt hinweg geworffen werden/ damit er nit durch vnwissenheit in die Speiß komme.

Artzney von solchen Thieren.

Etliche Roßzärtzt pflegen die Pferd mit solchen Rogen zu purgieren / welches leichtlicher were dann so man sie an den Menschen brauchen wolte.

Von der Trüschen.

Mustela fluuiatilis.   Ein Trüsch.
Von mancherley Geschlecht vnd
Gestalt der Thieren.

Diese gestalt ist nach vnserer Trüschen/ so in vnsern wassern gefangen werden/ abconterfetet.

Je Trüschen sind bey vns gemeine wolbekañte fisch/ als die gar nahe in allen wassern/ see/ flüssen gefange werde. Allein ist zu mercken/ dz viererley gestalt vnserer Trüsche gefangen werden. Die ersten sind die grossen Seetrüschen/ so auß dem grund vnd tieffen gezogen werde/ welche dann zu mächtiger grösse komen/ aufftzwey oder drey pfund. Andere sind auch Seetrüschen/ schwiñen zu aller öberst in wassern/ welche man Wellfisch pflegt zu nennen. Die andern geschlecht wohnen allein in flüssen/ in welchen sie gefangen werden: auß welchen die eine schwartzlecht/ klein ist: die ander gelblecht/ welcher inß auch zweyerley gestalt finden soll.

Die grossen Seetrüsche haben sehr kleine schüplin: die andern aber haben gar kein schüppen/ vergleichen sich mit ihrer bewegnuß schlüpfferigen glatte haut deß Aal. Habe grosse Lebern/ welche man in grosser achtung vnder die beste speiß achtet vnd zehlt: dann man pflegt jnen an etliche orten die Leber võ auffgeschnitñe bauch außzunemen/ demnach die wundẽwiderumb zusame häfften/ vnd dem wasser widerumb zugeben: dañ sie mögen ein lange zeit nacher geleben. Ist auch die säg/ die Leber wachse jnen widerumb / welches doch nit zu glaube ist. In gemein

sind

sind sie all schwartz geflecket / etliche mehr gelblecht / etliche mehr schwärtz / es hat auch die grosse Seetrüsch gelblecht flecken. Item in dem fluß Nilo wirt ein sonder geschlecht der Trüschen gefangen / welches vns vnbekandt vnd sehr frembd nit noth ist weiter zu beschreiben.

Diese andere gestalt setzt Rondeletius in seinem Buch.

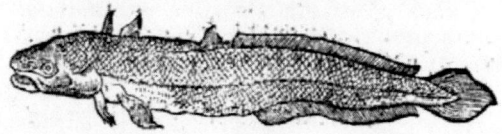

Vnsere Trüschen haben mancherley Namen bey den teutschen Völckern. Zu Augspurg nennet man sie Rugget. Die beywohner der Thonaw / Rutte. Am Rhein vnden / Ruffelck / Rufolck. Die Algäwer vnd Schwaben / Rofolck / andere Rup / vnd Raup / Aalrup. Olrupp. Die Niderländer ein Quapp / Fudde / Alputt / rc.

Ire Leber ist ein sonderer schleck / ist sehr feißt / wirt von wärme der Sonnen oder deß Feiwers / in ein öl zerschmeltzt.

Von Natur vnd Art jetztbeschriebener Fisch.

Die Trüschen sind sehr frässige Fisch / ist hart ein ander geschlecht / das nach seiner grösse vnd gestalt so grosse andere Fisch verschlucke / also daß man auch zu zeiten in den kleinen Trüschlin andere kleine Fischlin findt. Die orth wo sie wohnen ist oben gehört / allein ist zu mercken / daß die grossen Grundtrüschen in den tieffen wohnen / auch die Frösch offtermals bey solcher / also daß sie zu zeiten auß den 30. Schritten herfür gezogen werden / an welchen Frösch behafftet hangen / als ob sie solche außsaugen wöllen für ihre Nahrung / welches etlichen vrsach geben hat / daß sie vermeynt haben / die Frösch vnd Trüschen vermischen sich in iren geschlechten / welches doch falsch ist.

Im Bodensee leychen sie auff den letzten Monat deß Jars / bey vns im Zürchersee auff das ende deß Jeiners / etwan zeitlicher / etwan später nach der zeit hitz vnd kälte.

Es ist die sag / daß diese Fisch allein auß den Fischen im alter erblinden.

Von jrer geschwindigkeit.

Die Teutschen haben im gemeinen Sprichwort / ein Ruffolck oder Trüsch ist ein Dieb / auß vrsach daß er sehr listig / andern Fischen auffsätzig seyn soll / dieweil er in den tieffen vnd Löchern wohnet / auch braunlecht / Erdt oder Grundfarb ist / mit welcher farb er das Gesicht der andern entfleucht / auff die Fisch scheußt wie ein Wiselin / oder Katz auff die Mäuß.

Wie sie zu fahen.

Diese Fisch zu fahen pflegt man lange Schnür zu haben / welche man auff 40. vnd 60. schritt hinnab läßt / mit viel Hacken oder Angel voller Groppen / oder Grundeln angesteckt. Solchen nennet man Trüschenschnür / Man fängt sie auch mit dem Rötlingarn / als etliche geschlecht der Forellen.

Von dem Fleisch der Fischen.

Von den vnsern werden diese Fisch im Herbstmonat gepriesen. Bey andern im Aprillen vnd Meyen. Die so auß den fliessenden Wassern vnd flüssen gefangen werden / haben ein kecker / weisser / gesünder Fleisch. Ir Leber ist ein edler schleck / also daß zu zeiten ein Gräffin Haab vnd Gut / Rent vnd Güldt / Zinß vnd Zehenden vmb solche Lebern verthan vnnd verschleicket hat. Bey vns lobt man solcher Fisch Lebern von dem Christtag / das ist vor dem Leych / dann nach dem Leych werden sie arg geachtet / als welchen etlichen jhre Leber voll Wür........chsen / welches den Fischen ein auerborne Kranckheit seyn soll.

Der vierdte theil/ von allerley

Artzney von den Thieren.

Das Mäglin der Trüschen/ soll ein herrliche krafft haben/ wider alle Kranckheiten der Mutter der Weiber/ insonderheit sol er im Tranck gegeben die Nachgeburt gewaltiglich treiben/ auch das Bauchgrimmen hinnemmen.

Die Leber pflegt man in einem gläsinen Gefäß/ zu einé warmen Ofen/ oder Sonnen zu hencken/ welches ein schön gelb öl gibt/ gantz nützlich wider die finsterkeit/ flecken vnd fell der Augen.

Von einer andern schönen art der Trüschen.

Von jrer schönen Gestalt.

Dises Geschlecht der Trüschen/ so mit gantz schönen farben bezieret/ als gelb/ saffrangelb/ weiß/ rot/ schwartz/ der stern in Augen schwartz/ das vmbgehend blaw/ sind vor wenig Jare in dem Königreich Behem gefangen worden/ vnd zu Prag dem König/ von der schönen gestalt wegen behalten worden/ in einem weiten Brunnen. Solcher gestalten eine haben wir hieher gesetzt.

Von der Spitztrüsch.

Barbota. Ein Spitztrüsch/ Ein art der Trüschen so in süssen Wassern gefangen werden.

Von jrer Gestalt.

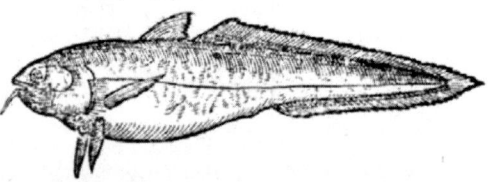

In etlichen welsché flüssen so nit starck fliessen / wirdt ein Geschlecht vnd art der Trüsché gefunden/ welche sie Barbota als Barbentrüschen nennen: ist aller gestalt/ farb/ flecken/ etc. der gemeinen Trüschen ähnlich/ allein daß sein Kopff vnd schwantz spitziger sind/ vnd der Bauch grösser.

Von jhrem Fleisch.

Mit Art/ Natur vnd Leben hat er kein vnderscheid von der Trüschen: allein daß sein fleisch schleimiger ist vnd zeher/ vngesünder dann der gemeinen Trüschen. Sie haben auch ein grosse Leber/ köstlich vnd gut.

Von den Grabtrüschen.

Trutta fossilis. Ein Grabtrüschen.

Von jhrer Art.

Ein

Ein ander Geschlecht soll der Trüschen seyn/welches man auß der Erden an etlichen orten herfür gräbt: soll mit goldfarben flecken besprengt seyn. Daß daß man
an etlichen orthen fisch auß der Erden herfür grabe/ist ein warhaffte Geschicht/
doch gemeiniglich an denen orthen/welche etliche See vnd Wasser durchfliessen/vnd
durchtringen mögen. Wiewol das ist/daß in der Landtschafft Paphlagonia auß dem
trucknen Boden vnd Erden fisch in der menge herauß graben werden/ an welche kein
Wasser mögen fliessen/oder sonst versamlen hat mögen. Es ist auch von solchē fischen
gehört worden in der History von dem Beyßker.

Von dem Zindel.

Asper Danubij.   Ein Zindel/Zinde/Zündel
Zinne/Zingel.

Wo er gefangen werde.

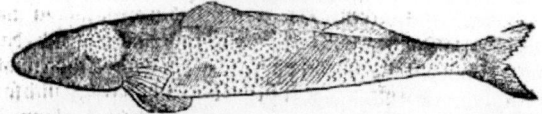

Dieser rauher schüppechter Fisch wirt bey Vlm vnd andern orten in der Thonaw
gefangen: kompt gemeiniglich mit der grösse auff ein pfund schwer/zu zeitē auch
auff drey pfund. Sein farb ist zum theil braunrot/zum theil mit schwartzē grossen flecken vnderscheiden. Soll einen so harten schwantz haben/daß er nit ohne arbeyt
mag abgeschroten werden.

Von seinem Fleisch.

Vberauß gesunde/gute/löbliche Fisch sollen sie seyn/ also/daß sie alle andere Fisch
auß der Thonaw vbertreffen: mag in keinen Weyern vnd Fischeten beschlossen oder
behalten werden.

Von den Forellen.

Trutta, Fario.   Ein Fore/Forhen/Förinen/
Forell/ ꝛc.

Von mancherley Geschlecht vnd Gestalt der Fischen.

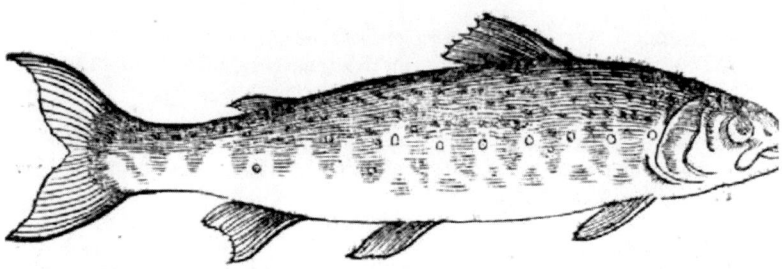

Wiewol das ist/daß die Forellen gantz bekandte gemeine Fisch in vnsern Landen
sind: haben sie doch nit kleinen vnderscheid von Geschlecht vnd Gestalt: dann
nit allein vnsere kleine Forellen/ sondern auch die Salmen vnd Lachß/vnd etliche andere vnder die Art gehören/ wiewol von denselbigen nit an dem orth/ sonder in

Der vierdte theil/ von allerley

der ordnung von den Seefischen wirt geschrieben werden/nichts desto weniger haben
auch vnsere gemeine Fören/so in Flüssen wohnen/viel vnderscheid zu mercken. Dann
etliche sind weiß/etliche gelblecht/etliche schwartzlecht/etliche goldtfarb: etliche haben
schwartze flecken/etliche goldfarbe flecken. Die so schwartzlecht sind/auch schwartze flecken haben/werden schwartz Fören genennt. Etliche sind schwartzlecht/mit rothen flecken besprengt/solcher fängt man zu Reutlingen in Schwaben/auch in einem Bach
im Schwartzwaldt bey S. Blasi. Etliche haben goldfarbe flecken/werden darvon
Goldtforellen genennt: auch etliche allein in den Wälden gefangen/Waldefören ge-
nennt/etliche Lachßforellen/als die so mitler art vnder dem Lachß vnd Forellen seyen.
Bey kurtzer zeit soll in teutschem Landt ein gantz gelber Forellen gefangen seyn wor-
den/welches sehr zu verwundern ist.

Mit innerlicher gestalt haben die Forellen wenig vngleichs: allein daß etliche weisser fleisch/andere röthers/viel bessers vnd löblichers haben/wiewol sie all zu mal für die
gesündesten Fisch gehalten werden. Die Forellen haben viel gleichnuß mit den Sal-
men/nemlich so viel die gantze gestalt betrifft/eusserlich vnnd innerlich/das rothlecht
fleisch/kleine der schüppen/flecken oder puncten/grösse/vnd verenderung der Nasen/
auch so viel den Namen betrifft/insonderheit mit den Lachßforellen/auch so viel die ander art betrifft/daß sie dem Wasser gegen schiessen/der gewalt/stärcke vnnd geschwindigkeit der Sprüngen/lieblichkeit vnd gesünde der Speiß/auß vrsach sich nit zu verwundern ist/daß etliche vermeynt haben/die Forellen werden in dem Meer in Salmen
oder Lachß verwandelt/ist doch endtlich nit also.

In allerley geschlecht der Fischen soll der Rögling grösser vnd gewaltiger seyn/auß-
genommen bey den Forellen.

Von Art vnd Natur setztgenandter Fischen.

Aller Forellen art ist/daß sie gegen dem Wasser herauff je lenger je höher tringen/
wohnen gemeiniglich vnd werden gefangen in kleinen flüssen/starcken kalten Bächen/
so von dem hohen Gebirge mit grossem gewalt herab fliessen. Ir Speiß ist etlich Was-
sermucken/Kederlin/Wasserwürm vnd Schnecklin: Item kleine Eglin oder Hürling/
insonderheit die Grundeln vnd Bambelen/so Pfellen von den Schwaben genennet
werden. Etliche wöllen sie fressen auch stücklin Goldt/so in solchem Bergwasser vermischt ist.

Der Leych der Forellen ist vmb S. Gallen Tag/vor solcher zeit sollen sie etliche Löcher graben.

Von dem Donnerschlag sollen die Forellen gantz erschrecken/erstarren als vnbe-
weglich/also daß sie zur selben zeit ohn alle Arbeyt mit den Händen zu fangen sind.

Wie diese Fisch zu fangen.

Ir nutzbarkeit ist zu löblicher Speiß vnd Nahrung/werden auff viel art gefangen.
Mit dem Aaß oder Angel/mit dem Garn/vnd insonderheit artig vnnd frey mit den
Händen: dann sie lassen sich antasten vnnd streichlen so lang biß sie ohne Arbeyt bey
dem Kopff mögen ergriffen werden.

Von dem Fleisch der Forellen.

Die Forellen werden einhellig gröblich gepriesen bey allen Nationen/zu jeder zeit
deß Jars/insonderheit im Aprilen vnd Meyen. Sommerszeit sollen sie roth fleisch
haben/Winterszeit weiß. Die in frischen starcken Wassern gefangen/sind die gesündesten. Summa/die besten Fisch auß den süssen Wassern sind die Fören/also/daß sie
auch in allerley Kranckheit erlaubt werden. Die Seeforellen sind feißter/lieblicher
vnd besser zu essen/aber nit so gesund als die Bachforellen. Man pflegt sie auch einzusaltzen.

Artzney

Artzney von den Thieren.

Zu den Feigwartzen/spält vnd bresten deß Sitzes/soll gebraucht werden vnd auffgelegt/ein Schwämlin voll feißt oder Schmaltz der Fischen. Soll ein mächtig Experiment seyn.

Von dem Huch.

Trutta piscinaria. Ein Hüch/ Huch.

Von seiner Gestalt.

Der ist mit gestalt/Fischfeckten/vñ flecken gantz ähnlich den Forellen. Die auß Meissen nennen sie Teichfören. Man pflegt sie in die Fischeten oder Weyer zu setzen/wiewol sie gantz frässig seyn sollen. Ir fleisch sol nit so gut vnd löblich seyn als der bekandten Forellen.

Von dem Ascher.

Thymallus, Vmbra. Ein Asch/ Escher/ Iser.

Von seiner Gestalt/ vnd wo er gefangen.

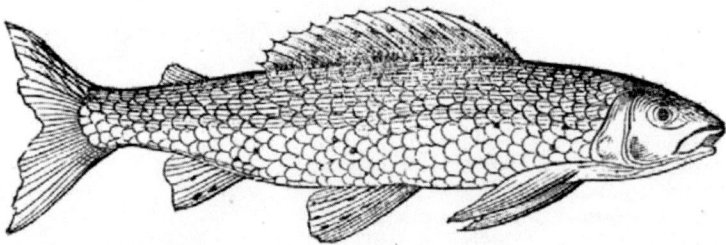

Die Escher werden nit in allen Wassern gefangen. Dann im Rhein fängt man solcher gantz wenig/ in andern flüssen so auß den Gebirgē fliessen bräuchlicher. Die Griechen haben jm seinen Namen geben von dem süssen Geruch/ dann er soll schmecken/ vorauß in Italien/ wie das Kraut Thymus. Er hat auch sonst ein süssern geruch dañ andere fisch. Sein gestalt ist bekandt/ auß vrsach er nit viel zu beschreiben ist/ dieweil er gar nahe in allen Landen gefangen wirt/ allein ist zu mercken/ daß ein Italiäner von dem Fisch geschrieben hat/ er soll kein Gallen haben/ welches doch endlich nit also ist/ dañ vnsere haben ein goldgelbe Gallen. Die Fisch haben auch viel feißte oder schmaltz am Eingeweyd/ welches zur Artzney sehr dienstlich ist.

Von Art vnd Natur der Escher.

Die äscher wohnen in frische/ starcken/
steinechten wassern vñ Reusen/ so sehr kalt
auß dem hohen Gebirg fliessen/ wiewol dz
ist/ daß sie sich auch in grossen flüssen/ deßg-
gleichen in die see herab fliessen/ als Genf-
fer/ Bodensee vnd Zürchersee/ sind geakt-
ret mit Leben/ vnd anderer Natur als die
Forelle/ vnder welches geschlecht sie billich
sollen gezehlt werden. Es haben etliche der
Alten geschrieben/ daß diese Fisch Goldt
fressen/ welches sich doch bedunckt in solcher gestalt zu versehē seyn/ daß sie fressen
das Goldt auß dē Beutel/ vnnützer Leu-
the/ so jr Goldt/ Haab vnd Gut mit solchē
köstlichen Fischen verschlecken. Wiewol
das ist/ daß die Bergwasser/ in welchen sie
gemeiniglich wohnen/ mehrertheil Goldt
tragen/ möchten also die stücklin von jnen
gefressen werden: wirt doch in jren Mägen
nichts anderst gefunden/ dann etliche Re-
fer/ Würm/ auch etliche kleine Fischlin.

Von anmuthung der Thieren.

In dem Bodensee ist ein Geschlecht der
Enten oder Dauchenten/ mit langē Halß/
schwartzen Füssen/ welche auß dem daß sie
insonderheit die äscher fressen/ von jhnen
äschenten genennt werden.

Wie diese Fisch gefangen werden.

Etliche der Alten haben geschrieben/ die
äscher werden nit anderst gefangen dann
mit einem Floh an die Angel gesteckt/ man
müßte subtil mit vmbgehē. Bey vns werden sie mit dem Angel Garn vnd Aaß gefangē. Am Angel ist das beste Aaß Neunaugen. Etliche Fischer pflegen die Angel
anzubereyten künstlich mit seiden/ etlichen
federn der Vögel/ etc. Mit dem Polangel
darff man solche bey vns nit fangen.

Von dem Fleisch der Fischen.

Die äschen haben ein sehr gut/ gesund/
löblich fleisch/ lieblich zuessen/ mag auß allen süssen Wasserfischen zum aller nechst

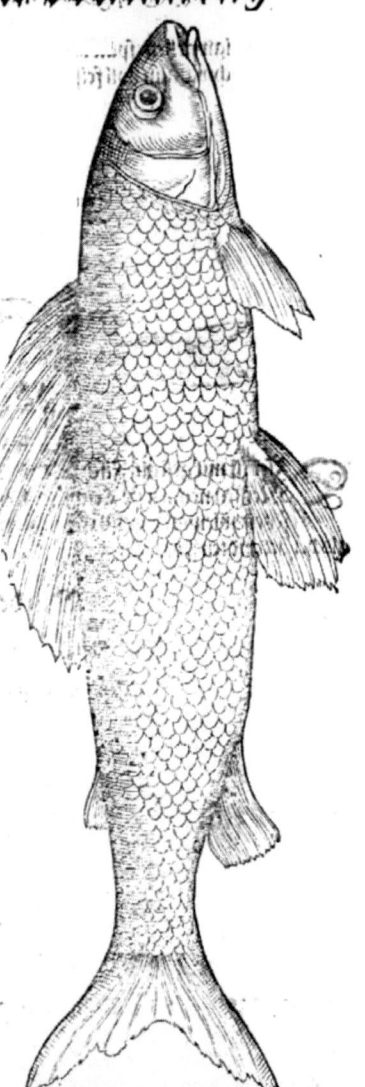

gebraucht werden/ an statt der Steinfisch auß dem Meer. Nach denen die gemeinen
Albulen: zum dritten die Forellen. Sind gesund zu jeder zeit deß Jars. Von seiner güte vnd köstlichkeit wegen ist das Sprichwort kommen: Der Esch ist ein Rheingraff.

Etliche stück der Artzney/ so von den Fischen in brauch kommen.

Das fürnembste stück so von den Fischen in den brauch der Artzney kompt / ist seht
schmaltz oder feißte/ zu allerley gebrechen der Augen/ röte/ flecken/ fell/ dunckele nagel/ etc.

Auch

auch zu allerley gebrechen der Ohren/als würm/wust/dösen/fluß/re. Demnach wirdt
das äschenschmaltz auch bereytet als ein sondere Artzney zu allem Brandt/ es sey von
Fewer oder Wasser.

Von dem Omber.

Vmbra fluuiatilis.   Ein Omber.
Von seiner Gestalt/ vnd wo er zu finden.

Je farb deß Fi-
sches ist schat-
techt/ oder dun-
ckelbraun / kompt auff
ein schuch läg / ist gleich
dē äschen oder Forellen/
hat klein gefleckte schüp-
pen/ hat einen lengern Kopff/ kleiner Maul dann die Forellen: frist Wasser/ Grund/
Schleim vnd Sand. Belustiget sich lauteres Wassers: wohnet in den Bergwassern/
wirt vmb Leon vnd in Lottringen viel gefangen.

Von jhrem Fleisch.

Ein trucken weiß fleisch sollen sie haben/ gleich dem fleisch der kleinen Forellen.

Von dem Hecht.

Lucius.   Ein Hecht.
Von mancherley Geschlecht der Thieren vnd jrer grösse.

Auß den Fischen/ so menniglichen in vnsern Landen bekand sind/ ist der Hecht ein
gantz gemeiner vnd breuchlicher Fisch/ auff Latein Lucius genannt/ auß der vrsach
nichts von seiner gestalt hie gemeldet wirt. Zu mercken ist/ daß man etliche vnderscheid bey vnsern Fischern befindt die Hecht betreffend : dann die so in Seen bey vnnd
vmb die Rohr wohnen/ werden Rohrhecht genāt: andere so in den tieffen/ Seehecht:
Item etliche von der zeit Mertzenhecht: vnd nach Ostern von der grösse/ grosse Hecht:
Item Grundhecht. Bey Straßburg nennen sie die jungen Hecht thürling.

Die Fisch werden gar nahe in allen süssen Wassern oder Seen gefunden/ fürnemlich schöne/ grosse in der Eydgnosschafft in etlichen Seen/ in welchen sie in mächtiger
grösse gefangen werden. Auß dem fluß Oder sollen gantze Fuder geführt werden. Im
Jar als man zehlt 1544. ist zu Straßburg ein Hecht gefangen worden/ welcher sechß
vnd zwentzig schwerer pfund sol gewogen haben/ ein pfund 32. Lot/ sein Leber 27. Loth.

Die Hecht tragen in jhren Köpffen weisse Stein/ gleich einem Cryscallen/ sie seyen
gleich jung oder alt.

Von Art vnd Natur der Thieren.

Ein vberauß fräßiger Fisch ist der Hecht: dann er frist alles so er bekommen mag/
verschonet auch seines Geschlechts nit: dann ein Hecht frist den andern: Item so verschluckt auch ein Hecht ein andern Fisch gleicher grösse/ also daß er den Kopff am ersten
verschluckt biß auff das halbe theil deß Fisches/ vnd so er jn nit gantz hinein schlucken
kan/ so läßt er den halben oder dritten theil herauß/ biß daß er den ersten theil verdöwt/
demnach verschluckt er den vberigen theil gar.

Zu zeiten hat es sich begeben/ daß einer ein Mäulthier in den Rotten getrieben hat

zu trincken: als nun das Maulthier oder Maulesel
getruncken/ hat ein Hecht jm sein vnder Lefftzen er=
bissen/ also daß das Maulthier erschrockē von dem
Wasser geflohen/ den Hecht an der Lefftzen herauß
gezogen vñ abgeschüttelt hat/ welcher vom Maul=
treiber lebendig gefangen vñ heym getzagē worden.

Item so werden auch viel malen junge Gänß in
den Bäuchen dieser Fisch gefunden: dann auch die
jungen Katzen vnd Hund so in solche Wasser/ see/
Weyer oder Pfützen geworffen/ werden von den
Hechten gefressen: so ist bey vns auch ein Plassentē
oder Bethin in dem bauch eines Hechts gesehen vñ
gefunden worden. Zu zeiten soll auch ein Hecht ei=
ner Magd den Fuß erwüscht haben/ welche in dem
wasser jhre Füß gewäschen: er verschonet auch den
gifftigen Thieren nit/ als den Dachsen/ Bufones ge=
nāñt. Er helt auch den Fischen so starck nach/ daß
er zu zeiten/ so er von dem boden in das wasser oben
herauff scheußt/ in die Schifflin der Fischer fällt.

Die Eglin/ als die sag ist/ so er nit ohn verletzung
gantz verschlucken mag/ vorauß die grossen/ erfaf=
set ers erstlich in sein Maul entzwerch/ trägt sie also
ein weil/ so lang er sie er beisse vnd tödte/ als dann so
verschluckt er dieselbigen/ auß welcher vrsach er bil=
lich den Namen soll haben/ welchen jhm der gemei=
ne spruch gibt/ Ein Hecht ist ein Rauber.

Diß ist ein wunderwerck so bey den Britaniern
vnd Engelländern beschehen soll: nemlich/ so sie die
Hecht lebendig verkauffen wöllen oder feyl haben/
so schneiden sie jnen jre bäuch auff drey zwerch Fin=
ger/ trucken das feißt herauß/ vnd erzeigen also die
werth der Fischen: welche so sie nit verkaufft werdē:
so bußen oder hässten sie die Wunden zu/ vnd werf=
fen sie wider in jhre Wassergruben oder Weyer/ in
welchen sie auch Schleyen haben/ an welche so sie
sich reiben oder streiffen/ soll jné vom Schleim der=
selben die wunden wider zuwachsen vnd heylen.

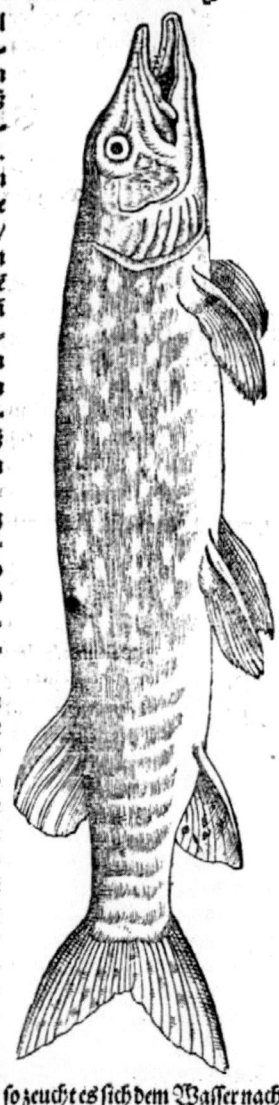

Die Hecht wachsen auß dem Leych der Eyer/
vñ ohne Eyer von jné selber/ als auch die Schleyen/
dann an orten/ in welche man der Fisch keinen ge=
worffen hat/ werden sie gefangen/ als in etlichen
Seen vnd Weyern. So das Weiblin leychen wil/ so zeucht es sich dem Wasser nach/
hernach zu dem vrsprung/ weit von dem gewohnten orth/ damit die Jungen nit den
Alten ein Raub werden. Bey vns leychen sie im Aprilen/ beharren biß auff zweet
Monat.

Die Hecht stößt auch ein pestilentzische schädliche Kranckheit an/ dann bey den sei=
ten wachsen jhnen dússelin zimlicher grösse/ von welchen sie sterben/ vnd so sie in einem
Weyer zusamen verschlossen sind/ so sterben sie all zu mal.

Von

Von natürlicher anmuthung der Thieren.

Von der Tyranney der Hecht ist hieoben gehört worden/ gegen den Schleyen vnd Eglin/als etliche Fischer sagen/sollen sie nit wenig anmuthung habē.Albertus schreibet/daß vnsere gemeine Krebß auch das fleisch der Hecht zu zeiten zernagen.

Von nutzbarkeit der Thieren/ vnd wie sie zu fahen.

Ein gemeiner Fisch/so viel gefangen wirt zur speiß/auffenthaltung vn̄ nahrung der Menschen/ist der Hecht. Ist doch nit zu jeder zeit zu fahen nachgelassen. Dañ bey vns vmb den Zürcherfee hat es bestimpte straaff darauff gesetzt/welcher einen Hecht fängt der nit 16. zwerch Finger an der lenge ist. Item von mitten Aprilens biß auff ende deß Meyen so sie leychen/sind sie gantz verbannet/weder mit Netz/ Garn/ noch Beeren zu fahen. Vor zeiten ist es bey grosser Peen Leibs vnd Lebens verbotten gewesen/ Hecht mit dem Rohrzeug oder anderer Rüstung/kleiner dañ nachgelassen zu fahen/nemlich so einer den gefangenen Hecht so zu klein/nit wider ins Wasser geworffen hette.Man pflegt sie sonst zu fahen mit Garnen/Schnüren/an welchen scharpffe spitzen oder Angel gehäfftet/mit welchen sie die Hecht so stehen/erfassen/rc. Etliche stecken Groppen an die Angel. In Engellandt pflegen sie solche zu fahen mit Fröschen vnd Blicken an die Angel gesteckt.Etliche brauchen auch ein sonder anberevtet Aaß.

Von jhrem Fleisch.

Das fleisch der Hecht wirdt nicht sönderlich in mächtiger wirde gehalten/ auch bey vns/wiewol grosser vnderscheid an jrer güte gespüret wirdt/ so kompt von sondern orten/Landen/Wasser vn̄ Zeit.Dann der Welschen Hecht sind gantz vnlieblich zu essen/ als etliche von vns Teutschen zu Mompelier mit grossem verdruß haben erfahren.An etlichen andern orthen sind sie nit gentzlich zu schelten/ als die auß dem Rhein kom̄en bey Basel / Straßburg. Es werden auch die jungen auß dem Rhein sehr geprisen. Im Hewmonat vnd October sind sie zum besten.Von vnsern werden die Hecht gesunde/lieblichen Fisch geachtet/ dann man pflegt sie auch in etlichen scharpffen Kranckheiten vnnd Gebrechen zu essen/ werden auch den Kindbettherin erlaubt. Wie die Köch solche Fisch auff mancherley art pflegen zu bereyten/ ist von kürtze wegen vnderlassen worden.

Etliche stück der Artzney/ so von den Hechten herfliessen.

Das Hertz von einem lebendigen Hecht/verschlucken etliche wider die Feber.

Die Gall der Hechten wirt von etlichen in der speiß genōmen/gesunden Leib zu bewahren/ etliche fressen der Gallen drey wider die Feber/ ist sonst ein sehr gebräuchliche Artzney zun fellen der Augen/dunckle der Gesicht vnd dergleichen bresten der Augen.

Seine Kynbeyn/ die Beyn auß dem Kopff/sonderlich die Kynbacken/ zu äschen gebrandt/ oder gedörrt vnd zu Puluer gestossen/wirt gelobt zu alten schäden/ bresten deß Sitzes/oder Arß/das Gliedwasser zu stellen/auß Wein getruncken wider das Grien vnd Stein der Blasen/ zu dem weissen wehe der Weiber/ stich in der seiten/die Nachgeburt außzutreiben.

Die Eyer der Hecht haben etwas krafft/ den Durchlauff vnd Vnwillen zu bewegen/gleich den Eyern der Barben/ auß vrsach sie hingeworffen werden. Etliche geben solche Eyer den Krancken an statt einer Purgatz.

Der Biß der Hechten ist zimlich schädlich/ soll nit ohne Arbeyt heylen/ als daun die erfahrung bezeuget.

Von dem Ring so zu zeiten in einem Hecht
ist gefunden worden.

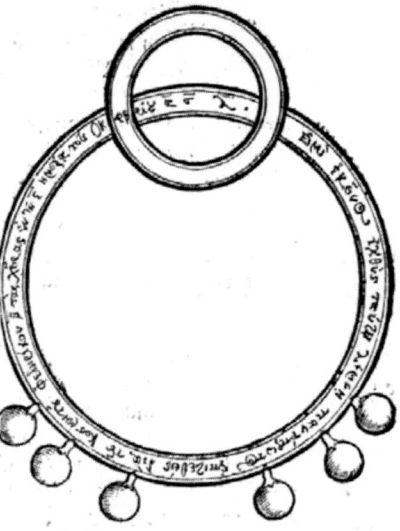

JM Jahr gezehlt/ 4 4 7. ist in einem See bey Heylbrunn einer Keyserlichen Reichßstatt / ein Hecht gefangen worden/ vnd ihm vnder der Haut der Fischohren gefunden worden ein Ring von Ertz in solcher Gestalt/mit solcher Griechischer Geschrifft: welche Schrifft bedeutet daß durch den Keyser Friderich de andern/ dieser Fisch erstlich in genannten See sey geworffen worden/ deß Jahrs gezehlt/ 2 3 o. auß welchem man wol abzehlen mag/ daß dieser Fisch 267. Jar alt gewesen/wirt ohn zweiffel vor dem er mit dem Ring bezeichnet worden/ auch ein zeitlang gelebt haben.

Von dem Schill.

Lucio perca.   Ein Schill/ Schiln/ Nagmaul.

Wo dieser Fisch gefangen werde.

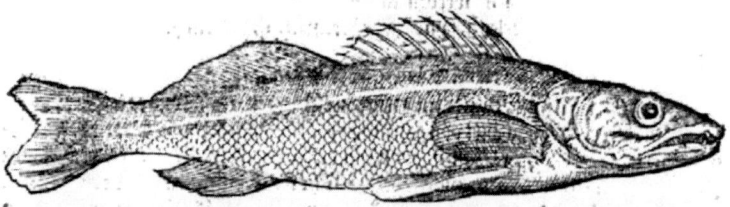

Jeser gegenwertiger/ frembder/ teutscher Fisch/ ist mit dem Kopff gleich einem Hecht/ vnd mit dem andern Leib vnd Gestalt einem Eglin. Wirt in etlichen orthen vnd nit allen gefangen/ als in der Thonaw vnd Amersee in Beyern. Soll mit der lenge auff ein Elen kommen/ oder drey Schuch/ gantz frässig vnd schädlich andern Fischen. Ist sehr feißt/ hat ein zehe Fleisch/ gantz weiß/ auch gesotten/ nit lieblich zu essen. Von dem Rucken oben herab/ hat er schwartze flecken/ als das Eglin.

Von dem Schied.

Schied dictus piscis. Mystoceron,

Wo er zu finden.

In

JN Beyern werden diese Fisch gefangen/ist den vorgesetzten allen vngleich: dann er hat grosse schüppen / vorne an dem obern Maul zwey zöttelin als bärtlin oder hörnlin. Solte billich Hornfisch oder Knebelfisch genent werden/dieweil er so ein schönen Knebelbart hat.

Von dem Houzinck.

Sphyræna fluuiatilis. Ein Spitznaß.

Wie er gestaltet/vnd wo er gefangen werde.

ZVantorff soll die-se gestalte der fische viel gefangen wer-dē/haben dz Obermaul oder Nasen/spitzig/lāg/ lind vnd schwartz.

Von dem Schalfisch.

Ostracion Nili. Ein Schalfisch.

Von seinem Orth vnd Gestalt.

EJn sonderbare Art der fi-schen sind dise gegenwer-tige / welche von Natur mit einer harten schalē bedeckt werden / welche schalē von den Abenthewern vnnd Tyriacs-krämern hin vnd wider getra-gen vnd erzeigt wirt/bleibt lange Jar. Hat Fischfeckten nach art anderer Fisch / weisse Augen / ein kleines Maul. Der Fisch ist an der farb weiß als Milch / doch ein wenig bleych: kompt zu zeiten mit der lenge auff ein Schuch : wirdt insonderheit in dem fluß Nilo/ so Africam durchlaufft/gefangen.

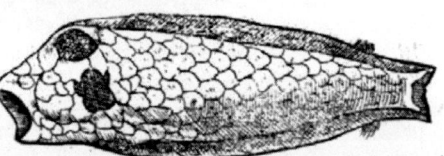

Von einem andern
Schälfisch.

Ostracion Americæ. Ein Schalfisch auß dem new er-fundenen Landt America.

Von seiner Gestalt.

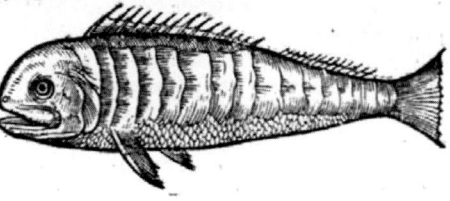

Jeser Fisch soll gentzlich also gestaltet seyn wie er hiehen gesetzt ist. Ist mit einer Schalen bedeckt vnd gewapnet/ nit grösser dann der gemeine Hering: hat ein grossen scheußlichen Grind: wirt von den Einwohnern derselbigen Landen gessen/ welche jn in jrer spraach nennen Tamouhata: soll Zän haben/ welche der Maler vnderlassen hat.

Von einer art der Saluten oder Welsen.

Glanis. Ein art der Welsen/ Wellern oder Schaiden.

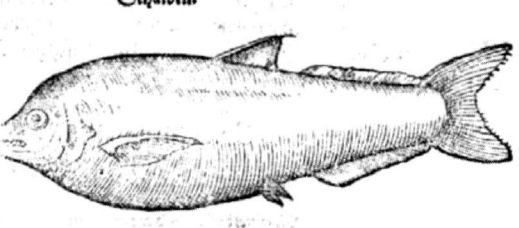

Vnd dieser gestalt der fisch wirt noch sehr geztweiffelt/ ob ers sey/ oder wie er sol genennt werden. Endtlich davon zu red/ so ist Glanis ein kleine Art der welsen oder Salut/ vnsern lande vnbekañt.

Von dem Aal.

Anguilla. Ein Aal.

Von jrer Gestalt vnd Geschlecht.

Er Aal ist ein bekandt Thier dem gantzen teutschen Landt/ auch allen andern Landen/ so ist auch sein Gestalt für Augen gestellt/ auß der vrsach nit viel darvon zu schreiben. Allein ist das zu mercken/ daß jres Geschlechts etwas vnderscheids hat/ vñ in die weissen vnd schwartzen getheilt wirt. Item daß sie in etlichen flüssen nit gefunden werden/ dann in dem fluß Thonaw wirt keiner gefangen/ mögen auch wo sie in solchen geworffen werden nit geleben/ sonder sterben zu handt. Es sollen auch in dem Lausanersee vnd flüssen so in solchen fallen/ wenig der genandten Fisch gefangen werden/ von einem Bischoff Guilielmus genannt/ mit beschwerung oder fluch vertrieben/ als die sag ist.

Zu das Widerspiel werden in etlichen Seen der Italiänischen Gegend/ vnd andern flüssen deß Franckreichs/ zu etlicher zeit so die Wasser betrübt/ viel tausend zusamen in Kugeln gewelzt/ vnd gehauffet mit den Netzen vnd Reusen herauß gezogen. Sie werden auch in vnsern Seen deß Schweitzerlandts oder Eydgnoschafft in guter viele gefangen vnd an andere orth vnd namhaffte Stätt geführet.

An jrer innerlichen gestalt ist das zu mercken/ daß sie kleine Fischohren haben/ mit einem Häutlin bedeckt vnnd beschlossen/ durch welches ein kleiner spalt gehet/ zu erfrischung solcher Thieren/ vrsacht daß sie gar zeitlich in trüben Wassern ersteckt werden/ dargegen ein gute zeit ohne Wasser im Lufft leben mögen.

Die in Flandria sollen auch zweyerley Geschlecht dieser Fische bekennen: Das erste nennen sie in jrer spraach Palynck/ ist vns ein Aal: soll in dem grund der flüssen wohnen/ an der farb braunlecht.

Das ander Geschlecht ist kleiner/ verworffen/ nennen es einfältig ein Aal/ ist vns vnbekandt/ freiwet sich deß faulen stinckenden fleisches/ oder schelmen/ ist vnden am Bauch getheilt/ gar nahe gelblecht.

Von

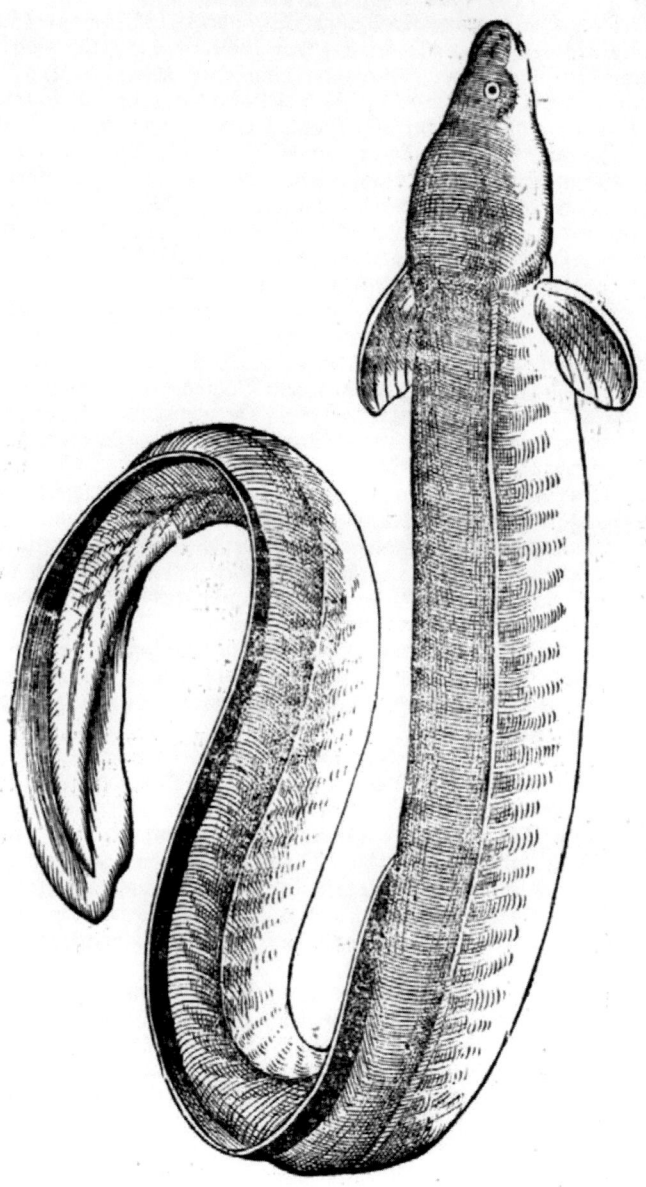

Der vierdte theil/ von allerley

Von Art vnd Natur der Thieren.

Die Ael wohnen in gesaltznen vnd süssen Wassern/doch so sollen sie auß den flüssen
ui das Meer komen/allein wöllen sie lauter/klare/frische örter vnd Wasser haben/dañ
als vor gehört/von faulem trübem Wasser werden sie zu stundt ersteckt. Bey Nacht
weyden sie sich/bey Tag verschliessen sie sich in die Löcher deß grunds/gleich den scher-
mäusen/fressen zerrissene theil der Fisch/Würm/Frösch/Item Kreuter vnd Wurtzen/
vnd als Albertus schreibt/sollen sie zu zeiten in das Feldt vnd truckne herauß streichen/
mit Zisererbsen oder Erbß besäet. Wiewol sie durch die äschen/oder trucknen Sand nit
kriechen mögen. Item diese Fisch wohnen allein von andern Fischen/haben ein starcke
bewegung vnd schlüpfferige art. Dañ als die sag ist/wo er das eusserst seines schwantzes durch ein Loch bringen möge/durch solches ziehe er seinen Leib hernach/vñ je stärcker man jn erfasset oder greifft/je härter man jn behalten mag.

Die Hochgelehrten/so von dem herkomen vnd vrsprung dieser Thier geschribē ha-
ben/bringen dreyerley Gestalt herein. Die erste auß schleimiger feuchte der Erden/sol-
len also von ju selbs erwachsen/gleich etlichen andern Wasserthieren. Die ander/nem-
lich sie reiben sich mit jrē bäuchen zusamen/oder jre Bäuch an den sand/von welchē ein
schleim herab falle/als dañ in die gstalt solcher Thier verwandelt werde/habē auch kein
vnderscheid jres gschlechts Männlins vñ Weiblins. Die dritte mehrung oder schöpffung sol geschehen nach der Art vñ Natur anderer fisch/nemlich durch die Eyer/auch dz
solche von den Alten lebendig geboren werden/dann also sollen etliche in dem teutschen
Landt gefangen vnd gesehen worden seyn/welche in jrem Bauch viel der jungen sollen
gehabt haben/in der grösse eines Fadens/vnd als die Alten getödt/sollen derselbigen
ein grosse zahl herauß krochen seyn. Es sagen auch vnsere Fischer solches für ein gantze
warheit/daß solche Thier lebendige junge geberen/zu jeder zeit deß Jars/welcher etliche gar hart zu drey zwerch Finger kommen mit jrer lenge.

Es soll auch gewißlich nach der warheit die Männlin ein vnderscheid habē von den
weiblin/nemlich mit dicke/grösse/vnd kürtze deß Haupts/so an Männlin gesehen wirt.

Im Mintzersee sollen zu zeiten Kugeln herauß gezogen werden von viel tausend zusamen gehauffet oder gehenckt.

Diese Thier mögen mit jrem Leben zu viel Jaren komen/dann Aristoteles schreibt
von 7. oder 8. Jaren. So ist auch einer von einem gelehrten Mann biß auff 15. Jar in
einem Weyer behalten worden. Sie leben auch lang gleich ausserhalb dem Wasser/
vorauß so sie an külen/graßechten/schattechten orthen behalten werden/vnd zu der bewegnuß nit verhindert/dann so sie von der Soñen auff der Erden beschienen werden/
sollen sie in kurtzem sterben. Item ob sie gleich ihrer Haut beraubt vnd außgezogen/so
leben vnd bewegen sie sich ohne vnderlaß/auch so sie gleich zu stücken gehawen werden.
Von dem Donner werden sie auß der tieffe in die höhe bewegt/zur selben zeit ohne Arbeyt mit Garn herauß gezogen.

Im Jar nach der Geburt vnsers HERRN Jesu Christi/als man zehlt 1125. ist ein
vberauß kalter Winter gewesen/vnd viel Schnee/also daß in den Weyern vnd anderen orten mit Fischen besetzt/die fisch vnder dem Eiß erstickten/vñ die Ael auß hassung
der kälte auff den boden herauß schlichen/sich in die Heuschochē bey der nähe verschlos-
sen/wiewol sie auch in solchen von wegen der kälte vnd mangel deß Wassers gestorben
seyn sollen. Solches ist in die Chronick oder Jarzeitbücher zu Augspurg zu einer Ge-
dächtnuß verzeichnet worden.

Von natürlicher anmuehung der Thieren.

An etlichen orten sollen die Ael heymisch gemacht werdē vnd von Natur seyn/also
daß sie speiß vnd Nahrung empfahen auß den händen der Menschen. Es sol auch der

Aal

Aal ein haſſz gegen der Schlangen haben. Die Ael ſollen von etlichen geſchlechten der Vögel gefreſſen werden/ als von denen ſo bey den Latinern Ardeæ ſtellares vnd Morſices genennt werden. Item der Phalacrocoral als die Engelländer ſagen/verſchluckt ſolche Fiſch gantz/welcher ohne verzug hindurch fährt gleich lebendig/ wirt zu ſtundt wider verſchluckt/ ſolches offt biſz auff neun malen/ ſo lang biſz er müd gemacht/ in dem Vogel erſterben muſz.

Die gröſte nutzbarkeit der Thieren iſt/daſz ſie zu der Speiſz geſucht werden/werden gefangen mit Garn/Reuſen/Angel/Aaſz/ꝛc. Ein ſondere art ſolche Fiſch zu fahen beſchreibt Oppianus vnd Elianus/ ſo geſchicht mit einem feiſten Hünerdarm/welchen man an die orth ſolcher Fiſch in das Waſſer läſzt/vnd ſo er von jnen mit dem Maul erfaſzt/ ſo erfüllt der Fiſcher durch ein Rörlin das ende deſz Darms auſſerhalb dem waſſer mit ſtarckem plaſt/ ſo lang biſz der gantze Darm der lenge nach/ auch der Fiſch durch ſeinen ſchlund/gantz gefüllt vnd erſteckt ſind/werden dannenhin herauſz gezogen.

Die Zigeiner/ ein ſchwartz heſzlich Volck/ ſo zu zeiten in vnſerm Lande vmbſchweifft/ ſollen die Ael den Pferden durch den Affter hinein laſſen/ damit ſie von ſolchen auffgeblaſen/ deſto feiſter ſcheinen / vnd durch beleſtigung ſo der Aal an den Gedärmen bewegt/gantz geyl vnd muthig erſcheinen/ſolche deſto theurer verkauffen.

Mit den Riemen von den Aelhäuten ſind zu zeiten die jungen Dieb geſtrichen worden. Bey vns geben ſolche Riemen von Häuten der Ael gute Spülriemen/ den Weibern zu ſpülen. Weiter werden auch die lebendigen ſtarcken Ael bey vns gebraucht zu dem verſeſſenen oder verſtopfften Teichlin mit Kaat vnd Wuſt/dann ſolche entledigen vnd durchtringen ſie/gewinnen dem Waſſer oder Brunnen ſeinen lauff.

Von der Complexion vnd Art deſz fleiſches der Thieren ſind die Scribenten nit einhellig: dann etliche geben es löblich vnd geſund/ etliche ſchädlich vnd vngeſund zu aller zeit. Wie dem allem / ſo iſt es gantz lieblich zu eſſen / vnd in der warheit ſo gebiret es ein ſchleimig rotzig Geblüt / ſind alſo zu ſcheuhen denen ſo auſz ſolcher vrſach vnd Materia etlichen Kranckheiten vnderworffen ſind/als Podagra/ꝛc.

Nun ſind vielerley art vñ gebräuch ſolche anzubereyte/wie ſie dañ die Köch der Fürſten im brauch haben/ ſind nit allzu erzehlē/ ſonder der Küchenmeiſterey heym zu ſetzen. Jedoch ſo ſollen ſie artig auſzgezogen/ der Kopff vnd ſchwantz abgeſchnitten/ auſzgenommen/zu ſtücken getheilt/vnd nach gemeinem brauch geſotten oder gebraten/ vnd mit gutem Gewürtz beſprengt werden.

An etlichen orten deſz Franckreichs/als Aegemort/ Item dem See am Geſtad deſz Meers gelegen der lenge nach/biſz gen Frontinian zu/werden ſchöne groſſe Ael gefangen/gröſſer dañ ein Arm/in dem Meerſaltz lebendig erſteckt/vnd dennach auſzgenommen/vnd alſo zu der Speiſz bereytet/werden von menniglichen mit luſt genoſſen.

Den erſteckten Pferden laſſen etliche der Roſzärtzt Ael durch das Maul hinein/ durch ſie zu fahren vnd zu purgieren: von den Zigeinern iſt oben auch etwas geſchrieben worden.

Wein in welchem zween Ael erſteckt oder ertränckt/getruncken/bringt ein haſſz vnd abſcheuhen vom weintrincken.

Diſtilliert Waſſer von jrem fleiſch wirt geben den abnemmenden.

Sein Blut mit rotem Wein warm zu trincken geben/ zur zeit deſz gröſten grimmens oder ſchmertzens/ ſoll ein bewerte Artzney ſeyn zu dem Bauchgrimmen.

Die obſchwimmende feiſte von den geſottenen Aelen auffgefaſzt/ angeſchmiert/ ſol die Kaalköpff mit Haar bezieren.

Der fünffte theil/ von fischen so den

Item sein feiste mit Gänßschmaltz/ Rautensafft/ Wermut/ Grundrebsafft/ vnd Hundszungensafft gemengt vnd als ein Salb gebert/ ist dienstlich zu allen Wunden.

Item sein feiste mit Haußwurtzsafft gemengt/ ein Tropffen in die Oren getreysft/ mit einem warmen Tüchlin verstopffet/ vnd ein schnitten warm weisses Brodts darauffgelegt/ soll das verlohren Gehör wider bringen.

Item ein Aal/ welchem der schwantz abgeschroten/ in einem verglästen jrdinen geschirr gesotten/ vor wol gestossen/ vnd mit der feiste vñ safft so sich zu boden setzt/ schmier die geschwollenen Goldadern/ oder den sitz so schmertzen hat.

Deß ersten theils von den Fischen/ so

in süssen Wassern leben/ die fünffte Ordnung/ so begreifft die Fisch so sich auß dem Meer in die Flüß vnd süssen Wasser herauff lassen.

Erstlich von der Alsen.

Alausa Clupea vel Thryssa. Ein Alse/ Else/ Aelse/ Vintleußfisch/ Laußfisch. Bey Straßburg Meynfisch/ Verich.
Von seiner Gestalt.

Ein andere Gestalt deß obgedachten Fisches/ oder dem Fisch so Zyge genandt gar nahe gleich.

Jevor sind beschrieben worden die Fisch so in den Flüssen wohnen ohne vnderscheid in gemein. Weiter wöllen wir der Ordnung nach setzen die Fisch/ so auß dem Meer in die süssen Wasser vnd flüß sich herauff lassen/ auß welchen die ersten sind die Fisch so von den Teutschen Alsen genennet werden: welche sonst nach der zeit jres Alters den Namen verwandlen bey etlichen Nationen. Kommen an etlichen orten auff ein Elen lang/ oder zu der grösse einer grossen Barben/ haben viel kleiner Grädt/ mit welchen sie verletzen die so sie essen. Werden in viel flüssen gefangen: dann sie auch zu zeiten biß auff Basel dem Rhein nach herauff streichen. Der Ziegfisch ist auch gleicher Art vnd eines Geschlechts/ auß vrsach wir sein Gestalt zu dem andern gesetzt haben.

Dieser

Dieser Fisch ist einem Hering nit vngleich/hat doch vnderscheid an Gestalt/ insonderheit etliche flecken rund/schwartz an der seiten vnd Rucken/ auch ein rauche scharpffe Linien vnden am Bauch.

Von Art vnd Natur der Fischen.

Diese Fisch sind die ersten auß der zahl deren so von dem Meer in die süssen Wasser herauff streichen: dann im Meer/von wegen deß gesaltzenen Wassers/ sind sie mager/ gar nit lieblich zu essen/ In den süssen Wassern bessern sie sich mächtig/ werden feißt/ vnd gantz gut zu der Speiß. So bald dieser Fisch auß dem Wasser gezogen/sol er sterben nach Art der Hering.

Von natürlicher anmuthung der Thieren.

Dieser Fisch ob er gleichwol klein/ soll er doch einen gantz grossen Fisch Attilus genandt/so in dem fluß Pado Italiänischen Landts/gefangen wirt/ welcher auff 1000. pfund kompt/wunderbarlich vmbbringen vnd tödten/ in dem daß er ein Ader in seinem Rachen/welche er auß sonderer anmuthung begert/auffbeißt.

Es ist auch gentzlich die warheit/daß diese Fisch ob dem Donner sehr erstarren/welches jnen vrsach gibt/ daß sie allein Frülingszeit in die flüß der süssen Wasser herauff tringen. So bald aber der Sommer einfellt/so schwimmen sie widerumb dem tieffen Meer zu.

Ein sonderbare anmuthung sollen sie ob de Gethön/geläut der Glocken oder schellen haben/welches den Fischern wol bewußt/so sie diese Alsen mit dem Garn zu fahen begeren/so lassen sie vor dem Garn her/ ein krumb hochgebogen Holtz schweben/ an welches Schellen gehäfftet. So sie dann das geläut der Schellen erhören/schwimmen sie herzu/vnd dem Gethön so lang nach/ biß solcher Fischen gantze hauffen zu grund gezogen werden.

Von jrem Fleisch.

Jm Meyen behalten die Fisch den preiß/ist ein sehr löblicher/köstlicher Fisch/allein daß er mit so viel Grädten den essenden verhaßt. Sollen auß eigner art durstige vnnd schläfferige Leut machen/ die besten werden in den Flüssen der süssen wasser gefangen/ dann die so auß dem Meer kommen/helt man in kleiner achtung.

Von der Meernasen.

Capito Anadromus.　　Ein Elbnasen/ Ein Meernasen/
　　　　　　　　　　　　Ein Zert.

Von seiner Gestalt,

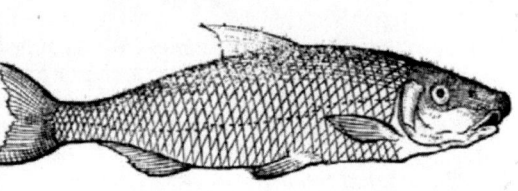

Dieser fisch sol vnder die geschlecht der Alet gezehlet werden/von wegen dz er dem Alet vñ vnserer gemeine Nasen gätz gleich allein ist diese Elb oder Meernase mehr weißlecht/darzu wohnet vnserer allein in den flüssen/ dieser aber kompt von dem Meer herauff in die Elb. Vnsere gemeine Nasen ist ein vnachtbarer/schlechter verworffener fisch/ so wirt diese Elbnasen vnder die edlen gezehlt/vorauß gebraten.

Der Zertfisch so von den Teutschen genañt ist ein länglechter Fisch/glantzet als silber/hat kleine schüppen/einen braunlechten Rucken/die fecktlin bey den ohren vñ bauch rotlecht. Ein Linien hat er von den Ohren biß auff den schwantz/von braunfarben puncten oder flecken. Hat schöne grosse weisse Augen/ein grosse stumpffe Nasen/ein lindes Maul ohne Zän/die Zän hat er lenglecht/innerhalb anfangs deß Schlauchs. Die grösten so von den Fischern gefangen werden sind zweypfündig.

Von seiner Art.

Durch das gantze Jar streichen sie auß dem Meer in die Elb/insonderheit umb die Pfingsten/zu welcher zeit er leycht/auch zum besten geachtet wirt/voller Rogen/gebittet/erwächßt/und wirt sehr feißt in der Elb. Frißt allerley kleine Fischlin/so nicht viel Grädt haben/auch andere Würm/Kefer/Mucken und dergleichen.

Von dem Schmelt.

Eperlanus.   Ein Schmelt.

Wo diese Fisch gefangen.

Diese frembde Fisch komen auch in die Flüß herauff auß dē Meer. Werdē in dē fluß Sequana gefangē/sind gātz weiß/durchscheinend/ohn schüppen/in seinem Kopff hat er zween weisse runde Stein/welche von wegen daß er durchscheinend ist leichtlich mögen ersehen werden. Hat ein lind/zart/matt fleisch/welches gantz wol schmäckt/wie das Biöhnlin/frißt allerley Gewürm und Kefer. Ein anderer Eperlanus ist/so allein in den flüssen wohnet/an seinem Orth beschrieben worden.

Von dem ersten Geschlecht der Lampreten.

Lampreta.   Ein Lampreten/Lampred/Lempfrid/Lampheryn/
Lamprey/Lamperey/grosse Neunaug.

Wie sie gestaltet.

Die Lampreten sind an jrer gestalt gātz gleich einem Meeraal oder Muraal/lang vnnd schlüpfferig/habē jren Namen bey dē Latinern von dem daß sie mit jrem Maul an den Felsen behafft stehen/als ob sie daran saugen. Haben ein rund außgehölt Maul/als die Neunaug oder Blutsauger/darīn gelbe Zän. Sein farb der haut ist schwartzlecht/mit bleychen eckechten flecken besprengt/hat ein zehe fleisch/wirdt doch nit außgezogen wie der Aal. Sein Maul beschleußt er/wie man ein seckel zusamen zeucht/mit welchem er an den steinen hafftet vñ sauget/und dasselbig so starck/daß er nit ohne Arbeyt mag abgerissen werden/als wann man ein Schrepffhörnlin abzucht. Zu vörderst auff dem Kopff/zwischē beyden Augē hat er ein weißlechten fleckē/darbey ein Löchlin durch welches er den Lufft vñ wasser zeucht/welches vrsachet/dz er allein oben auff dem Wasser schwimen muß/dañ sonst wirdt er leichtlich ersteckt. Zu beyden seiten hat er an jeder 7. Löchlin/jñerhalb derselbigen seine Fischohren/in seinem Maul vñ Rachen hat er viel ordnungē der Zän. Hat so viel die jñerlich gstalt betrifft ein grüne kleine Leber/hat kein

Zungen

Zungen/runde tieffe Augen: hat kein Gallen/beweget sich vnd schwimmet nit mit den Fecken/sondern mit den krümmen deß Leibs als der Aal.

Wie die Lampreten genaturt vnd geartet seyen.

Die grösser Lampreten so hievor gesetzt/kompt auß dem Meer in die fläß/vnd süssen Wasser: deß Frülingszeit streichen sie herauff zu leychen: vnd nach dem Hornung fahren sie mit dem Leych oder jungen widerumb herab. Erwachsen sonst auch von dem schleim deß Bodens: sie geleben deß Wassers vnd schleims: sollen nicht lang nach der Geburt abnemmen vnd sterben/mit jrem Leben allein auff zwey Jar kommen/ist sonst ein leblicher Fisch/bewegt sich ob er gleich schon zu stücken gehawen.

Von natürlicher anmuthung der Thieren.

Die Lampreten sollen die Salmen/so sie auß dem Meer herauff streichen/beleyten in dem daß sie an jnen hangen mit jrem Maul. Anfang deß Meyen sollen sie zum besten seyn: nach derselbigen zeit durch viel bewegnuß abnemmen vnd sterben/etliche ehe sie geberen oder leychen. Ob sie schon leychen ein hauffen kleiner Eyer/so verschwindet doch der Leych sampt den vberbliebnen allen. Dann nach dem verloffnen Meyen werden weder junge noch alte weiter gefangen. Zu Straßburg fängt man solche mit dem Wurffgarn/ auch mit den Reusen in den tieffen: So fangen solche auch zu zeiten die Schiffleuth mit den Händen/an den Schiffen kleben.

Von dem Fleisch der Lampreten.

Die Lampreten sind Frülingszeit gantz gut vnnd löblich / auch je grösser je besser. Zu Rom in der Tyber fängt man die grösten vnnd schönsten Lampreten. Es haben auch die Römer solche in hoher achtung gehabt/vnd mit grossem Gelt gekaufft/von welchem Platina viel schreibt. Sehr angenem vnd lieblich sind sie zu essen: geberen doch ein dickes vnd schleimiges Geblüt/auß vrsach man sie mit gutem Wein vnd Gewürtz bereyten soll.

Von dem andern Geschlecht der Lampreten.

Genus Lampretæ alterum. Ein Bärlin/ Berlin/ Berling. Bey den Niderländern/ Pricke.

Wie sie gestaltet.

Dieses ist ein sonder geschlecht der Lampreten/kompt nit vber eins Fingers dick/ gebiret oder leycht auff dem ende deß Aprilen mit den andern Lampreten oder kleinen Neunaugen. Zur selben zeit sollen sie nit gut seyn/ darnach weiter nicht gefunden werden biß auff Adolphi Tag / als nach derselbigen zeit fängt man sie widerumb/ sind darnach sehr löblich biß auff S. Michels Tag: werden mit der Reusen gefangen an den tieffsten orthen deß Rheins: soll kein Speiß oder Wust in jnen gefunden werden/ auch gantz kein Gall/ auß vrsach man sie pflegt allein ein wenig auffzuschneiden/ damit man jren schweiß empfahe/ vnd mit dem fleisch sieden möge/ au-

H

Von dem Salmen.

Salmo. Ein Salm.

Von gestalt vnd orthen der Fischen.

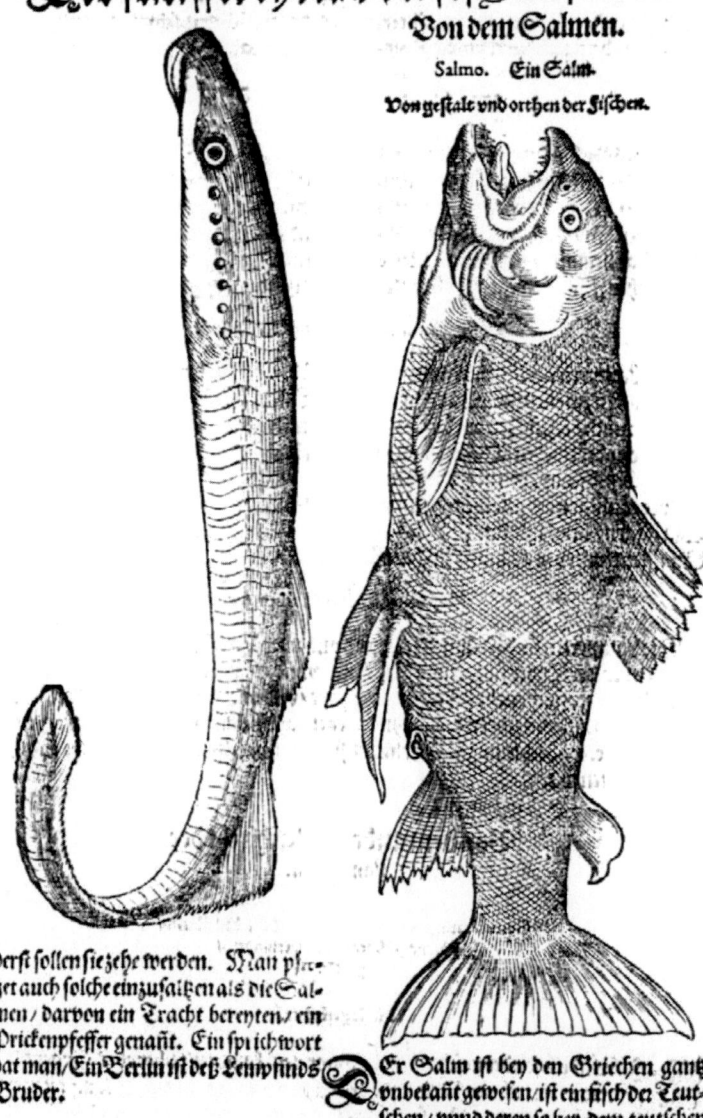

derst sollen sie zehe werden. Man pfleget auch solche einzusalzen als die Sal-
men/ darvon ein Tracht bereyten/ ein
Prickenpfeffer genant. Ein sprichwort
hat man/Ein Berlin ist deß Lewpfinds
Bruder.

Er Salm ist bey den Griechen gantz
vnbekant gewesen/ist ein fisch der Teut-
schen/ vnnd deren so bey dem teutschen
Meer herumb wohnen/ dann allein auß dem
Oceano solche Fisch entspringen. Sein Gestalt ist den Teutschen genugsam bekant/ auß
vrsach wenig davon wirt geschrieben werden.
Allein zu mercken ist/ daß sie jren Namen verenderen

Ein Lachß.

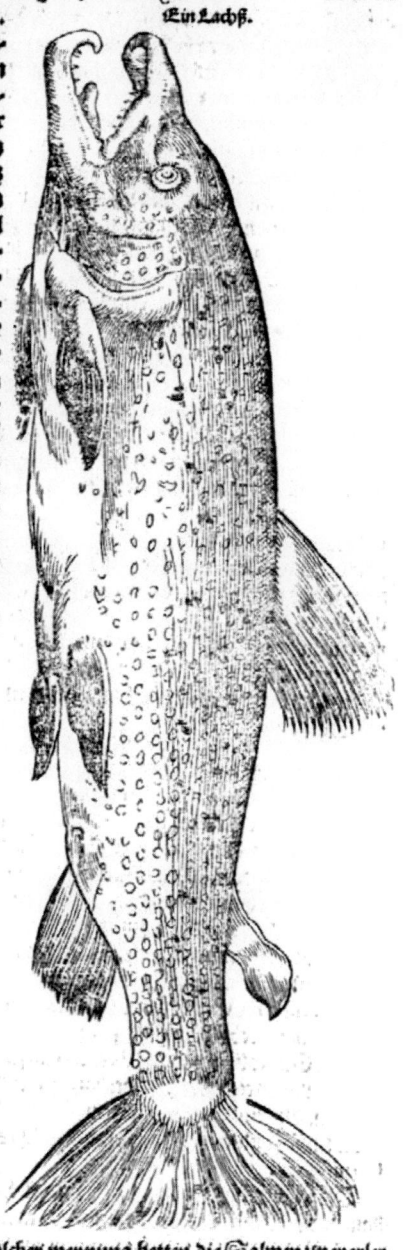

endern nach dem Jar/Zeit oder Alter.
Dañ im Früling/vnd durch dē Sommer biß auff S. Jacobs Tag/werden
sie Salmen genent. Darnach bekommen sie den Namen Lachß/zu welcher
zeit sie auch einen krumen schnabel am
vndern Kynbacken haben/auch gantz
schön mit flecken besprengt sind. Dem
Mänlin soll der vnder Kynbacken viel
mehr gekrümt werden/dañ dem Rög-
ling/werden allein in dē flüssen gefan-
gē/so sich in das teutsche Meer/Ocea-
num außgiessen/zu zeitē in mächtiger
grösse/dz etliche vber 36.pfund schwer
komen sind/seine seckten sind feißt von
fleisch/ist innerlich also gestalt/daß er
zween schleuch oder weg von dē Maul
durch den Rachen herab hat/der eine in
den Magen/den andern nit weit/mit
einem dünnen weissen Fell beschlossen/
also daß einer achten möchte/diese fisch
weren der art daß sie jre Speiß widervmb ruminierten oder däweten/nach
der Natur etlicher vierfüssigen Thier/
hat viel Zän auch auff der Zungē welche kurtz vnd breyt ist.

Von Natur vñ eigenschafft der Salmen.

Von der Eigenschafft der Salmen
sind die so von den Fischen geschriben
haben nit einhellig. Dañ etliche schriben die Salmen geberen allein in dem
Meer/kommen darnach so sie erwachsen in die flüß der süsse wasser. Andere
aber/dz nemlich die Salmen so sie auß
dem Meer herauff kommen/Leychen
gegen dem Winter in den flüssen vnd
süssen wassern/in welchem sie ein wenig erwachsen/fahren demnach dem
Meer zu/in welchem sie zu vollkomner
grösse der Salmen komen/hernach gegen dem Glentzen in die süssen Wasser
herauff streichen/welche Opinion von
dē alten erfahrnē fischern auch der täg-
lichen erfahrung bestettiget wirt/daß
der Sälmlin werden bey vns viel gefangē. Nach der Weynacht oder Christ-
tag/das ist/nach dem ende deß Wolff-
monats sihet man keine mehr. Nach solcher meynung hetten die Salmen zweyerley

art. Erstlich daß sie in den flüssen leychen/vnd die Jugend in das Meer streicht/daselbst
erwächßt. Zum andern daß er widerumb auß dem Meer so er zu rechter grösse kommen/
in die flüß herauff streicht zu leychen vnnd zu geberen/ zu welcher zeit sie gantz zu der
Speiß vntauglich/mager vnd biß auff die Haut verzehrt seyn sollen.

In dem streichen vnd herauff fahren dem Wasser entgegen/sollen sie sehr schnell oft
mit dem sprung gewaltig seyn/ also daß er sich auch vber die Felsen/Meer vnnd Höhe
schwingen mag dem Wasser entgegen/ allein den Lauffen so vnder der löblichen Statt
Schaffhausen ligt/mag er nit vbersteigen/an welchem orth viel der Fisch gesamlet vnd
gefangen werden. Sie kommen auch nit allein in die grossen Flüß/ sondern auch in die
kleinen Bäche herauff/als der Limagt nach durch den Zürchersee/weiter widerumb in
die Lindt biß gen Glariß herauff/ auch bey vns in die Tößfluß/ so begierig sind sie je
lenger je mehr den Brunnen vnd vrsprung der süssen Wasser nachzustreichen. Dann
allein in den kleinen flüssen begeren sie insonderheit zu leychen/ in welchē sie an den sandechten Gestaden Gruben in die Gestad herein artig vnd wunderbarlich machen sol-
len/ vnd dieselbigen mit Steinen erbawen vnd zu bewahren/ damit daß ire Eyer oder
Rogen so sie darein legen/von gewalt deß Wassers nit zerstrewet werde/ vnd ob gleich
wol die flüß sehr gefallen/die Gruben trucken ligen/ sollen doch die Eyer nit verderben/
sondern so das Wasser zunimpt/widerumb befeuchtiget/erwachsen. Nach der Sonn-
wende deß Sommers sollen sie zu leychen anheben/dasselbig biß zu ende deß Jars vnd
Winter treiben. Die Eyer aber erst gegen dem Früling in lebendige Fisch vnd Selmling erwachsen/welche nit lang in den flüssen bleiben/in das Meer herab streichen/her-
nach erwachsen widerumb herauff. Also nach der zeit in dem Früling/ nach eintretten
deß Mertzens streichen die Salmen herauff/ gegen dem Herbst Lachß genandt/ leychen sie/ durch den Winter ligt der Rogen in der Gruben. Frülingszeit wirt der Samen zu jungen Selmling/ nach dem Sommer streichen sie gegen dem Meer/ werden
Salmen : also würde zu einer erschöpffung eines Salmens erfordert zwey Jar/
Oder nach dem der Samen lebendig worden/ ein gantzes Jar zu vollkommenheit eines Salmens.

Von natürlicher anmuthung der Salmen.

Die Salmen werdē gar mächtig gepeiniget von dem Blutsauger oder Eglin/ welches jnen insonderheit beschehen soll im Meyen/ Brach- vnd Heiwmonat/setzen sich an
ire schwäntz/auch in den Rachen/Maul/Schlauch vnd die Gedärm herab/von welchen sie so schmertzlich gepeiniget/ daß sie sich vber das Wasser 3. 4. zu zeiten 7. oder 8.
schuch herauff springen/ auch an das Gestad herauß/ zu zeiten von Fischern also begriffen werden/vnd so man sie nit zeitlich findt vnd zu todt schlägt/ so sterben sie von solchem schmertzen/ also daß sie zu zeiten faul vnd stinckend am Gestad funden werden.
Etliche wöllen sie thun solche sprüng auß natürlicher Listigkeit/ dem Fang zu entflie-
hen/ dann sie zum allermeisten also für das Wasser herauff springen/ so die Fischer in
den Schifflin mit Garn sie vmbziehen wöllen. Andere rechnen es der Geylheit zu dieweil sie genandte Monat gantz feißt/ voll vnd starck seyn/ so ist doch das gewiß daß sie
von den Egeln also gepeiniget werden/daß sie zu zeiten von schmertzen sterben.

Die Lampreten sollen sonderbare gemeinschafft haben mit den Salmen/ welche
sie in dem Leych beleyten/mit jhrem Maul vnd Fügen an jhnen behafft auch die stren-
ge der flüssen vnd lauffen vbersteigen/ welches sonst ohne hülff der Salmen nit beschehen möchte.

Die Fischer sagen daß der Störfisch ein Leitmann oder Führer der Salmen sey/
dann wo er gesehen/verhoffen sie ein grossen fang der Salmen zu thun.

Wie man diese Fisch pflege zu fangen.

Auff

Auff mancherley Art pfleget man diese Fisch in dem streichen zu fahen / welche gar nahe alle vns Teutschen wol bekandt sind. Man fängt sie mit dem Salmengarn / Spreitgarn / auch mit besondern Garnen an bereyteten orthen / so man Wag nennet / solche hat man viel zwischen Basel vnd Lauffenberg. Man durchschlägt sie auch mit einem eisenen Hacken / vnd sticht sie mit sonderbaren Instrumenten. Auch ist ein sondere art / nemlich in dem daß man einen Rögling an ein Seyl geb vnden im wasser schweben läßt: welchen die andern von statt zu treiben begeren / als dann zeucht der Fischer den angebundenen sänfftiglich an das Landt / vnd durchsticht den andern nachfolgenden mit einem Geren.

Von dem Fleisch der Salmen.

Die Salmen sind ohn alle Widerred zum besten im Meyen / außgang deß Aprilen vnd Brachmonats : auch die zum löblichsten so an mitteln orthen gefangen werden / nemlich nit zu nechst bey dem Meer / auch nit zu öberst in den kleinen Flüssen. Jr fleisch ist rotlecht / feißt / gantz lieblich zu essen / von dannen der Spruch kompt / Ein Salm ist ein Herr : nichts desto minder so geberen sie ein zehe schleimig Geblüt. Gegen dem Winter / so sie dem Leych nahen / vnd Lachß genennet werden / sind sie nit sonderlich lieblich zu essen / harter verdäwung / eines argen Saffts : solche werden in Engellandt nit gessen dann allein von den Armen / dann man helt sie als pfinnige Schwein. Es ist auch von den Königen der Schotten verbotten word / daß niemand seines Reichs Herbstzeit Salmen fange / dem Leych zu verschonen / auch dieweil sie sonst zu der Speiß vntauglich sind. Man pflegt solche Fisch auch einzusaltzen / vnd viel Thonnen in ander Landt zu fertigen. An etlichen orthen henckt man Riemen von den Lachsen oder Salmen an Rauch / so lang daß sie ertrucknen. Man hat viel Art der bereytungen / welche die Küchenmeisterey insonderheit betreffen.

Von dem Selmling.

Salar, siue Salmo paruus.   Ein Selmling.

Von jrer Art vnd Gestalt.

Jeses ist die Gestalt der jungen Salmen oder Selmling / welche mit aller Gestalt den Forellen so gleich sind / daß sie nit ohne sondern fleiß mögen erkennet werden / sind doch den erfahrnen leichtlich zu erkennen / in der History von den Forellen beschrieben. Die Selmling enthalten sich nit vber ein Jar im Rhein oder andern Wassern / streichen vor dem Jar dem Meer zu / in welchem sie zu Salmen erwachsen in kurtzer zeit.

Von jhrem Fleisch.

Die Selmling sind zu aller zeit gut vnd löblich / insonderheit aber im Aprilen vnd Meyenszeit.

Von dem Scheydfiſch.

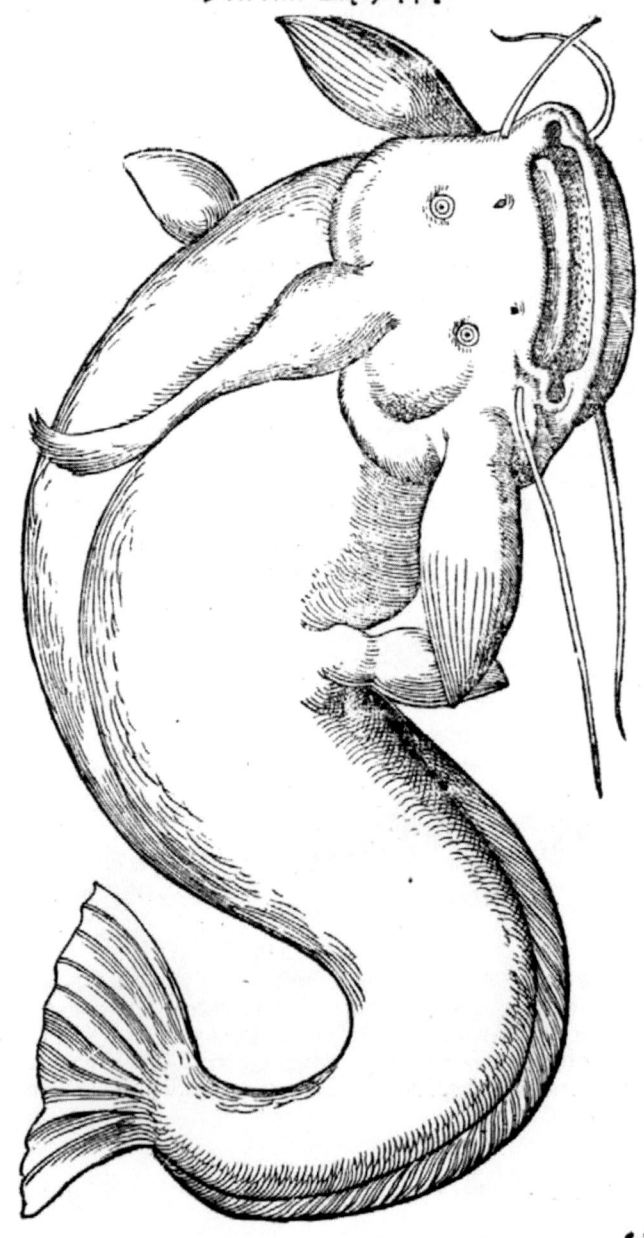

Syluri

Sylurus. Ein Scheydfisch/ Salut/ Waller/ Wäller/
Wälline/ Weiß/ Wilß.

Von der scheußlichen Gestalt/ vnd mercklichen grösse der Fischen.

Diß scheußliche Thier möcht ein teutscher Wallfisch genennet werden. Ist lange
zeit bey allen Gelehrten vnbekandt gewesen/ dan er allein in etlichen Seen vnd
flüssen deß teutschen Landts gefangen wirdt. Ist ein sehr scheußlicher/ grosser/
schädlicher Fisch/ kompt auff sieben oder acht Elen lang/ etwan die anderhalb Centner
wigen. So sie jung/ sind sie schwartzlecht mit weissen flecken/ so sie aber alt vnd groß
werden/ sollen sie weißlecht/ mit schwartzen flecken besprengt seyn. Hat ein scheußlich
weit Maul vnd schlauch/ grossen Kopff/ keine Zän/ sondern allein rauhe Kynbacken/
ist an der gantzen Gestalt nit vngleich einer Trüschen/ so grosse ding kleinen zu vergleichen sind/ hat keine schüppen/ sondern ein glatte schlüpfferige Haut/ die ander Gestalt
mag auß der Bildnuß so bey anfang gesetzt wol abgenommen werden.

Von Art vnd Natur der Fischen.

Ob der gestalt deß Thiers ist wol abzunemmen sein thyrännische/ grimmige vnd frä-
sige art. Also daß zu zeiten in eines Magen ein Menschenkopff vnd rechte Handt mit
zweyen güldinen Ringen sind gefunden worden/ dan sie fressen allerley das sie bekommen mögen/ Gänß/ Enten/ verschonen auch dem Viehe nit/ so man es zur Weth oder
wäschen/ oder sonst zu träncken führt/ also daß sie auch zu zeiten die Pferd zu grund ziehen vnd ersäuffen/ verschonet dem Menschen gar nit wo er jn kriegen mag.

Zu dem fang vnd jagen braucht er seine obern vnnd vndern Knebel/ mit welchen er
vmbwickelt/ faßt vnd zu dem Maul treibt/ was er mit dem Maul erfaßt/ zeucht er alles zu grund/ frißt allerley Fisch so er bey nechst bekommen mag/ wohnet gern an let-
techten/ wüsten orthen/ Wassern vnd Seen.

Von seiner anmuthung.

Aelianus schreibt/ daß in Egypten in einem See Bupastus genandt/ jetztgenante
Fisch heymisch gemacht/ gespeißt mit Brodt vnd erhalten werden.

Von jhrem Fleisch.

Der jungen Fisch fleisch soll gut vnd lieblich zu essen seyn/ auch auff die Tisch der
Reichen kommen/ Der alten aber vnnd grossen Thier soll heßlich zu essen seyn/ wirdt
doch das theil gegen dem schwantz das beste geachtet/ sollen ein helle stimme vrsachen/
den Stulgang bewegen.

Artzney von dem Fisch.

Das eingesaltzen fleisch von dem Fisch auffgeschmiert/ soll Dörn/ Pfeil/ rc. dergleichen außziehen/ vnd die vmbfressenden schäden dämmen. Die Brühe der Sultzen davon in Cristier eingeschütt den roten schaden vnd Hüfftwehe vertreiben. Zu den obern
dingen soll auch die äschen von der gebrandten Köpff dienstlich seyn.

Von dem Salut oder Scheyd so in etlichen Seen der
Eydgnosschafft gefangen werden.

Sylurus qui in lacubus Bernensium Heluetiorum capitur.

Wie er gestaltet.

H iiii

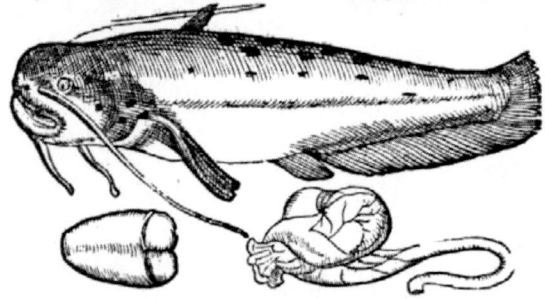

Iese Art oder Gestalt vorgenandter Fischen wirt im Murter/vnd Newenburgersee gefangen/ welcher dann sonst ein schleimigen vnd lettechten Boden hat/ auß solchen ist vor wenig Jaren einer gefangen worden in Murtersee/8.schuch lang/daselbst an einem Hauß abconterfetet. Sein farb als der vorgesetzten schwartzlecht vorauß vmb den Kopff/die beyden seiten äschenfarb/durch den Rucken vnd Kopff mit schwartzen flecken besprengt.Am obern Maul hat er zwey lange Horn/am vndern vier/der gantze Bauch ist weiß. Ist sonst nit anderer Gestalt/Art/Natur/dem erstgesetzten gantz gleich.

Von dem dritten Geschlecht.

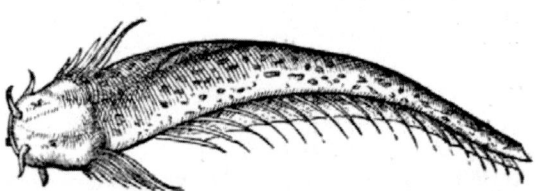

Solch Geschlecht jetztgenandter Fischen wirt zu Straßburg bey einem Burger in einer Fischeten oder Weyer als ein Wundergestalt der Fischen behalten/welche als ein ander vnd sonder Geschlecht läßt ansehen/ ist doch endtlich eben der vorigen Art/ dann der schwantz bedunckt sich abgeschlissen seyn/ auch die Fecken von wegen enge deß orths/auch die Hörnlin deß Mauls kurtz/ noch nit wol erwachsen zur zeit als er abgemalet worden/dann solche Hörnlin/spitzen oder zättelin/jnen alle Jar abfallen vnd wider wachsen.

Von dem Stör.

Acipenser, Aquipenser, Sturio. Ein Stör/
Ein Stier/ Ein Stierlin.

Von mancherley Geschlecht der Thieren/ jrer Gestalt vnd grösse.

Ieses sind rauhe/scharpffe/wolgewapnete Fisch/den Delphinen nit vngleich/ außgenommen die räuche vnd schärpffe/ auß vrsach sie von etlichen fälschlich Delphin sind geachtet worden. Solche Fisch wohnen im Meer vnd in süssen Wassern/kommen doch auß dem Meer in die flüß herauff/in welchen sie grösser gefan-

gen

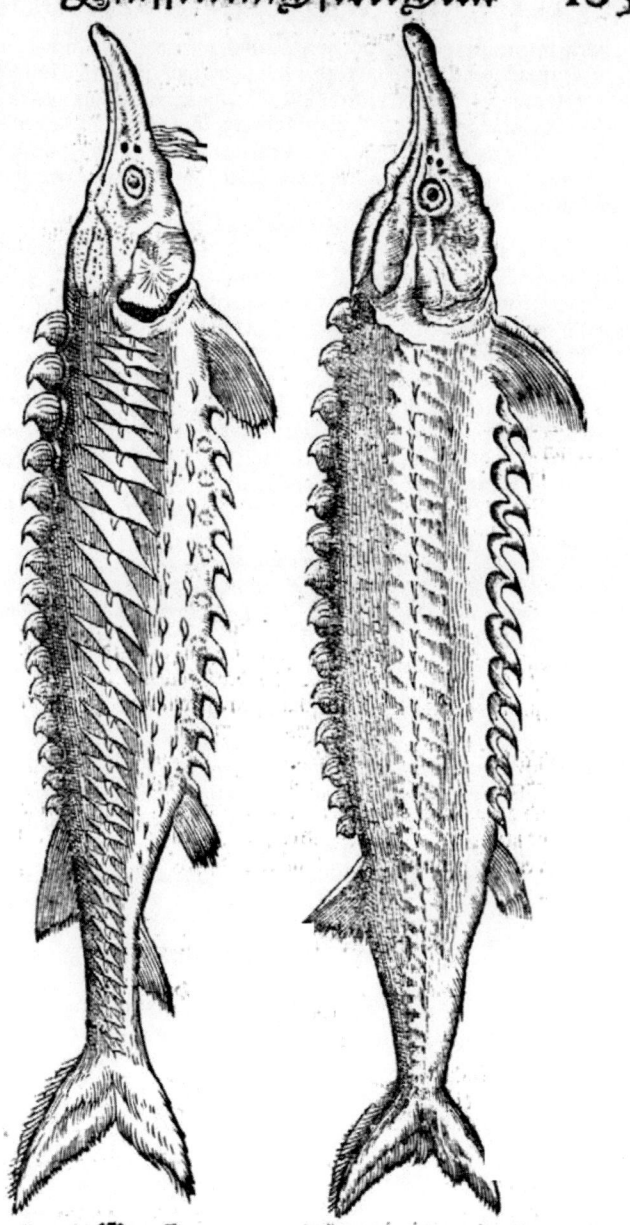

gen werden dann im Meer. Dann vmb Rönig Francisco soll zu zeiten einer 18. schuch
lang gezeigt worden seyn/ so sind sie auch 14. Schuch lang zu Antorff gesehen worden/

soll auch zu zeiten einer 180. Pfundt gewogen haben : wiewol die so ich auß dem Meer
gezogen gesehen hab/ nit grösser waren dann auff zwo spañen. So viel señ gestalt an-
trifft/ so ist er rund/ garnahe dreyeckecht/ ohne Gebeyn/ außgenommen im Kopff wirt
gantz fett/ sein feißte gelb/ ein gantz grosse süsse Leber/ hat einer gantz kleinen Rachen/
ohne Zän/ mehr dienstlich zu saugen dann zu käwen : hat keine Schüppen/ an statt ein
rauhe Haut/ hat an seinem Leib drey ordnung der Nägel oder Hacken : ist ein gantz
schöner seltzamer Fisch.

Von Art vnd Natur der Thieren.

Diese Fisch als vor gehört/ wohnen im Meer/ streichen auß demselbigen in die grossen flüß herauff/ biß auff fünff oder sechß Tagreysen.

Zu Wittenberg wirdt er auch in der Elb gefangen/ vnd zu Wien in der Thonaw/
auch im Rhein/ auch zu zeiten zu Straßburg. In der Wolg vnd Ock/ in den flüssen der
Moscowitter sind solche vberflüssig.

Den kleinen Fischlin soll er nachhalten/ auß welchen er durch das saugen sein Nahrung ziehen soll/ wiewol etliche wöllen sie fressen auch den reinen Sand vñ ander Kaat:
geiebt gantz kleiner Speiß/ auch deß purlautern schönen Luffts oder Winds/ auß welchem der spruch kommen ist. Er lebt deß Luffts wie der Stör. So er in Milch gelegt/ so
soll er auch lang leben/ als wann er im Wasser wer.

Mit seinem Leib soll er grosse schwere Läst bewegen/ auch offtermals die schweren
Blöcher gar nahe zerspalten.

Von natürlicher anmuthung der Thieren.

Der Zieg oder Goldfisch genañt soll allezeit zu mal mit diesem in den fluß Elb herauff fahren/ auch zu mal gefangen werden. Jtê so soll auch dieser fisch der Salmen oder
Lachsen/ so auß dê Meer in die flüß herauff reysen/ Hauptmañ oder Führer seyn: dann
so er von den Fischern gesehen wirt/ so soll er ein grossen hauffen der Lachß bedeuten.

Den Fisch Huso auff Latein genandt/ Item den Crocodill sol er bekriegen/ in der ge-
stalt/ daß er jñen jre Bäuch mit seinen scharpffen Hacken auffreißt vnd zerzernt.

Von dem Fleisch der Thieren.

Diese Fisch haben ein fürtrefflich/ gut/ löblichs/ angenemes/ gesundes fleisch/ ist in
hoher wirde bey den Alten gewesen/ dermassen daß sie auch durch gekrönte dienst mit
Kräntzen vnd Trommeten sind fürgetragen worden. Die kleinen vnd die so im Meer
wohnen/ sind in minderer achtung dann die so in grossen flüssen schwer vnnd groß gefangen werden: hat so ein süsse Leber/ daß die Köch solche mit seiner Gallen zu bereiten pflegen.

Von allerley art der Hausen.

Antaceus Borystenis.   Ein art der Hausen auß
dem Fluß Neper.

Von seiner Gestalt.

GRosse merckliche
fisch sind alle die-
se Geschlecht der
Hausen/ der art daß sie
auß dê Meer in etliche
süsse wasser v. i flüß he-
rauffkommen. Sein ge-
stalt ist wol auß der jur gesetzten Figur abzunemmen. Sie bedunckt mich erdichtet seyn.

Von dem andern Geschlecht.

Exos, siue Ichthiocolla. Ein andere art der Hausen.

Von seiner grossen Gestalt.

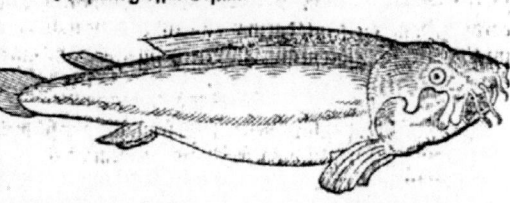

Dises sollen auch sehr grosse Fisch seyn/ohn Grät/ Beyn vnd dergleichen/ auch ohne schüppe/ hat ein grossen breyten kopff/ vnd weit Maul/von de obern Kynbacken vier züttelin/ kleine Augen/ hat ein zehe/ süß/ lind fleisch voll Leims/ auß welcher vrsach er sehr köstlich ist einzusaltzen/ dann von dem Saltz bessert er sich/wirt rot/ als das fleisch der Salmen/wirt also gen Rom vnd andere orth gefertiget.

Auß dem bauch deß Fisches wirt Leim gesotten/ viel im brauch damit zu leimen/al-lerley Papier/Perment/ auch Holtz vnd dergleichen/ ist auch breuchlich in der Artzney.

Von der rechten wahren Gestalt der Hausen.

Huso. Ein Hausen.

Wie er gestaltet/vnd an welchen enden er gefangen werde.

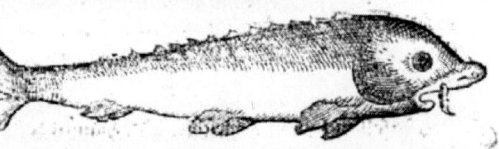

Itz ist ein gründ-liche cönterfactur deß Hausen der Teutschen/ ein schöner wolgestalter Fisch. Jhr art ist daß sie gantz kein Beyn oder Grädt haben außgenommen in dem Kopff/ an statt der Beyn hat er Kre-speln oder Altenwachß/zehe durch den Leib vn Rucken/ hat auch keine schüppen/gantz glatt/kompt auß dem Meer der Thonaw nach herauff/ in welcher er gefangen wirt/in solcher grösse/daß er mit Rossen oder Pferden muß auß dem Wasser gezogen werden. Sein Eingeweyd/welche er sehr groß/viel vñ feißt hat/werden Hausenknopff genañt/ wirt allein gefangen/so er wandert / von dem Herbst biß auff den Jenner/zwischen Wien vnd Preßburg/vnd etlichen andern orthen. Zu Wien in Oesterreich verkaufft man solcher zu zeiten/vnd der mehrertheil 50. oder 70. auch auff die hundert Hausen/ welche man gemeiniglich pflegt gantz zu verkäuffen. Bey dem außfluß der Thonaw in das Meer wirt der Fischen ein grosse menge gefangen/eingesaltzen vnd an andere orth geschickt. Dieser Fisch kompt mit seiner grösse oder lenge auff 24. Schuch/ oder nach dem Gewicht auff 4. Centner.

Von Art vnd Natur der Fischen.

Der mehrertheil Fisch so der art sind dz sie auß dem Meer in die süssen wasser strei-chen zu gewisser zeit/sind löbliche gute Fisch/ solcher art sind auch die Hausen. Dann nit allein in den Thieren deß Luffts oder dem Geydgel das gesehen wirt/daß etliche zu gewisser zeit wandlen auß einem orth/Landschafft an das ander/ vnd andere zeit niã gesehen werden / sondern auch in den Wasserthieren solches geschicht. Sie frewen vnnd belustigen sich ob lettechtem/ feißtem Grund / schwimmen scharecht/ vnnd fol-gen nach dem Gethön der Trommeten / zu welchem sie sich nähen vnd gefangen wer-

soll auch zu zeiten einer 186. Pfundt gewogen haben : wiewol die so ich auß dem Meer
gezogen gesehen hab/nit grösser waren dann auff zwo spañen. So viel sein gestalt an-
trifft/so ist er rund/garnahe dreyeckecht/ohne Gebeyn/außgenommen im Kopff/wirt
gantz fett/sein feiste gelb/ein gantz grosse süsse Leber/hat einen gantz kleinen Rachen/
ohne Zän/mehr dienstlich zu saugen dann zu käwen: hat keine Schüppen/an statt ein
rauhe Haut/hat an seinem Leib drey ordnung der Nägel oder Hacken: ist ein gantz
schöner seltzamer Fisch.

Von Art vnd Natur der Thieren.

Diese Fisch als vor gehört/wohnen im Meer/streichen auß demselbigen in die grossen flüß herauff/biß auff fünff oder sechß Tagreysen.

Zu Wittenberg wirdt er auch in der Elb gefangen/vnd zu Wien in der Thonaw/
auch im Rhein/auch zu zeiten zu Straßburg. In der Wolg vnd Ock/in den flüssen der
Moscowitter sind solche vberflüssig.

Den kleinen Fischlin soll er nachhalten/auß welchen er durch das saugen sein Nahrung ziehen soll/wiewol etliche wöllen sie fressen auch den reinen Sand vñ ander Kaat:
gelebt gantz kleiner Speiß/auch deß purlautern schönen Luffts oder Winds/auß welchem der spruch kommen ist. Er lebt deß Luffts wie der Stör. So er in Milch gelegt/so
soll er auch lang leben/als wann er im Wasser wer.

Mit seinem Leib soll er grosse schwere Läst bewegen/auch offtermals die schweren
Blöcher gar nahe zerspalten.

Von natürlicher annmuehung der Thieren.

Der Zieg oder Goldfisch genañt soll allezeit zu mal mit diesem in den fluß Elb herauff fahren/auch zu mal gefangen werden. Itë so soll auch dieser fisch der Salmen oder
Lachsen/so auß deß Meer in die flüß herauff reysen/Hauptmañ oder Führer seyn:dann
so er von den Fischern gesehen wirt/so soll er ein grossen hauffen der Lachß bedeuten.

Den Fisch Huso auff Latein genandt/Item den Crocodill sol er bekriegen/in der ge-
stalt/daß er jnen jre Bäuch mit seinen scharpffen Hacken auffreißt vnd zerzerrt.

Von dem Fleisch der Thieren.

Diese Fisch haben ein fürtrefflich/gut/löblichs/angenemes/gesundes fleisch/ist in
hoher wirde bey den Alten gewesen/dermassen daß sie auch durch gekrönte dienst mit
Kräntzen vnd Trommeten sind fürgetragen worden. Die kleinen vnd die so im Meer
wohnen/sind in minderer achtung dann die so in grossen flüssen schwer vnnd groß gefangen werden: hat so ein süsse Leber/daß die Köch solche mit seiner Gallen zu berei-
ben pflegen.

Von allerley art der Hausen.

Antaceus Borystenis.   Ein art der Hausen auß
dem Fluß Neper.

Von seiner Gestalt.

GRosse mereckliche
fisch sind alle die-
se Geschlecht der
Hausen/der art daß sie
auß deß Meer in etliche
süsse wasser v.i flüß her-
auffkomen. Sein ge-

stalt ist wol auß der zu gesetzten Figur abzunemen. Sie beduncket mich erdichtet seyn.
Von

wirt in Italia in dem fluß Po/ vnd in Franckreich in dem Rotten gefangen/ hat einen kürtzern schnabel/ dickern Kopff dann der Stör/ vnd hat sein fleisch einen wildlechten Geschmack.

Von dem grossen Stör.

Attilus Padi. Ein grosse Art der Hausen oder Stören.

Von seiner Gestalt/ grösse/ art/ natur vnd orth.

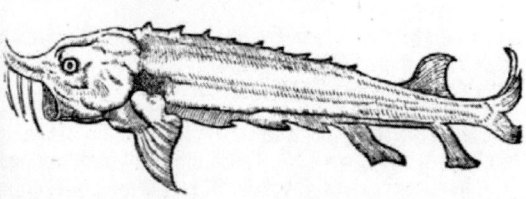

Dieses ist ein sonderbarer Fisch auß dē Po/ so dē Italiänische tract durch fleußt: von welchē Plinius geschrieben hat/ dz er auff die taused pfund kome: mit gantzē Rinderzügen auß dem fluß gezogen werde. Ist gantz/ so viel die Gestalt betrifft/ gleich dem Stör/ von welchem hievor geschrieben ist worden/ was vnderscheids sie habē mag wol auß der Gestalt ersehen werden: allein ist an diesem Fisch zu mercken/ daß er mit der zeit vnd alter seine Waffen/ schilt oder spitzen so er auff dem Rucken vnd Bauch trägt/ fallen läßt/ gantz glatt wirdt/ welche der Stör allezeit behelt: auch hat der Stör ein vest/ keck/ weiß/ lustig/ gesund/ lieblich fleisch/ dieser aber ein blutt/ lind/ fleisch/ nit sonder lieblich zu essen. Einen sehr grossen Kopff vnd schlauch hat er/ soll auch auß dem Meer in vorgenandten fluß kommen/ wiewol etliche wöllen/ er erwachse vnd bleibe in demselbigen. Sie suchen Orth vnd Tieffen die viel Fisch haben/ insonderheit Winterszeit/ in welche andere Fisch von Kälte getrieben werden/ ist sehr frässig/ wirt viel in mächtiger grösse in solchem fluß gefangen/ vnd mit grossem gewalt herauß gezogen.

Deß andern Buchß von den fischen/
so in süssen Wassern wohnen/ die ander Ordnung/ welche fünff Theil begreifft.

Der erste theil dieser andern Ordnung/ welcher allerley Seefisch innhelt.

Erstlich von dem Adelfisch.

Lauaretus. Ein edle Albulen/ Ein Adelfisch.

Von seiner Gestale vnd wo er gefangen werde.

Diese art der Albulen ist das aller edelste/ beste vnnd köst lichste Geschlecht/ auß welcher vrsach sie vmb den Bodensee/ Adelfisch genennet werden: etliche nennen sie weisse Blawling. Sein gestalt ist wol bekandt: dann der andern Albulen ist er nit vngleich/ oder dem Hering/ gantz weiß vnnd silberfarb/ außgenommen der Rucken/ welcher blauwlecht

seyn soll: hat gantz keine
Zän. So er jung ist/
wirdt er zu Costantz ein
Sandgägfisch genañt:
in der löblichen Statt
Zürch ein Plitzling.

Von jrer Art.

Die Adelfisch oder
edlen Albulen sind ge-
wohnlich nicht so tieff/

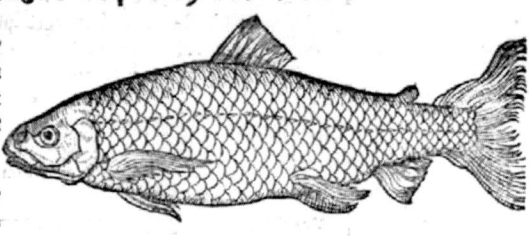

auch näher dē Gestad zu wohnen dann die rechten Blawling/vnd so sie mit dem Garn
vmbfangen/sollen sie sich zu öberst in das Wasser herauff lassen/wider die art anderer
Blawling. Deß Herbstzeit sollen sie leychen.

Von jhrem Fleisch.

Das edelste fleisch auß allem Geschlecht der Albulen haben diese/ von welchem sie
den Namen bekommen Edel ist weiß/matt/süß/lieblich vnd angenem zu essen/gesund/
vrsachet vnd gebiret ein löblich Geblüt : sind auch viel köstilicher zu kauffen dann andere Albulen.

Von dem Blawling.

Albula Cærulea, Bezola.   Ein Blawling/Bratfisch/Flecken/
Feechen/Blawfelcken/Balhenen/Baal/Albock/
Renchen/Gangfisch.

Von jrer Gestalt.

DIe gestalt der Felchen wöllen wir hie nit beschreiben/dieweil solche znch vnsern
Landen wol bekandt/vnd mit Augen lebendig mögen gesehen werden. Allein ist
zu mercken/ daß sie jhren Namen endern nach dem Orth vnd den Landen/nach
dem Alter/ auch nach der art der Wasser. Allerley kleine Albulen werden zu Zürch
Migling genandt/zu Thun im Berner Gebiet Buchfisch/bey den Pündern Stüben.
Im Lucernersee leychen die Balhen oder Blawling vmb S. Catharinen Tag/ derselbig Leych erwächßt erst biß in Heiwmonat deß folgenden Jars zu eines Fingers grösse
vmb S. Johanns Tag nemlich/ werden dann Nachtfisch genandt/ daß sie bey Nacht
gefangen werden. Dannenhin vber ein Jar edel Spitzling/weiter Edelfisch: demnach
ein halbgewachsene Balhen/ zu letzt ein Balhen. Zu Costantz vmb den Bodensee haben sie ein andern vnderscheid der Namen. Im ersten Jahr nennet man sie Seelen/zu
Lindaw Mydelfisch. Im andern Jar Stüben/im dritten Jar Baalen/Balhen/oder
Gangfisch/Watfisch/im vierdten Renchen zu Lindaw: im fünfften Halbfisch/zu letzt
gantze Felchen oder Blawling. Die Gangfisch zeucht man auff drey Geschlecht/nem-
lich Sandgauchfisch die man Adelfelchen nennet. Grün Gangfisch/ auß welchen die
Blawfelchen sind. Die dritten weiß Gangfisch/welche jren Namen nit endern sollen/
auch zu der andern grösse nit kommen. Vnd vnsere Blawling zur zeit so sie den Hür-
lingen oder kleinen Eglin nachstreichen/ als der Weyd auß dem obern See in den vn-
dern/werden davon Weydfisch genandt.

Von jrer Art vnd Natur.

Sie fressen insonderheit mit grosser begierd den Rogen oder Eyer anderer Fischeu/
dann solcher findt man viel in jhren Bäuchen/derhalben sie vnder den Fischen schädlicher sind dann die Hecht. Allerley Albulen so bald sie auß dem Wasser gezogen/sterben
sie/ jr Leych ist vmb S. Martins Tag oder später. Man fängt sie mit tieffen Garnen
vom Aprilen an biß auff daß ende deß Herbstmonats.

Von

Von jhrem Fleisch.

Im Brachmonat helt man sie zum höchsten/wiewol sie zu aller zeit gelobt werden/auch in dem Leych/auff alle Art bereytet/gesotten/gebraten vnd gebachen/gebraten helt man sie zum besten/ dann also behelt man sie einzeitlang/so sie sonst ohn verzug faulen. Man pfleget sie auch einzusaltzen/in andere orth vñ weite Landt zu fertigē. Sie werdē auch am Rauch gedörrt/werden also allerley Fürsten vnd Herren fürgetragen.

Von einer andern art der Albulen.

Albulæ Lacustris species alia. Farra vel Ferra. Ein art der weissen Gangfisch.

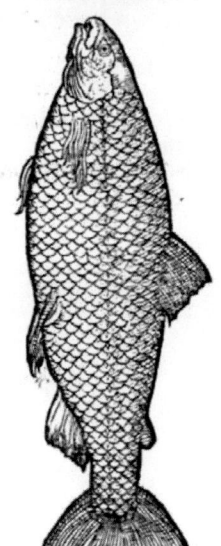

Wo t   zen.

Jese Art soll in dem Genfersee gefangen werden/ einer Elen lang/ ist gantz gleich dem Adelfisch oder edlen Albulen/hat ein weiß/ süß/ lieblich/ vnd gesund Fleisch.

Der erste theil/ von

Von der Albulen.

Albula parua. Ein Albulen/
Weißgangfisch.

Wie sie gestaltet.

Es sind die gemeinen wolbekandten Al-
bulen/welche den Blawling gantz gleich
sind/ also daß etliche vermeynt kein anderer underscheid seyn/ daß allein so viel das alter betrifft/ dz nemlich so die Albulen uber 3. Jar
komme/ dannenhin Blawling genennt werde.

Die alten Fischer widersprechen solches/ hat
underscheid von dem Blawling/ daß er weisser
ist: ob gleichwol das eusserst ende aller Feckten
auch dem schwantz schwartzlecht ist. Der Rucken ist graw/ zu etlichen orthen mit wenig purpur und blawem gemischt. Zwischen dem Kopff
und dem Rucken erscheinet ein grünes orth als
ein Edelgestein/ werden in dem obern Zürchersee gemeiniglich und viel gefangen/ leychen auch
in demselbigen. Nach dem Leych kommen sie in
den undern See/ werden auch in etlichen anderen Seen gefangen.

Von jrem Fleisch.

Die Albulen haben den preiß im Augst-und
Herbstmonat/ zur selbigen zeit sind sie kecker und
lieblicher zu essen.

Hernach leychen sie/ werden blutt/ und gehet
jr safft in den Leych.

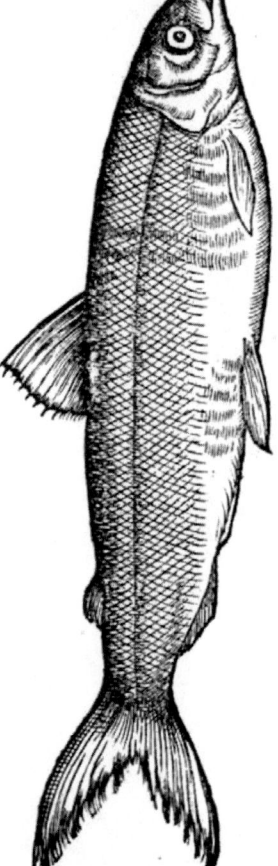

Von dem Hägelin.

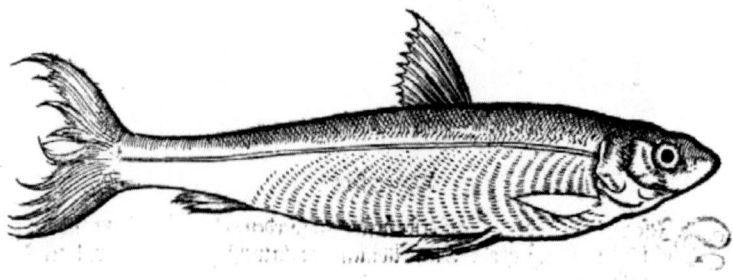

Albula

Albula minima. Ein Hägelin/Hägling.

Von seiner Gestalt.

Je Hägelin sollen auch vnder die Geschlecht der Albulen gezehlt werden: dann sie sind gantz gleich den vorgesetzten Albulen/ ist doch allezeit kleiner/ vnnd an dem Kopff minder grün/hat ein spitzig länglechts Maul/keine Zän. Ist sonst wol bekandt.

Von Art vnd Natur der Fischen.

Im Hewmonat ist der Leych der Fischen / werden allein bey Nacht gefangen mit Garn/auff 40. oder 50. Schritt ins Wasser herab gelassen. So der Himmel glantzet sollen sie sich tieff herab lassen/so er gewülcket/lassen sie sich herauff/werdē gantz hauffecht mit grossen scharen gefangen/nit an allen enden deß Sees/sondern zum meisten ob Wädischweil.

Von jrem Fleisch.

Diese Fisch werden insonderheit durch den Wolffmonat vnd folgende zween Manat hernach gepriesen. So bald sie gefangen vnd auß dem Wasser gezogen/so sterben sie. Gebraten sind sie zum besten so sie noch heyß: auß vrsach man sie nach vnd nach pflegt zu braten/damit sie warm vnd heyß mögen gessen werden. Man pflegt sie auch am Rauch zu dörren/werden also von menniglichen gelobt.

Von dem Angelin.

Ngelin der schönest Fisch auß den Albulen / wirt in der Bielersee zu zeiten gefangen/gantz weiß wie der Schnee.

Von der Gardtförinen.

Carpio Benaci. Ein art der Grundförinen auß dem Gardisee.
Wie er gestaltet.

Jeses ist gentzlich ein Art der Grundtförinen mit gstalt/farb/flecken/schüppen/art vñ fleisch: wirt nit sonderlich groß köpt nit vber ein schuch lang. Sein Rucken ist schwartzlecht/die seiten goldfarb/der Bauch weiß/durch den Leib mit roten vnd schwartzen flecken besprengt:hat allein ein lenger Maul vnnd grössern Bauch dann die Förinen. In vnd auff seinem Kopff trägt er ein Gradt oder spitz/welcher sehr schädlich vnd vergifft seyn soll/so etwar damit verletzt wirt: wirdt allein in aller tieffe deß Sees gefangen mit einem tieffen Garn / welches man in das Wasser hinab läßt/in solcher gestalt. Demnach ziehen jrer zween den vndern theil c.d.herauff/also daß er sich dem andern theil a.b.vergleicht. Demnach ziehen jhrer vier das gantze Garn herauff/also daß es der breyte nach gar eben auffgezogen vñ außgestreckt wirt: zu zeiten leer/zu zeiten mit wenig Fischen: auß vrsach sie so thewer sind.

Von jhrem Fleisch.

Ein sonder löblich/gut/gesund/lieblich fleisch sollen sie haben nach art der Förinen/rot an der farb/vnd schleckerhafftig. Etliche sollen sie in gesaltzenem wasser sieden/dennach in öl zu bachen/ nach art der verfluchten Juden. Man pflegt sie auch den krancken vnd verwundten darzustellen. So man sie wol bacht/vnd in Lorbeerbletter oder andere Bletter eingewickelt/ vnd ein wenig mit Specerey besprengt/ vnd mit Essig begossen/ mögen sie ein Monat lang behalten werden: in solcher gestalt pflegt man sie in die nechsten Stätt vnd orth herumb feyl zu tragen.

Von der Grundförinen.

Trutta magna, vel Lacustris, Trutta Salmonata. Ein Grundförin/ Ein Seeförin.
Von jrer Gestalt.

MIt aller Gestalt/ Farb/ flecken/ Fleisch/ art vnd Natur sind diese Fisch dem Salmen gantz gleich/ also/ daß sie Seesalmen möchten genennt werde/ welche zu mercklicher grösse komen/ in etlichen orten zu zeiten auff ein Centner. Bey Sitten in Wallis werden sie in dem Rotten zu zeiten gefangen die 30. Pfund gewogen/ vier oder fünffthalb Schuch/ sollen sich auß dem See dem wasser nach herauff lassen. In dem Zürchersee fängt man solche gemeiniglich die auff 20. Pfundt wiegen. Im Genffersee viel grösser. Durch die seiten haben sie viel schwartzer fleck/ auch an der Floßfeckten auff dem Rucken/ daß die andern sind weißlecht/ die farb deß Kopffs schwartzblaw gemischt/ der Rucken zum theil graw/ schwartz/ blauw vnnd grünlecht. Die Grundförin so sie sich in die flüß herauff lassen sol jr ober Kynbacken/ maul/ oder schnabel krumb obersich wachsen als in dem Lachß/ werden zur selben zeit Vnlancken genennt.

Von jrer Art vnd Natur.

Der Grundförin sollen etliche im Grund vnd boden deß wassers wohnl so viel Lett hat/ an welchen orten sie sehr feißt/ vnd wolgeschmack werden sollen. Andere sollen zu oberst in den wassern wohnen/ der Mucken geleben/ minder feißt vnd köstlich seyn.

Die Grundförin sollen sich auß den Seen in die flüß herauff lassen/ als vor gehört/ zu gewisser zeit/ als dem anfang Heiwmonats/ vnd vmb S. Jacobstag leychen oder geberen. Auß dem Genffersee sollen sie sich im Glentze herauff lassen/ zu welcher zeit sie auch vmb Sitten gefangē werden. In vnsern Landen lassen sie sich zu anderer zeit/ auch nit so gantz weit herauff: daß in dem Bodensee so sie leychen wöllen/ streichē sie in den einfluß deß Rheins/ nach dem Leych läßt sie sich widerumb herab/ leycht der mehrtheil daselbst mittē Augstmonats.

Von

Von jrem Fleisch.

Ein vberauß löblich/gut/gesund fleisch haben diese Fisch/also daß sie gar nahe alle andere Fisch vbertreffen/doch werden sie insonderheit durch den Sommer gepriesen/so jr fleisch rötlecht ist/welche farb sie Winterszeit vnd in dem Leych verlieren. Auch werden die höher gehalten so auß den tieffen gezogen sind/dann die so zu öberst in den wassern. Man pflegt sie auff manche art zu bereyten/so dann der Küchenmeisterey zugehört/doch beduncken sie sich lieblicher zu essen seyn/so sie erkaltet.

Von dem Rötelin.

Vmbla minor.   Ein Rötelin/Ein Rottelen/Pitzling
Von jrer Gestalt.

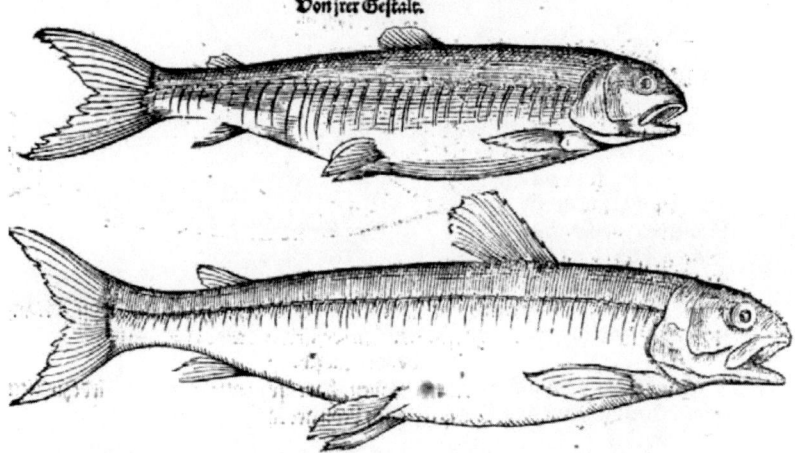

Jese art der Fisch wirt insonderheit viel auß dem Gensfersee gezogen/wiewol sie auch in andern/als Lucernersee/Zürcher/vnd Bodensee gefangen wirdt/ aber gar selten/ist auß der art der Forellen/haben vnderscheid mit dem fleisch/ linde flecken/welcher sie keine haben/auch daß sie Stein in dem Kopff tragen/wider die Art anderer Forellen. Bey vns werden andere Fisch Rottenen genennet/an seinem Orth beschrieben. Diese Fisch kommen mit der grösse nit vber ein Schuch/zu zeiten auff fünff Spannen lang/haben ein auffgeblasenen Bauch/Der gantze Rucken mit dem halben theil der seiten/auch der schwantz ist rötlecht/der ander vnd vnder theil der seiten ist weißlecht/der Bauch gantz weiß/seine Fecktenn sind zum theil weiß/ zum theil gelblecht/haben scharpffe Zän in dem Maul/auch auff der Zungen/das Männlin ist mehr rötlecht/der Rögling mehr weißlecht/auch oben bey dem Kopff vnd Rucken mehr grünlecht.

Von jrer Art.

Diese Rötelin leychen vmb vnd nach S. Gallen Tag biß vber den Jenner/tragen grossen harten Rogen/nach ansehen jrer grösse/etliche sagen von dene Fischen/als von andern Forelle/dz sie etliche stücklin goldt fressen/ist doch auff andere gstalt zu verstehe. Die Seetrüschen sollen insonderheit dē Leych dieser kleinen Rötelen nachstellen. Die kleinen vñ grossen Rötelin/so bald sie gefangen vñ auß dēwasser gezogen/so sterbē sie.

Der erste theil/von

Von jrem Fleisch.

Ein gut/ köstlich/ gesund fleisch haben diese Fisch/ nit vngleich dem fleisch anderer Forellen/ist doch linder/matt/vnd lieblich zu essen. Wirt bey vns im Wintermonat insonderheit gelobt/ auch bey anfang deß Christmonats/zu welcher zeit sie viel gutes kekkes Rogens haben. Vmb S. Gallen Tag so sie leychen/ werden sie vntüglich geachtet/auch nach dem der Jenner sich verloffen hat. So man sie bereytet/ wirfft man sie in süttigen Wein/damit jr fleisch keck vnd vest werde.

Von dem grossen Rötelin.

Vmbla maior siue Salmo Lemanni lacus.   Ein grosse Rötelin.

Wo er gefangen.

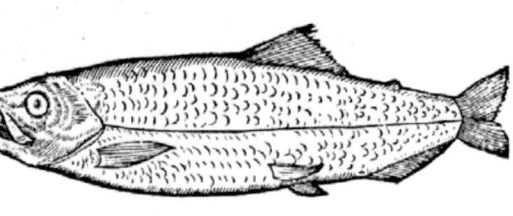

Jeser fisch wirdt insonderheit vil im Gfffersee gefangen/ auch im Lucernersee. Im Zürch vnnd Bodensee werdē sie nit gesehen / hat ein groß Maul voll grosser zän/ auch auff der Zungen. Ist mit eusserlicher vnd jnnerlicher Gestalt den grund Forellen oder Salmen gantz gleich/ der Kopff ist blawlecht/die deckel der Ohrtwangen sind weiß silberfarb/am ende Goldfarb.

Von jrem Fleisch.

Ein gut keck gesund fleisch sollen sie haben/ hart/ so er alt worden.   Wirdt zu zeiten zweyer Elen lang/von dem Gensfersee gen Leon gebracht.

Von dem grösten Rötelin.

Vmbla maxima vel Salmo alter Lemanni lacu
Die aller grösten Rötelin.
Von seiner Gestalt.

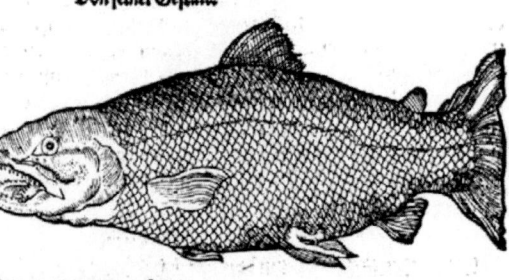

Jser ist dem vorgesetzten gantz gleich / hat doch etliche vnderscheid/ daß dieser hat sein Vndermaul vbersich gekrümt/ als der Lachß/am Kynbacken sind viel Linien/ der Rucken ist blawschwartz / der Bauch goldfarb/wirdt viel grösser dann der vorgesetzte.

Von seinem Fleisch.

Ein hart trucken fleisch sollen sie haben/ der Kopff wirt das beste geachtet/ wirt bereytet als die Forellen.

Von einer art der Dornbrachßmen.

Cyprinus clauatus, Pic vel Pigo.　Ein Dornbrachßmen
auß dem Kumerßee.

Von seiner Gestalt.

DEm gemeinen Karpffen ist dieser Dornkarpff mit eusserlicher vnnd innerlicher Gestalt so gleich/ daß er hart mag erkannt werden. Allein insonderheit an diesem zu mercken ist / daß er auff seinen breyten schüppen spitzen oder Dörn hat/ außgestreckt/ mit welchen er sticht oder pickt/ wirt allein in dem Kumersee gefangen: ist an der farb graw/ mit einem rotlechten Bauch/ etliche haben weisse Bäuch/ ist mit Art/ Natur/ Leben/ Fleisch/ Gesundheit/ dem gemeinen Karpffen gantz gleich. Jm Aprilen vnd Meyen sollen sie den preiß behalten/ zu welcher zeit sie Dörn oder spitzen haben sollen/ eines halben zwerch Fingers lang. Es werden auch in vnsern Landen in dem Greiffensee Dorn oder Steinbrachßmen gefangen/ welche auff dem Rucken vnnd Kopff Dörn vnd spitzen haben.

Von der welschen Agunen.

Agonus.　Welsche Agunen.

Von jrer Gestalt.

DJese fisch werden in etliche seen deß Jtalianischen vnd welschen Lands gefangen/ sind zu zeiten zehen finger lang/ vnd etwas weiter dañ zween breyt/ haben weisse silberfarbe schüppen / vnden am Bauch ein rauhe Linien oder strich als ein Heringart: werden in den Seen so feißt/ daß so sie auff dem Rost gebraten werden/ so treifft schmaltz oder feißte herab: wirt in keinem teutschen See gefangen.

Von einer andern frembden Agunen.

Chalcis altera Rondeletij.　Ein Heringart in süssen Seen.

DJeser Fisch ist auch auß der art der welschen Agunen oder Laugelen / weiß vnd silberfarb von schüppen/ welche leichtlich abreissen/ sind gantz ähnlich den Hering oder Sarden.

Der erste theil/ von

Von einem andern frembden Fisch.

Liparis Lacustris Bellonij. Ein Griechische Agunen/
Alsen/ oder Hering.

Wo er gefangen werde.

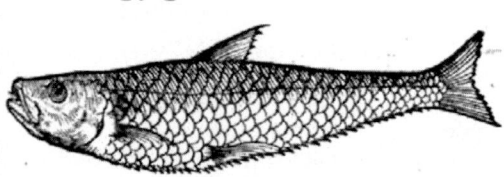

Jeser Fisch wirt in etliché Seen deß Lands Macedonie oder Griechenlands gefangen/ gantz gleich den Sarden/ allein dz sie grösser bäuch haben : mit dem Kopff ist er gestaltet wie ein Hering/ hat allein an der vndern Lefftzen etliche Zän : die Haut vnd schüppen silberfarb/ welche durch angreiffen abfallen: hat auch vnden durch den Bauch ein rauhe scharpffe Linien/welche die Fischer auffschneiden/damit die feuchtigkeit so darinn außfliesse/ demnach saltzen sie dieselbigen / vnnd häfften sie an Bintzen durch die Augen/ verkauffen sie also.

Von der Natur der Fischen.

Die Art der Fischen ist/ daß sie auch von milter hitz vnd wärme gar nahe gantz zerschmeltzen/ von welchem sie den Namen bekommen. Sie belustigen sich ob dem gethön der Schellen/ Glocken/ Gesang vnd dergleichen Getümel/ zu welchem sie sich nahen/ vnd also mit dem Garn vmbzogen/ vnd gegen dem Landt gejagt werden.

Von jrem Fleisch.

Sie sollen nit ein arg Fleisch haben : dann man pflegt sie auch an andere orth vnnd Laaoe zu fertigen. Im Glentzen fängt man sie hauffecht/ zu welcher zeit sie zum besten seyn sollen.

Von einem andern vnbekandten Fisch.

Piscis incognitus ex tabula Oceani Europæi ab Olao
Magno edita.

Jeser Fisch wirt von Olao gesetzt/ soll in etlichen Seen bey den Moscowitern gefangen werden/ weit gegen Mitternacht.

Der

Der Thieren ſo in ſüſſen Waſſern
wohnen/ der andern Ordnung/ der ander Theil.
Begreifft die ſo mit ſchalen bedeckt ſind.

Von dem ſüſſen Waſſerkrab.

Cancer fluuiatilis.   Ein ſüß Waſſerkrab/ Flußkrab/
Waſſerkrab.

Von ſeiner Geſtalt/ vnd wo er zu finden.

DEr Waſſerkrab iſt gantz gleich dem Meerkrab / ſoll doch ein dünnere vnd glattere ſchalen haben nit ſo gantz rund/ nit viel gröſſer vnd dicker dann ein Hünerey/ ſeine Arm dicker/ ſtärcker vnd räucher daß deß Meerkrabs/ꝛc. Sein ſchwantz vnden an den Leib gelegt/ werden vnderſcheiden nach geſtalt deß ſchwantzes/ welcher am Weiblin breyter/ gleich einem Schilt/ am Männlin ſchmäler/ jre farb ſchwartzrot.

Dieſe ſüſſe Waſſerkraben/ werden weder in Teutſch noch Welſchlandt gefangen/ noch geſehen/ in der Inſel Creta/ Item in Italien zu Rom werden ſolcher viel gefangen/ werden daſelbſt verkaufft in der Faſten an Schnür gebunden oder gehäfftet/ damit ſie nit mit jren ſtarcken Scheren einer den andern verletze. Aelianus ſchreibt daß ſolche Kraben auch in Africa in dem fluß Nilo werden gefangen.

Von der Art/ Natur vnd Eigenſchaffte der Thieren.

Dieſe Thier mögen auff trucknem Landt ohne Waſſer vnd im Waſſer leben. Daß ſie kriechen weit von den Waſſern/ alſo daß ſie 8. Tag lang/ zu zeiten ein Monat auſſer dem Waſſer leben. Auß der vrſach ſchreibt Dioſcorides/ daß ſich der Biber mit Kraben ſatt freſſe/ welcher an den Geſtaden der Flüſſe pflegt zu wohnen.

Die Kraben ſo in dem fluß Nilo wohnen/ ſind vorbewuſt der zeit deß vberlauffens deſſelbigen fluſſes/ dann zu derſelbigen zeit ſollen ſie jre Eyer weiter hinauff auſſer an das Geſtad tragen/ au orth/ welche der Fluß nit erreychen noch zukommen mag.

Der ander theil/ von

Ein mächtigen haßß sollen sie gegen einander tragen in jrem Geschlecht/ so viel zusammen in Wassern beschlossen werden/ so zerzerren/ zerreissen vnd fressen sie einander/ daß endtlich nit mehr dann einer vberbleibt. Etliche schreiben 10. Kraben mit einer Hand voll Basilienkraut zerstossen/an ein ort gelegt an welchem Scorpion wohnen/ sollen alle Scorpion zu solchem versamlet werden.

Von nutzbarkeit der Thieren.

Die Kraben sollen ein sonderliche Krafft haben wider die Kraut oder Regenwürm/ so die Bäum vnd andere Gewächß verderben/ mitten in dem Garten auffgehenckt/ oder an viel orth deß Bodens gebunden. Oder zehen Kraben in ein Hafen mit Wasser gethan / acht oder zehen Tag an der Sonnen gebeyßt/ demnach alleit am achten Tag die Gewächß damit begossen/ so lang biß sie erwachsen/ soll wunderbarlich seyn. Sie sind auch nutzbarlich den flüssen/ dann sie eröffnen die Brunnadern/ vnd verzehren oder verderben die Blutsauger.

Von jhrem Fleisch.

Der süß Wasserkrebß ist hart zu verdäwen / speißt wol / gibt dem Leib viel Nahrung/ befeuchtigen den Leib/ auß der vrsach lobt sie Auicennas denen so außdorrende Febres haben. Werden auch gleich rohe gessen/ sollen also gantz wol geschmackt seyn/ kommen sonst auch an die Tisch der Cardinälen vnd Fürsten. Sind im besten zur zeit deß Sommers/ so sie sich gejünget haben/ auch vollkommener so der Mon voll ist/ dann bey newem Mon.

Etliche stück der Artzney/ so von dem süssen Wasserkraben in brauch kommen.

Die fürnembste/ gröste Tugendt/ so die Wasserkraben haben/ ist wider alles Gifft/ vnd aller gifftigen schädlichen Thieren stich vñ bißß/ besonder gestossen vnd auß Milch getruncken/ auch sonst auff allerley weg gebraucht/ eingenommen/ vnd aussen auff den bresten gelegt.

Demnach wirt solcher Thieren fleisch auch gelobt den Lungensüchtigen/ abnemmenden/rc. Item Blutspeyenden/ in Milch gestossen/ oder sonst gesotten/ vnnd sampt der Brühe genossen.

Die Brühe von den gesottenen Kraben/ beweget den Stulgang vnd Harn.

Der Safft von den Kraben mit Honig genossen/ist nutz den Wassersüchtigen.

Item die Kraben in wein ertränckt/den Wein getruncken/dienet der flüssigen Mutter der Weiber.

Der süß Wasserkrab gestossen vnd außwendig auffgelegt/zeucht auß spitzen/dorn/ Pfeil/vnd dergleichen.

Zu äschen gebrandt/mit Honig emplastriert/vertreibet die Kröpff.

Die Kraben zerstossen/in Wasser gesotten/vnd gegurgelt/ist mächtig dienstlich zu der Bräune.

Die äschen von den gebrandten Thieren wirdt gleicher weiß gelobt/zu allem Gifft/ gifftige schädliche bißß vnd stich/ eingenommen vnd sonst emplastriert. Mit Syrup vom Oelmagen eingenommen wider das Blutspeyen : wirdt auch sonst in viel grosse edle stück der Artzney gebraucht.

Item er wirdt auch gebraucht zu dem Brandt/ es sey von Fewer oder Wasser/ soll auch die Haar wider herfür bringen/mit Bärenschmaltz/ öl vnd wachß als ein Salb/ zu den schrunden im Sitz vnd Füssen. Item mit Kerngertenöl zu dem Krebßß.

Von

Von dem Fluß oder ſüſſen Waſſerkrebß.

Aſtacus fluuiatilis. **Flußkrebß/ Gemeiner Süß-**
waſſerkrebß.

Von ſeiner Geſtalt vnd mancherley Geſchlecht
der Thieren.

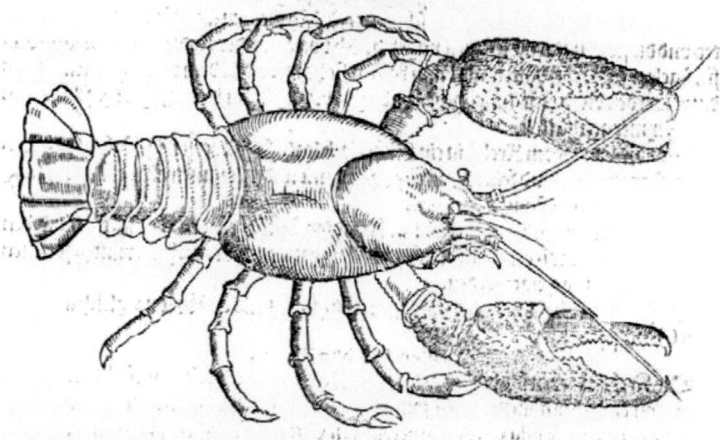

DEr ſüß Waſſerkrebſen/ſo bey vns wol bekandt/in groſſer menge gefangen werden/ſind bey vns zweyerley Geſchlecht. Die erſten nennet man Edelkrebß/ſind gröſſer vnd ſchwärtzer: die andern Steinkrebß/oder Tülkrebß von den Löchern vnd Tülen in den kleinen ſteinechten Bächen/ſind kleiner/vnden weiſſer/oben ſchwärtzer: ſo ſie gekocht/ſo werden ſie nit gantz roth/ſondern bleiben zum theil weiſſlecht. In den Köpffen der Krebß werden zween Stein gefunden/ſo man Krebßſtein nennet/werden zu etlichen Kranckheiten in der Artzney gebraucht. In etlichen groſſen erwachſen vnd alten Krebſen ſollen ſie auch bey dem erſten gleich bey der Krebßſcher gefunden werden. Die Männlin haben bey anfang deß Schwantzes vnden lange/auſgeſtreckte zütteln/welche die Weiblin nit haben: Item ein ründern/dickern ſchwantz/die Weiblin ein dünnern vnd breytern.

Von ſeiner Art/ Natur vnd anmuthung.

Etliche ſprechen/daß der Krebß zwo Naturen an jm hab/zu Nacht laſſe er ſich auf das trucken Landt herauß/freſſe Graß vnd Kreuter/ꝛc. Sind ſonſt von jrer art gantz fleiſchfräſſig/ſchieſſen den Fiſchen nach in die Reuſen/vnd ſo man fleiſch an ein Schießboden bindt/oder ſonſt in das Waſſer legt/ſo verſamlen ſie ſich alle zu hauff/kleben vnd nagen ob ſolchem: halten auch den Fröſchen nach/vnd ſo er mit Milch geträncket wirt/ſoll er lange zeit ohne Waſſer leben. Etliche wöllen die Krebß ligen Winterszeit verborgen/Sommerszeit laſſen ſie ſich in das Waſſer herauß. Etliche ſagen ſie kriechen dem Geſtad nach/werden ſonſt von dem Winterfröſt verletzt. Sie verwandlen jre Schalen/mehren ſich gleich andern Krebſen/ſchlieſſen jre Eyer vnd Raat durch ein Loch herauß/tragen ſolche lang vnden am ſchwantz/daß auch zu zeiten ſolche in gar kleine Krebßlin verwandelt/an dem ſchwantz deß Krebß geſehen werden.

Cardanus ſchreibt/daß in dem theil Indie ſo gegen Nidergang gelegen auch jrdiſche Krebß/ſo in der Erden wohnen geſehen werden.

K

Der ander theil/ von

Ju den Krebsen werden zu zeiten weisse Riemlin gefunden/ unsere nennen es Ne-
stel/ werden alsdann in der Speiß verworffen.

Die Specht sollen auch den Krebsen nachhalten/ vnnd ist die sag/ daß ein Atzel so
ein Krebß auff ein Baum getragen/ welcher jr mit der Scher den Halß begriffen/ soll
erwürgt worden seyn.

Künst diese Thier zu fangen.

Stinckend fleisch/ Leber/ oder geschunden Frösch werden an gespalten steck'E gehäfft-
tet/ vnd die stecken einer Elen weit ongefehrlich von einander an die Orth/ Bäch/ vnd
flüß gelegt so Krebß halten/ alsdann komen sie hauffecht zu dem Aaß/ hangen an/ als
dann werden die stecken auffgehebt/ vnd ohne verzug in ein vndergehebt Fischerbären
oder Feymer geschüttelt.

Wo einer ein todten Krebß in ein Scherloch legt/ so soll derselbig Scher solch orth
von gestanck wegen vnd feindschafft verlassen/ nit wider kommen biß der Krebß gantz
verfaulet/ vnd der gestanck verrochen.

So einer ein lebendigen Krebß mit brandten Wein besudelt oder legt/ vnnd den
Wein anzündt/ so wirt er zu stund roth: mag also zur einer Abenthewer mit gesottenen
Krebsen lebendig gezeigt werden.

Diese Thier erfahren auch die Krafft der Influentz/ als deß Mons/ gleich allen andern Schalfischen.

Von dem fleisch der Thieren.

Die Krebß werden sonderlich gelobt im Mertzen vnd Aprilen/ mehr bey wachsen-
dem Mon dann bey abnemendem: sollen hart verdäwt werden/ feuchter vnd kalter natur seyn/ ein gleichförmig Geblüt geberen/ den Schlaaff mächtig vrsachen/ sonst wol
speisen. Bey vns wirt das fleisch der Scheren vnd schwäntz sonderlich gelobt/ als das
Verßlin oder Reimen innhelt: In scheris & caudis, mande geharneschte Fisch.

Viel vnd mancherley bereytung/ weiß vnd form zu kochen/ so die Küchenmeisterey
antreffen/ hab ich mit willen hie vnderlassen/ mögen auß den Büchern solcher Kunst
erlesen werden.

Etliche stück der Artzney/ so von solchen Thieren in brauch kommen.

Das fleisch der Krebß: Item das außgebrandt wasser von den gestossenen Krebsen
wirt gelobt denen so abnemen/ schwinden/ mägern/ den Mager haben vnd mißlenge/
eingenommen/ vnd außwendig gebraucht.

Von 50. gestossenen Krebsen/ das außgetruckte Safft/ mit so viel Schelkrautwas-
ser/ oder safft gemischt/ solche in 4. Trüncken getruncken/ Morgens vnd Abends/ darnach ein Schweißbad bereytet von dem genänten Kraut/ sol fast gut vnd nützlich seyn.

In eim Mörser ein lebendiger Krebß gestossen/ daran Wein gegossen/ vber Nacht
stehen lassen/ Morgens gesihen/ das lauter oben abgenomen/ darein gethan Eppich/
Peterlin/ oder Fenchelsamen/ ist gut für das Grien.

Ein Schweinsalb/ Lebendige Krebß mit einer Kalbßleber wol gestossen/ vnnd
Baumöl Loröl/ jedes ein halb pfund/ damit ein Salb bereytet: werden auch gebräu-
chet Dorn/ spitzen/ rc. auß zu ziehen.

Zu altem Hauptwehe/ ein gekochten Krebß wol gestossen mit Violöl gemischt/ vnd
in die Nasen gethan/ daran zu schmäcken. Alexander Benedictus.

Die Bräune zu vertreiben sollen sie ein Meisterstück beweren/ bereytet auff mancherley form/ welcher etliche folgen.

1. Ein lebendigen Krebß mit Essig gestossen/ vnd außgetruckt/ die Zung soll erstlich
wol geschabt vnd gesäubert seyn/ demnach dieselbig mit obgeschribnem Wasser gewäschen vnd gegurgelt.

2. Den Krebß soll man erstlich bey dem kopff vn schwantz außnemen: demnach in
mit wasser wol stossen vnd außtrucken/ damit gurgeln.   3. Zehen

3. Zehen Krebß lebendig gestossen/daran gegossen Endiuien/Rooß/vñ rot Korn=
blumenwasser/außgetruckt/mit solchem sol die Zung gewäschen vnd gegurgelt werdē:
vnd ein wenig getruncken/nach dem allem die Zung mit vngesaltzenē Speck besudlen/
nach einer stund oder halben/was für schleim daran gesessen/abfegen/vnd die Zung
wider mit vorgenantem Wasser wäschen/soll ein Meisterstück seyn.

Die Krebßstein gepüluert vnd getruncken/sollen das Hertz stärcken/die Zän damit
gerieben/machet sie weiß.

Mit gedörrter Hefen von weissem Wein gemischt/heylet die holen Löcher deß män=
lichen Glieds/werden gebraucht in etlichen Artzneyen so zu dem Grien/Bauchgrim=
men/vnd weissen Weiberfluß bereytet werden.

Die Krebßeyer werden gebraucht wider den gifftigen biß der Schlangen.

Die Krebßschalen gestossen/mit Rosenöl anbereytet/die gesaltzene Räude der Kin=
der damit berieben/heylet. Etliche brennen sie in jrdinen Geschirren zu äschen/berey=
ten ein köstlich/kräfftig/trucken Puluer.

Deß andern theils von den Thieren/
so in süssen Wassern wohnen/die dritte Ordnung.

Von dem süssen Wasserschneck.

Cochlea fluuiatilis.   Süß Wasserschneck.

Von seiner Gestalt.

KLeine Schnecklin werden
auch in den flüssen/Bächlin/vnd
an dem Gestad etlicher Seen ge=
funden/an der gestalt nit vngleich
den jrdischen Schnecken/etliche mit langen spitzigen wirbeln gleich den Straubschne=
cken/etliche rauch mit spitzen. Die so bey vns an den Seen gefunden werden/habn
mancherley gestalt vnd farb/etliche sind ründer/der spitz deß wirbels breytlecht/als ob
ein Nabel daselbst were/an der grösse gleich denē Schnecklin/so an etlichen Kraut oder
Gestäud kleben/solcher sind etliche weiß/etliche gelblecht/etliche gefleckt. Innerhalb
sind sie alle weiß. Item so ist auch ein ander Geschlecht/gantz nider als zusamen ge=
truckt/als ein zusamen gekrümbte Trommeten. Etliche sind lenglecht/weiß oder bleych
an der farb/gleicher den Straubschnecken/von welchen hernach wirt gehört werden.
Die grösten sind bey drey zwerch Finger lang.

Es werden auch Mießmuscheln in vnsern Seen gefunden/weiß/klein/etliche graw
so grösser sind/beyde zart vñ zerbrechlich. Item ein ander Geschlecht mit zweyen Mu=
scheln/in der grösse einer Bonen/mit einem Hoger/als in etlichen Gimmuscheln.

In dem fluß Nilo sollen solche Wasserschnecken gantz groß gefunden werden.

Von jrem Fleisch.

Diese Wasserschnecklin kommen nit in die speiß/dañ sie haben ein heßlichen geruch.

Artzney von solchen Thieren.

Diese Schnecklin in der speiß genommen sollen den viertägigen Ritten verjagen/
auß der vrsach sie von etlichen eingesaltzen behalten werden/damit sie dieselbigen im
Tranck eingeben: auff solche weiß auch für das Gifft der Scorpionen eingegeben vnd
auffgelegt/also mit Saltz eingebeytzt behalten/auß Wein eingeben/sollen den Men=
schen reitzen zu Geylheit.

Der dritte theil/von

Von den jrdischen Schnecken.

Cochlea terrestris, Limax.　Grundschneck/ Schneck.

Von mancherley Gestalt/ Geschlecht vnd grösse der Thieren.

Er jrdischen Schnecken sind etliche mit schalen bedeckt/ solche sind etliche groß/ Andere klein. Etliche werden ohne schalen gesehen in jedem Geschlecht in vngleicher grösse/ farb vnd gestalt. Wiewol solche nicht vnder die Wasserthier gezehlt sollen werden/ von wegen aber der gleichförmigkeit der Gestalt vnd Natur/ dieweil sie auch sonst zu keinem andern Geschlecht der Thieren kömlich möchten gezehlet werden/ haben wir sie an diesem orth nit ohne vrsach/ wie gehört ist/ wöllen beschreiben. Wöllen erstlich die gemeinen grossen Schnecken/ so in die speiß kommen/ vnd menniglichen bekandt für vns nemmen.　Demnach von andern vnd jedem insonderheit handlen. Etliche schreiben/ die Schnecken haben keine Augen/ sondern an statt derselbigen außgestreckte Ohren. Andere wöllen die schwartzen büßlin oder pünctlin am ende der Ohren seyen jnen von Natur geben an statt der Augen/ Wie dem sey/ so ist kein wissenheit hiebey/ allein werden in dem ende der ohren harte sandechte steinlin gemerckt/ als die tägliche erfahrung beweißt. Die Schnecken sie seyen groß oder klein haben Zän/ dann sie zernagen das Rebwerck/ Kraut/ stengel/ rc. zu zeiten mit grossem schaden.

Von Art vnd Natur der Thieren.

Die Schnecken wachsen auß dem faulen schleim der Erden vnd Kreuter/ dann solcher schleim erhartet in ein schalen in welcher sie wohnen/ so er seiner schalen beraubt wirdt/ so stirbt er/ Wiewol sie bey anfang deß Augstmonats auß jhren schalen schlieffen sollen/ vnnd mit neuwen angethan werden. Sie geleben deß Tauws/ fressen auch mancherley Gesträud vnd Gewächß/ als in Franckreich/ in welchem sie mit grösser begierd gantz hauffecht den stengeln der Goldwurtz oder Kropffwurtz Aphodeli/ vnd Fenchel nachhalten/ als wir zu vnsernzeiten gar manches mal gesehen haben/ solches sind aber kleine Schnecken. So die Schnecken mit saltz besprenget wer-

werden/so fliessen sie gar nahe gantz zu Wasser.

Die Schnecken ligen Winterszeit verborgen in der Erden/mit einem Deckel vberzogen/wiewol ein sonderlich Geschlecht davon den Namen bekompt/als hernach wirt gehört werden. Item daß etliche alleezeit verborgen ligen/auß den Löchern der Erden nimmer herfür kriechen. Sie ligen auch Sommerszeit verborgen/lassen sich gemeiniglich sehen wandeln bey warmen Regen.

Sie pletzen auch einander/geberen weisse Eyer/in der grösse eines Karpffenaugs/ob welchen sie zu zeiten gefunden werden hocken vnd außbrüten.

Von natürlicher anmuthung der Thieren.

Die Schnecken erkennen die Wachteln vnd Reyger als ire Feinde/fliehen dieselbigen/auß der vrsach/wo sich solche Vögel weyden/werden keine Schnecken gesehen. Dargegen die Schnecken auff Latein Ariones genandt/betriegen solche ihre Feind listiglich: dann wo sie solche herzu/oder herumb fliegen mercken/so kriechen sie auß ihren schalen/weyden sich ohne gefahr. Die Vögel aber fliegen zu den schalen/ergreiffen sie/welche so sie leer funden/lassen sie dieselbigen fallen/ fliegen darvon. Die Schnecken aber wol geweydet vnd gesettiget/kriechen wider in ire Schalen.

Die Heydechsen sind die grösten feinde der Schnecken. Die Affen haben ein grosse forcht vnd abschewen ob den Schnecken: dann so man zu jnen oder vmb sie her Schnecken legt/so förchten sie jnen so sehr daß sie sich zusamen ziehen/von forcht zittern/sich bescheissen vnnd besichen. Solche natürliche Feindschafft ist zwischen jhm vnd dem Schnecken.

Von nutzbarkeit der Schnecken.

Auß solchen Thieren hat man nutzbarkeit vnd schaden. Die nutzbarkeit ist/daß sie in die speiß vnd Artzney kommen: dann von der speiß wegen sind bey den alten Römern besondere orth darzu bereytet/mit wasser vmbgeben gewesen gleich den Inseln/damit sie nit herauß kriechen möchten: haben sie auch mit etlicher Matery oder Aaß gespeißt.

Die Schnecken zernagen die Reben/vnd viel andere Gewächß/welche zu vertreiben soll man Ruß daran sprengen.

Auß den Schnecken im Meyen oder October zusamen gelesen/wirt ein Wasser gebrandt/dienstlich zu härten: dann so man glüend Eisen in solchem ablöscht/soll es so hart werden als Stahl.

Von jhrem Fleisch.

Der Schnecken fleisch ist vngleich: dann die so auff oder an Gebirgen zusamen gelesen werden sind viel lieblicher vnd besser: dann die so bey nidern orthen/Kaat/pfützen/vnd wassern/welche die zu mehrertheil möseln. Item die so wolgeschmackte Kreuter abfressen/als kleinen Tosten/Fenchel/Poley/Müntz/grossen Tosten/Peterlin vnd dergleichen/haben ein wolriechend wolgeschmack fleisch. Die Italiäner haben solche in gemeiner Speiß: man führt sie jhnen auch zu vber die Alpen: dann sie behalten sie in Kellern vber Winter/damit sie jnen zur zeit der Fasten zur Speiß kommen. Sie werden auch von etlichen den vnsern in die Speiß genommen.

Jr fleisch ist vest vnd harter verdäwung: so es dann wol verdäwt ist worden/so gibt es dem Leib ein gute nahrung.

Mancherley stück der Artzney/ so von solchen Thieren gebraucht werden.

Die Schnecken kommen in viel vnd mancherley Artzney so aussen deß Leibs/vnd jnnerhalb den Leib gebraucht werden: welcher wir etliche zu dienst der Chyrurgen auff das kürtzest beschreiben wöllen.

Die Schnecken für sich selbs/oder mit Ochsengallen/oder Honig gemischt auff die gifftigen pestilentzischen Blatern gelegt/zeucht sie vnd thut sie auff.

Die Schnecken stellen das Blut/heylen zu allerley Geschwer oder Schäden/hey-

K iij

len die Wunden/vorauß der Neruen/alte Gewächß/vnd kröspeln der Nasen vnnd der
Ohren:werden auch als ein heymlich stück gelobt zu den hitzigē Geschweren der schin-
beyn vnd Füsse:zu den Kröpffen/riseln deß Angesichts zu vertreiben:geel Haar zu ma-
chen/so man sie mit saltz besprengt/so geben sie ein sälblin.

Die schnecken in Wasser gesotten/ so es erkaltet so schwimmet empor ein feißte/ nütz
zu allerley röte/flüß vnd schmertzen der augen. Itē sie sampt den schalen gestossen/samt
einem Ey/auff die gantze stirn gestrichen gestellt allerley flüß der Augen.

Die Schnecken auß jren schalen genommen/kochen etliche mit Gersten/ geben die
Brühe den hustenden/den Außwurff zu bewegen:werden auch gepriesen zu dem blutspeyen vnd bresten der Lungen/zu dem auffgeblasenen Nabel. Item der entzündten hitzigen Leber/gestossen auß rotem Wein/warm gegeben/werden aussen auffgelegt auff
das erhartet Miltz.

Frische schnecken gekocht / in der speiß genossen/sollen wunderbarlich dem Bauchgrimmen widerstehen/vnd dem Grien.

Item die schnecken mit jren schalen gestossen auff den grossen geschwollenen Bauch
der wassersüchtigen emplastriert/sol das wasser mächtig herauß ziehen vnd trücknē:
Sie werden auch gebraucht gar nahe zu allerley gebrechen der Mutter der Weiber.

Ein bewehrte Artzney zu der Fistel. Es werde ein jrdiner Hafen gefüllet mit frischen Schnecken ohne Wasser/vnd werde vber ein Fewer gesetzt wol bedeckt/so erhebt
sich ein schaum/welcher zusamen gelesen vnd getrücknet/tödtet die Fisteln.

Item der Geyffer oder schleim an die Augbrawen gestrichen/ widerbringt die vn-
richtigen in jre ordnung.

Von dem Beynlin der Schnecken.

Die sändlin so man findet in jren Hörnern / oder ein stücklin von seinem Beynlin/
so man am Rucken findet in die Löcher der Zän mit Wachß beschlossen/nimpt hin den
schmertzen/auch angehenckt/machet die Kinder ohne schmertzen zanen.

Der stein so die Schnecken in dem Kopff tragen/ angehenckt / am Leib getragen
nimpt die gegenwertigen schmertzen deß Haupts/ vnd verhindert den künfftigen.

Von dem Schneckwasser.

Das außgebrand Wasser von dem Schnecken/Morgens nüchtern auff 6. Vntz
getruncken/soll ein bewerte Artzney seyn/ die schwache Leber zu stärcken/vnnd den ab-
nemmenden/außdorrenden.

Auß den Schnecken werden viel wasser gebrandt das Angesicht damit zu schönen/
welche wir von kürtze wegen/von viele der zugesetzten stück vnderlassen.

Von der ledigen Schalen.

Die ledigen schalen so man allenthalben vngefehr findet zu Puluer gestossen/ werden geben im Tranck der grienigen. Item für sich selbs/oder mit Creutzwurtz/wirt geben den Schweinen so die Pest vnder solche kompt. Item in die schrunden der Händen
vnd Füssen gesprengt/heylet sie.

Von der äschen der gebrandten Thier/ erstlich sampt jrem Fleisch/
endtlich allein von den schalen.

Die äschē mit honig angeschmiert/nimpt hin das kratz/schebigkeit/vñ argeräude.

Item solche äschen stellet das Blut / heylet die offnen schäden vñ bresten deß haupts:
mit Hirtzhorn gebrandt/dennoch mit weissem vom Ey an die Stirn emplastriert/stel-
let die flüß der Augen/ vnd den Bruch sampt Weyrauch gemischt. Item ohne zusatz
angesprengt/vertreibt die Feigwartzen.

So das Puluer von den gebrandten schalen in Weiberharn geworffen wirdt/ so
schwanger sind/tragen sie ein Knäblin/so fällt es zu grund: tragen sie ein Mägdlin/so
schwimmet es oben auff.

Von

Von mancherley Art/ Gestalt vnd gattungen der Schnecken.

Der vnderscheid der Schnecken wirdt zu zeiten genommen von der grösse/ darvon
etliche groß/etliche klein/zu zeiten von der gestalt/länge vnd breyte. Item von der farb/
dann etliche sind weiß/schwartzgraw/roth/getheilt. Von der schalen/ so etliche gescha-
let/etliche bloß oder ohne schalen genestt werden. Weiter von den Landen/ dann etliche
gemein/anheimisch/etliche frembd. Item von der nahrung/dann etliche belustigen sich
sonderbarer Gewächsen/als Feigen/ Lorbeerbäum/ Gold oder Kropffwurtz/ Distel/
Fenchel/ꝛc. Itꝛ etliche beduncken sich allzeit hauffecht seyn/ andere allein oder mit minderer viele. Weiter von dem Leben/ oder Orthen in welchen sie leben/ dann etliche als
Cauaticæ vnd Pomaticæ bekommen den Namen/daß sie allzeit in den Löchern bleiben/nim-
mer herfür kriechen/ andere kriechen herfür/ als in nidere Gesträud/ etliche auff die
Bäum. Zu letzt von speiß der Menschen/ dann etliche werden von den Menschen ges-
sen/als die so vor beschrieben/ etliche werden verworffen/ als die kleinen vnd die so ohne
schalen sind. Wiewol in Africa ein Geschlecht der ledigen Schnecken von menniglich-
en mit lust gessen wirdt. Es werden auch insonderheit desselbigen Landts Schnecken gepriesen/vnd in viel stück der Artzney zu mancherley Gebrechen gebraucht.

Die wilden Schnecken so die Gesträud vnd Bäum ersteigen/ gestossen vnd auffge-
legt/ sollen Dorn/ spitzen/ Pfeil herauß ziehen. Es werden auch andere kleine/ breyte
oder lange Schnecklin gefunden allenthalben/in sonderbarem brauch der Artzney.

Von ledigen Schnecken.

Cochlea nuda, Cochlea nuda & ruffa.   Lediger Schneck/
Wegschneck/ Roter Wegschneck.

Von mancherley Geschlecht der Thieren/ vnd jrer Natur.

Der blossen Schnecken sind etliche groß/ als der gegenwertige/ welche zu zeiten
roth/zu zeiten schwartz gesehen werden/etliche dargegen klein/ welche hauffecht
den Gewächsen nachhalten/vnd die Gärten verderben.Es sind auch in Africa
etliche ohne schalen/wie vor gehört/ so gessen werden. Vnsere kommen nit in die speiß/
wohnen gemeiniglich an feißten/wasserechten ortē/ streichen bey Nacht auff die weyd/
tragen in jrem Kopff ein stein/ doch nit alle.

Etliche stück der Artzney/ so von ledigen Schnecken in brauch kommen.

Die blossen oder Wegschnecken so in Gärten gefunden werden/ zu äschen gebrañt/
mit Honig den Rachen bestrichen/dienet zu der Bräune vnd geschwulst deß Rachens/
auff solche weiß wirt auch bereytet der süsse Wasserkrab.

Den blossen Schnecken/soll zugethan werden etwas Puluers von Weyrauch/vñ
weissem von Eyern/damit die Geschwer oder Geschwulst der Gemächt/als Wasser-
geschwulst der Kinder/bestrichen/ daß es anklebe/ daß die Kinder ligen oder im Beth
behalten werden/vertreibt alle vnzierd.

Die äschen ohne zusatz heylet alle bresten der Füsse/es wirt auch ein Wasser davon
gebrandt/damit die Weiber jr Angesicht oder Gestalt schönen.

Das Puluer von dem gedörrten Wegschnecken stellt wunderbarlich das Glte-
wasser angesprengt.

R iij

So ein Glied schwindet/ etliche solcher Schnecken/ sol man in ein wolbedeckt Geschirr einsaltzen: demnach darzu gethan ein maß Loröl/ 10. Loth Brandtwein wol gemischt/ sol angeschmiert werden.

Von Deckelschnecken.

E In sonderbar Geschlecht der Schnecken wirt von etlichen beschrieben/ welche allezeit verborgen ligen sollen/ mit einem harten Deckel bedeckt seyn. Sollen sonderlich gefunden vnd außgegraben werden/ auß den Alpen nechst bey dem Meer gelegen/ für alle andere Schnecken in der speiß gepriesen/ als dem Magen nützlich/ dienstlich vnd gut gelobt werden. Wie dem sey/ so sind nicht wenig der Gelehrten/ die solche von vnsern gemeinen Schnecken mit keinem vnderscheid theilen/ welche gleich auch Winterszeit mit einem weissen Deckel bedeckt/ von wegen der grimmigen Kälte verborgen ligen. Doch wirdt einem jeden sein acht vnd meynung frey vnd ledig gelassen.

Von der kleinen Muscheln der süssen Wasser.

Musculus aquæ dulcis. Kleine Mießmuscheln so in süssen Wassern gefunden.

Von jrer Gestalt.

I El mehr seltzamer vñ wunderbarlicher Muschelfisch werden im Meer geboren/ dann in süssen wassern: vrsach ist die Art vnnd Natur der gesaltzenen wasser. Nichts desto minder so werden auch in süssen Wassern als Seen/ Pfützen vnnd Weyern solche kleine Müschelin gesehen/ haben zwo schalen/ gantz dünn vnd zart/ aussen schwartzlecht/ gleich als von vielen schifern oder stücken zusamen gesetzt/ rauchlecht. Sind innerhalb glatt schwartzblaw.

Von jrem Fleisch.

Sie haben ein hart fleisch/ mit grosser Arbeyt zu verdäwen/ eines argen saffts/ auß welcher vrsach die so solcher zu viel essen/ fallen in kalte wehe/ Febres genandt.

Von der langen süssen Wassermuschel.

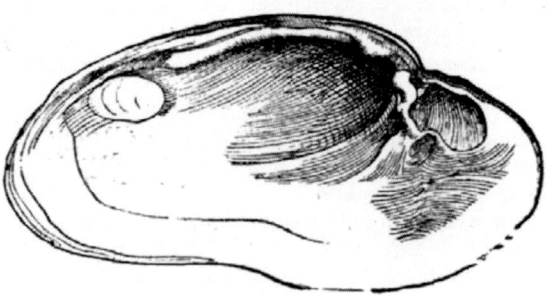

Concha

Concha longa dulcium aquarum.   Lange füsse Wassermuschel.

Ein Geschlecht der Langmuscheln wirdt auch in den süssen Wassern gefunden/ welcher schalen eine hie abconterfetet ist: ausserhalb rauch vnd schlüpfferig/ innerhalb glatt vnd weiß als die Perlinmuscheln/ in solchen sollen auch kleine Perlin gefunden werden.

Der vierdte theil der andern ordnung von dem Gewürm.

Erstlich von dem Wasserkalb.

Vermis Aquaticus, Vitulus Aquaticus, Seta Aquatica,
Ein Wasserkalb.

Von seinem schädlichen Gifft.

DAs Wasserkalb ist bey vns bekandt/ wirt in faulen Brunnenwassern gefunden/ bedunckt sich daher genennt seyn/ daß solche viel vnd manches mal von den Kälbern gesoffen werden/ von welchen sie nach vnd nach abnemmen vnd sterben. Sie wachsen auch auff dem Kraut: sie vergleichen sich gentzliche einem weissen Rossßhaart: beduncken sich auch ein Rossßhaar seyn/ wo sie sich nit bewegten: sind hart/ also daß sie nit mögen zerknütscht werden. So sie von einem Menschen gesoffen werden/ so nimpt er ab vnd stirbt. Artzney ist/ Tausendgüldenkraut in Wein gesotten vnd gesoffen/ darauff sich wol erbrechen.   Sie bewegen sich wunderbarlich/ vnnd flechten sich in viel Zweiffelstrick. Etliche haben vermeynt sie wachsen auß dem Rossßhaar/ welches in solchen Wassern gelegt/ beweglichkeit vnd Leben an sich nemmen soll. Ist doch endtlich nit zu glauben.

Von dem Kärder.

Phryganium.   Ein Kärderlin.

Iß ist ein Wurm oder Kefer so in den süssen Wassern gefunden/ wirdt viel gebraucht zu dem Aaß der Fisch an die Angel gesteckt/ stecken in jhren Häußlin/ werden mächtig von den Förinen begert zu jrer Speiß.

Von dem Süßwasserwäglin.

Libella fluuiatilis.   Ein sondere art der Kerderli/
Ein Wagkerderlin.

Dieses ist ein kleines Thierlin in den Wasseri/ gleich gestaltet dem Fisch Zygena oder Meerwaag/ von welchem vnder den Meerfischen ist geschrieben worden.

Von den Gytzen.

Der vierdte theil / von

Tinea Aquatica. Ein Gyßen/ Gypsen/ Stabpsen/ Meschen/
Mäschen/ Wasserschaben.

Wie sie gestaltet.

Diese Thierlin sind vnsern Leuten wol bekandt / werden nit in allen Brunnen ge-
funden/ sonder allein in guten/ sehr kalten brunnen. Sind vberauß kleine würm-
lin oder Keferlin/ weißlecht an farb/ welche dieweil sie sich zusamen krümmen/
scheinen sie gantz klein: haben viel füß durch den gantzen bauch: mögen sich ausserhalb
dem wasser nit bewegen oder wandlen/ im wasser bewegē sie sich/ lauffen/ nit auffrecht/
sonder auff ein seiten gehelt: wandlen auch hindersich. Ein langlecht schwäntzlin endet
sich in ein spitzen/ hat kleine weisse Augen/ mit einem kleinen pünctlin. So sie mit dem
Wasser gesoffen werden/ bringen sie den Menschen auch in die gesahr deß todts/ also
daß sich der Bauch erhebt vnd geschwillt. Sie sollen auch etliche Kröpff vrsachen.

Von dem Glyßling.

Cantharis vel Pygolampis.   Wasserkeferlin/ Glyßling.

Von jrer Gestalt.

Dieses sind die schwartzen Thierlin/ so oben auff dem Wasser hin vnnd
wider mit grosser schnelle wandlen. Sind gleich einer Wänteln/ haben kleine Fecklin/ lassen sich auch in das Wasser hinein/ in welchem
so sie schnell schiessen nach jrer gewonheit/ gleissen sie als Keckfilber. Erheben
sich auch vber das Wasser vnd fliegen.

Von der Wassergrillen.

Cicada fluuiatilis.   Ein Wassergrillen.

Von jhrer Gestalt.

In den Bächlin werden etliche Thierlin gesehen/ den jridi-
schen Grillen nit vngleich/ von welchē sieden Namē Baum-
grillen bekommen.

Von der Wassermuheyme.

Squilla fluuiatilis.
Wie es gestaltet.

Dieses Thierlin wirt mit einer dünnen schalen bedeckt: der
Schwantz endet sich in zwey lange spitzlin/ als in zween
faden: ist gantz ähnlich mit der gestalt den Hogerkrebßlin
so im Meer gefangen werden. Möcht auch ein Wassergrill genennt werden.

Von der Eglen.

Hirudo

Hirudo. Ein Eglin/ Ein Blutsauger.

Von mancherley Geschlecht der Thieren.

Er Egel oder Blutsauger so viel von den ärtzten gebraucht werden/ sind mancherley/ so vnderscheid haben an farb/gestalt/vnd grösse.

Die meinsten so bey vns/sind gantz schwartz oder braun/flach/klein. Anders sind grösser/schwartzgrün/mit gelblechten oder rotlechten strichen der lenge nach/mit schwartzen puncten oder flecken vnderscheiden/diese sind den ärtzten die bräuchlichsten. Zu Venedig sollen etliche auch grün gesehen werden/ mit schwartzen flecken/ wie die Heydechslin/so sollen auch etliche rot seyn. Die grossen Blutsauger werden bey vns Rossegeln genennet/ welcher neun auch ein Pferdt zu todt saugen sollen/ vnd als die sag ist/ so sollen sie gleich das Blut hinden von jnen geben. In reinen/fliessenden wassern werden auch weisse kleine Egeln gefunden/solche hencken sich zu zeiten an die fisch/ werden mit jnen gefangen.

In der Lebern der Ochsen vnd Schaaff/ werden zu zeiten sondere Geschlecht der Egel gefunden/so gewachsen sind auß füllung solcher orthen/sind weisse Würm/eines Gleychs lang/ vnd halben zwerch Fingers breyt/in etliche bälglin beschlossen/ gantz dünn/wachsen an keinem orth dann in der Leber/lebendig vnd beweglich/geschicht den Thieren von faulem gesoffenem Wasser/ vnd von einem gewissen gefressenen Kraut Hirudinaria genandt/ von den Frantzosen / Pherbe Duue/solche Lebern pflegen vnsere Metzger hinzuwerffen/ als vnnütz oder schädlich.

In einem fluß Mauritaniæ/ sollen etliche Egeln wachsen biß auff sieben Elen lang/ mit einer durchlöcherten Keelen/ durch welches Loch sie den Lufft ziehen als Strabo schreibt: So sollen ander Egeln gantz klein seyn gar nahe vnsichtbar.

Der grossen Egeln Maul ist mehr spitzig vnd scharpff/ der kleinen mehr rund vnnd stumpff/ aller durchlöchert mit einem kleinen Löchlin/ haben alle schwartze flecken/ eindern sich an andern farben wie oben gemeldt.

Von Art vnd Natur der Thieren.

Die Egel wohnen gern in faulen stinckenden Wassern vnd Pfützen/vorauß in denen so an den Gestaden eines Sees gelegen sind/Die schwartzen in faulen stinckendet Wassergräben/Die kleinen weissen/in lautern/fliessenden/Brunnenwassern. Ire speiß ist Blut/wo sie solches ankommen mögen/von dem sie bey etlichen Nationen den Namen haben Blutsauger/dann ein solche begierd haben sie vber das Blut/daß so sie angehafftet/ die süssigkeit deß Bluts erfahren haben/ daß sie mit keinem gewalt mögen abgerissen werden/sondern je mehr man sie zeucht/je mehr sie anhafften/also daß man sie mitten zwey zerreißt. Mit jhrem saugen machen sie ein dreyeckecht Wündlin/vnnd jre bewegnuß ist nit anderst dann der andern Würm/ doch mit solchem vnderscheid/dz sie allein mit dem Kopff vnd schwantz anhafftet/nit mit dem andern Leib/also gebogen sich hernach schwingt/ tringt auch so durch kleine Löchlin/ daß er auch durch ein dünn leinin Thuch herauß schleufft.

Diese Thier haben gern warm/ darin sie erscheinen nit/ das Wasser sey dann von der Sonnen erwärmt. Im anfang deß Meyen heben sie an bey vns sich zu erzeigen/ fürnemlich vmb den Mittag. Zur zeit deß Herbsts verschliessen sie sich widerumb/ werden Winterszeit von niemands gesehen. Etliche behalten sie in etlichen Geschirren wassers zu dem brauch/wo man jr zur Artzney bedörffte.

Von natürlicher anmuthung gegen etlichen Thieren.

Der Crocodil/ dieweil er im Wasser lebt/ so steckt jhm allzeit sein Rachen voller Egeln/weil er nun auß dem wasser sich auff die trückne gelassen/so sperrt er sein Rachen auff gegen der Sonnen vnd wärme/als dann ist ein Vogel Trochilus genandt/welcher so er das ersicht/ so schleufft er jhm in seinen Rachen / frißt jhm die Eglin alle herauß/ von dem der Crocodil belustiget/läßt den Vogel frey ledig auß dem Rachen in den Lufft fliegen vngeschädiget.

Die Nachteul soll auch den Eglin hässig seyn. Item ein art der Groppen soll die Eglin zu seiner Speiß brauchen/als Ausonius schreibt.

Der Welsisch pflegt vor vnd vmb die Hundstag in den Löchern der Felsen sich zu verschlieffen/wo er nit von den Egeln gereizt/gepeiniget vnd herauß getrieben wirt.

Von nutzbarkeit der Thieren.

Die Eglin so man sie auff einer Glut brennet bey den Wentelen/so soll der Dampff oder Rauch die Wentelen vertreiben vnd tödten. Zu gleicher gestalt sollen auch die gebrandten Wenteln die Blutsauger tödten/wirdt zu einer Artzney geschrieben denen so die Blutsauger im Tranck gesoffen haben.

Noch ist die gröste nutzbarkeit/ daß man solche Thier in der Artzney braucht/Blut herauß zu saugen an statt deß lassens oder schrepffens/ nemlich an denen orthen/ an welchen man weder lassen noch schrepffen kan oder mag/ auß der vrsach wollen wir der ordnung nach/den brauch/so viel die genandten Thier antrifft/ordenlich erzehlen/ersilich ein vnderricht in gemein.

Ein gemeiner vnderricht von dem gebrauch der Egeln.

Daß die Egeln von etlichen behalten werden zum brauch ist vor gehört. Zuvor sollen sie ein Tag oder mehr beschlossen werden/ohne essen/allein daß man jnen ein wenig Blut darwerffe/ dann also werden sie hungerig/ setzen gern an/ vnnd verlieren jhres Giffts. Die orth an welche man sie hässten wil/sollen zuvor wol gerieben vnd gekratzt werden/ auch mit Blut bestrichen/ vnd die Egeln zuvor in lawem Wasser gewäschen/ den schleim abgerieben mit einem Schwam vn als dann ansetzen. So man sie an Händen oder Füssen brauchen wil/ so sollen sie in Wasser geworffen werden/ vnd alsdann solche Glieder darein gehalten/ so sitzen sie von jhnen selbst an. So sie voll/ vnd man wolte daß sie weiter saugen/ so soll man jhre Schwäntz zu ende mit einer Scheren abschneiden/ dann so das Blut hinden von jnen laufft/ so hören sie nicht auff zu saugen/ man sprenge den Saltz oder äschen an den platz. So sie abgefallen/ soll man auff den Platz starcke Ventosen oder Schrepffhörnlin setzen/ oder sonst mit warmem dampff/ Item mit warmem Wasser durch ein Schwam die orth wärmen. Wo aber die Orth hernach wolten rinnen/ so brauche man Blutstellungen/ oder Band an Schenckeln vnd Händen. Zu wissen ist/ daß solche Eglin allein ziehen das Blut so vnder der Haut ligt/nit von der tieffe/wiewol sie hernach auch zu der Lebern vnd Miltz/ vn etlichen andern Geschwulsten gebraucht werden.

Von außerlesung der Egeln.

Auß den Egeln sollen etliche nit ohne Gifft seyn/ auß vrsach solche nit all ohne vrtheil zu gebrauchen. Die Alten haben viel davon geschriebe/nit noth hie alles zu erzehlen. Bey vns werden die grossen außerwehlt/ so schwartzgrün sind/ mit roten strichen/ der lenge nach vnd schwartzen flecken/dann sie saugen starck ohne Arbeyt.

Von der vorbereytung.

Die Egel sollen von der ansetzung in süssem Wasser ein Tag gehalten werden/ oder in einem Hafen mit saltz besprengt/ daß sie jhr Gifft so sie von Krotten oder Schlangen gesogen haben herauß kotzen. Demnach wirt der Schleim mit einem Schwam von jnen gerieben/wider wol gewäschen vnd angesetzt.

Daß sie anhafften.

Daß sie ohne Arbeyt anhafften/soll man das ort mit blut oder milch begiessen: oder

mit

mit einer Nadel ein Löchlin stechen/ daß sich das Blut erzeige/ auff welches so man sie setzt/ so hafften sie ohne verzug.

Die Egeln abzufellen.

Daß sie fallen nach wille/ so spreng zu jren Mäulern saltz oder äschen/ Item Aloes/ oder das beste so man sie mit Essig begeußt: dann mit gewalt soll man solche nit abreissen/ damit jre Köpff nit in der Haut bleiben stecken/ welches schädliche Kranckheiten vnd grossen schmertzen möchte vrsachen. Sie fallen auch von jnen selber so sie voll oder satt worden. Vnsere Egeln haben wenig Gifft/ mögen ohn gefahr an allen orthen gebraucht werden.

Als auff ein zeit ein Weib der Egeln zwentzig an ein Schenckel gesetzt hette/ so lang daran gelassen biß sie von fülle abfielen/ als vnwissend der Kunst/ mit Saltz oder Essig solche abzufellen/ vnd als auch nach dem abfallen das Blut mächtig herauß floß/ ist sie in grosse Blödigkeit/ Ohnmacht vnd Gesahr gefallen/ wiewol sie mächtige hülff am Schenckel hernach darvon befunden hat.

An welchen orthen die Egel mögen angesetzt werden.

Die Egel mögen an allen orthen angesetzt werden/ auch den grossen Adern/ an statt deß lassens/ an Händen/ Füssen/ Knoden/ hinder den Ohren/ Stirn/ Haupt/ Rucken: Etliche wöllen man soll sie allein auff die Adern setzen: Andere haben kein vnderscheid wo sie sitzen.

An welchen orthen deß Leibs die Egel nutzbarlich angesetzt werden/ von dem Kopff biß auff die Füß.

Die Egeln werden nützlich angesetzt zu den bissen der wütenden Hundt/ oder anderer gifftigen Thieren. Item vmb den kalten Brandt/ vmb die orth so schwartz worden/ vor durch alle schwärtze tieff vnd wol gepickt mit der Fleden. Sie sind auch gut zu aller Räude/ röthe vnd schüppigkeit. Zu allen kranckheiten deß Haupts/ als fluß/ schmertz/ Taubsucht/ vnd vnsinnigen Leuthen/ rc. werden solche Egel hinden an Kopff vnd hinder die Ohren gesetzt. Zu den trieffenden Augen soll man sie an die Stirn setzen. Denen so die Leber geschwollen vnd erhartet/ sol man sie auff die Leber setzen/ vnd den wassersüchtigen auff alle Geschwulst.

So das miltz schwach oder kranck ist/ so sol man sie auff die Region deß miltzes setz.

Den melancholischen/ schwermüthigen/ traurigen Leuthen sollen sie an die güldin Adern/ durch ein Rohr/ oder sonst mit der Handt gesetzt werden/ ist ein sehr bequemliche hülffliche Artzney.

Den Weibern jre Blumen zu bringen/ Item den Podagrischen soll man sie bey den Knoden setzen/ rc.

Artzney wider die Egeln so im Tranck gesoffen/ sich angehenckt an Rachen/ Magen/ rc.

Die solche Egeln gesoffen/ befinden etwas saugens in jhrem Magen/ oder andern orthen/ speyen wässerecht Blut herauß/ vnd so die Egeln voll/ so verhelt es jhnen den weg daß sie nit schlucken mögen. Die beste Artzney ist/ starcker wolgesaltzener Essig ein guter theil nach vnd nach hinabgeschluckt/ oder sonst gesaltzen Wasser. Item Schuchmacherschwärtz/ oder Hysop/ oder Senff auß Essig: vnnd so er sich weit vnden angehenckt hat/ ist auch bequemlich ein starcke Purgatz.

Itē vber das viel Knoblauch gessen ist ein bewerte Artzney: auch Zwibel/ Schnittlauch vnd Senffkraut.

So er aber oben im Rachen angehenckt/ so soll der Kranck in ein warm Wasserbad sitzen biß vber den Halß/ vnd in seinem Maul kalt Wasser halten/ dasselbige viel endern/ dann also läßt sich die Egel auß der wärme in das kalte Wasser.

Der fünffte theil/von den Thieren

So aber solche Egel in die Naßlöcher zu oberst sich angehenckt hetten/sol man brauchen die ding so den Kopff reinigen vnd niessen machen. Oder man soll Wenteln reiben vnd in die Naßlöcher thun.

So ein ander Thier/Rind/Roß/Schaaff/rc. der Thieren eines gesoffen hette/so schütte jm ein Rauten auß warmem Essig: oder beräuch jm sein Nasen mit Wenteln.

Etliche stück der Artzney/so von den Egeln in brauch kommen.

Daß die außgeraufften Haar der Augbrawen oder anderer theil nit wider wachsen/so brenne etliche Egeln in einem newen jrdinen Hafen zu äschen oder puluer/vnd streiche dieselbig mit Essig an das orth/das du der Haar beraubet hast/also werden sie nit weiter wachsen.

Das Haar schwartz zu ferben/ein theil Blutsauger oder Egeln/in zwey theilen Essig oder schwartzroten Weins auff viertzig Tag gebeißt/demnach gestossen vnnd das Haar damit bestrichen/doch solman das Maul voll öls halten/so lang das Haar ertrückne: dann sonst würde es auch die Zän schwärtzen.

Deß andern theils deß andern buchß
von den Thieren der süssen Wassern/
Die fünffte Ordnung.

Von der Wassermauß.

Mus aquatilis quadrupes.   Wassermauß/oder Wasserratz.

Iese Wassermauß ist gantz gleich/vnd hat viel gemeins mit vnserer grossen Mauß so Ratz genandt wirt: allein daß die Weiblin drey Löcher vnder dem schwantz haben/dardurch sie den Wüst vnd Vnrath deß Leibs außwerffen/vnd dienet das eine dem Seych/das ander dem Kaat/das dritte der Geburt. Durch schwimmet grosse Wasser/frißt Kraut: vnnd so sie zu zeiten jhr gewöhnlich orth endern/fressen sie allerley Frücht wie andere Mäuß.

Von

Von dem Wasserochß.

Hippopotamus. Ein Wasserossz/ Ein Wasserochß/
Ein Wasserschwein.
Von seiner Gestalt/ grösse vnd wo er zu finden.

Ein andere Gestalt eines Wasserrosses / von einem Pfenning in
Italia geschlagen oder gemüntzt abconterfetet.

Er groß fluß Nilus deß theils der Erden Africa genant/ gebirt viel der grossen
scheußlichen Wunderthieren als Crocodil/ vnnd gegenwertige von den Griechen Hippopotamus genandt/ auff Teutsch Wasserpferd/ wirt sonst gemeiniglich genandt ein Wasserochß/ Wasserschwein/ nach etlicher anderer Spraachen bedeutung. Diese Thier sollen an jrer Gestalt/ grösse/ Halßhaar/ stimm oder wichlen nit
vngleich seyn den Pferden/ wiewol jre grösse vngleich gesehen wirdt/ nach den Jahren/
Landschafft vnd Leben/ als auch bey allen andern Thieren gespüret wirt/ etliche komen
nit zu der grösse eines Esels/ als nemlich die so jung gefangen werden/ vnd erzogen/ also
daß sie deß Wassers gentzlich mangeln müssen.

Der mehrertheil seiner gestalt mag auß den Figuren ersehen werden/ allein zu mercken ist/ daß seine Füß oder Klauwen in zwey gespalten sind/ vnd der gantze Leib feißt
vnd rund als ein wolgemestet Schwein/ sein Haut auch gleich einer Schweinßhaut/
mit Farb vnd Haar. Sein Rachen oder Schlund so weit vnd groß/ daß man jhnen
grosse stück oder Kugeln/ grösser dann ein Menschenkopff ohne Arbeyt darein werffen
mag. Seine zän gleich den Roßzänen/ mit gestalt/ stärck/ lenge/ dieselbigen stumpff ohn
alle schärpffe. Hat grosse Augen als Rindsaugen/ ein frey ledige Zungen/ ein kurtzen/
dicken/ runden schwantz/ wie ein Saw oder Schiltkrott an der Gestalt. Auch seine
Füß gleich den Schweinsfüssen/ wenig gespalten. Wiewol etliche sagen/ der so zu
Constantinopel gezeigt werde/ hab Füß wie die Schiltkrotten an der gestalt/ oder wie

L ij

der Crocodil. Sein Haut so starck vnd dick/daß man Spieß darauß rüstet/ Item daß kein Geschütz oder Pfeil dardurch tringen mag.

Seine Zän als gehört sind groß/stumpff/weit außgestreckt/auß solchen hat man vor zeiten etliche Bildnussen geschnitzt von seltzamkeit wegen.

Dieweil nun hie von etlichen Zänen der Wasserpferd gemeldt/sol auch nit außbleiben die gestalt eines Zans / so in einem fluß Thöß genant gefunden ist worden/vñ von dem gelehrten Herrn/ Herr Christian Wirt dē weit-

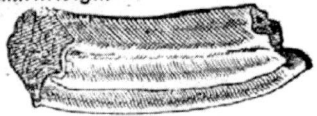

berhümpten D. Conrad Gesner geschenckt worden ist. Dergleichen sollen auch etliche im Solodorner Gebiet gefunden worden seyn von einem Bawmañ / gleicher gestalt sollen auch sonst von etlichen gezeigt werden. Dieser Zan wiewol er bey der wurtzel nit gantz/wiegt er doch vier Lot. Die Zän werdē von etlichen geachtet Risen oder Gigantenzän gewesen seyn/so sie doch an jrer gestalt den Menschenzänen sich nit vergleichen. Ob dieser oder dergleichen Zän/Menschenzän oder von Wasserrossen/oder sonst etlichen grausamen Thieren gewesen seyen/lassen wir hie bleiben.

Gantz kurtze Beyn haben diese Thier/hart einer spannen hoch von dem boden/bedunckē sich an der gestalt mehr vergleichen den Bären.

In den zweyen theilen der Erden/Asia vnd Africa werden diese Thier allein gefunden/ Nemlich in Egypten vnd India/ in den zweyen grossen flüssen Nilo vnnd Indo/ von dannen sie auch an etliche orth vnsers theils deß bodens gebracht worden sind/als gen Rom vnd Constantinopel/an welchem ort sie auff jetzige zeit sollen zu eim Schawspiel vmb ein kleines Gelt gezeigt werden.

Gründliche beschreibung der Wasserpferd/ Wasserschwein/ oder sonst dergleichen Thieren/auß etlichen newen Scribenten der newen Welt.

Wiewol die rechte warhaffte beschreibung der Thieren hievor gesetzt worden ist/dieweil aber nach eigenschafft der Lande/Orten/als Aethiopia/Egypten/India/solche vnd andere Thier sich etlicher gestalt enderen/ so wöllen wir hienach zwo beschreibungen setzen/deren so solche Landt durchwandert haben.

In dem fluß Gambra der new erfundenen Welt oder Erden/ sollen Fisch wohnen/ gleich einem Meerkalb/ außgenommen sein Haupt/ so sich einem Roßkopff vergleichet/an der grösse wie ein Kuh/allein daß er kürtzere oder nidere Beyn hat/mit gespaltenen Klawen. In seinem Maul bey seit hat er an jedem orth ein langen/fürgestreckten Zan/ vber zwo spannen lang/wie ein Eber. Solches beschreibt Aloysius Cadamustus/in der beschreibung seiner fährt oder schiffung/so er gethan hat in etliche frembde vnbekandte Landt.

Die ander beschreibung auß den Geschichten einer schiffung eines Hamburgers/ geschehen auff das 49. Jar.

Ein Insel (spricht er) ligt in der new erfundenen Welt/Meersenbick genandt/ dem König auß Portugal vnderworffen/nit weit von Arabia gelegen gegen Auffgang/deß Glaubens Mahomets. Daselbst am gestad deß Meers werden gesehen Fisch an der gestalt wie Pferdt/mit kurtzen Beynen/gefleckt/mit gantz kurtzen Haaren. Wohnen daselbst bey den Gestäuden/ Wälden/ oder Höltzern der Gestad/an den Seekanten/ wo Büsche sind/ solche stellen den Menschen nach/welche sie fressen. Auß vrsach die Einwohner solche Gestäud abschrotten/damit sie sich nit darein verschlieffen mögen/ welcher sie von weitem ersihet/der entfleucht ohne Arbeyt.

Sigismun-

Sigißmundus Liber Baro in der beschreibung der Möscowitter/ bey dem außfluß deß flusses Petzore/ sollen mancherley scheußliche Wasser oder Meerthier seyn. Vnder andern eines in der grösse eines Rinds/ welches die Beywohner Mors nennen. Solches soll kurtze Beyn haben wie ein Biber/ mit einer höhern vnd breytern Brust/ oben von dem obern Kynbacken zween lange außgestreckte Zän. Solche steigen scharecht von ruhe vñ mehrung wegen auff die Gebirg ausser dem Meer. An welchen orten vor vnd ehe sie sich zu schlaffen begeben/ so setzen sie einen Wächter auß jnen als die Kranch/ welcher Wächter so er entschlaffen / oder sonst von den Jägern ertödtet worden ist/ so fängt man dann die andern ohne Arbeyt. So aber der Wächter mit brummen oder mucken zeichen gibt/ zur stundt erwachet die gantze Herd/ erfaßt ein jedes mit den hindern Füssen jre Zan/ vnd wallen mit grosser vngestüme/ als auff einem Schlitten herab in das Meer/ in welchem sie auch zu zeiten auff den Eyß schollen zu ruhen pflegen. Solchen Thieren halten die Jäger nach von wegen jrer Zän/ welche sie brauchen zierliche heffte darvon zu bereyten. Solche Thier bedunken sich vergleichen denen so vnder den Wallfischen beschriben sind worden/ Roßmarin genañt. Hat sonst viel vergleichung mit dem Wasserpferd oder Wasserschwein.

Von Art vnd Natur der Wasserpferde.

Die Wasserpferd wohnen eins theils im Wasser/ eins theils auff der Erden/ dann sie mögen nit ohne Wasser seyn/ müssen auch den Athem gezogen haben. Sie geberen auff der Erden an der trückne/ erziehens sich auch daselbst: vergleichen sich jres Lebens halben dem Otter vnd Crocodil: wiewol der so zu Constantinopel gezeigt wirdt/ fürter in das wasser nimmer kommen ist. Sie fressen allerley speiß vnd frücht/ sollen ein stimme haben wie ein Pferdt/ gantz fruchtbar seyn als die alle Jar geberen. Dieses Thier bedunckt sich vntüglich seyn zu schwimmen.

Von natürlicher anmuthung der Thieren/ vnd wie sie gesittet.

Wiewol das Wasserpferd ein dölpisch närrisch Thier von vielen geachtet wirdt/ so soll doch etliche sondere witz in jm stecken/ in der gestalt/ daß das Blutlassen von jm her erdacht vnd erfunden worden seyn soll.

Dann so er sich zu viel gemäst/ zu voll gefressen hat/ so wandelt er an die ort/ an welchen man neulich grosse starcke Wasserrohr abgeschrotten hat/ tritt mit seine Klawen an die spitz so lang biß jm das vberig Blut herauß geloffen/ vnd er der völle entlediget worden ist: die Wunden beklebt er mit Lett.

Mit was Listen er die saaten der Beywohner abweide/ wirt sehr lustig beschriben/ nemlich so ersicht er jm erstlich ein Blat von zeitiger saat/ als dann wandlen sie gegen der saat/ mit gekehrtem Leib/ hindersich: vnd so sie sich voll gefressen/ so kehren sie wider dem Wasser zu ein andern weg / auch mit gleichem Gang / das ist hindersich/ das geschicht auß vrsach/ daß die Jäger dem weg nachhalten von der saat gegen dem wasser/ vnd so sie konten zu denen Tritten so er auß der Saat gehend gemacht hat/ so streichen sie der Saat zu vermeynen sie seyn daselbst herein gangen von wegen der Tritte so gegen der Saat gewendet. Also entfliehen sie dem Auffsatz der Jäger oder Bawren so jnen nachhalten von deß empfangenen schadens wegen.

Etliche der Alten haben geschriben/ daß diese Thier gantz grausam vnd schädlich seyen/ verderben viel Menschen/ kehrē viel der Schiff zu grund/ mit wunderbarem List vnd mächtiger stärcke. So doch etliche gesehen werden gantz milt/ heymisch vnd heymlich gemacht/ als dann das sol seyn so zu Constantinopel gezeigt wirt.

Ein vnkeusch schädlich arg Thier sol diß Wasserpferd seyn. Dann so bald es geboren/ so sol das Mänlin dem ältern Mänlin auffsetzig vnd tödtlich feind seyn/ nit nachlassen so lang biß es stärcker worden/ den Vatter ertödtet hat/ auß der vrsach daß er sich mit der Mutter nach willen vermischen möge.

L iij

Der fünffte theil/von den Thieren

Wie diese Thier zu fangen/ vnd von jrer nutzbarkeit.

Diese Thier sollen durch kein ander List gefangen werden dann durch eiserne Garn/ mit Kunst darzu bereytet. Item so er gefangen/ mag er allein mit eisenen Kolben getödtet werden/von wegen der dicke jrer Haut/ so mit nichten mag durchstochen werden. Sollen sonst auch durch etliche Gruben gefangen werden.

Solche Thier sind erstlich zu Rom gezeigt worde/als Keyser Augustus triumphirt von wegen daß er Cleopatram bekrieget hat. Zu vnserer zeit wirt einer zu Constantinopel im Pallast Constantini vmb kleines Gelt gezeiget/welchem so man ein Kappißhaupt oder grosse Kürbsen darstreckt/ so sol er sein Rachen so mercklich außsperren/ dz es sich zu verwunderen ist/ dz der Hüter solche speiß in jre Rachen als in ein sack würfft.

Sein Haut wirt zu vielen dingen gebraucht/ dann von solcher bereytet man spieß/ pfeil/ schilt/ic. dann sie sol so hart seyn/ daß sie mit nichten mag durchschossen werden. Seine Zän geben häffte/ auß welchen auch zu zeiten Bildnussen geschnitzt werden. Sein Blut ist im brauch bey den Malern zu den Farben.

Von seinem Fleisch.

Sein fleisch ist sehr hart/schwerlich zu verdäwen/kompt nit in die Speiß/ als auch all sein Eingeweyd.

Etliche stück der Artzney/ so von solchen Thieren in brauch kommen.

Die äschen der gebrandten Haut/ erfüllet das abgeflossen Haar/ nimpt hin die flecken der Augen vnd deß gantzen Leibs.

Sein feiste angeschmiert verjagt die kalten Feber : seine Zän nemen hin das Zanwehe. Seine Hoden gedört vnd getruncken/ sind gut wider den biß der schlangen ein quintlin auß Wasser getruncken.

Von der Wasserschlangen.

Hydras, serpens palustris.   Wasserschlang/ Wassernater.

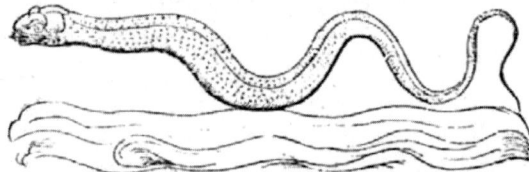

Je Wasserschlangen haben viel vnd mancherley farben/ als da sind grün/geel/ weiß/ äschenfarb/ damit sie dann von den jrdischen vnderscheiden werden. Zu einer mercklichen lenge kommen sie. Ihre biß sind gantz schädlich vnd vergifft. Ja vnsern Landen werden sie auch in warmen Wassern bey den Bädern funden.

Von einer andern gestalt der Wasserschlangen.

Hydrus

Hydrus vel ſerpens torquatus.　Heßknater/ Ringelnater.

Iß Geſchlecht der Natern wirt bey vns viel gleich ſo twol auff dem Erdtrich als im waſſer funden. Sind mehrertheils äſchenfarb/ kommen zu einer mächtigen lenge/ werdẽ aber nit ſo gar dick/ als bey vns die ſchwarße Natern oder Schlangen. Iſt ein ſchädlich böß Thier / auch allen andern Thieren /. Iſt begierig der Milch/ darumb ſie dann zu zeiten den Kühen an jre Eutter komen/ vnd dieſelbigen ſaugen/ alſo daß jnen das Blut folget.

Von einer andern grauſamen Waſſerſchlangen.

Hydra monſtroſa.　Siebenköpffige Schlang.

Dieſe ſcheußliche Waſſerſchlang/ ſo ſieben Köpff hat/ ſoll auß der Türckey gen Venedig gebracht worden ſeyn/ vnd da öffentlich gezeigt im 1530. Jahr. Vnnd nachmalen dem König auß Franckreich zugeſchickt/ vnd auff die 6000. Ducaten geſchetzt. Aber es bedunckt die verſtändigen der Natur/ kein natürlicher/ ſondern ein erdichter Cörper ſeyn.

In dieſer Ordnung werden auch etliche andere Waſſerthier begriffen/ als nemlich der Biber/ Otter/ Crocodil/ allerley Fröſch vnnd Krotten. Dieweil aber dieſelbigen droben im Buch der vierfüſſigen Thieren/ genugſam beſchrieben ſind/ hab ich ſie hie weiter nit wöllen anziehen: Darumb welcher derẽ beſchreibung begeren würde/ findet ſie in obangezeigtem Buch.

ENDE.